化肥和农药减施增效理论与实践丛书

丛书主编 吴孔明

肥料养分推荐原理及应用

何 萍 徐新朋 周 卫等 著

科学出版社

北 京

内 容 简 介

本书是对"十三五"国家重点研发计划项目"肥料养分推荐方法与限量标准"研究成果的系统梳理和总结,主要内容包括粮食作物、经济作物、蔬菜、果树基于产量反应和农学效率的养分推荐方法与限量标准,区域尺度养分推荐方法与限量标准,有机肥料替代化学养分机制,秸秆还田养分高效利用机制,养分互作促进氮磷利用的机制,主要作物化肥减施增效技术评价与模式等。

本书可供土壤学、植物营养学等相关专业的高校师生、科技工作者阅读、参考。

图书在版编目(CIP)数据

肥料养分推荐原理及应用/何萍等著 . — 北京:科学出版社,2021.10
(化肥和农药减施增效理论与实践丛书/吴孔明主编)
ISBN 978-7-03-067983-3

Ⅰ.①肥⋯ Ⅱ.①何⋯ Ⅲ.①化学肥料–施肥–研究 Ⅳ.① S143

中国版本图书馆 CIP 数据核字(2021)第 019203 号

责任编辑:陈 新 闫小敏/责任校对:郑金红

责任印制:吴兆东/封面设计:无极书装

科学出版社 出版
北京东黄城根北街 16 号
邮政编码:100717
http://www.sciencep.com
北京虎彩文化传播有限公司 印刷
科学出版社发行 各地新华书店经销
*

2021 年 10 月第 一 版 开本:787×1092 1/16
2021 年 10 月第一次印刷 印张:32
字数:759 000

定价:368.00 元
(如有印装质量问题,我社负责调换)

"化肥和农药减施增效理论与实践丛书"编委会

主　编　吴孔明

副主编　宋宝安　张福锁　杨礼胜　谢建华　朱恩林
　　　　　陈彦宾　沈其荣　郑永权　周　卫

编　委（以姓名汉语拼音为序）
　　　　曹坳程　陈立平　陈万权　董丰收　段留生
　　　　冯　固　戈　峰　郭良栋　何　萍　胡承孝
　　　　黄啟良　姜远茂　蒋红云　兰玉彬　李　忠
　　　　刘凤权　刘永红　鲁传涛　鲁剑巍　陆宴辉
　　　　吕仲贤　孟　军　乔建军　邱德文　阮建云
　　　　孙　波　孙富余　谭金芳　王福祥　王　琦
　　　　王源超　王朝辉　谢丙炎　谢江辉　熊兴耀
　　　　徐汉虹　严海军　颜晓元　易克贤　张　杰
　　　　张礼生　张　民　张　昭　赵秉强　赵廷昌
　　　　郑向群　周常勇

《肥料养分推荐原理及应用》著者名单

主要著者　何　萍　徐新朋　周　卫　艾　超　吴良欢　李书田

　　　　　　张跃强　崔振岭　李辉信　赵炳梓　徐芳森　梁国庆

　　　　　　丁文成

其他著者（以姓名汉语拼音为序）

安　昊	柏兆海	包红静	蔡红梅	陈　斌	陈　林
陈香碧	陈小琴	串丽敏	丛日环	崔荣宗	戴相林
段　玉	范分良	高　强	郜红建	顾金刚	顾　艳
郭世伟	郭腾飞	哈丽哈什·依巴提	何文天	何新华
侯云鹏	黄绍敏	黄绍文	霍　琳	姬景红	蒋太明
焦加国	金崇伟	金继运	康福蓉	雷秋良	李春林
李国良	李　俊	李明悦	李　娜	李双来	李小坤
李永山	李　渝	李玉玺	李玉影	李志国	李紫燕
梁俊梅	刘光荣	刘世平	刘双全	刘彦伶	刘占军
柳开楼	马军伟	马庆旭	乔　艳	邱炜红	仇少君
山　楠	沈　标	施加春	石孝均	宋大利	孙　刚
孙建光	孙静文	孙万春	孙学成	汤　胜	汪　洪
王成宝	王　慧	王宏庭	王继华	王秀斌	王　寅
王玉军	王朝辉	王志超	王忠强	魏建林	武雪萍
解萌萌	邢月华	许晨阳	杨江波	杨景豪	杨少海
杨思存	杨云马	姚云柯	易　琼	易时来	尹宇龙
营　浩	于志勇	余喜初	曾长英	张丛志	张佳佳
张金尧	张　君	张青松	张水清	张　炎	章发根
赵家锐	赵萍萍	赵士诚	赵同科	郑　楠	

丛 书 序

我国化学肥料和农药过量施用严重，由此引起环境污染、农产品质量安全和生产成本较高等一系列问题。化肥和农药过量施用的主要原因：一是对不同区域不同种植体系肥料农药损失规律和高效利用机理缺乏深入的认识，不能建立肥料和农药的精准使用准则；二是化肥和农药的替代产品落后，施肥和施药装备差、肥料损失大，农药跑冒滴漏严重；三是缺乏针对不同种植体系肥料和农药减施增效的技术模式。因此，研究制定化肥和农药施用限量标准、发展肥料有机替代和病虫害绿色防控技术、创制新型肥料和农药产品、研发大型智能精准机具，以及加强技术集成创新与应用，对减少我国化肥和农药的使用量、促进农业绿色高质量发展意义重大。

按照 2015 年中央一号文件关于农业发展"转方式、调结构"的战略部署，根据国务院《关于深化中央财政科技计划（专项、基金等）管理改革的方案》的精神，科技部、国家发展改革委、财政部和农业部（现农业农村部）等部委联合组织实施了"十三五"国家重点研发计划试点专项"化学肥料和农药减施增效综合技术研发"（后简称"双减"专项）。

"双减"专项按照《到 2020 年化肥使用量零增长行动方案》《到 2020 年农药使用量零增长行动方案》《全国优势农产品区域布局规划（2008—2015 年）》《特色农产品区域布局规划（2013—2020 年）》，结合我国区域农业绿色发展的现实需求，综合考虑现阶段我国农业科研体系构架和资源分布情况，全面启动并实施了包括三大领域 12 项任务的 49个项目，中央财政概算 23.97 亿元。项目涉及植物病理学、农业昆虫与害虫防治、农药学、植物检疫与农业生态健康、植物营养生理与遗传、植物根际营养、新型肥料与数字化施肥、养分资源再利用与污染控制、生态环境建设与资源高效利用等 18 个学科领域的 57 个国家重点实验室、236 个各类省部级重点实验室和 434 支课题层面的研究团队，形成了上中下游无缝对接、"政产学研推"一体化的高水平研发队伍。

自 2016 年项目启动以来，"双减"专项以突破减施途径、创新减施产品与技术装备为抓手，聚焦主要粮食作物、经济作物、蔬菜、果树等主要农产品的生产需求，边研究、边示范、边应用，取得了一系列科研成果，实现了项目目标。

在基础研究方面，系统研究了微生物农药作用机理、天敌产品货架期调控机制及有害生物生态调控途径，建立了农药施用标准的原则和方法；初步阐明了我国不同区域和种植体系氮肥、磷肥损失规律和无效化阻控增效机理，提出了肥料养分推荐新技术体系和氮、磷施用标准；初步阐明了耕地地力与管理技术影响化肥、农药高效利用的机理，明确了不同耕地肥力下化肥、农药减施的调控途径与技术原理。

在关键技术创新方面，完善了我国新型肥药及配套智能化装备研发技术体系平台；打造了万亩方化肥减施 12%、利用率提高 6 个百分点的示范样本；实现了智能化装备减施 10%、利用率提高 3 个百分点,其中智能化施肥效率达到人工施肥 10 倍以上的目标。农药减施关键技术亦取得了多项成果,万亩示范方农药减施 15%、新型施药技术田间效率大于 30 亩/h,节省劳动力成本 50%。

在作物生产全程减药减肥技术体系示范推广方面,分别在水稻、小麦和玉米等粮食主产区,蔬菜、水果和茶叶等园艺作物主产区,以及油菜、棉花等经济作物主产区,大面积推广应用化肥、农药减施增效技术集成模式,形成了"产学研"一体的纵向创新体系和分区协同实施的横向联合攻关格局。示范应用区涉及 28 个省(自治区、直辖市)1022 个县,总面积超过 2.2 亿亩次。项目区氮肥利用率由 33% 提高到 43%、磷肥利用率由 24% 提高到 34%,化肥氮磷减施 20%;化学农药利用率由 35% 提高到 45%,化学农药减施 30%;农作物平均增产超过 3%、生产成本明显降低。试验示范区与产业部门划定和重点支持的示范区高度融合,平均覆盖率超过 90%,在提升区域农业科技水平和综合竞争力、保障主要农产品有效供给、推进农业绿色发展、支撑现代农业生产体系建设等方面已初显成效,为科技驱动产业发展提供了一项可参考、可复制、可推广的样板。

科学出版社始终关注和高度重视"双减"专项取得的研究成果。在他们的大力支持下,我们组织"双减"专项专家队伍,在系统梳理和总结我国"化肥和农药减施增效"研究领域所取得的基础理论、关键技术成果和示范推广经验的基础上,精心编撰了"化肥和农药减施增效理论与实践丛书"。这套丛书凝聚了"双减"专项广大科技人员的多年心血,反映了我国化肥和农药减施增效研究的最新进展,内容丰富、信息量大、学术性强。这套丛书的出版为我国农业资源利用、植物保护、作物学、园艺学和农业机械等相关学科的科研工作者、学生及农业技术推广人员提供了一套系统性强、学术水平高的专著,对于践行"绿水青山就是金山银山"的生态文明建设理念、助力乡村振兴战略有重要意义。

中国工程院院士

2020 年 12 月 30 日

前　言

化肥减施是全球性重大科学命题，发达国家优先得以解决。欧美发达国家自20世纪50年代开始，化肥用量快速增长，到80年代达到顶峰，引发了一系列的生态环境问题。为此，这些国家根据作物需求或土壤测试，率先制定了肥料施用限量标准。通过充分利用有机肥和秸秆资源，欧洲氮、磷化肥用量随之分别下降了30%、50%，美国实现了化肥用量零增长而粮食产量持续增加，实现了化肥的科学减施。我国人多地少，决定了我国高投入、高产出的集约化生产体系，要实现粮食持续高产、肥料养分高效及生态环境安全多重目标更具特殊性和挑战性，必须根据我国主要作物的养分需求，有机肥、秸秆资源特点和土壤条件，提出肥料养分推荐方法，制定符合我国国情的肥料施用限量标准。

围绕肥料养分推荐及高效利用，科技部启动了"十三五"国家重点研发计划项目"肥料养分推荐方法与限量标准"（2016YFD0200100），该项目主要从粮食作物、经济作物、蔬菜、果树基于产量反应和农学效率的养分推荐方法与限量标准，区域尺度养分推荐方法与限量标准，有机肥料替代化学养分机制，秸秆还田养分高效利用机制，养分互作促进氮磷利用的机制，主要作物化肥减施增效技术评价与模式等方面开展研究，以构建化肥减施与高效利用理论、方法和技术体系，为我国不同作物化肥减施提供限量标准与实现途径。该项目由中国农业科学院农业资源与农业区划研究所何萍研究员担任首席科学家，中国农业科学院农业资源与农业区划研究所、中国科学院南京土壤研究所、浙江大学、中国农业大学、南京农业大学、华中农业大学、西南大学等院所或高校作为课题承担单位，同时吸收全国省级农业科学院、相关高校的优势力量参与课题，共39个参加单位，主要研究人员有100余人。通过近5年的努力，该项目取得了可喜进展，本书是以上研究工作的系统总结。同时，相关研究得到了现代农业产业技术体系和中国农业科学院科技创新工程的资助。在此，向所有为本书研究成果做出贡献的研究人员、技术支撑人员致以衷心的感谢。

在本书撰写过程中，我们力求数据可靠、分析透彻、论证全面、观点客观。由于水平有限，对书中的疏漏和不足之处，期盼广大读者批评指正！

2021 年 3 月

目　　录

第1章 总 论

1.1 基于产量反应与农学效率的养分推荐方法

针对我国集约化农田化肥过量施用、肥料利用率低、缺乏先进轻简的养分推荐方法，创建了基于产量反应和农学效率的养分推荐新方法。产量反应是指施肥处理与缺素处理的产量差，农学效率是指施用单位某种养分的作物增产量。以过去十几年项目组在全国开展的肥料试验和国内公开发表的肥料试验数据为基础，建立养分吸收与产量数据库，采用 QUEFTS 模型对作物可获得产量、产量反应、农学效率、土壤基础养分供应等相关参数进行特征分析，建立各参数间的内在联系；建立基于产量反应和农学效率的养分推荐模型，其中，施氮量=产量反应/农学效率；施磷或施钾量=产量反应所需施磷或施钾量+维持土壤平衡所需的磷或钾量。维持土壤平衡所需养分量依据 QUEFTS 模型求算的养分最佳吸收量计算。同时采用计算机软件，把复杂的养分推荐模型简化成用户方便使用的养分专家系统（Nutrient Expert，NE）。用户只需提供地块的基本信息，如往年农户习惯施肥下的作物产量、施肥历史、有机无机肥料投入情况、秸秆还田方式，NE 系统就能给出该地块的个性化施肥方案。该方法可在土壤测试条件不具备或测试结果不及时的情况下用于肥料推荐，并可通过微信关注后使用，在我国以分散经营为主体的国情下是一种先进轻简的推荐养分新方法。

（1）水稻养分推荐方法

汇总了 2000～2015 年水稻主产区的 5812 个田间试验，模拟了水稻最佳养分吸收，并于 2013～2018 年开展了 391 个水稻 NE 系统田间验证试验。当目标产量达到潜在产量的 60%～70% 时，生产 1t 水稻籽粒地上部 N、P、K 养分需求是一定的，一季稻分别为 14.8kg、3.8kg、15.0kg，早稻、中稻、晚稻分别为 17.1kg、3.4kg、18.4kg。氮、磷、钾肥的平均产量反应分别为 2.5t/hm²、0.9t/hm²、0.9t/hm²，平均农学效率分别为 13.3kg/kg、13.4kg/kg、8.9kg/kg。构建了基于产量反应和农学效率的养分推荐模型，研发了水稻养分专家系统。田间验证试验表明，与农户习惯施肥、测土施肥相比，NE 处理产量分别提高了 6.4%、2.5%，分别平均减施氮肥 9.9%、6.6%，分别平均减施磷肥 4.4%、–4.8%，分别提高氮肥回收率 12.9 个百分点、9.5 个百分点。

（2）小麦养分推荐方法

汇总了 2000～2015 年小麦主产区的 5439 个田间试验，模拟了小麦最佳养分吸收，并于 2010～2018 年开展了 391 个小麦 NE 系统田间验证试验。当目标产量达到潜在产量的 60%～70% 时，生产 1t 小麦籽粒地上部 N、P、K 养分需求是一定的，分别为 25.4kg、4.8kg、19.5kg；氮、磷、钾肥的平均产量反应分别为 2.0t/hm²、0.9t/hm²、0.7t/hm²，平均农学效率分别为 9.9kg/kg、9.8kg/kg、7.2kg/kg。构建了基于产量反应和农学效率的养分推荐模型，研发了小麦养分专家系统。田间验证试验表明，与农户习惯施肥、测土施肥相比，NE 处理产量分别增加了 2.5%、0，分别平均减施氮肥 41.0%、22.3%，分别平均减施磷肥 30.3%、15.3%，分别提高氮肥回收率 13.5 个百分点、4.8 个百分点。

（3）玉米养分推荐方法

汇总了 2001～2015 年玉米主产区的 5556 个田间试验，模拟了玉米最佳养分吸收，并于 2010～2018 年开展了 752 个玉米 NE 系统田间验证试验。当目标产量达到潜在产量的 60%～70% 时，生产 1t 玉米籽粒地上部 N、P、K 养分需求是一定的，春玉米分别为 16.5kg、3.6kg、14.1kg；夏玉米分别为 17.7kg、4.0kg、15.7kg；氮、磷、钾肥的平均产量反应分别为 2.4t/hm²、1.4t/hm²、1.3t/hm²，平均农学效率分别为 12.7kg/kg、18.4kg/kg、15.1kg/kg。构建了基于产量反应和农学效率的养分推荐模型，研发了玉米养分专家系统。田间验证试验表明，与农户习惯施肥、测土施肥相比，NE 处理产量分别增加了 4.0%、1.0%，分别平均减施氮肥 30.1%、14.5%，分别平均减施磷肥 16.9%、7.8%，分别提高氮肥回收率 10.8 个百分点、4.3 个百分点。

（4）马铃薯养分推荐方法

汇总了 2000～2016 年马铃薯主产区的 524 个田间试验，模拟了马铃薯最佳养分吸收，并于 2017～2018 年开展了 143 个马铃薯 NE 系统田间验证试验。当目标产量达到潜在产量的 60%～70% 时，生产 1t 马铃薯块茎植株 N、P、K 养分需求是一定的，分别为 3.6kg、0.6kg、3.0kg；氮、磷、钾肥的平均产量反应分别为 8.6t/hm²、5.9t/hm²、6.6t/hm²，平均农学效率分别为 52.2kg/kg、58.5kg/kg、42.3kg/kg。构建了基于产量反应和农学效率的养分推荐模型，研发了马铃薯养分专家系统。田间验证试验表明，与农户习惯施肥、测土施肥相比，NE 处理产量分别增加了 5.4%、5.6%，分别平均减施氮肥 32.6%、11.3%，分别平均减施磷肥 −25.7%、5.8%，分别提高氮肥回收率 10.7 个百分点、6.4 个百分点。

（5）茶叶养分推荐方法

汇总了 2000～2019 年茶叶主产区的 142 个田间试验，模拟了茶叶最佳养分吸收，并于 2017～2019 年开展了 30 个茶叶 NE 系统田间验证试验。当目标产量达到潜在产量的 60%～70% 时，生产 1t 茶青茶树地上部 N、P、K 养分需求是一定的，分别为 11.5kg、1.1kg、4.2kg；氮、磷、钾肥的平均产量反应分别为 0.9t/hm²、0.8t/hm²、0.7t/hm²，平均农学效率分别为 2.9kg/kg、6.2kg/kg、4.7kg/kg。构建了基于产量反应和农学效率的养分推荐模型，研发了茶叶养分专家系统。田间验证试验表明，与农户习惯施肥、测土施肥相比，NE 处理产量分别增加了 21.4%、18.0%，分别平均减施氮肥 26.0%、9.7%，分别平均减施磷肥 21.3%、16.0%，分别提高氮肥偏生产力 4.4kg/kg、2.1kg/kg。

（6）油菜养分推荐方法

汇总了 2005～2016 年油菜主产区的 1756 个田间试验，模拟了油菜最佳养分吸收，并于 2017～2019 年开展了 16 个油菜 NE 系统田间验证试验。当目标产量达到潜在产量的 60%～70% 时，生产 1t 油菜籽粒地上部 N、P、K 养分需求是一定的，分别为 45.9kg、8.0kg、57.0kg；氮、磷、钾肥的平均产量反应分别为 1.1t/hm²、0.6t/hm²、0.4t/hm²，平均农学效率分别为 6.3kg/kg、8.3kg/kg、4.8kg/kg。构建了基于产量反应和农学效率的养分推荐模型，研发了油菜养分专家系统。田间验证试验表明，与农户习惯施肥、测土施肥相比，NE 处理产量分别增加了 6.7%、11.4%，分别平均减施氮肥 4.6%、−3.0%，分别平均减施磷肥 0、4.4%，分别提高氮肥回收率 4.0 个百分点、0.7 个百分点。

（7）棉花养分推荐方法

汇总了 1990～2019 年棉花主产区的 624 个田间试验，模拟了棉花最佳养分吸收，并于 2017～2019 年开展了 25 个棉花 NE 系统田间验证试验。由于新疆棉区和国内其他棉区的产量与养分吸收量差异很大，因此将研究区域分为新疆棉区和其他地区。当目标产量达到潜在产量的 60%～70% 时，生产 1t 籽棉地上部 N、P、K 养分需求是一定的，新疆棉区分别为 27.8kg、

6.1kg、28.6kg，其他地区为 41.2kg、6.4kg、35.2kg；新疆棉区氮、磷、钾肥的平均产量反应分别为 1.7t/hm²、1.1t/hm²、0.8t/hm²，平均农学效率分别为 7.4kg/kg、9.4kg/kg、19.1kg/kg，其他地区氮、磷、钾肥的平均产量反应分别为 1.0t/hm²、0.5t/hm²、0.7t/hm²，平均农学效率分别为 4.0kg/kg、5.2kg/kg、4.1kg/kg。构建了基于产量反应和农学效率的养分推荐模型，研发了棉花养分专家系统。田间验证试验表明，与农户习惯施肥、测土施肥相比，NE 处理产量分别增加了 4.9%、0，分别平均减施氮肥 37.3%、18.5%，分别平均减施磷肥 37.3%、29.3%，分别提高氮肥回收率 17.6 个百分点、11.9 个百分点。

（8）大豆养分推荐方法

汇总了 2000～2017 年大豆主产区的 648 个田间试验，模拟了大豆最佳养分吸收，并于 2017～2019 年开展了 35 个大豆 NE 系统田间验证试验。当目标产量达到潜在产量的 60%～70% 时，生产 1t 大豆籽粒地上部 N、P、K 养分需求是一定的，分别为 55.4kg、7.9kg、20.1kg；氮、磷、钾肥的平均产量反应均为 0.4t/hm²，平均农学效率分别为 8.6kg/kg、7.1kg/kg、7.5kg/kg。构建了基于产量反应和农学效率的养分推荐模型，研发了大豆养分专家系统。田间验证试验表明，与农户习惯施肥、测土施肥相比，NE 处理产量分别增加了 27.4%、17.9%，分别平均减施氮肥 –51.3%、1.7%，分别平均减施磷肥 –11.3%、11.9%，分别提高氮肥偏生产力 12.2kg/kg、12.8kg/kg，分别提高氮肥回收率 12.7 个百分点、2.9 个百分点。

（9）花生养分推荐方法

汇总了 1993～2018 年花生主产区的 315 个田间试验，模拟了花生最佳养分吸收，并于 2017～2019 年开展了 14 个花生 NE 系统田间验证试验。当目标产量达到潜在产量的 60%～70% 时，生产 1t 花生荚果植株 N、P、K 养分需求是一定的，分别为 38.2kg、4.4kg、14.3kg；氮、磷、钾肥的平均产量反应分别为 0.9t/hm²、0.5t/hm²、0.6t/hm²，平均农学效率分别为 8.9kg/kg、7.1kg/kg、5.4kg/kg。构建了基于产量反应和农学效率的养分推荐模型，研发了花生养分专家系统。田间验证试验表明，与农户习惯施肥、测土施肥相比，NE 处理产量分别增加了 15.4%、4.7%，分别平均减施氮肥 40.2%、30.7%，分别平均减施磷肥 32.0%、15.0%，分别提高氮肥回收率 23.3 个百分点、7.2 个百分点。

（10）甘蔗养分推荐方法

汇总了 1995～2019 年甘蔗主产区的 164 个田间试验，模拟了甘蔗最佳养分吸收，并于 2017～2019 年开展了甘蔗 NE 系统田间验证试验。当目标产量达到潜在产量的 60%～70% 时，生产 1t 蔗茎地上部 N、P、K 养分需求是一定的，分别为 1.70kg、0.21kg、2.52kg；氮、磷、钾肥的平均产量反应分别为 24.5t/hm²、16.2t/hm²、19.8t/hm²，平均农学效率分别为 66.2kg/kg、99.4kg/kg、58.8kg/kg。构建了基于产量反应和农学效率的养分推荐模型，研发了甘蔗养分专家系统。田间验证试验表明，与农户习惯施肥、测土施肥相比，NE 处理产量分别增加了 6.4%、10.1%，分别平均减施氮肥 3.5%、–3.7%，分别平均减施磷肥 48.9%、37.8%，分别提高氮肥回收率 7.8 个百分点、7.9 个百分点。

（11）番茄养分推荐方法

汇总了 2000～2016 年设施番茄的 286 个田间试验，模拟了番茄最佳养分吸收，并于 2018～2019 年开展了 12 个番茄 NE 系统田间验证试验。当目标产量达到潜在产量的 60%～70% 时，生产 1t 番茄地上部 N、P、K 养分需求是一定的，分别为 2.19kg、0.56kg、3.36kg；氮、磷、钾肥的平均产量反应分别为 12.9t/hm²、12.0t/hm²、8.7t/hm²，平均农学效率分别为 43.8kg/kg、51.5kg/kg、44.9kg/kg。构建了基于产量反应和农学效率的养分推荐模型，研发了番茄养分专家系统。田间验证试验表明，与农户习惯施肥、测土施肥相比，NE 处理产量分别增加了 4.2%、4.3%，分别平均减施氮肥 26.8%、18.5%，分别平均减施磷肥 55.8%、31.4%，分别平均减施钾肥 13.4%、16.5%，分别提高氮肥回收率 5.7 个百分点、5.1 个百分点，分别提高磷肥回收率 5.8 个百分点、5.3 个百分点，分别提高钾肥回收率 4.8 个百分点、4.9 个百分点。

（12）白菜养分推荐方法

汇总了 2000～2018 年露地白菜的 372 个田间试验，模拟了白菜最佳养分吸收，并于 2018～2019 年开展了白菜 NE 系统田间验证试验。当目标产量达到潜在产量的 50%～60% 时，生产 1t 白菜地上部 N、P、K 养分需求是一定的，分别为 1.96kg、0.41kg、2.39kg；氮、磷、钾肥的平均产量反应分别为 26.6t/hm²、13.9t/hm²、16.6t/hm²，平均农学效率分别为 114.3kg/kg、108.5kg/kg、89.4kg/kg。构建了基于产量反应和农学效率的养分推荐模型，研发了白菜养分专家系统。田间验证试验表明，与农户习惯施肥、测土施肥相比，NE 处理产量分别增加了 8.6%、7.7%，分别平均减施氮肥 19.7%、-2.4%，分别平均减施磷肥 39.8%、-6.0%，分别提高氮肥回收率 14.6 个百分点、4.7 个百分点。

（13）萝卜养分推荐方法

汇总了 2000～2017 年露地萝卜的 247 个田间试验，模拟了萝卜最佳养分吸收，并于 2018～2019 年开展了 46 个萝卜 NE 系统田间验证试验。当目标产量达到潜在产量的 50%～60% 时，生产 1t 萝卜肉质根植株 N、P、K 养分需求是一定的，分别为 2.15kg、0.45kg、2.58kg；氮、磷、钾肥的平均产量反应分别为 17.7t/hm²、10.4t/hm²、10.3t/hm²，平均农学效率分别为 104.7kg/kg、105.0kg/kg、69.5kg/kg。构建了基于产量反应和农学效率的养分推荐模型，研发了萝卜养分专家系统。田间验证试验表明，与农户习惯施肥、测土施肥相比，NE 处理产量分别增加了 4.2%、3.9%，分别平均减施氮肥 37.8%、23.0%，分别平均减施磷肥 56.4%、34.1%，分别提高氮肥回收率 11.4 个百分点、7.0 个百分点。

（14）大葱养分推荐方法

汇总了 2000～2019 年大葱主产区的 134 个田间试验，模拟了大葱最佳养分吸收，并于 2018～2019 年开展了 12 个大葱 NE 系统田间验证试验。当目标产量达到潜在产量的 60%～70% 时，生产 1t 大葱植株 N、P、K 养分需求是一定的，分别为 1.92kg、0.28kg、1.69kg；氮、磷、钾肥的平均产量反应分别为 18.4t/hm²、7.1t/hm²、8.5t/hm²，平均农学效率分别为 68.1kg/kg、67.3kg/kg、42.1kg/kg。构建了基于产量反应和农学效率的养分推荐模型，研发了大葱养分专家系统。田间验证试验表明，与农户习惯施肥、测土施肥相比，NE 处理产量分别增加了 2.2%、5.7%，分别平均减施氮肥 15.9%、4.0%，分别平均减施磷肥 52.5%、34.8%，分别提高氮肥回收率 9.5 个百分点、7.4 个百分点。

（15）苹果养分推荐方法

汇总了 2002～2019 年苹果主产区的 272 个田间试验，模拟了苹果最佳养分吸收，并于 2017～2019 年开展了苹果 NE 系统田间验证试验。当目标产量达到潜在产量的 50%～60% 时，生产 1t 苹果地上部 N、P、K 养分需求是一定的，分别为 3.1kg、0.4kg、2.9kg；氮、磷、钾肥的平均产量反应分别为 8.7t/hm²、5.8t/hm²、7.6t/hm²，平均农学效率分别为 17.4kg/kg、26.2kg/kg、16.3kg/kg。构建了基于产量反应和农学效率的养分推荐模型，研发了苹果养分专家系统。田间验证试验表明，与农户习惯施肥、测土施肥相比，NE 处理产量分别增加了 17.3%、1.4%，分别平均减施氮肥 41.9%、20.8%，分别平均减施磷肥 37.0%、25.0%，分别平均减施钾肥 43.6%、29.7%，分别提高氮肥农学效率 6.7kg/kg、2.5kg/kg。

（16）柑橘养分推荐方法

汇总了 2000~2019 年柑橘主产区的 107 个田间试验，模拟了柑橘最佳养分吸收，并于 2018~2019 年开展了柑橘 NE 系统田间验证试验。当目标产量达到潜在产量的 50%~60% 时，生产 1t 柑橘地上部 N、P、K 养分需求是一定的，分别为 4.9kg、0.6kg、2.9kg；氮、磷、钾肥的平均产量反应分别为 7.3t/hm^2、5.1t/hm^2、4.1t/hm^2，平均农学效率分别为 16.7kg/kg、31.6kg/kg、13.8kg/kg。构建了基于产量反应和农学效率的养分推荐模型，研发了柑橘养分专家系统。田间验证试验表明，与农户习惯施肥相比，NE 处理产量增加了 20.3%，平均减施氮肥 25.4%，平均减施磷肥 17.5%，氮肥偏生产力增加 22.1kg/kg。

（17）梨养分推荐方法

汇总了 2000~2016 年梨主产区的 151 个田间试验，模拟了梨最佳养分吸收，并于 2017~2019 年开展了梨 NE 系统田间验证试验。当目标产量达到潜在产量的 60%~70% 时，生产 1t 梨地上部 N、P、K 养分需求是一定的，分别为 2.1kg、0.5kg、2.1kg；氮、磷、钾肥的平均产量反应分别为 13.3t/hm^2、12.6t/hm^2、12.0t/hm^2，平均农学效率分别为 20.9kg/kg、32.3kg/kg、19.1kg/kg。构建了基于产量反应和农学效率的养分推荐模型，研发了梨养分专家系统。田间验证试验表明，与农户习惯施肥、测土施肥相比，NE 处理产量分别增加了 18.3%、6.7%，分别平均减施氮肥 33.3%、28.2%，分别平均减施磷肥 37.3%、13.5%，分别提高氮肥农学效率 18.7kg/kg、12.6kg/kg。

（18）桃养分推荐方法

汇总了 2000~2019 年桃主产区的 240 个田间试验，模拟了桃最佳养分吸收，并于 2017~2019 年开展了桃 NE 系统田间验证试验。当目标产量达到潜在产量的 60%~70% 时，生产 1t 桃地上部 N、P、K 养分需求是一定的，分别为 2.59kg、0.25kg、3.30kg；氮、磷、钾肥的平均产量反应分别为 7.7t/hm^2、7.8t/hm^2、7.8t/hm^2，平均农学效率分别为 21.7kg/kg、50.6kg/kg、22.9kg/kg。构建了基于产量反应和农学效率的养分推荐模型，研发了桃养分专家系统。田间验证试验表明，与农户习惯施肥相比，NE 处理产量增加了 29.1%，平均减施氮肥 8.5%，平均减施磷肥 16.7%，氮肥农学效率增加 27.0kg/kg。

（19）葡萄养分推荐方法

汇总了 1989~2019 年葡萄主产区的 186 个田间试验，模拟了葡萄最佳养分吸收，并于 2017~2019 年开展了葡萄 NE 系统田间验证试验。当目标产量达到潜在产量的 60%~70% 时，生产 1t 葡萄地上部 N、P、K 养分需求是一定的，分别为 2.2kg、0.6kg、2.7kg；氮、磷、钾肥的平均产量反应分别为 4.7t/hm^2、4.3t/hm^2、4.1t/hm^2，平均农学效率分别为 22.8kg/kg、14.5kg/kg、18.1kg/kg。构建了基于产量反应和农学效率的养分推荐模型，研发了葡萄养分专家系统。田间验证试验表明，与农户习惯施肥、测土施肥相比，NE 处理产量分别增加了 2.2%、0.6%，分别平均减施氮肥 25.8%、13.1%，分别平均减施磷肥 22.7%、20.5%，分别提高氮肥农学效率 4.4kg/kg、4.1kg/kg。

（20）香蕉养分推荐方法

汇总了 1992~2019 年香蕉主产区的 198 个田间试验，模拟了香蕉最佳养分吸收，并于 2017~2019 年开展了香蕉 NE 系统田间验证试验。当目标产量达到潜在产量的 70%~80% 时，生产 1t 香蕉地上部 N、P、K 养分需求是一定的，分别为 3.3kg、0.9kg、15.6kg；氮、磷、钾肥的平均产量反应分别为 11.5t/hm^2、3.8t/hm^2、13.9t/hm^2，平均农学效率分别为 15.6kg/kg、17.8kg/kg、9.6kg/kg。构建了基于产量反应和农学效率的养分推荐模型，研发了香蕉养分专系统。田间验证试验表明，与农户习惯施肥、测土施肥相比，NE 处理产量分别增加了 18.8%、1.3%，分别平均减施氮肥 31.0%、18.8%，分别平均减施磷肥 45.8%、27.7%，分别平均减施钾肥 33.4%、26.1%，分别提高氮肥农学效率 9.0kg/kg、2.6kg/kg，分别提高磷肥农学效率 8.0kg/kg、6.4kg/kg。

（21）荔枝养分推荐方法

汇总了 1979~2019 年荔枝主产区的 144 个田间试验，模拟了荔枝最佳养分吸收，并于 2018~2019 年开展了荔枝 NE 系统田间验证试验。当目标产量达到潜在产量的 70%~80% 时，生产 1t 荔枝地上部 N、P、K 养分需求是一定的，分别为 2.2kg、0.3kg、2.3kg；氮、磷、钾肥的平均产量反应分别为 6.1t/hm²、5.7t/hm²、5.4t/hm²，平均农学效率分别为 23.3kg/kg、78.4kg/kg、20.8kg/kg。构建了基于产量反应和农学效率的养分推荐模型，研发了荔枝养分专家系统。田间验证试验表明，与农户习惯施肥、测土施肥相比，NE 处理产量分别增加了 7.8%、25.2%，分别平均减施氮肥 39.2%、26.2%，分别平均减施磷肥 88.9%、61.5%，分别平均减施钾肥 48.4%、40.7%，分别提高氮肥偏生产力 22.9kg/kg、25.2kg/kg。

（22）西瓜养分推荐方法

汇总了 2000~2019 年西瓜主产区的 253 个田间试验，模拟了西瓜最佳养分吸收，并于 2018~2019 年开展了西瓜 NE 系统田间验证试验。当目标产量达到潜在产量的 50%~60% 时，生产 1t 西瓜地上部 N、P、K 养分需求是一定的，分别为 2.5kg、0.33kg、3.6kg；氮、磷、钾肥的平均产量反应分别为 10.1t/hm²、8.7t/hm²、6.4t/hm²，平均农学效率分别为 45.6kg/kg、60.1kg/kg、36.1kg/kg。构建了基于产量反应和农学效率的养分推荐模型，研发了西瓜养分专家系统。田间验证试验表明，与农户习惯施肥、测土施肥相比，NE 处理产量分别增加了 21.1%、10.2%，分别平均减施氮肥 46.2%、7.6%，分别平均减施磷肥 48.9%、3.3%，分别提高氮肥回收率 17.0 个百分点、7.8 个百分点。

（23）甜瓜养分推荐方法

汇总了 1999~2019 年甜瓜主产区的 210 个田间试验，模拟了甜瓜最佳养分吸收，并于 2017~2019 年开展了 45 个甜瓜 NE 系统田间验证试验。当目标产量达到潜在产量的 60%~70% 时，生产 1t 甜瓜地上部 N、P、K 养分需求是一定的，分别为 3.1kg、0.4kg、3.3kg；氮、磷、钾肥的平均产量反应分别为 9.9t/hm²、3.6t/hm²、2.9t/hm²，平均农学效率分别为 35.7kg/kg、28.3kg/kg、20.0kg/kg。构建了基于产量反应和农学效率的养分推荐模型，研发了甜瓜养分专家系统。田间验证试验表明，与农户习惯施肥、测土施肥相比，NE 处理产量分别增加了 5.4%、2.9%，分别平均减施氮肥 26.4%、17.0%，分别平均减施磷肥 44.2%、35.2%，分别提高氮肥农学效率 16.3kg/kg、10.3kg/kg。

1.2　区域尺度养分推荐方法与限量研究

从方法论的角度来看，区域尺度养分推荐主要包括基于农学效应的"自下而上"（bottom up）、基于环境安全的"自上而下"（top down）两类方法。

1. "自下而上"基于农学效应的县域养分限量标准

（1）区域尺度养分推荐方法的建立

基于华北平原 156 个设置 5 个氮水平的小麦田间试验，首先运用生命周期评价（life cycle assessment，LCA）方法定量了小麦生产过程中各个氮水平处理的经济效益及环境成本。然后结合区域推荐施氮方法，即 MRTN（maximum return to N）方法，估算农学优化施氮量（AOR，最小施氮量实现最大产量）、经济优化施氮量（POR，最小施氮量实现最大经济效益）、环境优化施氮量（EOR，最小施氮量实现最大生态效益）、社会优化施氮量（SOR，最小施氮量实现最大社会效益）。EOR 和 SOR 综合考虑了生态效益与社会效益来评估氮肥投入的效益。生态效益是指增产效益减去氮肥成本和环境成本，环境成本包括富营养化、土壤酸化和温室气体排放成本；社会效益是指在生态效益的基础上减去人类健康成本。最后评估了 EOR 和 SOR 在小麦生产中的实现潜力。研究表明，氮肥投入的农学、经济、环境及社会优化施氮量（N）平均分别为 279kg/hm²、230kg/hm²、175kg/hm² 和 148kg/hm²。相比于传统 AOR，POR、EOR 可显著降低氮肥用量 24%～37%，但农学效益、经济效益没有显著降低；同时 EOR 的活性氮损失降低了 31%～51%，氮肥生产力增加了 40%～69%（$P < 0.05$）；而 SOR 的氮肥用量可进一步降低 36%～47%，活性氮损失大幅度降低 44%～51%，同时氮肥生产力增加了 63%～96%，但产量略微降低了 4.4%～4.9%。AOR、POR、EOR 和 SOR 的社会效益分别为 166\$/hm²、265\$/hm²、319\$/hm² 和 333\$/hm²。可以发现，在环境效益最高的附近，氮肥投入的效益并不会随氮肥用量的变化大幅降低，而氮肥投入的成本则随着氮肥用量的增加而大幅增加。

通过 2938 个农户的调研数据发现，小麦产量平均为 6.1t/hm²，变异范围为 3.4～8.3t/hm²。施氮量平均为 284kg N/hm²，变异范围为 102～573kg N/hm²。估算的活性氮损失为 89.6kg N/hm²，占氮肥用量的 31.5%。假设所有农户实现 EOR，相比于农户传统施氮量，作物产量可以增加 12%，氮肥用量降低 38%，氮肥偏生产力增加 105%，同时活性氮损失量及损失强度分别降低 54% 和 61%。在 2938 个农户实际生产中，1585 个农户（54%）实现了 EOR 水平的产量（6.86t/hm²），1103 个农户（38%）实现了 EOR 水平的氮肥用量（175kg N/hm²），474 个农户（16%）同时实现了 EOR 水平的产量与氮肥用量。此外，假设所有农户实现 SOR，相比于农户传统施氮量，作物产量可以增加 10%，氮肥用量降低 49%，氮肥偏生产力增加 138%，同时活性氮损失及损失强度分别降低 63% 和 66%。在 2938 个农户实际生产中，1826 个农户（62%）实现了 SOR 水平的产量（6.73t/hm²），591 个农户（20%）实现了 SOR 水平的氮肥用量，仅有 139 个农户（4.7%）同时实现了 SOR 水平的产量与氮肥用量。

（2）我国三大粮食作物区域尺度的氮肥优化推荐

共搜集整理了 2005～2014 年的 27 476 个试验站点的数据，其中玉米为 9362 个、水稻为 10 310 个、小麦为 7804 个，试验点遍布 28 个省（自治区、直辖市）的 1136 个县（市、区）（玉米）、24 个省（自治区、直辖市）的 963 个县（市、区）（水稻）、22 个省（自治区、直辖市）的 894 个县（市、区）（小麦）的农业主产区，包括从温带到亚热带、从干旱到半干旱再到湿润地区的各种气候条件和种植制度（如作物类型、轮作、雨养或灌溉条件）。结果显示，全国玉米、水稻、小麦的 SOR 平均分别为 157kg/hm²、149kg/hm²、160kg/hm²。

2. "自上而下"基于环境安全的县域氮肥限量标准

（1）基于机器学习多因子模型的县域硝态氮淋洗及氨挥发预测

通过对中国知网、Web of Science 等中英文数据库进行检索，收集 1990 年 1 月至 2020 年 1 月发表的有关中国粮食作物（玉米、小麦、水稻）、果树和蔬菜、其他作物的农田硝态氮（NO_3^--N）淋洗、氨（NH_3）挥发的文献。经过筛选，作物硝态氮淋洗共收集了 102 篇文献，356 个观测值，其中玉米硝态氮淋洗共 41 篇文献，198 个观测值。作物氨挥发共收集了

165 篇文献，759 个观测值。采用随机森林（random forest，RF）模型，建立数据集中响应变量（NO_3^--N 淋洗因子、NH_3 挥发因子）与控制变量 [包括气候（生育期降水、蒸散量和平均温度）、土壤（土壤质地、pH、全氮、有机质）和氮平衡] 之间的关系。通过十倍交叉验证对 RF 模型预测的 NO_3^--N 淋洗因子、NH_3 挥发因子进行了评估。数据集被分为 10 个大小相等的子集，其中 7/10 的数据用于构建 RF 模型，剩余 3/10 数据用于测试，预测 NO_3^--N 淋洗因子、NH_3 挥发因子。另外，通过标准均方根误差（nRMSE）、相关系数（R^2）评估模型的准确性。根据回归树的均方误差增加百分比（%IncMSE）对控制变量影响大小进行排序。基于 198 个观测值，玉米平均 NO_3^--N 淋洗量为 28.9kg/hm²，平均 NO_3^--N 淋洗因子为 13.7%。运用 RF 模型预测，实测与预测的淋洗因子相关系数（R^2）为 0.83，其训练集和测试集的相关系数分别为 0.86 和 0.72，处于较高的水平；其标准均方根误差（nRMSE）为 28%。说明 RF 模型预测精度较高，在大尺度区域上可较好地预测 NO_3^--N 淋洗量和淋洗因子。

基于县域尺度农户调研数据，提取作物产量和氮肥用量，估算地上部分氮素吸收及氮素平衡（氮肥用量减去地上部分氮素吸收）。以上述影响因素作为输入变量建立 RF 模型，预测全国县域尺度玉米 NO_3^--N 淋洗量。当前，中国玉米县域面积加权平均氮肥用量为 208kg N/hm²，面积加权平均 NO_3^--N 淋洗量为 27.6kg N/hm²，其中 13.6% 的氮肥用量通过淋洗损失。预测的 NO_3^--N 淋洗量和淋洗因子均随着氮肥用量的增加而增加。

基于有关中国作物氨挥发的 165 篇文献、320 个年点和 747 个观测值，中国农田 NH_3 挥发量平均为 29.9kg N/hm²，挥发因子为 11.2%。在不同作物体系中，NH_3 挥发量与挥发因子差异较大。水稻的 NH_3 挥发量与挥发因子最高（$P < 0.05$），挥发量为 49.3kg N/hm²，挥发因子为 20.7%；其次为旱地作物（玉米、小麦），挥发量为 14.0kg N/hm²，挥发因子为 8.0%；蔬菜和果树的 NH_3 挥发量及挥发因子较低，挥发量为 24.7kg N/hm²，挥发因子为 4.7%。水稻、旱地作物、蔬菜和果树的 NH_3 挥发因子的实测值与预测值相关系数（R^2）分别为 0.85、0.81、0.93，处于较高的水平；标准均方根误差（nRMSE）分别为 19%、27%、20%。因此，RF 模型在大尺度区域上亦可较好地预测 NH_3 挥发量和挥发因子。

（2）基于粮食安全及环境阈值的定量氮肥投入

运用水分平衡方法定量地下水渗漏量，通过提取每个县高产农户（产量前 5% 的农户）的产量，估算其地上部氮素吸收量，以及高产农户基于地下水安全的临界氮肥用量（N_{cri}），根据 TOP5% 产量确定优化氮肥用量（N_{opt}），判断每个县临界氮肥用量是否超过优化氮肥用量。通过 Meta 分析，定量增施氮肥降低玉米 NO_3^--N 淋洗的潜力。估算 NO_3^--N 淋洗安全阈值的面积加权平均值为 18.8kg N/hm²，其空间分布特征与生育期降水量及水分平衡相似，呈现为西南较高、西北较低。

相比于当前全国县域平均 NO_3^--N 淋洗量（27.6kg N/hm²），基于地下水安全的 NO_3^--N 淋洗安全阈值的县域平均值低了 32%。县域尺度的 NO_3^--N 淋洗量及安全阈值的空间分布表现出较大差异。相比较而言，在生产玉米的 1406 个县中，56% 的县（788 个县）NO_3^--N 淋洗量超过安全阈值。在 788 个县中，临界氮肥用量为 111kg N/hm²，远低于这些县当前的氮肥用量（224kg N/hm²）。根据当前农户的生产水平，全国 1406 个县临界氮肥用量为 142kg N/hm²，比当前的氮肥用量低了 32%，相应的产量为 5.5t/hm²。

以玉米优化管理为例，在高产农户中，面积加权平均产量和氮肥用量分别为 9.8t/hm² 和 218kg N/hm²，相应的平均 NO_3^--N 淋洗量为 30.5kg N/hm²。通过优化施肥管理，1406 个县的高产农户平均优化氮肥用量为 154kg N/hm²，比当前农户的氮肥用量低了 26%。优化管理条件

下的 NO_3^--N 淋洗量为 12.9kg N/hm^2，比 NO_3^--N 淋洗安全阈值低了 31%。在优化氮肥管理下，玉米平均产量为 7.6t/hm^2。

1.3 有机肥料替代化学养分机制

我国畜禽粪尿等有机肥资源丰富，进行还田替代化肥养分是其资源化利用的最直接途径。为确保有机肥高效、安全还田，本研究在阐明我国畜禽粪尿养分资源量、分布及其利用潜力的基础上，通过有机肥原位矿化试验和有机肥替代化肥长期定位试验，并利用荧光微孔板酶检测技术、磷脂脂肪酸分析技术、^{15}N 同位素示踪技术、定量 PCR、高通量测序技术等方法，揭示了有机肥降解过程中土壤胞外酶活性、磷脂脂肪酸组成、氨氧化微生物及微生物群落结构演替的变化；根据有机肥替代化肥的效应，计算了不同粮食作物、经济作物、蔬菜和果树的适宜有机氮素替代率；根据有机肥中重金属和抗生素的含量状况及其对土壤与作物的影响，建立了土壤重金属阈值和有机肥安全施用的环境容量确定方法。

（1）畜禽粪尿养分资源量和利用潜力

通过汇总中国统计数据和公开发表的文献资料，明确了我国畜禽粪尿总量为 31.6 亿 t，氮（N）、磷（P_2O_5）、钾（K_2O）养分资源总量分别达到 1478.0 万 t、901.0 万 t、1453.9 万 t，其中畜禽粪尿量以猪最大，其次为肉牛、奶牛，分别占总量的 36.8%、24.8%、9.9%，粪尿养分总资源量以猪最大，其次为肉牛、羊，分别占总量的 28.2%、22.8%、15.0%。粪尿量和养分资源量以西南、华北地区较多，粪尿量分别占全国总量的 22.3%、21.5%，养分资源量分别占全国总量的 21.3%、21.9%，以四川、河南和山东较多。畜禽粪尿全量还田氮、磷、钾养分输入量分别为 811.9 万 t（N）、856.5 万 t（P_2O_5）、849.5 万 t（K_2O），可替代化学养分的潜力分别为 45.3%、106.8% 和 76.5%。

（2）有机肥替代化肥的微生物学机制

影响有机肥矿化分解的最重要因素是真菌的丰富度，其次为真菌的多样性和群落结构，而细菌的影响较小；土壤真菌种群进入有机肥后存在被选择的过程，只有能降解有机肥中复杂有机质的真菌种群才能生存下来；子囊菌门（Ascomycota）是有机肥矿化过程中的优势真菌门，真菌中参与有机肥矿化的优势功能种群包括丛枝菌根真菌、外生菌根真菌、附生真菌、地衣共生真菌及其他未定义功能菌群。稻田有机肥替代化肥显著提高了与土壤碳氮循环相关的胞外酶活性和微生物量，16:1ω5c（甲烷氧化菌）、16:1ω7c（氨氧化细菌）和 18:1ω7c（假单胞菌）3 种生物标记在氮素有机替代施肥制度中发挥着重要作用；长期氮素有机替代下，氨氧化细菌对土壤硝化潜势的影响高于氨氧化古菌，表明其主导着稻田氨氧化过程。随氮素有机替代比例的提高，固氮微生物丰度显著下降，但对固氮潜势没有显著影响。早稻季 pH 和 Fe^{2+}/Mo 是影响固氮微生物群落结构的主要因子；而晚稻季则为铵态氮和 TN（总氮）/AP（有效磷）。慢生根瘤菌属（Bradyrhizobium）和地杆菌属（Geobacter）是稻田固氮微生物的优势属；相比于共现网络模式或核心物种模式，土壤 C/N 和 Fe^{2+}/Mo 模型能够更好地预测固氮潜势。

（3）有机肥对化学养分的替代率

在全国不同作物种植区域，设置不同有机氮素替代比例试验，通过研究其对产量和氮肥效率的影响，得出短期水稻、油菜、棉花、梨和柑橘的有机氮肥对化学氮肥的适宜替代率约为 20%，短期小麦、玉米、辣椒和白菜的适宜替代率约为 30%；有机替代下不同作物的氮肥回收率提高了 10～16 个百分点。

（4）有机肥施用的重金属环境阈值及容量

根据土壤重金属静态环境容量模型计算，不同土壤类型中 Cd、Cr、As[①]、Pb、Cu 和 Zn 阈值分别为 $0.242 \sim 0.333 mg/kg$、$54.421 \sim 126.500 mg/kg$、$20.000 \sim 33.747 mg/kg$、$24.125 \sim 240.000 mg/kg$、$17.960 \sim 200.000 mg/kg$ 和 $108.786 \sim 300.000 mg/kg$。基于土壤重金属环境容量及有机肥重金属含量，估算了不同施用年限情况下有机肥安全施用的土壤环境容量：10 年和 100 年施用年限下不同土壤有机肥环境容量分别是 $18.4 \sim 244.3 t/(hm^2 \cdot a)$ 和 $1.8 \sim 4.9 t/(hm^2 \cdot a)$。

1.4 秸秆还田养分高效利用机制

针对秸秆还田腐解过程中碳氮转化缓慢、对其驱动机制缺乏深入认识及秸秆还田的化肥减施效应不明确等问题，开展了秸秆还田养分高效利用机制研究。在了解我国秸秆养分资源量、分布及其利用潜力的基础上，通过秸秆埋袋分解试验和田间小区试验，分别在旱地和水田明确了秸秆还田腐解过程中的养分释放规律、碳氮互作机制、微生物群落结构演替特征，阐明了促腐菌剂、硅藻土、Mn^{2+} 促进秸秆快速降解的效应及机制；在全国不同种植区域主要粮食作物上开展田间试验，提出了秸秆还田下化肥适宜的减施比例。

（1）秸秆养分资源量和利用潜力

通过汇总中国统计数据和公开发表的文献资料，明确了我国主要农作物秸秆资源量为 7.2 亿 t，氮（N）、磷（P_2O_5）、钾（K_2O）养分资源总量分别达到 625.7 万 t、197.9 万 t、1159.4 万 t，养分资源量以水稻、小麦和玉米三大粮食作物较多，分别占总量的 28.9%、19.9% 和 37.5%。玉米秸秆氮和磷养分资源量最高，分别占氮和磷养分资源总量的 37.4% 和 41.5%；钾养分资源量以水稻最高，占 36.9%。秸秆还田养分平均输入量为 $54.4 kg\ N/hm^2$、$15.5 kg\ P_2O_5/hm^2$ 和 $88.1 kg\ K_2O/hm^2$，可替代化肥的潜力分别为 38.4%、18.9% 和 85.5%。

（2）秸秆还田养分循环特征和机制

旱地小麦和玉米还田秸秆腐解过程中，质量和碳损失率均呈先大幅增长后趋于平稳的趋势；在秸秆分解过程中，含碳化合物和微生物组成之间的关系根据秸秆类型与分解时间的差异而不同，烷基碳（alkyl C）和甲氧基/含氮烷基碳（N-alkyl/methoxyl C）含量是决定小麦秸秆分解过程中微生物群落组成最重要的因素，而氧烷基碳（O-alkyl C）和异头碳（di-O-alkyl C）含量是玉米秸秆分解过程中微生物群落组成的决定因素。水田稻秆腐解过程中，腐解率随施氮量增加而增加；施氮 $180 kg/hm^2$ 下腐解率最大，同时 *cbhI* 和 *GH48* 基因丰度较高，β-葡萄糖苷酶、β-纤维二糖苷酶和β-木糖苷酶活性较高，表明 *cbhI* 和 *GH48* 基因在水稻秸秆纤维素转化的氮素调节中起重要作用；放线菌门中链霉菌目、链胞菌目和棒状杆菌目是利用稻秆碳源的主要微生物类群，真菌群落子囊菌门中的散囊菌目、煤炱目、粪壳菌目和格孢腔菌目在腐解中后期占主导地位。

（3）秸秆激发分解效应和机制

添加促腐菌剂能提高秸秆腐解相关胞外酶活性和作物产量，有效地促进秸秆腐解和养分释放，其中乙酰氨基葡萄糖苷酶和β-葡萄糖苷酶活性是影响秸秆腐解及养分释放的重要因子，假单胞菌促腐增产效果显著；硅藻土是良好的吸附剂和催化剂载体，可使氮素富集于秸秆表面，用于其降解，在 1% 浓度的硅藻土处理下可实现秸秆当季 70.4% 的降解率和 36.2% 的氮释放

---

① 砷（As）为非金属，鉴于其化合物具有金属属性，本书将其归入重金属一并统计。

率；0.25mg/g Mn^{2+} 处理显著促进秸秆降解和养分释放，其中锰过氧化物酶是影响秸秆降解的直接因素。

（4）秸秆还田下养分高效利用技术

分别在华北小麦–玉米轮作区、长江中下游水稻–小麦轮作区、长江中下游双季稻区及东北玉米单作区设置秸秆还田不同氮肥减施比例试验，得出秸秆还田下水稻、小麦和玉米均可减施氮肥 10% 而作物产量不显著降低。

1.5　养分互作促进氮磷利用的机制

针对我国氮和磷养分普遍过量施用但利用率不高的问题，研究钾、硼、钼、锌促进氮磷利用的效应和机制。通过对比不同用量水平下互作营养元素对作物产量、氮磷养分吸收量、氮磷养分利用率的影响，明确了钾、硼、钼、锌与氮、磷的互作效应，提出了适宜的配施水平和比例；通过测定植株氮磷分配比例、叶片光合速率、氮磷吸收转运相关基因表达量、土壤有效养分转化率、土壤微生物多样性等指标，明确了相关养分互作的机制，为促进钾、硼、钼、锌等养分的高效利用及利用其互作提高氮磷利用率提供理论基础和关键技术。

（1）钾氮互作

在适宜氮水平下，钾肥的施用显著提高了水稻和棉花产量、吸氮量及氮肥利用率，并且随施钾量的增加而提高。这是由于通过氮钾肥配施，光合限制因子中气孔限制、叶肉限制、生化限制分别下调 26.6%～79.9%、24.4%～54.1%、44.1%～75.2%，施钾促进了叶片氮更多地分配到羧化系统氮和电子传递系统氮等光合功能氮部分，进而提高了叶片的净光合速率和光合氮素利用率。同时，氮钾肥配施显著降低了硝酸还原酶、亚硝酸还原酶、羟胺还原酶、一氧化氮还原酶和一氧化二氮还原酶基因表达水平，表明施钾可以抑制土壤硝化作用和反硝化中的脱氮作用，有利于提高土壤氮素的有效性。水稻、棉花的最佳氮钾肥配施水平分别为 175kg N/hm^2 和 120kg K_2O/hm^2、283kg N/hm^2 和 120kg K_2O/hm^2。

（2）硼氮互作

与单施氮肥或硼肥相比，氮硼肥配施显著提高了油菜籽粒产量，但表现出基因型差异：硼低效品种在施硼量 4.5kg 硼砂/hm^2 时产量最高，继续增施对产量无显著影响；硼高效品种产量随施硼量的增加而增加，但过量施硼对产量存在负效应；对于硼不敏感品种，硼用量对产量无影响。缺硼会降低氮素累积量、生理利用率及成熟期氮的再分配，硼敏感型品种这一过程会加剧。在缺硼土壤上，适宜的氮硼肥配施水平为 180～210kg N/hm^2 和 4.5～9.0kg 硼砂/hm^2。

（3）硼磷互作

硼磷互作对油菜产量和磷肥利用率有显著的影响，在低磷条件下，不同基因型均在低硼水平达到最高产量和磷肥偏生产力；在中高磷条件下，硼敏感品种在中高硼水平达最高产量和磷肥偏生产力。在低磷条件下增施硼肥，油菜净光合速率明显降低，磷吸收显著下降，而且向籽粒的分配减少，是产量下降的重要原因；中高磷条件下增施硼肥，促进了硼高效品种磷的吸收和向籽粒的分配；硼水平影响了响应缺磷特异诱导表达基因 *BnaC3.SPX3* 和磷吸收转运基因 *BnaPT10*、*BnaPT11*、*BnaPT35*、*BnaPT37* 的表达，说明合适的硼磷配比有利于油菜体内硼磷内稳态的维持。同时，硼肥施用量显著影响了土壤有效磷含量，增施硼肥可以促进土壤酸性磷酸酶的活性提高，进而促进土壤有机磷的释放，但呈现先增加后降低的趋势。在缺硼土壤上，适宜的磷硼肥配施水平为 75～90kg P_2O_5/hm^2 和 4.5～9.0kg 硼砂/hm^2。

（4）钼氮互作

施钼可加快小麦生长速度，增加有效分蘖，提高氮肥的增产效果和利用率，但小麦适宜施钼水平为 0.75～1.50kg 钼酸铵/hm^2，继续增施钼肥的增产效果不显著。钼通过对根际土壤氮转化过程的调控削弱了根际土壤的反硝化作用，增加了作物对氮的吸收。

（5）钼磷互作

钼磷互作对小麦产量有显著的影响：低磷水平下，钼对小麦产量影响不显著，而在较高磷水平下，施用钼肥显著增加了小麦产量，但增产效果不随着钼肥用量的增加而增加。施钼增加了根际土壤酸性磷酸酶活性，促进了土壤中碱可提取态有机磷向铁结合态磷转化，整体上增加了土壤活性磷库。在缺钼土壤上，适宜的磷钼肥配施水平为 90～150kg P_2O_5/hm^2 和 0.75～1.50kg 钼酸铵/hm^2。

（6）锌氮互作

配施锌肥后，小麦不施氮处理产量和氮累积量显著增加，但对施氮处理则无显著影响；配施锌肥使夏玉米减氮处理的产量、氮肥农学效率和回收率显著增加，而对氮常规处理无显著影响；氮锌配施使春玉米籽粒产量和氮肥回收率均显著高于单施氮肥处理；施用锌肥能够提高水稻产量，促进氮素吸收利用。小麦不同生育期氮含量与锌含量存在正相关关系，适宜的氮锌配比促进氮向水稻地上部的分配；缺锌胁迫下，植株体内铵态氮转运和同化相关蛋白上调表达，而硝态氮转运和同化相关蛋白下调表达，表明锌通过影响不同形态氮的转运与同化进而影响了氮的吸收积累。

（7）锌磷互作

减磷处理下，配施锌肥提高了小麦与夏玉米的氮和磷肥回收率及偏生产力，其中对夏玉米的影响更为明显；磷锌肥配施使春玉米产量、磷累积量和磷肥回收率均显著高于单施磷肥处理，增产幅度为 3.5%～15.8%；在中磷、低磷条件下，施用锌肥 15kg/hm^2 可显著提高水稻产量。但较高的锌水平会抑制根和茎中的磷向叶片输送，分析磷相关基因的表达水平，在缺磷条件下加锌处理提高了根中磷转运基因 *OsPT2* 和 *OsPT8* 的表达量，但降低了水稻地上部磷转运基因的表达量，从而抑制磷从根向地上部的转运，表明只有适宜的磷锌配比才能促进磷高效利用。

1.6　主要作物化肥减施增效技术评价及模式

集成 NE 系统养分推荐、有机肥资源利用、秸秆高效还田、化肥机械深施等技术，综合应用作物专用肥、精制有机肥和微生物肥料等产品，建立了基于 NE+ 的有机替代、秸秆还田和养分增效技术模式，并规模化应用。

1.7　肥料养分限量标准草案

依据基于产量反应和农学效率的养分推荐方法，研究提出了 23 种作物不同目标产量下的肥料养分限量标准，即在土壤养分供应低、中、高状况下分别对应氮、磷、钾养分施用的最高限量、指导用量和最低限量。在区域尺度上，根据作物主产区的区划分布，结合作物产量潜力，提出了主要作物不同目标产量下氮、磷、钾的施肥限量标准。

根据土壤养分状况和作物养分需求特征，研究提出了钾、锌、硼、钼养分高效施用标准，以及钾、锌、硼、钼与氮磷协同增效技术标准。

根据不同作物有机肥替代适宜比例、基于产量反应和农学效率的养分推荐方法，提出了主要作物有机肥施用标准、主要作物轮作体系秸秆还田标准及其配套技术。

第 2 章　基于产量反应与农学效率的养分推荐方法

2.1　基于产量反应与农学效率的养分推荐原理

将施肥后作物的增产效应定义为施肥的产量反应，产量反应通常通过施肥处理与不施肥处理的产量差获得。田间条件下不施肥小区的产量越低，表明基础地力越低，需要施用更多的肥料才能获得高产，因此作物的产量反应就越高；相反基础地力越高，则只需施用较少的肥料就能获得高产。因此，可以根据作物施肥后的产量反应来间接表征土壤的地力状况。

中国农业科学院农业资源与农业区划研究所在汇总过去 10 多年在全国范围内开展的肥料田间试验的基础上，建立了包含作物产量反应、农学效率及养分吸收与利用信息的数据库，基于土壤基础养分供应量、作物农学效率与产量反应的内在关系，以及具有普遍指导意义的作物最佳养分吸收和利用特征参数，建立了基于产量反应和农学效率的养分推荐模型，并采用信息技术，把复杂的施肥原理研发成用户方便使用的养分专家系统（NE 系统）。用户只需提供地块的一些基本信息，如往年农户习惯施肥下的作物产量、施肥历史、有机无机肥料投入情况及秸秆还田方式，NE 系统就能给出该地块的个性化施肥方案。该方法解决了土壤氮素测试结果不总是与作物产量反应高度相关的难题，实现了小农户土壤不具备测试条件下的肥料推荐，是一种先进轻简的指导施肥新方法。

NE 系统推荐施肥除了考虑土壤基础地力，还考虑了上季作物养分的残效和秸秆还田带入的养分，以及作物轮作体系和有机肥施用历史等，并采用 4R 养分管理策略（最佳肥料品种、最佳肥料用量、最佳施用时间和最佳施用位置），同时兼顾施肥的农学、经济和环境效应。

多年多点田间试验结果表明，NE 系统推荐施肥在保证作物产量的前提下，能够科学平衡氮、磷、钾肥的施用，提高肥料利用率和农户收入，特别适合我国作物种植茬口紧、测土施肥不及时、小农户不具备测试条件的国情，是当前协调农学、经济和环境效应的重要养分推荐方法。

2.1.1　作物养分吸收特征

单位经济产量的作物地上部和籽粒（收获部分）养分需求是养分推荐的重要参数。当前，养分推荐中该参数较多是基于少数试验结果获得的，不能代表养分平衡供应下作物的最佳养分吸收量，容易带来施肥偏差。

QUEFTS 模型是由 Janssen 等（1990）提出的最初的土壤地力评价模型，通过预估热带地区不施肥土壤的玉米产量来评价地力，其重要特征是考虑了氮、磷、钾养分之间的相互作用。该模型计算了土壤氮、磷、钾三种大量元素的基础供肥量，以及结合作物产量与养分吸收量之间的关系，模拟了一定目标产量下作物最佳 N、P、K 养分需求量。

QUEFTS 模型是在应用大量试验数据的基础上，分析作物产量与地上部养分吸收量间的关系，此关系符合线性–抛物线–平台函数。此模型中两个比较重要的参数分别为养分最大累积边界（maximum accumulation，a）和养分最大稀释边界（maximum dilution，d），定义为某种养分在最大累积和最大稀释状态下所生产的产量，即两种状态下产量与地上部养分吸收量的比值（斜率），其含义为当土壤中某种养分供应不充足时，作物地上部该养分吸收处于稀释状态，随着该养分投入量不断增加，地上部该养分不断累积，并逐渐达到最大累积状态。QUEFTS 模型中使用养分内在效率（internal efficiency，IE，kg/kg）来表示这两个参数。养分内在效率用经济产量与地上部养分吸收量的比值来表示，采用养分内在效率上下的 2.5th 百分位数来表示这两个参数，因为不同比例参数只是缩小了最大稀释边界和最大累积边界间的距离而对养分吸收曲线的影响较小（Liu et al.，2006；Xu et al.，2013）。利用模型求算每种养分的最大稀释和最大累积边界、需要达到的产量潜力，然后利用 QUEFTS 模型结合 Microsoft Excel 中的 Solver（规划求解）过程，求解出该目标产量下的最佳养分吸收量，得出不同目标产量下的作物最佳养分吸收曲线。对于一年生作物，QUEFTS 模型模拟的为经济产量与植株养分吸收量间的关系；对于多年生作物，如果树，QUEFTS 模型模拟的为经济产量与地上部（经济产量部分+修剪枝条）养分吸收量间的关系。所用数据来源于在各作物主产区开展的田间试验，以及公开发表在学术期刊上的各类田间试验数据，收集的各作物数据样本涵盖了主产区不同气候类型和农艺措施。

采用 QUEFTS 模型模拟发现，无论潜在产量为多少，当目标产量达到潜在产量的 60%～70%，生产单位经济产量作物氮、磷、钾养分吸收量是恒定的，此后随着目标产量的增加，作物养分吸收量缓慢增加。因此，根据形成单位经济产量的最佳养分吸收参数来计算一定目标产量下的养分需求量。

2.1.2　土壤养分供应能力

土壤养分状况一般用土壤中大、中、微量元素养分含量来表征。2005 年国家启动了测土配方施肥行动，在我国粮食的增产增收中发挥了重要作用。然而，我国农业生产主要以小农户为经营主体，面临作物种植茬口紧、测土施肥成本高、测试条件不具备、土壤氮素测试结果不总是与作物产量反应高度相关等严峻挑战。因此，如果研究和实践中没有测土条件，常通过设置田间缺素小区来估算土壤养分供应量，通常以缺素小区与养分供应充足小区产量的比值高低，即相对产量的高低来表示。为了进一步对土壤基础地力高低进行分级，统计学上用某一区域全部相对产量的 25th、50th、75th 百分位数的数值来表征土壤地力低、中、高供应水平。

影响土壤基础养分供应的因素有土壤质地、土壤颜色、土壤有机质水平、有机肥的施用历史，以及上季作物养分投入情况。如果有土壤测试结果，也可以根据土壤测试结果的低、中、高来确定土壤养分供应水平。

2.1.3　养分推荐模型构建

针对我国化肥利用率低、小农户不具备测试条件、作物种植茬口紧、测土施肥实现困难等难题，建立了基于产量反应和农学效率的养分推荐方法。在汇总过去 10 多年在全国范围内开展肥料田间试验的基础上，建立了包含作物产量反应、农学效率及养分吸收与利用信息的数据库。依据土壤基础养分供应量、作物农学效率与产量反应的内在关系，以及具有普遍指导意义的作物最佳养分吸收和利用特征参数，建立了基于产量反应和农学效率的养分推荐模型。

对于氮肥推荐，主要依据作物农学效率和产量反应的相关关系获得，并根据地块具体信息进行适当调整；而对于磷肥和钾肥推荐，主要依据作物产量反应所需要的养分量、补充作物养分移走量所需要的养分量求算。对于中微量元素，主要根据土壤丰缺状况进行适当补充。

该方法还考虑了作物轮作体系、秸秆还田、上季作物养分残效、有机肥施用、大气沉降、灌溉水等土壤本身以外其他来源的养分。在制定施肥方案时考虑了施肥的农学、经济和环境效应，即在保障作物增产、增收的同时提高肥料利用率、保护环境。该方法采用 4R 养分管理策略，帮助用户在养分推荐中选择合适的肥料品种和适宜的用量，并在合适的施肥时间施在恰当的位置。

2.1.3.1 施肥量确定

确定肥料用量是养分推荐最核心的内容，基于产量反应和农学效率的养分推荐方法主要以田间缺素处理的相对产量来表征土壤地力的低、中、高水平，而确定肥料用量主要依据产量反应，产量反应越高，表明基础地力越低，反之亦然。养分推荐中，当目标产量确定了，如果有田间缺素处理试验信息，就可以求算产量反应需要的肥料量。例如，为已知目标产量为 10t 的玉米施肥，如果已知不施氮（缺素处理）能够提供 6t 的玉米产量，那么剩余的 4t 玉米产量就需要通过施用氮肥来提供。如果没有田间缺素处理的产量信息，则可依据土壤测试结果或者一些地块基本信息如土壤质地、有机质含量等信息确定土壤基础养分供应低、中、高水平，进而获得产量反应系数，再由可获得产量或目标产量和产量反应系数求算产量反应。

氮肥推荐主要是在分析产量反应和农学效率二者相关关系基础上确定的，一般情况下，作物施肥后产量反应和农学效率呈现一元二次曲线关系。氮肥需求量用预估的产量反应除以已知的农学效率来计算。由于作物农学效率和产量反应的关系包含了田间不同的环境条件、地力水平与作物品种等信息，因此可以在作物的种植区范围内根据地力水平估算产量反应，进而进行氮肥推荐。

磷、钾养分推荐基于养分平衡法，主要考虑两部分：一部分是产量反应需肥量，另一部分是作物收获部分带走养分的归还量，这部分主要考虑的是维持土壤养分的平衡，因此也称养分平衡量。

与氮素不同，在酸性或者碱性土壤中磷素容易被土壤固定而有效性降低，导致施磷作物当季产量反应降低；而过多的钾肥施用在土壤中存在奢侈吸收，而没有直接在产量反应中反映出来。因此，磷、钾肥产量反应所需养分量与氮肥采用农学效率计算不同，而是用单位产量养分吸收量和养分回收率计算，即产量反应除以单位产量养分吸收量，再乘以养分回收率。养分平衡量则综合考虑作物收获部分带走养分量、秸秆还田量、养分损失量、灌溉水带入量和上季作物养分残留量。作物养分移走量主要依据由 QUEFTS 模型得出的地上部和籽粒最佳养分吸收量进行计算。籽粒或秸秆归还比例的确定主要考虑维持土壤磷素和钾素平衡在合理范围，保证磷肥和钾肥高效利用，不能过量施用也不能耗竭土壤磷库和钾库。

因此，确定作物的产量反应是确定施肥量的关键。如果在该地块没有做过缺素试验，本方法依托土壤测试结果，根据土壤有机质、有效氮、有效磷和速效钾的测试水平确定产量反应。土壤养分供应的低、中、高水平分别对应产量反应的高、中、低水平。产量反应根据目标产量和产量反应系数求得，即产量反应=目标产量×产量反应系数。产量反应系数=1−相对产量。将数据库中相对产量的 25th、50th、75th 百分位数作为划分土壤地力低、中、高水平的界限。如果没有土壤测试结果，则根据地块信息如土壤质地、颜色、有机质含量等，确定土壤基础养分供应水平。具体原则如下：低——微红或微黄的黏土或壤土，或土壤质地为砂质；中——

土壤颜色为灰色或褐色或有机质含量为中等，且土壤质地为黏土或壤土；高——土壤颜色为黑色或土壤有机质含量较高，且土壤质地为黏土或壤土。

对于中、微量元素推荐，基于产量反应和农学效率的养分推荐方法，根据土壤已知中、微量元素的缺乏情况进行适当补充推荐。

2.1.3.2　施肥种类确定

基于产量反应和农学效率的养分推荐方法建议有机与无机肥料配合使用，因此肥料种类可以选择有机肥料和无机肥料。考虑有些地区人工短缺，也可以选择控释肥料一次性施用。

选择肥料品种时还应考虑以下几方面。

（1）提供作物可利用的有效态养分

施入作物可以利用的养分形态，或者在土壤中可以及时转化成植物可吸收利用的形态。

（2）适合土壤的物理化学性质

例如，避免在渍水土壤中施用硝酸盐、在高 pH 土壤中表施尿素等。

（3）了解肥料的可掺混性

某些肥料品种混合起来易吸潮，从而影响掺混肥的均匀施用；肥料颗粒的大小应当相同，从而避免产品的分层等。

（4）了解肥料陪伴元素对作物的益处和作物对其敏感性

绝大多数养分具有陪伴离子，它可以对作物产生有益、无益无害或有害作用。例如，氯化钾中的氯对玉米有益，但烟草和某些水果的品质对其是敏感的。

（5）控制非营养元素的影响

例如，一些磷矿的自然沉积物含有非营养微量元素，如镉。必须把这些额外元素水平控制在一个允许限量内。

2.1.3.3　施肥时间确定

肥料最佳施肥时间根据作物生育期养分吸收规律确定，考虑养分吸收最佳临界期和最大效益期，实现养分供应与作物养分吸收同步。

2.1.3.4　施肥位置确定

正确的施肥位置是指将肥料施用在合适的位置上，使植物易于吸收利用。恰当的施肥位置能使植物在特定的环境条件下正常生长，实现其潜在产量。许多因素都可能影响正确的施肥位置，如不同作物种类、不同轮作或间作、不同种植密度、不同耕作措施等均影响正确的施肥位置。

2.1.4　养分专家系统研发

为方便用户使用，采用计算机软件，把复杂的养分推荐模型简化成用户方便使用的养分专家系统（图 2-1）。用户只需提供地块的一些基本信息，如往年农户习惯施肥下的作物产量、施肥历史、有机无机肥料投入情况、秸秆还田方式，NE 系统就能给出该地块的个性化施肥方案。该方法在有和没有土壤测试条件的情况下均可使用，是一种先进轻简的指导施肥新方法。

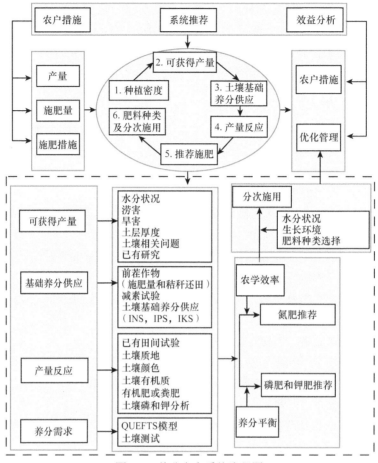

图 2-1　养分专家系统流程图

用户只需在微信搜索"养分专家"，即可关注并使用。基于手机微信公众号的 NE 系统包含 4 个模块:【上季作物】、【本季作物】、【推荐施肥】和【效益分析】。

（1）【上季作物】

【上季作物】模块主要包含 3 个问题：①上季作物产量；②上季作物施肥量；③上季秸秆还田量。

通过以上信息获取上季作物养分投入和移走情况，根据养分平衡量（投入量–移走量）计算上季作物养分平衡情况。

（2）【本季作物】

【本季作物】模块主要包含 5 个问题。①农户习惯措施：包括农户产量、农户施肥量，用于在【效益分析】模块中比较农户习惯施肥和 NE 系统推荐施肥的经济效益。②收获后秸秆还田方式：主要用于养分推荐中磷肥和钾肥用量调节。③是否有减素试验？如果有减素试验，则根据减素试验确定施肥的产量反应。④是否有土壤测试？如果有土壤测试结果，则根据土壤养分含量的低、中、高水平确定产量反应，进而进行养分推荐。⑤土壤的微量元素问题：如果有，选择可能存在的中、微量元素，NE 系统则给出中、微量元素施用方案。

（3）【推荐施肥】

【推荐施肥】模块包含 2 个选项。①专家建议：NE 系统根据【本季作物】相关信息确定施用的养分总用量。②计划用肥：用户可以选择复合肥或者单质肥。用户选择肥料以后，系统会自动计算显示用户一定地块面积的推荐肥料实物施用量，方便用户购买肥料，并推荐合适的施肥时间和施肥位置。

（4）【效益分析】

【效益分析】是效益分析报告，主要显示农户措施和专家系统的产量、总收入、肥料成本和净收益信息。

为验证养分专家系统，在粮食、经济、蔬菜和果树等 23 种作物上开展了田间验证试验，每个试验包括 6 个处理：养分专家推荐施肥（NE）、农户习惯施肥（FP）、测土施肥或当地推荐施肥（ST），以及基于养分专家系统的不施氮、不施磷和不施钾处理。NE 的施肥量、施肥比例和施肥时间按照养分专家系统推荐进行；FP 的施肥量和施肥次数等按照农户自己意愿进行，记录农户的施肥量和施肥次数等信息；ST 是依据测土或当地农业技术推广部门确定的施肥量和管理措施进行。各处理的草害、病虫害防治进行统一管理。

2.2　粮食作物养分推荐方法研究与应用

2.2.1　水稻

汇总了 2000～2015 年的 5812 个水稻田间试验，模拟了水稻最佳养分吸收，创建了水稻养分推荐方法。收集的数据样本涵盖了中国水稻主要种植区域，包含了不同气候类型、轮作系统、土壤肥力及水稻品种等信息。于 2013～2018 年在早稻、中稻、晚稻和一季稻 4 种不同种植季节类型水稻主产区进行田间验证与实践。早稻和晚稻的试验省份有江西（80）、广东（28）和湖南（70），中稻的试验省份有湖北（47）和安徽（51），一季稻的试验省份有黑龙江（49）和吉林（66），共计在 7 个省份开展了 391 个田间验证试验。

2.2.1.1　水稻产量反应

施用氮、磷、钾的产量反应分布（图 2-2a～c）显示，施氮产量反应最高，平均为 $2.5t/hm^2$，磷、钾施用后产量反应较低，平均值均为 $0.9t/hm^2$。不同季节类型水稻产量反应具有一定差异，其中以施氮产量反应差异最大，施钾产量反应差异最小，施磷产量反应居中。施氮产量反应表现为一季稻（$2.9t/hm^2$）＞中稻（$2.6t/hm^2$）＞早稻（$2.3t/hm^2$）＞晚稻（$2.0t/hm^2$）（图 2-2d），施磷产量反应表现为一季稻（$1.1t/hm^2$）＞早稻（$1.0t/hm^2$）＞中稻（$0.9t/hm^2$）＞晚稻（$0.7t/hm^2$）（图 2-2e），施钾产量反应表现为一季稻＝中稻（均为 $1.0t/hm^2$）＞早稻（$0.9t/hm^2$）＞晚稻（$0.7t/hm^2$）（图 2-2f）。

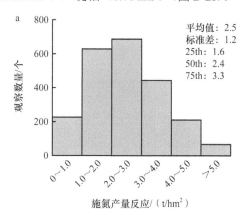

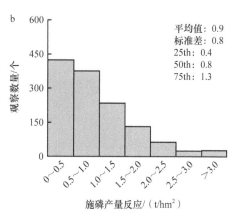

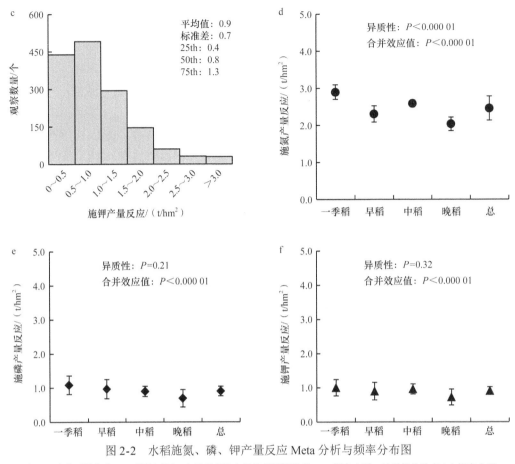

图 2-2　水稻施氮、磷、钾产量反应 Meta 分析与频率分布图

图 d~f 中的误差线为 95% 置信区间，产量反应的合并效应值检验在 0.05 概率水平，异质性检验在 0.1 概率水平

2.2.1.2　水稻相对产量与产量反应系数

相对产量频率分布结果表明，不施氮相对产量低于 0.80 的占全部观察数据的 74.0%，而不施磷、不施钾相对产量高于 0.80 的分别占全部观察数据的 87.0%、85.9%。不施氮、磷、钾相对产量平均值分别为 0.71、0.89、0.89，进一步证实施氮的增产效果最为显著（图 2-3）。

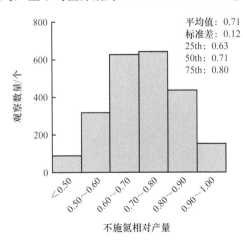

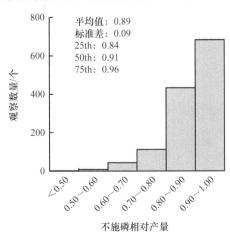

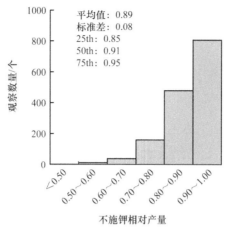

图 2-3　水稻不施氮、磷、钾相对产量频率分布图

不同季节类型水稻相对产量差异较大，为进一步对不同季节类型水稻进行有针对性的养分管理，用相对产量的 25th、50th、75th 百分位数来表征基础地力的低、中、高水平，用于求算氮、磷、钾施用的产量反应系数，以进一步求算产量反应（表 2-1）。

表 2-1　不同季节类型水稻相对产量和产量反应系数

季节类型	参数	不施 N 相对产量	不施 P 相对产量	不施 K 相对产量	N 产量反应系数	P 产量反应系数	K 产量反应系数
一季稻	n	366	237	293	366	237	293
	25th	0.58	0.83	0.86	0.42	0.17	0.14
	50th	0.69	0.89	0.90	0.31	0.11	0.10
	75th	0.78	0.95	0.94	0.22	0.05	0.06
早稻	n	281	199	235	281	199	235
	25th	0.61	0.82	0.82	0.39	0.18	0.18
	50th	0.70	0.89	0.90	0.30	0.11	0.10
	75th	0.80	0.94	0.94	0.20	0.06	0.06
中稻	n	1254	609	698	1254	609	698
	25th	0.63	0.86	0.85	0.37	0.15	0.15
	50th	0.71	0.91	0.91	0.29	0.09	0.09
	75th	0.80	0.96	0.95	0.20	0.04	0.05
晚稻	n	363	238	268	363	238	268
	25th	0.68	0.87	0.86	0.33	0.13	0.14
	50th	0.75	0.92	0.91	0.25	0.08	0.09
	75th	0.83	0.96	0.95	0.17	0.04	0.05

2.2.1.3　水稻农学效率

优化施肥处理下，氮、磷、钾的农学效率平均分别为 13.3kg/kg、13.4kg/kg、8.9kg/kg，氮的农学效率低于 20kg/kg 的占全部观察数据的 87.0%，而磷、钾的农学效率低于 15kg/kg 的分别占全部观察数据的 66.5%、84.8%（图 2-4）。

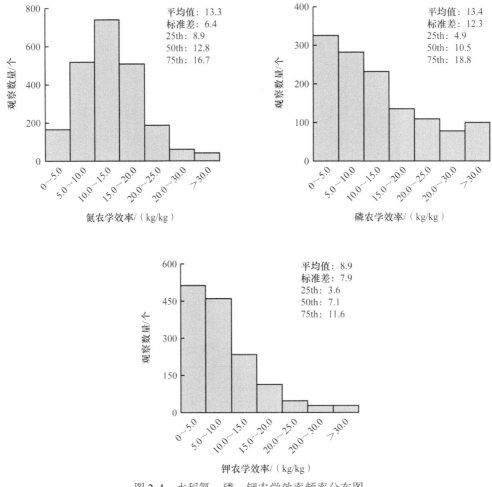

图 2-4 水稻氮、磷、钾农学效率频率分布图

水稻产量反应和农学效率之间存在显著的二次曲线关系，随着产量反应的不断增加，农学效率随之增加，产量反应再继续增加，农学效率增加的幅度则逐渐降低（图 2-5）。该关系包含了不同的环境条件、地力水平、水稻品种信息，可依此进行养分推荐。

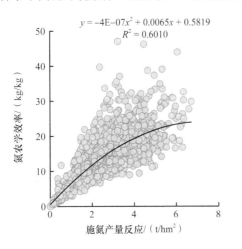

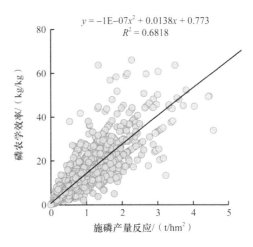

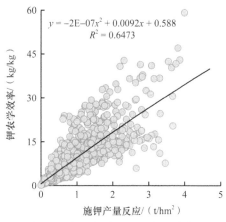

$$y = -2E-07x^2 + 0.0092x + 0.588$$
$$R^2 = 0.6473$$

图 2-5　水稻产量反应与农学效率关系

2.2.1.4　水稻养分吸收特征

应用 QUEFTS 模型模拟水稻不同潜在产量下地上部氮、磷、钾最佳吸收量（图 2-6），其

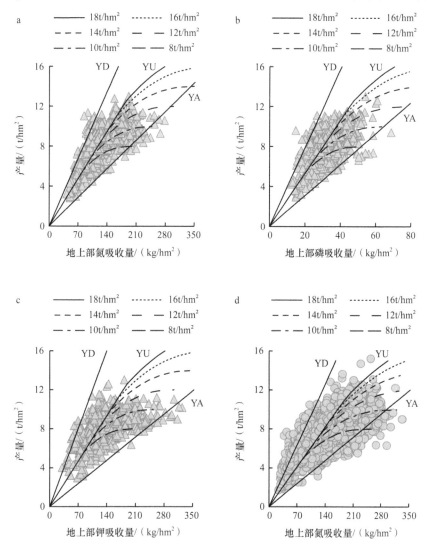

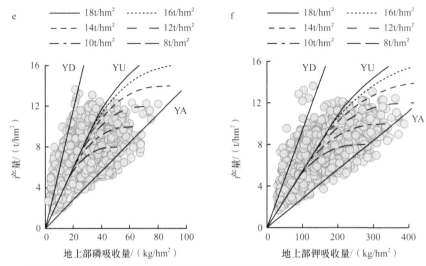

图 2-6　QUEFTS 模型模拟的水稻不同潜在产量下地上部最佳养分吸收量

a~c 为一季稻；d~f 分别为早稻、中稻、晚稻。YD 表示最大稀释边界线，YA 表示最大累积边界线，
YU 代表 QUEFTS 模型模拟的最佳养分吸收曲线；下同

中一季稻氮、磷、钾养分吸收的数据量分别为 801 个、505 个、498 个，早稻、中稻、晚稻氮、磷、钾养分吸收的数据量分别为 5805 个、2575 个、2686 个。模拟结果显示，不论潜在产量为多少，当目标产量达到潜在产量的 60%~70% 时，生产 1t 水稻籽粒地上部养分吸收是一定的，即目标产量所需的养分量在达到潜在产量 60%~70% 前呈直线增长。

对于一季稻（表 2-2），生产 1t 水稻籽粒地上部氮、磷、钾养分吸收量分别为 14.8kg、3.8kg、15.0kg，相应的养分内在效率分别为 67.6kg/kg、263.2kg/kg、66.7kg/kg；对于早稻、中稻、晚稻（表 2-3），生产 1t 水稻籽粒地上部氮、磷、钾的养分吸收量分别为 17.1kg、3.4kg、18.4kg，相应的养分内在效率分别为 58.5kg/kg、294.1kg/kg、54.3kg/kg。

表 2-2　QUEFTS 模型模拟的一季稻养分内在效率和单位产量养分吸收量

产量/(t/hm²)	养分内在效率/(kg/kg)			单位产量养分吸收量/(kg/t)		
	N	P	K	N	P	K
0	0	0	0	0	0	0
1	67.6	263.2	66.7	14.8	3.8	15.0
2	67.6	263.2	66.7	14.8	3.8	15.0
3	67.6	263.2	66.7	14.8	3.8	15.0
4	67.6	263.2	66.7	14.8	3.8	15.0
5	67.6	263.2	66.7	14.8	3.8	15.0
6	67.6	263.2	66.7	14.8	3.8	15.0
7	67.6	263.2	66.7	14.8	3.8	15.0
8	67.6	263.2	66.7	14.8	3.8	15.0
9	67.6	263.2	66.7	14.8	3.8	15.0
10	67.6	263.2	66.7	14.8	3.8	15.0

续表

产量/(t/hm²)	养分内在效率/(kg/kg)			单位产量养分吸收量/(kg/t)		
	N	P	K	N	P	K
11	67.6	263.2	66.7	14.8	3.8	15.0
12	65.4	256.4	64.5	15.3	3.9	15.5
13	62.1	243.9	61.3	16.1	4.1	16.3
14	58.5	232.6	57.8	17.1	4.3	17.3
15	53.5	212.8	52.9	18.7	4.7	18.9
16	40.0	158.7	39.5	25.0	6.3	25.3

表 2-3　QUEFTS 模型模拟的早稻、中稻、晚稻养分内在效率和单位产量养分吸收量

产量/(t/hm²)	养分内在效率/(kg/kg)			单位产量养分吸收量/(kg/t)		
	N	P	K	N	P	K
0	0	0	0	0	0	0
1	58.5	294.1	54.3	17.1	3.4	18.4
2	58.5	294.1	54.3	17.1	3.4	18.4
3	58.5	294.1	54.3	17.1	3.4	18.4
4	58.5	294.1	54.3	17.1	3.4	18.4
5	58.5	294.1	54.3	17.1	3.4	18.4
6	58.5	294.1	54.3	17.1	3.4	18.4
7	58.5	294.1	54.3	17.1	3.4	18.4
8	58.5	294.1	54.3	17.1	3.4	18.4
9	58.5	294.1	54.3	17.1	3.4	18.4
10	58.1	294.1	53.8	17.2	3.4	18.6
11	56.5	285.7	52.4	17.7	3.5	19.1
12	54.1	270.3	50.0	18.5	3.7	19.9
13	51.3	256.4	47.6	19.5	3.9	21.0
14	48.1	243.9	44.6	20.8	4.1	22.4
15	43.9	222.2	40.7	22.8	4.5	24.6
16	35.5	178.6	32.9	28.2	5.6	30.4

2.2.1.5　水稻养分推荐模型

基于产量反应与农学效率的水稻养分推荐方法，主要依据水稻目标产量和产量反应，并综合考虑养分平衡，确定水稻不同目标产量下氮、磷、钾养分推荐用量。由于气候特征和种植季节类型不同，如北方的一季稻、长江中下游的中稻、南方的双季稻等，其最佳养分吸收参数不同，在养分推荐时区别对待。

1. 施氮量的确定

在水稻养分专家系统中，推荐氮肥用量根据产量反应和农学效率确定：推荐施氮量（kg N/hm²）=产量反应（t/hm²）/农学效率（kg/kg）×1000（表 2-4～表 2-7）。

表 2-4　不同目标产量下一季稻推荐施氮量

目标产量/(t/hm^2)	地力	产量反应/(t/hm^2)	施氮量/($kg\ N/hm^2$)	目标产量/(t/hm^2)	地力	产量反应/(t/hm^2)	施氮量/($kg\ N/hm^2$)
6	低	2.60	156	10	低	4.30	182
	中	1.80	144		中	3.00	161
	高	1.15	134		高	1.90	146
7	低	3.00	161	11	低	4.75	190
	中	2.10	148		中	3.30	166
	高	1.35	138		高	2.10	148
8	低	3.45	168	12	低	5.15	198
	中	2.40	153		中	3.60	170
	高	1.50	140		高	2.30	151
9	低	3.85	175	13	低	5.60	208
	中	2.70	157		中	3.90	175
	高	1.70	143		高	2.45	153

表 2-5　不同目标产量下中稻推荐施氮量

目标产量/(t/hm^2)	地力	产量反应/(t/hm^2)	施氮量/($kg\ N/hm^2$)	目标产量/(t/hm^2)	地力	产量反应/(t/hm^2)	施氮量/($kg\ N/hm^2$)
6	低	2.20	150	10	低	3.70	172
	中	1.80	144		中	3.00	161
	高	1.20	135		高	2.00	147
7	低	2.60	156	11	低	4.05	178
	中	2.10	148		中	3.30	166
	高	1.40	138		高	2.20	150
8	低	2.95	161	12	低	4.45	185
	中	2.40	153		中	3.60	170
	高	1.60	141		高	2.40	153
9	低	3.35	167	13	低	4.80	191
	中	2.70	157		中	3.90	175
	高	1.80	144		高	2.60	156

表 2-6　不同目标产量下早稻推荐施氮量

目标产量/(t/hm^2)	地力	产量反应/(t/hm^2)	施氮量/($kg\ N/hm^2$)	目标产量/(t/hm^2)	地力	产量反应/(t/hm^2)	施氮量/($kg\ N/hm^2$)
5	低	1.90	135	6	低	2.30	140
	中	1.50	130		中	1.80	134
	高	1.00	123		高	1.20	126

目标产量/ (t/hm²)	地力	产量反应/ (t/hm²)	施氮量/ (kg N/hm²)	目标产量/ (t/hm²)	地力	产量反应/ (t/hm²)	施氮量/ (kg N/hm²)
	低	2.65	145		低	3.80	159
7	中	2.10	138	10	中	3.00	149
	高	1.40	129		高	2.00	137
	低	3.05	150		低	4.20	165
8	中	2.40	141	11	中	3.30	153
	高	1.60	131		高	2.20	139
	低	3.40	154		低	4.55	170
9	中	2.70	145	12	中	3.60	157
	高	1.80	134		高	2.40	141

表 2-7 不同目标产量下晚稻推荐施氮量

目标产量/ (t/hm²)	地力	产量反应/ (t/hm²)	施氮量/ (kg N/hm²)	目标产量/ (t/hm²)	地力	产量反应/ (t/hm²)	施氮量/ (kg N/hm²)
	低	1.60	131		低	2.90	148
5	中	1.25	127	9	中	2.25	140
	高	0.85	120		高	1.55	131
	低	1.90	135		低	3.20	151
6	中	1.50	130	10	中	2.50	143
	高	1.00	123		高	1.70	133
	低	2.25	140		低	3.50	155
7	中	1.75	133	11	中	2.75	146
	高	1.20	126		高	1.85	135
	低	2.55	143		低	3.85	160
8	中	2.00	137	12	中	3.00	149
	高	1.35	128		高	2.05	137

2. 施磷量的确定

水稻施磷量主要考虑水稻产量反应、水稻移走量（维持土壤平衡）和上季作物磷素残效三部分，不同目标产量下水稻的推荐施磷量见表 2-8～表 2-11。

表 2-8 不同目标产量下一季稻推荐施磷量

目标产量/ (t/hm²)	地力	产量反应/ (t/hm²)	施磷量/ (kg P₂O₅/hm²)	目标产量/ (t/hm²)	地力	产量反应/ (t/hm²)	施磷量/ (kg P₂O₅/hm²)
	低	1.00	47		低	1.20	55
6	中	0.65	40	7	中	0.75	46
	高	0.25	32		高	0.30	37

目标产量/ （t/hm²）	地力	产量反应/ （t/hm²）	施磷量/ （kg P₂O₅/hm²）	目标产量/ （t/hm²）	地力	产量反应/ （t/hm²）	施磷量/ （kg P₂O₅/hm²）
	低	1.35	62		低	1.85	86
8	中	0.90	53	11	中	1.20	73
	高	0.30	41		高	0.45	58
	低	1.55	71		低	2.05	94
9	中	1.00	60	12	中	1.30	79
	高	0.35	47		高	0.50	63
	低	1.70	78		低	2.20	102
10	中	1.10	66	13	中	1.45	87
	高	0.40	52		高	0.50	68

表 2-9　不同目标产量下中稻推荐施磷量

目标产量/ （t/hm²）	地力	产量反应/ （t/hm²）	施磷量/ （kg P₂O₅/hm²）	目标产量/ （t/hm²）	地力	产量反应/ （t/hm²）	施磷量/ （kg P₂O₅/hm²）
	低	0.90	43		低	1.50	72
6	中	0.55	36	10	中	0.90	60
	高	0.30	31		高	0.50	52
	低	1.05	50		低	1.65	79
7	中	0.65	42	11	中	1.00	66
	高	0.35	36		高	0.55	57
	低	1.20	57		低	1.80	86
8	中	0.70	47	12	中	1.10	72
	高	0.40	41		高	0.60	62
	低	1.35	65		低	1.95	93
9	中	0.80	54	13	中	1.15	77
	高	0.45	47		高	0.65	67

表 2-10　不同目标产量下早稻推荐施磷量

目标产量/ （t/hm²）	地力	产量反应/ （t/hm²）	施磷量/ （kg P₂O₅/hm²）	目标产量/ （t/hm²）	地力	产量反应/ （t/hm²）	施磷量/ （kg P₂O₅/hm²）
	低	0.90	39		低	1.45	62
5	中	0.55	32	8	中	0.90	51
	高	0.25	26		高	0.40	41
	低	1.10	47		低	1.60	70
6	中	0.65	38	9	中	1.00	58
	高	0.30	31		高	0.45	47
	低	1.25	54		低	1.80	78
7	中	0.75	44	10	中	1.10	64
	高	0.35	36		高	0.50	52

目标产量/(t/hm²)	地力	产量反应/(t/hm²)	施磷量/(kg P₂O₅/hm²)	目标产量/(t/hm²)	地力	产量反应/(t/hm²)	施磷量/(kg P₂O₅/hm²)
	低	2.00	86		低	2.15	93
11	中	1.20	70	12	中	1.30	76
	高	0.55	57		高	0.60	62

表 2-11　不同目标产量下晚稻推荐施磷量

目标产量/(t/hm²)	地力	产量反应/(t/hm²)	施磷量/(kg P₂O₅/hm²)	目标产量/(t/hm²)	地力	产量反应/(t/hm²)	施磷量/(kg P₂O₅/hm²)
	低	0.60	33		低	1.10	60
5	中	0.35	28	9	中	0.65	51
	高	0.15	24		高	0.25	43
	低	0.70	39		低	1.20	66
6	中	0.40	33	10	中	0.70	56
	高	0.20	29		高	0.30	48
	低	0.85	46		低	1.30	72
7	中	0.50	39	11	中	0.75	61
	高	0.20	33		高	0.35	53
	低	0.95	52		低	1.45	79
8	中	0.55	44	12	中	0.85	67
	高	0.25	38		高	0.35	57

3. 施钾量的确定

水稻施钾量主要考虑水稻产量反应、水稻移走量（维持土壤平衡）和上季作物钾素残效三部分。表 2-12～表 2-15 列出了水稻不同目标产量和不同秸秆还田条件下的推荐施钾量。

表 2-12　不同目标产量下一季稻推荐施钾量

目标产量/(t/hm²)	地力	产量反应/(t/hm²)	施钾量/(kg K₂O/hm²) 秸秆还田>70%	秸秆还田50%	秸秆不还田	目标产量/(t/hm²)	地力	产量反应/(t/hm²)	施钾量/(kg K₂O/hm²) 秸秆还田>70%	秸秆还田50%	秸秆不还田
	低	0.85	60	71	80		低	1.25	88	105	119
6	中	0.60	50	61	70	9	中	0.90	74	91	105
	高	0.35	40	51	60		高	0.55	60	77	91
	低	1.00	70	83	94		低	1.40	83	102	117
7	中	0.70	58	71	82	10	中	1.00	67	86	101
	高	0.40	46	59	70		高	0.60	109	130	146
	低	1.10	74	93	105		低	1.55	91	112	128
8	中	0.80	66	81	93	11	中	1.10	73	94	110
	高	0.50	54	69	81		高	0.65	119	142	160

目标产量/ (t/hm²)	地力	产量反应/ (t/hm²)	施钾量/(kg K₂O/hm²)			目标产量/ (t/hm²)	地力	产量反应/ (t/hm²)	施钾量/(kg K₂O/hm²)		
			秸秆还田 ＞70%	秸秆还 田 50%	秸秆不 还田				秸秆还田 ＞70%	秸秆还 田 50%	秸秆不 还田
	低	1.70	99	122	140		低	1.80	107	132	152
12	中	1.20	79	102	120	13	中	1.30	87	112	132
	高	0.70	127	152	172		高	0.80	83	102	117

表 2-13 不同目标产量下中稻推荐施钾量

目标产量/ (t/hm²)	地力	产量反应/ (t/hm²)	施钾量/(kg K₂O/hm²)			目标产量/ (t/hm²)	地力	产量反应/ (t/hm²)	施钾量/(kg K₂O/hm²)		
			秸秆还田 ＞70%	秸秆还 田 50%	秸秆不 还田				秸秆还田 ＞70%	秸秆还 田 50%	秸秆不 还田
	低	0.90	45	68	81		低	1.50	75	114	134
6	中	0.55	34	58	70	10	中	0.90	57	96	116
	高	0.30	27	50	63		高	0.50	45	84	104
	低	1.05	52	80	94		低	1.65	82	125	148
7	中	0.65	40	68	82	11	中	1.00	63	105	128
	高	0.35	31	59	73		高	0.55	49	92	115
	低	1.20	60	91	108		低	1.80	90	136	161
8	中	0.70	45	76	93	12	中	1.10	69	115	140
	高	0.40	36	67	84		高	0.60	54	100	125
	低	1.35	67	102	121		低	1.95	97	148	175
9	中	0.80	51	86	104	13	中	1.15	73	124	151
	高	0.45	40	75	94		高	0.65	58	109	136

表 2-14 不同目标产量下早稻推荐施钾量

目标产量/ (t/hm²)	地力	产量反应/ (t/hm²)	施钾量/(kg K₂O/hm²)			目标产量/ (t/hm²)	地力	产量反应/ (t/hm²)	施钾量/(kg K₂O/hm²)		
			秸秆还田 ＞70%	秸秆还 田 50%	秸秆不 还田				秸秆还田 ＞70%	秸秆还 田 50%	秸秆不 还田
	低	0.85	40	60	70		低	1.55	73	108	127
5	中	0.55	31	51	61	9	中	1.00	57	92	110
	高	0.30	24	43	54		高	0.55	43	78	97
	低	1.00	48	71	84		低	1.70	81	120	140
6	中	0.65	37	61	73	10	中	1.10	63	102	122
	高	0.35	28	52	64		高	0.60	48	87	107
	低	1.20	57	84	99		低	1.85	88	131	154
7	中	0.75	43	71	85	11	中	1.20	69	111	134
	高	0.40	33	60	75		高	0.65	52	95	118
	低	1.35	64	95	112		低	2.05	97	144	169
8	中	0.90	51	82	99	12	中	1.30	75	121	146
	高	0.50	39	70	87		高	0.70	57	103	128

表 2-15　不同目标产量下晚稻推荐施钾量

目标产量/(t/hm²)	地力	产量反应/(t/hm²)	施钾量/(kg K₂O/hm²) 秸秆还田>70%	施钾量/(kg K₂O/hm²) 秸秆还田50%	施钾量/(kg K₂O/hm²) 秸秆不还田	目标产量/(t/hm²)	地力	产量反应/(t/hm²)	施钾量/(kg K₂O/hm²) 秸秆还田>70%	施钾量/(kg K₂O/hm²) 秸秆还田50%	施钾量/(kg K₂O/hm²) 秸秆不还田
5	低	0.70	36	55	66	9	低	1.25	64	99	118
5	中	0.45	28	48	58	9	中	0.80	51	86	104
5	高	0.25	22	42	52	9	高	0.45	40	75	94
6	低	0.85	43	67	79	10	低	1.40	72	111	131
6	中	0.55	34	58	70	10	中	0.90	57	96	116
6	高	0.30	27	50	63	10	高	0.50	45	84	104
7	低	1.00	51	78	93	11	低	1.55	79	122	145
7	中	0.65	40	68	82	11	中	1.00	63	105	128
7	高	0.35	31	59	73	11	高	0.55	49	92	115
8	低	1.10	57	88	105	12	低	1.70	87	133	158
8	中	0.70	45	76	93	12	中	1.10	69	115	140
8	高	0.40	36	67	84	12	高	0.60	54	100	125

2.2.1.6　基于产量反应和农学效率的水稻养分推荐实践

1. 施肥量

施肥量比较结果（表 2-16）显示，与 FP 处理相比，NE 处理的平均氮、磷、钾肥施用量分别降低了 9.9%、4.4% 和 17.5%；与 ST 处理相比，NE 处理降低了氮肥（6.6%）和钾肥（16.7%）用量，提高了磷肥用量（4.8%）。

表 2-16　水稻不同施肥处理的施肥量比较

季节类型	省份	施氮量/(kg N/hm²) NE	施氮量/(kg N/hm²) FP	施氮量/(kg N/hm²) ST	施磷量/(kg P₂O₅/hm²) NE	施磷量/(kg P₂O₅/hm²) FP	施磷量/(kg P₂O₅/hm²) ST	施钾量/(kg K₂O/hm²) NE	施钾量/(kg K₂O/hm²) FP	施钾量/(kg K₂O/hm²) ST
一季稻	吉林	168c	185a	179b	67b	75a	65b	92a	89ab	84b
一季稻	黑龙江	158a	158a	145b	66a	57b	56b	91a	73b	89a
中稻	安徽	166c	210a	195b	65b	63b	70a	83b	65c	94a
中稻	湖北	151b	172a	169a	65b	81a	60b	71b	97a	92a
早稻	江西	148b	178a	149b	77b	82a	70b	71c	140a	115b
早稻	湖南	142a	117b	143a	52a	49a	57a	74a	63b	81a
早稻	广东	147b	175a	153b	80a	42c	62b	106a	99a	109a
晚稻	江西	149c	197a	171b	63b	90a	65b	67c	182a	124b
晚稻	湖南	147b	123c	172a	50ab	55a	43b	63c	73b	87a
晚稻	广东	149b	175a	153b	80a	42c	62b	106a	99a	109a
平均		155c	172a	166b	65b	68a	62c	80b	97a	96a

注：各数值为试验的平均值；NE 代表养分专家推荐施肥；FP 代表农户习惯施肥；ST 代表测土施肥或当地推荐施肥；数值后不同小写字母表示处理间在 0.05 水平差异显著。下同

2. 产量和经济效益

产量和经济效益比较结果（表 2-17）显示，与 FP、ST 处理相比，NE 处理显著提高了水稻产量和经济效益，平均产量分别增加了 0.5t/hm²、0.2t/hm²，分别提高了 6.4%、2.5%；平均经济效益分别提高了 1538 元/hm²、838 元/hm²，分别提高了 7.7%、4.0%。NE 处理显著降低了化肥花费，与 FP、ST 相比，平均化肥花费分别降低了 138 元/hm²、94 元/hm²，经济效益中由产量增加带来的分别占到了 91.0%、88.8%。

表 2-17　水稻不同施肥处理的产量和经济效益比较

季节类型	省份	产量/(kg/hm²)			化肥花费/(元/hm²)			经济效益/(元/hm²)		
		NE	FP	ST	NE	FP	ST	NE	FP	ST
一季稻	吉林	9.3a	9.1a	9.2a	1 681b	1 773a	1 674b	27 319a	26 862a	27 235a
	黑龙江	8.8a	8.2b	8.4ab	1 708a	1 548b	1 564b	25 282a	23 454a	24 128a
中稻	安徽	8.7a	8.0b	8.8a	1 467c	1 553b	1 672a	21 083a	19 006b	20 957a
	湖北	8.9a	8.6a	8.7a	1 590c	1 911a	1 753b	21 402a	20 186a	20 679a
早稻	江西	7.9a	6.9b	7.1b	1 476c	1 879a	1 623b	17 644a	14 956b	15 501ab
	湖南	7.2a	6.7a	6.8a	1 293a	1 123b	1 368a	17 461a	16 272a	16 415a
	广东	6.9a	6.8a	6.9a	1 814a	1 675a	1 727a	15 986a	15 966a	16 172a
晚稻	江西	8.6a	7.8b	8.0ab	1 392c	2 168a	1 708b	21 481a	18 685b	19 718ab
	湖南	7.3a	6.7a	7.0a	1 242b	1 224b	1 468a	18 984a	17 341a	17 918a
	广东	6.6a	6.5a	6.6a	1 876a	1 726a	1 773a	16 777a	16 788a	16 932a
平均		8.3a	7.8c	8.1b	1 533b	1 671a	1 627a	21 540a	20 002b	20 702b

3. 氮肥利用率

氮肥利用率比较结果显示，与 FP、ST 处理相比，NE 处理显著提高了水稻氮肥利用率。其中，氮肥回收率分别提高了 12.9 个百分点、9.5 个百分点；氮肥农学效率分别提高了 3.6kg/kg、2.3kg/kg；氮肥偏生产力分别提高了 6.4kg/kg、4.8kg/kg（表 2-18）。

表 2-18　水稻不同施肥处理的氮肥利用率比较

季节类型	省份	氮肥回收率/%			氮肥农学效率/(kg/kg)			氮肥偏生产力/(kg/kg)		
		NE	FP	ST	NE	FP	ST	NE	FP	ST
一季稻	吉林	29.1a	27.6a	27.5a	19.6a	17.3a	18.3a	55.2a	50.0b	51.7b
	黑龙江	36.9a	31.0a	33.6a	24.3a	21.1a	24.0a	55.7ab	53.5b	58.7a
中稻	安徽	37.3a	19.5c	26.8b	15.0a	8.3c	13.0b	52.7a	38.4c	45.2b
	湖北	41.7a	25.4b	36.6a	14.1a	10.5b	11.4ab	59.7a	50.5b	52.5b
早稻	江西	48.6a	22.6b	28.0b	16.8a	8.9b	11.2b	54.2a	40.6c	47.7b
	湖南	48.9a	30.4b	29.0b	18.2a	18.3a	16.1a	50.6b	59.5a	48.6b
	广东	21.0a	15.6a	22.1a	9.7a	7.8a	10.0a	46.4a	39.0b	45.3a
晚稻	江西	36.8a	18.1b	24.6b	12.7a	6.7b	8.2b	57.7a	41.1c	47.2b
	湖南	46.2a	34.1b	27.4b	14.3a	13.7a	10.9a	49.2b	55.1a	40.9c

季节类型	省份	氮肥回收率/%			氮肥农学效率/(kg/kg)			氮肥偏生产力/(kg/kg)		
		NE	FP	ST	NE	FP	ST	NE	FP	ST
晚稻	广东	17.3a	12.1a	15.8a	7.2a	6.0a	6.9a	44.3a	38.4a	43.4a
	平均	38.0a	25.1c	28.5b	16.5a	12.9c	14.2b	54.0a	47.6c	49.2b

4. 养分表观平衡

与 FP、ST 处理相比，NE 处理显著降低了氮盈余量，分别降低了 28.1kg/hm^2、18.8kg/hm^2。NE 处理和 ST 处理的磷输入、输出基本平衡，盈余量显著低于 FP 处理。除一季稻种植区钾为负平衡外，其余各省均为正平衡（表 2-19）。

表 2-19　水稻不同施肥处理的养分表观平衡比较

季节类型	省份	处理	N/(kg/hm^2)		P$_2$O$_5$/(kg/hm^2)		K$_2$O/(kg/hm^2)	
			移走量	盈余量	移走量	盈余量	移走量	盈余量
一季稻	吉林	NE	109.9	58.1b	86.6	−19.9b	147.5	−55.6a
		FP	111.4	73.1a	85.0	−10.1a	142.0	−53.1a
		ST	110.0	68.6a	84.5	−20b	142.6	−58.1a
	黑龙江	NE	131.4	26.8b	73.6	−7.7a	230.4	−139.7a
		FP	119.4	38.9a	70.1	−12.7a	202.6	−129.7a
		ST	121.4	23.2b	68.0	−12.3a	212.7	−123.8a
中稻	安徽	NE	100.9	65.5c	46.4	18.7a	34.1	48.4b
		FP	87.8	122a	42.0	21.5a	31.0	34.2c
		ST	96.0	99.0b	45.1	25.0a	33.8	59.9a
	湖北	NE	110.5	40.9b	54.5	10.7b	39.7	31.5b
		FP	99.2	72.8a	50.5	30.6a	37.3	59.7a
		ST	106.3	62.3b	53.2	7.2b	37.2	55.1a
早稻	江西	NE	107.0	41.0b	49.4	27.2b	33.8	36.9c
		FP	85.6	92.3a	41.3	41.2a	32.4	107.9a
		ST	88.3	60.6b	42.3	28.0b	29.9	85.2b
	湖南	NE	97.9	44.5b	40.8	11.5a	27.3	46.4a
		FP	73.5	43.9b	36.6	12.8a	27.0	36.5b
		ST	77.7	65.1a	38.4	18.5a	27.7	52.8a
	广东	NE	62.1	85.3b	70.6	9.8a	46.1	60.1a
		FP	60.7	113.9a	73.0	−30.8c	46.6	52.8a
		ST	63.0	90.3 b	71.2	−9.6b	47.7	61.6a
晚稻	江西	NE	106.8	42.1c	61.4	1.2b	48.5	18.6c
		FP	92.0	105.4a	52.2	37.7a	46.8	135.7a
		ST	97.4	73.2b	55.5	9.1b	45.2	78.7b

季节类型	省份	处理	N/(kg/hm²)		P₂O₅/(kg/hm²)		K₂O/(kg/hm²)	
			移走量	盈余量	移走量	盈余量	移走量	盈余量
晚稻	湖南	NE	82.1	65.1b	38.7	10.8ab	27.3	35.5c
		FP	68.1	55.3c	35.6	19.0a	25.8	46.7b
		ST	71.3	100.3a	37.2	5.7b	26.8	60.6a
	广东	NE	54.5	94.2b	64.7	15.6a	47.6	58.6a
		FP	50.5	124.1a	64.8	−22.5c	45.5	53.9a
		ST	52.8	100.4b	64.0	−2.4b	45.2	64.1a
平均		NE	103.6	51.4c	59.7	5.2b	101.2	−21.0b
		FP	92.0	79.5a	55.6	12.2a	94.5	2.2a
		ST	95.6	70.2b	56.7	4.7b	96.1	0.0a

2.2.2　小麦

汇总了 2000~2015 年的 5439 个小麦田间试验，模拟了小麦最佳养分吸收，创建了小麦养分推荐方法。收集的数据样本涵盖了中国小麦主要种植区域，包含了不同气候类型、轮作系统、土壤肥力及小麦品种等信息。于 2010~2018 年在华北平原小麦主产区开展了 341 个田间验证试验。试验省份有河北（91）、河南（95）、山东（95）和山西（60）共计 4 个。

2.2.2.1　小麦产量反应

施用氮、磷、钾的产量反应分布（图 2-7）显示，施氮产量反应最高，平均为 2.0t/hm²，磷、钾施用后产量反应较低，平均值分别为 0.9t/hm²、0.7t/hm²。全部数据中约有 77.9% 的样本施氮产量反应低于 3.0t/hm²，66.7% 的样本施磷产量反应、78.3% 的样本施钾产量反应均在 1.0t/hm² 以下。

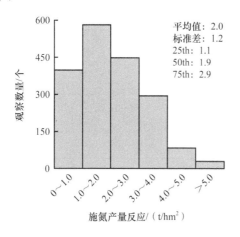
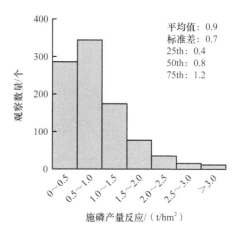

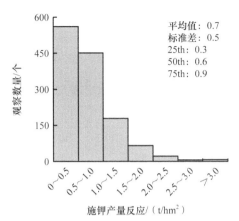

图 2-7 小麦施氮、磷、钾产量反应 Meta 分析与频率分布图

2.2.2.2 小麦相对产量与产量反应系数

不施氮、磷、钾的小麦相对产量平均值分别为 0.71、0.87、0.90。从数据的频率分布得出，相对产量在各个数据区间都有分布，不施氮相对产量位于 0.60～1.00 的占到全部观察数据的 70.4%，不施磷、钾相对产量基本位于 0.80～1.00，分别占各自全部观测数据的 80.9%、89.3%（图 2-8）。氮是小麦获得高产的第一限制因子，磷次之，钾最小。

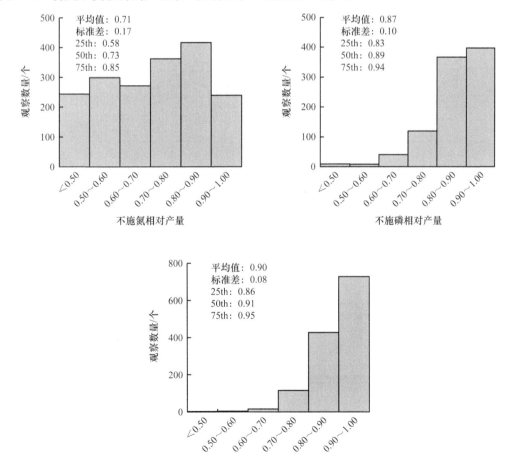

图 2-8 小麦不施氮、磷、钾相对产量频率分布图

　　小麦土壤基础 N 养分供应低、中、高水平所对应的相对产量分别为 0.58、0.73、0.85；土壤基础 P 养分供应低、中、高水平所对应的相对产量分别为 0.83、0.89、0.94；土壤基础 K 养分供应低、中、高水平所对应的相对产量分别为 0.86、0.91、0.95（表 2-20）。

表 2-20　小麦相对产量和产量反应系数

参数	不施 N 相对产量	不施 P 相对产量	不施 K 相对产量	N 产量反应系数	P 产量反应系数	K 产量反应系数
n	1833	944	1293	1833	944	1293
25th	0.58	0.83	0.86	0.42	0.17	0.14
50th	0.73	0.89	0.91	0.27	0.11	0.09
75th	0.85	0.94	0.95	0.15	0.06	0.05

2.2.2.3　小麦农学效率

　　从农学效率的分布情况（图 2-9）可以看出，优化施肥下氮、磷、钾的农学效率平均分别为 9.9kg/kg、9.8kg/kg、7.2kg/kg。氮农学效率低于 15kg/kg 的占全部观察数据的 82.4%，磷农学效率低于 10kg/kg 的占全部观察数据的 82.2%，K 农学效率低于 10kg/kg 的占全部观察数据的 78.0%。

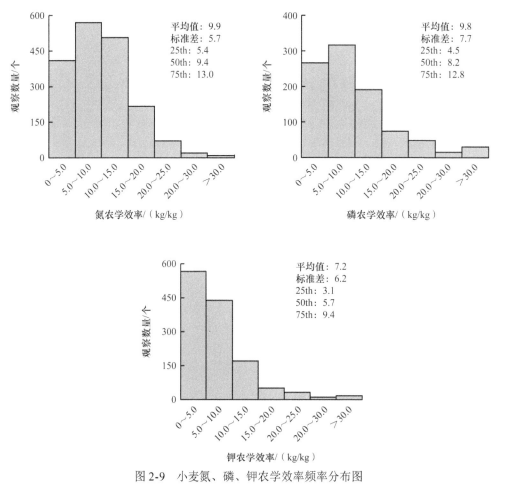

图 2-9　小麦氮、磷、钾农学效率频率分布图

小麦产量反应和农学效率之间存在显著的二次曲线关系，随着产量反应的不断增加，农学效率随之增加，产量反应继续增加，农学效率增加的幅度则逐渐降低（图 2-10）。该关系包含了不同的环境条件、地力水平、小麦品种信息，可依此进行养分推荐。

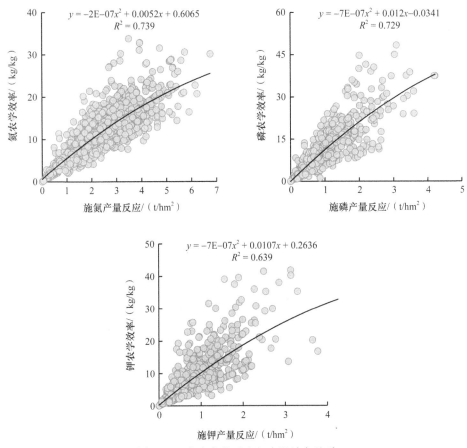

图 2-10　小麦产量反应与农学效率关系

2.2.2.4　小麦养分吸收特征

应用 QUEFTS 模型对小麦地上部氮、磷、钾养分吸收进行模拟，氮、磷、钾养分吸收的数据量分别为 5868 个、3903 个、4009 个，得出 QUEFTS 模型模拟的小麦氮、磷、钾养分吸收量呈线性－抛物线－平台曲线关系（图 2-11）。

模型模拟的直线部分，即目标产量达到产量潜力的 60%～70% 时，生产 1t 籽粒小麦地上部所需要的 N、P、K 养分量是一定的，分别为 25.4kg、4.8kg、19.5kg，氮、磷、钾吸收比例为 5.29：1：4.06，此时对应的 N、P、K 最佳内在效率分别为 39.4kg/kg、208.9kg/kg、51.4kg/kg（表 2-21）。

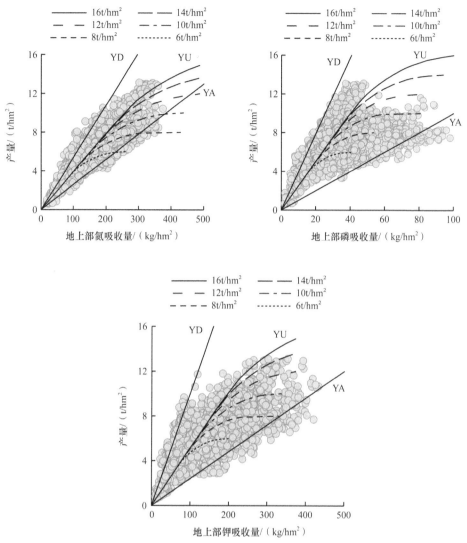

图 2-11　QUEFTS 模型模拟的小麦不同潜在产量下地上部最佳养分吸收量

表 2-21　QUEFTS 模型模拟的小麦养分内在效率和单位产量养分吸收量

产量/(t/hm²)	养分内在效率/(kg/kg)			单位产量养分吸收量/(kg/t)		
	N	P	K	N	P	K
0	0	0	0	0	0	0
1	39.4	208.9	51.4	25.4	4.8	19.5
2	39.4	208.9	51.4	25.4	4.8	19.5
3	39.4	208.9	51.4	25.4	4.8	19.5
4	39.4	208.9	51.4	25.4	4.8	19.5
5	39.4	208.9	51.4	25.4	4.8	19.5
6	39.4	208.9	51.4	25.4	4.8	19.5
7	39.4	208.9	51.4	25.4	4.8	19.5

产量/(t/hm²)	养分内在效率/(kg/kg)			单位产量养分吸收量/(kg/t)		
	N	P	K	N	P	K
8	39.2	207.5	51.1	25.5	4.8	19.6
9	38.7	205.0	50.4	25.8	4.9	19.8
10	38.1	201.9	49.7	26.2	5.0	20.1
11	36.2	191.7	47.2	27.6	5.2	21.2
12	33.9	179.5	44.2	29.5	5.6	22.6
13	30.8	163.0	40.1	32.5	6.1	24.9
14	28.8	152.4	37.5	34.8	6.6	26.7

2.2.2.5　小麦养分推荐模型

基于产量反应与农学效率的小麦养分推荐方法,主要依据小麦目标产量和产量反应,并综合考虑养分平衡,确定小麦不同目标产量下氮、磷、钾养分推荐用量。

1. 施氮量的确定

在小麦养分专家系统中,推荐氮肥用量根据产量反应和农学效率确定:推荐施氮量（kg N/hm²)=产量反应（t/hm²)/农学效率（kg/kg)×1000（表 2-22)。

表 2-22　不同目标产量下小麦推荐施氮量

目标产量/(t/hm²)	地力	产量反应/(t/hm²)	施氮量/(kg N/hm²)	目标产量/(t/hm²)	地力	产量反应/(t/hm²)	施氮量/(kg N/hm²)
6	低	2.55	188	10	低	4.20	240
	中	1.60	149		中	2.65	191
	高	0.90	107		高	1.50	144
7	低	2.95	201	11	低	4.65	254
	中	1.85	160		中	2.95	201
	高	1.05	118		高	1.65	151
8	低	3.35	214	12	低	5.05	266
	中	2.15	173		中	3.20	209
	高	1.20	127		高	1.80	158
9	低	3.80	228	13	低	5.45	278
	中	2.40	182		中	3.45	217
	高	1.35	136		高	1.95	165

2. 施磷量的确定

小麦施磷量主要考虑小麦产量反应、小麦移走量（维持土壤平衡)和上季作物磷素残效三部分,不同目标产量下小麦的推荐施磷量见表 2-23。

表 2-23　不同目标产量下小麦推荐施磷量

目标产量/(t/hm²)	地力	产量反应/(t/hm²)	施磷量/(kg P₂O₅/hm²)	目标产量/(t/hm²)	地力	产量反应/(t/hm²)	施磷量/(kg P₂O₅/hm²)
6	低	1.00	78	10	低	1.70	130
	中	0.70	69		中	1.15	114
	高	0.40	60		高	0.65	99
7	低	1.20	91	11	低	1.85	143
	中	0.80	79		中	1.25	125
	高	0.45	69		高	0.70	108
8	低	1.35	104	12	低	2.00	155
	中	0.90	90		中	1.35	136
	高	0.50	78		高	0.80	119
9	低	1.50	116	13	低	2.20	169
	中	1.00	101		中	1.45	146
	高	0.60	89		高	0.85	128

3. 施钾量的确定

小麦施钾量主要考虑小麦产量反应、小麦移走量（维持土壤平衡）和上季作物钾素残效三部分。表 2-24 列出了小麦不同目标产量和不同秸秆还田条件下的推荐施钾量。

表 2-24　不同目标产量下小麦推荐施钾量

目标产量/(t/hm²)	地力	产量反应/(t/hm²)	施钾量/(kg K₂O/hm²) 秸秆还田 >60%	秸秆还田 40%~60%	秸秆还田 <40%	目标产量/(t/hm²)	地力	产量反应/(t/hm²)	施钾量/(kg K₂O/hm²) 秸秆还田 >60%	秸秆还田 40%~60%	秸秆还田 <40%
6	低	0.85	60	73	85	10	低	1.45	101	122	144
	中	0.55	48	61	73		中	0.90	79	100	122
	高	0.30	38	51	63		高	0.50	63	84	106
7	低	1.00	70	85	100	11	低	1.60	111	135	158
	中	0.60	54	69	84		中	1.00	87	111	134
	高	0.35	44	59	74		高	0.55	69	93	116
8	低	1.15	80	97	115	12	低	1.75	121	147	173
	中	0.70	62	79	97		中	1.05	93	119	145
	高	0.40	50	67	85		高	0.60	75	101	127
9	低	1.30	91	110	129	13	低	1.85	130	158	186
	中	0.80	71	90	109		中	1.15	102	130	158
	高	0.45	57	76	95		高	0.65	82	110	138

2.2.2.6　基于产量反应和农学效率的小麦养分推荐实践

1. 施肥量

施肥量比较结果见表 2-25。与 FP 处理相比，NE 处理显著降低了氮肥、磷肥用量，分别降低了 41.0%、30.3%，显著提高了钾肥用量（54.2%）。与 ST 处理相比，NE 处理显著降低了氮肥、磷肥用量，分别降低了 22.3%、15.3%，二者的施钾量无显著差异。

表 2-25　小麦不同施肥处理的施肥量比较

省份	施氮量/(kg N/hm²)			施磷量/(kg P₂O₅/hm²)			施钾量/(kg K₂O/hm²)		
	NE	FP	ST	NE	FP	ST	NE	FP	ST
河北	165b	318a	169b	81b	124a	86b	74a	29b	72a
河南	164b	211a	199a	82b	115a	73c	80b	100a	94a
山东	159c	314a	270b	85c	127b	142a	69a	24c	48b
山西	167c	267a	201b	85b	105a	87b	72a	32b	77a
平均	164c	278a	211b	83c	119a	98b	74a	48b	72a

2. 产量和经济效益

产量和经济效益比较结果（表 2-26）显示，3 个处理间的产量无显著差异，NE 和 ST 处理二者的平均产量相同，均高于 FP 处理，提高了 0.2t/hm²，增幅 2.5%；三者中，以 NE 处理的平均经济效益最高，且显著高于 FP 处理，与 FP、ST 相比，NE 处理的平均经济效益分别提高了 936 元/hm²、214 元/hm²。3 个处理中，以 NE 处理化肥花费最低，与 FP、ST 相比，平均化肥花费分别降低了 570 元/hm²、281 元/hm²。与 FP 处理相比，经济效益中，NE 处理由产量增加带来的占到了 39.1%；而与 ST 相比，其经济效益增量主要源自肥料用量的降低。

表 2-26　小麦不同施肥处理的产量和经济效益比较

省份	产量/(kg/hm²)			化肥花费/(元/hm²)			经济效益/(元/hm²)		
	NE	FP	ST	NE	FP	ST	NE	FP	ST
河北	7.7a	7.3a	7.6a	1 554b	2 251a	1 594b	15 261a	13 752b	15 160a
河南	7.6ab	7.4b	7.7a	1 735c	2 257a	1 920b	13 392a	12 566b	13 404a
山东	8.2a	8.1a	8.2a	1 448b	2 069a	2 101a	17 150a	16 319b	16 645ab
山西	9.2a	9.2a	9.2a	1 985c	2 360a	2 198b	18 020a	17 611a	17 735a
平均	8.1a	7.9a	8.1a	1 651c	2 221a	1 932b	15 752a	14 816b	15 538a

3. 氮肥利用率

氮肥利用率比较结果显示，与 FP、ST 处理相比，NE 处理提高了小麦氮肥利用率。其中，氮肥回收率分别提高了 13.5 个百分点、4.8 个百分点；氮肥农学效率分别提高了 3.8kg/kg、1.4kg/kg；氮肥偏生产力分别提高了 18.5kg/kg、9.5kg/kg（表 2-27）。

表 2-27　小麦不同施肥处理的氮肥利用率比较

省份	氮肥回收率/%			氮肥农学效率/(kg/kg)			氮肥偏生产力/(kg/kg)		
	NE	FP	ST	NE	FP	ST	NE	FP	ST
河北	25.6a	13.1b	24.7a	7.2a	2.8b	6.9a	47.5a	24.6b	46.9a
河南	38.1a	23.9b	35.5a	10.9a	8.0b	10.1a	46.7a	39.0b	40.0b
山东	30.5a	14.9c	18.4b	8.3a	4.1b	5.3b	51.9a	26.8b	30.9a
山西	30.6a	19.9b	27.8a	9.1a	5.6c	7.5b	55.3a	36.5c	46.0b
平均	31.3a	17.8c	26.5b	8.9a	5.1c	7.5b	49.8a	31.3b	40.3a

4. 养分表观平衡

与 FP、ST 处理相比，NE 处理显著降低了氮、磷盈余量，氮盈余量分别降低了 120.1kg/hm²、46.6kg/hm²，磷盈余量分别降低了 38.5kg/hm²、13.8kg/hm²；NE 处理与 ST 处理的钾盈余量无显著差异，但显著高于 FP 处理（表 2-28）。

表 2-28　小麦不同施肥处理的养分表观平衡比较

省份	处理	N/(kg/hm²)		P₂O₅/(kg/hm²)		K₂O/(kg/hm²)	
		移走量	盈余量	移走量	盈余量	移走量	盈余量
河北	NE	156.9	7.9b	66.4	15.1b	31.8	41.9a
	FP	152.5	165.6a	62.4	61.7a	29.6	−0.9b
	ST	156.6	12.1b	67.1	19.2b	31.6	40.4a
河南	NE	159.8	4.6c	87.1	−4.6b	38.5	41.5b
	FP	145.6	64.9a	83.0	32.3a	37.4	62.8a
	ST	162.2	37.0b	86.9	−14.3b	38.6	55.3a
山东	NE	156.2	3.2c	66.7	18.0c	28.1	41.2a
	FP	155.0	158.9a	65.7	61.8b	27.2	−2.9c
	ST	157.1	112.8b	68.9	72.8a	28.2	20.1b
山西	NE	179.9	−12.3c	65.9	16.4b	38.3	33.8a
	FP	180.3	87.5a	67.8	34.0a	40.1	−3.5b
	ST	181.2	19.8b	68.1	17.1b	39.7	37.9a
平均	NE	161.5	2.1c	72.5	14.4c	33.5	42.1a
	FP	156.0	122.2a	70.1	52.9a	32.5	17.1b
	ST	162.5	48.7b	73.6	28.2b	33.7	40.3a

2.2.3　玉米

汇总了 2001～2015 年的 5556 个玉米田间试验，模拟了玉米最佳养分吸收，创建了玉米养分推荐方法。收集的数据样本涵盖了中国春玉米和夏玉米主要种植区域，包含了不同气候类型、轮作系统、土壤肥力及玉米品种等信息。于 2010～2018 年在春玉米和夏玉米种植区开展了 752 个田间验证试验。夏玉米的试验省份有河北（114）、河南（130）、山东（90）、山西（95）和安徽（12），春玉米的试验省份有黑龙江（83）、吉林（143）、辽宁（44）、内蒙古（20）、宁夏（12）和云南（9），共计 11 个省份。

2.2.3.1 玉米产量反应

由玉米产量反应的分布情况得出，施氮产量反应低于 3.0t/hm² 的占全部观测数据的71.4%，施磷产量反应、施钾产量反应低于 1.5t/hm² 的分别占各自全部观察数据的 63.0%、67.3%，施氮、磷、钾的平均产量反应分别为 2.4t/hm²、1.4t/hm²、1.3t/hm²（图 2-12a～c）。氮磷钾全施处理可获得显著高于不施某种养分处理的产量（$P < 0.000\,01$）。但 Meta 分析结果

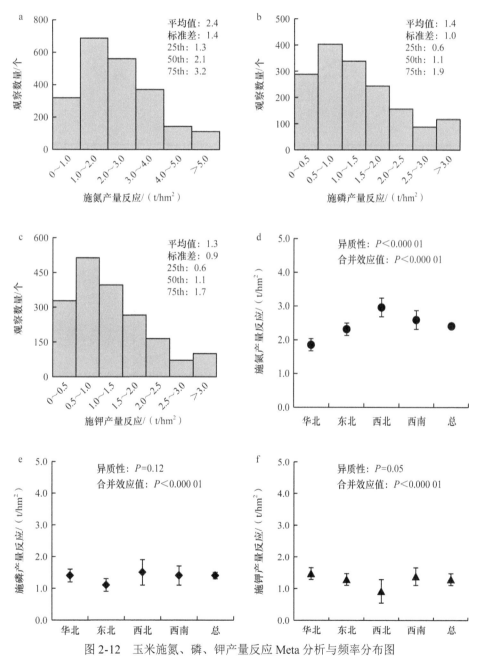

图 2-12　玉米施氮、磷、钾产量反应 Meta 分析与频率分布图

图 d～f 中的误差线为 95% 置信区间，产量反应的合并效应值检验在 0.05 概率水平，异质性检验在 0.1 概率水平

显示，4个地区的施氮、钾产量反应存在很大变异性，区域间的异质性分别为 $P < 0.000\ 01$、$P=0.05$，但施磷产量反应区域间异质性差异不显著（$P=0.12$），即磷肥增产效果在区域间无显著差异。华北、东北、西北、西南地区的施氮产量反应分别为 1.8t/hm²、2.3t/hm²、3.0t/hm²、2.6t/hm²，施磷产量反应分别为 1.4t/hm²、1.1t/hm²、1.5t/hm²、1.4t/hm²，施钾产量反应分别为 1.5t/hm²、1.3t/hm²、0.9t/hm²、1.4t/hm²（图 2-12d～f）。

2.2.3.2　玉米相对产量与产量反应系数

从玉米相对产量的频率分布可以看出，不施氮相对产量基本上位于 0.60～1.00，占全部观察数据的 89.1%；不施磷、钾相对产量基本上位于 0.80～1.00，分别占各自全部观测数据的 78.6%、92.4%；不施氮、磷、钾相对产量的平均值分别为 0.76、0.86、0.87（图 2-13）。

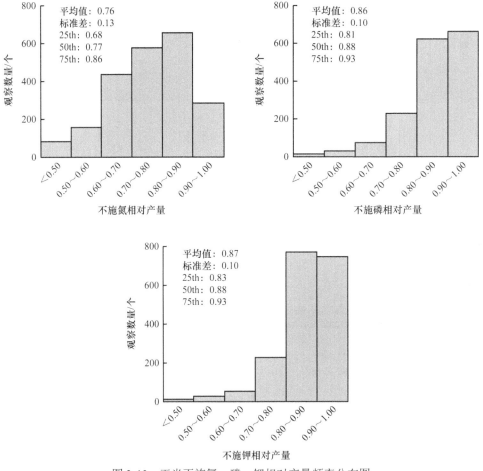

图 2-13　玉米不施氮、磷、钾相对产量频率分布图

春玉米和夏玉米相对产量差异较大，为进一步进行有针对性的养分管理，用相对产量的 25th、50th、75th 百分位数来表征基础地力的低、中、高水平，用于求算氮、磷、钾施用的产量反应系数，以进一步求算产量反应（表 2-29）。

表 2-29 不同季节类型玉米相对产量和产量反应系数

季节类型	参数	不施 N 相对产量	不施 P 相对产量	不施 K 相对产量	N 产量反应系数	P 产量反应系数	K 产量反应系数
春玉米	n	1130	885	958	1130	885	958
	25th	0.64	0.80	0.82	0.36	0.20	0.18
	50th	0.75	0.86	0.87	0.25	0.14	0.13
	75th	0.84	0.92	0.93	0.16	0.08	0.07
夏玉米	n	1065	750	882	1065	750	882
	25th	0.71	0.83	0.84	0.29	0.17	0.16
	50th	0.80	0.90	0.89	0.20	0.10	0.11
	75th	0.87	0.94	0.94	0.13	0.06	0.06

2.2.3.3 玉米农学效率

从农学效率频率分布（图 2-14）可以看出，氮农学效率低于 15kg/kg 的占全部观察数据的 68.7%，磷农学效率低于 15kg/kg 的占全部观察数据的 52.1%，钾农学效率低于 15kg/kg 的占全部观察数据的 61.4%。N、P、K 农学效率的平均值分别为 12.7kg/kg、18.4kg/kg、15.1kg/kg。

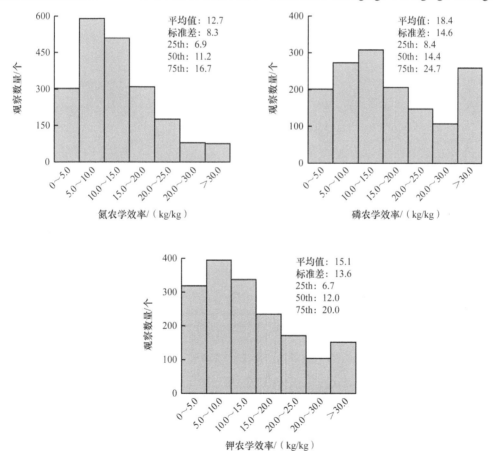

图 2-14 玉米氮、磷、钾农学效率频率分布图

玉米产量反应和农学效率之间存在显著的二次曲线关系，随着产量反应的不断增加，农学效率随之增加，产量反应继续增加，农学效率增加的幅度则逐渐降低（图2-15）。该关系包含了不同的环境条件、地力水平、玉米品种信息，因此可以依此进行养分推荐。

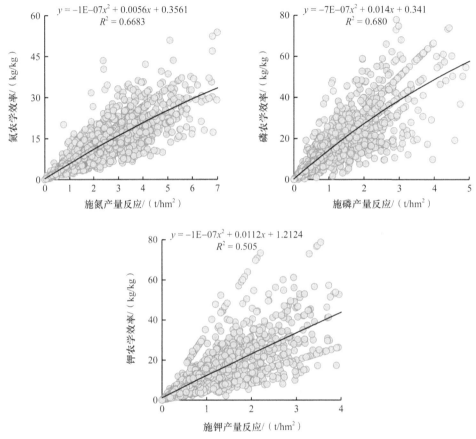

图 2-15 玉米产量反应与农学效率关系

2.2.3.4 玉米养分吸收特征

应用 QUEFTS 模型对玉米地上部氮、磷、钾养分吸收进行模拟，其中春玉米氮、磷、钾养分吸收的数据量分别为4196个、3323个、3336个，夏玉米氮、磷、钾养分吸收的数据量分别为5807个、4077个、4070个。应用 QUEFTS 模型模拟了不同潜在产量下的春玉米和夏玉米地上部养分吸收曲线（图2-16）。

从模拟的不同潜在产量下春玉米地上部养分吸收曲线（图2-16a～c）得出，当目标产量达到潜在产量的60%～70%时，生产1t春玉米籽粒地上部所吸收养分量是一定的，直线部分每吨春玉米产量所需地上部氮、磷、钾养分分别为16.5kg、3.6kg、14.1kg，相应的氮、磷、钾养分内在效率分别为60.5kg/kg、276.1kg/kg、71.0kg/kg，N：P：K 为4.58：1：3.92（表2-30）。

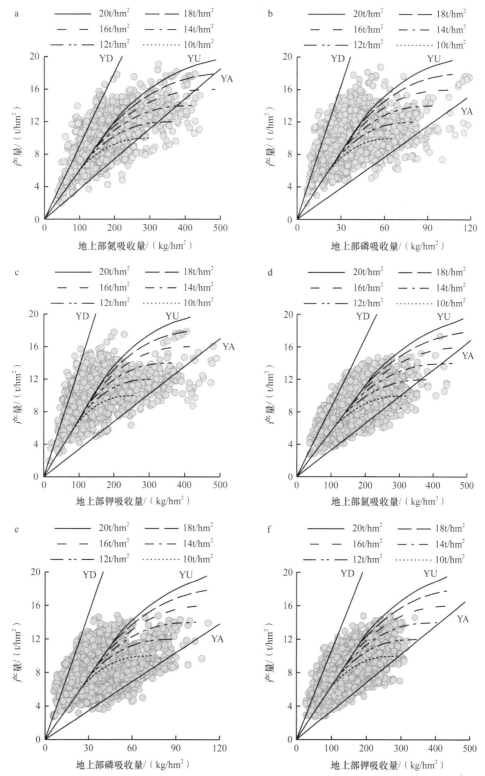

图 2-16　QUEFTS 模型模拟的春玉米和夏玉米不同潜在产量下地上部最佳养分吸收量

a~c：春玉米；d~f：夏玉米

表 2-30　QUEFTS 模型模拟的春玉米养分内在效率和单位产量养分吸收量

产量/(t/hm²)	养分内在效率/(kg/kg)			单位产量养分吸收量/(kg/t)		
	N	P	K	N	P	K
0	0	0	0	0	0	0
1	60.5	276.1	71.0	16.5	3.6	14.1
2	60.5	276.1	71.0	16.5	3.6	14.1
3	60.5	276.1	71.0	16.5	3.6	14.1
4	60.5	276.1	71.0	16.5	3.6	14.1
5	60.5	276.1	71.0	16.5	3.6	14.1
6	60.5	276.1	71.0	16.5	3.6	14.1
7	60.5	276.1	71.0	16.5	3.6	14.1
8	60.5	276.1	71.0	16.5	3.6	14.1
9	60.1	274.5	70.6	16.6	3.6	14.2
10	59.5	271.8	69.9	16.8	3.7	14.3
11	58.1	265.4	68.3	17.2	3.8	14.7
12	55.7	254.4	65.4	18.0	3.9	15.3
13	52.9	241.6	62.1	18.9	4.1	16.1
14	49.6	226.3	58.2	20.2	4.4	17.2
15	45.1	205.8	52.9	22.2	4.9	18.9
16	33.0	150.7	38.7	30.3	6.6	25.8

从模拟的不同潜在产量下夏玉米地上部养分吸收曲线（图 2-16d～f）得出，当目标产量达到潜在产量的 60%～70% 时，形成 1t 夏玉米籽粒地上部养分吸收量是一定的，直线部分每吨夏玉米产量所需地上部氮、磷、钾养分分别为 17.7kg、4.0kg、15.7kg，相应的养分内在效率分别为 56.4kg/kg、247.3kg/kg、63.6kg/kg，N∶P∶K 为 4.43∶1∶3.93（表 2-31）。

表 2-31　QUEFTS 模型模拟的夏玉米养分内在效率和单位产量养分吸收量

产量/(t/hm²)	养分内在效率/(kg/kg)			单位产量养分吸收量/(kg/t)		
	N	P	K	N	P	K
0	0	0	0	0	0	0
1	56.4	247.3	63.6	17.7	4.0	15.7
2	56.4	247.3	63.6	17.7	4.0	15.7
3	56.4	247.3	63.6	17.7	4.0	15.7
4	56.4	247.3	63.6	17.7	4.0	15.7
5	56.4	247.3	63.6	17.7	4.0	15.7
6	56.4	247.3	63.6	17.7	4.0	15.7
7	56.4	247.3	63.6	17.7	4.0	15.7

产量/(t/hm²)	养分内在效率/(kg/kg)			单位产量养分吸收量/(kg/t)		
	N	P	K	N	P	K
8	56.4	247.3	63.6	17.7	4.0	15.7
9	56.4	247.3	63.6	17.7	4.0	15.7
10	56.2	246.3	63.3	17.8	4.1	15.8
11	54.8	240.0	61.7	18.3	4.2	16.2
12	52.5	230.1	59.2	19.0	4.3	16.9
13	49.9	218.7	56.2	20.0	4.6	17.8
14	46.8	205.0	52.7	21.4	4.9	19.0
15	42.6	186.6	48.0	23.5	5.4	20.8
16	32.9	144.1	37.1	30.4	6.9	27.0

2.2.3.5　玉米养分推荐模型

基于产量反应与农学效率的玉米养分推荐方法，主要依据玉米目标产量和产量反应，并综合考虑养分平衡，确定玉米不同目标产量下氮、磷、钾养分推荐用量。由于气候特征和种植季节类型不同，如春玉米与夏玉米的最佳养分吸收参数不同，在养分推荐时区别对待。

1. 施氮量的确定

在玉米养分专家系统中，推荐氮肥用量根据产量反应和农学效率确定：推荐施氮量（kg N/hm²）=产量反应（t/hm²）/农学效率（kg/kg）×1000（表 2-32 和表 2-33）。

表 2-32　不同目标产量下春玉米推荐施氮量

目标产量/(t/hm²)	地力	产量反应/(t/hm²)	施氮量/(kg N/hm²)	目标产量/(t/hm²)	地力	产量反应/(t/hm²)	施氮量/(kg N/hm²)
8	低	2.85	183	12	低	4.25	219
	中	2.00	151		中	3.05	189
	高	1.30	115		高	1.95	149
9	低	3.20	193	13	低	4.65	227
	中	2.30	163		中	3.30	196
	高	1.45	123		高	2.10	155
10	低	3.55	203	14	低	5.00	233
	中	2.55	173		中	3.55	203
	高	1.60	131		高	2.25	161
11	低	3.90	211	15	低	5.35	239
	中	2.80	181		中	3.80	209
	高	1.75	139		高	2.40	167

表 2-33　不同目标产量下夏玉米推荐施氮量

目标产量/(t/hm²)	地力	产量反应/(t/hm²)	施氮量/(kg N/hm²)	目标产量/(t/hm²)	地力	产量反应/(t/hm²)	施氮量/(kg N/hm²)
7	低	2.05	186	11	低	3.20	234
	中	1.40	147		中	2.20	193
	高	0.90	107		高	1.40	147
8	低	2.35	200	12	低	3.50	244
	中	1.60	160		中	2.40	203
	高	1.00	116		高	1.50	153
9	低	2.60	211	13	低	3.80	252
	中	1.80	172		中	2.55	209
	高	1.15	128		高	1.65	163
10	低	2.90	223	14	低	4.05	259
	中	2.00	183		中	2.75	217
	高	1.25	136		高	1.75	169

2. 施磷量的确定

玉米施磷量主要考虑玉米产量反应、玉米移走量（维持土壤平衡）和上季作物磷素残效三部分，不同目标产量下春玉米和夏玉米的推荐施磷量分别见表 2-34 和表 2-35。

表 2-34　不同目标产量下春玉米推荐施磷量

目标产量/(t/hm²)	地力	产量反应/(t/hm²)	施磷量/(kg P₂O₅/hm²)	目标产量/(t/hm²)	地力	产量反应/(t/hm²)	施磷量/(kg P₂O₅/hm²)
8	低	1.60	81	12	低	2.40	121
	中	1.10	71		中	1.65	106
	高	0.60	61		高	0.90	91
9	低	1.80	91	13	低	2.60	131
	中	1.20	79		中	1.75	114
	高	0.70	69		高	1.00	99
10	低	2.00	101	14	低	2.80	142
	中	1.35	88		中	1.90	124
	高	0.75	76		高	1.10	108
11	低	2.20	111	15	低	3.00	152
	中	1.50	97		中	2.05	133
	高	0.85	84		高	1.15	115

表 2-35　不同目标产量下夏玉米推荐施磷量

目标产量/ (t/hm²)	地力	产量反应/ (t/hm²)	施磷量/ (kg P₂O₅/hm²)	目标产量/ (t/hm²)	地力	产量反应/ (t/hm²)	施磷量/ (kg P₂O₅/hm²)
	低	1.20	58		低	1.90	92
7	中	0.75	49	11	中	1.15	77
	高	0.45	43		高	0.65	67
	低	1.40	67		低	2.05	100
8	中	0.85	56	12	中	1.25	84
	高	0.50	49		高	0.75	74
	低	1.55	75		低	2.25	109
9	中	0.95	63	13	中	1.35	91
	高	0.55	55		高	0.80	80
	低	1.70	83		低	2.40	116
10	中	1.05	70	14	中	1.45	97
	高	0.60	61		高	0.85	85

3. 施钾量的确定

玉米施钾量主要考虑玉米产量反应、玉米移走量（维持土壤平衡）和上季作物钾素残效三部分。表 2-36、表 2-37 分别列出了春玉米不同目标产量和不同秸秆还田条件下的推荐施钾量、夏玉米不同目标产量下的推荐施钾量。

表 2-36　不同目标产量下春玉米推荐施钾量

目标产量/ (t/hm²)	地力	产量反应/ (t/hm²)	施钾量/(kg K₂O/hm²)			目标产量/ (t/hm²)	地力	产量反应/ (t/hm²)	施钾量/(kg K₂O/hm²)		
			秸秆还 田 10%	秸秆还 田 50%	秸秆还 田 100%				秸秆还 田 10%	秸秆还 田 50%	秸秆还 田 100%
	低	1.50	89	85	79		低	2.20	133	126	117
8	中	1.00	74	70	64	12	中	1.50	112	105	96
	高	0.60	62	58	52		高	0.90	94	87	78
	低	1.65	100	94	87		低	2.40	144	137	127
9	中	1.15	85	79	72	13	中	1.65	122	114	104
	高	0.70	71	66	59		高	1.00	102	95	85
	低	1.85	111	105	98		低	2.60	156	147	137
10	中	1.25	93	87	80	14	中	1.75	130	122	112
	高	0.75	78	72	65		高	1.05	109	101	91
	低	2.05	123	116	108		低	2.75	166	157	146
11	中	1.40	103	97	88	15	中	1.90	140	131	120
	高	0.85	87	80	72		高	1.15	118	109	98

表 2-37　不同目标产量下夏玉米推荐施钾量

目标产量/ (t/hm²)	地力	产量反应/ (t/hm²)	施钾量/ (kg K₂O/hm²)	目标产量/ (t/hm²)	地力	产量反应/ (t/hm²)	施钾量/ (kg K₂O/hm²)
	低	1.10	64		低	1.70	100
7	中	0.75	54	11	中	1.20	85
	高	0.45	45		高	0.70	70
	低	1.25	73		低	1.85	109
8	中	0.85	61	12	中	1.30	92
	高	0.50	51		高	0.75	76
	低	1.40	82		低	2.05	119
9	中	0.95	69	13	中	1.40	100
	高	0.60	58		高	0.85	83
	低	1.55	91		低	2.20	128
10	中	1.05	76	14	中	1.50	107
	高	0.65	64		高	0.90	89

2.2.3.6　基于产量反应和农学效率的玉米养分推荐实践

1. 施肥量

施肥量比较结果（表 2-38）显示，与 FP 处理相比，NE 处理显著降低了氮肥、磷肥用量，分别降低了 30.1%、16.9%，提高了钾肥用量（43.1%）；与 ST 处理相比，NE 处理的氮肥、磷肥、钾肥用量分别降低了 14.5%、7.8%、1.4%。

表 2-38　玉米不同施肥处理的施肥量比较

省份	施氮量/(kg N/hm²)			施磷量/(kg P₂O₅/hm²)			施钾量/(kg K₂O/hm²)		
	NE	FP	ST	NE	FP	ST	NE	FP	ST
河北	160b	265a	160b	58a	29c	49b	67a	29b	67a
河南	159b	212a	217a	57b	68a	50b	72a	52b	74a
山东	153c	240a	202b	21b	54a	50a	50b	43b	65a
山西	156c	252a	191b	59b	57b	69a	60b	31c	72a
黑龙江	174b	182a	176ab	68a	66a	66a	82a	56c	72b
吉林	163c	234a	173b	67b	111a	68b	81b	99a	81b
辽宁	179b	229a	226a	63b	76a	79a	78a	46b	87a
安徽	182c	240a	210b	73c	120a	90b	70b	60c	105a
内蒙古	214ab	206b	225a	113c	142a	131b	119a	0c	75b
宁夏	198c	360a	238b	71c	135a	85b	103a	0c	80b
云南	203c	449a	375b	83b	72c	120a	126a	0c	75b
平均	165c	236a	193b	59c	71a	64b	73a	51b	74a

2. 产量和经济效益

产量和经济效益比较结果（表 2-39）显示，与 FP、ST 处理相比，NE 处理提高了玉米产量和经济效益，平均产量分别增加了 0.4t/hm²、0.1t/hm²，提高了 4.0%、1.0%；平均经济效益分别提高了 764 元/hm²、329 元/hm²，提高了 4.3%、1.8%；但平均化肥花费分别降低了 29 元/hm²、163 元/hm²；经济效益中，由产量增加带来的分别占 96.2%、50.5%。

表 2-39　玉米不同施肥处理的产量和经济效益比较

省份	产量/(kg/hm²)			化肥花费/(元/hm²)			经济效益/(元/hm²)		
	NE	FP	ST	NE	FP	ST	NE	FP	ST
河北	8.9a	8.7a	8.8a	1 757a	1 583b	1 689a	16 025a	15 821a	15 990a
河南	10.0a	9.9a	10.2a	1 663b	1 612b	1 869a	18 495a	18 194a	18 643a
山东	8.5a	8.5a	8.6a	1 199c	1 490b	1 674a	16 791a	16 511a	16 446a
山西	9.9a	9.7a	10.0a	1 815b	1 854b	2 139a	18 150a	17 689a	17 920a
黑龙江	11.8a	11.0b	11.5a	2 149a	1 773b	2 079a	18 660a	17 566a	18 212a
吉林	11.8a	11.2b	11.6a	1 751b	2 179a	1 809b	19 251a	17 861b	18 915ab
辽宁	12.2a	11.5b	11.8ab	1 970b	1 898b	2 370a	24 225a	22 802b	22 981b
安徽	8.2a	7.3b	8.3a	1 706c	1 920b	2 085a	15 486a	13 512b	15 331a
内蒙古	12.9a	12.3a	12.5a	2 256a	1 540b	2 161a	19 086a	18 879a	18 490a
宁夏	15.5a	13.4b	13.9b	2 069b	2 299a	2 186ab	32 079a	27 208b	28 361b
云南	12.2a	12.0a	11.9a	2 293b	2 342b	2 945a	24 461a	23 966a	23 194a
平均	10.5a	10.1b	10.4a	1 760b	1 789b	1 923a	18 626a	17 862b	18 297ab

3. 氮肥利用率

氮肥利用率结果（表 2-40）显示，与 FP、ST 处理相比，NE 处理显著提高了玉米氮肥利用率。其中，氮肥回收率分别提高了 10.8 个百分点、4.3 个百分点；氮肥农学效率分别提高了 4.5kg/kg、2.0kg/kg；氮肥偏生产力分别提高了 18.1kg/kg、9.0kg/kg。

表 2-40　玉米不同施肥处理的氮肥利用率比较

省份	氮肥回收率/%			氮肥农学效率/(kg/kg)			氮肥偏生产力/(kg/kg)		
	NE	FP	ST	NE	FP	ST	NE	FP	ST
河北	22.4a	10.9b	22.0a	6.7a	3.8b	6.3a	55.9a	34.9b	55.5a
河南	35.3a	24.0c	28.0b	13.8a	10.3b	11.2b	64.4a	52.2c	47.8b
山东	20.8a	13.0b	18.0a	8.5a	6.1b	7.4ab	56.3a	38.1c	44.5b
山西	28.6a	18.6b	25.0a	9.4a	5.7c	7.6b	66.5a	41.9c	53.3b
黑龙江	33.2a	26.5c	30.8b	20.2a	15.4c	18.4b	68.5a	62.4b	66.1a
吉林	38.3a	24.9c	34.5b	17.8a	10.6b	16.1a	73.5a	50.1c	68.9b
辽宁	33.3a	15.2c	19.7b	12.4a	6.7b	8.5b	69.1a	50.7b	52.8b
安徽	17.4a	8.6b	16.0a	9.0a	3.3b	8.3a	45.0a	30.6c	39.5b
内蒙古	38.8a	41.8a	35.4a	16.2a	15.4a	14.2a	61.9a	61.6a	55.5a

省份	氮肥回收率/%			氮肥农学效率/(kg/kg)			氮肥偏生产力/(kg/kg)		
	NE	FP	ST	NE	FP	ST	NE	FP	ST
宁夏	40.8a	19.7c	32.0b	27.1a	9.2b	15.4b	79.3a	37.3c	59.1b
云南	27.2a	13.4a	17.5a	7.5a	3.1a	4.0a	60.5a	26.7c	31.7b
平均	30.8a	20.0c	26.5b	13.1a	8.6c	11.1b	64.7a	46.6c	55.7b

4. 养分表观平衡

与 FP、ST 处理相比, NE 处理显著降低了氮盈余量, 分别降低了 77.3kg/hm², 30.3kg/hm²。NE 处理和 ST 处理的磷为负平衡, 主要表现在春玉米种植区, 如东北三省和云南。3 个处理钾均为负平衡, 主要是由于春玉米种植区秸秆不还田造成土壤损耗, 但 NE 和 ST 处理的损耗要低于 FP 处理 (表 2-41)。

表 2-41　玉米不同施肥处理的养分表观平衡比较

省份	处理	N/(kg/hm²)		P₂O₅/(kg/hm²)		K₂O/(kg/hm²)	
		移走量	盈余量	移走量	盈余量	移走量	盈余量
河北	NE	103.3	56.9b	40.9	17.6a	26.1	40.7a
	FP	99.4	165.2a	39.3	−10.1c	24.6	4.5b
	ST	102.7	57.4b	40.5	8.7b	25.9	40.9a
河南	NE	113.5	45.3b	62.1	−4.8b	40.8	31.6a
	FP	107.9	104.6a	60.6	7.9a	37.7	14.5b
	ST	115.4	102.0a	63.2	−13.0b	41.5	32.0a
山东	NE	92.0	60.8c	54.1	−33.5b	22.4	27.5b
	FP	90.8	149.2a	54.1	−0.1a	22.0	21.5b
	ST	93.4	109.1b	56.7	−7.2a	23.1	41.8a
山西	NE	107.9	47.5c	44.1	36.9ab	27.4	46.6b
	FP	106.2	145.0a	43.3	33.8b	27.9	16.9c
	ST	108.0	82.7b	43.6	46.5a	27.1	58.6a
黑龙江	NE	190.5	−16.8b	134.9	−67.3a	211.4	−129.2a
	FP	180.2	1.8a	126.1	−60.2a	193.8	−138.0a
	ST	187.2	−10.7b	133.5	−67.4a	204.8	−133.2a
吉林	NE	180.1	−16.8c	83.1	−15.9b	171.1	−89.8b
	FP	173.8	60.5a	79.7	31.1a	163.1	−64.2a
	ST	176.6	−3.3b	80.9	−12.4b	167.4	−86.0b
辽宁	NE	232.7	−53.7b	87.0	−23.9a	179.6	−101.9b
	FP	207.9	21.0a	76.1	−0.6a	152.9	−107.1b
	ST	219.3	6.8a	79.0	−0.3a	163.4	−76.1a

省份	处理	N/(kg/hm²)		P₂O₅/(kg/hm²)		K₂O/(kg/hm²)	
		移走量	盈余量	移走量	盈余量	移走量	盈余量
安徽	NE	90.6	91.4c	51.3	22.1c	41.0	29.0b
	FP	83.0	157.0a	46.5	73.5a	37.2	22.8c
	ST	92.2	117.8b	50.9	39.1b	41.1	63.9a
内蒙古	NE	272.5	−58.7a	112.7	0.5b	266.8	−148.0a
	FP	270.0	−63.6a	107.6	34.2a	250.5	−250.5b
	ST	266.5	−41.5a	109.5	21.0a	239.1	−164.1a
宁夏	NE	162.4	35.1c	83.6	−12.3c	209.0	−106.5a
	FP	152.9	207.1a	69.7	65.3a	191.6	−191.6b
	ST	158.4	79.1b	73.1	11.9b	198.3	−118.3a
云南	NE	251.5	−48.5c	161.6	−79b	246.3	−120.0a
	FP	250.5	198.0a	160.8	−88.8b	245.2	−245.2c
	ST	261.2	113.8b	156.3	−36.3a	256.0	−181.0b
平均	NE	144.0	20.6c	159.0	−10.5c	116.3	−23.8a
	FP	137.9	97.9a	151.5	5.2a	108.4	−38.8b
	ST	142.6	50.9b	157.0	−5.1b	112.9	−19.6a

2.2.4　马铃薯

汇总了 2000～2016 年的 524 个马铃薯田间试验，模拟了马铃薯最佳养分吸收，创建了马铃薯养分推荐方法。数据样本涵盖了东北、西北、华北、东南和西南主要马铃薯产区，包含了不同气候类型、轮作制度、土壤肥力及马铃薯品种类型等信息。于 2017～2018 年在马铃薯种植区开展了 132 个田间验证试验，其中，黑龙江 13 个、吉林 8 个、内蒙古 30 个、山西 18 个、甘肃 8 个、江西 6 个、四川 22 个、贵州 18 个、云南 9 个。

2.2.4.1　马铃薯产量反应

马铃薯产区优化施肥处理施氮、磷、钾产量反应（图 2-17）平均分别为 8.6t/hm²（0.1～31.3t/hm²）、5.9t/hm²（0.1～29.6t/hm²）、6.6t/hm²（0～34.6t/hm²）。

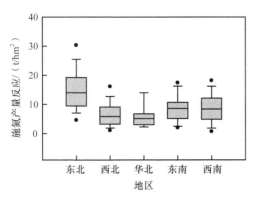
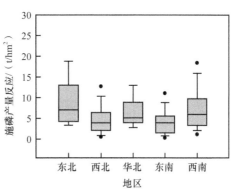

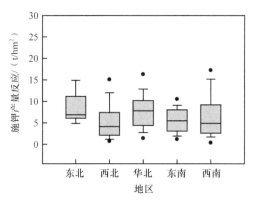

图 2-17 马铃薯施氮、磷、钾肥产量反应

东北地区包括黑龙江、吉林和辽宁；西北地区包括陕西、宁夏、甘肃、青海和新疆；华北地区包括河北、河南、山东、山西、北京和天津；东南地区包括湖北、湖南、江西、浙江、上海、安徽、江苏、福建、广东、广西和海南；西南地区包括四川、重庆、贵州、云南和西藏。下同

2.2.4.2 马铃薯相对产量与产量反应系数

我国马铃薯产区不施氮相对产量从大到小的顺序（以 50th 比较，下同）为华北、西北、东南（含长江中下游）、西南、东北；不施磷相对产量从大到小的顺序为东南（含长江中下游）、西北、东北、华北、西南；不施钾相对产量从大到小的顺序为西北、东北、东南（含长江中下游）、西南、华北。由数据库求算的土壤基础养分供应低、中、高水平对应的产量反应系数见表 2-42。如果知道地块的土壤基础养分供应低、中、高水平，就能求算产量反应。

表 2-42 不同地区马铃薯相对产量和产量反应系数

地区	参数	不施 N 相对产量	不施 P 相对产量	不施 K 相对产量	N 产量反应系数	P 产量反应系数	K 产量反应系数
东北	n	23	9	16	23	9	16
	25th	0.56	0.77	0.73	0.44	0.23	0.27
	50th	0.67	0.84	0.80	0.33	0.16	0.20
	75th	0.73	0.89	0.82	0.27	0.11	0.18
西北	n	230	196	250	230	196	250
	25th	0.68	0.75	0.75	0.32	0.25	0.25
	50th	0.78	0.85	0.85	0.22	0.15	0.15
	75th	0.85	0.91	0.92	0.15	0.09	0.08
华北	n	17	15	37	17	15	37
	25th	0.75	0.77	0.66	0.25	0.23	0.34
	50th	0.82	0.83	0.74	0.18	0.17	0.26
	75th	0.85	0.86	0.83	0.15	0.14	0.17
东南（含长江中下游）	n	49	31	64	49	31	64
	25th	0.61	0.75	0.71	0.39	0.25	0.29
	50th	0.71	0.87	0.79	0.30	0.13	0.21
	75th	0.80	0.92	0.88	0.20	0.08	0.12

续表

地区	参数	不施 N 相对产量	不施 P 相对产量	不施 K 相对产量	N 产量反应系数	P 产量反应系数	K 产量反应系数
西南	n	93	88	125	93	88	125
	25th	0.56	0.62	0.64	0.44	0.38	0.36
	50th	0.69	0.77	0.79	0.31	0.23	0.21
	75th	0.79	0.85	0.88	0.21	0.15	0.12

2.2.4.3 马铃薯农学效率

我国马铃薯氮、磷、钾农学效率（图 2-18）平均分别为 52.2kg/kg（1.2～207.5kg/kg）、58.5kg/kg（0.7～205.3kg/kg）、42.3kg/kg（0.2～232.5kg/kg）。

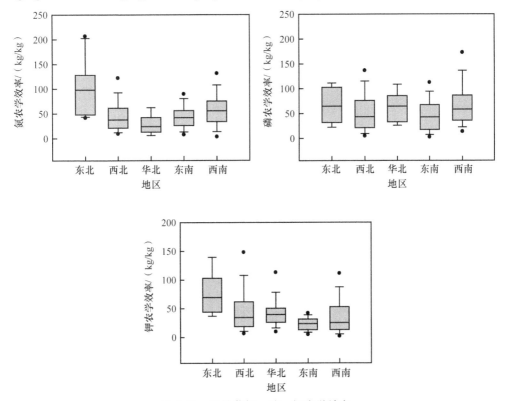

图 2-18 马铃薯氮、磷、钾农学效率

马铃薯产量反应和农学效率二者呈显著（$P < 0.05$）的二次曲线关系（图 2-19），马铃薯施氮、磷、钾产量反应和农学效率间的显著相关性将施肥效应和土壤养分供给结合起来，为马铃薯养分推荐方法的构建提供了参考。

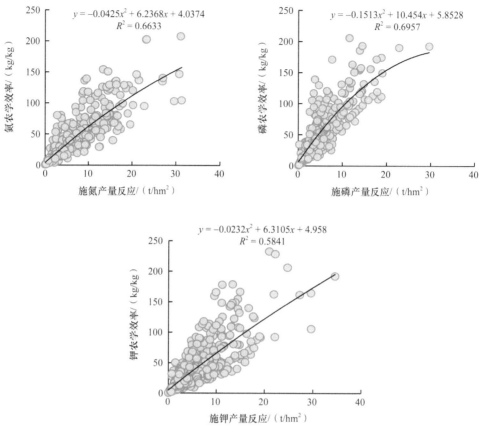

图 2-19　马铃薯产量反应与农学效率关系

2.2.4.4　马铃薯养分吸收特征

应用 QUEFTS 模型模拟了马铃薯不同潜在产量下植株氮、磷、钾养分吸收量（30～60t/hm²，鲜重）（图 2-20），氮、磷、钾养分吸收的数据量分别为 606 个、465 个、497 个。

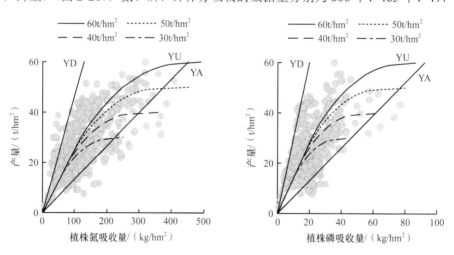

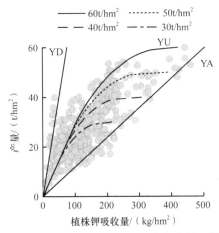

图 2-20　QUEFTS 模型模拟的马铃薯不同潜在产量下植株养分吸收量

　　QUEFTS 模型模拟的最佳养分吸收曲线（表 2-43）表明，直线部分每生产 1t 马铃薯块茎植株氮、磷、钾养分吸收量分别为 3.6kg/t、0.6kg/t、3.0kg/t，氮、磷、钾养分内在效率分别为 225kg/kg、1715kg/kg、330kg/kg；进一步模拟得出每生产 1t 块茎，马铃薯块茎氮、磷、钾养分吸收量分别为 2.9kg/t、0.4kg/t、2.2kg/t；QUEFTS 模型模拟的直线部分块茎氮、磷、钾含量分别占总量的 79.1%、72.8%、72.5%。

表 2-43　QUEFTS 模型模拟的马铃薯单位产量养分吸收量（鲜重计产）

产量/ （t/hm²）	单位产量植株养分吸收量/（kg/t）			单位产量块茎养分吸收量/（kg/t）			块茎养分占总养分比例/%		
	N	P	K	N	P	K	N	P	K
0	0	0	0	0	0	0	0	0	0
1	3.6	0.6	3.0	2.9	0.4	2.2	80.6	86.7	73.3
4	3.6	0.6	3.0	2.9	0.4	2.2	80.6	86.7	73.3
7	3.6	0.6	3.0	2.9	0.4	2.2	80.6	86.7	73.3
10	3.6	0.6	3.0	2.9	0.4	2.2	80.6	86.7	73.3
13	3.6	0.6	3.0	2.9	0.4	2.2	80.6	86.7	73.3
16	3.8	0.6	3.1	2.9	0.4	2.2	76.3	86.7	71.0
18	3.9	0.6	3.3	3.0	0.4	2.3	76.9	86.7	69.0
20	4.1	0.7	3.4	3.2	0.5	2.4	78.0	71.4	70.6
22	4.3	0.7	3.6	3.3	0.5	2.5	76.7	71.4	69.4
24	4.5	0.7	3.8	3.5	0.5	2.7	77.8	71.4	71.1
26	4.9	0.8	4.1	3.8	0.6	2.9	77.6	75.0	70.7
28	5.4	0.9	4.5	4.2	0.6	3.2	77.8	66.7	71.1
30	7.9	1.3	6.6	6.4	1.0	4.9	81.0	76.9	74.2

2.2.4.5　马铃薯养分推荐模型

基于产量反应与农学效率的马铃薯养分推荐方法，主要依据马铃薯目标产量和产量反应，并综合考虑养分平衡，确定马铃薯不同目标产量下氮、磷、钾养分推荐用量。依据气候特征，马铃薯在养分推荐时分区域对待。

1. 施氮量的确定

氮肥用量确定主要基于预估的不同地力条件下的产量反应和已知农学效率间的关系，由产量反应除以农学效率获得（表 2-44）。

表 2-44　不同目标产量下马铃薯推荐施氮量

目标产量/ (t/hm²)	地力	产量反应/(t/hm²)					施氮量/(kg N/hm²)				
		东北	西北	华北	东南	西南	东北	西北	华北	东南	西南
20	低	8.8	6.4	5.0	7.8	8.8	177	162	151	171	177
	中	6.5	4.3	3.7	6.1	6.2	163	145	138	160	161
	高	5.3	2.9	3.0	3.9	4.3	154	128	129	141	145
25	低	11.0	8.0	6.2	9.8	11.1	189	172	161	182	189
	中	8.2	5.4	4.6	7.6	7.8	173	155	148	170	171
	高	6.7	3.7	3.7	4.9	5.4	164	138	139	150	154
30	低	13.1	9.6	7.5	11.7	13.3	200	181	169	193	201
	中	9.8	6.5	5.5	9.2	9.3	182	162	155	179	180
	高	8.0	4.4	4.5	5.9	6.5	172	146	147	158	162
35	低	15.3	11.2	8.7	13.7	15.5	212	190	176	203	213
	中	11.4	7.6	6.4	10.7	10.9	191	169	162	187	188
	高	9.3	5.1	5.2	6.9	7.5	180	152	153	165	169
40	低	17.5	12.8	10.0	15.6	17.7	225	198	183	214	226
	中	13.1	8.6	7.3	12.2	12.4	200	176	168	195	197
	高	10.6	5.8	6.0	7.8	8.6	187	158	159	171	176
45	低	19.7	14.4	11.2	17.6	19.9	238	207	190	225	239
	中	14.7	9.7	8.2	13.7	14.0	209	182	173	204	205
	高	12.0	6.6	6.7	8.8	9.7	194	163	164	177	182
50	低	21.9	16.0	12.5	19.5	22.1	253	216	197	237	254
	中	16.4	10.8	9.2	15.3	15.6	218	188	179	212	214
	高	13.3	7.3	7.5	9.8	9.8	201	168	169	182	188

2. 施磷量的确定

马铃薯磷肥用量确定主要根据马铃薯产量反应、马铃薯移走量（维持土壤平衡）和上季作物磷素残效。不同目标产量下马铃薯的推荐施磷量见表 2-45。

表 2-45 不同目标产量下马铃薯推荐施磷量

目标产量/ (t/hm²)	地力	产量反应/(t/hm²)					施磷量/(kg P₂O₅/hm²)				
		东北	西北	华北	东南	西南	东北	西北	华北	东南	西南
20	低	4.5	5.0	4.7	4.9	7.7	52	56	53	55	78
	中	3.1	3.0	3.4	2.6	4.5	40	39	43	36	52
	高	2.2	1.8	2.8	1.5	3.0	32	29	38	27	39
25	低	5.7	6.3	5.8	6.2	9.6	65	70	66	69	97
	中	3.9	3.8	4.3	3.3	5.7	51	49	54	45	65
	高	2.7	2.2	3.5	1.9	3.8	40	36	47	34	49
30	低	6.8	7.5	7.0	7.4	11.5	78	84	79	83	117
	中	4.7	4.5	5.2	3.9	6.8	61	59	64	54	78
	高	3.2	2.6	4.2	2.3	4.5	48	44	56	41	59
35	低	7.9	8.8	8.2	8.6	13.4	91	98	93	96	136
	中	5.5	5.3	6.0	4.6	7.9	71	69	75	63	91
	高	3.8	3.1	4.9	2.7	5.3	57	51	66	47	69
40	低	9.0	10.0	9.3	9.8	15.3	104	112	106	110	155
	中	6.3	6.0	6.9	5.2	9.1	81	79	86	72	104
	高	4.3	3.5	5.6	3.0	6.0	65	58	75	54	79
45	低	10.2	11.3	10.5	11.1	17.2	117	125	119	124	175
	中	7.1	6.8	7.7	5.9	10.2	91	88	96	81	117
	高	4.9	4.0	6.3	3.4	6.8	73	65	85	61	88
50	低	11.3	12.5	11.7	12.3	19.2	129	139	132	138	194
	中	7.9	7.5	8.6	6.5	11.4	101	98	107	90	130
	高	5.4	4.4	7.0	3.8	7.5	81	73	94	68	98

3. 施钾量的确定

马铃薯钾肥用量确定原理同磷肥。不同目标产量和秸秆还田条件下马铃薯的推荐施钾量见表 2-46。

表 2-46 不同目标产量和秸秆还田条件下马铃薯推荐施钾量

目标产量/ (t/hm²)	地力	产量反应/(t/hm²)					＞70% 秸秆还田施钾量/ (kg K₂O/hm²)					＜70% 秸秆还田施钾量/ (kg K₂O/hm²)				
		东北	西北	华北	东南	西南	东北	西北	华北	东南	西南	东北	西北	华北	东南	西南
20	低	5.3	5.3	6.9	5.9	7.3	101	97	117	107	121	111	107	127	117	131
	中	4.1	4.1	5.2	4.3	4.3	88	77	100	90	91	98	87	110	100	101
	高	3.5	3.5	3.4	2.4	2.5	83	64	81	71	72	93	74	91	81	82
25	低	6.7	6.7	8.6	7.4	9.1	126	121	146	133	151	139	134	158	146	164
	中	5.1	5.1	6.5	5.3	5.4	110	97	125	113	113	123	109	137	125	126
	高	4.4	4.4	4.2	3.0	3.1	103	80	102	89	90	116	93	114	102	103

目标产量/(t/hm²)	地力	产量反应/(t/hm²)					>70% 秸秆还田施钾量/(kg K₂O/hm²)					<70% 秸秆还田施钾量/(kg K₂O/hm²)				
		东北	西北	华北	东南	西南	东北	西北	华北	东南	西南	东北	西北	华北	东南	西南
30	低	8.0	8.0	10.3	8.8	10.9	151	146	175	160	181	166	161	190	175	196
	中	6.1	6.1	7.8	6.4	6.5	132	116	150	135	136	147	131	165	150	151
	高	5.3	5.3	5.1	3.6	3.8	124	96	122	107	109	139	111	137	122	124
35	低	9.3	9.3	12.0	10.3	12.7	177	170	204	186	211	194	187	222	204	229
	中	7.1	7.1	9.1	7.5	7.5	154	135	174	158	159	172	153	192	175	176
	高	6.2	6.2	5.9	4.2	4.4	145	112	142	125	127	162	130	160	142	144
40	低	10.6	10.6	13.8	11.8	14.6	202	194	233	213	241	222	214	254	233	262
	中	8.1	8.1	10.4	8.5	8.6	176	154	199	180	181	196	175	220	200	201
	高	7.0	7.0	6.8	4.8	5.0	165	128	163	143	145	186	148	183	163	165
45	低	12.0	12.0	15.5	13.2	16.4	227	218	263	240	272	250	241	285	262	294
	中	9.1	9.1	11.7	9.6	9.7	198	174	224	203	204	221	196	247	226	226
	高	7.9	7.9	7.6	5.4	5.6	186	144	183	161	163	209	167	206	183	185
50	低	13.3	13.3	17.2	14.7	18.2	252	243	292	266	302	277	268	317	292	327
	中	10.2	10.2	13.0	10.7	10.8	220	193	249	225	226	246	218	274	251	252
	高	8.8	8.8	8.5	6.0	6.3	207	160	203	178	181	232	185	228	204	206

2.2.4.6　基于产量反应和农学效率的马铃薯养分推荐实践

1. 施肥量

施肥量比较结果（表 2-47）显示，与 FP 处理相比，NE 处理各试验点平均氮、磷肥施用量显著降低，分别降低了 32.6%、25.7%，平均钾肥施用量增加 4.0%；与 ST 处理相比，NE 处理的平均氮肥施用量降低了 11.3%，平均钾肥施用量增加 27.4%，二者的磷肥用量无显著差异。

表 2-47　马铃薯不同施肥处理的施肥量比较

省份	施氮量/(kg N/hm²)		施磷量/(kg P₂O₅/hm²)		施钾量/(kg K₂O/hm²)	
	NE	FP	NE	FP	NE	FP
黑龙江	166a	133b	103a	78b	201a	162b
吉林	193b	268a	127b	200a	223a	236a
内蒙古	191b	228a	142a	140a	196a	156b
山西	179b	327a	100a	95a	129b	138a
江西	142a	133a	60b	128a	101b	127a
甘肃	188a	145b	104a	68b	133a	0b
四川	180b	363a	90b	225a	180b	225a
贵州	144b	249a	135b	180a	240a	180b
云南	145b	215a	80a	65b	130b	240a
平均	174b	258a	110b	148a	180a	173a

续表

省份	施氮量/(kg N/hm²)		施磷量/(kg P₂O₅/hm²)		施钾量/(kg K₂O/hm²)	
	NE	ST	NE	ST	NE	ST
黑龙江	166a	155b	103a	81b	201a	173b
吉林	193b	220a	127b	168a	223a	194b
内蒙古	210b	248a	165a	143b	252a	165b
山西	179b	223a	100a	100a	129a	129a
江西	150a	120b	65b	90a	116a	120a
平均	188b	212a	127a	120a	200a	157b

2. 产量和经济效益

产量和经济效益比较结果（表 2-48）显示，与 FP 处理相比，NE 处理马铃薯平均产量增加了 5.4%、平均经济效益增加了 6.3%、平均化肥花费降低了 18.2%。与 ST 处理相比，NE 处理马铃薯平均产量、平均经济效益、平均化肥花费显著增加，分别增加了 5.6%、4.3%、6.0%。

表 2-48 马铃薯不同施肥处理的产量和经济效益比较

省份	产量/(t/hm²)		化肥花费/(元/hm²)		经济效益/(元/hm²)	
	NE	FP	NE	FP	NE	FP
黑龙江	31.6a	28.9b	2 742a	2 229b	44 583a	41 046b
吉林	42.5a	40.7b	2 980b	3 912a	56 541a	53 060b
内蒙古	37.3a	34.9b	2 394a	2 327a	34 938a	32 570b
山西	31.4a	30.1b	2 243b	2 978a	43 278a	40 735b
江西	16.7a	16.3a	1 222b	1 712a	48 902a	47 047a
甘肃	33.4a	29.2b	2 260a	1 092b	21 101a	19 344b
四川	23.3a	22.4a	2 660b	4 656a	66 083a	61 849b
贵州	19.5a	20.1a	4 181b	4 339a	19 272a	19 726a
云南	24.2a	23.0a	1 949b	3 053a	119 171a	112 067a
平均	29.0a	27.5b	2 641b	3 230a	48 402a	45 525b

省份	产量/(t/hm²)		化肥花费/(元/hm²)		经济效益/(元/hm²)	
	NE	ST	NE	ST	NE	ST
黑龙江	31.6a	29.4b	2 742a	2 318b	44 583a	41 771b
吉林	42.5a	40.9b	2 980b	3 241a	56 541a	54 006b
内蒙古	45.6a	41.8b	2 855a	2 460b	42 764a	39 555b
山西	31.4a	31.8a	2 243b	2 459a	43 278a	43 583a
江西	22.4a	22.7a	1 328a	1 389a	65 912a	66 726a
平均	37.6a	35.6b	2 579a	2 433b	46 524a	44 621b

3. 氮肥利用率

氮肥利用率比较结果（表 2-49）显示，与 FP 处理相比，NE 处理增加了马铃薯氮肥平均回收率、农学效率、偏生产力，分别增加了 10.7 个百分点、18.8kg/kg、44.5kg/kg；与 ST 处理相比，分别增加了 6.4 个百分点、14.1kg/kg、29.5kg/kg。

表 2-49　马铃薯不同施肥处理的氮肥利用率比较

省份	氮肥回收率/%		氮肥农学效率/(kg/kg)		氮肥偏生产力/(kg/kg)	
	NE	FP	NE	FP	NE	FP
黑龙江	49.0a	49.5a	54.8a	50.9a	190.2b	224.9a
吉林	28.1a	17.4b	65.3a	38.9b	222.0a	151.5b
内蒙古	32.2a	20.6b	43.0a	25.0b	195.4a	152.6b
山西	30.8a	15.9b	47.9a	21.9b	175.3a	92.4b
江西	11.4a	13.0a	45.2a	45.7a	116.1b	134.7a
甘肃	34.0a	20.8b	47.9a	34.0b	178.8b	202.0a
四川	31.6a	16.9b	50.2a	22.5b	129.4a	61.8b
贵州	25.9a	16.1b	31.3a	20.1b	135.7a	80.5b
云南	29.5a	21.6b	49.2a	27.6b	167.1a	107.1b
平均	31.5a	20.8b	46.9a	28.1b	165.1a	120.6b

省份	氮肥回收率/%		氮肥农学效率/(kg/kg)		氮肥偏生产力/(kg/kg)	
	NE	ST	NE	ST	NE	ST
黑龙江	49.0a	41.6b	54.8a	44.7b	190.2a	189.6a
吉林	28.1a	21.8b	65.3a	48.9b	222.0a	185.9b
内蒙古	30.9a	19.9b	51.7a	27.4b	222.4a	170.3b
山西	30.8a	25.9b	47.9a	39.9b	175.3a	142.4b
江西	12.2b	26.4a	39.9b	52.3a	149.4b	189.2a
平均	32.2a	25.8b	51.8a	37.7b	199.6a	170.1b

4. 养分表观平衡

表 2-50 显示，NE 处理各试验点钾平均移走量显著高于 ST、FP，各试验点 NE、ST、FP 处理间氮、磷平均移走量无显著差异。平均氮盈余量由小到大顺序为 NE、ST、FP，平均磷盈余量由小到大顺序为 NE、ST、FP，平均钾盈余量由小到大顺序为 ST、FP、NE。

表 2-50　马铃薯不同施肥处理的养分表观平衡比较

省份	处理	$N/(kg/hm^2)$		$P_2O_5/(kg/hm^2)$		$K_2O/(kg/hm^2)$	
		移走量	盈余量	移走量	盈余量	移走量	盈余量
黑龙江	NE	175.8a	−9.3a	43.3a	1.7a	222.3a	−55.4a
	ST	158.9b	−10.3a	39.4a	−5.4a	214.8a	−71.2ab
	FP	158.2b	−18.8b	40.0a	−4.4a	217.8a	−83.0b
吉林	NE	134.6a	57.9c	28.0a	27.4c	124.2a	61.1b
	ST	128.9a	91.1b	29.0a	44.3b	120.1a	40.8c
	FP	127.9a	140.0a	26.4a	61.0a	119.5a	76.5a

续表

省份	处理	N/(kg/hm²)		P₂O₅/(kg/hm²)		K₂O/(kg/hm²)	
		移走量	盈余量	移走量	盈余量	移走量	盈余量
内蒙古	NE	255.5a	−45.5c	49.7a	22.4b	379.9a	−170.8a
	ST	241.1a	6.4b	38.9b	23.3b	333.8a	−196.9b
	FP	245.3a	24.7a	43.6ab	33.9a	352.1a	−184.0ab
山西	NE	122.8a	56.4c	21.5a	22.1a	143.2a	−36.0a
	ST	125.4a	97.1b	20.9a	22.7a	143.1a	−35.9a
	FP	119.2a	207.5a	20.6a	21.0a	138.8a	−24.2b
江西	NE	42.6b	107.4a	10.3a	18.1b	151.9a	−55.6a
	ST	56.0a	64.0b	10.4a	28.9a	159.6a	−60.0ab
	FP	42.2b	66.8b	10.6a	32.2a	148.8a	−68.3b
平均	NE	179.9a	8.5c	36.3a	18.9a	250.3a	−84.5a
	ST	172.3a	38.9b	31.4a	20.9ab	230.7b	−100.2b
	FP	171.2a	76.7a	33.0a	26.9a	236.5b	−91.1ab

2.3　经济作物养分推荐方法研究与应用

2.3.1　茶叶

汇总了 2000～2019 年的 142 个茶叶田间试验，模拟了茶叶最佳养分吸收，创建了茶叶养分推荐方法。收集的数据样本涵盖了东南、西南和长江中下游主要茶叶产区，包含了不同气候类型和茶叶品种等信息。于 2017～2019 年在福建、浙江、安徽、湖南和贵州开展了 30 个田间验证试验。

2.3.1.1　茶叶产量反应

茶叶施氮、磷、钾产量反应的分布显示，施氮产量反应最高，平均为 0.9t/hm²；施磷、钾平均产量反应分别为 0.8t/hm²、0.7t/hm²（图 2-21）。茶叶施氮、磷、钾产量反应主要集中于 0～0.5t/hm²，其中施氮、磷、钾产量反应低于 0.5t/hm² 的占各自全部观察数据的 50%、52%、56%。

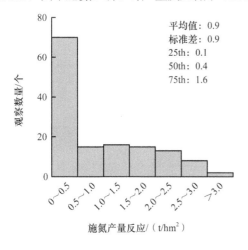
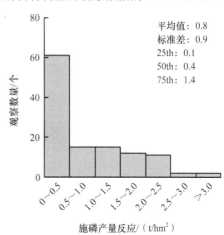

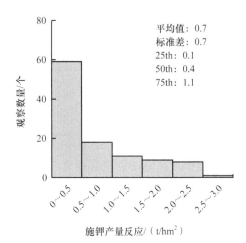

图 2-21 茶叶施氮、磷、钾产量反应频率分布图

2.3.1.2 茶叶相对产量与产量反应系数

不施氮相对产量低于 0.8 的占全部观察数据的 39%，不施磷、钾相对产量低于 0.8 的分别占各自全部观察数据的 32%、15%。不施氮、磷、钾相对产量的平均值分别为 0.82、0.85、0.88（图 2-22）。

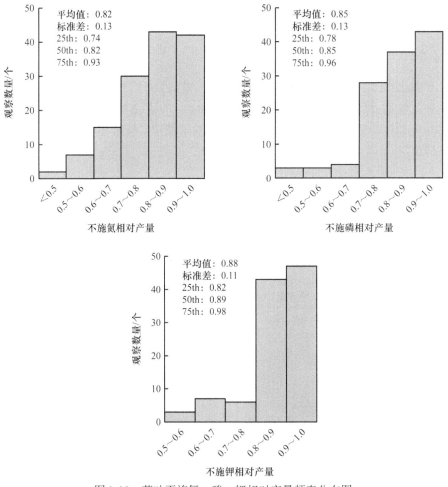

图 2-22 茶叶不施氮、磷、钾相对产量频率分布图

当土壤基础地力评价水平为低时，施氮、磷、钾产量反应系数分别为 0.26、0.22、0.18；当土壤基础地力评价水平为中时，施氮、磷、钾产量反应系数分别为 0.18、0.15、0.12；当土壤基础地力评价水平为高时，施氮、磷、钾产量反应系数分别为 0.07、0.04、0.02（表 2-51）。

表 2-51　茶叶相对产量和产量反应系数

参数	不施 N 相对产量	不施 P 相对产量	不施 K 相对产量	N 产量反应系数	P 产量反应系数	K 产量反应系数
n	139	118	106	139	118	106
25th	0.74	0.78	0.82	0.26	0.22	0.18
50th	0.82	0.85	0.89	0.18	0.15	0.12
75th	0.93	0.96	0.98	0.07	0.04	0.02

2.3.1.3　茶叶农学效率

茶叶氮、磷、钾平均农学效率分别为 2.9kg/kg、6.2kg/kg、4.7kg/kg。氮农学效率低于 3kg/kg 的占全部观察数据比例为 61.9%，磷、钾农学效率低于 3kg/kg 的占各自全部观察数据比例分别为 44%、50%（图 2-23）。

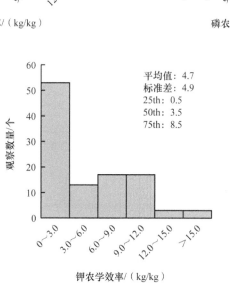

图 2-23　茶叶氮、磷、钾农学效率频率分布图

田间试验结果表明，茶叶产量反应和农学效率之间存在显著的一元二次关系（图2-24）。随着施肥量的不断增加，产量反应呈抛物线式的变化，而农学效率的变化趋势与产量反应相同。

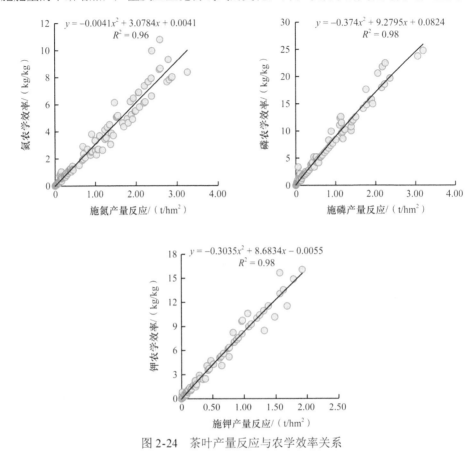

图2-24 茶叶产量反应与农学效率关系

2.3.1.4 茶叶养分吸收特征

应用 QUEFTS 模型模拟不同茶青目标产量下茶树地上部的氮、磷、钾最佳吸收量，氮、磷、钾养分吸收的数据量分别为 818 个、750 个、763 个（图2-25）。

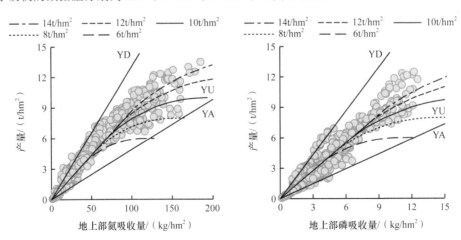

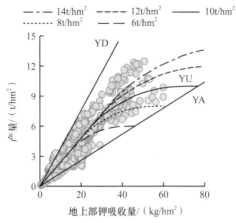

图 2-25　QUEFTS 模型模拟的不同茶青潜在产量下地上部氮、磷、钾吸收量

结果表明，每生产 1t 茶青，直线部分茶树地上部氮、磷、钾吸收量分别为 11.5kg、1.1kg、4.2kg。相应的养分内在效率分别为 86.8kg/kg、919.5kg/kg、240.7kg/kg（表 2-52），N∶P∶K 为 10.45∶1∶3.82。

表 2-52　QUEFTS 模型模拟的茶青养分内在效率和单位产量养分吸收量

产量/(t/hm²)	养分内在效率/(kg/kg)			单位产量养分吸收量/(kg/t)		
	N	P	K	N	P	K
0	0	0	0	0	0	0
1	86.8	919.5	240.7	11.5	1.1	4.2
2	86.8	919.5	240.7	11.5	1.1	4.2
3	86.8	919.5	240.7	11.5	1.1	4.2
4	86.8	919.5	240.7	11.5	1.1	4.2
5	86.8	919.5	240.7	11.5	1.1	4.2
6	86.8	919.5	240.7	11.5	1.1	4.2
7	86.8	919.5	240.7	11.5	1.1	4.2
8	86.3	914.3	239.4	11.6	1.1	4.2
9	81.9	867.4	227.1	12.2	1.2	4.4
10	76.5	810.6	212.2	13.1	1.2	4.7
11	69.3	734.2	192.2	14.4	1.4	5.2
12	47.9	507.1	132.8	20.9	2.0	7.5

2.3.1.5　茶叶养分推荐模型

基于产量反应与农学效率的茶叶养分推荐方法，主要依据茶叶的目标产量和产量反应，并综合考虑养分平衡，确定茶叶在不同目标产量下的氮、磷、钾养分推荐用量，并结合针对茶园的施肥方法，促进茶园减肥增效。

在茶叶养分专家系统中，推荐氮肥用量根据产量反应和农学效率确定：推荐施氮量（kg N/hm²）=产量反应（t/hm²）/农学效率（kg/kg）×1000；磷、钾肥分别根据茶叶产量反应、茶树移走量和磷、钾素残效确定推荐量（表 2-53）。

表 2-53　不同目标产量下茶叶推荐施肥量

目标产量/ (t/hm²)	地力	施氮产量反应/ (t/hm²)	施氮量/ (kg N/hm²)	施磷产量反应/ (t/hm²)	施磷量/ (kg P₂O₅/hm²)	施钾产量反应/ (t/hm²)	施钾量/ (kg K₂O/hm²)
3	低	0.78	343	0.66	108	0.54	86
	中	0.54	329	0.45	76	0.36	63
	高	0.21	298	0.12	26	0.06	25
4	低	1.04	357	0.88	144	0.72	115
	中	0.72	340	0.60	102	0.48	84
	高	0.28	308	0.16	35	0.08	33
5	低	1.30	372	1.10	181	0.90	144
	中	0.90	350	0.75	127	0.60	105
	高	0.35	315	0.20	43	0.10	41
6	低	1.56	387	1.32	217	1.08	172
	中	1.08	360	0.90	153	0.72	126
	高	0.42	320	0.24	52	0.12	49
7	低	1.82	403	1.54	253	1.26	201
	中	1.26	370	1.05	178	0.84	147
	高	0.49	325	0.28	61	0.14	57

2.3.1.6　基于产量反应和农学效率的茶叶养分推荐实践

1. 施肥量

施肥量比较结果（表 2-54）显示，与 FP 处理相比，NE 处理显著降低了氮、磷、钾肥施用量，分别降低了 26.0%、21.3%、31.4%。与 ST 处理相比，NE 处理的氮、磷、钾肥用量分别降低了 9.7%、16.0%、16.7%，但差异不显著。

表 2-54　茶叶不同施肥处理的施肥量比较

省份	施氮量/(kg N/hm²)			施磷量/(kg P₂O₅/hm²)			施钾量/(kg K₂O/hm²)		
	NE	FP	ST	NE	FP	ST	NE	FP	ST
浙江	334c	501a	402b	102b	147a	135ab	105b	177a	129ab
安徽	310b	398a	346b	97c	159a	133b	105c	153a	126b
湖南	296b	414a	316b	101a	67b	70b	104b	128a	76c
贵州	366a	363a	355a	75ab	60b	111a	94a	84a	107a
福建	378b	535a	401b	125b	177a	128b	124b	172a	179a
平均	336b	454a	372b	100b	127a	119ab	105b	153a	126b

2. 产量和经济效益

产量和经济效益比较结果（表 2-55）表明，NE 处理的茶青平均产量显著高于 FP、ST，比 FP 平均增产 658.1kg/hm²，比 ST 平均增产 570.2kg/hm²，分别增产 21.4%、18.0%。在化肥花费方面，FP 显著高于 NE、ST，FP 的化肥花费平均比 NE 多 1682 元/hm²，比 ST 平均多 1220.6 元/hm²。NE 的平均经济效益显著高于 FP、ST，NE 平均比 FP 增收 15 916.5 元/hm²，比 ST 平均增收 13 404.0 元/hm²。

表 2-55 茶叶不同施肥处理的产量和经济效益比较

省份	产量/(kg/hm²)			化肥花费/(元/hm²)			经济效益/(元/hm²)		
	NE	FP	ST	NE	FP	ST	NE	FP	ST
浙江	3 988.4a	3 281.8b	3 474.8b	3 720.9b	6 262.9a	4 322.3b	98 708.0a	77 476.6b	84 863.9b
安徽	897.0a	864.4a	880.5a	4 102.8c	5 236.7a	4 721.3b	22 807.5a	20 694.0a	21 692.9a
湖南	4 122.7a	4 242.7a	3 329.8b	3 218.2b	4 151.4a	3 906.2a	120 461.8a	123 128.6a	95 987.1b
贵州	1 122.1a	1 047.4a	1 024.3a	5 049.5b	5 690.5a	5 153.0b	68 356.1a	62 039.5a	62 641.4a
福建	6 930.3a	5 131.5b	5 557.8b	4 823.0c	6 262.8a	4 838.3b	99 131.2a	70 709.1b	78 528.4b
平均	3 733.3a	3 075.2b	3 163.1b	4 050.9b	5 732.9a	4 512.3b	88 344.0a	72 427.5b	74 940.0b

3. 氮肥利用率

氮肥利用率比较结果（表 2-56）表明，NE 处理相比于 FP、ST 平均氮肥农学效率分别提高了 0.8kg/kg、0.9kg/kg，平均氮肥偏生产力分别提高了 4.4kg/kg、2.1kg/kg。

表 2-56 茶叶不同施肥处理的氮肥利用率比较

省份	氮肥农学效率/(kg/kg)			氮肥偏生产力/(kg/kg)		
	NE	FP	ST	NE	FP	ST
浙江	0.8a	0.5b	0.4b	11.0a	6.2c	8.4b
安徽	0.5a	0.5a	0.4a	2.5a	2.1a	2.4a
湖南	7.7a	5.1b	4.6b	15.1a	9.6c	11.6b
贵州	0.9a	0.7ab	0.4b	2.5a	1.6b	1.7b
福建	3.5a	2.2a	2.6a	17.4a	9.2b	14.8a
平均	2.3a	1.5b	1.4b	10.2a	5.8c	8.1b

4. 养分表观平衡

养分表观平衡比较结果（表 2-57）表明，NE 处理的氮、磷、钾移走量显著高于 FP、ST 处理，但 NE 处理的氮、磷、钾盈余量显著低于 FP、ST 处理。

表 2-57 茶叶不同施肥处理的养分表观平衡比较

省份	处理	N/(kg/hm²)		P_2O_5/(kg/hm²)		K_2O/(kg/hm²)	
		移走量	盈余量	移走量	盈余量	移走量	盈余量
	NE	45.9a	287.9c	10.3a	91.6c	20.2a	86.6b
浙江	FP	37.7b	476.5a	8.5b	149.9a	16.6b	176.8a
	ST	40.0b	353.9b	9.0b	121.5b	17.6b	108.5b

省份	处理	N/（kg/hm²）		P₂O₅/（kg/hm²）		K₂O/（kg/hm²）	
		移走量	盈余量	移走量	盈余量	移走量	盈余量
安徽	NE	10.3a	299.7b	2.3a	94.3c	4.5a	96.8c
	FP	9.9a	388.1a	2.2a	157.1a	4.4a	168.3a
	ST	10.1a	336.2b	2.3a	131.1b	4.4a	133.5b
湖南	NE	47.4a	248.3b	10.7a	90.7a	20.9a	83.1b
	FP	48.8a	364.9a	11.0a	56.3b	21.5a	106.9a
	ST	38.3b	278.0b	8.6b	61.4b	16.8b	58.8c
贵州	NE	22.3a	343.4a	5.0a	69.6ab	9.8a	84.6a
	FP	20.0c	342.7a	4.5b	55.2b	8.8b	75.2a
	ST	21.2b	333.8a	4.8a	106.6a	9.4a	97.3a
福建	NE	79.7a	298.2b	18.0a	106.9a	35.1a	88.8b
	FP	59.0b	476.3a	13.3b	163.4a	26.0b	146.0a
	ST	63.9b	336.8b	14.4b	113.3b	28.1b	150.5a
平均	NE	46.9a	292.7c	10.6a	92.6c	20.6a	87.5c
	FP	38.5b	443.1a	8.7b	134.5a	17.0b	152.6a
	ST	39.7b	339.1b	9.0b	113.3b	17.5b	113.3b

2.3.2 油菜

汇总了 2005～2016 年的 1756 个油菜田间试验，模拟了油菜最佳养分吸收，创建了油菜养分推荐方法。收集的数据样本涵盖了长江中下游、西南和华北主要油菜产区，包含了不同气候类型、土壤肥力及油菜品种等信息。于 2017～2019 年在浙江油菜主产区的绍兴、金华、淳安和平湖开展了 16 个田间验证试验。

2.3.2.1 油菜产量反应

油菜施氮、磷、钾产量反应的分布（图 2-26）显示，施氮产量反应最高，平均为 1.1t/hm²；

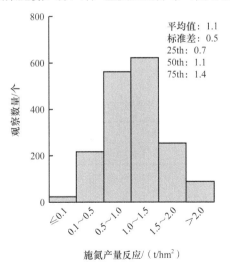
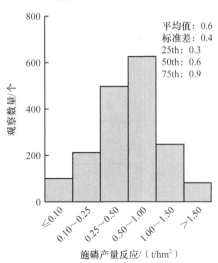

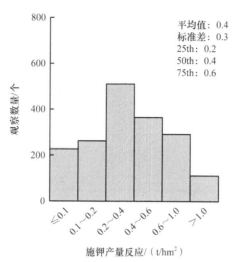

图 2-26　油菜施氮、磷、钾产量反应频率分布图

磷、钾施用后产量反应较低，平均值分别为 0.6t/hm²、0.4t/hm²，表明氮肥仍然是产量的首要限制因子。

2.3.2.2　油菜相对产量与产量反应系数

相对产量频率分布结果表明，不施氮相对产量低于 0.80 的占全部观察数据的 89.1%，而不施磷、不施钾相对产量高于 0.80 的分别占各自全部观察数据的 55.2%、69.0%。不施氮、磷、钾相对产量平均值分别为 0.57、0.75、0.84，进一步证实施氮的增产效果最为显著（图 2-27）。

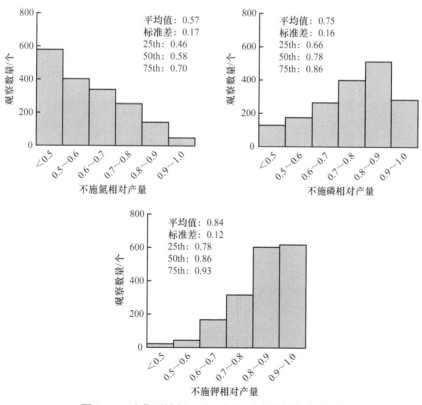

图 2-27　油菜不施氮、磷、钾相对产量频率分布图

　　用油菜相对产量的 25th、50th、75th 百分位数来表征基础地力的低、中、高水平，用于求算氮、磷、钾施用的产量反应系数，以进一步求算产量反应（表 2-58）。

表 2-58　油菜相对产量和产量反应系数

参数	不施 N 相对产量	不施 P 相对产量	不施 K 相对产量	N 产量反应系数	P 产量反应系数	K 产量反应系数
n	1756	1756	1756	1756	1756	1756
25th	0.46	0.66	0.78	0.54	0.34	0.22
50th	0.58	0.78	0.86	0.42	0.22	0.14
75th	0.70	0.86	0.93	0.30	0.14	0.07

2.3.2.3　油菜农学效率

　　优化施肥处理下，氮、磷、钾农学效率平均分别为 6.3kg/kg、8.3kg/kg、4.8kg/kg，氮农学效率低于 12kg/kg 的占全部观察数据的 95.7%，而磷、钾农学效率低于 15kg/kg 的分别占各自全部观察数据的 86.9%、97.7%（图 2-28）。

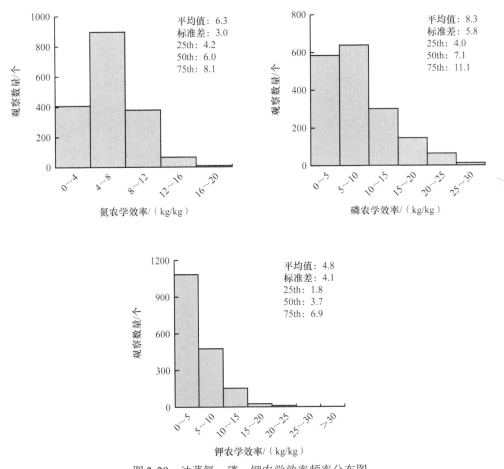

图 2-28　油菜氮、磷、钾农学效率频率分布图

　　油菜产量反应和农学效率之间存在显著的二次曲线关系，随着产量反应的不断增加，农学效率随之增加，产量反应继续增加，农学效率增加的幅度则逐渐降低（图 2-29）。该关系包含了不同的环境条件、地力水平、油菜品种信息，可以依此进行养分推荐。

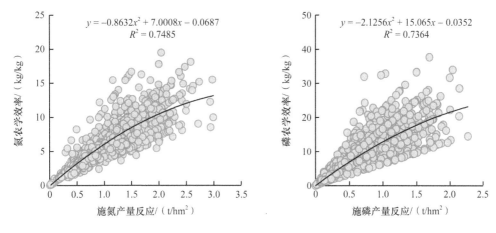

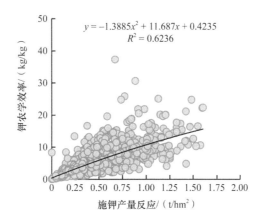

图 2-29　油菜产量反应与农学效率关系

2.3.2.4　油菜养分吸收特征

应用 QUEFTS 模型模拟不同目标产量下的油菜地上部氮、磷、钾养分吸收，氮、磷、钾养分吸收的数据量均为 990 个。结果显示（图 2-30），不论潜在产量为多少，当目标产量达到潜在产量的 60%～70% 时，生产 1t 籽粒油菜地上部养分吸收量是一定的，即目标产量所需的养分量在达到潜在产量 60%～70% 前呈直线增长。

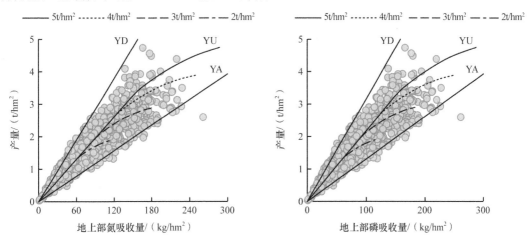

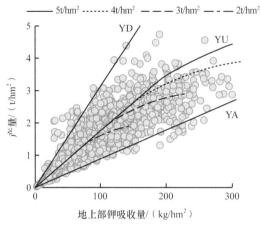

图 2-30 QUEFTS 模型模拟的油菜不同潜在产量下地上部最佳养分吸收量

目标产量达到潜在产量 60%～70% 之前，每生产 1t 籽粒油菜地上部需要吸收的氮、磷、钾养分量分别为 45.9kg、8.0kg、57.0kg，对应的氮、磷、钾养分内在效率分别为 21.8kg/kg、125.0kg/kg、17.5kg/kg（表 2-59）。

表 2-59 QUEFTS 模型模拟的油菜养分内在效率和单位产量养分吸收量

产量/(t/hm²)	养分内在效率/(kg/kg)			单位产量养分吸收量/(kg/t)		
	N	P	K	N	P	K
1.0	21.8	125.0	17.5	45.9	8.0	57.0
1.5	21.8	125.0	17.5	45.9	8.0	57.0
2.0	21.8	125.0	17.5	45.9	8.0	57.0
2.5	21.8	125.0	17.5	45.9	8.0	57.0
3.0	21.8	125.0	17.5	45.9	8.0	57.0
3.5	21.4	123.1	17.3	46.6	8.1	57.9
4.0	20.0	114.6	16.1	50.1	8.7	62.2
4.5	18.0	103.3	14.5	55.6	9.7	69.0

2.3.2.5 油菜养分推荐模型

基于产量反应与农学效率的油菜养分推荐方法，主要依据油菜目标产量和产量反应，并综合考虑养分平衡，确定油菜不同目标产量下氮、磷、钾养分推荐用量。

1. 施氮量的确定

在油菜养分专家系统中，推荐氮肥用量根据产量反应和农学效率确定：推荐施氮量（kg N/hm²）=产量反应（t/hm²）/农学效率（kg/kg）×1000（表 2-60）。

表 2-60　不同目标产量下油菜推荐施氮量

目标产量/ (t/hm²)	地力	产量反应/ (t/hm²)	施氮量/ (kg N/hm²)	目标产量/ (t/hm²)	地力	产量反应/ (t/hm²)	施氮量/ (kg N/hm²)
2.25	低	1.24	171	3.25	低	1.79	184
	中	0.95	165		中	1.37	173
	高	0.68	161		高	0.98	166
2.50	低	1.38	174	3.50	低	1.93	187
	中	1.05	167		中	1.47	176
	高	0.75	162		高	1.05	167
2.75	低	1.51	177	3.75	低	2.06	191
	中	1.16	169		中	1.58	178
	高	0.83	163		高	1.13	168
3.00	低	1.65	180	4.00	低	2.20	195
	中	1.26	171		中	1.68	181
	高	0.90	164		高	1.20	170

2. 施磷量的确定

油菜施磷量主要考虑油菜产量反应、油菜移走量（维持土壤平衡）和上季作物磷素残效三部分。不同目标产量下油菜的推荐施磷量见表 2-61。

表 2-61　不同目标产量下油菜推荐施磷量

目标产量/ (t/hm²)	地力	产量反应/ (t/hm²)	施磷量/ (kg P₂O₅/hm²)	目标产量/ (t/hm²)	地力	产量反应/ (t/hm²)	施磷量/ (kg P₂O₅/hm²)
2.25	低	0.77	78	3.25	低	1.11	105
	中	0.50	53		中	0.72	72
	高	0.32	37		高	0.46	50
2.50	低	0.85	86	3.50	低	1.19	106
	中	0.55	59		中	0.77	73
	高	0.35	41		高	0.49	51
2.75	低	0.94	95	3.75	低	1.28	107
	中	0.61	65		中	0.83	74
	高	0.39	45		高	0.53	52
3.00	低	1.02	104	4.00	低	1.36	108
	中	0.66	71		中	0.88	75
	高	0.42	49		高	0.56	53

3. 施钾量的确定

油菜施钾量确定原理同磷肥施用，不同目标产量下油菜的推荐施钾量见表 2-62。

表 2-62　不同目标产量下油菜推荐施钾量

目标产量/ (t/hm²)	地力	产量反应/ (t/hm²)	施钾量/ (kg K₂O/hm²)	目标产量/ (t/hm²)	地力	产量反应/ (t/hm²)	施钾量/ (kg K₂O/hm²)
	低	0.52	65		低	0.75	95
2.25	中	0.32	50	3.25	中	0.46	74
	高	0.18	28		高	0.26	41
	低	0.58	72		低	0.81	102
2.50	中	0.35	56	3.50	中	0.49	79
	高	0.20	31		高	0.28	44
	低	0.63	80		低	0.86	120
2.75	中	0.39	62	3.75	中	0.53	88
	高	0.22	34		高	0.30	51
	低	0.69	87		低	0.92	128
3.00	中	0.42	67	4.00	中	0.56	94
	高	0.24	37		高	0.32	54

2.3.2.6　基于产量反应和农学效率的油菜养分推荐实践

1. 施肥量

为验证构建的油菜养分专家系统的精准性和实用性,在浙江省油菜主产区绍兴、金华、淳安、平湖等地布置田间验证试验。施肥量比较结果(表 2-63)表明,NE、FP、ST 处理的施氮量平均值分别为 209kg N/hm²、219kg N/hm²、203kg N/hm²,NE 处理施氮量略少于 FP(4.6%),与 ST 处理差异不大。NE 处理的施磷量平均值为 86kg P₂O₅/hm²,与 FP、ST 处理差异很小。NE 处理的施钾量平均值为 53kg K₂O/hm²,而 FP、ST 处理施钾量平均值分别为 110kg K₂O/hm²、135kg K₂O/hm²;与 FP、ST 处理相比,NE 施钾量分别减少 51.8%、60.7%,极大地降低了肥料投入。

表 2-63　油菜不同施肥处理的施肥量比较

地点	施氮量/(kg N/hm²)			施磷量/(kg P₂O₅/hm²)			施钾量/(kg K₂O/hm²)		
	NE	FP	ST	NE	FP	ST	NE	FP	ST
绍兴	230a	205a	180b	88a	67.5b	90a	30b	135a	120a
金华	200a	189a	180a	76a	69a	90a	62b	124a	120a
淳安	180b	240a	225a	90a	72b	90a	60b	90b	150a
平湖	225a	240a	225a	90b	135a	90b	60c	90b	150a
平均	209a	219a	203a	86a	86a	90a	53c	110b	135a

2. 产量和经济效益

产量和经济效益比较结果(表 2-64)表明,NE 处理的油菜籽平均产量为 2.54t/hm²;与 FP 处理相比,NE 平均增产 6.7%,平均化肥花费降低 14.7%,平均经济效益增加 1150 元/hm²,

平均增收 10.3%；与 ST 处理相比，NE 平均增产 11.4%，平均化肥花费降低 17.6%，平均经济效益增加 1734 元/hm²，平均增收 16.4%。

表 2-64　油菜不同施肥处理的产量和经济效益比较

地点	产量/(t/hm²)			化肥花费/(元/hm²)			经济效益/(元/hm²)		
	NE	FP	ST	NE	FP	ST	NE	FP	ST
绍兴	2.23a	2.13a	1.79b	1 424b	1 602a	1 592b	10 618a	9 900a	8 075c
金华	2.71a	2.54a	2.32b	1 367b	1 515b	1 592a	13 267a	12 201b	10 937c
淳安	2.48a	2.32a	2.52a	1 371c	1 585b	1 858a	12 021a	10 943b	11 750a
平湖	2.75a	2.51a	2.48a	1 528b	1 953a	1 858a	13 322a	11 601b	11 534b
平均	2.54a	2.38b	2.28b	1 422c	1 667b	1 725a	12 308a	11 158b	10 574b

3. 氮肥利用率

氮肥利用率比较结果（表 2-65）表明，与 FP 处理相比，NE 处理的氮肥农学效率、氮肥回收率、氮肥偏生产力分别平均提高了 1.6kg/kg、4.0 个百分点、2.3kg/kg；与 ST 处理相比，其氮肥利用率变化不显著。

表 2-65　油菜不同施肥处理的氮肥利用率比较

地点	氮肥农学效率/(kg/kg)			氮肥回收率/%			氮肥偏生产力/(kg/kg)		
	NE	FP	ST	NE	FP	ST	NE	FP	ST
绍兴	7.1a	5.8b	6.5b	27.8a	23.3b	33.6a	10.2a	8.5b	10.6a
金华	7.8a	6.0a	6.6a	36.0a	30.4a	31.7a	13.9a	10.5b	13.4a
淳安	8.2a	6.6b	7.9a	38.2a	33.3b	31.7b	12.2a	10.3a	12.9a
平湖	8.6a	6.7b	9.2a	27.1a	26.0a	29.3a	12.9a	10.8a	14.0a
平均	7.9a	6.3b	7.5a	32.3a	28.3b	31.6a	12.3a	10.0b	12.7a

4. 养分表观平衡

养分表观平衡比较结果（表 2-66）显示，FP 的氮盈余量显著高于 NE、ST 处理，NE 与 ST 差异不明显，表明农户习惯施肥会导致氮供应过多，浪费严重，同时带来面源污染。3 个处理间的磷盈余量差异不显著。NE 处理的钾盈余量平均为 −106.9kg/hm²，FP 处理的钾盈余量平均为 −33.7kg/hm²，ST 处理的钾盈余量为平均为 −9.2kg/hm²。NE 的钾亏损最大，但可通过上茬作物水稻秸秆还田弥补。NE 处理充分考虑了稻草秸秆还田而减少了钾肥的用量。

表 2-66　油菜不同施肥处理的养分表观平衡比较

地点	处理	N/(kg/hm²)		P₂O₅/(kg/hm²)		K₂O/(kg/hm²)	
		移走量	盈余量	移走量	盈余量	移走量	盈余量
绍兴	NE	51.1	116.9b	13.6	70.4b	59.2	−0.2c
	ST	87.5	92.5c	15.6	74.4a	46.1	73.9a
	FP	44.1	195.9a	12.3	59.7c	57.8	32.2b

续表

地点	处理	N/(kg/hm²)		P₂O₅/(kg/hm²)		K₂O/(kg/hm²)	
		移走量	盈余量	移走量	盈余量	移走量	盈余量
金华	NE	103.3	64.7b	30.7	1.3c	207.7	−200.7a
	ST	99.2	80.8b	27.7	62.3a	258	−138.0a
	FP	103.8	136.2a	27.6	44.4b	229.7	−139.7a
淳安	NE	75.4	96.6c	21.4	62.6b	195	−188b
	ST	61.7	118.3b	18.5	71.5a	189.1	−69.1a
	FP	84.9	155.1a	19.8	52.2c	184.5	−94.5a
平湖	NE	113	139ab	17.8	72.2a	158.9	−38.9b
	ST	71.9	108.1b	18.3	71.7a	23.6	96.4a
	FP	81.1	158.9a	20.1	51.9b	22.8	67.2a
平均	NE	85.7	104.3b	20.9	51.6a	155.2	−106.9b
	ST	80.1	99.9b	20.0	70.0a	129.2	−9.2a
	FP	78.5	161.5a	19.9	52.1a	123.7	−33.7a

2.3.3　棉花

　　汇总了 1990～2019 年的 624 个棉花田间试验，模拟了棉花最佳养分吸收，创建了棉花养分推荐方法。收集的数据样本涵盖了新疆、华北、长江中下游等主要棉花产区，包含了不同气候类型、土壤肥力及棉花品种等信息。于 2017～2019 年在新疆的昌吉和阿瓦提、山西的盐湖和夏县、内蒙古的阿拉善、湖南的常德、湖北的洪湖开展了 25 个田间验证试验。

2.3.3.1　棉花产量反应

　　新疆棉区棉花施氮产量反应平均为 1.7t/hm²，磷、钾施用后产量反应相对较低，平均分别为 1.1t/hm²、0.8t/hm²（图 2-31a～c）；新疆以外地区棉花施氮产量反应平均为 1.0t/hm²，施磷、钾产量反应较低，平均分别为 0.5t/hm²、0.7t/hm²（图 2-31d～f）。氮肥仍然是产量的首要限制因子，新疆地区的产量反应大于其他地区。

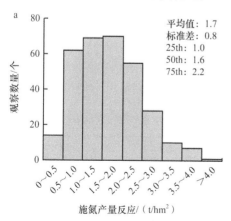
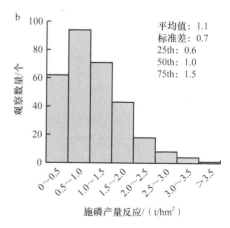

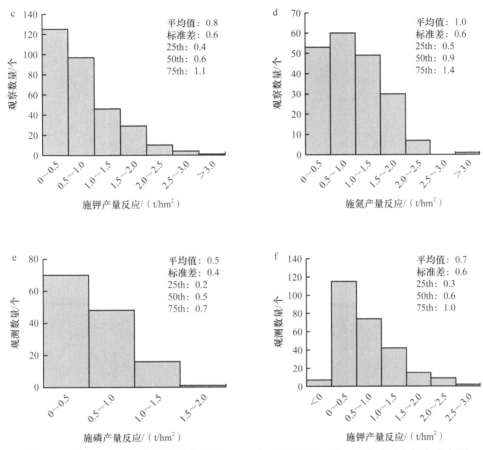

图 2-31　新疆（a～c）和新疆以外地区（d～f）棉花施氮、磷、钾产量反应频率分布图

2.3.3.2　棉花相对产量与产量反应系数

相对产量频率分布结果表明，新疆棉区不施氮相对产量低于 0.80 的占全部观察数据的 82.5%，而不施磷、不施钾相对产量高于 0.80 的分别占各自全部观察数据的 49.0%、69.0%；不施氮、磷、钾相对产量平均值分别为 0.67、0.78、0.84（图 2-32a～c）。新疆以外地区相对

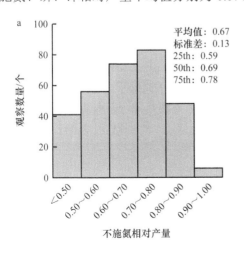

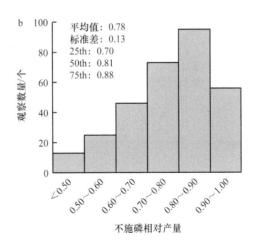

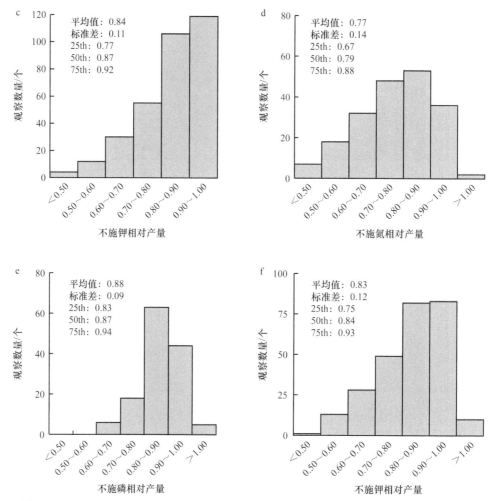

图 2-32　新疆（a～c）和新疆以外地区（d～f）棉花不施氮、磷、钾相对产量频率分布图

产量频率分布结果表明，不施氮相对产量低于 0.80 的占全部观察数据的 54.2%，而不施磷、不施钾相对产量高于 0.80 的分别占各自全部观察数据的 82.4%、58.1%；不施氮、磷、钾相对产量平均值分别为 0.77、0.88、0.83（图 2-32d～f）。进一步证实施氮的增产效果最为显著，氮肥是我国各棉区棉花产量的首要养分限制因子。

不同地区棉花相对产量差异较大，为进一步对不同地区棉花进行有针对性的养分管理，用相对产量的 25th、50th、75th 百分位数来表征基础地力的低、中、高水平，用于求算氮、磷、钾施用的产量反应系数，以进一步求算产量反应（表 2-67）。不同地区间相对产量和产量反应系数存在一定差异，因此将新疆地区参数分为北疆东疆和南疆两部分，而将新疆以外地区分为北方地区［包括华北、西北（新疆以外地区）和东北地区］、南方地区（包括长江中下游和西南地区等）。

表 2-67　不同区域棉花相对产量和产量反应系数

地区	参数	不施 N 相对产量	不施 P 相对产量	不施 K 相对产量	N 产量反应系数	P 产量反应系数	K 产量反应系数
北疆东疆	n	130	133	139	130	133	139
	25th	0.60	0.70	0.75	0.40	0.30	0.25
	50th	0.69	0.82	0.87	0.31	0.18	0.13
	75th	0.78	0.89	0.92	0.22	0.11	0.08
南疆	n	124	113	125	124	113	125
	25th	0.60	0.74	0.80	0.40	0.26	0.20
	50th	0.73	0.82	0.88	0.27	0.18	0.12
	75th	0.80	0.89	0.92	0.10	0.11	0.08
新疆以外北方地区	n	107	69	110	111	69	109
	25th	0.74	0.82	0.82	0.26	0.18	0.18
	50th	0.81	0.87	0.89	0.19	0.13	0.11
	75th	0.90	0.93	0.96	0.10	0.07	0.04
新疆以外南方地区	n	89	67	156	89	66	155
	25th	0.61	0.83	0.72	0.39	0.17	0.28
	50th	0.76	0.88	0.81	0.24	0.12	0.19
	75th	0.83	0.95	0.91	0.17	0.05	0.09

2.3.3.3　棉花农学效率

优化施肥处理下，新疆棉区氮、磷、钾农学效率平均分别为 7.4kg/kg、9.4kg/kg、19.1kg/kg，氮农学效率低于 10kg/kg 的占全部观察数据的 79.6%，而磷、钾农学效率低于 15kg/kg 的分别占各自全部观察数据的 83.2%、60.1%（图 2-33a～c）；新疆以外地区棉花的氮、磷、钾平均农学效率分别为 4.0kg/kg、5.2kg/kg、4.1kg/kg，氮农学效率低于 6kg/kg 的占全部观察数据的 79.4%，而磷、钾农学效率低于 6.0kg/kg 的分别占各自全部观察数据的 66.7%、78.6%（图 2-33d～f）。

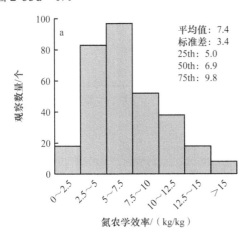

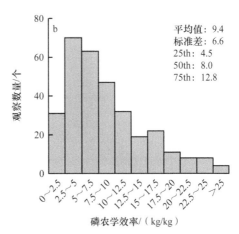

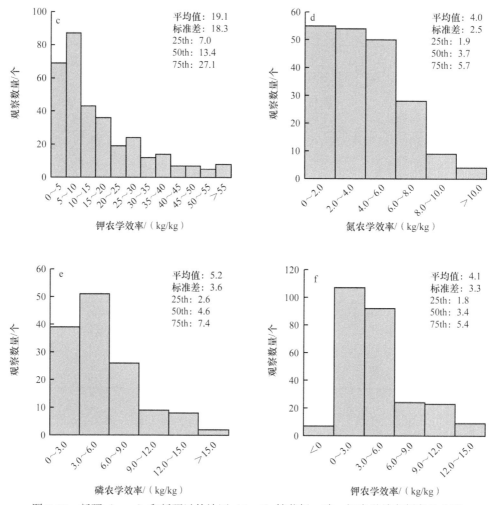

图 2-33　新疆（a～c）和新疆以外地区（d～f）棉花氮、磷、钾农学效率频率分布图

棉花产量反应和农学效率之间存在显著的二次曲线关系，随着产量反应的不断增加，农学效率随之增加，产量反应继续增加，农学效率增加的幅度则逐渐降低（图 2-34）。该关系包含了不同的环境条件、地力水平、棉花品种信息，可依此进行养分推荐。

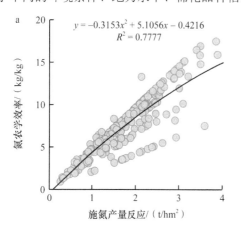

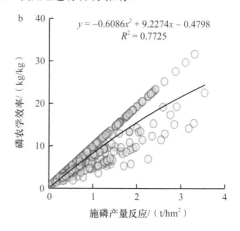

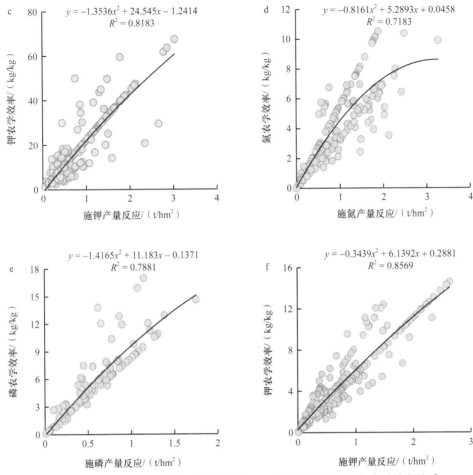

图 2-34　新疆（a～c）和新疆以外地区（d～f）棉花产量反应与农学效率关系

2.3.3.4　棉花养分吸收特征

应用 QUEFTS 模型模拟棉花不同潜在产量下地上部氮、磷、钾最佳吸收量，其中新疆地区棉花氮、磷、钾养分吸收的数据量分别为 3204 个、3177 个、3221 个，新疆以外地区棉花氮、磷、钾养分吸收的数据量分别为 672 个、583 个、606 个。模拟结果显示（图 2-35），不论潜在产量为多少，当目标产量达到潜在产量的 60%～70% 时，生产 1t 籽棉地上部养分需求是一定的，即目标产量所需的养分量在达到潜在产量 60%～70% 前呈直线增长。

对于新疆棉花，直线部分生产 1t 籽棉地上部氮、磷、钾养分吸收量分别为 27.8kg、6.1kg、28.6kg，相应的养分内在效率分别为 36.0kg/kg、163.0kg/kg、35.0kg/kg（表 2-68）。新疆以外地区生产 1t 籽棉地上部氮、磷、钾养分吸收量分别为 41.2kg/t、6.4kg/t、35.2kg/t，对应的养分内在效率分别为 24.3kg/kg、156.7kg/kg、28.4kg/kg（表 2-69）。

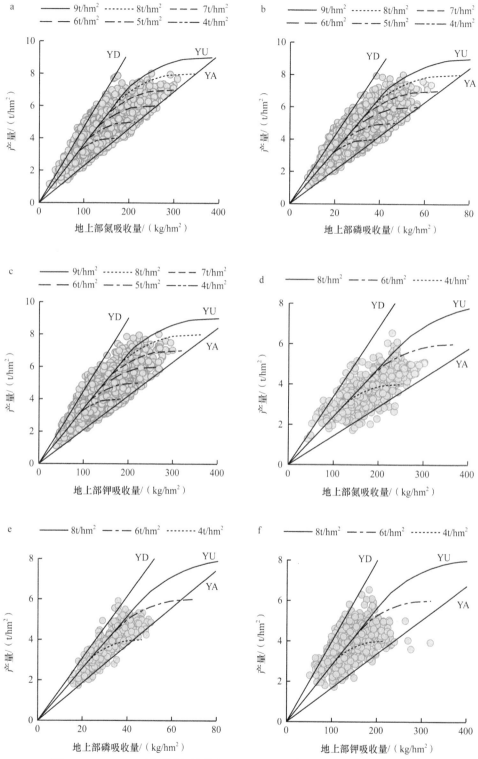

图 2-35　QUEFTS 模型模拟的棉花不同潜在产量下地上部最佳养分吸收量

a～c 为新疆棉花数据；d～f 为新疆以外地区棉花数据

表 2-68　QUEFTS 模型模拟的新疆棉花养分内在效率和单位产量养分吸收量

产量/(t/hm²)	养分内在效率/(kg/kg)			单位产量养分吸收量/(kg/t)		
	N	P	K	N	P	K
0	0	0	0	0	0	0
1	36.0	163.0	35.0	27.8	6.1	28.6
2	36.0	163.0	35.0	27.8	6.1	28.6
3	36.0	163.0	35.0	27.8	6.1	28.6
4	36.0	163.0	35.0	27.8	6.1	28.6
5	36.0	163.0	35.0	27.8	6.1	28.6
6	36.0	163.0	35.0	27.8	6.1	28.6
7	36.0	163.0	35.0	27.8	6.1	28.6
8	35.0	159.0	34.0	28.6	6.3	29.4

表 2-69　QUEFTS 模型模拟的新疆以外地区棉花养分内在效率和单位产量养分吸收量

产量/(t/hm²)	养分内在效率/(kg/kg)			单位产量养分吸收量/(kg/t)		
	N	P	K	N	P	K
0	0	0	0	0	0	0
1	24.3	156.7	28.4	41.2	6.4	35.2
2	24.3	156.7	28.4	41.2	6.4	35.2
3	24.3	156.7	28.4	41.2	6.4	35.2
4	24.3	156.7	28.4	41.2	6.4	35.2
5	24.3	156.7	28.4	41.2	6.4	35.2
6	23.8	153.6	27.8	42.0	6.5	35.9
7	21.5	138.5	25.1	46.6	7.2	39.8
8	16.5	106.1	19.2	60.8	9.4	52.0

2.3.3.5　棉花养分推荐模型

基于产量反应与农学效率的棉花养分推荐方法，主要依据棉花目标产量和产量反应，并综合考虑养分平衡，确定棉花不同目标产量下氮、磷、钾养分推荐用量。由于气候特征和种植季节类型不同，如新疆的北疆东疆棉区、南疆棉区，以及新疆以外的北方地区、南方地区等，在推荐施肥时区别对待。

1. 施氮量的确定

在棉花养分专家系统中，推荐氮肥用量根据产量反应和农学效率确定：推荐施氮量（kg N/hm²）=产量反应（t/hm²）/农学效率（kg/kg）×1000（表 2-70～表 2-73）。

表 2-70　不同目标产量下棉花推荐施氮量（适于新疆的北疆和东疆地区）

目标产量/ （t/hm²）	地力	产量反应/ （t/hm²）	施氮量/ （kg N/hm²）	目标产量/ （t/hm²）	地力	产量反应/ （t/hm²）	施氮量/ （kg N/hm²）
	低	1.60	211		低	2.45	234
4.0	中	1.30	202	6.0	中	1.95	221
	高	0.95	191		高	1.45	207
	低	1.85	218		低	2.65	240
4.5	中	1.45	207	6.5	中	2.10	225
	高	1.10	196		高	1.60	211
	低	2.05	223		低	2.85	246
5.0	中	1.65	212	7.0	中	2.30	230
	高	1.20	199		高	1.70	214
	低	2.25	229		低	3.05	252
5.5	中	1.80	216	7.5	中	2.45	234
	高	1.35	204		高	1.80	216

表 2-71　不同目标产量下棉花推荐施氮量（适于新疆的南疆地区）

目标产量/ （t/hm²）	地力	产量反应/ （t/hm²）	施氮量/ （kg N/hm²）	目标产量/ （t/hm²）	地力	产量反应/ （t/hm²）	施氮量/ （kg N/hm²）
	低	1.90	230		低	2.85	243
4.0	中	1.60	226	6.0	中	2.40	237
	高	1.25	221		高	1.90	230
	低	2.10	233		低	3.05	246
4.5	中	1.80	229	6.5	中	2.60	240
	高	1.40	224		高	2.05	232
	低	2.35	226		低	3.30	250
5.0	中	2.00	232	7.0	中	2.80	243
	高	1.55	236		高	2.20	234
	低	2.60	240		低	3.55	253
5.5	中	2.20	234	7.5	中	3.00	245
	高	1.70	228		高	2.35	236

表 2-72　不同目标产量下棉花推荐施氮量（适于新疆以外的北方地区）

目标产量/ （t/hm²）	地力	产量反应/ （t/hm²）	施氮量/ （kg N/hm²）	目标产量/ （t/hm²）	施肥量	产量反应/ （t/hm²）	施氮量/ （kg N/hm²）
	低	0.26	112		低	0.79	177
1	中	0.19	93	3	中	0.56	157
	高	0.10	61		高	0.30	119
	低	0.52	153		低	1.05	194
2	中	0.37	133	4	中	0.75	174
	高	0.20	96		高	0.40	136

续表

目标产量/ (t/hm²)	地力	产量反应/ (t/hm²)	施氮量/ (kg N/hm²)	目标产量/ (t/hm²)	施肥量	产量反应/ (t/hm²)	施氮量/ (kg N/hm²)
5	低	1.31	209	7	低	1.84	235
	中	0.94	187		中	1.31	209
	高	0.50	149		高	0.69	169
6	低	1.57	222	8	低	2.10	248
	中	1.12	199		中	1.50	219
	高	0.60	160		高	0.79	177

表 2-73　不同目标产量下棉花推荐施氮量（适于新疆以外的南方地区）

目标产量/ (t/hm²)	地力	产量反应/ (t/hm²)	施氮量/ (kg N/hm²)	目标产量/ (t/hm²)	地力	产量反应/ (t/hm²)	施氮量/ (kg N/hm²)
1	低	0.39	223	5	低	1.94	307
	中	0.24	194		中	1.20	279
	高	0.17	169		高	0.84	262
2	低	0.78	258	6	低	2.33	320
	中	0.48	234		中	1.44	289
	高	0.33	214		高	1.00	271
3	低	1.17	278	7	低	2.72	333
	中	0.72	255		中	1.68	298
	高	0.50	237		高	1.17	278
4	低	1.55	293	8	低	3.11	346
	中	0.96	269		中	1.92	306
	高	0.67	251		高	1.34	285

2. 施磷量的确定

棉花施磷量主要考虑棉花产量反应、棉花移走量（维持土壤平衡）和上季作物磷素残效三部分。不同目标产量下棉花的推荐施磷量见表 2-74～表 2-77。

表 2-74　不同目标产量下棉花推荐施磷量（适于新疆的北疆和东疆地区）

目标产量/ (t/hm²)	地力	产量反应/ (t/hm²)	施磷量/ (kg P₂O₅/hm²)	目标产量/ (t/hm²)	地力	产量反应/ (t/hm²)	施磷量/ (kg P₂O₅/hm²)
4.0	低	1.20	85	5.0	低	1.50	106
	中	0.75	60		中	0.90	73
	高	0.45	43		高	0.55	53
4.5	低	1.35	96	5.5	低	1.65	117
	中	0.80	65		中	1.00	81
	高	0.50	48		高	0.60	58

目标产量/ (t/hm²)	地力	产量反应/ (t/hm²)	施磷量/ (kg P₂O₅/hm²)	目标产量/ (t/hm²)	地力	产量反应/ (t/hm²)	施磷量/ (kg P₂O₅/hm²)
6.0	低	1.80	127	7.0	低	2.15	152
	中	1.10	88		中	1.25	101
	高	0.65	63		高	0.75	73
6.5	低	2.00	141	7.5	低	2.30	162
	中	1.20	96		中	1.35	109
	高	0.70	68		高	0.80	78

表 2-75　不同目标产量下棉花推荐施磷量（适于新疆的南疆地区）

目标产量/ (t/hm²)	地力	产量反应/ (t/hm²)	施磷量/ (kg P₂O₅/hm²)	目标产量/ (t/hm²)	地力	产量反应/ (t/hm²)	施磷量/ (kg P₂O₅/hm²)
4.0	低	1.35	93	6.0	低	2.00	139
	中	0.90	68		中	1.40	105
	高	0.60	51		高	0.90	77
4.5	低	1.50	104	6.5	低	2.20	152
	中	1.05	79		中	1.50	113
	高	0.70	59		高	1.00	85
5.0	低	1.70	117	7.0	低	2.35	163
	中	1.15	87		中	1.60	121
	高	0.75	64		高	1.05	90
5.5	低	1.85	128	7.5	低	2.55	176
	中	1.25	94		中	1.75	131
	高	0.85	72		高	1.15	98

表 2-76　不同目标产量下棉花推荐施磷量（适于新疆以外的北方地区）

目标产量/ (t/hm²)	地力	产量反应/ (t/hm²)	施磷量/ (kg P₂O₅/hm²)	目标产量/ (t/hm²)	地力	产量反应/ (t/hm²)	施磷量/ (kg P₂O₅/hm²)
1	低	0.18	22	5	低	0.92	112
	中	0.14	18		中	0.68	90
	高	0.073	13		高	0.37	63
2	低	0.37	39	6	低	1.10	134
	中	0.27	30		中	0.81	108
	高	0.15	19		高	0.44	75
3	低	0.55	67	7	低	1.29	157
	中	0.41	54		中	0.95	126
	高	0.22	38		高	0.51	88
4	低	0.74	89	8	低	1.47	179
	中	0.54	72		中	1.08	144
	高	0.29	50		高	0.57	100

表 2-77　不同目标产量下棉花推荐施磷量（适于新疆以外的南方地区）

目标产量/ （t/hm²）	地力	产量反应/ （t/hm²）	施磷量/ （kg P₂O₅/hm²）	目标产量/ （t/hm²）	地力	产量反应/ （t/hm²）	施磷量/ （kg P₂O₅/hm²）
	低	0.17	19		低	0.86	43
1	中	0.12	16	5	中	0.62	97
	高	0.05	11		高	0.27	79
	低	0.34	39		低	1.03	54
2	中	0.25	32	6	中	0.74	117
	高	0.11	21		高	0.33	95
	低	0.52	58		低	1.21	64
3	中	0.37	47	7	中	0.86	136
	高	0.16	32		高	0.38	111
	低	0.69	78		低	1.38	75
4	中	0.49	63	8	中	0.98	156
	高	0.22	19		高	0.44	126

3. 施钾量的确定

棉花施钾量主要考虑棉花产量反应、棉花移走量（维持土壤平衡）和上季作物钾素残效三部分。不同目标产量下棉花的推荐施钾量见表 2-78～表 2-81。

表 2-78　不同目标产量下棉花推荐施钾量（适于新疆的北疆和东疆地区）

目标产量/ （t/hm²）	地力	产量反应/ （t/hm²）	施钾量/ （kg K₂O/hm²）	目标产量/ （t/hm²）	地力	产量反应/ （t/hm²）	施钾量/ （kg K₂O/hm²）
	低	1.10	99		低	1.65	148
4.0	中	0.60	69	6.0	中	0.90	104
	高	0.30	51		高	0.50	84
	低	1.25	112		低	1.80	161
4.5	中	0.65	76	6.5	中	0.95	111
	高	0.35	59		高	0.50	84
	低	1.40	125		低	1.95	175
5.0	中	0.75	86	7.0	中	1.05	121
	高	0.40	66		高	0.55	91
	低	1.50	135		低	2.05	185
5.5	中	0.80	94	7.5	中	1.10	128
	高	0.45	73		高	0.60	99

表 2-79　不同目标产量下棉花推荐施钾量（适于新疆的南疆地区）

目标产量/ （t/hm²）	地力	产量反应/ （t/hm²）	施钾量/ （kg K₂O/hm²）	目标产量/ （t/hm²）	地力	产量反应/ （t/hm²）	施钾量/ （kg K₂O/hm²）
	低	0.85	84		低	1.30	128
4.0	中	0.45	60	6.0	中	0.70	92
	高	0.30	51		高	0.45	77
	低	0.95	94		低	1.40	138
4.5	中	0.50	67	6.5	中	0.75	99
	高	0.35	59		高	0.50	84
	低	1.10	107		低	1.50	148
5.0	中	0.60	78	7.0	中	0.80	106
	高	0.40	66		高	0.55	91
	低	1.20	117		低	1.60	158
5.5	中	0.65	85	7.5	中	0.85	113
	高	0.40	70		高	0.60	99

表 2-80　不同目标产量下棉花推荐施钾量（适于新疆以外的北方地区）

目标产量/ （t/hm²）	地力	产量反应/ （t/hm²）	施钾量/ （kg K₂O/hm²）	目标产量/ （t/hm²）	地力	产量反应/ （t/hm²）	施钾量/ （kg K₂O/hm²）
	低	0.18	25		低	0.92	123
1	中	0.11	17	5	中	0.53	87
	高	0.044	11		高	0.22	58
	低	0.37	49		低	1.10	148
2	中	0.21	35	6	中	0.64	104
	高	0.089	23		高	0.27	69
	低	0.55	74		低	1.28	172
3	中	0.32	52	7	中	0.74	121
	高	0.13	34		高	0.31	80
	低	0.73	98		低	1.47	197
4	中	0.43	69	8	中	0.85	139
	高	0.18	46		高	0.35	92

表 2-81　不同目标产量下棉花推荐施钾量（适于新疆以外的南方地区）

目标产量/ （t/hm²）	地力	产量反应/ （t/hm²）	施钾量/ （kg K₂O/hm²）	目标产量/ （t/hm²）	地力	产量反应/ （t/hm²）	施钾量/ （kg K₂O/hm²）
	低	0.28	27		低	0.85	81
1	中	0.19	19	3	中	0.56	58
	高	0.092	12		高	0.28	35
	低	0.57	54		低	1.13	108
2	中	0.37	39	4	中	0.75	77
	高	0.18	23		高	0.37	47

目标产量/(t/hm²)	地力	产量反应/(t/hm²)	施钾量/(kg K₂O/hm²)	目标产量/(t/hm²)	地力	产量反应/(t/hm²)	施钾量/(kg K₂O/hm²)
5	低	1.41	135	7	低	1.98	188
	中	0.94	97		中	1.31	136
	高	0.46	59		高	0.64	82
6	低	1.71	161	8	低	2.26	215
	中	1.12	116		中	1.50	154
	高	0.55	70		高	0.74	94

2.3.3.6 基于产量反应和农学效率的棉花养分推荐实践

1. 施肥量

施肥量比较结果（表 2-82）显示，与 FP、ST 处理相比，NE 处理分别平均减施氮肥 37.3%、18.5%，分别平均减施磷肥 37.3%、29.3%，但分别平均增施钾肥 40.3%、27.1%。

表 2-82 棉花不同施肥处理的施肥量比较

地点	施氮量/(kg N/hm²)			施磷量/(kg P₂O₅/hm²)			施钾量/(kg K₂O/hm²)		
	NE	FP	ST	NE	FP	ST	NE	FP	ST
新疆昌吉	209c	324a	300b	120b	180a	173a	74a	75a	60b
新疆阿瓦提	224c	459a	270b	118c	240a	180b	109a	30c	90b
山西盐湖	145b	225a	150b	71b	120a	120a	90a	100a	100a
山西夏县	145b	225a	150b	71b	120a	120a	90a	100a	100a
内蒙古阿拉善	162b	209a	209a	94b	104a	104a	120a	0c	45b
湖南常德	270b	315a	225c	90c	135a	120b	150b	180a	120c
湖北洪湖	254c	330a	300b	114b	120a	105b	214a	150b	150b
平均	207c	330a	254b	106c	169a	150b	108a	77c	85b

2. 产量和经济效益

就产量而言，NE 处理较 FP 处理平均增产 0.25t/hm²，增幅为 4.9%，与 ST 处理产量相同。NE 处理较 FP 处理平均减少化肥花费 492 元/hm²，较 ST 处理平均减少化肥花费 259 元/hm²，但经济效益平均分别增加 2147 元/hm²、268 元/hm²（表 2-83）。

表 2-83 棉花不同施肥处理的产量和经济效益比较

地点	产量/(t/hm²)			化肥花费/(元/hm²)			经济效益/(元/hm²)		
	NE	FP	ST	NE	FP	ST	NE	FP	ST
新疆昌吉	6.05a	5.76b	5.80b	1 828c	2 489a	2 260b	41 237a	38 538c	39 581b
新疆阿瓦提	6.96b	6.52c	7.23a	2 070c	2 762a	2 532b	46 692b	42 907c	48 121a
山西盐湖	3.54a	3.42a	3.57a	1 425c	2 026a	1 767b	18 385a	17 139b	18 248a

地点	产量/(t/hm²)			化肥花费/(元/hm²)			经济效益/(元/hm²)		
	NE	FP	ST	NE	FP	ST	NE	FP	ST
山西夏县	2.96a	2.88a	2.89a	1 425c	2 026a	1 767b	15 151a	14 115b	14 417a
内蒙古阿拉善	5.69a	5.37b	5.68a	1 788a	1 284c	1 551b	30 094a	28 762b	30 244a
湖南常德	2.63a	2.59a	2.51a	2 320b	2 899a	2 146c	12 867a	12 340a	12 271a
湖北洪湖	3.93a	4.01a	3.96a	2 773a	2 689b	2 505c	19 235a	19 766a	19 671a
平均	5.32a	5.07b	5.32a	1 938c	2 430a	2 197b	33 396a	31 249b	33 128a

3. 氮肥利用率

氮肥利用率比较结果（表2-84）显示，NE处理较FP、ST处理氮肥农学效率分别平均提高2.5kg/kg、1.1kg/kg，氮肥回收率分别平均提高17.6个百分点、11.9个百分点，氮肥偏生产力分别平均增加8.8kg/kg、4.2kg/kg。

表2-84　棉花不同施肥处理的氮肥利用率比较

地点	氮肥农学效率/(kg/kg)			氮肥回收率/%			氮肥偏生产力/(kg/kg)		
	NE	FP	ST	NE	FP	ST	NE	FP	ST
新疆昌吉	8.9a	4.5c	5.6b	46.2a	30.9c	33.2b	30.2a	18.3c	20.3b
新疆阿瓦提	11.3a	4.3c	9.0b	50.8a	25.9c	49.4b	34.6a	15.4c	25.5b
山西盐湖	2.6a	1.8a	2.8a	39.0a	11.5c	17.0b	24.4a	15.2c	23.8b
山西夏县	2.6a	1.3b	2.0a	30.8a	14.7b	13.0c	20.4a	12.8b	19.3a
内蒙古阿拉善	4.8a	2.2c	3.7b	28.3a	17.2c	18.4b	35.1a	25.7b	27.2b
湖南常德	1.8a	1.6a	1.5a	30.2a	19.2b	20.3b	10.0a	8.6b	11.4a
湖北洪湖	6.0a	4.9c	5.2b	34.7a	17.3c	25.3b	15.5a	12.2b	13.2b
平均	5.4a	2.9c	4.3b	37.1a	19.5c	25.2b	24.3a	15.5c	20.1b

4. 养分表观平衡

养分表观平衡比较结果（表2-85）显示，与FP、ST处理相比，NE处理降低了氮、磷盈余量，但3个处理的钾盈余量无显著差异，均处于亏缺状态。

表2-85　棉花不同施肥处理的养分表观平衡比较

地点	处理	N/(kg/hm²)		P₂O₅/(kg/hm²)		K₂O/(kg/hm²)	
		移走量	盈余量	移走量	盈余量	移走量	盈余量
	NE	149.1	56.8b	41.2	92.2c	53.4	19.6ab
新疆昌吉	ST	149.9	149.4a	40.3	132.2ab	48.5	10.6b
	FP	167.4	148.5a	43.5	138.5a	53.1	21.8a
	NE	216.5	3.45c	39.4	93.2c	68.6	45.9a
新疆阿瓦提	ST	225.0	27.5b	41.4	123.6b	71.5	18.6b
	FP	218.8	214.8a	36.6	203.5a	43.8	−4.0c

地点	处理	N/(kg/hm²)		P₂O₅/(kg/hm²)		K₂O/(kg/hm²)	
		移走量	盈余量	移走量	盈余量	移走量	盈余量
湖北洪湖	NE	244.2	40.8c	44.6	60.5b	179.4	30.6a
	ST	222.1	77.9b	41.7	63.3b	158.6	−8.6b
	FP	202.2	127.8a	37.1	82.9a	128.5	21.5a
山西夏县	NE	248.9	−68.8b	37.5	82.5a	156.4	−66.5a
	ST	200.4	−50.4c	34.3	85.7a	147	−57.0b
	FP	220	4.99a	34.5	85.5a	148.6	−58.6b
山西盐湖	NE	244.5	−64.5b	40.3	79.7a	175.4	−85.4c
	ST	207.2	−57.2b	37.6	82.4a	167	−77.0b
	FP	202.2	22.8a	31.5	88.5a	146.2	−56.2a
平均	NE	220.6	−6.5c	41.4	81.6b	126.6	−11.2a
	ST	200.9	29.4b	39.1	97.4b	118.5	−22.7a
	FP	202.1	103.8a	36.6	119.8a	104.0	−15.1a

2.3.4　大豆

汇总了 2000~2017 年的 648 个大豆田间试验，模拟了大豆最佳养分吸收，创建了大豆养分推荐方法。收集的数据样本涵盖了东北、西北、长江中下游和华北等地主要大豆产区，包含了不同气候类型、轮作制度和土壤肥力等信息。于 2017~2019 年在我国大豆主产区黑龙江（15）、吉林（4）、辽宁（4）、河南（2）、安徽（5）、江苏（5）开展了 35 个田间验证试验。

2.3.4.1　大豆产量反应

由大豆施氮、磷、钾产量反应分布（图 2-36）得出，施氮、磷、钾平均产量反应相同，均为 0.4t/hm²。

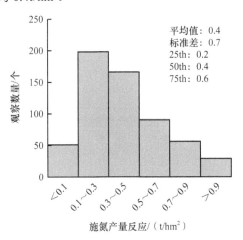
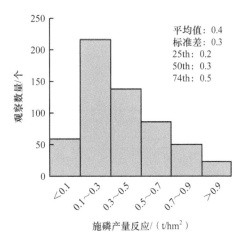

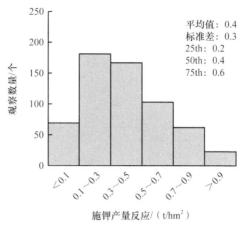

图 2-36　大豆施氮、磷、钾产量反应频率分布图

2.3.4.2　大豆相对产量与产量反应系数

相对产量频数分布结果表明，不施氮、磷、钾平均相对产量分别为 0.86、0.96、0.86，相对产量高于 0.80 的分别占各自全部观察数据的 77.4%、76.1%、75.6%，其中不施磷肥相对产量高于 0.9 的数据占全部观察数据的 42%，说明施用氮、钾肥的增产效果更为显著（图 2-37）。

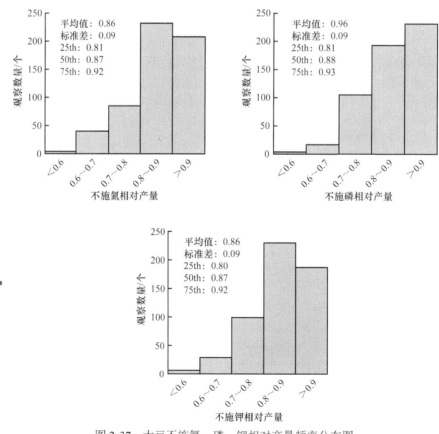

图 2-37　大豆不施氮、磷、钾相对产量频率分布图

不同季节类型大豆相对产量差异较大，为进一步对不同季节类型大豆进行有针对性的养

分管理，用相对产量的 25th、50th、75th 百分位数来表征基础地力的低、中、高水平，用于求算氮、磷、钾施用的产量反应系数，以进一步求算产量反应（表 2-86）。

表 2-86　不同季节类型大豆相对产量和产量反应系数

季节类型	参数	不施 N 相对产量	不施 P 相对产量	不施 K 相对产量	N 产量反应系数	P 产量反应系数	K 产量反应系数
春大豆	n	495	487	488	495	487	488
	25th	0.80	0.81	0.80	0.20	0.19	0.20
	50th	0.87	0.88	0.86	0.13	0.12	0.14
	75th	0.92	0.93	0.92	0.08	0.07	0.08
夏大豆	n	77	66	66	77	66	66
	25th	0.85	0.83	0.84	0.15	0.17	0.16
	50th	0.91	0.89	0.89	0.09	0.11	0.11
	75th	0.95	0.95	0.93	0.05	0.05	0.07

2.3.4.3　大豆农学效率

优化施肥处理下，大豆氮、磷、钾农学效率平均分别为 8.6kg/kg、7.1kg/kg、7.5kg/kg，氮、钾农学效率低于 8.0kg/kg 的分别占各自全部观察数据的 57.0%、63.8%，而磷农学效率低于 6.0kg/kg 的占全部观察数据的 51.2%（图 2-38）。

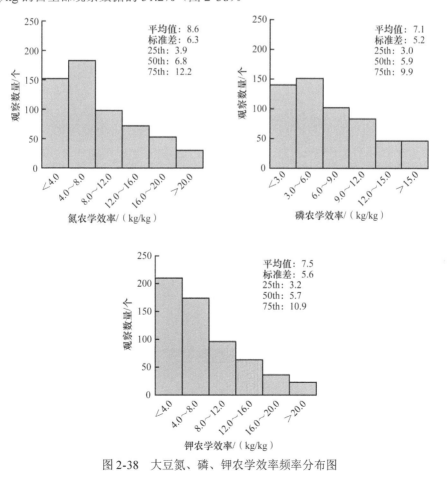

图 2-38　大豆氮、磷、钾农学效率频率分布图

大豆产量反应和农学效率之间存在显著的二次曲线关系（图2-39）。该关系包含了不同的环境条件、地力水平、大豆品种信息，可依此进行养分推荐。

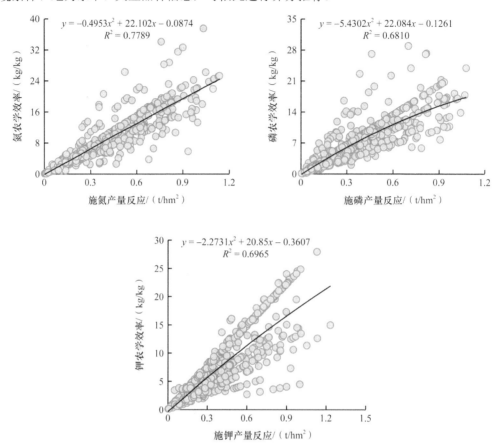

图2-39 大豆产量反应与农学效率关系

2.3.4.4 大豆养分吸收特征

应用QUEFTS模型模拟了不同潜在产量下大豆籽粒产量和地上部氮、磷、钾养分吸收间的关系，氮、磷、钾养分吸收的数据量分别为2768个、2784个、2762个。结果表明，地上部N、P、K吸收量在大豆产量达潜力产量的60%～70%前呈线性增加（图2-40）。

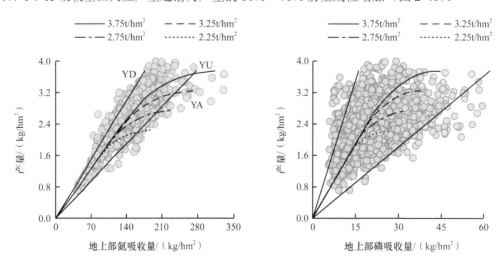

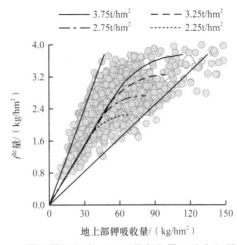

图 2-40　QUEFTS 模型模拟的大豆不同潜在产量下地上部最佳养分吸收量

　　根据 QUEFTS 模型模拟结果，当大豆产量达到潜在产量的 60%～70% 时，生产 1t 大豆地上部氮、磷、钾吸收量分别为 55.4kg、7.9kg、20.1kg；相应的养分内在效率分别为 18.1kg/kg、126.6kg/kg、49.8kg/kg；地上部 N、P、K 比例为 7∶1∶2.5（表 2-87）。

表 2-87　用 QUEFTS 模型模拟的大豆地上部、籽粒单位产量养分吸收量和籽粒养分的比例

产量/ (t/hm²)	单位产量地上部养分吸收量/(kg/t)			单位产量籽粒养分吸收量/(kg/t)			籽粒养分占地上部养分比例/%		
	N	P	K	N	P	K	N	P	K
0	0	0	0	0	0	0	0	0	0
0.500	55.4	7.9	20.1	48.3	5.9	12.2	87.2	74.7	60.7
1.000	55.4	7.9	20.1	48.3	5.9	12.2	87.2	74.7	60.7
1.500	55.4	7.9	20.1	48.3	5.9	12.2	87.2	74.7	60.7
1.875	55.4	7.9	20.1	48.3	5.9	12.2	87.2	74.7	60.7
2.000	55.4	7.9	20.1	48.3	5.9	12.2	87.2	74.7	60.7
2.250	55.4	7.9	20.1	48.3	5.9	12.2	87.2	74.7	60.7
2.400	55.6	7.9	20.1	48.3	5.9	12.2	86.9	74.7	60.7
2.625	56.2	8.0	20.4	48.7	5.9	12.3	86.7	73.8	60.3
2.850	56.8	8.1	20.6	49.2	6.0	12.4	86.6	74.1	60.2
3.000	57.3	8.2	20.7	49.6	6.0	12.5	86.6	73.2	60.4
3.100	58.0	8.3	21.0	50.7	6.2	12.8	87.4	74.7	61.0
3.200	59.4	8.5	21.5	51.9	6.3	13.1	87.4	74.1	60.9
3.300	61.0	8.7	22.1	53.3	6.5	13.5	87.4	74.7	61.1
3.375	62.5	8.9	22.6	54.6	6.6	13.8	87.4	74.2	61.1
3.475	64.8	9.3	23.5	56.6	6.9	14.3	87.3	74.2	60.9
3.575	68.0	9.7	24.6	59.4	7.2	15.0	87.4	74.2	61.0
3.675	73.4	10.5	26.6	63.9	7.8	16.1	87.1	74.3	60.5
3.750	83.5	11.9	30.2	74.6	9.1	18.9	89.3	76.5	62.6

2.3.4.5　大豆养分推荐模型

基于产量反应与农学效率的大豆养分推荐方法，主要依据大豆目标产量和产量反应，并综合考虑养分平衡，确定大豆不同目标产量下氮、磷、钾养分推荐量（表 2-88 和表 2-89）。

表 2-88　不同目标产量下大豆养分推荐量（适于东北和西北地区春大豆）

目标产量/(t/hm²)	地力	施氮量/(kg N/hm²)	施磷量/(kg P₂O₅/hm²)	施钾量/(kg K₂O/hm²)
1.50	低	44	30	37
	中	34	27	32
	高	23	24	29
2.25	低	54	46	55
	中	44	40	49
	高	31	35	43
3.00	低	61	61	73
	中	51	54	65
	高	38	47	58
3.75	低	66	76	92
	中	57	67	81
	高	43	59	72
4.50	低	70	91	110
	中	61	80	97
	高	47	71	87

表 2-89　不同目标产量下大豆养分推荐量（适于华北和南方地区夏大豆）

目标产量/(t/hm²)	地力	施氮量/(kg N/hm²)	施磷量/(kg P₂O₅/hm²)	施钾量/(kg K₂O/hm²)
1.50	低	36	27	35
	中	28	24	31
	高	17	21	29
2.25	低	44	40	53
	中	36	36	47
	高	23	31	43
3.00	低	49	53	71
	中	41	48	63
	高	28	42	58
3.75	低	53	66	89
	中	46	60	78
	高	32	52	72
4.50	低	56	80	106
	中	49	72	94
	高	36	62	87

2.3.4.6　基于产量反应和农学效率的大豆养分推荐实践

施肥量比较结果（表 2-90）显示，NE 处理较 FP 处理显著提高了肥料用量，主要是因为夏大豆种植区农户不施肥或者施肥量很低，但与 ST 处理相比降低了肥料用量，氮、磷、钾肥施用量分别降低了 1.7%、11.9%、5.8%。与 ST 处理相比，NE 处理的化肥花费降低了 14.8%，但净效益提高了 18.2%；虽然 NE 处理比 FP 处理提高了 16.3% 的化肥花费，但显著提高了经济效益，平均提高了 26.9%。

表 2-90　大豆不同施肥处理的施肥量和经济效益比较

| 季节类型 | 省份 | 处理 | 施肥量/(kg/hm²) | | | 化肥花费/(元/hm²) | 经济效益/(元/hm²) |
			N	P₂O₅	K₂O		
春大豆	黑龙江	NE	57a	66a	64a	744a	12 186a
		ST	62a	79a	68a	917a	11 090ab
		FP	52a	81a	45b	728a	10 391b
	吉林	NE	58a	63a	63a	617a	15 114a
		ST	53a	82a	71a	745a	12 523b
		FP	50a	39b	27b	445a	10 839b
	辽宁	NE	50ab	55a	56a	695a	17 909a
		ST	54a	64a	60a	859a	13 299b
		FP	35b	67a	65a	1 213a	12 443b
夏大豆	河南	NE	67a	37.5a	43a	401a	15 979a
		ST	60b	37.5a	43a	387a	15 100a
		FP	0c	0b	0b	0b	11 988b
	安徽	NE	60a	52a	66a	496a	13 893a
		ST	61a	56a	68a	520a	11 017b
		FP	26b	26b	26b	218b	9 938b
	江苏	NE	66a	55a	88a	566a	14 842a
		ST	65a	44a	87a	576a	12 019b
		FP	24b	18b	15b	140b	12 773b
平均		NE	59b	59b	65b	643b	14 015a
		ST	60a	67a	69a	755a	11 858b
		FP	39b	53c	36b	553c	11 044b

产量和氮肥利用率结果（表 2-91）显示，NE 处理比 FP、ST 处理的产量分别平均提高了 27.4%、17.9%，氮肥偏生产力分别平均提高了 12.2kg/kg、12.8kg/kg，氮肥农学效率分别平均增加了 1.9kg/kg、0.9kg/kg，氮肥回收率分别平均增加了 12.7 个百分点、2.9 个百分点。

表 2-91　大豆不同施肥处理的产量和氮肥利用率比较

季节类型	省份	处理	产量/(kg/hm²)	氮肥偏生产力/(kg/kg)	氮肥农学效率/(kg/kg)	氮肥回收率/%
春大豆	黑龙江	NE	2735a	62.2a	3.3a	34.6a
		ST	2568ab	50.0ab	2.2b	18.2b
		FP	2433b	44.9b	1.2c	12.3b
	吉林	NE	3474a	61.6a	9.2a	27.3b
		ST	2932ab	55.0a	4.4b	34.8a
		FP	2414b	49.2a	4.4b	17.3c
	辽宁	NE	4260a	87.3a	6.6a	39.3a
		ST	3035b	56.4a	2.7b	22.9b
		FP	2557b	60.5a	2.9b	14.9c
夏大豆	河南	NE	3809a	58.2a	4.2a	39.5a
		ST	3602a	60.0a	3.6b	36.3a
		FP	2788b	—	—	—
	安徽	NE	3212a	53.6b	5.6a	26.5a
		ST	2344b	38.4c	3.8b	17.5b
		FP	2518b	81.6a	2.6c	—
	江苏	NE	3374a	51.6a	3.3a	9.6b
		ST	2829b	42.7b	3.5a	25.7a
		FP	2752b	44.5b	2.3b	8.2c
平均		NE	3215a	62.0a	4.8a	29.6a
		ST	2727b	49.2b	3.9b	26.7ab
		FP	2523b	49.8b	2.9c	16.9b

注:"—"表示该试验点不施肥

由表 2-92 可知,在所有试验点,所有处理氮盈余量和大部分处理钾盈余量为负值,而几乎所有处理的磷盈余量为正值,且在 6.0～63.2kg/hm²,说明所有处理的磷肥施用量显著超过了大豆的需求量,推荐磷肥量应进一步降低,而钾肥施用量需适当提高。

表 2-92　大豆不同施肥处理的养分表观平衡比较

季节类型	省份	处理	移走量/(kg/hm²)			盈余量/(kg/hm²)		
			N	P₂O₅	K₂O	N	P₂O₅	K₂O
春大豆	黑龙江	NE	205.3a	21.0a	86.3a	−148.3	45.0	−22.3
		ST	180.8b	20.7a	69.9b	−118.8	58.3	−1.9
		FP	164.4b	17.8b	63.2b	−112.4	63.2	−18.2
	吉林	NE	183.3b	18.7c	80.3a	−125.3	44.3	−17.3
		ST	201.8a	20.2b	55.3b	−148.8	61.8	15.7
		FP	152.5c	24.9a	42.1c	−102.5	14.1	−14.1

续表

季节类型	省份	处理	移走量/(kg/hm²)			盈余量/(kg/hm²)		
			N	P₂O₅	K₂O	N	P₂O₅	K₂O
春大豆	辽宁	NE	233.1a	32.4a	63.3a	−183.1	22.6	−7.3
		ST	225.5ab	32.8a	69.7a	−171.5	31.2	−9.7
		FP	206.6b	32.2a	69.7a	−171.6	34.8	−4.7
夏大豆	河南	NE	287.9a	31.5a	64.3a	−220.9	6.0	−21.3
		ST	272.9ab	29.7a	59.5a	−212.9	7.8	−16.5
		FP	248.7b	25.6b	51.0b	−248.7	−25.6	−51.0
	安徽	NE	216.4a	23.3a	52.9a	−156.4	28.7	13.1
		ST	164.5b	20.2a	52.6a	−103.5	35.8	15.4
		FP	153.2b	17.2b	42.7b	−127.2	8.8	−16.7
	江苏	NE	230a	23.2a	70.9a	−164.0	31.8	17.1
		ST	207.1ab	20.6ab	64.6a	−142.1	23.4	22.4
		FP	182.3b	19.5b	55.7b	−158.3	−1.5	−40.7

2.3.5 花生

汇总了 1993～2018 年的 315 个花生田间试验，模拟了花生最佳养分吸收，创建了花生养分推荐方法。收集的数据样本涵盖了中国不同区域的花生田间试验数据，包含了不同气候类型、轮作制度、土壤肥力及品种等信息。于 2017～2019 年在吉林、辽宁、山东、河北和河南5 省开展了 14 个田间验证试验。

2.3.5.1 花生产量反应

施氮、磷、钾产量反应的分布（图 2-41）显示，施氮产量反应最高，平均为 0.9t/hm²，磷、钾施用后产量反应较低，平均值分别为 0.5t/hm²、0.6t/hm²，表明氮肥仍然是产量的首要限制因子。

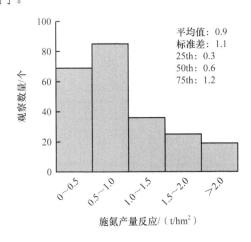

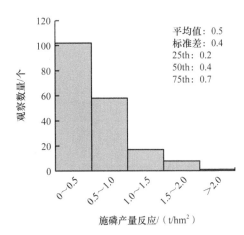

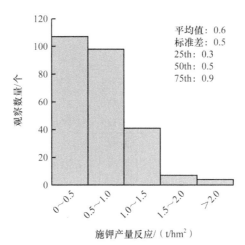

图 2-41　花生施氮、磷、钾产量反应频率分布图

2.3.5.2　花生相对产量与产量反应系数

相对产量频率分布结果表明，不施氮相对产量高于 0.80 的占全部观察数据的 64.3%，而不施磷、不施钾相对产量高于 0.80 的分别占各自全部观察数据的 80.6%、75.5%。不施氮、磷、钾相对产量平均值分别为 0.82、0.87、0.85，进一步证实施氮的增产效果最为显著（图 2-42）。

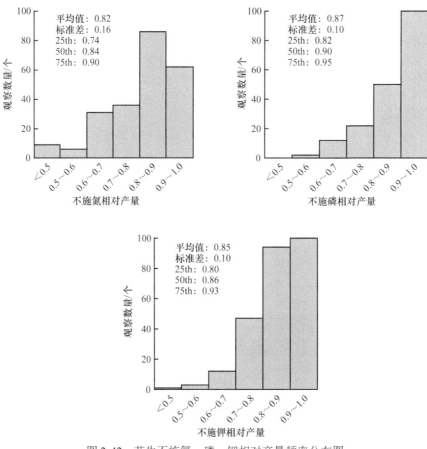

图 2-42　花生不施氮、磷、钾相对产量频率分布图

为进一步对花生进行有针对性的养分管理，用相对产量的 25th、50th、75th 百分位数来表征基础地力的低、中、高水平，用于求算氮、磷、钾施用的产量反应系数，以进一步求算产量反应（表 2-93）。

表 2-93 花生相对产量和产量反应系数

参数	不施 N 相对产量	不施 P 相对产量	不施 K 相对产量	N 产量反应系数	P 产量反应系数	K 产量反应系数
n	230	186	257	230	186	257
25th	0.74	0.82	0.80	0.26	0.18	0.20
50th	0.84	0.90	0.86	0.16	0.10	0.14
75th	0.90	0.95	0.93	0.10	0.05	0.07

2.3.5.3 花生农学效率

优化施肥处理下，花生氮、磷、钾农学效率平均分别为 8.9kg/kg、7.1kg/kg、5.4kg/kg，氮农学效率低于 20kg/kg 的占全部观察数据的 87.8%，而磷、钾农学效率低于 15kg/kg 的分别占各自全部观察数据的 85.5%、97.7%（图 2-43）。

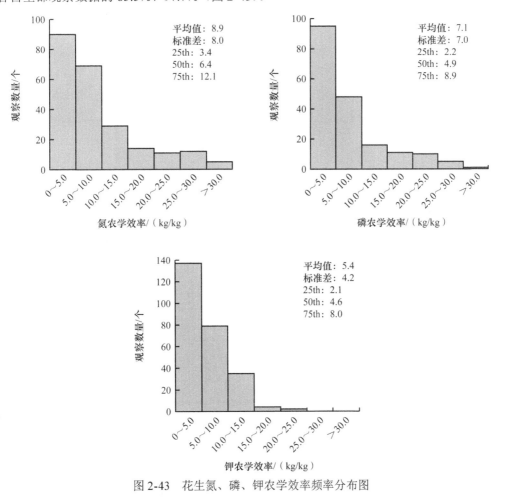

图 2-43 花生氮、磷、钾农学效率频率分布图

花生产量反应与农学效率之间存在显著的二次曲线关系，随着产量反应的不断增加，农学效率随之增加，产量反应继续增加，农学效率增加的幅度则逐渐降低（图2-44）。该关系包含了不同的环境条件、地力水平、花生品种信息，可依此进行养分推荐。

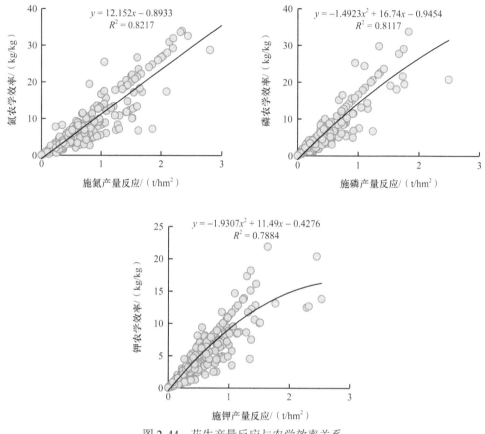

图 2-44　花生产量反应与农学效率关系

2.3.5.4　花生养分吸收特征

应用 QUEFTS 模型模拟花生不同潜在产量下植株氮、磷、钾最佳吸收量，氮、磷、钾养分吸收的数据量分别为 586 个、530 个、515 个。模拟结果（图2-45）显示，不论潜在产量为

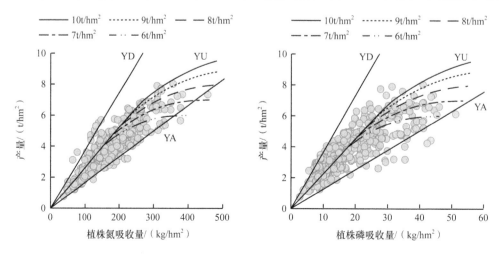

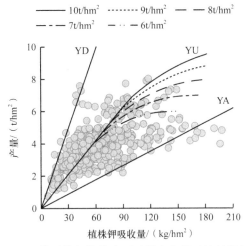

图 2-45　QUEFTS 模型模拟的花生不同潜在产量下植株最佳养分吸收量

多少，当目标产量达到潜在产量的 60%～70% 时，生产 1t 花生荚果植株养分需求是一定的，即目标产量所需的养分量在达到潜在产量 60%～70% 前呈直线增长。

对于花生（表 2-94），直线部分生产 1t 花生荚果植株氮、磷、钾养分吸收量分别为 38.2kg、4.4kg、14.3kg，相应的养分内在效率分别为 26.1kg/kg、225.6kg/kg、69.9kg/kg。

表 2-94　QUEFTS 模型模拟的花生养分内在效率和单位产量养分吸收量

产量/(t/hm²)	养分内在效率/(kg/kg)			单位产量养分吸收量/(kg/t)		
	N	P	K	N	P	K
0	0	0	0	0	0	0
1	26.1	225.6	69.9	38.2	4.4	14.3
2	26.1	225.6	69.9	38.2	4.4	14.3
3	26.1	225.6	69.9	38.2	4.4	14.3
4	26.1	225.6	69.9	38.2	4.4	14.3
5	26.1	225.6	69.9	38.2	4.4	14.3
6	26.1	225.6	69.9	38.2	4.4	14.3
7	25.7	221.7	68.7	38.9	4.5	14.6
8	23.9	206.2	63.9	41.8	4.8	15.6
9	21.5	185.5	57.5	46.5	5.4	17.4
10	20.6	177.4	55.0	48.6	5.6	18.2

2.3.5.5　花生养分推荐模型

基于产量反应与农学效率的花生养分推荐方法，主要依据花生目标产量和产量反应，并综合考虑养分平衡，确定花生不同目标产量下氮、磷、钾养分推荐用量。

1. 施氮量的确定

在花生养分专家系统中，推荐氮肥用量根据产量反应和农学效率确定：推荐施氮量（kg N/hm²）=产量反应（t/hm²）/农学效率（kg/kg）×1000（表 2-95）。

表 2-95 不同目标产量下花生推荐施氮量

目标产量/(t/hm²)	地力	产量反应/(t/hm²)	施氮量/(kg N/hm²)	目标产量/(t/hm²)	地力	产量反应/(t/hm²)	施氮量/(kg N/hm²)
2	低	0.52	91	6	低	1.56	106
	中	0.31	86		中	0.94	98
	高	0.20	81		高	0.59	93
3	低	0.78	96	7	低	1.82	109
	中	0.47	91		中	1.10	100
	高	0.29	86		高	0.68	94
4	低	1.04	99	8	低	2.08	112
	中	0.63	93		中	1.25	102
	高	0.39	89		高	0.78	96
5	低	1.30	102	9	低	2.33	116
	中	0.78	96		中	1.41	104
	高	0.49	91		高	0.88	97

2. 施磷量的确定

花生施磷量主要考虑花生产量反应、花生移走量(维持土壤平衡)和上季作物磷素残效三部分。花生不同目标产量下的推荐施磷量见表 2-96。

表 2-96 不同目标产量下花生推荐施磷量

目标产量/(t/hm²)	地力	产量反应/(t/hm²)	施磷量/(kg P₂O₅/hm²)	目标产量/(t/hm²)	地力	产量反应/(t/hm²)	施磷量/(kg P₂O₅/hm²)
2	低	0.36	36	6	低	1.08	108
	中	0.19	23		中	0.57	70
	高	0.10	17		高	0.31	51
3	低	0.54	54	7	低	1.26	126
	中	0.29	35		中	0.67	82
	高	0.15	25		高	0.36	59
4	低	0.72	72	8	低	1.43	144
	中	0.38	47		中	0.76	94
	高	0.21	34		高	0.41	68
5	低	0.90	90	9	低	1.61	161
	中	0.48	59		中	0.86	105
	高	0.26	42		高	0.46	76

3. 施钾量的确定

花生施钾量主要考虑花生产量反应、花生移走量(维持土壤平衡)和上季作物钾素残效三部分。花生不同目标产量下的推荐施钾量见表 2-97。

表 2-97 不同目标产量下花生推荐施钾量

目标产量/(t/hm²)	地力	产量反应/(t/hm²)	施钾量/(kg K₂O/hm²)	目标产量/(t/hm²)	地力	产量反应/(t/hm²)	施钾量/(kg K₂O/hm²)
	低	0.41	45		低	1.22	135
2	中	0.27	37	6	中	0.81	110
	高	0.15	29		高	0.44	86
	低	0.61	68		低	1.42	158
3	中	0.41	55	7	中	0.95	128
	高	0.22	43		高	0.52	101
	低	0.81	90		低	1.62	180
4	中	0.54	73	8	中	1.08	146
	高	0.29	58		高	0.59	115
	低	1.01	113		低	1.83	203
5	中	0.68	91	9	中	1.22	164
	高	0.37	72		高	0.66	130

2.3.5.6 基于产量反应和农学效率的花生养分推荐实践

1. 施肥量

为验证构建的花生养分专家系统的精准性和实用性，在吉林、辽宁、山东、河北和河南 5 省布置了田间验证试验。施肥量比较结果（表 2-98）表明，NE 较 FP、ST 处理的施氮量分别平均减少 40.2%、32.0%，施磷量分别平均减少 30.7%、15.0%，NE 处理施钾量与 FP 处理差异较小，而与 ST 处理相比平均增施 26kg K₂O/hm²。

表 2-98 花生不同施肥处理的施肥量比较

省份	施氮量/(kg N/hm²)			施磷量/(kg P₂O₅/hm²)			施钾量/(kg K₂O/hm²)		
	NE	FP	ST	NE	FP	ST	NE	FP	ST
吉林	52a	46a	60a	90b	99a	90b	75b	82a	75b
辽宁	75c	130a	105b	84c	130a	105b	140a	130ab	105b
山东	66c	124a	113b	85c	124a	113b	129a	124a	113a
河北	76b	112a	116a	85a	112a	86a	129a	112a	101a
河南	76c	153a	108b	85b	153a	101b	129ab	153a	92b
平均	70c	117a	101b	85c	125a	100b	125a	123a	99b

2. 产量和经济效益

产量和经济效益比较结果（表 2-99）表明，与 FP、ST 处理相比，NE 处理的产量分别平均提高了 15.4%、4.7%，经济效益分别平均提高了 15.1%、0.9%。

表 2-99　花生不同施肥处理的产量和经济效益比较

省份	产量/(t/hm²)			化肥花费/(元/hm²)			经济效益/(元/hm²)		
	NE	FP	ST	NE	FP	ST	NE	FP	ST
吉林	4.7a	3.8a	4.0a	379a	397a	395a	44 570a	36 083a	37 877a
辽宁	3.8ab	3.1b	3.7a	603b	718a	610b	35 822ab	29 501b	35 304a
山东	5.1a	4.9a	5.0a	556a	680a	620a	48 015a	46 345a	47 427a
河北	5.0a	4.5a	4.7a	576a	619a	575a	47 686a	42 582a	44 425a
河南	4.7a	4.3a	4.7a	576b	841a	544b	44 891a	39 963a	44 367a
平均	4.5a	3.9a	4.3a	553a	666a	548b	42 264a	36 727a	41 900a

3. 氮肥利用率

肥料利用率结果（表 2-100）显示，NE 处理较 FP、ST 处理的平均氮肥农学效率分别提高了 7.6kg/kg、1.7kg/kg，氮肥回收率分别提高了 23.3 个百分点、7.2 个百分点，氮肥偏生产力分别提高了 29.2kg/kg、26.5kg/kg。

表 2-100　花生不同施肥处理的氮肥利用率比较

省份	氮肥农学效率/(kg/kg)			氮肥回收率/%			氮肥偏生产力/(kg/kg)		
	NE	FP	ST	NE	FP	ST	NE	FP	ST
吉林	23.5a	11.9a	9.0a	43.7a	27.9a	47.2a	152.4a	116.4a	66.4a
辽宁	13.9a	5.2b	14.3a	48.9a	20.1b	50.7a	51.3a	24.3a	43.4a
山东	17.9a	9.9a	24.8a	62.8a	46.9a	45.8a	69.1a	39.0b	45.1b
河北	6.5a	1.0a	2.3a	42.0a	11.6b	8.7b	65.2a	40.4b	39.9a
河南	6.8a	4.3a	7.9a	43.4a	25.8a	43.3a	62.8a	27.7c	43.4b
平均	13.8a	6.2b	12.1a	48.3a	25.0b	41.1a	73.5a	44.3b	47.0a

4. 养分表观平衡

由表 2-101 可知，NE、FP、ST 处理的氮盈余量均为负值，但磷、钾盈余量均为正值，NE 处理的磷盈余量要显著低于 FP、ST 处理，但钾盈余量要高于 FP、ST 处理。

表 2-101　花生不同施肥处理的养分表观平衡比较

省份	处理	N/(kg/hm²)		P₂O₅/(kg/hm²)		K₂O/(kg/hm²)	
		移走量	盈余量	移走量	盈余量	移走量	盈余量
吉林	NE	209.2a	−157.4a	17.1a	72.9b	52.3a	22.6a
	ST	176.0a	−116.0a	16.6a	58.4c	49.7a	25.3a
	FP	169.5a	−123.2a	14.8a	84.2a	46.8a	35.7a
辽宁	NE	193.8a	−102.2b	21.9a	68.1b	86.2a	−8.8a
	ST	220.6a	−116.4b	22.4a	66.3b	107.4a	−18.7a
	FP	169.9a	−45.8a	18.5a	105.7a	105.7a	18.4a

省份	处理	N/(kg/hm²)		P₂O₅/(kg/hm²)		K₂O/(kg/hm²)	
		移走量	盈余量	移走量	盈余量	移走量	盈余量
山东	NE	124.3a	−55.3b	12.5a	67.5c	35.0a	148.0a
	ST	134.1a	−21.1b	13.6a	99.4b	32.0a	81.0b
	FP	100.9a	34.0a	8.4a	126.6b	23.1a	111.9c
河北	NE	155.3a	−86.3a	14.1a	65.9c	56.9a	126.1a
	ST	177.6a	−64.6a	16.2a	96.8b	56.3a	56.7b
	FP	154.5a	−19.5a	13.4a	121.6c	54.7a	80.3b
河南	NE	197.8a	−128.7a	21.6a	58.4c	59.9a	123.1a
	ST	214.1a	−101.1a	22.5a	90.5b	69.1a	43.9b
	FP	243.3a	−108.3a	21.5a	113.5a	89.0a	46.0b
平均	NE	180.2a	−105.1b	18.5a	66.9c	64.6a	61.2a
	ST	190.5a	−89.3b	18.9a	79.6b	70.3a	28.2ab
	FP	168.2a	−51.0a	16.1a	109.2a	73.5a	49.2b

2.3.6　甘蔗

汇总了 1995～2019 年的 164 个甘蔗田间试验，模拟了甘蔗最佳养分吸收，创建了甘蔗养分推荐方法。收集的数据样本涵盖了西南和东南主要甘蔗产区，包含了不同轮作制度、土壤肥力及品种等信息。于 2017～2019 年在广东和广西的甘蔗主产区开展了田间验证试验。

2.3.6.1　甘蔗的产量反应

施氮、磷、钾产量反应的分布（图 2-46）显示，施氮产量反应最高，平均为 24.5t/hm²，磷、钾施用后产量反应较低，平均值分别为 16.2t/hm²、19.8t/hm²，表明氮肥仍然是产量的首要限制因子。

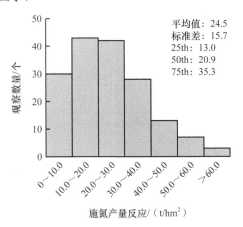
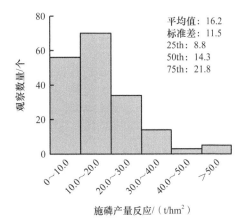

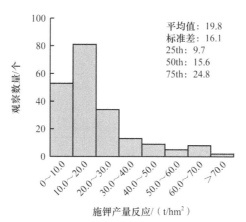

图 2-46　甘蔗施氮、磷、钾产量反应频率分布图

2.3.6.2　甘蔗相对产量与产量反应系数

相对产量频率分布结果表明，不施氮相对产量低于 0.80 的占全部观察数据的 57.7%，而不施磷、不施钾相对产量高于 0.80 的分别占各自全部观察数据的 77.5%、68.8%。不施氮、磷、钾相对产量平均值分别为 0.77、0.85、0.82，进一步证实施氮的增产效果最为显著（图 2-47）。

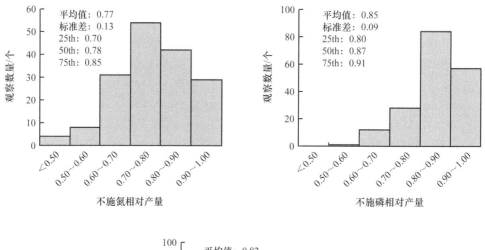

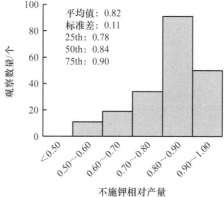

图 2-47　甘蔗不施氮、磷、钾相对产量频率分布图

为进一步对甘蔗进行有针对性的养分管理，用相对产量的 25th、50th、75th 百分位数来表征基础地力的低、中、高水平，用于求算氮、磷、钾施用的产量反应系数，以进一步求算产量反应（表 2-102）。

表 2-102　甘蔗相对产量和产量反应系数

参数	不施 N 相对产量	不施 P 相对产量	不施 K 相对产量	N 产量反应系数	P 产量反应系数	K 产量反应系数
n	168	182	205	159	173	196
25th	0.70	0.80	0.78	0.30	0.20	0.22
50th	0.78	0.87	0.84	0.22	0.13	0.17
75th	0.85	0.91	0.90	0.14	0.09	0.11

2.3.6.3　甘蔗农学效率

优化施肥处理下，氮、磷、钾农学效率分别为 66.2kg/kg、99.4kg/kg、58.8kg/kg，氮农学效率低于 120.0kg/kg 的占全部观察数据的 87.5%，而磷农学效率低于 200.0kg/kg 的占全部观察数据的 87.3%，钾农学效率低于 120.0kg/kg 的占所观察数据的 87.3%（图 2-48）。

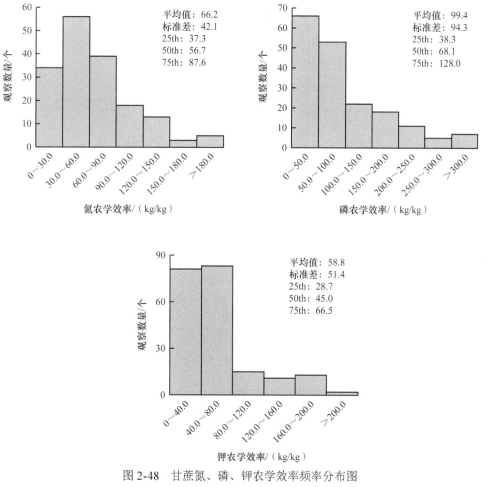

图 2-48　甘蔗氮、磷、钾农学效率频率分布图

甘蔗产量反应和农学效率之间存在显著的二次曲线关系，随着产量反应的不断增加，农学效率随之增加，产量反应继续增加，农学效率增加的幅度则逐渐降低（图2-49）。

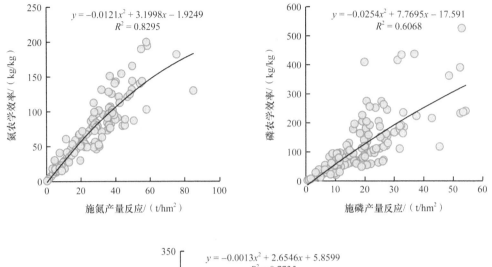

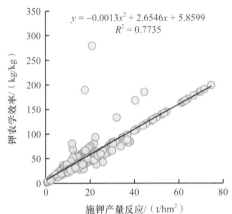

图 2-49　甘蔗产量反应与农学效率关系

2.3.6.4　甘蔗养分吸收特征

应用 QUEFTS 模型模拟了甘蔗不同目标产量下的地上部氮、磷、钾养分吸收，氮、磷、钾养分吸收的数据量均为 426 个。结果显示，不论潜在产量为多少，当目标产量达到潜在产量的 60%～70% 时，生产 1t 蔗茎地上部养分需求是一定的，即目标产量所需的养分在达到潜在产量 60%～70% 前呈直线增长（图2-50）。

对于甘蔗（表2-103），QUEFTS 模型模拟的直线部分生产 1t 蔗茎地上部氮、磷、钾养分吸收量分别为 1.70kg、0.21kg、2.52kg，相应的养分内在效率分别为 587.34kg/kg、4739.47kg/kg、396.12kg/kg。

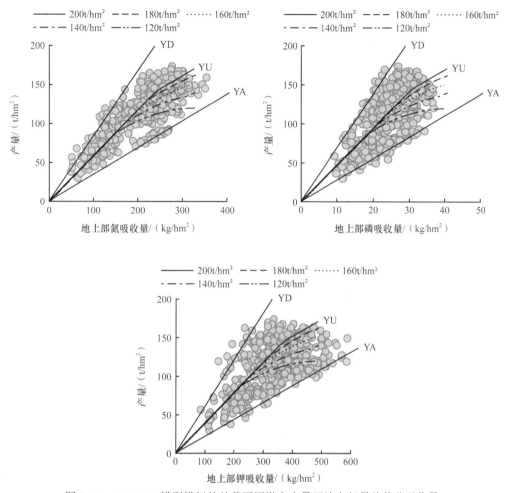

图 2-50　QUEFTS 模型模拟的甘蔗不同潜在产量下地上部最佳养分吸收量

表 2-103　QUEFTS 模型模拟的甘蔗养分内在效率和单位产量养分吸收量

产量/(t/hm²)	养分内在效率/(kg/kg)			单位产量养分吸收量/(kg/t)		
	N	P	K	N	P	K
0	0	0	0	0	0	0
1	587.34	4739.47	396.12	1.70	0.21	2.52
5	587.34	4739.47	396.12	1.70	0.21	2.52
10	587.34	4739.47	396.12	1.70	0.21	2.52
20	587.34	4739.47	396.12	1.70	0.21	2.52
30	587.34	4739.47	396.12	1.70	0.21	2.52
40	587.34	4739.47	396.12	1.70	0.21	2.52
50	587.34	4739.47	396.12	1.70	0.21	2.52
60	587.34	4739.47	396.12	1.70	0.21	2.52
70	587.34	4739.47	396.12	1.70	0.21	2.52
80	587.34	4739.47	396.12	1.70	0.21	2.52
90	587.34	4739.47	396.12	1.70	0.21	2.52

产量/(t/hm²)	养分内在效率/(kg/kg)			单位产量养分吸收量/(kg/t)		
	N	P	K	N	P	K
100	580.07	4680.80	391.21	1.72	0.21	2.56
110	552.47	4458.09	372.60	1.81	0.22	2.68
120	518.93	4187.41	349.98	1.93	0.24	2.86
130	473.61	3821.75	319.42	2.11	0.26	3.13
140	426.93	3445.07	287.93	2.34	0.29	3.47

2.3.6.5　甘蔗养分推荐模型

基于产量反应与农学效率的甘蔗养分推荐方法，主要依据甘蔗目标产量和产量反应，并综合考虑养分平衡，确定甘蔗不同目标产量下氮、磷、钾养分推荐用量。

1. 施氮量的确定

在甘蔗养分专家系统中，推荐氮肥用量根据产量反应和农学效率确定：推荐施氮量（kg N/hm²）=产量反应（t/hm²）/农学效率（kg/kg）×1000（表2-104）。

表 2-104　不同目标产量下甘蔗推荐施氮量

目标产量/(t/hm²)	地力	产量反应/(t/hm²)	施氮量/(kg N/hm²)	目标产量/(t/hm²)	地力	产量反应/(t/hm²)	施氮量/(kg N/hm²)
70	低	21.69	373	120	低	37.19	408
	中	15.48	357		中	26.53	384
	高	10.00	339		高	17.15	362
80	低	24.79	380	130	低	40.29	415
	中	17.69	363		中	28.74	389
	高	11.43	345		高	18.58	365
90	低	27.89	387	140	低	43.39	422
	中	19.90	368		中	30.95	394
	高	12.86	349		高	20.01	369
100	低	30.99	394	150	低	46.49	429
	中	22.11	374		中	33.17	399
	高	14.29	354		高	21.44	372
110	低	34.09	401	160	低	49.58	437
	中	24.32	379		中	35.38	403
	高	15.72	358		高	22.86	375

2. 施磷量的确定

甘蔗施磷主要考虑甘蔗产量反应、甘蔗移走量（维持土壤平衡）和上季作物磷素残效三部分。不同目标产量下甘蔗的推荐施磷量见表2-105。

表 2-105　不同目标产量下甘蔗推荐施磷量

目标产量/(t/hm²)	地力	产量反应/(t/hm²)	施磷量/(kg P₂O₅/hm²)	目标产量/(t/hm²)	地力	产量反应/(t/hm²)	施磷量/(kg P₂O₅/hm²)
70	低	13.79	84	120	低	23.64	144
	中	9.38	65		中	16.08	111
	高	6.03	50		高	10.34	86
80	低	15.76	96	130	低	25.61	157
	中	10.72	74		中	17.42	121
	高	6.90	57		高	11.21	93
90	低	17.73	108	140	低	27.58	169
	中	12.06	84		中	18.76	130
	高	7.76	65		高	12.07	101
100	低	19.70	120	150	低	29.55	181
	中	13.40	93		中	20.10	139
	高	8.62	72		高	12.93	108
110	低	21.67	132	160	低	31.52	193
	中	14.74	102		中	21.44	148
	高	9.48	79		高	13.79	115

3. 施钾量的确定

甘蔗施钾量主要考虑甘蔗产量反应、甘蔗移走量（维持土壤平衡）和上季作物钾素残效三部分。不同目标产量下甘蔗的推荐施钾量见表 2-106。

表 2-106　不同目标产量下甘蔗推荐施钾量

目标产量/(t/hm²)	地力	产量反应/(t/hm²)	施钾量/(kg K₂O/hm²)	目标产量/(t/hm²)	地力	产量反应/(t/hm²)	施钾量/(kg K₂O/hm²)
70	低	15.55	207	120	低	26.65	355
	中	11.59	182		中	19.87	313
	高	7.63	158		高	13.08	271
80	低	17.77	237	130	低	28.87	384
	中	13.25	209		中	21.53	339
	高	8.72	180		高	14.17	293
90	低	19.99	266	140	低	31.09	414
	中	14.90	235		中	23.18	365
	高	9.81	203		高	15.26	316
100	低	22.21	296	150	低	33.32	444
	中	16.56	261		中	24.84	391
	高	10.90	226		高	16.35	338
110	低	24.43	325	160	低	35.54	473
	中	18.22	287		中	26.50	417
	高	11.99	248		高	17.44	361

2.3.6.6　基于产量反应和农学效率的甘蔗养分推荐实践

1. 施肥量

施肥量比较结果（表 2-107）表明，NE、FP、ST 处理的施氮量平均值分别为 388kg/hm²、402kg/hm²、374kg/hm²，NE 处理的氮肥施用量高于 ST 处理、低于 FP 处理，平均降低了 3.5%。NE 处理的磷肥用量为 138kg/hm²，与 ST 处理的 222kg/hm²、FP 处理的 270kg/hm² 相比分别减少了 37.8%、48.9%。同氮肥相似，NE 处理的钾肥施用量显著高于测土配方（ST）处理，低于农户习惯施肥（FP）处理。

表 2-107　甘蔗不同施肥处理的施肥量比较

省份	施氮量/(kg N/hm²)			施磷量/(kg P₂O₅/hm²)			施钾量/(kg K₂O/hm²)		
	NE	FP	ST	NE	FP	ST	NE	FP	ST
广东	386b	404a	402a	134c	240a	203bc	417b	527a	518a
广西	390a	400a	345b	142c	300a	240b	441a	360b	270c
平均	388b	402a	374b	138c	270a	222b	429a	444a	394b

2. 产量和经济效益

产量和经济效益比较结果（表 2-108）表明，NE 处理的蔗茎产量高于 FP、ST，分别平均增加了 6.4%、10.1%。在化肥花费方面，FP 的化肥花费显著高于 NE、ST 处理，平均分别多花费了 1023.5 元/hm²、743 元/hm²。NE 处理的经济效益显著高于 FP、ST，分别平均提高了 4767.0 元/hm²、5986.5 元/hm²，增幅达到了 45.9%、65.4%。

表 2-108　甘蔗不同施肥处理的产量和经济效益比较

省份	产量/(t/hm²)			化肥花费/(元/hm²)			经济效益/(元/hm²)		
	NE	FP	ST	NE	FP	ST	NE	FP	ST
广东	135.6a	124.1a	126.9a	5 092.0b	6 514.0a	6 204.0a	17 694.0a	10 512.0b	12 231.0b
广西	113.8a	110.3a	99.7b	5 301.0b	5 926.0a	4 750.0b	12 594.0a	10 242.0a	6 084.0b
平均	124.7a	117.2ab	113.3b	5 196.5b	6 220.0a	5 477.0b	15 144.0a	10 377.0b	9 157.5b

3. 氮肥利用率

氮肥利用率结果（表 2-109）表明，NE 处理较 FP、ST 处理的氮肥农学效率平均分别提高了 24.8kg/kg、28.7kg/kg，氮肥回收率平均分别提高了 7.8 个百分点、7.9 个百分点，氮肥偏生产力平均分别提高了 36.2kg/kg、20.7kg/kg。

表 2-109　甘蔗不同施肥处理的氮肥利用率比较

省份	氮肥农学效率/(kg/kg)			氮肥回收率/%			氮肥偏生产力/(kg/kg)		
	NE	FP	ST	NE	FP	ST	NE	FP	ST
广东	92.6a	61.9b	61.3b	32.5a	23.4b	22.3b	411.7a	365.3b	359.7b
广西	47.8a	29.0b	21.7b	7.8a	1.4b	2.3b	327.1a	301.0b	337.7a
平均	70.2a	45.4b	41.5b	20.2a	12.4b	12.3b	369.4a	333.2b	348.7ab

4. 养分表观平衡

养分表观平衡比较结果（表 2-110）表明，广东和广西 NE 处理的氮与磷盈余量低于农户习惯施肥处理（FP）、测土配方处理（ST）。氮盈余量 NE 比 FP 分别低 37kg/hm²、48kg/hm²，比 ST 分别低 41kg/hm²、26kg/hm²。磷盈余量 NE 比 FP 分别低 111kg/hm²、156kg/hm²，比 ST 分别低 68kg/hm²、93kg/hm²。钾盈余量都在合理范围之内。结果表明，NE 系统推荐用量使氮和磷的盈余量减少，降低了氮、磷的潜在损失，钾肥推荐用量在合理范围内，符合生产实践需求。

表 2-110 甘蔗不同施肥处理的养分表观平衡比较

省份	处理	N/(kg/hm²)		P₂O₅/(kg/hm²)		K₂O/(kg/hm²)	
		移走量	盈余量	移走量	盈余量	移走量	盈余量
广东	NE	271	115	76	58	483	−66
	ST	246	156	70	133	439	79
	FP	251	152	71	169	448	79
广西	NE	198	147	61	81	388	53
	ST	217	173	56	184	354	−84
	FP	205	195	58	242	366	−6

2.4 蔬菜养分推荐方法研究与应用

2.4.1 果菜类

汇总了 2003～2016 年中国不同区域设施番茄的 286 个田间试验，模拟了番茄最佳养分吸收，创建了设施番茄养分推荐方法。于 2018～2019 年在天津（8）、北京（1）、山东（1）、浙江（2）4 个省市开展了 12 个设施番茄田间验证试验。

2.4.1.1 番茄产量反应

番茄施氮、磷、钾产量反应的分布（图 2-51）显示，其中施氮产量反应最高，平均为 12.9t/hm²，其次是施钾产量反应，平均为 12.0t/hm²，磷肥施用后产量反应较低，平均为 8.7t/hm²，表明氮、钾肥是番茄产量的主要限制因子。

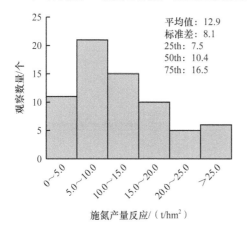

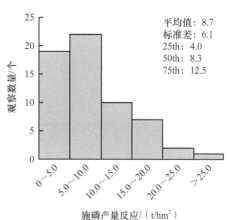

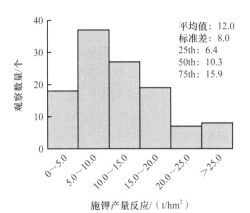

图 2-51 番茄施氮、磷、钾产量反应频率分布图

2.4.1.2 番茄相对产量与产量反应系数

相对产量频率分布结果表明，番茄不施氮相对产量高于 0.80 的占全部观察数据的 73.5%，不施钾相对产量高于 0.80 的占全部观察数据的 76.8%，而不施磷相对产量高于 0.80 的占全部观察数据的 89.1%。不施氮、磷、钾相对产量平均值分别为 0.86、0.91、0.86，进一步证实番茄施氮、钾肥的增产效果最为显著（图 2-52）。

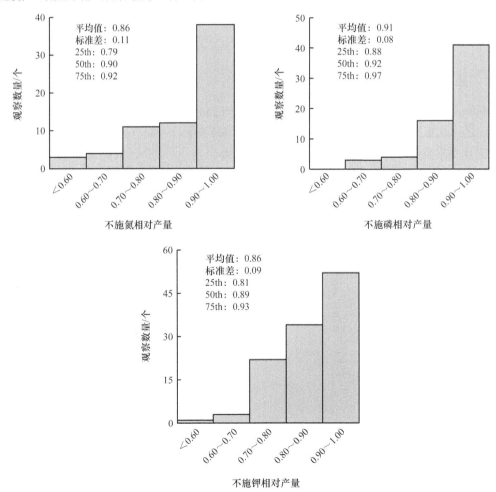

图 2-52 番茄不施氮、磷、钾相对产量频率分布图

番茄土壤基础 N 养分供应低、中、高水平所对应的相对产量参数分别为 0.79、0.90、0.92；土壤基础 P 养分供应低、中、高水平所对应的相对产量参数分别为 0.88、0.92、0.97；土壤基础 K 养分供应低、中、高水平所对应的相对产量参数分别为 0.81、0.89、0.93（表 2-111）。

表 2-111　番茄相对产量和产量反应系数

参数	不施 N 相对产量	不施 P 相对产量	不施 K 相对产量	N 产量反应系数	P 产量反应系数	K 产量反应系数
n	68	64	112	68	64	112
25th	0.79	0.88	0.81	0.21	0.12	0.19
50th	0.90	0.92	0.89	0.10	0.08	0.11
75th	0.92	0.97	0.93	0.08	0.03	0.07

2.4.1.3　番茄氮磷钾的农学效率

优化施肥处理下，番茄氮、磷、钾农学效率平均分别为 43.8kg/kg、51.5kg/kg、44.9kg/kg，氮农学效率低于 60kg/kg 的占全部观察数据的 75.0%，而磷、钾农学效率低于 60kg/kg 的分别占各自全部观察数据的 64.3%、72.4%（图 2-53）。

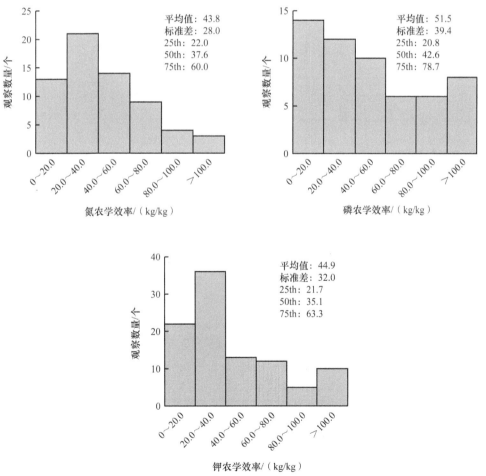

图 2-53　番茄氮、磷、钾农学效率频率分布图

番茄产量反应和农学效率之间存在显著的二次曲线关系，随着产量反应的不断增加，农学效率随之增加，产量反应继续增加，农学效率增加的幅度则逐渐降低（图2-54）。该关系包含了不同的环境条件、地力水平、番茄品种信息，可依此进行养分推荐。

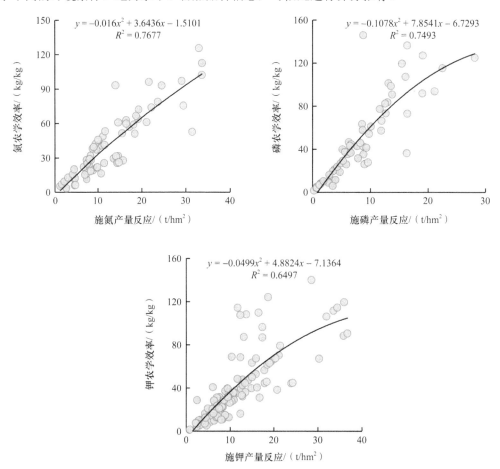

图2-54　番茄产量反应与农学效率关系

2.4.1.4　番茄养分吸收特征

应用QUEFTS模型模拟番茄不同潜在产量下地上部氮、磷、钾养分最佳吸收量，氮、磷、钾养分吸收的数据分别为295个、292个、292个。模拟结果（图2-55）显示，不论潜在产量为多少，当目标产量达到潜在产量的60%～70%时，生产1t番茄地上部养分需求是一定的，即目标产量所需的养分量在达到潜在产量60%～70%前呈直线增长。

运用QUEFTS模型对不同潜在产量下番茄的养分吸收进行模拟得出（图2-55），当目标产量达到潜在产量的60%～70%时，生产1t番茄地上部养分吸收量是一定的，氮、磷、钾分别为2.19kg、0.56kg、3.36kg，N∶P∶K=3.91∶1∶6，相应的养分内在效率分别为456.6kg/kg、1791.9kg/kg、297.3kg/kg（表2-112）。

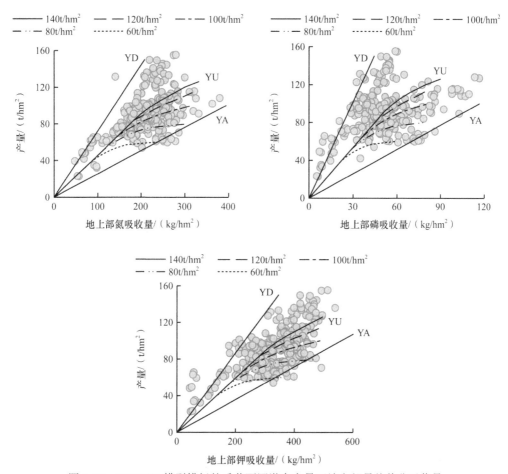

图 2-55　QUEFTS 模型模拟的番茄不同潜在产量下地上部最佳养分吸收量

表 2-112　QUEFTS 模型模拟的番茄养分内在效率和单位产量养分吸收量

产量/(t/hm²)	养分内在效率/(kg/kg)			单位产量养分吸收量/(kg/t)		
	N	P	K	N	P	K
0	0	0	0	0	0	0
10	456.6	1791.9	297.3	2.19	0.56	3.36
20	456.6	1791.9	297.3	2.19	0.56	3.36
30	456.6	1791.9	297.3	2.19	0.56	3.36
40	456.6	1791.9	297.3	2.19	0.56	3.36
50	456.6	1791.9	297.3	2.19	0.56	3.36
60	456.6	1791.9	297.3	2.19	0.56	3.36
70	456.6	1791.9	297.3	2.19	0.56	3.36
80	456.6	1791.9	297.3	2.19	0.56	3.36
90	456.6	1791.9	297.3	2.19	0.56	3.36
100	456.6	1791.9	297.3	2.19	0.56	3.36
110	451.1	1770.3	293.7	2.22	0.56	3.40

产量/(t/hm²)	养分内在效率/(kg/kg)			单位产量养分吸收量/(kg/t)		
	N	P	K	N	P	K
120	433.0	1699.2	281.9	2.31	0.59	3.55
130	412.1	1617.3	268.3	2.43	0.62	3.73
140	442.1	1735.2	287.9	2.26	0.58	3.47

2.4.1.5　番茄养分推荐模型

基于产量反应与农学效率的番茄养分推荐方法，主要依据番茄目标产量和产量反应，并综合考虑养分平衡，确定番茄不同目标产量下氮、磷、钾养分推荐用量。

1. 施氮量的确定

在番茄养分专家系统中，推荐氮肥用量根据产量反应和农学效率确定：推荐施氮量（kg N/hm²）=产量反应（t/hm²）/农学效率（kg/kg）×1000（表 2-113）。

表 2-113　不同目标产量下番茄推荐施氮量

目标产量/(t/hm²)	地力	产量反应/(t/hm²)	施氮量/(kg N/hm²)	目标产量/(t/hm²)	地力	产量反应/(t/hm²)	施氮量/(kg N/hm²)
30	低	7.00	279	100	低	23.00	350
	中	3.50	254		中	11.00	298
	高	2.50	241		高	8.00	284
40	低	9.00	289	110	低	25.50	362
	中	4.50	263		中	12.00	302
	高	3.00	248		高	8.50	286
50	低	11.50	300	120	低	27.50	372
	中	5.50	270		中	13.50	308
	高	4.00	259		高	9.50	291
60	低	14.00	310	130	低	30.00	385
	中	6.50	276		中	14.50	312
	高	4.50	263		高	10.00	293
70	低	16.00	319	140	低	32.00	396
	中	8.00	284		中	15.50	316
	高	5.50	270		高	11.00	298
80	低	18.50	329	150	低	34.50	412
	中	9.00	289		中	16.50	321
	高	6.00	273		高	11.50	300
90	低	20.50	338	160	低	37.00	428
	中	10.00	293		中	18.00	327
	高	7.00	279		高	12.50	304

2. 施磷量的确定

番茄施磷量主要考虑番茄产量反应、番茄移走量（维持土壤平衡）和上季作物磷素残效三部分。不同目标产量下番茄的推荐施磷量见表 2-114。

表 2-114　不同目标产量下番茄推荐施磷量

目标产量/ （t/hm²）	地力	产量反应/ （t/hm²）	施磷量/ （kg P₂O₅/hm²）	目标产量/ （t/hm²）	地力	产量反应/ （t/hm²）	施磷量/ （kg P₂O₅/hm²）
	低	4.00	54		低	12.50	270
30	中	3.00	44	100	中	9.50	157
	高	1.00	26		高	4.00	129
	低	5.00	69		低	14.00	298
40	中	4.00	59	110	中	10.50	172
	高	1.50	36		高	4.50	139
	低	6.50	88		低	15.00	323
50	中	5.00	74	120	中	11.50	192
	高	2.00	46		高	4.50	154
	低	7.50	103		低	16.50	351
60	中	5.50	84	130	中	12.50	206
	高	2.50	56		高	5.00	164
	低	9.00	188		低	17.50	376
70	中	6.50	113	140	中	13.50	221
	高	2.50	90		高	5.50	179
	低	10.00	217		低	19.00	259
80	中	7.50	128	150	中	14.50	217
	高	3.00	100		高	6.00	138
	低	11.50	241		低	20.00	274
90	中	8.50	143	160	中	15.00	227
	高	3.50	115		高	6.00	143

3. 施钾量的确定

番茄施钾量主要考虑番茄产量反应、番茄移走量（维持土壤平衡）和上季作物钾素残效三部分。不同目标产量下番茄的推荐施钾量见表 2-115。

表 2-115　不同目标产量下番茄推荐施钾量

目标产量/ (t/hm²)	地力	产量反应/ (t/hm²)	施钾量/ (kg K₂O/hm²)	目标产量/ (t/hm²)	地力	产量反应/ (t/hm²)	施钾量/ (kg K₂O/hm²)
30	低	6.50	183	100	低	21.00	598
	中	3.50	130		中	12.00	439
	高	2.50	112		高	8.50	376
40	低	8.50	241	110	低	23.50	665
	中	5.00	179		中	13.50	488
	高	3.50	152		高	9.00	408
50	低	10.50	299	120	低	25.50	723
	中	6.00	219		中	14.50	528
	高	4.00	184		高	10.00	448
60	低	12.50	357	130	低	27.50	782
	中	7.50	268		中	16.00	577
	高	5.00	224		高	11.00	488
70	低	15.00	424	140	低	29.50	840
	中	8.50	309		中	17.00	617
	高	6.00	264		高	12.00	529
80	低	17.00	482	150	低	32.00	907
	中	10.00	358		中	18.50	667
	高	6.50	296		高	12.50	560
90	低	19.00	540	160	低	34.00	965
	中	11.00	398		中	19.50	707
	高	7.50	336		高	13.50	600

2.4.1.6　基于产量反应和农学效率的番茄养分推荐实践

1. 施肥量

施肥量比较结果（表 2-116）表明，与 FP、ST 处理相比，NE 处理平均分别减施氮肥 26.8%、18.5%，平均分别减施磷肥 55.8%、31.4%，平均分别减施钾肥 13.4%、16.5%。

表 2-116　番茄不同施肥处理的施肥量比较

年份	地点	施氮量/(kg N/hm²)			施磷量/(kg P₂O₅/hm²)			施钾量/(kg K₂O/hm²)		
		NE	FP	ST	NE	FP	ST	NE	FP	ST
2018	天津武清	230	420	280	180	360	225	300	450	360
	天津西青 1	260	400	360	180	325	360	360	520	450
	天津西青 2	230	450	300	180	360	240	300	460	380
	天津西青 3	280	370	320	225	350	260	380	500	450
	天津西青 4	220	380	300	180	260	220	300	370	450

年份	地点	施氮量/(kg N/hm²)			施磷量/(kg P₂O₅/hm²)			施钾量/(kg K₂O/hm²)		
		NE	FP	ST	NE	FP	ST	NE	FP	ST
2018	山东泰安	263	360	328	137	570	225	283	225	225
	北京顺义	390	471	375	166	152	152	410	623	623
	浙江宁波	296	203	320	139	241	100	377	184	400
2019	天津武清 1	283	351	400	52	641	270	371	413	450
	天津武清 2	238	436	360	114	328	260	350	490	450
	天津武清 3	297	436	360	142	328	260	438	490	450
	浙江宁波	296	203	320	139	241	100	377	184	400
平均		273c	373a	335b	153c	346a	223b	354b	409a	424a

2. 产量和经济效益

产量和经济效益比较结果（表 2-117）显示，与 FP、ST 处理相比，NE 处理的平均化肥花费分别降低了 29.2%、17.6%，但平均产量分别增加了 4.2%、4.3%，平均经济效益分别增加了 5.6%、5.0%。

表 2-117　番茄不同施肥处理的产量和经济效益比较

年份	地点	产量/(t/hm²)			化肥花费/(元/hm²)			经济效益/(元/hm²)		
		NE	FP	ST	NE	FP	ST	NE	FP	ST
2018	天津武清	125.8	129.0	126.4	4 680	7 920	5 690	221 760	224 280	221 830
	天津西青 1	88.7	89.4	88.9	5 319	8 199	7 650	154 341	152 721	152 370
	天津西青 2	113.5	115.3	112.3	4 680	8 139	6 042	199 620	199 401	196 098
	天津西青 3	110.0	111.3	110.7	5 858	8 053	6 845	192 142	192 288	192 415
	天津西青 4	107.5	110.1	107.3	4 635	6 443	6 505	188 865	191 737	186 635
	山东泰安	107.3	104.6	103.8	4 417	7 073	4 772	188 753	181 118	182 146
	北京顺义	97.9	98.5	89.1	6 237	8 300	5 460	169 937	169 005	154 934
	浙江宁波	146.0	135.8	145.7	5 368	3 965	5 425	257 432	240 475	256 835
2019	天津武清 1	75.0	69.5	70.3	4 715	9 055	7 268	130 248	116 008	119 358
	天津武清 2	103.5	99.4	99.8	4 723	8 128	7 025	181 617	170 725	172 611
	天津武清 3	92.8	86.8	88.5	5 903	8 128	7 025	161 094	148 177	152 241
	浙江宁波	168.8	132.8	139.2	5 368	3 965	5 425	298 472	235 075	245 135
平均		111.4a	106.9a	106.8a	5 158c	7 281a	6 261b	195 357a	185 084b	186 051b

3. 肥料利用率

（1）番茄氮肥利用率

氮肥利用率比较结果（表 2-118）显示，与 FP、ST 处理相比，NE 处理的平均氮肥农学效率分别增加了 15.9kg/kg、15.6kg/kg，平均氮肥回收率分别增加了 5.7 个百分点、5.1 个百分点，平均氮肥偏生产力分别增加了 143.2kg/kg、90.6kg/kg。

表 2-118　番茄不同施肥处理的氮肥利用率比较

年份	地点	氮肥农学效率/(kg/kg)			氮肥回收率/%			氮肥偏生产力/(kg/kg)		
		NE	FP	ST	NE	FP	ST	NE	FP	ST
	天津武清	9.6	12.9	10.0	10.3	3.9	6.5	547.0	307.0	451
	天津西青1	28.5	20.3	21.1	15.7	15.7	11.9	341.0	224.0	247
	天津西青2	41.7	25.3	28.0	23.9	12.1	13.0	493.0	256.0	374
2018	天津西青3	45.4	37.8	41.9	15.4	7.9	8.5	393.0	301.0	346
	天津西青4	39.5	29.7	28.3	10.4	5.5	8.7	489.0	290.0	358
	山东泰安	121.9	81.4	87.2	18.1	11.8	13.5	408.0	290.4	317
	北京顺义	32.9	28.6	10.8	13.4	13.9	12.1	251.0	209.1	238
	天津武清1	32.1	10.2	11.1	10.6	5.7	5.7	264.9	197.9	176
2019	天津武清2	40.8	12.7	16.6	14.4	4.7	5.7	435.7	227.9	277
	天津武清3	37.4	11.8	18.9	11.8	6.2	7.0	312.4	199.2	246
	平均	43.0a	27.1b	27.4b	14.4a	8.7b	9.3b	393.5a	250.3c	302.9b

（2）番茄磷肥利用率

磷肥利用率比较结果（表 2-119）显示，与 FP、ST 处理相比，NE 处理的平均磷肥农学效率分别增加了 31.2kg/kg、35.4kg/kg，平均磷肥回收率分别增加了 5.8 个百分点、5.3 个百分点，平均磷肥偏生产力分别增加了 408.4kg/kg、305.7kg/kg。

表 2-119　番茄不同施肥处理的磷肥利用率比较

年份	地点	磷肥农学效率/(kg/kg)			磷肥回收率/%			磷肥偏生产力/(kg/kg)		
		NE	FP	ST	NE	FP	ST	NE	FP	ST
	天津武清	6.1	11.9	7.6	4.5	2.3	4.3	699	358	562
	天津西青1	28.9	18.2	15.0	3.8	2.5	2.0	493	275	247
	天津西青2	18.9	14.4	9.2	6.7	2.8	4.0	631	320	468
2018	天津西青3	46.7	33.7	43.1	4.8	3.6	4.8	489	318	426
	天津西青4	31.1	31.5	24.5	6.3	5.5	5.2	597	423	488
	山东泰安	54.7	8.3	17.9	7.8	2.5	4.3	783	183	462
	北京顺义	93.0	106.0	44.5	9.8	15.1	8.3	590	650	594
	天津武清1	150.3	3.6	11.8	29.6	2.0	4.6	1442	108	261
2019	天津武清2	73.1	12.6	17.6	16.5	2.6	4.6	911	303	384
	天津武清3	56.5	6.3	14.3	10.2	2.9	4.5	653	265	340
	平均	55.9	24.7	20.5	10.0	4.2	4.7	728.8	320.4	423.1

（3）番茄钾肥利用率

钾肥利用率比较结果（表 2-120）显示，与 FP、ST 处理相比，NE 处理的平均钾肥农学效率分别增加了 5.8kg/kg、8.0kg/kg，平均钾肥回收率分别增加了 4.8 个百分点、4.9 个百分点，平均钾肥偏生产力分别增加了 61.5kg/kg、38.8kg/kg。

表 2-120 番茄不同施肥处理的钾肥利用率比较

年份	地点	钾肥农学效率/(kg/kg)			钾肥回收率/%			钾肥偏生产力/(kg/kg)		
		NE	FP	ST	NE	FP	ST	NE	FP	ST
2018	天津武清	17.7	18.9	16.4	16.7	13.2	14.4	419	287	351
	天津西青 1	18.6	14.2	15.3	11.5	10.6	7.8	246	172	198
	天津西青 2	34.0	26.1	23.7	21.8	14.6	16.4	378	251	296
	天津西青 3	18.9	17.0	17.6	6.6	4.4	5.4	289	223	246
	天津西青 4	22.7	25.4	14.7	26.6	14.5	14.9	358	298	238
	山东泰安	68.7	74.1	70.9	17.6	20.0	19.7	379	465	462
	北京顺义	26.1	18.2	5.7	18.6	19.6	15.3	239	158	264
	平均	29.5	27.7	23.5	17.1	13.8	13.4	329.7	264.8	293.5
2019	天津武清 1	23.1	7.4	8.7	17.1	8.9	8.6	202	168	156
	天津武清 2	25.7	9.9	11.7	12.5	6.4	2.8	295	203	222
	天津武清 3	22.0	7.5	11.8	14.4	2.5	8.2	212	177	197
	平均	23.6	8.3	10.8	14.7	5.9	6.6	236.5	182.7	191.6
全部平均		27.7a	21.9b	19.7b	16.3a	11.5b	11.4b	301.7a	240.2b	262.9b

4. 养分表观平衡

养分表观平衡比较结果（表 2-121）显示，NE、FP、ST 处理的氮盈余量均为正值，盈余量分别为 56.1kg/hm²、190.4kg/hm²、130.3kg/hm²；与 FP、ST 处理相比，NE 处理显著降低了氮盈余量，平均分别降低了 134.3kg/hm²、74.2kg/hm²，降低幅度分别达 70.5%、56.9%。NE、FP、ST 处理的磷盈余量均为正值，盈余量分别为 33.6kg/hm²、241.4kg/hm²、126.0kg/hm²；与 FP、ST 处理相比，NE 处理显著降低了磷盈余量，平均分别降低了 207.8kg/hm²、92.4kg/hm²，降低幅度分别达 86.1%、73.3%。NE、FP、ST 处理的钾盈余量均为负值，即钾均表现为亏缺。

表 2-121 番茄不同施肥处理的养分表观平衡比较

地点	处理	移走量/(kg/hm²)			盈余量/(kg/hm²)		
		N	P₂O₅	K₂O	N	P₂O₅	K₂O
天津	NE	221.0	129.0	504.0	33.7	27.6	−154.0
	FP	217.0	128.0	491.0	188.4	241.0	−29.4
	ST	213.0	128.0	491.0	122.0	133.9	−61.0
山东	NE	202.9	96.0	356.6	60.1	41.0	−73.6
	FP	225.4	99.5	392.3	134.6	470.5	−167.3
	ST	199.7	95.1	351.2	128.3	129.9	−126.2
北京	NE	158.6	96.9	369.3	231.4	69.1	40.7
	FP	205.1	132.4	425.8	265.9	19.1	197.2
	ST	169.7	97.0	348.4	205.3	53.0	−10.9
平均	NE	213.0	122.0	476.0	56.1c	33.6c	−126.8c
	FP	217.0	126.0	475.0	190.4a	241.4a	−20.9a
	ST	208.0	121.0	463.0	130.3b	126.0b	−62.7b

2.4.2　叶菜类

汇总了 2000～2018 年中国白菜主产区不同区域的 372 个露地白菜田间试验，模拟了白菜最佳养分吸收，创建了白菜养分推荐方法。于 2018～2019 年在北京的立春基地、长子营、礼贤和顺义，河北的易县开展了白菜田间验证试验。

2.4.2.1　白菜产量反应

白菜施氮产量反应平均值为 26.6t/hm²，约有 19.6%、24.6%、17.4%、20.3%、18.1% 的样本施用氮肥后，产量反应分别分布在 0～10t/hm²、10～20t/hm²、20～30t/hm²、30～40t/hm²、> 40t/hm²。施磷产量反应平均值为 13.9t/hm²，约有 50.6% 的样本施用磷肥后产量反应在 10t/hm² 以下，产量反应在 10～20t/hm²、20～30t/hm²、> 30t/hm² 的样本数量占总样本的 21.8%、16.1%、11.5%。施钾产量反应平均值为 16.6t/hm²，产量反应在 10t/hm² 以下、10～20t/hm² 的样本占总样本的 30.8%、40.3%，产量反应高于 20t/hm² 的样本占比为 28.9%（图 2-56）。

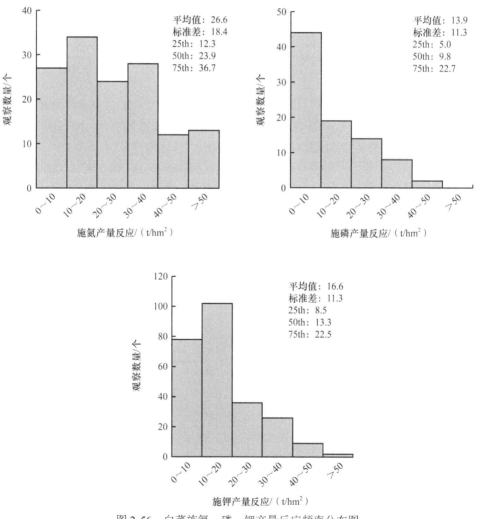

图 2-56　白菜施氮、磷、钾产量反应频率分布图

2.4.2.2　白菜相对产量与产量反应系数

相对产量频率分布结果表明，不施氮、磷、钾相对产量平均值分别为 0.70、0.84、0.84，约有 23.2%、38.4%、34.1% 的样本不施 N 相对产量分别分布在 0.4～0.6、0.6～0.8、0.8～1.0，不施 P、K 相对产量多分布在 0.8～1.0，分别占各自总样本的 71.3%、76.6%（图 2-57）。

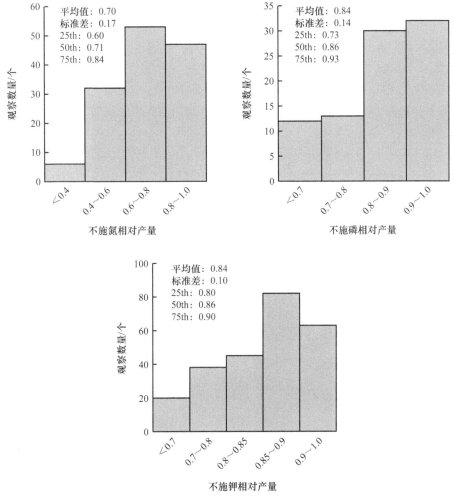

图 2-57　白菜不施氮、磷、钾相对产量频率分布图

白菜相对产量差异较大，为进一步对白菜进行针对性的养分管理，采用相对产量 25th、50th、75th 百分位数分别表示土壤基础养分供应（土壤肥力）的低、中、高水平，用于求算氮、磷、钾施用的产量反应系数，以进一步求算产量反应（表 2-122）。

表 2-122　白菜相对产量和产量反应系数

参数	不施 N 相对产量	不施 P 相对产量	不施 K 相对产量	N 产量反应系数	P 产量反应系数	K 产量反应系数
n	138	87	253	138	87	253
25th	0.60	0.73	0.80	0.40	0.27	0.20

续表

参数	不施 N 相对产量	不施 P 相对产量	不施 K 相对产量	N 产量反应系数	P 产量反应系数	K 产量反应系数
50th	0.71	0.86	0.86	0.29	0.14	0.14
75th	0.84	0.93	0.90	0.16	0.07	0.10

2.4.2.3　白菜氮磷钾的农学效率

白菜氮、磷、钾的农学效率平均分别为 114.3kg/kg（12.0～328.9kg/kg）、108.5kg/kg（0～360.0kg/kg）、89.4kg/kg（0～340.3kg/kg）。氮农学效率分布在 0～50kg/kg、50～100kg/kg、100～150kg/kg、150～200kg/kg 的样本分别占全部观察数据的 21.0%、31.9%、18.8%、12.3%，磷农学效率分别为 29.8%、24.5%、19.1%、16.0%，钾农学效率分别为 38.5%、26.6%、3.1%、15.1%（图 2-58）。

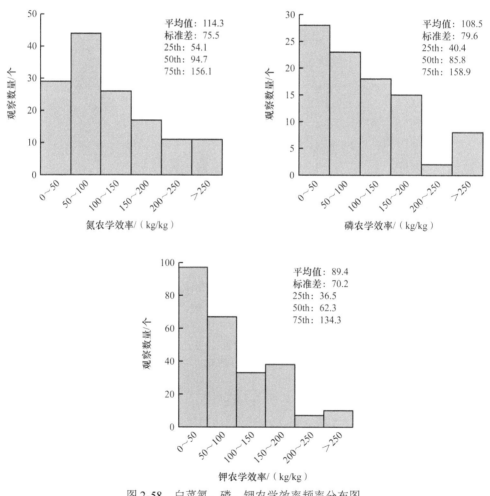

图 2-58　白菜氮、磷、钾农学效率频率分布图

白菜产量反应和农学效率之间存在显著的一元二次函数关系，白菜农学效率随着产量反应的增加而增加，但是增加的幅度逐渐变小（图 2-59）。

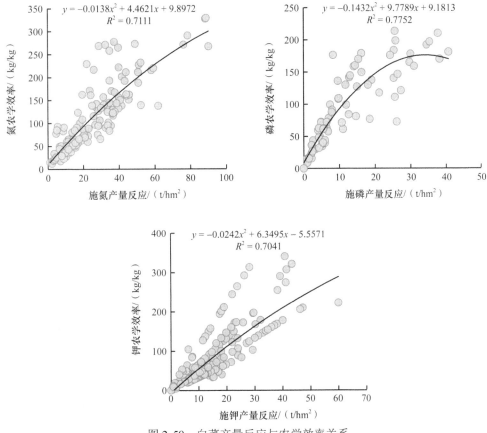

图 2-59　白菜产量反应与农学效率关系

2.4.2.4　白菜养分吸收特征

应用 QUEFTS 模型模拟白菜不同潜在产量下地上部氮、磷、钾最佳养分吸收，氮、磷、钾养分吸收的数据量分别为 528 个、376 个、400 个。如图 2-60 所示，在不同潜在产量下 QUEFTS 模型模拟的 N、P、K 最佳吸收曲线（YU）存在一定差异，但是不论潜在产量为

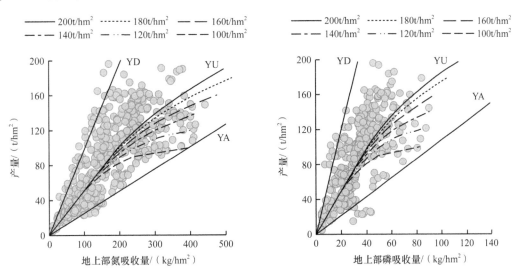

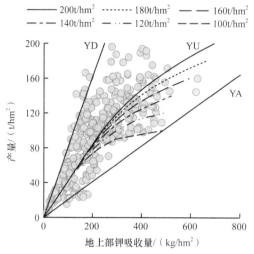

图 2-60　QUEFTS 模型模拟的白菜不同潜在产量下地上部最佳养分吸收量

多少，当目标产量达到潜在产量的 50%～60% 时，生产 1t 白菜地上部养分需求是一定的，N、P、K 吸收量分别为 1.96kg、0.41kg、2.39kg，相应的养分内在效率分别为 511.03kg/kg、2466.41kg/kg、418.49kg/kg（表 2-123）。随着目标产量继续增加接近潜在产量，养分内在效率逐渐降低，对应的单位产量养分吸收量逐渐增多。

表 2-123　QUEFTS 模型模拟的白菜养分内在效率和单位产量养分吸收量

产量/(t/hm²)	养分内在效率/(kg/kg)			单位产量养分吸收量/(kg/t)		
	N	P	K	N	P	K
0	0	0	0	0	0	0
10	511.03	2466.41	418.49	1.96	0.41	2.39
20	511.03	2466.41	418.49	1.96	0.41	2.39
30	511.03	2466.41	418.49	1.96	0.41	2.39
40	511.03	2466.41	418.49	1.96	0.41	2.39
50	511.03	2466.41	418.49	1.96	0.41	2.39
60	490.15	2365.64	401.39	2.04	0.42	2.49
70	460.59	2222.93	377.18	2.17	0.45	2.65
80	425.19	2052.08	348.19	2.35	0.49	2.87
90	378.30	1825.78	309.79	2.64	0.55	3.23
100	251.97	1216.10	206.34	3.97	0.82	4.85

2.4.2.5　白菜养分推荐模型

　　基于产量反应与农学效率的白菜养分推荐方法，主要依据白菜目标产量和产量反应，并综合考虑养分平衡，确定白菜不同目标产量下氮、磷、钾养分推荐用量。

　　对于氮肥用量，主要基于产量反应和农学效率间的相关关系确定，由产量反应除以农学效率获得：施氮量（kg N/hm²）=产量反应（t/hm²）/农学效率（kg/kg）×1000。磷、钾肥用量主要根据白菜产量反应、白菜收获养分移走量（维持土壤平衡），以及上季作物磷素、钾素残效确定（表 2-124）。

表 2-124　不同目标产量下白菜推荐施肥量

目标产量/ (t/hm²)	地力	施氮产量反 应/(t/hm²)	施氮量/ (kg N/hm²)	施磷产量反 应/(t/hm²)	施磷量/ (kg P₂O₅/hm²)	施钾产量反 应/(t/hm²)	施钾量/ (kg K₂O/hm²)
	低	32.0	247	21.5	165	16.0	208
80	中	23.0	236	11.0	106	11.0	173
	高	12.5	227	6.0	78	8.5	156
	低	36.0	252	24.0	184	18.0	234
90	中	26.0	240	12.5	120	12.5	196
	高	14.0	228	6.5	87	9.5	175
	低	40.0	257	26.5	204	20.0	260
100	中	29.0	243	14.0	134	14.0	218
	高	16.0	230	7.0	95	10.5	194
	低	44.0	263	29.5	226	22.0	286
110	中	32.0	247	15.5	148	15.5	241
	高	17.5	231	8.0	106	11.5	213
	低	48.0	269	32.0	246	24.0	311
120	中	35.0	251	16.5	159	16.5	260
	高	19.0	232	8.5	114	12.5	232
	低	52.0	275	34.5	265	26.0	337
130	中	38.0	255	18.0	173	18.0	282
	高	20.5	234	9.5	126	13.5	251
	低	56.0	282	37.0	285	28.0	363
140	中	40.5	258	19.5	187	19.5	305
	高	22.0	235	10.0	134	14.5	270

2.4.2.6　基于产量反应和农学效率的白菜养分推荐实践

1. 施肥量

由施肥量比较结果（表 2-125）得出，与 FP 处理相比，NE 处理平均减施氮肥 19.7%，平均减施磷肥 39.8%，但增加了钾肥用量；与 ST 处理相比，NE 处理略增加了氮肥、磷肥用量，分别平均增加了 2.4%、6.0%，但降低了钾肥用量，平均降低了 8.3%。

表 2-125　白菜不同施肥处理的施肥量比较

年份	地点	施氮量/(kg N/hm²)			施磷量/(kg P₂O₅/hm²)			施钾量/(kg K₂O/hm²)		
		NE	FP	ST	NE	FP	ST	NE	FP	ST
	北京立春基地	289b	330a	270b	78b	120a	120a	232a	50b	250a
2018	北京长子营	278b	330a	270b	111b	120a	135a	314a	50c	225b
	河北易县	300b	382a	270b	113b	208a	135b	340a	278b	210c

年份	地点	施氮量/(kg N/hm²)			施磷量/(kg P₂O₅/hm²)			施钾量/(kg K₂O/hm²)		
		NE	FP	ST	NE	FP	ST	NE	FP	ST
2019	北京立春基地	279b	405a	285b	275a	200b	128b	294b	405a	404a
	北京礼贤	175b	255ab	285a	183b	255a	128c	298b	255b	400a
	北京顺义	238a	255a	178b	89b	255a	80b	186b	255a	252a
	河北易县	241b	285a	200c	22c	285a	90b	194b	285a	280a
	平均	257b	320a	251b	124b	206a	117b	265a	225b	289a

2. 产量和经济效益

NE 处理提高了产量和经济效益（表 2-126），与 FP、ST 相比，平均产量分别提高了 8.6%、7.7%，平均经济效益分别提高了 15.9%、9.7%，但降低了化肥花费，分别平均降低了 18.6%、3.0%。

表 2-126　白菜不同施肥处理的产量和经济效益比较

年份	地点	产量/(t/hm²)			化肥花费/(元/hm²)			经济效益/(元/hm²)		
		NE	FP	ST	NE	FP	ST	NE	FP	ST
2018	北京立春基地	244.9a	216.1b	220.1b	4 339.6ab	3 622.6b	4 909.4a	44 634.4a	39 597.4b	39 110.6b
	北京长子营	162.0a	137.3b	149.7b	5 350.7a	3 622.6b	4 896.9ab	27 049.3a	23 843.4b	25 033.1ab
	河北易县	161.1a	164.4a	158.5a	5 698.5ab	6 818.0a	4 776.9b	26 521.5a	26 062.0a	26 923.1a
2019	北京立春基地	138.4a	124.2a	120.1a	7 245.9a	7 854.1a	6 319.7b	20 434.1a	16 987.9b	17 700.3b
	北京礼贤	134.7a	132.1a	140.1a	5 585.0b	6 558.6a	6 287.7a	21 351a	19 859.4a	21 722.3a
	北京顺义	94.7a	77.0b	80.9ab	3 842.9b	6 558.6a	3 945.2b	15 089.1a	8 837.4c	12 230.8b
	河北易县	101.1a	103.9a	93.2b	3 085.0b	7 330.2a	4 409.0b	17 129.0a	13 441.8b	14 225.0b
	平均	148.1a	136.4a	137.5a	4 927.1c	6 052.1a	5 077.8b	24 601.2a	21 232.8b	22 420.7b

3. 氮肥利用率

氮肥利用率比较结果（表 2-127）显示，与 FP、ST 处理相比，NE 的氮肥农学效率平均分别提高了 63.1kg/kg、30.2kg/kg，氮肥回收率平均分别提高了 14.6 个百分点、4.7 个百分点，氮肥偏生产力平均分别提高了 153.3kg/kg、21.0kg/kg。

表 2-127　白菜不同施肥处理的氮肥利用率比较

年份	地点	氮肥农学效率/(kg/kg)			氮肥回收率/%			氮肥偏生产力/(kg/kg)		
		NE	FP	ST	NE	FP	ST	NE	FP	ST
2018	北京立春基地	115.0a	13.6b	114.2a	27.8a	13.7b	13.2b	847.3a	654.9b	792.2a
	北京长子营	134.1a	38.2c	92.4b	52.3a	16.0b	51.6a	582.7a	416.1b	554.3a
	河北易县	126.6a	108.0b	131.0a	34.0ab	31.9b	41.5a	537.1a	430.5b	587.2a

年份	地点	氮肥农学效率/(kg/kg)			氮肥回收率/%			氮肥偏生产力/(kg/kg)		
		NE	FP	ST	NE	FP	ST	NE	FP	ST
2019	北京立春基地	122.1a	49.8b	56.5b	14.0a	4.9c	8.7b	486.1a	300.6b	413.0a
	北京礼贤	136.9a	49.8c	77.6b	24.6a	3.2c	15.7b	538.7a	315.6c	481.6b
	北京顺义	105.8a	34.3c	65.6b	2.7a	2.3a	2.5a	332.5a	188.5c	278.1b
	河北易县	31.7a	36.5a	23.6b	29.8a	11.4c	19.6b	419.4b	364.4c	490.4a
	平均	110.3a	47.2c	80.1b	26.5a	11.9c	21.8b	534.8a	381.5b	513.8a

4. 养分表观平衡

白菜养分表观平衡比较结果（表 2-128）表明，NE 和 ST 处理的平均氮、磷盈余量显著低于 FP 处理，但以 NE 处理的最低；3 个处理的钾均呈负盈余。

表 2-128 白菜不同施肥处理的养分表观平衡比较

年份	地点	处理	N/(kg/hm²)		P₂O₅/(kg/hm²)		K₂O/(kg/hm²)	
			移走量	盈余量	移走量	盈余量	移走量	盈余量
2018	北京立春基地	NE	418.4	−129.4	88.7	−10.7	520.0	−288.0
		ST	330.5	−60.5	68.6	51.4	432.3	−182.3
		FP	383.3	−53.3	64.7	55.3	354.9	−304.9
	北京长子营	NE	427.7	−149.7	94.6	16.4	517.2	−203.2
		ST	421.5	−151.5	91.7	43.3	473.0	−248.0
		FP	335.0	−5.0	65.0	55.0	393.9	−343.9
	河北易县	NE	278.7	21.3	86.6	26.4	388.8	−48.8
		ST	288.8	−18.8	80.9	54.1	380.1	−170.1
		FP	298.5	83.5	82.7	125.3	402.7	−124.7
2019	北京立春基地	NE	170.1	108.9	97.8	177.2	382.2	−88.2
		ST	155.1	130.0	67.4	60.6	297.4	106.6
		FP	150.8	254.2	80.9	119.1	280.1	124.9
	北京礼贤	NE	219.4	37.6	112.7	70.3	317.8	−19.8
		ST	195.7	89.3	90.5	37.5	289.3	110.7
		FP	147.0	108.0	62.3	192.7	245.3	9.7
	北京顺义	NE	94.2	143.8	64.6	24.4	182.9	3.1
		ST	94.0	84.0	51.8	28.2	154.0	98.1
		FP	96.1	158.9	50.4	204.6	147.1	107.9
	河北易县	NE	231.5	9.5	75.1	−53.1	324.2	−130.2
		ST	198.8	1.2	69.4	20.6	263.0	17.0
		FP	192.1	92.9	77.0	208.0	390.1	−105.1
	平均	NE	262.9	6.0b	88.6	35.8b	376.2	−110.7b
		ST	240.6	10.5b	74.3	42.3b	327.0	−38.3a
		FP	229.0	91.3a	69.0	137.2a	316.3	−90.9b

2.4.3 根茎类

汇总了2000~2017年中国不同区域的247个露地萝卜田间试验，模拟了萝卜最佳养分吸收，创建了萝卜养分推荐方法。于2018~2019年在天津、山东和北京共计开展了46个田间验证试验。

2.4.3.1 萝卜产量反应

萝卜施氮、磷、钾产量反应的平均值分别为17.7t/hm²、10.4t/hm²、10.3t/hm²（图2-61），其中施氮、磷、钾产量反应低于30t/hm²、20t/hm²、20t/hm²的分别占全部观察数据的81.3%、90.5%、88.2%。

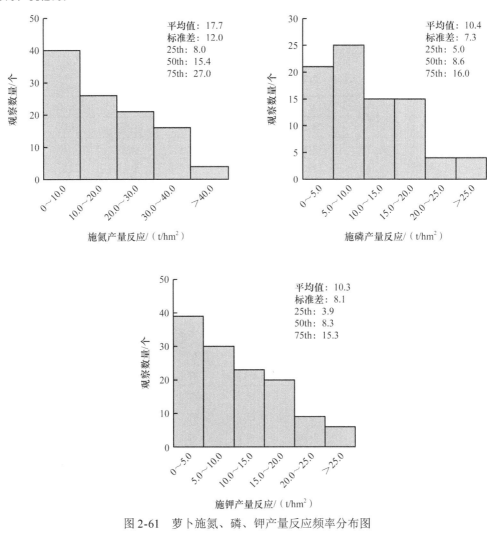

图2-61 萝卜施氮、磷、钾产量反应频率分布图

2.4.3.2 萝卜相对产量与产量反应系数

不施氮、磷、钾相对产量平均分别为0.73、0.86、0.85（图2-62），较低的不施氮相对产量表明氮肥是影响萝卜产量的首要养分。不施氮相对产量处于0.3~0.7、0.7~1.0的大约占全

部观察数据的 30.0%、66.4%，而不施磷、钾相对产量位于 0.8～1.0、0.7～1.0 的分别占全部观察数据的 77.4%、91.3%。

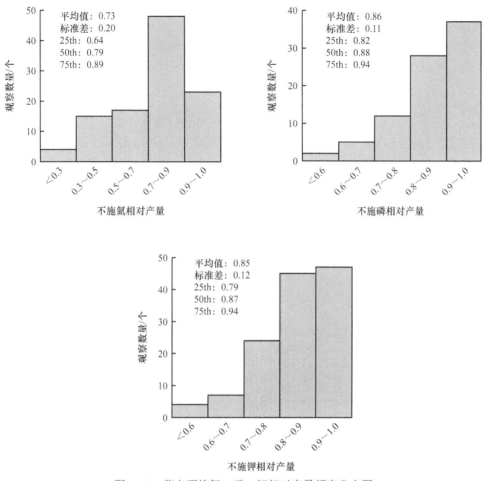

图 2-62　萝卜不施氮、磷、钾相对产量频率分布图

不施氮相对产量的 25th、50th、75th 百分位数分别为 0.64、0.79、0.89，相对应的氮产量反应系数分别为 0.36、0.21、0.11；不施磷相对产量的 25th、50th、75th 百分位数分别为 0.82、0.88、0.94，相应的磷产量反应系数分别为 0.18、0.12、0.06；不施钾相对产量的 25th、50th、75th 百分位数分别为 0.79、0.87、0.94，相对应的钾产量反应系数分别为 0.21、0.13、0.06（表 2-129）。

表 2-129　萝卜相对产量和产量反应系数

参数	不施 N 相对产量	不施 P 相对产量	不施 K 相对产量	N 产量反应系数	P 产量反应系数	K 产量反应系数
n	107	84	127	107	84	127
25th	0.64	0.82	0.79	0.36	0.18	0.21
50th	0.79	0.88	0.87	0.21	0.12	0.13
75th	0.89	0.94	0.94	0.11	0.06	0.06

2.4.3.3　萝卜农学效率

氮、磷、钾农学效率的平均值分别为 104.7kg/kg、105.0kg/kg、69.5kg/kg，其中氮农学效率小于 100kg/kg 的占全部观察数据的 53.3%，位于 100～200kg/kg 的占 36.4%，而大于 200kg/kg 仅占 10.3%。磷农学效率、钾农学效率低于 100kg/kg 的分别占全部观察数据的 60.7%、74.8%（图 2-63）。

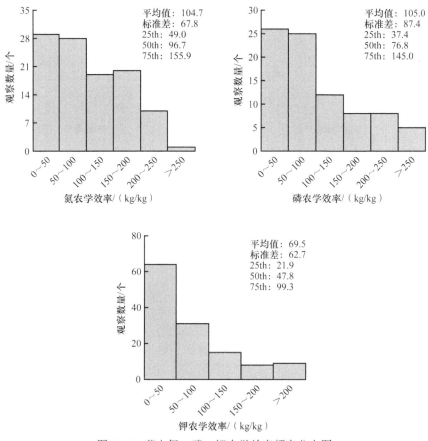

图 2-63　萝卜氮、磷、钾农学效率频率分布图

萝卜产量反应和农学效率之间存在显著的二次曲线关系（图 2-64），氮、磷、钾相关系数（R^2）分别为 0.917、0.798、0.724。

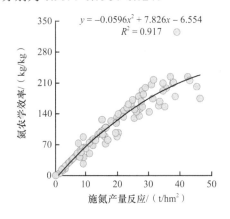
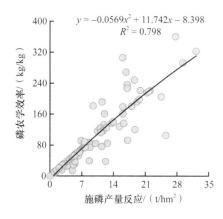

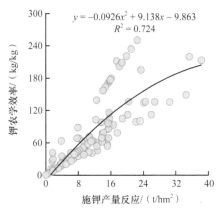

图 2-64　萝卜产量反应和农学效率关系

2.4.3.4　萝卜养分吸收特征

应用 QUEFTS 模型模拟萝卜不同潜在产量（40～120t/hm²）下植株氮、磷、钾最佳养分吸收，氮、磷、钾养分吸收的数据量分别为 539 个、529 个、533 个。在不同潜在产量下，QUEFTS 模型模拟的 N、P、K 最佳吸收曲线（YU）存在一定差异，但是不论潜在产量为多少，当目标产量达到潜在产量的 50%～60% 时，生产 1t 萝卜肉质根植株养分需求是一定的（图 2-65），即在产量较低时，QUEFTS 模型模拟的最佳养分吸收量呈直线增长直到目标产量达到潜在产量的 50%～60%，直线部分的产量主要受养分供应水平的限制，而随着目标产量逐渐接近潜在产量，养分内在效率逐渐降低，对应的单位产量养分吸收量逐渐增多。

对于萝卜整株，直线部分生产 1t 萝卜肉质根植株 N、P、K 吸收量分别为 2.15kg、0.45kg、2.58kg，相应的养分内在效率分别为 462.9kg/kg、2245.8kg/kg、386.2kg/kg（表 2-130）。

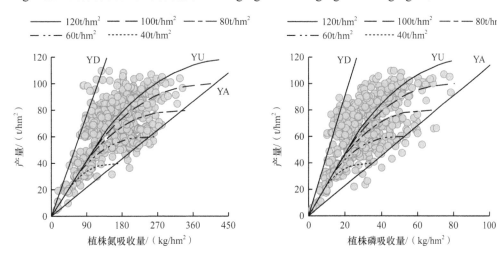

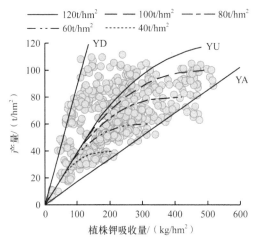

图 2-65　QUEFTS 模型模拟的萝卜不同潜在产量下植株最佳养分吸收量

表 2-130　QUEFTS 模型模拟的萝卜养分吸收量、养分内在效率和单位产量养分吸收量

产量/	养分吸收量/(kg/hm²)			养分内在效率/(kg/kg)			单位产量养分吸收量/(kg/t)		
(t/hm²)	N	P	K	N	P	K	N	P	K
0	0	0	0	0	0	0	0	0	0
6	13.0	2.7	15.5	462.9	2245.8	386.2	2.15	0.45	2.58
12	25.9	5.3	31.1	462.9	2245.8	386.2	2.15	0.45	2.58
18	38.9	8.0	46.6	462.9	2245.8	386.2	2.15	0.45	2.58
24	51.8	10.7	62.1	462.9	2245.8	386.2	2.15	0.45	2.58
30	64.8	13.4	77.7	462.9	2245.8	386.2	2.15	0.45	2.58
36	77.8	16.0	93.2	462.9	2245.8	386.2	2.15	0.45	2.58
42	90.7	18.7	108.7	462.9	2245.8	386.2	2.15	0.45	2.58
48	103.7	21.4	124.3	462.9	2245.8	386.2	2.15	0.45	2.58
54	116.7	24.0	139.8	462.9	2245.8	386.2	2.15	0.45	2.58
60	129.6	26.7	155.3	462.9	2245.8	386.2	2.15	0.45	2.58
66	143.9	29.7	172.4	458.7	2225.6	382.8	2.18	0.45	2.61
72	161.2	33.2	193.2	446.7	2167.2	372.7	2.24	0.46	2.68
78	179.8	37.1	215.5	433.8	2104.7	362.0	2.31	0.48	2.76
84	200.0	41.2	239.7	420.0	2037.4	350.4	2.38	0.49	2.85
90	222.3	45.8	266.5	404.8	1963.8	337.7	2.47	0.51	2.96
96	247.5	51.0	296.6	387.9	1882.0	323.7	2.58	0.53	3.09
102	276.7	57.0	331.7	368.6	1788.3	307.5	2.71	0.56	3.25
108	312.7	64.4	374.7	345.4	1675.8	288.2	2.90	0.60	3.47
114	362.4	74.7	434.4	314.6	1526.1	262.5	3.18	0.66	3.81
120	441.9	86.9	490.3	271.6	1381.2	244.7	3.68	0.72	4.09

2.4.3.5 萝卜养分推荐模型

基于产量反应与农学效率的萝卜养分推荐方法，主要依据萝卜目标产量和产量反应，并综合考虑养分平衡，确定萝卜不同目标产量下氮、磷、钾养分推荐用量。

1. 施氮量的确定

对于氮肥用量，主要基于预估的不同地力条件下产量反应和已知农学效率间的关系确定，即施氮量（kg N/hm²）=产量反应（t/hm²）/农学效率（kg/kg）×1000（表 2-131）。

表 2-131　不同目标产量下萝卜推荐施氮量

目标产量/ （t/hm²）	地力	产量反应/ （t/hm²）	施氮量/ （kg N/hm²）	目标产量/ （t/hm²）	地力	产量反应/ （t/hm²）	施氮量/ （kg N/hm²）
25	低	9.00	143	75	低	27.25	178
	中	5.25	126		中	15.50	159
	高	2.75	102		高	8.25	141
30	低	11.00	149	80	低	29.00	181
	中	6.25	132		中	16.50	161
	高	3.25	108		高	8.75	143
35	低	12.75	154	85	低	31.00	183
	中	7.25	137		中	17.50	163
	高	3.75	113		高	9.50	145
40	低	14.50	158	90	低	32.75	186
	中	8.25	141		中	18.50	165
	高	4.50	120		高	10.00	146
45	低	16.25	161	95	低	34.50	188
	中	9.25	144		中	19.50	167
	高	5.00	124		高	10.50	148
50	低	18.25	164	100	低	36.25	191
	中	10.25	147		中	20.50	168
	高	5.50	128		高	11.00	149
55	低	20.00	167	105	低	38.25	193
	中	11.25	150		中	21.50	170
	高	6.00	131		高	11.50	151
60	低	21.75	170	110	低	40.00	196
	中	12.25	153		中	22.50	171
	高	6.50	134		高	12.25	153
65	低	23.50	173	115	低	41.75	198
	中	13.25	155		中	23.50	173
	高	7.25	137		高	12.75	154
70	低	25.50	176	120	低	43.50	201
	中	14.50	158		中	24.75	175
	高	7.75	139		高	13.25	155

2. 施磷量的确定

萝卜磷肥用量主要根据萝卜产量反应、萝卜收获养分移走量（维持土壤平衡）和上季作物磷素残效确定。不同目标产量下萝卜的推荐施磷量见表 2-132。

表 2-132　不同目标产量下萝卜推荐施磷量

目标产量/ (t/hm²)	地力	产量反应/ (t/hm²)	施磷量/ (kg P₂O₅/hm²)	目标产量/ (t/hm²)	地力	产量反应/ (t/hm²)	施磷量/ (kg P₂O₅/hm²)
	低	4.50	35		低	13.25	103
25	中	3.00	29	75	中	9.25	88
	高	1.50	23		高	4.50	68
	低	5.25	41		低	14.00	110
30	中	3.75	35	80	中	10.00	94
	高	1.75	27		高	4.75	73
	低	6.25	48		低	15.00	117
35	中	4.25	40	85	中	10.50	99
	高	2.00	31		高	5.00	77
	低	7.00	55		低	15.75	124
40	中	5.00	47	90	中	11.25	105
	高	2.50	37		高	5.25	82
	低	8.00	62		低	16.75	131
45	中	5.50	53	95	中	11.75	111
	高	2.75	41		高	5.75	87
	低	8.75	69		低	17.50	137
50	中	6.25	59	100	中	12.50	117
	高	3.00	46		高	6.00	91
	低	9.75	76		低	18.50	144
55	中	6.75	64	105	中	13.00	123
	高	3.25	50		高	6.25	95
	低	10.50	82		低	19.25	151
60	中	7.50	70	110	中	13.75	129
	高	3.50	54		高	6.50	100
	低	11.50	90		低	20.25	158
65	中	8.00	76	115	中	14.25	134
	高	3.75	59		高	6.75	104
	低	12.25	96		低	21.00	164
70	中	8.75	82	120	中	15.00	140
	高	4.25	64		高	7.25	109

3. 施钾量的确定

萝卜钾肥用量主要根据萝卜产量反应、萝卜收获养分移走量（维持土壤平衡）和上季作物钾素残效确定。不同目标产量下萝卜的推荐施钾量见表 2-133。

表 2-133　不同目标产量下萝卜推荐施钾量

目标产量/ （t/hm²）	地力	产量反应/ （t/hm²）	施钾量/ （kg K₂O/hm²）	目标产量/ （t/hm²）	地力	产量反应/ （t/hm²）	施钾量/ （kg K₂O/hm²）
25	低	5.25	78	75	低	15.50	232
	中	3.25	62		中	9.75	185
	高	1.50	47		高	4.50	142
30	低	6.25	93	80	低	16.50	246
	中	4.00	75		中	10.50	198
	高	1.75	56		高	4.75	151
35	低	7.25	108	85	低	17.50	262
	中	4.50	86		中	11.25	211
	高	2.00	66		高	5.25	162
40	低	8.25	123	90	低	18.75	278
	中	5.25	99		中	11.75	222
	高	2.50	77		高	5.50	171
45	低	9.25	139	95	低	19.75	294
	中	6.00	111		中	12.50	235
	高	2.75	85		高	5.75	181
50	低	10.25	154	100	低	20.75	309
	中	6.50	123		中	13.00	246
	高	3.00	95		高	6.00	190
55	低	11.50	171	105	低	21.75	324
	中	7.25	136		中	13.75	259
	高	3.25	104		高	6.25	199
60	低	12.50	185	110	低	22.75	339
	中	7.75	148		中	14.50	273
	高	3.50	114		高	6.75	210
65	低	13.50	201	115	低	23.75	355
	中	8.50	161		中	15.00	284
	高	4.00	124		高	7.00	219
70	低	14.50	216	120	低	24.75	370
	中	9.25	174		中	15.75	297
	高	4.25	133		高	7.25	228

2.4.3.6 基于产量反应和农学效率的萝卜养分推荐实践

1. 施肥量

施肥量比较结果（表2-134）显示，与FP、ST处理相比，NE处理的施氮量平均分别降低了37.8%、23.0%，施磷量平均分别降低了56.4%、34.1%，施钾量平均分别降低了19.4%、0.5%。

表2-134 萝卜不同施肥处理的施肥量比较

季节	地点	施氮量/(kg/hm²)			施磷量/(kg/hm²)			施钾量/(kg/hm²)		
		NE	FP	ST	NE	FP	ST	NE	FP	ST
春季	天津	155b	299a	182b	90c	237a	149b	209b	277a	205b
	山东	159c	239a	172b	93c	162a	121b	192a	219a	214a
	北京	162b	274a	268a	84c	214a	132b	207b	242a	178c
秋季	天津	166b	231a	180b	81c	171a	120b	175c	250a	200b
	山东	171b	208a	164b	83c	144a	114b	199b	193a	202a
	北京	158c	284a	270b	80c	223a	135b	189b	253a	180b
春季平均		159c	271a	208b	89c	204a	134b	203b	246a	199b
秋季平均		164c	245a	210b	81c	184a	124b	186b	237a	193b
全部平均		161c	259a	209b	85c	195a	129b	195b	242a	196b

2. 产量和经济效益

产量和经济效益比较结果（表2-135）显示，与FP、ST处理相比，NE处理产量平均分别增加了4.2%、3.9%，经济效益平均分别增加了13.7%、6.6%。

表2-135 萝卜不同施肥处理的产量和经济效益比较

季节	地点	产量/(t/hm²)			经济效益/(元/hm²)		
		NE	FP	ST	NE	FP	ST
春季	天津	100.6a	95.8b	94.4b	77 218a	68 879c	71 015c
	山东	43.9ab	41.8b	43.3b	41 563a	37 172c	39 265b
	北京	67.2a	63.8a	64.4a	40 861a	34 088c	38 186ab
秋季	天津	59.9ab	59.1b	58.3b	44 885a	40 413b	42 757a
	山东	62.1a	59.3b	60.0a	59 766a	55 638b	56 647b
	北京	65.6a	63.2ab	63.8ab	36 243a	29 266d	34 220b
春季平均		70.6a	67.1b	67.4b	53 214a	46 713c	49 489b
秋季平均		62.6a	60.7b	60.8b	45 364a	40 039d	43 028b
全部平均		66.8a	64.1b	64.3b	49 520a	43 572c	46 448b

3. 氮肥利用率

氮肥利用率比较结果（表2-136）显示，与FP、ST处理相比，NE处理氮肥农学效率、氮肥回收率、氮肥偏生产力平均分别提高了42.4kg/kg和31.0kg/kg、11.4个百分点和7.0个百分点、162.9kg/kg和96.8kg/kg。

表 2-136　萝卜不同施肥处理的氮肥利用率比较

季节	地点	氮肥农学效率/(kg/kg)			氮肥回收率/%			氮肥偏生产力/(kg/kg)		
		NE	FP	ST	NE	FP	ST	NE	FP	ST
春季	天津	133.8a	52.7c	78.9b	38.9a	16.4c	24.3bc	651.4a	341.0c	520.0b
	山东	45.9b	21.6c	38.8b	13.5a	10.3a	13.7a	273.4ab	174.9c	251.9b
	北京	98.1a	44.8b	48.9b	17.6a	9.9b	11.3ab	415.5a	237.7b	240.2b
秋季	天津	24.6ab	13.1b	13.9b	28.8a	15.6b	20.9ab	364.1ab	270.9b	323.8b
	山东	70.7a	43.7b	59.9ab	27.4a	20.7a	20.7a	362.2a	290.8b	364.0a
	北京	96.8a	44.9c	50.2c	21.7a	11.4b	15.0b	418.0a	222.2b	236.4b
春季平均		92.6a	39.7c	55.5b	23.3a	11.1b	16.4b	446.8a	251.2c	337.3b
秋季平均		63.2a	32.6b	39.0b	25.8a	15.3b	18.6b	383.8a	257.6b	301.1b
全部平均		78.8a	36.4c	47.8b	24.5a	13.1c	17.5b	417.1a	254.2c	320.3b

4. 养分表观平衡

养分表观平衡比较结果（表 2-137）显示，3 个处理的氮、磷盈余量均为正值，但 NE 处理显著低于 FP、ST 处理。3 个处理的钾盈余量均为负值，但 NE、ST 处理显著低于 FP 处理。

表 2-137　不同施肥处理的养分表观平衡比较

季节	地点	处理	移走量/(kg/hm²)			盈余量/(kg/hm²)		
			N	P₂O₅	K₂O	N	P₂O₅	K₂O
春季	天津	NE	203.6a	115.5a	306.1a	−48.6c	−25.5c	−97.1b
		FP	195.0a	99.0a	288.4a	104.0a	138.0a	−11.4a
		ST	188.1a	91.0a	296.3a	−6.1b	58.0b	−91.3b
	山东	NE	100.0a	52.7a	232.0a	59.0b	40.3c	−40.0b
		FP	96.6a	48.8a	212.6a	142.4a	113.2a	6.4a
		ST	101.6a	55.2a	219.7a	70.4b	65.8b	−5.7a
	北京	NE	115.1a	65.8a	204.5a	46.9b	18.2c	2.5b
		FP	105.0a	59.6a	192.4a	169.0a	154.4a	49.6a
		ST	116.0a	62.6a	205.3a	152.0a	69.4b	−27.3c
秋季	天津	NE	191.2a	72.0a	291.4a	−25.2b	9.0c	−116.4b
		FP	177.3a	66.0a	280.5a	53.7a	105.0a	−30.5a
		ST	181.1a	73.6a	280.0a	−1.1b	46.4b	−80.0b
	山东	NE	152.2a	89.8a	267.4a	18.8a	−6.8bc	−68.4a
		FP	148.0a	88.0a	257.3a	60.0a	56.0a	−64.3a
		ST	139.1a	100.8a	239.3a	24.9a	13.2b	−37.3a
	北京	NE	115.2a	108.5a	261.5a	42.8b	−28.5b	−72.5b
		FP	114.3a	111.3a	248.8a	169.7a	111.7a	4.2a
		ST	122.0a	105.8a	253.4a	148.0a	29.2b	−73.4b

续表

季节	地点	处理	移走量/(kg/hm²)			盈余量/(kg/hm²)		
			N	P₂O₅	K₂O	N	P₂O₅	K₂O
		NE	145.9a	83.9a	260.0a	15.1c	1.1c	−65.0b
	平均	FP	138.8a	78.8a	246.1a	120.2a	116.2a	−4.1a
		ST	141.4a	81.6a	249.6a	67.6b	47.4b	−53.6b

2.4.4　葱蒜类

汇总了 2000～2019 年大葱主产区的 134 个大葱田间试验，模拟了大葱最佳养分吸收，创建了大葱养分推荐方法。于 2018～2019 年在山东的章丘、安丘和青州开展了 12 个田间验证试验。

2.4.4.1　大葱产量反应

大葱生产上施氮、磷、钾产量反应的分布显示，施氮产量反应最高，平均值为 18.4t/hm²，磷、钾施用后产量反应较低，平均值分别为 7.1t/hm²、8.5t/hm²（图 2-66），表明氮肥是大葱产量的首要限制因子。

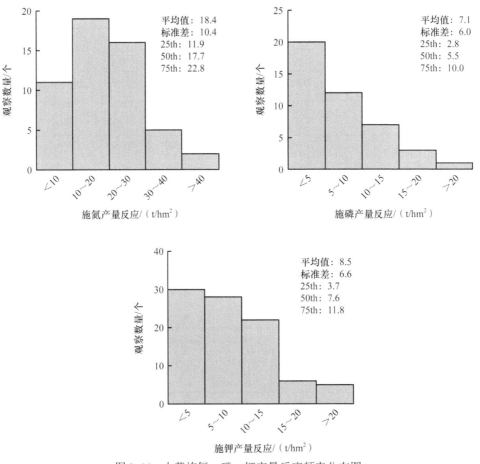

图 2-66　大葱施氮、磷、钾产量反应频率分布图

2.4.4.2　大葱相对产量与产量反应系数

相对产量频率分布结果表明，不施氮相对产量低于 0.80 的占全部观察数据的 61.1%，而不施磷、不施钾相对产量高于 0.80 的分别占各自全部观察数据的 83.3%、82.0%。不施氮、磷、钾相对产量平均值分别为 0.77、0.89、0.87，进一步证实施氮的增产效果最为显著（图 2-67）。

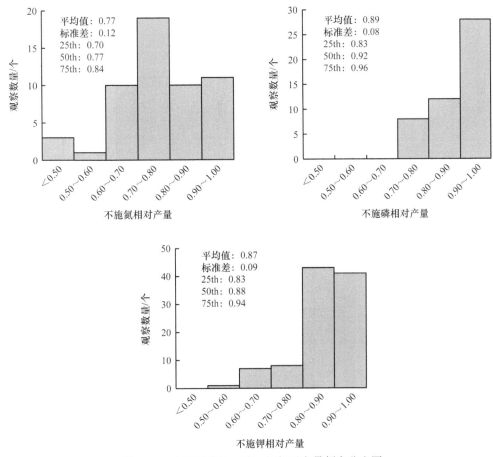

图 2-67　大葱不施氮、磷、钾相对产量频率分布图

地力水平不同地块之间相对产量差异较大，为进一步对不同土壤肥力水平下的大葱进行有针对性的养分管理，用相对产量的 25th、50th、75th 百分位数来表征基础地力的低、中、高水平，用于求算氮、磷、钾施用的产量反应系数，以进一步求算产量反应（表 2-138）。

表 2-138　大葱相对产量和产量反应系数

参数	不施 N 相对产量	不施 P 相对产量	不施 K 相对产量	N 产量反应系数	P 产量反应系数	K 产量反应系数
n	54	48	100	54	48	100
25th	0.70	0.83	0.83	0.30	0.17	0.17
50th	0.77	0.92	0.88	0.23	0.08	0.12
75th	0.84	0.96	0.94	0.16	0.04	0.06

2.4.4.3　大葱农学效率

优化施肥处理下，氮、磷、钾农学效率平均分别为68.1kg/kg、67.3kg/kg、42.1kg/kg，氮、磷农学效率低于100kg/kg的分别占各自全部观察数据的92.1%、83.3%，而钾农学效率低于80kg/kg的占全部观察数据的88.0%（图2-68）。

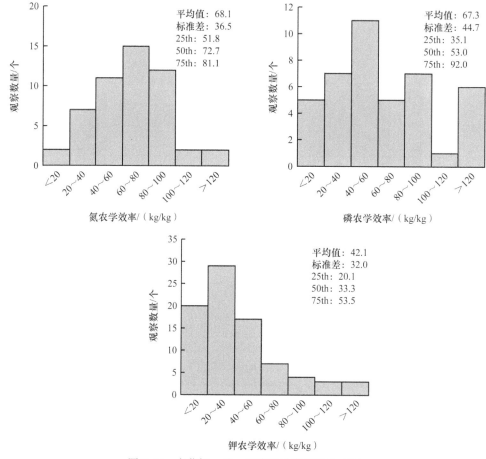

图 2-68　大葱氮、磷、钾农学效率频率分布图

大葱产量反应和农学效率之间存在显著的二次曲线关系，随着产量反应的不断增加，农学效率随之增加，产量反应继续增加，农学效率增加的幅度则逐渐降低（图2-69）。该关系包含了不同的环境条件、地力水平、大葱品种信息，因此可以依此进行养分推荐。

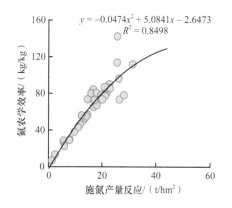

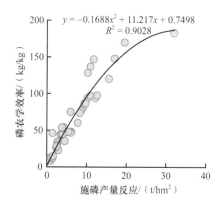

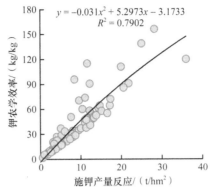

图 2-69　大葱产量反应与农学效率关系

2.4.4.4　大葱养分吸收特征

应用 QUEFTS 模型模拟大葱不同潜在产量下地上部氮、磷、钾最佳吸收量，氮、磷、钾养分吸收的数据量分别为 228 个、204 个、216 个。模拟结果（图 2-70）显示，不论潜在产量为多少，当目标产量达到潜在产量的 60%～70% 时，生产 1t 大葱植株养分吸收量是一定的，即目标产量所需的养分量在达到潜在产量 60%～70% 前呈直线增长。

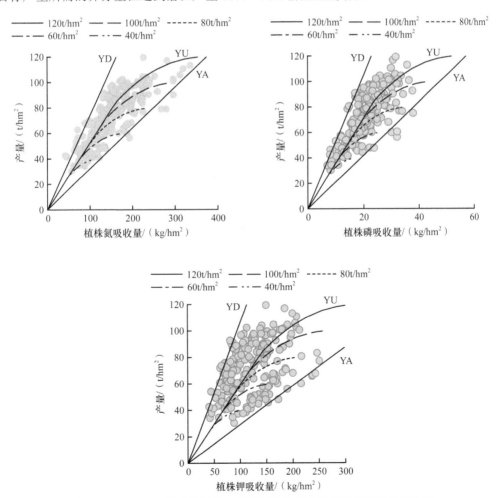

图 2-70　QUEFTS 模型模拟的大葱不同潜在产量下植株最佳养分吸收量

对于大葱（表 2-139），QUEFTS 模型模拟的直线部分生产 1t 大葱植株需要氮、磷、钾养分量分别为 1.92kg、0.28kg、1.69kg，相应的养分内在效率分别为 521.2kg/kg、3566.7kg/kg、591.3kg/kg。

表 2-139　QUEFTS 模型模拟的大葱养分内在效率和单位产量养分吸收量

产量/(t/hm²)	养分内在效率/(kg/kg)			单位产量养分吸收量/(kg/t)		
	N	P	K	N	P	K
0	0	0	0	0	0	0
10	521.2	3566.7	591.3	1.92	0.28	1.69
20	521.2	3566.7	591.3	1.92	0.28	1.69
30	521.2	3566.7	591.3	1.92	0.28	1.69
40	521.2	3566.7	591.3	1.92	0.28	1.69
50	521.2	3566.7	591.3	1.92	0.28	1.69
60	521.2	3566.7	591.3	1.92	0.28	1.69
70	521.2	3566.7	591.3	1.92	0.28	1.69
80	521.2	3566.7	591.3	1.92	0.28	1.69
90	504.2	3450.5	572.0	1.98	0.29	1.75
100	471.9	3229.5	535.4	2.12	0.31	1.87
110	428.4	2931.7	486.0	2.33	0.34	2.06

2.4.4.5　大葱养分推荐模型

基于产量反应与农学效率的大葱养分推荐方法，主要依据大葱目标产量和产量反应，并综合考虑养分平衡，确定大葱不同目标产量下氮、磷、钾养分推荐用量。依据气候特征和地力水平，以及田间农艺管理习惯等，在养分推荐时区别对待。

1. 施氮量的确定

在大葱养分专家系统中，推荐氮肥用量根据产量反应和农学效率确定：推荐施氮量（kg N/hm²）=产量反应（t/hm²）/农学效率（kg/kg）×1000（表 2-140）。

表 2-140　不同目标产量下大葱推荐施氮量

目标产量/(t/hm²)	地力	产量反应/(t/hm²)	施氮量/(kg N/hm²)	目标产量/(t/hm²)	地力	产量反应/(t/hm²)	施氮量/(kg N/hm²)
50	低	15.0	250	90	低	27.0	306
	中	11.5	233		中	20.5	275
	高	8.0	213		高	14.5	247
60	低	18.0	263	100	低	30.0	323
	中	13.5	243		中	22.5	284
	高	9.5	222		高	16.0	254
70	低	21.0	277	110	低	33.0	340
	中	16.0	254		中	25.0	296
	高	11.0	230		高	17.5	261
80	低	24.0	291	120	低	36.0	359
	中	18.0	263		中	27.0	306
	高	12.5	238		高	19.0	268

2. 施磷量的确定

大葱施磷量主要考虑大葱产量反应、大葱收获移走量、移栽定植葱苗带入量、上季作物磷素残效及土壤养分平衡。不同目标产量下大葱的推荐施磷量见表 2-141。

表 2-141　不同目标产量下大葱推荐施磷量

目标产量/(t/hm²)	地力	产量反应/(t/hm²)	施磷量/(kg P₂O₅/hm²)	目标产量/(t/hm²)	地力	产量反应/(t/hm²)	施磷量/(kg P₂O₅/hm²)
	低	8.5	51		低	15.0	94
50	中	4.0	32	90	中	7.5	62
	高	2.0	24		高	4.0	47
	低	10.0	61		低	16.5	104
60	中	5.0	40	100	中	8.5	70
	高	2.5	30		高	4.5	53
	低	11.5	72		低	18.0	115
70	中	6.0	48	110	中	9.5	78
	高	3.0	35		高	5.0	59
	低	13.0	82		低	20.0	127
80	中	7.0	56	120	中	10.0	84
	高	3.5	41		高	5.5	65

3. 施钾量的确定

大葱施钾量主要考虑大葱产量反应、大葱收获移走量、移栽定植葱苗带入量、上季作物钾素残效及土壤养分平衡。不同目标产量下大葱的推荐施钾量见表 2-142。

表 2-142　不同目标产量下大葱推荐施钾量

目标产量/(t/hm²)	地力	产量反应/(t/hm²)	施钾量/(kg K₂O/hm²)	目标产量/(t/hm²)	地力	产量反应/(t/hm²)	施钾量/(kg K₂O/hm²)
	低	8.5	120		低	15.5	227
50	中	6.0	107	90	中	11.0	204
	高	3.0	92		高	5.0	172
	低	10.5	148		低	17.5	255
60	中	7.0	130	100	中	12.0	226
	高	3.5	112		高	5.5	193
	低	12.0	174		低	19.0	280
70	中	8.5	155	110	中	13.0	249
	高	4.0	132		高	6.0	213
	低	14.0	202		低	21.0	308
80	中	9.5	178	120	中	14.5	275
	高	4.5	152		高	6.5	233

2.4.4.6 基于产量反应和农学效率的大葱养分推荐实践

1. 施肥量

施肥量比较结果（表 2-143）显示，与 FP、ST 处理相比，NE 处理平均分别减施氮肥 15.9%、4.0%，平均分别减施磷肥 52.5%、34.8%，平均分别减施钾肥 38.6%、31.3%。

表 2-143 大葱不同施肥处理的施肥量比较

时间	地点	大葱品种	施氮量/(kg N/hm²)			施磷量/(kg P₂O₅/hm²)			施钾量/(kg K₂O/hm²)		
			NE	FP	ST	NE	FP	ST	NE	FP	ST
2018	章丘 1	大梧桐	269	390	293	109	260	168	267	325	110
2018	章丘 2	大梧桐	269	390	293	109	260	168	267	325	110
2018	章丘 3	大梧桐	269	390	293	109	260	168	267	325	110
2019	章丘 1	大梧桐	252	310	270	90	150	120	173	315	330
2019	章丘 2	大梧桐	252	310	270	32	150	120	168	315	330
2019	章丘 3	大梧桐	237	310	270	90	150	120	136	315	330
2019	安丘 1	日本长葱	273	277	270	90	173	120	88	203	330
2019	安丘 2	日本长葱	266	248	270	90	194	120	101	302	330
2019	安丘 3	日本长葱	280	225	270	90	225	120	135	225	330
2019	青州 1	大梧桐	273	300	270	78	75	120	229	300	330
2019	青州 2	大梧桐	273	320	270	78	180	120	229	360	330
2019	青州 3	大梧桐	266	308	270	71	96	120	210	384	330
	平均		265	315	276	86	181	132	189	308	275

2. 产量和经济效益

产量和经济效益比较结果（表 2-144）显示，与 FP、ST 处理相比，NE 处理的平均化肥花费分别降低了 34.1%、22.2%，但平均产量分别增加了 2.2%、5.7%，平均经济效益分别增加了 2.9%、6.1%。

表 2-144 大葱不同施肥处理的产量和经济效益比较

时间	地点	大葱品种	产量/(t/hm²)			化肥花费/(元/hm²)			经济效益/(元/hm²)		
			NE	FP	ST	NE	FP	ST	NE	FP	ST
2018	章丘 1	大梧桐	89	95	86	3 279	4 973	2 848	103 066	108 500	99 957
2018	章丘 2	大梧桐	86	93	87	3 279	4 973	2 848	99 538	106 244	101 985
2018	章丘 3	大梧桐	91	98	87	3 279	4 973	2 848	105 694	112 100	101 529
2019	章丘 1	大梧桐	101	96	101	2 581	3 953	3 690	118 092	111 464	117 018
2019	章丘 2	大梧桐	96	87	86	2 234	3 953	3 690	113 530	100 160	99 726
2019	章丘 3	大梧桐	60	56	60	2 310	3 953	3 690	70 255	63 464	68 490
2019	安丘 1	日本长葱	113	117	102	2 208	3 315	3 690	133 285	136 858	119 166

续表

时间	地点	大葱品种	产量/(t/hm²)			化肥花费/(元/hm²)			经济效益/(元/hm²)		
			NE	FP	ST	NE	FP	ST	NE	FP	ST
2019	安丘 2	日本长葱	101	104	98	2 248	3 844	3 690	119 517	120 680	114 270
2019	安丘 3	日本长葱	90	73	81	2 498	3 488	3 690	105 827	84 641	93 846
2019	青州 1	大梧桐	87	78	80	2 917	3 413	3 690	101 999	90 344	91 938
2019	青州 2	大梧桐	85	85	84	2 917	4 410	3 690	99 431	97 458	96 978
2019	青州 3	大梧桐	101	104	95	2 743	4 026	3 690	118 926	121 302	110 310
	平均		92	90	87	2 707	4 106	3 479	107 430	104 434	101 268

3. 氮肥利用率

氮肥利用率比较结果（表 2-145）显示，与 FP、ST 处理相比，NE 处理的平均氮肥农学效率分别提高了 16.5kg/kg、19.4kg/kg，平均氮肥回收率分别提高了 9.5 个百分点、7.4 个百分点，平均氮肥偏生产力分别提高了 51.7kg/kg、29.2kg/kg。

表 2-145　大葱不同施肥处理的氮肥利用率比较

时间	地点	大葱品种	氮肥农学效率/(kg/kg)			氮肥回收率/%			氮肥偏生产力/(kg/kg)		
			NE	FP	ST	NE	FP	ST	NE	FP	ST
2018	章丘 1	大梧桐	80.8	70.9	64.1	20.0	19.2	20.8	329.4	242.5	292.4
2018	章丘 2	大梧桐	66.9	64.1	67.2	21.5	17.0	20.4	318.5	237.6	298.2
2018	章丘 3	大梧桐	78.0	71.1	58.5	18.3	14.3	17.5	337.6	250.2	296.9
2019	章丘 1	大梧桐	89.8	58.8	83.9	31.4	13.8	13.9	399.0	310.3	372.6
2019	章丘 2	大梧桐	78.2	32.3	34.9	20.7	5.8	6.5	382.8	279.9	319.2
2019	章丘 3	大梧桐	72.7	41.7	62.6	24.2	10.2	17.1	255.1	181.2	222.8
2019	安丘 1	日本长葱	95.9	108.6	58.0	41.4	21.3	27.5	413.6	421.7	379.2
2019	安丘 2	日本长葱	85.8	101.5	72.8	26.5	25.5	25.7	381.5	419.3	364.1
2019	安丘 3	日本长葱	111.8	64.4	82.7	25.5	15.6	18.6	322.4	326.4	301.0
2019	青州 1	大梧桐	77.0	39.1	49.2	30.2	15.0	15.8	320.3	260.4	295.1
2019	青州 2	大梧桐	73.3	61.3	69.0	25.2	15.2	11.9	312.4	265.3	310.7
2019	青州 3	大梧桐	85.6	83.9	60.7	17.6	15.7	17.9	381.0	339.1	351.9
	平均		83.0	66.5	63.6	25.2	15.7	17.8	346.2	294.5	317.0

4. 养分表观平衡

NE 处理、ST 处理、FP 处理养分表观平衡情况见表 2-146。2018 年、2019 年试验结果均显示氮、磷、钾盈余量均以 NE 处理最低（2018 年章丘钾盈余量除外）。

表 2-146　大葱不同施肥处理的养分表观平衡比较

年份	地点	处理	N/(kg/hm²)		P₂O₅/(kg/hm²)		K₂O/(kg/hm²)	
			移走量	盈余量	移走量	盈余量	移走量	盈余量
2018 年	章丘	NE	146.5	122.5c	44.2	64.8c	128.3	138.7b
		ST	150.1	142.9b	44.3	123.7b	106.2	3.8c
		FP	158.4	231.6a	50.5	209.5a	144.6	180.4a
2019 年	章丘	NE	176.0	71.0c	61.0	10.0b	169.0	−10.0b
		ST	152.0	118.0b	52.0	68.0ab	162.0	168.0a
		FP	149.0	161.0a	48.0	102.0a	127.0	188.0a
2019 年	安丘	NE	248.0	25.0a	59.0	31.0b	205.0	−97.0b
		ST	241.0	29.0a	70.0	50.0b	208.0	122.0a
		FP	228.0	21.0a	63.0	134.0a	182.0	61.0a
2019 年	青州	NE	203.0	68.0b	60.0	15.0a	205.0	18.0b
		ST	183.0	87.0ab	58.0	62.0a	189.0	141.0a
		FP	190.0	120.0a	60.0	57.0a	198.0	150.0a

2.5　果树养分推荐方法研究与应用

2.5.1　苹果

　　汇总了 2002～2019 年的 272 个苹果田间试验，模拟了苹果最佳养分吸收，创建了苹果养分推荐方法。收集的数据样本涵盖了东北、西北和华北主要苹果产区。于 2017～2019 年在山西运城（灌区果园）、陕西洛川和长武（非灌区果园）三个苹果主产县开展了田间验证试验。

2.5.1.1　苹果产量反应

　　产量反应数据（图 2-71）表明，施氮产量反应最高，均值为 8.7t/hm²，60.9% 的样本施氮产量反应低于 10.0t/hm²；施磷产量反应、施钾产量反应均值分别为 5.8t/hm²、7.6t/hm²，33.8% 的样本施磷产量反应低于 5.0t/hm²，37.7% 的样本施钾产量反应低于 5.0t/hm²。由此可见，氮肥是苹果产量的首要限制因子。

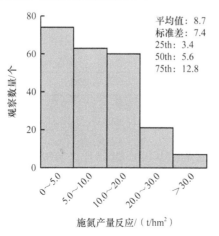

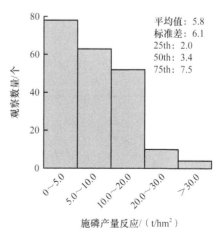

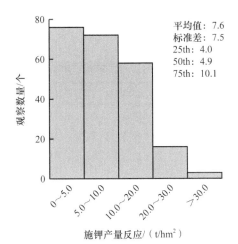

图 2-71　苹果施氮、磷、钾产量反应频率分布图

2.5.1.2　苹果相对产量与产量反应系数

苹果相对产量频率分布结果表明,不施氮、磷、钾相对产量低于 0.80 的分别占各自观察数据的 51.1%、43.3%、44.8%,平均值分别为 0.76、0.78、0.79,表明施氮的增产效果最为明显,其次是钾肥和磷肥(图 2-72)。

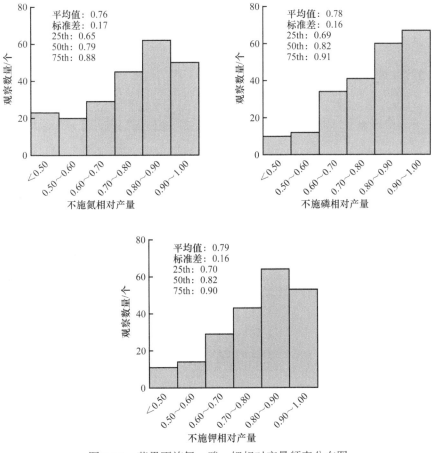

图 2-72　苹果不施氮、磷、钾相对产量频率分布图

以相对产量的 25th、50th、75th 百分位数来表征基础地力的低、中、高水平,用于求算氮、磷、钾施用的产量反应系数,以进一步求算产量反应(表 2-147)。

表 2-147　苹果相对产量和产量反应系数

参数	不施 N 相对产量	不施 P 相对产量	不施 K 相对产量	N 产量反应系数	P 产量反应系数	K 产量反应系数
n	230	228	215	230	228	215
25th	0.65	0.69	0.70	0.35	0.31	0.30
50th	0.79	0.82	0.82	0.21	0.18	0.18
75th	0.88	0.91	0.90	0.12	0.09	0.10

2.5.1.3　苹果农学效率

优化施肥处理下,氮、磷、钾农学效率平均分别为 17.4kg/kg、26.2kg/kg、16.3kg/kg,氮农学效率低于 30kg/kg 的占全部观察数据的 81.6%,而磷、钾农学效率低于 20kg/kg 的分别占各自全部观察数据的 49.3%、71.8%(图 2-73)。

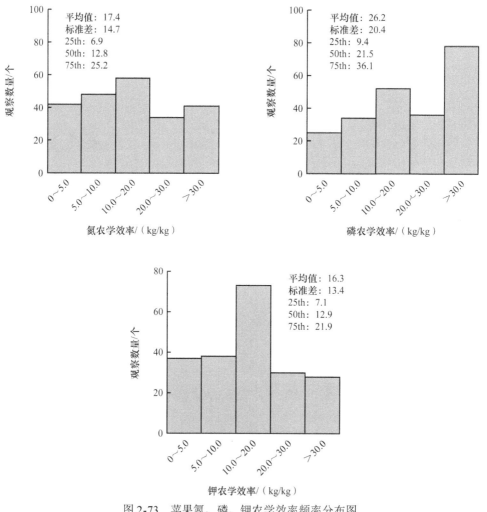

图 2-73　苹果氮、磷、钾农学效率频率分布图

　　苹果产量反应和农学效率之间存在显著的二次曲线关系（图 2-74），氮、磷、钾产量反应和农学效率间相关性系数分别为 0.835、0.814、0.792。

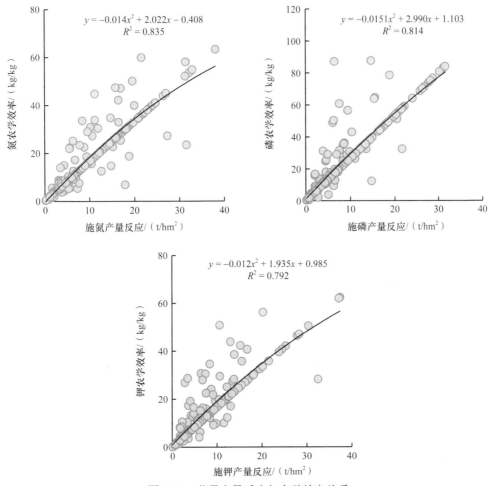

图 2-74　苹果产量反应与农学效率关系

2.5.1.4　苹果养分吸收特征

　　应用 QUEFTS 模型模拟苹果不同潜在产量下地上部氮、磷、钾最佳吸收量（图 2-75），

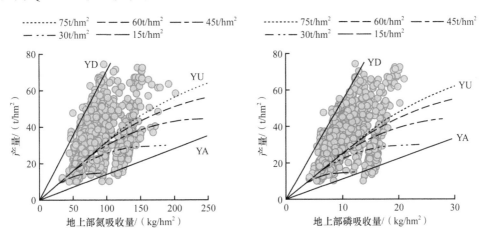

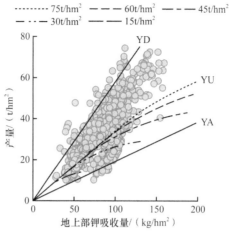

图 2-75　QUEFTS 模型模拟的苹果不同潜在产量下地上部最佳养分吸收量

氮、磷、钾养分吸收的数据量均为 1195 个。模拟结果显示，不论潜在产量为多少，当目标产量达到潜在产量的 50%～60% 时，生产 1t 苹果地上部养分吸收量是一定的，即目标产量所需的养分量在达到潜在产量 50%～60% 前呈直线增长。

QUEFTS 模型模拟得出，直线部分生产 1t 苹果需要氮、磷、钾养分量分别为 3.1kg、0.4kg、2.9kg，氮、磷、钾比例为 8 : 1 : 7（表 2-148）。

表 2-148　QUEFTS 模型模拟的苹果养分内在效率和单位产量养分吸收量

产量/(t/hm²)	养分内在效率/(kg/kg)			单位产量养分吸收量/(kg/t)		
	N	P	K	N	P	K
0	0	0	0	0	0	0
1	320.6	2514.4	340.5	3.1	0.4	2.9
5	320.6	2514.4	340.5	3.1	0.4	2.9
10	320.6	2514.4	340.5	3.1	0.4	2.9
15	320.6	2514.4	340.5	3.1	0.4	2.9
20	320.6	2514.4	340.5	3.1	0.4	2.9
25	320.6	2514.4	340.5	3.1	0.4	2.9
30	318.8	2500.3	338.5	3.1	0.4	3.0
35	313.8	2461.5	333.3	3.2	0.4	3.0
40	299.0	2345.3	317.6	3.3	0.4	3.1
45	282.0	2212.3	299.6	3.5	0.5	3.3
50	261.7	2052.8	278.0	3.8	0.5	3.6
55	234.7	1840.8	249.2	4.3	0.5	4.0
60	161.2	1264.5	171.2	6.2	0.8	5.8

2.5.1.5　苹果养分推荐模型

基于产量反应与农学效率的苹果养分推荐方法，主要依据苹果目标产量和产量反应，并综合考虑养分平衡，确定不同目标产量下苹果氮、磷、钾养分推荐用量。

1. 施氮量的确定

在苹果养分专家系统中，推荐氮肥用量根据产量反应和农学效率确定：推荐施氮量（kg N/hm²）=产量反应（t/hm²）/农学效率（kg/kg）×1000（表 2-149）。

表 2-149　不同目标产量下苹果推荐施氮量

目标产量/（t/hm²）	地力	产量反应/（t/hm²）	施氮量/（kg N/hm²）	目标产量/（t/hm²）	地力	产量反应/（t/hm²）	施氮量/（kg N/hm²）
15	低	3.5	469	40	低	9.0	573
	中	2.0	401		中	5.5	519
	高	1.0	304		高	2.5	429
20	低	4.5	497	45	低	10.0	586
	中	3.0	451		中	6.5	536
	高	1.0	304		高	2.5	429
25	低	5.5	519	50	低	11.0	598
	中	3.5	469		中	7.0	545
	高	1.5	362		高	3.0	451
30	低	6.5	536	55	低	12.0	610
	中	4.5	497		中	8.0	559
	高	2.0	401		高	3.0	451
35	低	8.0	559	60	低	13.5	628
	中	5.0	508		中	8.5	566
	高	2.0	401		高	3.5	469

2. 施磷量的确定

苹果施磷量主要根据苹果产量反应、苹果移走量、上季苹果磷素残效和土壤养分平衡确定。不同目标产量下苹果的推荐施磷量见表 2-150。

表 2-150　不同目标产量下苹果推荐施磷量

目标产量/（t/hm²）	地力	产量反应/（t/hm²）	施磷量/（kg P₂O₅/hm²）	目标产量/（t/hm²）	地力	产量反应/（t/hm²）	施磷量/（kg P₂O₅/hm²）
15	低	3.5	99	30	低	7.0	198
	中	2.5	72		中	4.5	130
	高	0.5	17		高	0.5	21
20	低	4.5	127	35	低	8.0	226
	中	3.0	86		中	5.5	158
	高	0.5	18		高	1.0	36
25	低	6.0	169	40	低	9.5	268
	中	4.0	115		中	6.0	173
	高	1.0	33		高	1.0	37

续表

目标产量/ (t/hm²)	地力	产量反应/ (t/hm²)	施磷量/ (kg P₂O₅/hm²)	目标产量/ (t/hm²)	地力	产量反应/ (t/hm²)	施磷量/ (kg P₂O₅/hm²)
	低	10.5	297		低	13.0	367
45	中	7.0	201	55	中	8.5	245
	高	1.0	38		高	1.0	41
	低	12.0	339		低	14.0	395
50	中	8.0	230	60	中	9.5	273
	高	1.0	39		高	1.5	55

3. 施钾量的确定

苹果施钾量主要根据苹果产量反应、苹果移走量、上季苹果钾素残效和土壤养分平衡确定。不同目标产量下苹果的推荐施钾量见表 2-151。

表 2-151　不同目标产量下苹果推荐施钾量

目标产量/ (t/hm²)	地力	产量反应/ (t/hm²)	施钾量/ (kg K₂O/hm²)	目标产量/ (t/hm²)	地力	产量反应/ (t/hm²)	施钾量/ (kg K₂O/hm²)
	低	3.0	128		低	8.5	359
15	中	2.0	92	40	中	5.0	233
	高	0.5	38		高	1.0	88
	低	4.0	171		低	9.5	402
20	中	2.5	116	45	中	5.5	257
	高	0.5	44		高	1.0	95
	低	5.5	231		低	10.5	445
25	中	3.0	141	50	中	6.5	300
	高	0.5	51		高	1.0	101
	低	6.5	274		低	11.0	469
30	中	4.0	184	55	中	7.0	325
	高	0.5	57		高	1.0	108
	低	7.5	317		低	13.0	548
35	中	4.5	208	60	中	7.5	349
	高	1.0	82		高	1.5	132

2.5.1.6　基于产量反应和农学效率的苹果养分推荐实践

1. 施肥量

施肥量比较结果（表 2-152）表明，与 FP 相比，NE 处理的氮、磷、钾肥用量分别平均降低了 41.9%、37.0%、43.6%；与 ST 相比，NE 处理的氮、磷、钾肥用量分别平均减少了 20.8%、25.0%、29.7%。

表 2-152　苹果不同施肥处理的施肥量比较

树龄	地点	施氮量/(kg N/hm²)			施磷量/(kg P₂O₅/hm²)			施钾量/(kg K₂O/hm²)		
		NE	FP	ST	NE	FP	ST	NE	FP	ST
13 年	山西运城 1	600	700	600	375	450	360	450	585	540
	山西运城 2	600	700	600	375	450	360	450	585	540
	山西运城 3	600	700	600	375	450	360	450	585	540
	山西运城 4	600	700	600	375	450	360	450	585	540
18 年	陕西洛川 1	600	1200	900	375	600	600	525	1200	900
	陕西洛川 2	600	1200	900	375	600	600	525	1200	900
	陕西洛川 3	600	1200	900	375	600	600	525	1200	900
	陕西洛川 4	600	1200	900	375	600	600	525	1200	900
18 年	陕西长武 1	600	1200	675	375	735	475	525	875	615
	陕西长武 2	600	1200	795	375	735	555	525	875	720
	陕西长武 3	600	1200	840	375	735	585	525	875	750
	陕西长武 4	600	1200	780	375	735	540	525	875	690
	平均	600	1033	758	375	595	500	500	887	711

2. 产量和经济效益

产量和经济效益比较结果（表 2-153）表明，与 FP 处理相比，NE 处理的平均化肥花费减少了 41.2%，但平均产量、经济效益分别增加了 17.3%、21.9%；与 ST 处理相比，NE 处理的平均化肥花费减少了 25.6%，产量、经济效益分别平均增加了 1.4%、1.7%。

表 2-153　苹果不同施肥处理的产量和经济效益比较

树龄	地点	产量/(t/hm²)			化肥花费/(万元/hm²)			经济效益/(万元/hm²)		
		NE	FP	ST	NE	FP	ST	NE	FP	ST
13 年	山西运城 1	60.5a	56.7c	58.1b	0.83b	1.02a	0.89b	21.0a	19.4b	20.0b
	山西运城 2	58.6a	44.9b	57.6a	0.83b	1.02a	0.89b	20.3a	15.2b	19.8a
	山西运城 3	60.2a	44.0b	61.8a	0.83b	1.02a	0.89b	20.9a	14.8b	21.3a
	山西运城 4	62.0a	43.4b	60.9a	0.83b	1.02a	0.89b	21.5a	14.6b	21.0a
18 年	陕西洛川 1	28.9a	24.8b	28.1a	0.89c	1.80a	1.44b	16.4a	13.1b	15.5a
	陕西洛川 2	47.8b	44.7c	49.6a	0.89c	1.80a	1.44b	27.8a	25.0b	28.4a
	陕西洛川 3	39.3a	32.3b	39.5a	0.89c	1.80a	1.44b	22.7a	17.6b	22.3a
	陕西洛川 4	36.9b	37.2b	44.4a	0.89c	1.80a	1.44b	21.2b	20.5c	25.2a
18 年	陕西长武 1	28.4a	26.7b	25.1c	0.89c	1.62a	1.05b	8.20a	6.92b	6.98b
	陕西长武 2	38.8a	35.1c	36.8b	0.89c	1.62a	1.23b	11.5a	9.61b	10.6b
	陕西长武 3	42.1a	37.8b	38.6b	0.89c	1.62a	1.29b	12.6a	10.5b	11.1b
	陕西长武 4	32.3a	30.1b	28.5c	0.89c	1.62a	1.19b	9.45a	8.01b	7.93b
	平均	44.7a	38.1b	44.1a	0.87c	1.48a	1.17b	17.8a	14.6b	17.5a

3. 氮肥利用率

氮肥利用率比较结果（表 2-154）显示，与 FP、ST 相比，NE 处理的氮肥农学效率平均分别提高了 6.7kg/kg、2.5kg/kg，氮肥偏生产力平均分别提高了 33.2kg/kg、12.5kg/kg。

表 2-154　苹果不同施肥处理的氮肥利用率比较

树龄	地点	氮肥农学效率/(kg/kg)			氮肥偏生产力/(kg/kg)		
		NE	FP	ST	NE	FP	ST
13 年	山西运城 1	20.2a	16.2c	19.4b	100.8a	81.0c	96.8b
	山西运城 2	19.5a	12.8b	19.2a	97.7a	64.2b	96.0a
	山西运城 3	20.1a	12.6b	20.6a	100.3a	62.9b	103.0a
	山西运城 4	20.7a	12.4b	20.3a	103.3a	62.0b	101.5a
18 年	陕西洛川 1	9.6a	4.1c	6.24b	48.2a	20.7c	31.2b
	陕西洛川 2	15.9a	7.4c	11.0b	79.7a	37.3c	55.1b
	陕西洛川 3	13.1a	5.4c	8.8b	65.5a	26.9c	43.9b
	陕西洛川 4	12.3b	6.2c	9.9b	61.5a	31.0c	49.3b
18 年	陕西长武 1	9.5a	4.5c	7.4b	47.3a	22.3c	37.2b
	陕西长武 2	12.9a	5.9c	9.3b	64.7a	29.3c	46.2b
	陕西长武 3	14.0a	6.3c	9.2b	70.2a	31.5c	46.0b
	陕西长武 4	10.8a	5.0c	7.3b	53.8a	25.1c	36.5b
	平均	14.9a	8.2b	12.4ab	74.4a	41.2b	61.9ab

4. 养分表观平衡

养分表观平衡比较结果（表 2-155）表明，NE、FP、ST 处理的氮、磷、钾均表现为正盈余，但 NE 处理的氮和钾盈余量低于 FP、ST 处理。

表 2-155　苹果不同施肥处理的养分表观平衡比较

树龄	地点	处理	N/(kg/hm²)		P₂O₅/(kg/hm²)		K₂O/(kg/hm²)	
			移走量	盈余量	移走量	盈余量	移走量	盈余量
13 年	山西运城 1	NE	84.3	515.7	28.4	346.6	110.3	339.7
		FP	82.9	617.2	27.5	422.5	105.0	480.0
		ST	83.4	516.6	28.0	332.0	106.9	433.1
	山西运城 2	NE	83.6	516.4	28.0	347.0	107.6	342.4
		FP	78.2	621.8	25.2	424.8	88.3	496.7
		ST	83.2	516.8	27.8	332.2	106.2	433.8
	山西运城 3	NE	84.2	515.8	28.2	346.8	109.9	340.1
		FP	77.9	622.1	25.0	425.0	87.0	498.0
		ST	84.9	515.2	28.7	331.3	112.1	427.9
	山西运城 4	NE	84.9	515.1	28.7	346.3	112.4	337.6
		FP	77.6	622.4	25.0	425.0	86.2	498.8
		ST	84.5	515.5	28.4	331.6	110.9	429.1

续表

树龄	地点	处理	N/(kg/hm²)		P₂O₅/(kg/hm²)		K₂O/(kg/hm²)	
			移走量	盈余量	移走量	盈余量	移走量	盈余量
18 年	陕西洛川 1	NE	97.1	502.9	24.5	350.5	71.1	453.9
		FP	95.3	1104.7	23.9	576.1	65.3	1134.7
		ST	96.8	803.2	24.5	575.5	70.0	830.0
	陕西洛川 2	NE	105.8	494.2	28.2	346.8	97.4	427.6
		FP	104.4	1095.7	27.8	572.2	93.1	1106.9
		ST	106.6	793.4	28.7	571.3	100.0	800.0
	陕西洛川 3	NE	101.9	498.1	26.6	348.4	85.6	439.4
		FP	98.7	1101.3	25.2	574.8	75.8	1124.2
		ST	102.0	798.0	26.6	573.4	85.9	814.1
	陕西洛川 4	NE	100.8	499.2	26.1	348.9	82.2	442.8
		FP	100.9	1099.1	26.1	573.9	82.6	1117.4
		ST	104.2	795.8	27.8	572.2	92.7	807.3
18 年	陕西长武 1	NE	104.5	495.5	30.0	345.0	75.0	450.0
		FP	103.5	1096.5	29.6	705.4	72.5	802.5
		ST	102.5	572.5	29.4	445.6	70.1	544.9
	陕西长武 2	NE	110.7	489.3	31.9	343.1	90.3	434.7
		FP	104.3	1095.7	29.8	705.2	74.5	800.5
		ST	105.1	689.9	30.3	524.7	76.5	643.5
	陕西长武 3	NE	112.6	487.4	32.6	342.4	95.1	429.9
		FP	105.6	1094.5	30.3	704.7	77.6	797.4
		ST	106.0	734.0	30.5	554.5	78.8	671.2
	陕西长武 4	NE	106.8	493.2	30.7	344.3	80.7	444.3
		FP	105.5	1094.5	30.3	704.7	77.5	797.5
		ST	104.6	675.4	30.0	510.0	75.2	614.8
平均		NE	98.1	501.9	28.4	346.6	110.3	339.7
		FP	94.6	938.8	27.5	422.5	105.0	480.0
		ST	97.0	660.5	28.0	332.0	106.9	433.1

2.5.2　柑橘

　　汇总了 2000～2019 年的 107 个柑橘田间试验，模拟了柑橘最佳养分吸收，创建了柑橘养分推荐方法。收集的数据样本涵盖了东南、西南和长江中下游主要柑橘产区。于 2018～2019 年在重庆万州（血橙基地果园）、云阳（脐橙基地果园）果园开展了田间验证试验。

2.5.2.1　柑橘产量反应

　　由产量反应结果（图 2-76）得出，施氮产量反应最高，平均为 7.3t/hm²，其中有 58.5% 的样本施氮产量反应位于 3.0～12.0t/hm²。施磷、钾平均产量反应分别为 5.1t/hm²、4.1t/hm²，约有 66% 的样本施磷产量反应、94% 的样本施钾产量反应分别低于 6.0t/hm²、9.0t/hm²。氮肥仍然是产量的首要限制因子。

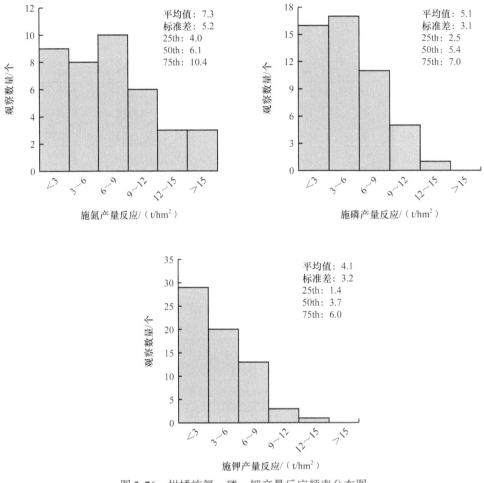

图 2-76　柑橘施氮、磷、钾产量反应频率分布图

2.5.2.2　柑橘相对产量与产量反应系数

从相对产量频率分布可以看出，不施氮相对产量在 0.6～0.8 的比例最高，占到 48.7%，而＜0.8 的比例占到 76.9%；不施磷相对产量在 0.4～0.6 的比例最高，占到 38.0%，而在 0.4～1.0 的比例占到 86.0%；不施钾相对产量在 0.8～1.0 的比例最高，占到 53.0%，而在 0.6～1.0 的比例占到 87.9%（图 2-77）。

为进一步对不同肥力水平下的柑橘进行有针对性的养分管理，用相对产量的 25th、50th、75th 百分位数来表征基础地力的低、中、高水平，用于求算氮、磷、钾施用的产量反应系数，以进一步求算产量反应（表 2-156）。

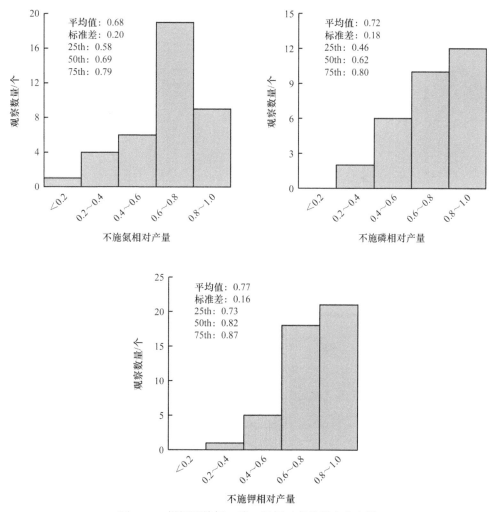

图 2-77　柑橘不施氮、磷、钾相对产量频率分布图

表 2-156　柑橘相对产量和产量反应系数

参数	不施 N 相对产量	不施 P 相对产量	不施 K 相对产量	N 产量反应系数	P 产量反应系数	K 产量反应系数
n	39	30	46	39	30	46
25th	0.58	0.46	0.73	0.42	0.54	0.27
50th	0.69	0.62	0.82	0.31	0.38	0.18
75th	0.79	0.80	0.87	0.21	0.20	0.13

2.5.2.3　柑橘农学效率

　　就全部数据而言，优化施肥管理的氮、磷、钾农学效率的平均值分别为 16.7kg/kg、31.6kg/kg、13.8kg/kg。不同田间试验所获得氮农学效率范围大，而且不同区间的观测数量接近，相对分散。不同田间试验所获得磷农学效率相对集中，磷农学效率低于 30kg/kg 的占全部观测数据的 68.0%。不同田间试验所获得钾农学效率相对集中，钾农学效率低于 20kg/kg 的占全部观测数据的 86.4%（图 2-78）。

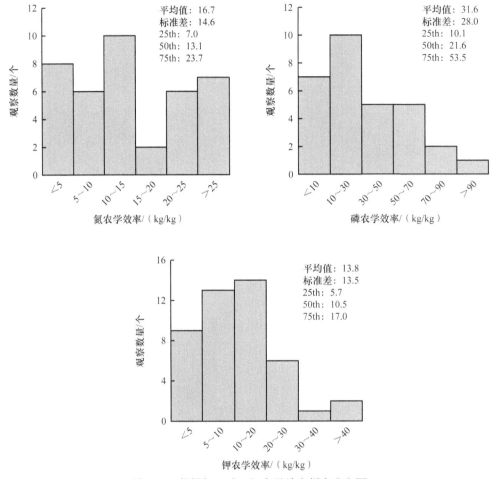

图 2-78　柑橘氮、磷、钾农学效率频率分布图

产量反应和农学效率之间存在显著的相关关系（图 2-79）。基于产量反应和农学效率的养分推荐方法以上述关系为前提，在收集分析大量数据的基础上获得养分产量反应和农学效率的关系，依据柑橘养分专家系统推荐施肥决策原理进一步建立柑橘养分推荐方法。

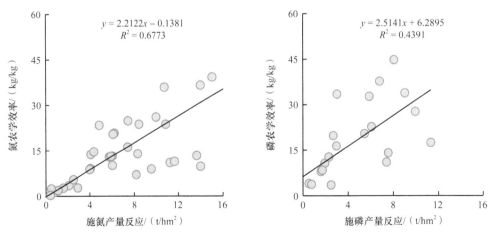

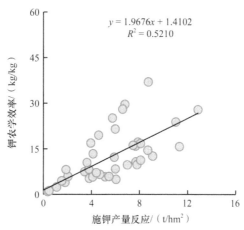

图 2-79   柑橘产量反应与农学效率关系

2.5.2.4   柑橘养分吸收特征

应用 QUEFTS 模型模拟柑橘不同潜在产量下地上部氮、磷、钾最佳养分吸收，氮、磷、钾养分吸收的数据量均为 200 个。结果（图 2-80）得出，不论潜在产量为多少，当目标产量

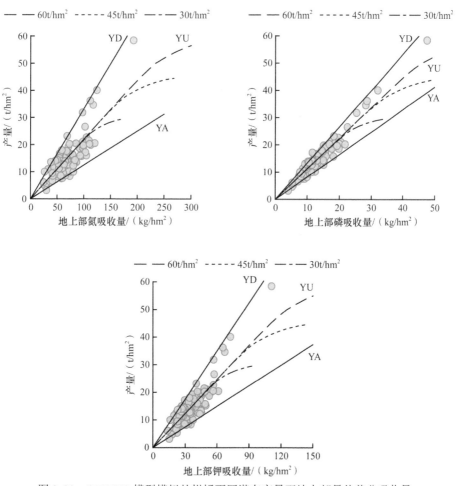

图 2-80   QUEFTS 模型模拟的柑橘不同潜在产量下地上部最佳养分吸收量

达到潜在产量的50%～60%时，生产1t柑橘地上部养分需求是一定的，即目标产量所需的养分量在达到潜在产量50%～60%前呈直线增长。

当目标产量达到产量潜力的60%～70%时，直线部分生产1t柑橘地上部N、P、K养分需求量分别为4.9kg、0.6kg、2.9kg，氮、磷、钾比例为1∶0.13∶0.59，相应的养分内在效率分别为204kg/kg、1622kg/kg、347kg/kg（表2-157）。

表2-157　QUEFTS模型模拟的柑橘养分内在效率和单位产量养分吸收量

产量/(t/hm²)	养分内在效率/(kg/kg)			单位产量养分吸收量/(kg/t)		
	N	P	K	N	P	K
0	0	0	0	0	0	0
5	204	1622	347	4.9	0.6	2.9
10	204	1622	347	4.9	0.6	2.9
15	204	1622	347	4.9	0.6	2.9
20	204	1622	347	4.9	0.6	2.9
25	204	1622	347	4.9	0.6	2.9
30	204	1622	347	4.9	0.6	2.9
40	199	1583	338	5.0	0.6	3.0
45	189	1499	321	5.3	0.7	3.1
48	182	1441	308	5.5	0.7	3.2
50	176	1398	299	5.7	0.7	3.3
52	170	1350	289	5.9	0.7	3.5
54	163	1294	277	6.1	0.8	3.6
56	155	1227	262	6.5	0.8	3.8
58	143	1137	243	7.0	0.9	4.1
60	123	978	209	8.1	1.0	4.8

2.5.2.5　柑橘养分推荐模型

基于产量反应与农学效率的柑橘养分推荐方法，主要依据柑橘目标产量和产量反应，并综合考虑养分平衡，确定柑橘不同目标产量下氮、磷、钾养分推荐用量。

1. 施氮量的确定

在柑橘养分专家系统中，推荐氮肥用量根据产量反应和农学效率确定：推荐施氮量（kg N/hm²）=产量反应（t/hm²）/农学效率（kg/kg）×1000（表2-158）。

2. 施磷量的确定

柑橘施磷量主要考虑柑橘产量反应、柑橘移走量（维持土壤平衡）和上季柑橘磷素残效三部分。不同目标产量下柑橘的推荐施磷量见表2-159。

表 2-158　不同目标产量下柑橘推荐施氮量

目标产量/ （t/hm²）	地力	产量反应/ （t/hm²）	施氮量/ （kg N/hm²）	目标产量/ （t/hm²）	地力	产量反应/ （t/hm²）	施氮量/ （kg N/hm²）
15	低	5.5	300	40	低	14.5	524
	中	4.5	283		中	11.5	425
	高	3.0	256		高	8.5	355
20	低	7.5	336	45	低	16.5	617
	中	6.0	309		中	13.0	470
	高	4.5	283		高	9.5	376
25	低	9.0	366	50	低	18.0	711
	中	7.5	336		中	14.5	524
	高	5.5	300		高	10.5	400
30	低	11.0	412	55	低	20.0	892
	中	8.5	355		中	16.0	591
	高	6.5	318		高	12.0	439
35	低	12.5	454	60	低	22.0	1193
	中	10.0	388		中	17.5	677
	高	7.5	336		高	13.0	470

表 2-159　不同目标产量下柑橘推荐施磷量

目标产量/ （t/hm²）	地力	产量反应/ （t/hm²）	施磷量/ （kg P₂O₅/hm²）	目标产量/ （t/hm²）	地力	产量反应/ （t/hm²）	施磷量/ （kg P₂O₅/hm²）
15	低	5.0	120	40	低	14.0	335
	中	3.0	74		中	8.0	197
	高	2.0	51		高	5.5	140
20	低	7.0	168	45	低	15.5	371
	中	4.0	99		中	9.0	222
	高	3.0	76		高	6.5	165
25	低	8.5	204	50	低	17.5	419
	中	5.0	123		中	10.0	247
	高	3.5	89		高	7.0	178
30	低	10.5	251	55	低	19.0	455
	中	6.0	148		中	11.0	272
	高	4.0	102		高	7.5	191
35	低	12.0	287	60	低	21.0	503
	中	7.0	173		中	12.0	296
	高	5.0	127		高	8.5	216

3. 施钾量的确定

柑橘施钾量主要考虑柑橘产量反应、柑橘移走量（维持土壤平衡）和上季柑橘钾素残效三部分。不同目标产量下柑橘的推荐施钾量见表 2-160。

表 2-160　不同目标产量下柑橘推荐施钾量

目标产量/ (t/hm²)	地力	产量反应/ (t/hm²)	施钾量/ (kg K₂O/hm²)	目标产量/ (t/hm²)	地力	产量反应/ (t/hm²)	施钾量/ (kg K₂O/hm²)
	低	4.5	125		低	12.0	333
15	中	3.5	102	40	中	9.0	265
	高	2.0	68		高	5.5	186
	低	6.0	166		低	13.0	363
20	中	4.5	133	45	中	10.0	295
	高	3.0	99		高	6.5	217
	低	7.5	208		低	14.5	404
25	中	5.5	163	50	中	11.5	337
	高	3.5	118		高	7.0	236
	低	9.0	249		低	16.0	446
30	中	7.0	204	55	中	12.5	367
	高	4.0	137		高	8.0	266
	低	10.5	291		低	17.5	488
35	中	8.0	235	60	中	13.5	398
	高	5.0	167		高	8.5	285

2.5.2.6　基于产量反应和农学效率的柑橘养分推荐实践

1. 施肥量

在重庆万州（血橙基地果园）和云阳（脐橙基地果园）果园开展的多点田间验证试验表明，与 FP 处理相比，NE 处理显著降低了氮肥、磷肥用量，平均分别减施 25.4%、17.5%，但显著增加了钾肥用量。与 ST 处理相比，NE 处理的氮、磷、钾肥用量均显著增加（表 2-161）。

表 2-161　柑橘不同施肥处理的施肥量比较

品种	地点	施氮量/(kg N/hm²)			施磷量/(kg P₂O₅/hm²)			施钾量/(kg K₂O/hm²)		
		NE	FP	ST	NE	FP	ST	NE	FP	ST
血橙	重庆 1	418b	560a	313c	198b	240a	149c	505a	380b	380b
	重庆 2	418b	560a	313c	198b	240a	149c	505a	380b	380b
	重庆 3	418b	560a	313c	198b	240a	149c	505a	380b	380b
脐橙	重庆 4	418b	560a	313c	198b	240a	149c	505a	380b	380b
	重庆 5	418b	560a	313c	198b	240a	149c	505a	380b	380b
	重庆 6	418b	560a	313c	198b	240a	149c	505a	380b	380b
平均		418b	560a	313c	198b	240a	149c	505a	380b	380b

2. 产量和经济效益

产量和经济效益比较结果（表2-162）表明，与FP、ST处理相比，NE处理的平均产量分别提高了20.3%、9.5%，平均经济效益分别提高了13.3%、6.6%。

表2-162 柑橘不同施肥处理的产量和经济效益比较

品种	地点	产量/(t/hm²)			化肥花费/(万元/hm²)			经济效益/(万元/hm²)		
		NE	FP	ST	NE	FP	ST	NE	FP	ST
血橙	重庆1	25.7b	32.2a	28.8a	0.95a	0.93b	0.7c	19.6c	24.8a	22.3b
	重庆2	30.6a	28.9b	24.6c	0.95a	0.93b	0.7c	23.5a	22.2b	19.0c
	重庆3	19.5c	30.9a	23.0b	0.95a	0.93b	0.7c	14.6	23.8a	17.7
脐橙	重庆4	24.9a	9.4c	20.5b	0.95a	0.93b	0.7c	14.0a	4.7c	11.6b
	重庆5	22.2a	9.5c	17.5b	0.95a	0.93b	0.7c	12.4a	4.7c	9.8b
	重庆6	23.1a	10.4c	18.9b	0.95a	0.93b	0.7c	12.9a	5.3c	10.6b
平均		24.3a	20.2c	22.2b	0.95a	0.93b	0.7c	16.2a	14.3c	15.2b

3. 氮肥利用率

氮肥利用率比较结果（表2-163）显示，与FP处理相比，NE处理的氮肥偏生产力平均提高了22.1kg/kg，氮肥农学效率平均提高了13.9kg/kg。由于ST处理的施肥量低于NE处理，因此其氮肥利用率高于NE处理。

表2-163 柑橘不同施肥处理的氮肥利用率比较

品种	地点	氮肥偏生产力/(kg/kg)			氮肥农学效率/(kg/kg)		
		NE	FP	ST	NE	FP	ST
血橙	重庆1	61.4b	57.5c	91.9a	14.5c	22.4b	29.2a
	重庆2	73.2b	51.6c	78.5a	27.6a	17.6b	17.7b
	重庆3	46.6b	55.2c	73.4a	6.8b	25.5a	20.3a
脐橙	重庆4	59.5b	16.7c	65.4a	39.2a	1.6b	38.3a
	重庆5	53.1b	16.9c	56.0a	32.8a	1.8b	28.8a
	重庆6	55.3b	18.6c	60.4a	35.2a	3.6b	33.5a
平均		58.2b	36.1c	70.9a	26.0a	12.1b	28.0a

4. 养分表观平衡

养分表观平衡比较结果（表2-164）表明，FP、NE和ST处理的氮、磷、钾均表现不同程度的盈余，其中FP处理的氮、磷盈余量高于NE、ST处理。

表 2-164　柑橘不同施肥处理的养分表观平衡比较

品种	地点	处理	N/(kg/hm²)		P₂O₅/(kg/hm²)		K₂O/(kg/hm²)	
			移走量	盈余量	移走量	盈余量	移走量	盈余量
血橙	重庆1	FP	51.5	508.5	13.9	226.1	52.8	327.2
		NE	41.1	376.9	11.0	187.0	42.1	462.9
		ST	46.0	267.0	12.4	136.6	47.1	332.9
	重庆2	FP	46.2	513.8	12.4	227.6	47.3	332.7
		NE	48.9	369.1	13.2	184.8	50.1	454.9
		ST	39.3	273.7	10.6	138.4	40.3	339.7
	重庆3	FP	49.5	510.5	13.3	226.7	50.7	329.3
		NE	31.1	386.9	8.4	189.6	31.9	473.1
		ST	36.7	276.3	9.9	139.1	37.7	342.3
脐橙	重庆4	FP	23.5	536.5	7.1	232.9	14.3	365.7
		NE	62.3	355.7	18.7	179.3	38.0	467.0
		ST	51.3	261.7	15.4	133.6	31.3	348.7
	重庆5	FP	23.7	536.3	7.1	232.9	14.5	365.5
		NE	55.6	362.4	16.7	181.3	33.9	471.1
		ST	43.9	269.1	13.2	135.8	26.8	353.2
	重庆6	FP	26.1	533.9	7.9	232.1	15.9	364.1
		NE	57.9	360.1	17.4	180.6	35.4	469.6
		ST	47.3	265.7	14.2	134.8	28.9	351.1
	平均	FP	36.8	523.3	10.3	229.7	32.6	347.4
		NE	49.5	368.5	14.2	183.8	38.6	466.4
		ST	44.1	268.9	12.6	136.4	35.4	344.7

2.5.3　梨

　　汇总了 2000～2016 年的 151 个梨田间试验,模拟了梨最佳养分吸收,创建了梨养分推荐方法。收集的数据样本涵盖了东北、华北、西北和西南主要梨产区。于 2017～2019 年在河北(黄冠梨)和重庆(黄花梨)开展了田间验证试验。

2.5.3.1　梨产量反应

　　梨施 N、P、K 产量反应频率分布(图 2-81)显示,施氮、磷、钾平均产量反应分别为 13.3t/hm²、12.6t/hm²、12.0t/hm²,约有 58% 的样本施氮产量反应大于 12t/hm²,87% 的样本施磷产量反应和 81% 的样本施钾产量反应高于 6t/hm²。

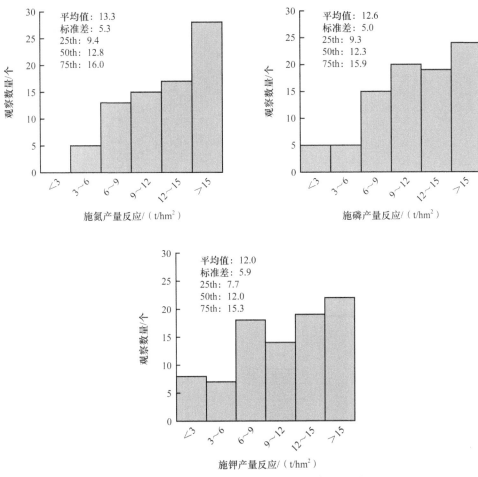

图 2-81　梨施氮、磷、钾产量反应频率分布图

2.5.3.2　梨相对产量与产量反应系数

梨不施 N、P、K 相对产量频率分布（图 2-82）显示，不施氮相对产量在 0.6～0.8 的比例最高，占到 61.0%；不施磷相对产量在 0.6～0.8 的比例最高，占到 74.0%；不施钾相对产量在 0.6～0.8 的比例最高，占到 63.6%，而在 0.8～1.0 的比例占到 29.9%。

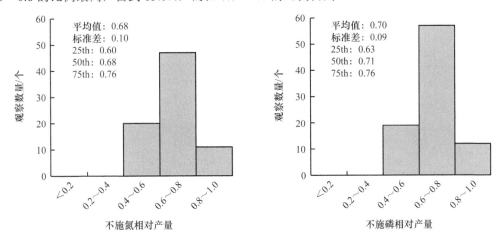

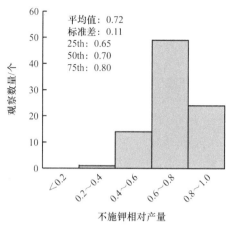

图 2-82　梨不施氮、磷、钾相对产量频率分布图

2.5.3.3　梨农学效率

优化施肥管理的氮、磷、钾农学效率的平均值分别为 20.9kg/kg、32.3kg/kg、19.1kg/kg（图 2-83）。

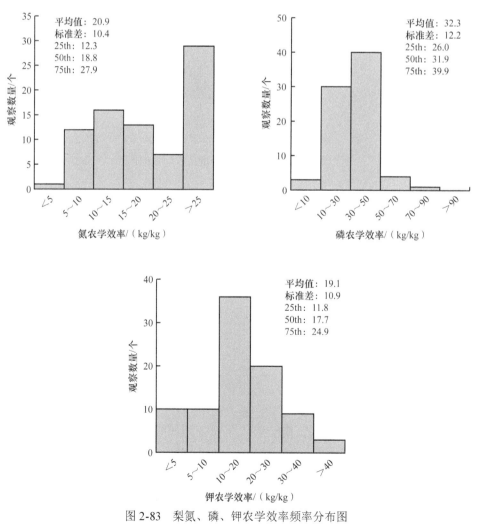

图 2-83　梨氮、磷、钾农学效率频率分布图

梨产量反应和农学效率之间存在显著的相关关系（图 2-84）。

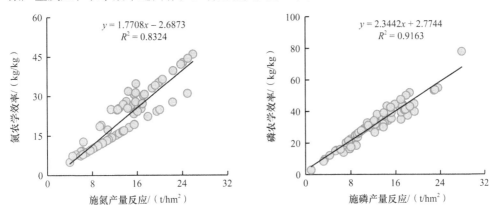

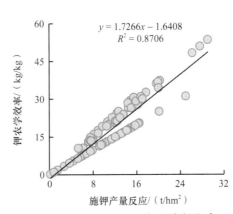

图 2-84　梨产量反应与农学效率关系

2.5.3.4　梨养分吸收特征

应用 QUEFTS 模型模拟梨不同潜在产量下地上部氮、磷、钾最佳养分吸收，氮、磷、钾养分吸收的数据量均为 151 个。结果得出，不论潜在产量为多少，当目标产量达到潜在产量的 60%～70% 时，生产 1t 梨地上部养分需求是一定的，即目标产量所需的养分量在达到潜在产量 60%～70% 前呈直线增长（图 2-85）。

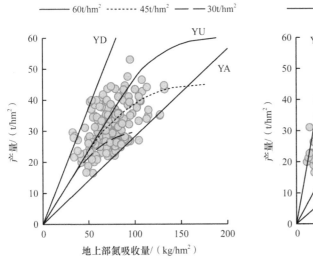

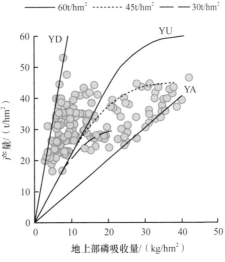

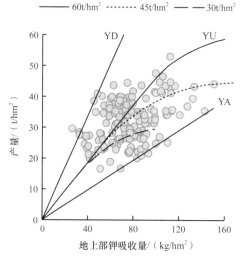

图 2-85　QUEFTS 模型模拟的梨不同潜在产量下地上部最佳养分吸收量

利用 QUEFTS 模型模拟的直线部分，即目标产量达到潜力产量的 60%～70% 时，生产 1t 梨地上部 N、P、K 需求量分别为 2.1kg、0.5kg、2.1kg，氮、磷、钾比例为 1∶0.24∶1，对应的养分内在效率分别为 475kg/kg、2204kg/kg、466kg/kg（表 2-165）。

表 2-165　QUEFTS 模型模拟的梨养分内在效率和单位产量养分吸收量

产量/(t/hm²)	养分内在效率/(kg/kg)			单位产量养分吸收量/(kg/t)		
	N	P	K	N	P	K
0	0	0	0	0	0	0
5	475	2204	466	2.1	0.5	2.1
10	475	2204	466	2.1	0.5	2.1
15	475	2204	466	2.1	0.5	2.1
20	475	2204	466	2.1	0.5	2.1
25	475	2204	466	2.1	0.5	2.1
30	475	2204	466	2.1	0.5	2.1
40	469	2178	460	2.1	0.5	2.2
45	477	2207	466	2.1	0.5	2.1
50	463	2146	453	2.2	0.5	2.2
55	425	1968	416	2.4	0.5	2.4
60	320	1480	313	3.1	0.7	3.2

2.5.3.5　梨养分推荐模型

基于产量反应与农学效率的梨养分推荐方法，主要依据梨目标产量和产量反应，并综合考虑养分平衡，确定梨不同目标产量下氮、磷、钾养分推荐用量。

1. 施氮量的确定

在梨养分专家系统中，推荐氮肥推荐用量主要是根据产量反应和农学效率确定：推荐施氮量（kg N/hm²)=产量反应（t/hm²)/农学效率（kg/kg)×1000（表2-166）。

表 2-166　不同目标产量下梨推荐施氮量

目标产量/ (t/hm²)	地力	产量反应/ (t/hm²)	施氮量/ (kg N/hm²)	目标产量/ (t/hm²)	地力	产量反应/ (t/hm²)	施氮量/ (kg N/hm²)
15	低	4.5	299	40	低	12.5	504
	中	3.5	275		中	10.0	427
	高	3.0	261		高	8.5	366
20	低	6.5	317	45	低	14.5	564
	中	5.0	310		中	11.5	450
	高	4.0	287		高	9.5	392
25	低	8.0	377	50	低	16.0	662
	中	6.5	317		中	13.0	502
	高	5.0	310		高	10.5	441
30	低	9.5	414	55	低	17.5	761
	中	7.5	365		中	14.0	562
	高	6.0	332		高	12.0	467
35	低	11.0	455	60	低	19.0	893
	中	9.0	379		中	15.5	614
	高	7.0	354		高	12.5	504

2. 施磷量的确定

梨施磷量主要考虑梨产量反应、梨移走量（维持土壤平衡）和上季梨磷素残效三部分。不同目标产量下梨的推荐施磷量见表2-167。

表 2-167　不同目标产量下梨推荐施磷量

目标产量/ (t/hm²)	地力	产量反应/ (t/hm²)	施磷量/ (kg P₂O₅/hm²)	目标产量/ (t/hm²)	地力	产量反应/ (t/hm²)	施磷量/ (kg P₂O₅/hm²)
15	低	5.0	139	40	低	14.0	389
	中	3.5	99		中	9.0	255
	高	2.0	59		高	6.0	174
20	低	7.0	194	45	低	15.5	431
	中	4.5	127		中	10.0	283
	高	3.0	87		高	7.0	203
25	低	8.5	236	50	低	17.5	486
	中	5.5	156		中	11.0	312
	高	3.5	102		高	7.5	218
30	低	10.5	292	55	低	19.0	528
	中	6.5	184		中	12.5	354
	高	4.5	131		高	8.0	233
35	低	12.0	334	60	低	20.1	559
	中	8.0	226		中	13.5	382
	高	5.5	159		高	9.0	261

3. 施钾量的确定

梨施钾量主要考虑梨产量反应、梨移走量（维持土壤平衡）和上季梨钾素残效三部分。不同目标产量下梨的推荐施钾量见表2-168。

表 2-168　不同目标产量下梨推荐施钾量

目标产量/ （t/hm²）	地力	产量反应/ （t/hm²）	施钾量/ （kg K₂O/hm²）	目标产量/ （t/hm²）	地力	产量反应/ （t/hm²）	施钾量/ （kg K₂O/hm²）
	低	4.5	114		低	12.0	305
15	中	3.0	86	40	中	7.5	221
	高	2.0	68		高	5.0	174
	低	6.0	153		低	13.5	343
20	中	4.0	115	45	中	8.5	250
	高	2.5	87		高	5.5	194
	低	7.5	191		低	15.0	382
25	中	4.5	135	50	中	9.5	279
	高	3.0	106		高	6.0	213
	低	9.0	229		低	16.5	420
30	中	5.5	163	55	中	10.5	307
	高	3.5	126		高	7.0	242
	低	10.5	267		低	18.0	458
35	中	6.5	192	60	中	11.5	336
	高	4.5	155		高	7.5	261

2.5.3.6　基于产量反应和农学效率的梨养分推荐实践

1. 施肥量

施肥量比较结果（表2-169）显示，与FP、ST处理相比，NE处理的氮肥用量平均分别减少了33.3%、28.2%，磷肥用量平均分别减少了37.3%、13.5%，钾肥用量平均分别减少了53.8%、49.7%。

表 2-169　梨不同施肥处理的施肥量比较

地点	施氮量/（kg N/hm²）			施磷量/（kg P₂O₅/hm²）			施钾量/（kg K₂O/hm²）		
	NE	FP	ST	NE	FP	ST	NE	FP	ST
河北	551b	900a	804a	413b	600a	357c	339b	900a	804a
重庆	350b	450a	450a	140b	280a	280a	210b	290a	290a
平均	450b	675a	627a	276c	440a	319b	275b	595a	547a

2. 产量和经济效益

产量和经济效益比较结果（表2-170）显示，与FP相比，NE处理平均增产18.3%、减少化肥花费 50.4%、提高经济效益 48.7%；与 ST 相比，NE 处理平均增产 6.7%、减少化肥花费 30.5%、提高经济效益 8.3%。

表 2-170　梨不同施肥处理的产量和经济效益比较

地点	产量/(t/hm²)			化肥花费/(万元/hm²)			经济效益/(万元/hm²)		
	NE	FP	ST	NE	FP	ST	NE	FP	ST
河北	40.33a	33.60c	38.08b	0.71c	1.42a	1.02b	9.04a	6.42c	8.20b
重庆	35.50a	30.50c	33.00b	0.42c	0.87a	0.62b	7.20a	4.50c	6.80b
平均	37.92a	32.05c	35.54b	0.57c	1.15a	0.82bc	8.12a	5.46c	7.50b

3. 氮肥利用率

氮肥利用率比较结果（表 2-171）显示，与 FP 相比，NE 处理的氮肥偏生产力、氮肥农学效率平均分别增加了 34.7kg/kg、18.7kg/kg；与 ST 处理相比，NE 处理的氮肥偏生产力、氮肥农学效率平均分别增加了 27.0kg/kg、12.6kg/kg。

表 2-171　梨不同施肥处理的氮肥利用率比较

地点	氮肥偏生产力/(kg/kg)			氮肥农学效率/(kg/kg)		
	NE	FP	ST	NE	FP	ST
河北	73.2a	37.3b	47.4b	27.1a	9.1c	15.8b
重庆	101.4a	67.8b	73.3b	37.3a	17.9c	23.5b
平均	87.3a	52.6b	60.3b	32.2a	13.5c	19.6b

4. 养分表观平衡

养分表观平衡比较结果（表 2-172）显示，FP、NE 和 ST 处理条件下氮、磷、钾均有不同程度的盈余，但均以 NE 处理的最低。

表 2-172　梨不同施肥处理的养分表观平衡比较

梨树类型	品种	地点	处理	N/(kg/hm²)		P₂O₅/(kg/hm²)		K₂O/(kg/hm²)	
				移走量	盈余量	移走量	盈余量	移走量	盈余量
露地	黄冠	河北 1	ST	79.8	724.2	43.5	313.5	96.1	707.9
			NE	84.8	466.2	46.3	366.7	102.1	236.9
			FP	69.8	830.2	38.1	561.9	84.1	815.9
		河北 2	ST	78.0	726.0	42.6	314.4	94.0	710.0
			NE	90.0	461.0	49.1	363.9	108.5	230.5
			FP	75.7	824.3	41.3	558.7	91.2	808.8
		河北 3	ST	82.3	721.7	44.9	312.1	99.1	704.9
			NE	82.4	468.6	45.0	368.0	99.3	239.7
			FP	74.7	825.3	40.8	559.2	90.0	810.0

续表

梨树类型	品种	地点	处理	N/(kg/hm²)		P₂O₅/(kg/hm²)		K₂O/(kg/hm²)	
				移走量	盈余量	移走量	盈余量	移走量	盈余量
露地	黄花	重庆1	ST	70.4	379.7	161.2	118.8	84.8	205.2
			NE	75.0	275.0	171.8	−31.8	90.3	119.7
			FP	65.9	384.1	151.1	128.9	79.5	210.5
		重庆2	ST	68.9	381.1	157.9	122.1	83.0	207.0
			NE	77.3	272.7	177.1	−37.1	93.1	116.9
			FP	64.1	386.0	146.8	133.2	77.2	212.8
		重庆3	ST	72.0	378.0	165.1	114.9	86.8	203.2
			NE	71.8	278.2	164.6	−24.6	86.5	123.5
			FP	62.4	387.6	143.0	137.0	75.2	214.8
	平均		ST	75.2	551.8	102.5	216.0	90.6	456.4
			NE	80.2	370.3	109.0	167.5	96.6	177.9
			FP	68.8	606.3	93.5	346.5	82.9	512.1

2.5.4　桃

汇总了 2000～2019 年的 240 个桃田间试验，模拟了桃最佳养分吸收，创建了桃养分推荐方法。收集的数据样本涵盖了华北、西南、长江中下游和西北主要桃产区。于 2017～2019 年在河北省开展了田间验证试验。

2.5.4.1　桃产量反应

施氮、磷、钾产量反应的频率分布（图 2-86）显示，施氮、磷、钾产量反应接近，平均值分别为 7.7t/hm²、7.8t/hm²、7.8t/hm²。

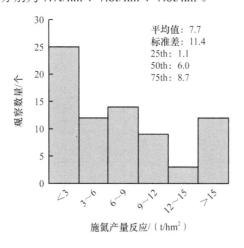
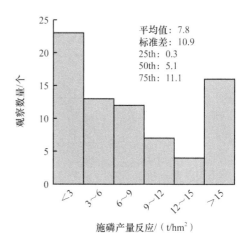

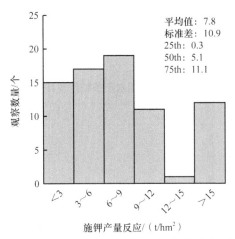

图 2-86　桃施氮、磷、钾产量反应频率分布图

2.5.4.2　桃相对产量与产量反应系数

相对产量频率分布结果（图 2-87）表明，不施氮相对产量在 0.8～1.0 的比例最高，占到 62.6%；不施磷相对产量在 0.8～1.0 的比例最高，占到 54.7%，而其他区间所占比例均较低；不施钾相对产量在 0.8～1.0 的比例占到 56%。不施氮、磷、钾相对产量平均值分别为 0.84、0.84、0.83。

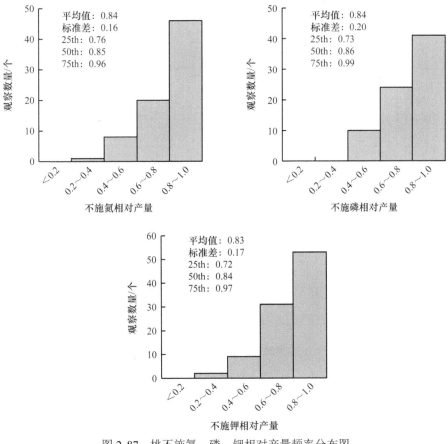

图 2-87　桃不施氮、磷、钾相对产量频率分布图

为进一步对不同肥力水平下的桃进行有针对性的养分管理，用相对产量的 25th、50th、75th 百分位数来表征基础地力的低、中、高水平，用于求算氮、磷、钾施用的产量反应系数，以进一步求算产量反应（表 2-173）。

表 2-173　桃相对产量和产量反应系数

参数	不施 N 相对产量	不施 P 相对产量	不施 K 相对产量	N 产量反应系数	P 产量反应系数	K 产量反应系数
n	79	79	83	79	79	83
25th	0.76	0.73	0.72	0.24	0.27	0.28
50th	0.85	0.86	0.84	0.15	0.14	0.16
75th	0.96	0.99	0.97	0.04	0.01	0.03

2.5.4.3　桃农学效率

优化施肥处理下，氮、磷、钾农学效率平均分别为 21.7kg/kg、50.6kg/kg、22.9kg/kg，氮农学效率低于 25.0kg/kg 的占全部观察数据的 65.3%，磷农学效率低于 50kg/kg 的占全部观察数据的 60%，钾农学效率低于 20kg/kg 的占全部观察数据的 64.0%（图 2-88）。

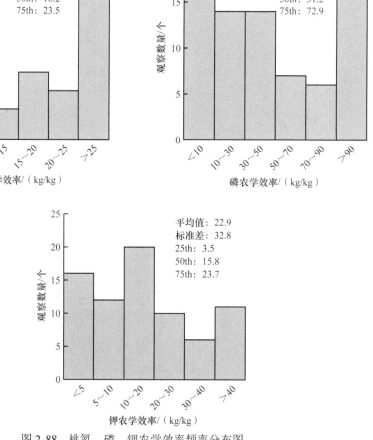

图 2-88　桃氮、磷、钾农学效率频率分布图

桃产量反应和农学效率之间存在显著的线性关系，随着产量反应的不断增加，农学效率随之增加（图 2-89）。

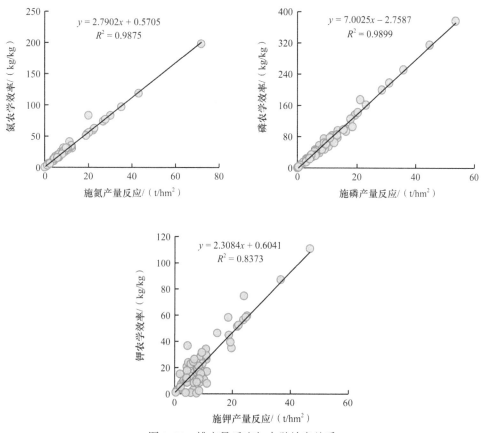

图 2-89　桃产量反应与农学效率关系

2.5.4.4　桃养分吸收特征

应用 QUEFTS 模型模拟桃不同目标产量下地上部氮、磷、钾养分吸收，氮、磷、钾养分吸收的数据量均为 161 个。结果显示，不论潜在产量为多少，当目标产量达到潜在产量的 $60\%\sim70\%$ 时，生产 1t 桃地上部养分需求是一定的，即目标产量所需的养分量在达到潜在产量 $60\%\sim70\%$ 前呈直线增长（图 2-90）。

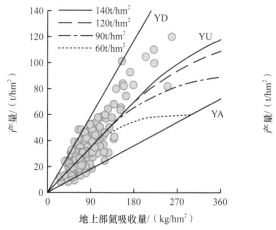

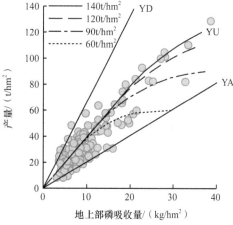

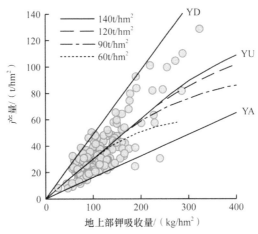

图 2-90　QUEFTS 模型模拟的桃不同潜在产量下地上部最佳养分吸收量

对于桃（表 2-174），直线部分生产 1t 桃地上部氮、磷、钾养分吸收量分别为 2.57kg、0.25kg、3.30kg，相应的养分内在效率分别为 388kg/kg、3947kg/kg、303kg/kg。

表 2-174　QUEFTS 模型模拟的桃养分内在效率和单位产量养分吸收量

产量/(t/hm²)	养分内在效率/(kg/kg)			单位产量养分吸收量/(kg/t)		
	N	P	K	N	P	K
0	0	0	0	0	0	0
10	388	3947	303	2.57	0.25	3.30
20	388	3947	303	2.57	0.25	3.30
30	388	3947	303	2.57	0.25	3.30
40	388	3947	303	2.57	0.25	3.30
50	388	3947	303	2.57	0.25	3.30
60	388	3947	303	2.57	0.25	3.30
70	388	3947	303	2.57	0.25	3.30
80	377	3827	293	2.66	0.26	3.41
90	357	3623	278	2.80	0.28	3.60
100	332	3376	259	3.01	0.30	3.86
120	316	3214	246	3.16	0.31	4.06

2.5.4.5　桃养分推荐模型

基于产量反应与农学效率的桃养分推荐方法，主要依据桃目标产量和产量反应，并综合考虑养分平衡，确定桃不同目标产量下氮、磷、钾养分推荐用量。

1. 施氮量的确定

在桃养分专家系统中，推荐氮肥用量根据产量反应和农学效率确定：推荐施氮量（kg N/hm²）=产量反应（t/hm²）/农学效率（kg/kg）×1000（表 2-175）。

表 2-175　不同目标产量下桃推荐施氮量

目标产量/ (t/hm²)	地力	产量反应/ (t/hm²)	施氮量/ (kg N/hm²)	目标产量/ (t/hm²)	地力	产量反应/ (t/hm²)	施氮量/ (kg N/hm²)
15	低	3.5	317	40	低	9.5	415
	中	2.0	292		中	6.0	354
	高	0.5	231		高	1.5	281
20	低	4.5	332	45	低	10.5	436
	中	3.0	309		中	6.5	362
	高	1.0	265		高	2.0	292
25	低	6.0	354	50	低	12.0	470
	中	3.5	317		中	7.5	379
	高	1.0	265		高	2.0	292
30	低	7.0	370	55	低	13.0	497
	中	4.5	332		中	8.0	387
	高	1.5	281		高	2.5	301
35	低	8.5	396	60	低	14.0	526
	中	5.0	339		中	9.0	405
	高	1.5	281		高	2.5	301

2. 施磷量的确定

桃施磷量主要考虑桃产量反应、桃移走量（维持土壤平衡）和上季桃磷素残效三部分。不同目标产量下桃的推荐施磷量见表 2-176。

表 2-176　不同目标产量下桃推荐施磷量

目标产量/ (t/hm²)	地力	产量反应/ (t/hm²)	施磷量/ (kg P₂O₅/hm²)	目标产量/ (t/hm²)	地力	产量反应/ (t/hm²)	施磷量/ (kg P₂O₅/hm²)
15	低	4.0	35	40	低	11.0	96
	中	2.5	25		中	6.0	61
	高	0.0	8		高	0.5	24
20	低	5.5	48	45	低	12.5	109
	中	3.0	31		中	7.0	71
	高	0.0	10		高	0.5	26
25	低	7.0	61	50	低	13.5	118
	中	4.0	40		中	7.5	77
	高	0.5	16		高	0.5	29
30	低	8.0	70	55	低	15.0	131
	中	4.5	46		中	8.5	86
	高	0.5	19		高	0.5	31
35	低	9.5	83	60	低	16.5	144
	中	5.5	55		中	9.0	92
	高	0.5	21		高	0.5	34

3. 施钾量的确定

桃施钾量主要考虑桃产量反应、桃移走量（维持土壤平衡）和上季桃钾素残效三部分。不同目标产量下桃的推荐施钾量见表 2-177。

表 2-177　不同目标产量下桃推荐施钾量

目标产量/ （t/hm²）	地力	产量反应/ （t/hm²）	施钾量/ （kg K₂O/hm²）	目标产量/ （t/hm²）	地力	产量反应/ （t/hm²）	施钾量/ （kg K₂O/hm²）
15	低	4.0	125	40	低	11.0	339
	中	3.0	105		中	7.5	270
	高	0.5	55		高	1.5	150
20	低	5.5	170	45	低	12.5	384
	中	3.5	130		中	8.5	304
	高	0.5	70		高	1.5	165
25	低	7.0	214	50	低	14.0	429
	中	4.5	165		中	9.5	339
	高	1.0	95		高	2.0	190
30	低	8.5	259	55	低	15.5	474
	中	5.5	200		中	10.5	374
	高	1.0	110		高	2.0	205
35	低	10.0	304	60	低	17.0	519
	中	6.5	235		中	11.0	399
	高	1.5	135		高	2.0	220

2.5.4.6　基于产量反应和农学效率的桃养分推荐实践

1. 施肥量

施肥量比较结果（表 2-178）表明，与 FP 处理相比，NE 处理的平均氮、磷、钾肥用量分别减少了 8.5%、16.7%、37.6%；与 ST 处理相比，NE 处理显著增加了氮肥和磷肥用量，NE 处理显著降低了钾肥用量。

表 2-178　桃不同施肥处理的施肥量比较

地点	施氮量/（kg N/hm²）			施磷量/（kg P₂O₅/hm²）			施钾量/（kg K₂O/hm²）		
	NE	FP	ST	NE	FP	ST	NE	FP	ST
河北 1	362b	400a	300c	142b	180a	120c	230c	420a	320b
河北 2	362b	400a	300c	142b	180a	120c	230c	420a	320b
河北 3	362b	400a	300c	142b	180a	120c	230c	420a	320b
河北 4	362b	400a	300c	142b	180a	120c	230c	420a	320b
河北 5	362b	400a	300c	142b	180a	120c	230c	420a	320b
河北 6	362b	400a	300c	142b	180a	120c	230c	420a	320b

续表

地点	施氮量/(kg N/hm²)			施磷量/(kg P₂O₅/hm²)			施钾量/(kg K₂O/hm²)		
	NE	FP	ST	NE	FP	ST	NE	FP	ST
河北 7	362b	400a	300c	142b	180a	120c	230c	420a	320b
河北 8	372b	400a	240c	163b	180a	120c	318b	420a	320c
河北 9	372b	400a	240c	163b	180a	120c	318b	420a	320c
河北 10	372b	400a	240c	163b	180a	120c	318b	420a	320c
河北 11	372b	400a	240c	163b	180a	120c	318b	420a	320c
平均	366b	400a	278c	150b	180a	120c	262c	420a	320b

2. 产量和经济效益

产量和经济效益比较结果（表 2-179）表明，与 FP 处理相比，NE 处理的平均产量、经济效益分别提高了 29.1%、32.8%；NE 和 ST 处理间的产量、经济效益均无显著差异。

表 2-179　桃不同施肥处理的产量和经济效益比较

地点	产量/(t/hm²)			化肥花费/(万元/hm²)			经济效益/(万元/hm²)		
	NE	FP	ST	NE	FP	ST	NE	FP	ST
河北 1	42.5a	28.7b	45.7a	0.48b	0.66a	0.48b	16.5a	10.8b	17.8a
河北 2	111.4a	78.9c	96.0b	0.48b	0.66a	0.48b	44.1a	30.9b	37.9a
河北 3	36.5b	37.4b	42.7a	0.48b	0.66a	0.48b	14.1b	14.3b	16.6a
河北 4	50.0a	38.2b	46.7ab	0.48b	0.66a	0.48b	19.5a	14.6b	18.2a
河北 5	29.5b	29.4b	41.2a	0.48b	0.66a	0.48b	11.3b	11.1b	16.0a
河北 6	50.0b	36.0c	57.5a	0.48b	0.66a	0.48b	19.5b	13.7c	22.5a
河北 7	45.0b	29.1c	52.9a	0.48b	0.66a	0.48b	17.5b	11.0c	20.7a
河北 8	25.8a	16.1b	24.5a	0.56b	0.66a	0.45b	9.8a	5.8b	9.4a
河北 9	16.0c	19.7b	19.8a	0.56b	0.66a	0.45b	5.8b	7.2a	7.5a
河北 10	18.4a	18.4a	15.0a	0.56b	0.66a	0.45b	6.8a	6.7a	5.6a
河北 11	33.6a	23.1c	25.8b	0.56b	0.66a	0.45b	12.9a	8.6b	9.9b
平均	41.7a	32.3b	42.5a	0.51b	0.66a	0.47b	16.2a	12.2b	16.5a

3. 氮肥利用率

氮肥利用率比较结果（表 2-180）表明，与 FP 处理相比，NE 处理的氮肥偏生产力、氮肥农学效率平均分别提高了 33.9kg/kg、27.0kg/kg；由于 ST 处理的施肥量较低，其氮肥利用率高于 NE 处理。

表 2-180　桃不同施肥处理的氮肥利用率比较

地点	氮肥偏生产力/(kg/kg)			氮肥农学效率/(kg/kg)		
	NE	FP	ST	NE	FP	ST
河北 1	117.4b	71.8c	152.3a	39.9b	1.6c	58.8a

地点	氮肥偏生产力/(kg/kg)			氮肥农学效率/(kg/kg)		
	NE	FP	ST	NE	FP	ST
河北 2	307.7a	197.3b	320.0a	117.9a	25.5c	91.0b
河北 3	100.8	93.4	142.2a	23.5b	23.5b	49.1a
河北 4	138.1	95.5	155.7a	48.7a	14.6b	47.7a
河北 5	81.5b	73.5b	137.3a	15.1b	13.4b	57.3a
河北 6	138.1b	90.0c	191.7a	43.0b	3.9c	76.9a
河北 7	124.3b	72.8c	176.3a	48.3b	4.0c	84.6a
河北 8	69.4b	40.3c	102.1a	26.5b	0.4a	35.7b
河北 9	43.0b	49.3b	82.5a	7.2c	16.0b	27.0a
河北 10	49.5a	46.0a	62.5a	16.0a	14.9a	10.7b
河北 11	90.3b	57.8c	107.5a	37.1a	8.3c	25.0b
平均	114.6b	80.7c	148.2a	38.5a	11.5b	51.2a

4. 养分表观平衡

养分表观平衡比较结果（表 2-181）显示，FP、NE、ST 处理的氮、磷、钾均有不同程度的盈余，但均以 FP 处理的最高。

表 2-181　桃不同施肥处理的养分表观平衡比较

地点	处理	N/(kg/hm²)		P₂O₅/(kg/hm²)		K₂O/(kg/hm²)	
		移走量	盈余量	移走量	盈余量	移走量	盈余量
河北 1	FP	79	321	23.7	156	135	285
	NE	117	245	35.2	107	200	30
	ST	126	174	37.8	82	215	105
河北 2	FP	218	182	65.3	115	371	49
	NE	308	54	92.2	50	524	−294
	ST	265	35	79.4	41	452	−132
河北 3	FP	103	297	30.9	149	176	244
	NE	101	261	30.2	112	172	58
	ST	118	182	35.3	85	201	119
河北 4	FP	106	294	31.6	148	180	240
	NE	138	224	41.4	101	235	−5
	ST	129	171	38.6	81	220	100
河北 5	FP	81	319	24.3	156	138	282
	NE	82	280	24.4	118	139	91
	ST	114	186	34.1	86	194	126
河北 6	FP	100	300	29.8	150	169	251
	NE	138	224	41.4	101	235	−5
	ST	159	141	47.6	72	271	49

续表

地点	处理	N/(kg/hm²)		P₂O₅/(kg/hm²)		K₂O/(kg/hm²)	
		移走量	盈余量	移走量	盈余量	移走量	盈余量
河北 7	FP	80	320	24.1	156	137	283
	NE	124	238	37.2	105	212	18
	ST	146	154	43.8	76	249	71
河北 8	FP	45	355	13.3	167	76	344
	NE	71	301	21.3	142	121	197
	ST	68	172	20.3	100	115	205
河北 9	FP	54	346	16.3	164	93	327
	NE	44	328	13.2	150	75	243
	ST	55	185	16.4	104	93	227
河北 10	FP	51	349	15.2	165	87	333
	NE	51	321	15.2	148	87	231
	ST	41	199	12.4	108	71	249
河北 11	FP	64	336	19.1	161	109	311
	NE	93	279	27.8	135	158	160
	ST	71	169	21.3	99	121	199
平均	FP	89	311	27	153	152	268
	NE	115	250	35	115	196	66
	ST	117	161	35	85	200	120

2.5.5　葡萄

汇总了 1989～2019 年的 186 个葡萄田间试验，模拟了葡萄最佳养分吸收，创建了葡萄养分推荐方法。收集的数据样本涵盖了东北、西北、华北、西南和长江中下游地区。于 2017～2019 年在辽宁葡萄主产区开展了 20 个田间验证试验。

2.5.5.1　葡萄产量反应

施氮、磷、钾产量反应的频率分布显示，施氮平均产量反应为 4.7t/hm²，施磷、钾平均产量反应分别为 4.3t/hm²、4.1t/hm²（图 2-91），表明氮肥仍然是产量的首要限制因子。

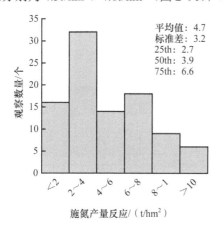

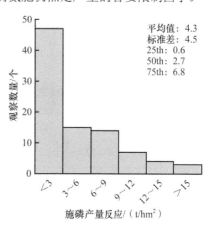

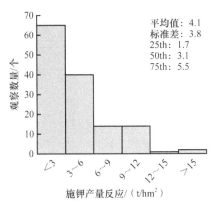

图 2-91　葡萄施氮、磷、钾产量反应频率分布图

2.5.5.2　葡萄相对产量与产量反应系数

相对产量频率分布结果表明，不施氮相对产量低于 0.80 的占全部观察数据的 31.6%，而不施磷、钾相对产量高于 0.80 的分别占各自全部观察数据的 64.4%、72.8%。不施氮、磷、钾相对产量平均值分别为 0.85、0.87、0.87（图 2-92）。

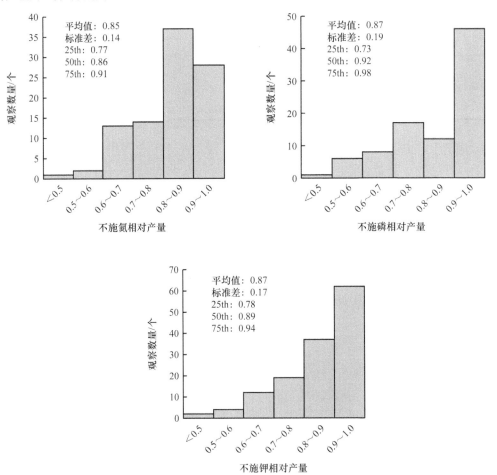

图 2-92　葡萄不施氮、磷、钾相对产量频率分布图

土壤基础养分供应低、中、高水平所对应的相对产量如表 2-182 所示。土壤基础 N 养分供应低、中、高水平所对应的相对产量分别为 0.77、0.86、0.91；土壤基础 P 养分供应低、中、高水平所对应的相对产量分别为 0.73、0.92、0.98；土壤基础 K 养分供应低、中、高水平所对应的相对产量分别为 0.78、0.89、0.94。

表 2-182 葡萄相对产量和产量反应系数

参数	不施 N 相对产量	不施 P 相对产量	不施 K 相对产量	N 产量反应系数	P 产量反应系数	K 产量反应系数
n	95	90	136	95	90	136
25th	0.77	0.73	0.78	0.23	0.27	0.22
50th	0.86	0.92	0.89	0.14	0.08	0.11
75th	0.91	0.98	0.94	0.09	0.02	0.06

2.5.5.3 葡萄农学效率

从农学效率的分布情况（图 2-93）可以看出，葡萄氮、磷、钾农学效率平均分别为 22.8kg/kg、14.5kg/kg、18.1kg/kg，氮农学效率低于 20kg/kg 的占全部观察数据的 69.5%，而磷、钾农学效率低于 20kg/kg 的分别占各自全部观察数据的 60.0%、70.6%。

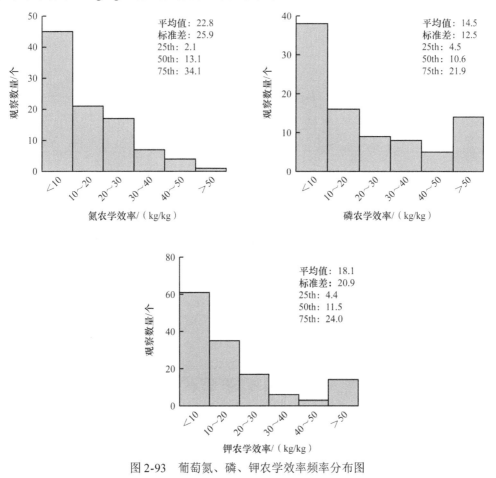

图 2-93 葡萄氮、磷、钾农学效率频率分布图

葡萄产量反应和农学效率之间存在显著的二次曲线关系，随着产量反应的不断增加，农学效率随之增加，产量反应继续增加，农学效率增加的幅度则逐渐降低（图2-94）。该关系包含了不同的环境条件、地力水平、葡萄品种信息，可依此进行养分推荐。

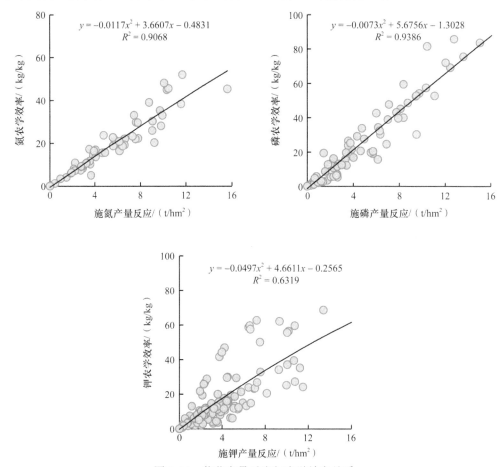

图2-94　葡萄产量反应与农学效率关系

2.5.5.4　葡萄养分吸收特征

应用QUEFTS模型模拟葡萄不同潜在产量下地上部氮、磷、钾最佳吸收量，氮、磷、钾养分吸收的数据量均为356个。模拟结果（图2-95）显示，不论潜在产量为多少，当目标产量达到潜在产量的60%～70%时，生产1t葡萄地上部养分需求是一定的，即目标产量所需的养分量在达到潜在产量60%～70%前呈直线增长。

当目标产量达到潜在产量的60%～70%时，直线部分生产1t葡萄地上部所需要的N、P、K养分量分别为2.2kg、0.6kg、2.7kg，氮、磷、钾比例为3.67∶1∶4.50，相应的养分内在效率分别为458.5kg/kg、1802.0kg/kg、372.4kg/kg（表2-183）。

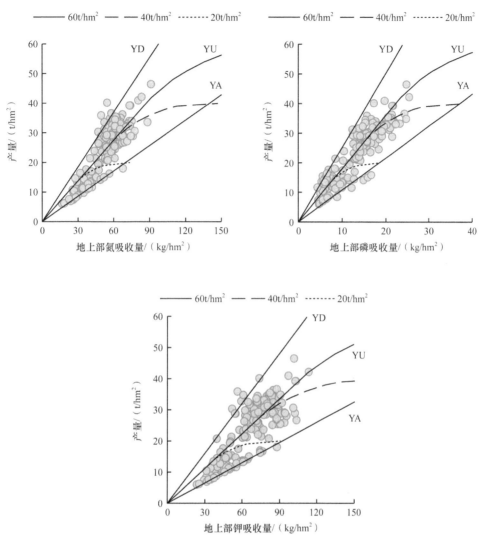

图 2-95　QUEFTS 模型模拟的葡萄不同潜在产量下地上部最佳养分吸收量

表 2-183　QUEFTS 模型模拟的葡萄养分内在效率和单位产量养分吸收量

产量/(t/hm²)	养分内在效率/(kg/kg)			单位产量养分吸收量/(kg/t)		
	N	P	K	N	P	K
0	0	0	0	0	0	0
1	458.5	1802.0	372.4	2.2	0.6	2.7
2	458.5	1802.0	372.4	2.2	0.6	2.7
3	458.5	1802.0	372.4	2.2	0.6	2.7
6	458.5	1802.0	372.4	2.2	0.6	2.7
12	458.5	1802.0	372.4	2.2	0.6	2.7
18	458.5	1802.0	372.4	2.2	0.6	2.7
24	458.5	1802.0	372.4	2.2	0.6	2.7

产量/(t/hm²)	养分内在效率/(kg/kg)			单位产量养分吸收量/(kg/t)		
	N	P	K	N	P	K
30	458.5	1802.0	372.4	2.2	0.6	2.7
36	458.5	1802.0	372.4	2.2	0.6	2.7
42	458.5	1802.0	372.4	2.2	0.6	2.7
48	438.7	1723.9	356.3	2.3	0.6	2.8
51	420.6	1652.9	341.6	2.4	0.6	2.9
54	398.6	1566.3	323.7	2.5	0.6	3.1
57	368.7	1448.8	299.4	2.7	0.7	3.3
58	354.8	1394.5	288.2	2.8	0.7	3.5
59	336.1	1320.8	273.0	3.0	0.8	3.7
60	272.4	1070.7	221.3	3.7	0.9	4.5

2.5.5.5　葡萄养分推荐模型

基于产量反应与农学效率的葡萄养分推荐方法，主要依据葡萄目标产量和产量反应，并综合考虑养分平衡，确定葡萄不同目标产量下氮、磷、钾养分推荐用量。

1. 施氮量的确定

在葡萄养分专家系统中，推荐氮肥用量根据产量反应和农学效率确定：推荐施氮量（kg N/hm²）=产量反应（t/hm²）/农学效率（kg/kg）×1000（表2-184）。

表2-184　不同目标产量下葡萄推荐施氮量

目标产量/(t/hm²)	地力	产量反应/(t/hm²)	施氮量/(kg N/hm²)	目标产量/(t/hm²)	地力	产量反应/(t/hm²)	施氮量/(kg N/hm²)
	低	4.00	267		低	10.75	312
15	中	2.50	256	40	中	6.50	283
	高	1.25	241		高	3.50	263
	低	5.25	275		低	12.00	322
20	中	3.25	262	45	中	7.25	288
	高	1.75	248		高	3.75	265
	低	6.75	285		低	13.50	333
25	中	4.00	267	50	中	8.25	295
	高	2.25	254		高	4.25	269
	低	8.00	293		低	14.75	344
30	中	5.00	274	55	中	9.00	300
	高	2.50	256		高	4.75	272
	低	9.50	303		低	16.00	355
35	中	5.75	278	60	中	9.75	305
	高	3.00	260		高	5.00	274

2. 施磷量的确定

葡萄施磷量主要考虑葡萄产量反应、葡萄移走量（维持土壤平衡）和上季葡萄磷素残效三部分。不同目标产量下葡萄的推荐施磷量见表 2-185。

表 2-185　不同目标产量下葡萄推荐施磷量

目标产量/ (t/hm²)	地力	产量反应/ (t/hm²)	施磷量/ (kg P₂O₅/hm²)	目标产量/ (t/hm²)	地力	产量反应/ (t/hm²)	施磷量/ (kg P₂O₅/hm²)
15	低	4.50	65	40	低	12.25	176
	中	3.00	45		中	7.75	117
	高	0.75	15		高	2.00	40
20	低	6.00	87	45	低	13.75	198
	中	4.00	60		中	8.75	132
	高	1.00	20		高	2.25	45
25	低	7.75	112	50	低	15.25	220
	中	4.75	72		中	9.75	147
	高	1.25	25		高	2.50	50
30	低	9.25	133	55	低	16.75	241
	中	5.75	87		中	10.75	162
	高	1.50	30		高	2.75	55
35	低	10.75	155	60	低	18.25	263
	中	6.75	102		中	11.75	177
	高	1.75	35		高	3.00	60

3. 施钾量的确定

葡萄施钾量主要考虑葡萄产量反应、葡萄移走量（维持土壤平衡）和上季葡萄钾素残效三部分。不同目标产量下葡萄的推荐施钾量见表 2-186。

表 2-186　不同目标产量下葡萄推荐施钾量

目标产量/ (t/hm²)	地力	产量反应/ (t/hm²)	施钾量/ (kg K₂O/hm²)	目标产量/ (t/hm²)	地力	产量反应/ (t/hm²)	施钾量/ (kg K₂O/hm²)
15	低	4.00	150	30	低	7.75	293
	中	2.25	101		中	4.50	201
	高	1.00	65		高	2.00	131
20	低	5.25	198	35	低	9.00	341
	中	3.00	134		中	5.25	235
	高	1.50	92		高	2.50	157
25	低	6.50	245	40	低	10.25	388
	中	3.75	168		中	6.00	268
	高	1.75	111		高	2.75	177

续表

目标产量/ (t/hm²)	地力	产量反应/ (t/hm²)	施钾量/ (kg K₂O/hm²)	目标产量/ (t/hm²)	地力	产量反应/ (t/hm²)	施钾量/ (kg K₂O/hm²)
	低	11.75	443		低	14.25	538
45	中	6.75	302	55	中	8.25	369
	高	3.25	203		高	3.75	242
	低	13.00	491		低	15.50	586
50	中	7.50	336	60	中	9.00	403
	高	3.50	223		高	4.25	269

2.5.5.6　基于产量反应和农学效率的葡萄养分推荐实践

1. 施肥量

施肥量比较结果（表 2-187）显示，与 FP 处理相比，NE 处理显著降低了氮肥、磷肥、钾肥施用量，平均分别降低了 25.8%、22.7%、22.3%；与 ST 处理相比，NE 处理平均氮肥、磷肥、钾肥施用量分别降低了 13.1%、20.5%、25.3%。

表 2-187　葡萄不同施肥处理的施肥量比较

年份	施氮量/(kg N/hm²)			施磷量/(kg P₂O₅/hm²)			施钾量/(kg K₂O/hm²)		
	NE	FP	ST	NE	FP	ST	NE	FP	ST
2017	285a	377a	333a	180b	180b	210a	375b	371c	451a
2018	300b	438a	350a	180c	260a	210b	395b	453a	475a
2019	311c	395a	350b	140b	209a	210a	276b	524a	475a
平均	299c	403a	344b	167b	216a	210a	349b	449a	467a

2. 产量和经济效益

产量和经济效益比较结果（表 2-188）显示，NE 处理与 FP、ST 处理相比，平均产量分别增加了 0.7t/hm²、0.2t/hm²，增幅为 2.2%、0.6%；平均经济效益分别提高了 4560 元/hm²、1356 元/hm²，增幅为 2.8%、0.8%。

表 2-188　葡萄不同施肥处理的产量和经济效益比较

年份	产量/(t/hm²)			化肥花费/(元/hm²)			经济效益/(元/hm²)		
	NE	FP	ST	NE	FP	ST	NE	FP	ST
2017	21.4a	20.2b	20.5b	4 963c	5 334b	5 890a	95 090a	89 613b	91 280b
2018	39.1b	38.6c	39.3a	5 174c	6 625a	5 900b	229 322b	224 876c	229 882a
2019	35.8b	35.5c	36.0a	4 132c	6 692a	6 142b	184 684b	180 927b	183 868b
平均	32.1a	31.4b	31.9b	4 756c	6 217a	5 977b	169 699a	165 139c	168 343b

3. 氮肥利用率

氮肥利用率比较结果显示，与 FP、ST 处理相比，NE 处理平均氮肥农学效率分别提高了

4.4kg/kg、4.1kg/kg，平均氮肥偏生产力分别增加了 26.1kg/kg、24.4kg/kg（表 2-189）。

表 2-189　葡萄不同施肥处理的氮肥利用率比较

年份	氮肥农学效率/(kg/kg)			氮肥偏生产力/(kg/kg)		
	NE	FP	ST	NE	FP	ST
2017	10.6a	5.1b	6.6b	73.7a	54.7b	58.4b
2018	15.6a	12.1b	10.7b	130.3a	93.5b	93.0b
2019	14.3a	10.1b	11.0b	114.5a	92.1b	94.2b
平均	13.5a	9.1b	9.4b	106.2a	80.1b	81.8b

4. 养分表观平衡

由养分表观平衡分析结果（表 2-190）可知，与 FP、ST 处理相比，NE 处理降低了氮、磷、钾盈余量，氮分别平均降低了 87kg/hm^2、16kg/hm^2，磷分别平均降低了 28kg/hm^2、30kg/hm^2，钾分别平均降低了 72kg/hm^2、80kg/hm^2。

表 2-190　葡萄不同施肥处理的养分表观平衡比较

年份	处理	N/(kg/hm^2)		P$_2$O$_5$/(kg/hm^2)		K$_2$O/(kg/hm^2)	
		移走量	盈余量	移走量	盈余量	移走量	盈余量
2017	NE	49	236	28	152	78	298
	FP	51	326	26	154	80	291
	ST	44	288	23	187	74	377
2018	NE	67	233	43	137	96	299
	FP	67	310	43	137	97	275
	ST	63	287	41	169	88	387
2019	NE	63	251	51	88	103	173
	FP	61	346	43	171	105	420
	ST	40	193	29	111	70	247
平均	NE	59	240	41	126	92	257
	FP	60	327	37	154	94	329
	ST	49	256	31	156	77	337

2.5.6　香蕉

汇总了 1992～2019 年的 198 个香蕉田间试验，模拟了香蕉最佳养分吸收，创建了香蕉养分推荐方法。收集的数据样本涵盖了东南和西南主要香蕉产区。于 2017～2019 年在海南省开展了田间验证试验。

2.5.6.1　香蕉产量反应

施氮、磷、钾产量反应的频率分布（图 2-96）显示，施氮、钾产量反应较高，平均值分别为 11.5t/hm^2、13.9t/hm^2，施磷产量反应较低，平均值为 3.8t/hm^2，表明氮和钾肥是产量的首要限制因子。

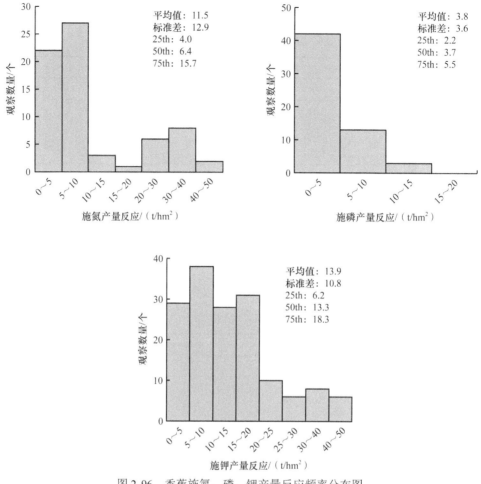

图2-96 香蕉施氮、磷、钾产量反应频率分布图

2.5.6.2 香蕉相对产量与产量反应系数

相对产量频率分布结果（图2-97）表明，不施钾相对产量低于0.8的占全部观察数据的61.9%，而不施磷、氮相对产量高于0.8的分别占各自全部观察数据的12.3%、43.5%。不施氮、

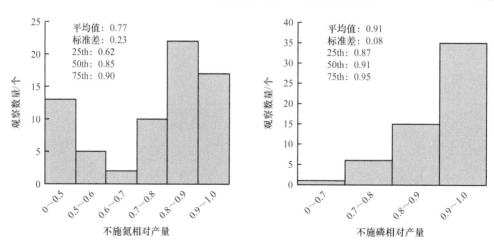

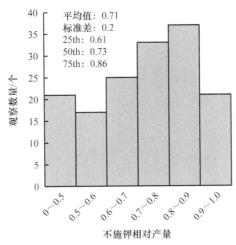

图 2-97　香蕉不施氮、磷、钾相对产量频率分布图

磷、钾相对产量平均值分别为 0.77、0.91、0.71，进一步证实施钾和氮的增产效果最为显著。

用相对产量的 25th、50th、75th 百分位数来表征基础地力的低、中、高水平，用于求算氮、磷、钾施用的产量反应系数，以进一步求算产量反应（表 2-191）。

表 2-191　香蕉相对产量和产量反应系数

参数	不施 N 相对产量	不施 P 相对产量	不施 K 相对产量	N 产量反应系数	P 产量反应系数	K 产量反应系数
n	68	57	155	68	57	155
25th	0.62	0.87	0.61	0.38	0.13	0.39
50th	0.85	0.91	0.73	0.15	0.09	0.27
75th	0.90	0.95	0.86	0.10	0.05	0.14

2.5.6.3　香蕉农学效率

优化施肥处理下，氮、磷、钾农学效率平均分别为 15.6kg/kg、17.8kg/kg、9.6kg/kg，氮、磷农学效率低于 20kg/kg 的分别占各自全部观察数据的 74.3%、63.4%，而钾农学效率低于 15kg/kg 的占全部观察数据的 85.3%（图 2-98）。

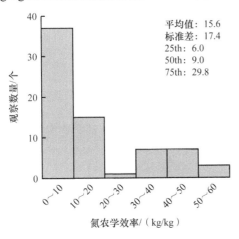

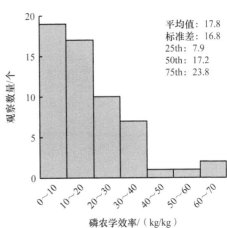

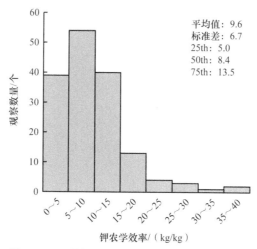

图 2-98　香蕉氮、磷、钾农学效率频率分布图

　　香蕉产量反应和农学效率之间存在显著的二次曲线关系，随着产量反应的不断增加，农学效率随之增加，产量反应继续增加，农学效率增加的幅度则逐渐降低（图 2-99）。该关系包含了不同的环境条件、地力水平、香蕉品种信息，因此可以依此进行养分推荐。

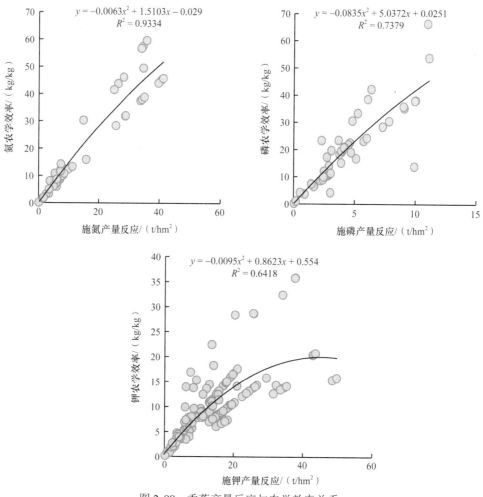

图 2-99　香蕉产量反应与农学效率关系

2.5.6.4　香蕉养分吸收特征

应用 QUEFTS 模型模拟香蕉不同潜在产量下地上部氮、磷、钾最佳吸收量，氮、磷、钾养分吸收的数据量分别为 497 个、491 个、491 个。模拟结果（图 2-100）显示，不论潜在产量为多少，当目标产量达到潜在产量的 70%～80% 时，生产 1t 香蕉地上部养分需求是一定的，即目标产量所需的养分量在达到潜在产量 70%～80% 前呈直线增长。

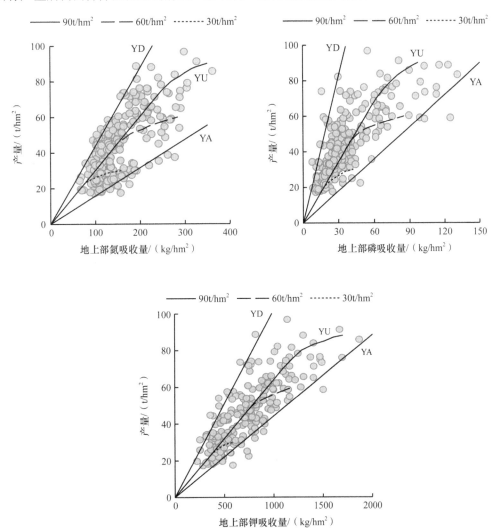

图 2-100　QUEFTS 模型模拟的香蕉不同潜在产量下地上部最佳养分吸收量

QUEFTS 模型模拟的直线部分生产 1t 香蕉地上部氮、磷、钾养分需求量分别为 3.3kg、0.9kg、15.6kg，相应的养分内在效率分别为 301kg/kg、1142kg/kg、64kg/kg（表 2-192）。

表 2-192　QUEFTS 模型模拟的香蕉养分内在效率和单位产量养分吸收量

产量/(t/hm²)	养分内在效率/(kg/kg)			单位产量养分吸收量/(kg/t)		
	N	P	K	N	P	K
0	0	0	0	0	0	0
10	301	1142	64	3.3	0.9	15.6
20	301	1142	64	3.3	0.9	15.6
30	301	1142	64	3.3	0.9	15.6
40	301	1142	64	3.3	0.9	15.6
50	301	1142	64	3.3	0.9	15.6
60	301	1142	64	3.3	0.9	15.6
65	301	1142	64	3.3	0.9	15.6
70	301	1129	64	3.3	0.9	15.6
75	301	1103	63	3.3	0.9	15.8
80	296	1067	62	3.4	0.9	16.1
85	281	1012	56	3.6	1.0	17.9
90	257	928	52	3.9	1.1	19.1

2.5.6.5　香蕉养分推荐模型

基于产量反应与农学效率的香蕉养分推荐方法，主要依据香蕉目标产量和产量反应，并综合考虑养分平衡，确定香蕉不同目标产量下氮、磷、钾养分推荐用量。

1. 施氮量的确定

在香蕉养分专家系统中，推荐氮肥用量根据产量反应和农学效率确定：推荐施氮量（kg N/hm²）=产量反应（t/hm²）/农学效率（kg/kg）×1000（表 2-193）。

表 2-193　不同目标产量下香蕉推荐施氮量

目标产量/(t/hm²)	地力	产量反应/(t/hm²)	施氮量/(kg N/hm²)	目标产量/(t/hm²)	地力	产量反应/(t/hm²)	施氮量/(kg N/hm²)
35	低	13.0	866	55	低	20.5	998
	中	5.5	677		中	8.5	770
	高	3.0	543		高	5.0	657
40	低	15.0	902	60	低	22.5	1032
	中	6.0	696		中	9.0	782
	高	3.5	578		高	5.5	677
45	低	17.0	937	65	低	24.5	1068
	中	7.0	728		中	10.0	805
	高	4.0	608		高	6.0	696
50	低	19.0	972	70	低	26.5	1104
	中	7.5	743		中	10.5	816
	高	4.5	634		高	6.5	713

2. 施磷量的确定

香蕉施磷量主要考虑香蕉产量反应、香蕉移走量（维持土壤平衡）和上季香蕉磷素残效三部分。不同目标产量下香蕉的推荐施磷量见表 2-194。

表 2-194　不同目标产量下香蕉推荐施磷量

目标产量/ （t/hm²）	地力	产量反应/ （t/hm²）	施磷量/ （kg P₂O₅/hm²）	目标产量/ （t/hm²）	地力	产量反应/ （t/hm²）	施磷量/ （kg P₂O₅/hm²）
35	低	4.5	89	55	低	7.0	138
	中	3.0	63		中	4.5	96
	高	1.5	38		高	2.5	62
40	低	5.0	99	60	低	7.5	149
	中	3.5	74		中	5.0	106
	高	2	48		高	3.0	72
45	低	5.5	110	65	低	8.5	168
	中	4.0	84		中	5.5	116
	高	2	50		高	3.0	74
50	低	6.5	128	70	低	9.0	178
	中	4.5	94		中	6.0	127
	高	2.5	60		高	3.5	84

3. 施钾量的确定

香蕉施钾量主要考虑香蕉产量反应、香蕉移走量（维持土壤平衡）和上季香蕉钾素残效三部分。不同目标产量下香蕉的推荐施钾量见表 2-195。

表 2-195　不同目标产量下香蕉推荐施钾量

目标产量/ （t/hm²）	地力	产量反应/ （t/hm²）	施钾量/ （kg K₂O/hm²）	目标产量/ （t/hm²）	地力	产量反应/ （t/hm²）	施钾量/ （kg K₂O/hm²）
35	低	14.0	995	55	低	21.5	1532
	中	9.5	707		中	15.0	1116
	高	5.0	419		高	8.0	668
40	低	16.0	1137	60	低	23.5	1674
	中	11.0	817		中	16.5	1226
	高	5.5	465		高	8.5	714
45	低	17.5	1248	65	低	25.5	1816
	中	12.0	895		中	17.5	1304
	高	6.5	543		高	9.0	760
50	低	19.5	1390	70	低	27.5	1959
	中	13.5	1006		中	19.0	1414
	高	7.0	589		高	10.0	838

2.5.6.6　基于产量反应和农学效率的香蕉养分推荐实践

1. 施肥量

施肥量比较结果（表 2-196）表明，NE 处理的氮、磷、钾施用量比 FP 处理平均分别减少了 31.0%、45.8%、33.4%；与 ST 相比，平均分别减少了 18.8%、27.7%、26.1%。

表 2-196　香蕉不同施肥处理的施肥量比较

年份	施氮量/(kg N/hm²)			施磷量/(kg P₂O₅/hm²)			施钾量/(kg K₂O/hm²)		
	NE	FP	ST	NE	FP	ST	NE	FP	ST
2018	632	930	790	101	225	169	1013	1607	1446
2019	663	947	805	206	343	257	1153	1648	1483
平均	648	939	798	154	284	213	1083	1627	1465

2. 产量和经济效益

产量和经济效益比较结果（表 2-197）显示，与 FP 处理相比，NE 处理平均产量增加了 5.68t/hm²（18.8%），平均化肥花费减少了 3451 元/hm²（34.4%），平均经济效益增加了 20 497 元/hm²（37.9%）；与 ST 处理相比，NE 处理产量平均增加了 0.46t/hm²（1.3%），平均化肥花费减少了 2059 元/hm²（23.9%），平均经济效益增加了 3440 元/hm²（4.8%）。

表 2-197　香蕉不同施肥处理的产量和经济效益比较

年份	产量/(t/hm²)			化肥花费/(元/hm²)			经济效益/(元/hm²)		
	NE	FP	ST	NE	FP	ST	NE	FP	ST
2018	21.83	18.37	21.55	6 022	9 622	8 317	32 958	18 998	29 823
2019	49.95	42.04	49.31	7 119	10 422	8 943	116 231	89 198	112 487
平均	35.89	30.21	35.43	6 571	10 022	8 630	74 595	54 098	71 155

3. 肥料利用率

肥料利用率比较结果（表 2-198）显示，与 FP 处理相比，NE 处理的氮、磷、钾肥农学效率分别提高了 9.0kg/kg、8.0kg/kg、3.5kg/kg，氮、磷、钾肥回收率分别提高了 0.5 个百分点、7.2 个百分点、11.6 个百分点，氮、磷、钾肥偏生产力分别提高了 30.9kg/kg、120.0kg/kg、17.8kg/kg；与 ST 处理相比，NE 处理的氮、磷、钾肥农学效率分别提高了 2.6kg/kg、6.4kg/kg、1.5kg/kg，氮、磷、钾肥回收率分别提高了 0.5 个百分点、1.9 个百分点、13.0 个百分点，氮、磷、钾肥偏生产力分别提高了 14.1kg/kg、51.0kg/kg、10.0kg/kg。

表 2-198　香蕉不同施肥处理的肥料利用率比较

养分	肥料农学效率/(kg/kg)			肥料回收率/%			肥料偏生产力/(kg/kg)		
	NE	FP	ST	NE	FP	ST	NE	FP	ST
氮	10.2	1.2	7.6	1.2	0.7	0.7	75.3	44.4	61.2
磷	19.4	11.4	13.0	9.2	2.0	7.3	242.5	122.5	191.5
钾	4.9	1.4	3.4	14.3	2.7	1.3	43.3	25.5	33.3

4. 养分表观平衡

养分的表观平衡比较如表 2-199 所示，NE 处理与 FP、ST 处理相比，氮盈余量分别减少了 298.28kg/hm²、144.30kg/hm²，磷盈余量分别减少了 118.47kg/hm²、51.57kg/hm²，钾盈余量分别减少了 703.99kg/hm²、474.85kg/hm²。

表 2-199　香蕉不同施肥处理的养分表观平衡比较

处理	N/(kg/hm²)		P₂O₅/(kg/hm²)		K₂O/(kg/hm²)	
	移走量	盈余量	移走量	盈余量	移走量	盈余量
NE	131.22	531.94	85.60	120.35	1068.72	84.60
ST	129.01	676.25	85.52	171.92	923.39	559.45
FP	117.15	830.22	104.43	238.82	859.02	788.59

2.5.7　荔枝

汇总了 1979～2019 年的 144 个荔枝田间试验，模拟了荔枝最佳养分吸收，创建了荔枝养分推荐方法。收集的数据样本涵盖了东南和西南主要荔枝产区。于 2018～2019 年在广东省荔枝主产区廉江和电白开展了田间验证试验。

2.5.7.1　荔枝产量反应

施氮、磷、钾产量反应的分布（图 2-101）显示，施氮、磷、钾平均产量反应分别为

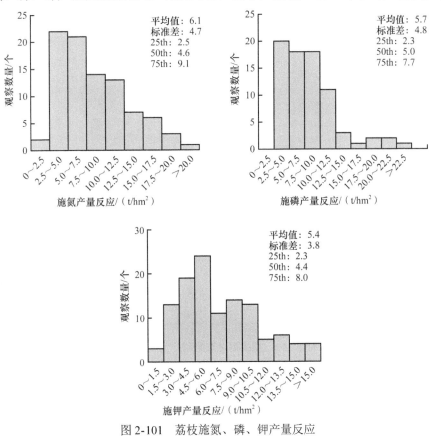

图 2-101　荔枝施氮、磷、钾产量反应

6.1t/hm²、5.7t/hm²、5.4t/hm²。施氮产量反应主要分布在 2.5～7.5t/hm²，占比 48.3%；施磷产量反应主要分布在 2.5～10t/hm²，占比 73.7%；而施钾产量反应分布相对分散，在 3.5～6t/hm² 比例相对较高，占比 37.1%。

2.5.7.2　荔枝相对产量与产量反应系数

由不施氮、磷、钾相对产量频率分布（图 2-102）可知，荔枝不施 N、P、K 平均相对产量分别为 0.68、0.73、0.73。不施 N、P、K 相对产量低于 0.5 的占比分别为 19%、10%、12%，而相对产量超过 0.8 的占比分别为 33.7%、40.5%、44.8%，进一步说明氮肥是限制荔枝产量的最重要因素。

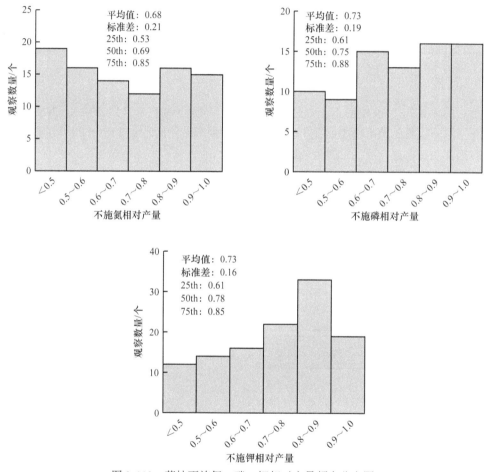

图 2-102　荔枝不施氮、磷、钾相对产量频率分布图

进一步用相对产量的 25th、50th、75th 百分位数来表征土壤养分供应低、中、高水平，用于计算氮、磷、钾施用的产量反应系数，以进一步求算产量反应（表 2-200）。

表 2-200　荔枝相对产量和产量反应系数

参数	不施 N 相对产量	不施 P 相对产量	不施 K 相对产量	N 产量反应系数	P 产量反应系数	K 产量反应系数
n	92	79	116	92	79	116
25th	0.53	0.61	0.61	0.47	0.39	0.39

续表

参数	不施 N 相对产量	不施 P 相对产量	不施 K 相对产量	N 产量反应系数	P 产量反应系数	K 产量反应系数
50th	0.69	0.75	0.78	0.31	0.25	0.22
75th	0.85	0.88	0.85	0.15	0.12	0.15

2.5.7.3　荔枝农学效率

农学效率数据（图 2-103）显示，氮、磷、钾平均农学效率分别为 23.3kg/kg、78.4kg/kg、20.8kg/kg。其中，氮农学效率主要分布在 0～20kg/kg，占比达 52.5%；磷农学效率主要分布在 0～50kg/kg，占比 41.7%；钾农学效率主要分布在 0～20kg/kg，占比 57.3%。

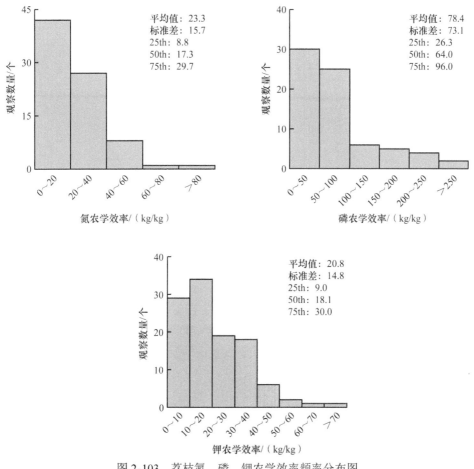

图 2-103　荔枝氮、磷、钾农学效率频率分布图

产量反应与农学效率分别反映了土壤基础养分的供应能力与肥料效应。荔枝产量反应和农学效率之间存在显著的一元二次方程关系，随着产量反应的逐渐增加，农学效率随之增加，但随着产量反应的继续增加，农学效率的增幅逐渐放缓（图 2-104）。

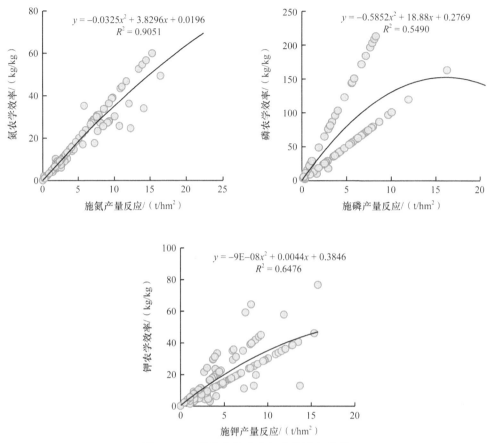

图 2-104　荔枝产量反应与农学效率关系

2.5.7.4　荔枝养分吸收特征

应用 QUEFTS 模型模拟荔枝不同潜在产量下地上部氮、磷、钾最佳吸收量,氮、磷、钾养分吸收的数据量均为 637 个。模拟结果(图 2-105)显示,不论潜在产量为多少,当目标产量达到潜在产量的 70%～80% 时,生产 1t 荔枝地上部所需养分是一定的。

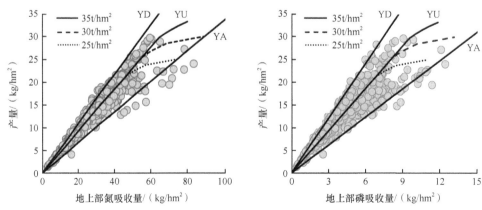

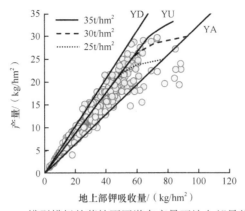

图 2-105　QUEFTS 模型模拟的荔枝不同潜在产量下地上部最佳养分吸收量

由 QUEFTS 模型模拟结果可知，直线部分生产 1t 荔枝地上部所需氮、磷、钾养分量分别为 2.2kg、0.3kg、2.3kg，相应的养分内在效率分别为 461kg/kg、3120kg/kg、443kg/kg，N：P：K 为 6.94：1：7.38（表 2-201）。

表 2-201　QUEFTS 模型模拟的荔枝养分内在效率和单位产量养分吸收量

产量/(t/hm²)	养分内在效率/(kg/kg)			单位产量养分吸收量/(kg/t)		
	N	P	K	N	P	K
0	0	0	0	0	0	0
1.5	461	3120	443	2.2	0.3	2.3
3.0	461	3120	443	2.2	0.3	2.3
4.5	461	3120	443	2.2	0.3	2.3
6.0	461	3120	443	2.2	0.3	2.3
9.0	461	3120	443	2.2	0.3	2.3
12.0	461	3120	443	2.2	0.3	2.3
15.0	461	3120	443	2.2	0.3	2.3
18.0	461	3120	443	2.2	0.3	2.3
19.5	461	3120	443	2.2	0.3	2.3
21.0	461	3120	443	2.2	0.3	2.3
22.5	461	3120	443	2.2	0.3	2.3
24.0	461	3120	443	2.2	0.3	2.3
25.5	461	3120	443	2.2	0.3	2.3
27.0	442	2991	424	2.3	0.3	2.4
28.5	415	2808	398	2.4	0.4	2.5
30.0	337	2280	323	3.0	0.4	3.1

2.5.7.5　荔枝养分推荐模型

基于产量反应与农学效率的荔枝养分推荐方法，主要依据荔枝目标产量和产量反应，并综合考虑养分平衡和气候特征，确定荔枝不同目标产量下氮、磷、钾养分推荐用量。

1. 施氮量的确定

在荔枝养分专家系统中，推荐氮肥用量根据产量反应和农学效率确定：推荐施氮量（kg N/hm²）=产量反应（t/hm²）/农学效率（kg/kg）×1000（表2-202）。

表 2-202　不同目标产量下荔枝推荐施氮量

目标产量/ （t/hm²）	地力	产量反应/ （t/hm²）	施氮量/ （kg N/hm²）	目标产量/ （t/hm²）	地力	产量反应/ （t/hm²）	施氮量/ （kg N/hm²）
5.0	低	2.5	278	20.0	低	9.5	340
	中	1.5	258		中	6.5	316
	高	0.5	200		高	3.0	285
7.5	低	3.5	290	22.5	低	10.5	348
	中	2.5	278		中	7.0	320
	高	1.0	240		高	3.5	290
10.0	低	4.5	300	25.0	低	11.5	356
	中	3.0	285		中	8.0	328
	高	1.5	258		高	3.5	290
12.5	低	6.0	312	27.5	低	13.0	369
	中	4.0	295		中	8.5	332
	高	2.0	270		高	4.0	295
15.0	低	7.0	320	30.0	低	14.0	378
	中	4.5	300		中	9.5	340
	高	2.0	270		高	4.5	300
17.5	低	8.0	328	32.5	低	15.0	388
	中	5.5	308		中	10.0	344
	高	2.5	278		高	5.0	304

2. 施磷量的确定

荔枝施磷量主要考虑荔枝产量反应、荔枝移走量（维持土壤平衡）和上季荔枝磷素残效三部分。不同目标产量下荔枝的推荐施磷量见表2-203。

表 2-203　不同目标产量下荔枝推荐施磷量

目标产量/ （t/hm²）	地力	产量反应/ （t/hm²）	施磷量/ （kg P₂O₅/hm²）	目标产量/ （t/hm²）	地力	产量反应/ （t/hm²）	施磷量/ （kg P₂O₅/hm²）
5.0	低	2.0	34	10.0	低	4.0	68
	中	1.0	18		中	2.5	43
	高	0.5	9		高	1.0	19
7.5	低	3.0	51	12.5	低	5.0	85
	中	2.0	35		中	3.0	52
	高	1.0	18		高	1.5	27

续表

目标产量/ (t/hm²)	地力	产量反应/ (t/hm²)	施磷量/ (kg P₂O₅/hm²)	目标产量/ (t/hm²)	地力	产量反应/ (t/hm²)	施磷量/ (kg P₂O₅/hm²)
	低	6.0	102		低	9.5	162
15.0	中	3.5	61	25.0	中	6.0	104
	高	2.0	36		高	3.0	55
	低	7.0	119		低	10.5	179
17.5	中	4.5	78	27.5	中	7.0	121
	高	2.0	37		高	3.0	55
	低	8.0	136		低	11.5	196
20.0	中	5.0	87	30.0	中	7.5	130
	高	2.5	46		高	3.5	64
	低	8.5	145		低	12.5	213
22.5	中	5.5	95	32.5	中	8.0	139
	高	2.5	46		高	4.0	73

3. 施钾量的确定

荔枝施钾量主要考虑荔枝产量反应、荔枝移走量（维持土壤平衡）和上季荔枝钾素残效三部分。不同目标产量下荔枝的推荐施钾量见表 2-204。

表 2-204　不同目标产量下荔枝推荐施钾量

目标产量/ (t/hm²)	地力	产量反应/ (t/hm²)	施钾量/ (kg K₂O/hm²)	目标产量/ (t/hm²)	地力	产量反应/ (t/hm²)	施钾量/ (kg K₂O/hm²)
	低	2.0	117		低	7.5	444
5.0	中	1.0	67	20.0	中	4.5	292
	高	0.75	54		高	3.0	216
	低	3.0	176		低	8.5	503
7.5	中	1.5	100	22.5	中	5.0	325
	高	1.0	75		高	3.5	249
	低	4.0	235		低	9.5	561
10.0	中	2.0	133	25.0	中	5.5	358
	高	1.5	108		高	3.5	257
	低	5.0	293		低	10.5	620
12.5	中	3.0	192	27.5	中	6.0	392
	高	2.0	141		高	4.0	290
	低	6.0	352		低	11.5	679
15.0	中	3.5	225	30.0	中	6.5	425
	高	2.0	149		高	4.5	323
	低	7.0	411		低	12.5	737
17.5	中	4.0	258	32.5	中	7.5	484
	高	2.5	182		高	5.0	357

2.5.7.6 基于产量反应和农学效率的荔枝养分推荐实践

1. 施肥量

在广东湛江廉江市和茂名电白区荔枝主产区开展了荔枝养分专家系统的田间验证试验。施肥量比较结果（表2-205）显示，与FP处理相比，NE处理的平均氮、磷、钾肥用量分别降低了39.2%、88.9%、48.4%；与ST处理相比，NE处理的平均氮、磷、钾肥用量分别降低了26.2%、61.5%、40.7%。

表2-205 荔枝不同施肥处理的施肥量比较

地点	施氮量/(kg N/hm²)			施磷量/(kg P₂O₅/hm²)			施钾量/(kg K₂O/hm²)		
	NE	FP	ST	NE	FP	ST	NE	FP	ST
廉江1	255	461	333	39	422	99	205	466	333
廉江2	255	461	333	39	422	99	205	466	333
电白	207	257	306	32	158	91	167	185	306
平均	239	393	324	37	334	96	192	372	324

2. 产量与经济效益

产量和经济效益比较结果（表2-206）表明，与FP处理相比，NE处理的平均产量、平均经济效益分别增加了7.8%、19.5%；与ST处理相比，NE处理的平均产量、平均经济效益分别增加了25.2%、40.7%。

表2-206 荔枝不同施肥处理的产量和经济效益比较

地点	产量/(t/hm²)			化肥花费/(万元/hm²)			经济效益/(万元/hm²)		
	NE	FP	ST	NE	FP	ST	NE	FP	ST
廉江1	17.3	17.9	14.4	0.70	2.64	0.84	21.9	20.6	17.8
廉江2	8.2	6.2	8.6	0.70	2.64	0.84	9.9	5.4	10.3
电白	16.2	14.6	10.2	0.64	1.55	0.79	25.2	21.8	12.3
平均	13.9	12.9	11.1	0.68	2.28	0.82	19.0	15.9	13.5

3. 氮肥利用率

氮肥利用率比较结果（表2-207）显示，与FP、ST处理相比，NE处理的平均氮肥农学效率分别增加了9.4kg/kg、9.1kg/kg，平均氮肥偏生产力分别增加了22.9kg/kg、25.2kg/kg。

表2-207 荔枝不同施肥处理的氮肥利用率比较

地点	氮肥农学效率/(kg/kg)			氮肥偏生产力/(kg/kg)		
	NE	FP	ST	NE	FP	ST
廉江1	44.6	25.9	25.2	67.9	38.8	43.2
廉江2	0.1	0	1.4	32.0	13.4	25.8
电白	—	—	—	78.1	56.9	33.3
平均	22.4	13.0	13.3	59.3	36.4	34.1

注："—"表示无相关结果

4. 养分表观平衡

养分表观平衡比较结果（表 2-208）显示，NE、FP、ST 处理的氮、磷、钾均有不同程度的盈余，但均以 NE 处理盈余量最低。

表 2-208　荔枝不同施肥处理的养分表观平衡比较

地点	处理	N/(kg/hm²)		P₂O₅/(kg/hm²)		K₂O/(kg/hm²)	
		移走量	盈余量	移走量	盈余量	移走量	盈余量
廉江 1	NE	86.8	168.5	10.2	28.7	77.6	127.7
	FP	92.0	368.7	9.3	412.5	74.9	391.3
	ST	70.7	262.3	8.1	91.8	60.7	272.3
廉江 2	NE	44.4	210.9	4.5	34.4	38.5	166.8
	FP	31.3	429.3	3.3	418.5	28.0	438.2
	ST	47.6	285.4	4.8	95.1	41.1	291.9
电白	NE	94.7	112.3	9.0	22.5	82.0	84.5
	FP	75.5	181.0	7.5	150.0	78.3	106.2
	ST	—	—	—	—	—	—
平均	NE	75.3	163.9	7.9	28.5	66.0	126.3
	FP	66.3	326.3	6.7	327.0	60.4	311.9
	ST	59.2	273.9	6.5	93.5	50.9	282.1

注："—"表示无相关结果

2.5.8　西瓜

汇总了 2000～2019 年的 253 个露地西瓜田间试验，模拟了西瓜最佳养分吸收，创建了西瓜养分推荐方法。收集的数据样本涵盖了西北、华北和西南主要西瓜产区。于 2018～2019 年在河北开展了田间验证试验。

2.5.8.1　西瓜产量反应

施氮、磷、钾产量反应的频率分布（图 2-106）表明，施氮产量反应最高，平均为

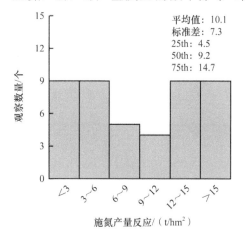

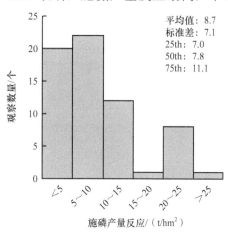

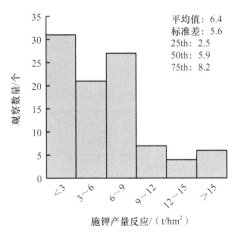

图 2-106 西瓜施氮、磷、钾产量反应频率分布图

10.1t/hm²；磷、钾施用后产量反应较低，平均值分别为 8.7t/hm²、6.4t/hm²，表明氮肥仍然是产量的首要限制因子。

2.5.8.2 西瓜相对产量与产量反应系数

相对产量频率分布结果表明，不施氮相对产量为 0.8~0.9 的比例最高，占到 26.7%，而在 0.8~1.0 的比例占到 51.1%；不施磷相对产量为 0.8~0.9 的比例最高，占到 46.9%，而其他区间所占比例均较低；不施钾相对产量为 0.8~0.9 的比例最高，占到 40.6%，而为 0.8~1.0 的比例占到 75%。不施氮、磷、钾相对产量平均值分别为 0.80、0.82、0.86，进一步证实施氮的增产效果最为显著（图 2-107）。

为进一步对不同肥力水平下的西瓜进行有针对性的养分管理，用相对产量的 25th、50th、75th 百分位数来表征基础地力的低、中、高水平，用于求算氮、磷、钾施用的产量反应系数，以进一步求算产量反应（表 2-209）。

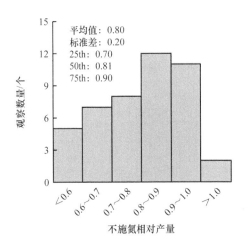

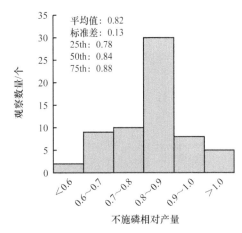

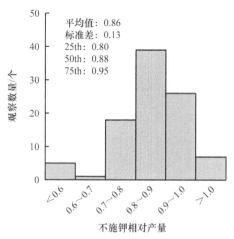

图 2-107　西瓜不施氮、磷、钾相对产量频率分布图

表 2-209　西瓜相对产量和产量反应系数

参数	不施 N 相对产量	不施 P 相对产量	不施 K 相对产量	N 产量反应系数	P 产量反应系数	K 产量反应系数
n	45	64	96	45	64	96
25th	0.70	0.78	0.80	0.30	0.22	0.20
50th	0.81	0.84	0.88	0.19	0.16	0.12
75th	0.90	0.88	0.95	0.10	0.12	0.05

2.5.8.3　西瓜农学效率

优化施肥处理下，氮、磷、钾农学效率平均分别为 45.6kg/kg、60.1kg/kg、36.1kg/kg，氮农学效率低于 60kg/kg 的占全部观察数据的 68.3%，而磷、钾农学效率低于 60kg/kg 的分别占各自全部观察数据的 76.4%、86.0%（图 2-108）。

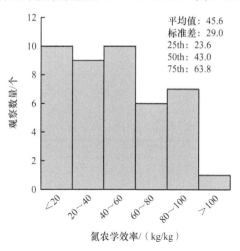

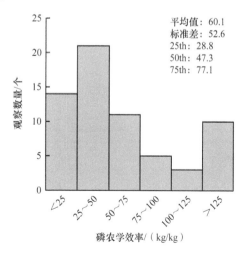

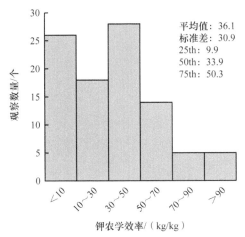

图 2-108　西瓜氮、磷、钾农学效率频率分布图

西瓜产量反应和农学效率之间存在显著的二次曲线关系，随着产量反应的不断增加，农学效率随之增加，产量反应继续增加，农学效率增加的幅度则逐渐降低（图 2-109）。该关系包含了不同的环境条件、地力水平、西瓜品种信息，因此可以依此进行养分推荐。

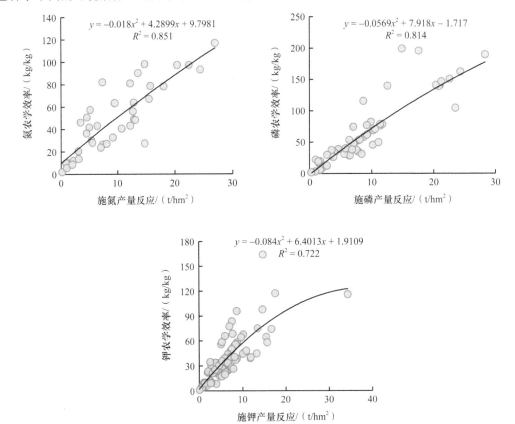

图 2-109　西瓜产量反应与农学效率关系

2.5.8.4　西瓜养分吸收特征

应用 QUEFTS 模型模拟西瓜不同潜在产量下地上部氮、磷、钾最佳吸收量，氮、磷、钾

养分吸收的数据量分别为 437 个、416 个、428 个。模拟结果（图 2-110）显示，不论潜在产量为多少，当目标产量达到潜在产量的 50%～60% 时，生产 1t 西瓜地上部养分需求是一定的，即目标产量所需的养分量在达到潜在产量 50%～60% 前呈直线增长。

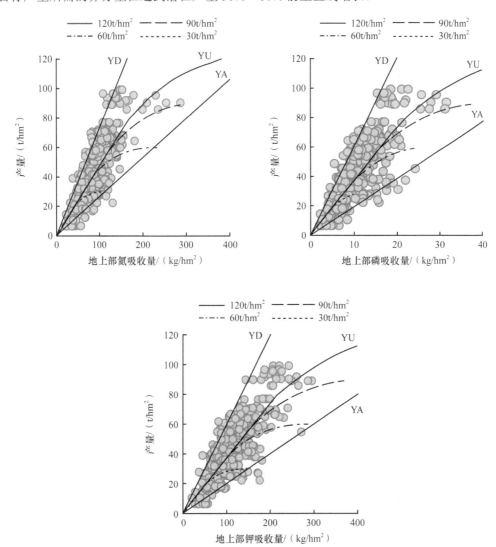

图 2-110　QUEFTS 模型模拟的西瓜不同潜在产量下地上部最佳养分吸收量

对于西瓜（表 2-210），直线部分生产 1t 西瓜地上部氮、磷、钾养分需水量分别为 2.5kg、0.33kg、3.6kg，相应的养分内在效率分别为 394kg/kg、3015kg/kg、279kg/kg。

表 2-210　QUEFTS 模型模拟的西瓜养分内在效率和单位产量养分吸收量

产量/(t/hm²)	养分内在效率/(kg/kg)			单位产量养分吸收量/(kg/t)		
	N	P	K	N	P	K
0	0	0	0	0	0	0
10	394	3015	279	2.5	0.33	3.6
20	394	3015	279	2.5	0.33	3.6

产量/(t/hm²)	养分内在效率/(kg/kg)			单位产量养分吸收量/(kg/t)		
	N	P	K	N	P	K
30	394	3015	279	2.5	0.33	3.6
40	394	3015	279	2.5	0.33	3.6
50	386	2950	273	2.6	0.34	3.7
55	374	2862	265	2.7	0.35	3.8
60	362	2767	256	2.8	0.36	3.9
65	348	2664	246	2.9	0.38	4.1
70	333	2549	236	3.0	0.39	4.2
75	316	2417	224	3.2	0.41	4.5
85	268	2050	190	3.7	0.49	5.3
90	260	1989	184	3.8	0.50	5.4

2.5.8.5　西瓜养分推荐模型

基于产量反应与农学效率的西瓜养分推荐方法，主要依据西瓜目标产量和产量反应，并综合考虑养分平衡，确定西瓜不同目标产量下氮、磷、钾养分推荐用量。

1. 施氮量的确定

在西瓜养分专家系统中，推荐氮肥用量根据产量反应和农学效率确定：推荐施氮量（kg N/hm²）=产量反应（t/hm²）/农学效率（kg/kg）×1000（表 2-211）。

表 2-211　不同目标产量下西瓜推荐施氮量

目标产量/(t/hm²)	地力	产量反应/(t/hm²)	施氮量/(kg N/hm²)	目标产量/(t/hm²)	地力	产量反应/(t/hm²)	施氮量/(kg N/hm²)
25	低	7.5	198	50	低	15.0	238
	中	4.5	184		中	9.5	207
	高	2.5	173		高	5.0	186
30	低	9.0	205	55	低	16.5	247
	中	5.5	189		中	10.0	210
	高	3.0	176		高	5.5	189
35	低	10.5	213	60	低	18.0	258
	中	6.5	193		中	11.0	215
	高	3.5	179		高	6.0	191
40	低	12.0	220	65	低	19.5	269
	中	7.5	198		中	12.0	220
	高	4.0	182		高	6.5	193
45	低	13.5	229	70	低	21.0	281
	中	8.5	203		中	13.0	226
	高	4.5	184		高	7.0	196

2. 施磷量的确定

西瓜施磷量主要考虑西瓜产量反应、西瓜移走量（维持土壤平衡）和上季作物磷素残效三部分。不同目标产量下西瓜的推荐施磷量见表 2-212。

表 2-212　不同目标产量下西瓜推荐施磷量

目标产量/ （t/hm²）	地力	产量反应/ （t/hm²）	施磷量/ （kg P₂O₅/hm²）	目标产量/ （t/hm²）	地力	产量反应/ （t/hm²）	施磷量/ （kg P₂O₅/hm²）
25	低	5.5	56	50	低	11.0	112
	中	4.0	44		中	8.0	87
	高	3.0	35		高	6.0	71
30	低	6.5	66	55	低	12.0	122
	中	5.0	54		中	8.5	93
	高	3.5	41		高	6.5	77
35	低	7.5	77	60	低	13.0	132
	中	5.5	60		中	9.5	104
	高	4.0	48		高	7.0	83
40	低	8.5	87	65	低	14.0	143
	中	6.5	70		中	10.5	114
	高	4.5	54		高	7.5	89
45	低	10.0	101	70	低	15.5	157
	中	7.0	77		中	11.0	120
	高	5.5	64		高	8.5	100

3. 施钾量的确定

西瓜施钾量主要考虑西瓜产量反应、西瓜移走量（维持土壤平衡）和上季作物钾素残效三部分。不同目标产量下西瓜的推荐施钾量见表 2-213。

表 2-213　不同目标产量下西瓜推荐施钾量

目标产量/ （t/hm²）	地力	产量反应/ （t/hm²）	施钾量/ （kg K₂O/hm²）	目标产量/ （t/hm²）	地力	产量反应/ （t/hm²）	施钾量/ （kg K₂O/hm²）
25	低	5.0	165	40	低	8.0	263
	中	3.0	133		中	5.0	216
	高	1.5	110		高	2.0	169
30	低	6.0	197	45	低	9.0	296
	中	3.5	158		中	5.5	241
	高	1.5	127		高	2.5	194
35	低	7.0	230	50	低	10.0	329
	中	4.0	183		中	6.0	266
	高	2.0	152		高	2.5	211

目标产量/ (t/hm²)	地力	产量反应/ (t/hm²)	施钾量/ (kg K₂O/hm²)	目标产量/ (t/hm²)	地力	产量反应/ (t/hm²)	施钾量/ (kg K₂O/hm²)
	低	11.0	362		低	13.0	428
55	中	6.5	291	65	中	7.5	341
	高	3.0	236		高	3.5	279
	低	12.0	395		低	14.0	461
60	中	7.0	316	70	中	8.5	374
	高	3.0	253		高	3.5	296

2.5.8.6 基于产量反应和农学效率的西瓜养分推荐实践

1. 施肥量

施肥量比较结果（表 2-214）表明，与 FP 处理相比，NE 处理氮、磷、钾肥用量分别平均减少了 46.2%、48.9%、35.8%；与 ST 处理相比，NE 处理氮、磷、钾肥用量分别平均减施了 7.6%、3.3%、1.3%。

表 2-214　西瓜不同施肥处理的施肥量比较

地点	施氮量/(kg N/hm²)			施磷量/(kg P₂O₅/hm²)			施钾量/(kg K₂O/hm²)		
	NE	FP	ST	NE	FP	ST	NE	FP	ST
河北 1	231c	429a	250b	145b	284a	150b	296b	461a	300b
河北 2	231c	429a	250b	145b	284a	150b	296b	461a	300b
河北 3	231c	429a	250b	145b	284a	150b	296b	461a	300b
河北 4	231c	429a	250b	145b	284a	150b	296b	461a	300b
河北 5	231c	429a	250b	145b	284a	150b	296b	461a	300b
平均	231c	429a	250b	145b	284a	150b	296b	461a	300b

2. 产量和经济效益

产量和经济效益比较结果（表 2-215）表明，与 FP 处理相比，NE 处理的产量、经济效益平均分别增加了 9.8t/hm²（21.1%）、1.34 万元/hm²（35.1%）；与 ST 处理相比，NE 处理的产量、经济效益平均分别增加了 5.2t/hm²（10.2%）、0.54 万元/hm²（11.7%）。

表 2-215　西瓜不同施肥处理的产量和经济效益比较

地点	产量/(t/hm²)			化肥花费/(万元/hm²)			经济效益/(万元/hm²)		
	NE	FP	ST	NE	FP	ST	NE	FP	ST
河北 1	59.0a	56.2a	61.0a	0.46b	0.82a	0.48b	5.44a	4.80b	5.62a
河北 2	45.8a	28.1c	33.9b	0.46b	0.82a	0.48b	4.12a	1.99c	2.91b
河北 3	16.2a	16.0a	17.9a	0.46b	0.82a	0.48b	1.16a	0.78b	1.31a
河北 4	95.3a	90.3ab	85.8b	0.46b	0.82a	0.48b	9.07a	8.21b	8.10b
河北 5	64.9a	41.4c	56.4b	0.46b	0.82a	0.48b	6.03a	3.32c	5.16b
平均	56.2a	46.4b	51.0b	0.46b	0.82a	0.48b	5.16a	3.82c	4.62b

3. 氮肥利用率

氮肥利用率比较结果（表 2-216）显示，与 FP 处理相比，NE 处理的氮肥偏生产力、氮肥农学效率、氮肥回收率平均分别增加了 135.0kg/kg、58.6kg/kg、17.0 个百分点；与 ST 处理相比，NE 处理平均分别增加了 39.0kg/kg、26.8kg/kg、7.8 个百分点。

表 2-216　西瓜不同施肥处理的氮肥利用率比较

地点	氮肥偏生产力/(kg/kg)			氮肥农学效率/(kg/kg)			氮肥回收率/%		
	NE	FP	ST	NE	FP	ST	NE	FP	ST
河北 1	255a	131b	244a	64.7a	28.3b	67.8a	18.8a	8.2b	19.7a
河北 2	198a	66c	136b	81.6a	2.7c	27.8b	23.7a	0.8c	8.1b
河北 3	70a	37b	72a	15.9b	8.1c	21.5a	4.6b	2.3c	6.2a
河北 4	413a	210c	343b	118.8a	52.3c	71.8b	34.5a	15.2c	20.8b
河北 5	281a	97c	226b	104.9a	1.7c	62.9b	30.4a	0.5c	18.2b
平均	243a	108c	204b	77.2a	18.6c	50.4b	22.4a	5.4c	14.6b

4. 养分表观平衡

养分表观平衡比较结果（表 2-217）显示，各处理的氮、磷、钾均有不同程度盈余，但均以 NE 处理最低。

表 2-217　西瓜不同施肥处理的养分表观平衡比较

地点	处理	N/(kg/hm²)		P_2O_5/(kg/hm²)		K_2O/(kg/hm²)	
		移走量	盈余量	移走量	盈余量	移走量	盈余量
河北 1	FP	155	274	47	237	265	196
	NE	163	68	49	96	278	18
	ST	169	81	50	100	287	13
河北 2	FP	78	351	23	261	132	329
	NE	127	104	38	107	216	80
	ST	94	156	28	122	160	140
河北 3	FP	44	385	13	271	75	386
	NE	45	186	13	132	76	220
	ST	49	201	15	135	84	216
河北 4	FP	250	179	75	209	425	36
	NE	263	−32	79	66	449	−153
	ST	237	13	71	79	404	−104
河北 5	FP	114	315	34	250	195	266
	NE	179	52	54	91	305	−9
	ST	156	94	47	103	265	35
平均	FP	128	301	38	246	218	243
	NE	155	76	47	98	265	31
	ST	141	109	42	108	240	60

2.5.9　甜瓜

汇总了 1999～2019 年的 210 个露地甜瓜田间试验，模拟了甜瓜最佳养分吸收，创建了甜瓜养分推荐方法。收集的数据样本涵盖了西北、东北和华北主要甜瓜产区。于 2017～2019 年在甘肃的瓜州和民勤开展了 45 个田间验证试验。

2.5.9.1　甜瓜产量反应

施氮、磷、钾产量反应的频率分布（图 2-111）显示，施氮产量反应最高，平均为 9.9t/hm²；磷、钾施用后产量反应较低，平均值分别为 3.6t/hm²、2.9t/hm²，表明氮肥仍然是产量的首要限制因子。

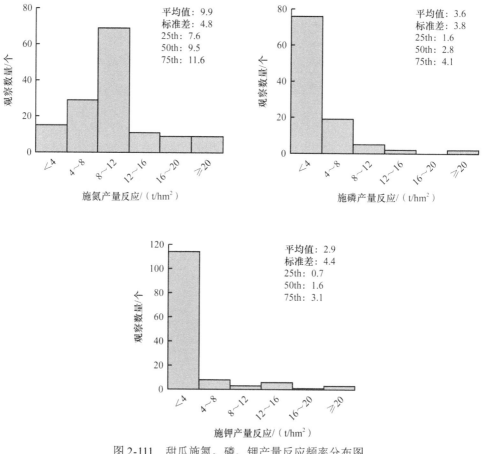

图 2-111　甜瓜施氮、磷、钾产量反应频率分布图

2.5.9.2　甜瓜相对产量与产量反应系数

相对产量频率分布结果（图 2-112）表明，不施氮相对产量低于 0.80 的占全部观察数据的 64.1%，而不施磷、钾相对产量高于 0.80 的分别占各自全部观察数据的 96.2%、92.3%。不施氮、磷、钾相对产量平均值分别为 0.78、0.92、0.93，进一步证实施氮的增产效果最为显著。

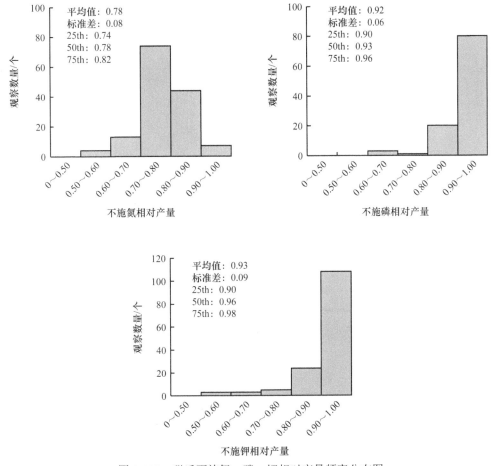

图 2-112　甜瓜不施氮、磷、钾相对产量频率分布图

用相对产量的 25th、50th、75th 百分位数来表征基础地力的低、中、高水平，用于求算氮、磷、钾施用的产量反应系数，以进一步求算产量反应（表 2-218）。

表 2-218　甜瓜相对产量和产量反应系数

参数	不施 N 相对产量	不施 P 相对产量	不施 K 相对产量	N 产量反应系数	P 产量反应系数	K 产量反应系数
n	142	104	143	142	104	143
25th	0.74	0.90	0.90	0.26	0.10	0.10
50th	0.78	0.93	0.96	0.22	0.07	0.04
75th	0.82	0.96	0.98	0.18	0.04	0.02

2.5.9.3　甜瓜农学效率

优化施肥处理下，氮、磷、钾农学效率平均分别为 35.7kg/kg、28.3kg/kg、20.0kg/kg，氮农学效率低于 40kg/kg 的占全部观察数据的 76.1%，而磷、钾农学效率低于 30kg/kg 的分别占各自全部观察数据的 66.3%、83.7%（图 2-113）。

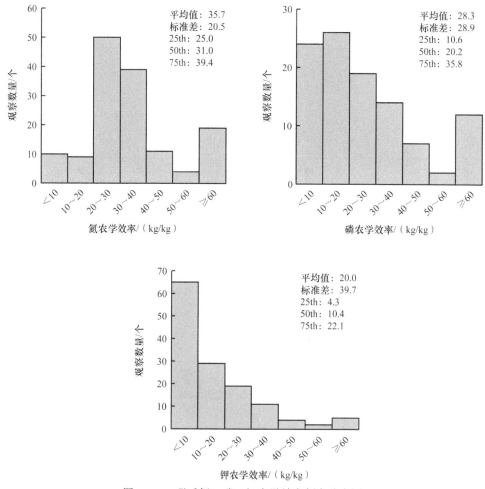

图 2-113　甜瓜氮、磷、钾农学效率频率分布图

甜瓜产量反应和农学效率之间存在显著的二次曲线关系，随着产量反应的不断增加，农学效率随之增加，产量反应继续增加，农学效率增加的幅度则逐渐降低（图 2-114）。该关系包含了不同的环境条件、地力水平、甜瓜品种信息，因此可以依此进行养分推荐。

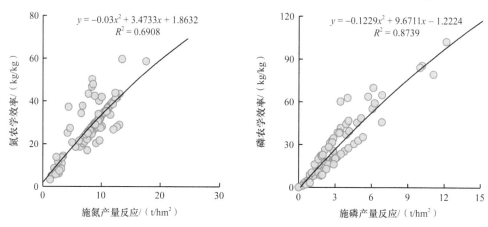

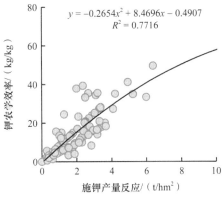

图 2-114 甜瓜产量反应与农学效率关系

2.5.9.4 甜瓜养分吸收特征

应用 QUEFTS 模型模拟甜瓜不同潜在产量下地上部氮、磷、钾最佳吸收量，氮、磷、钾养分吸收的数据量分别为 623 个、573 个、572 个。模拟结果（图 2-115）显示，不论潜在产

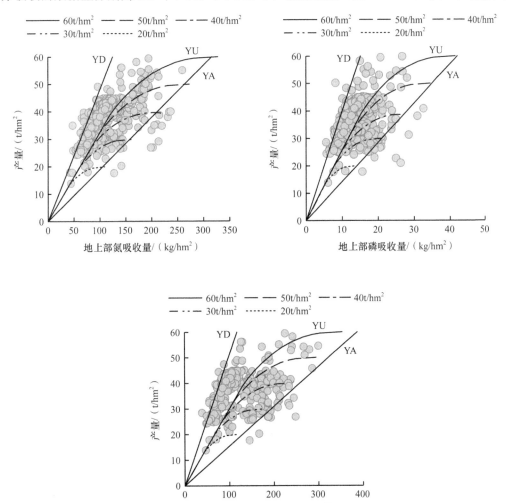

图 2-115 QUEFTS 模型模拟的甜瓜不同潜在产量下地上部最佳养分吸收量

量为多少，当目标产量达到潜在产量的 60%～70% 时，生产 1t 甜瓜地上部养分需求是一定的，即目标产量所需的养分量在达到潜在产量 60%～70% 前呈直线增长。

对于甜瓜（表 2-219），直线部分生产 1t 甜瓜地上部氮、磷、钾养分需求量分别为 3.1kg、0.4kg、3.3kg，相应的养分内在效率分别为 325.3kg/kg、2572.9kg/kg、301.4kg/kg。

表 2-219　QUEFTS 模型模拟的甜瓜养分内在效率和单位产量养分吸收量

产量/(t/hm²)	养分内在效率/(kg/kg)			单位产量养分吸收量/(kg/t)		
	N	P	K	N	P	K
0	0	0	0	0	0	0
1	325.3	2572.9	301.4	3.1	0.4	3.3
5	325.3	2572.9	301.4	3.1	0.4	3.3
10	325.3	2572.9	301.4	3.1	0.4	3.3
20	325.3	2572.9	301.4	3.1	0.4	3.3
30	325.3	2572.9	301.4	3.1	0.4	3.3
32	325.3	2572.9	301.4	3.1	0.4	3.3
36	325.3	2572.9	301.4	3.1	0.4	3.3
39	325.1	2570.6	301.1	3.1	0.4	3.3
42	318.9	2522.2	295.5	3.1	0.4	3.4
45	308.6	2440.3	285.9	3.2	0.4	3.5
48	297.0	2348.7	275.2	3.4	0.4	3.6
51	283.6	2243.1	262.8	3.5	0.4	3.8
54	267.5	2115.3	247.8	3.7	0.5	4.0
56	254.0	2008.4	235.3	4.9	0.6	5.3
58	235.8	1864.6	218.4	5.1	0.6	5.5
59	222.3	1758.1	206.0	5.2	0.7	5.6
60	183.3	1449.2	169.8	5.8	0.7	6.3

2.5.9.5　甜瓜养分推荐模型

基于产量反应与农学效率的甜瓜养分推荐方法，主要依据甜瓜目标产量和产量反应，并综合考虑养分平衡，确定甜瓜不同目标产量下氮、磷、钾养分推荐用量。

1. 施氮量的确定

在甜瓜养分专家系统中，推荐氮肥用量根据产量反应和农学效率确定：推荐施氮量（kg N/hm²）=产量反应（t/hm²）/农学效率（kg/kg）×1000（表 2-220）。

表 2-220　不同目标产量下甜瓜推荐施氮量

目标产量/ （t/hm²)	地力	产量反应/ （t/hm²)	施氮量/ （kg N/hm²)	目标产量/ （t/hm²)	地力	产量反应/ （t/hm²)	施氮量/ （kg N/hm²)
25	低	6.5	238	45	低	11.5	291
	中	5.5	224		中	10.0	278
	高	4.5	206		高	8.5	263
30	低	8.0	257	50	低	13.0	304
	中	6.5	238		中	11.0	287
	高	5.5	224		高	9.0	268
35	低	9.0	268	55	低	14.0	312
	中	7.5	251		中	12.0	296
	高	6.5	238		高	10.0	278
40	低	10.5	282	60	低	15.5	324
	中	9.0	268		中	13.5	308
	高	7.5	251		高	11.0	287

2. 施磷量的确定

甜瓜施磷量主要考虑甜瓜产量反应、甜瓜移走量（维持土壤平衡）和上季作物磷素残效三部分。不同目标产量下甜瓜的推荐施磷量见表 2-221。

表 2-221　不同目标产量下甜瓜推荐施磷量

目标产量/ （t/hm²)	地力	产量反应/ （t/hm²)	施磷量/ （kg P₂O₅/hm²)	目标产量/ （t/hm²)	地力	产量反应/ （t/hm²)	施磷量/ （kg P₂O₅/hm²)
25	低	2.5	63	45	低	4.5	113
	中	1.5	43		中	3.0	84
	高	1.0	34		高	2.0	64
30	低	3.0	75	50	低	5.0	126
	中	2.0	56		中	3.5	96
	高	1.0	36		高	2.0	67
35	低	3.5	88	55	低	5.5	138
	中	2.5	68		中	3.5	99
	高	1.5	49		高	2.0	70
40	低	4.0	101	60	低	6.0	151
	中	2.5	71		中	4.0	112
	高	1.5	52		高	2.5	82

3. 施钾量的确定

甜瓜施钾量主要考虑甜瓜产量反应、甜瓜移走量（维持土壤平衡）和上季作物钾素残效三部分。不同目标产量下甜瓜的推荐施钾量见表 2-222。

表 2-222　不同目标产量下甜瓜推荐施钾量

目标产量/ (t/hm²)	地力	产量反应/ (t/hm²)	施钾量/ (kg K₂O/hm²)	目标产量/ (t/hm²)	地力	产量反应/ (t/hm²)	施钾量/ (kg K₂O/hm²)
25	低	2.5	99	45	低	4.5	178
	中	1.0	80		中	2.0	147
	高	0.5	74		高	1.0	135
30	低	3.0	119	50	低	5.0	198
	中	1.0	94		中	2.0	161
	高	0.5	88		高	1.0	148
35	低	3.5	139	55	低	5.5	218
	中	1.5	114		中	2.0	174
	高	0.5	101		高	1.0	162
40	低	4.0	159	60	低	6.0	238
	中	1.5	127		中	2.5	194
	高	0.5	115		高	1.0	175

2.5.9.6　基于产量反应和农学效率的甜瓜养分推荐实践

1. 施肥量

施肥量比较结果（表 2-223）表明，与 FP、ST 处理相比，NE 处理显著降低了氮肥、磷肥用量，氮肥用量平均分别降低了 26.4%、17.0%，磷肥用量平均分别降低了 44.2%、35.2%，但提高了钾肥用量，平均分别提高了 15.5%、14.3%。

表 2-223　甜瓜不同施肥处理的施肥量比较

年份	地点	施氮量/(kg N/hm²)			施磷量/(kg P₂O₅/hm²)			施钾量/(kg K₂O/hm²)		
		NE	FP	ST	NE	FP	ST	NE	FP	ST
2017	瓜州	300c	467a	342b	150a	134b	158a	120a	60b	75b
	民勤	300c	359a	330b	150b	210a	125b	120a	124a	120a
2018	瓜州	267c	422a	342b	105b	105b	158a	90a	75a	75a
	民勤	267b	345a	330a	105b	212a	125b	90b	130a	120a
2019	瓜州	270c	405a	342b	77b	128a	158a	125a	72b	75b
	民勤	270b	342a	330a	77c	188a	125b	125a	118a	120a
平均		279b	379a	336a	92c	165a	142b	112a	97a	98a

2. 产量和经济效益

产量和经济效益比较结果（表 2-224）表明，与 FP、ST 处理相比，NE 处理的产量平均分别增加了 2.2t/hm²、1.2t/hm²，增幅 5.4%、2.9%；经济效益平均分别增加了 5110 元/hm²、2916 元/hm²，增幅 15.3%、8.2%。

表 2-224　甜瓜不同施肥处理的产量和经济效益比较

年份	地点	产量/(t/hm²)			化肥花费/(元/hm²)			经济效益/(元/hm²)		
		NE	FP	ST	NE	FP	ST	NE	FP	ST
2017	瓜州	42.3a	40.1a	41.1a	2957a	3167a	2857a	37364a	32823a	35085a
	民勤	41.9a	40.4a	41.2a	2957b	3557a	2956b	36569a	32953a	35197a
2018	瓜州	42.5a	40.3a	41.3a	2072b	3005a	2857a	38682a	33405b	35429b
	民勤	43.6a	40.1a	41.3a	2072c	3550a	2956b	40868a	32300b	35397b
2019	瓜州	42.1a	40.7a	41.5a	2479b	2952a	2857a	37436a	34098a	35942a
	民勤	43.4a	41.1	41.8a	2479b	3325a	2956a	39984a	34665b	36359b
平均		42.6a	40.4a	41.4a	2502b	3259a	2906a	38484a	33374b	35568b

3. 氮肥利用率

氮肥利用率比较结果（表 2-225）表明，与 FP、ST 处理相比，NE 处理的氮肥农学效率平均分别增加了 16.3kg/kg、10.3kg/kg，氮肥回收率平均分别增加了 0.7 个百分点、1.8 个百分点，氮肥偏生产力平均分别增加了 48.1kg/kg、30.1kg/kg。

表 2-225　甜瓜不同施肥处理的氮肥利用率比较

年份	地点	氮肥农学效率/(kg/kg)			氮肥回收率/%			氮肥偏生产力/(kg/kg)		
		NE	FP	ST	NE	FP	ST	NE	FP	ST
2017	瓜州	36.9a	19.1c	28.9b	4.5b	7.9a	3.5b	141.0a	85.9c	120.2b
	民勤	31.4a	22.0b	26.4b	8.1a	8.9a	6.3b	139.6a	112.5c	124.9b
2018	瓜州	42.2a	21.5c	29.3b	10.0a	8.5b	7.5c	159.2a	95.6c	120.7b
	民勤	43.0a	23.0b	27.9b	5.6a	2.8b	4.7b	163.3a	116.1b	125.2b
2019	瓜州	37.2a	21.3c	27.8b	5.0a	3.1b	4.7a	155.9a	100.4c	121.4b
	民勤	36.8a	22.5b	25.4b	9.8a	7.6b	5.4b	160.6a	120.2b	126.6b
平均		37.9a	21.6c	27.6b	7.2a	6.5b	5.4c	153.2a	105.1c	123.1b

4. 养分表观平衡

养分表观平衡比较结果（表 2-226）表明，FP、NE 和 ST 处理条件下，氮和磷有不同程度的盈余，但均以 NE 处理的盈余量最低，而 3 个处理的钾则表现为亏缺，但以 NE 处理的亏缺量最低。

表 2-226　甜瓜不同施肥处理的养分表观平衡比较

年份	地点	处理	N/(kg/hm²)		P₂O₅/(kg/hm²)		K₂O/(kg/hm²)	
			移走量	盈余量	移走量	盈余量	移走量	盈余量
2017	瓜州	NE	129.3	170.7	17.8	109.1	108.8	−11.1
		ST	127.8	214.2	14.6	124.5	121.0	−70.8
		FP	152.4	314.6	17.0	95.1	109.8	−72.3
	民勤	NE	97.0	203.0	13.4	119.3	140.1	−48.8
		ST	93.5	236.5	11.6	98.5	140.3	−49.0
		FP	104.5	254.5	11.1	184.6	123.8	−25.2
2018	瓜州	NE	109.7	157.3	15.5	14.5	95.6	−25.2
		ST	108.5	233.5	14.8	124.2	97.6	−42.6
		FP	119.0	303.0	17.3	80.4	101.5	−47.3
	民勤	NE	99.2	167.8	12.0	22.5	122.4	−57.4
		ST	99.7	230.3	12.1	97.3	127.5	−33.6
		FP	93.9	214.1	10.1	188.9	125.7	−21.4
2019	瓜州	NE	104.2	165.8	12.5	48.4	100.0	4.5
		ST	106.9	235.1	12.9	128.5	100.2	−45.7
		FP	103.3	301.7	13.4	97.3	97.5	−45.5
	民勤	NE	102.3	167.7	16.6	39.0	104.6	−1.0
		ST	93.6	236.4	14.7	91.3	103.4	−4.6
		FP	101.9	208.1	17.1	148.8	105.4	−9.0
平均		NE	107.0	172.1b	14.6	58.8b	111.9	−23.2b
		ST	105.0	231.0a	13.5	110.7a	115.0	−41.1a
		FP	112.5	266.0a	14.3	132.5a	110.6	−36.8ab

第3章 区域尺度养分推荐方法与限量研究

3.1 "自下而上"基于农学效应的县域养分限量研究

农田肥料施用不合理,养分效率不高,施肥环境压力大已成为困扰我国农业可持续发展的重大难题。我国以占世界 10% 的耕地,养活了 22% 的世界人口,但消费了世界 1/3 的化肥,单位面积施肥量是世界平均的 3 倍。我国的氮肥利用率仅为 0.25kg/kg,低于全球的 0.42kg/kg 和北美的 0.65kg/kg(Zhang et al.,2015)。例如,华北小麦-夏玉米体系农户习惯施氮量在 500kg N/hm² 以上,远高于作物的吸收量,导致该地区氮素盈余量高达 227kg N/hm²(Cui et al.,2008a,2018b),以各种途径损失到环境中的氮素达到 272kg N/hm²。因此,限量标准的制定已成为实现农业、资源和环境可持续发展的重要研究议题。

前人关于养分推荐已开展大量的研究。从方法论和技术路线的角度看,当前基于技术发展、土壤养分供应及管理措施等"自下而上"(bottom up)的主要方法包括:①测试法,②以肥料效应试验为基础的推荐方法(肥料效应函数法)。测试法包括通过土壤或植株测试来确定适宜施氮量的各种方法,该方法精度较高,然而需要大样本土壤测试,因此比较耗费物力、财力。肥料效应函数法以田间试验为基础,采用回归分析方法,建立并求得施肥量和产量之间的数量关系,即肥料效应函数。用肥料效应方程式计算经济最优施肥量,作为养分推荐的重要依据。肥料效应函数有多种,最常用的有二次曲线、线性加平台、二次曲线加平台等,该方法在国内外被广泛应用。Sawyer 等(2006)建立了区域推荐施氮方法,即 MRTN(maximum return to N)方法,该方法以多年多点试验为基础,建立区域养分推荐模型来推荐氮肥用量。我国的小农户经营导致地块之间土壤肥力变异较大,农业推广体系及农业设施相对较落后,因此很多先进的农业科技很难被农户采用。在一个特定的农业生态区,气候、土壤、作物管理相似,为区域氮肥管理提供了可能(Sawyer et al.,2006)。

近年来,过量的氮肥施用导致了大量氮素损失到环境中,如通过 NH_3 挥发、NO_3^--N 淋洗和 N_2O 排放,进而影响生态环境(如水体富营养化、温室气体增加和土壤酸化等)及人类健康(Brink et al.,2011;Tilman et al.,2011)。这些氮素排放通过危害生态环境和人类健康导致较高的社会成本(SCN)(Brink et al.,2011;Gu et al.,2012),但这些成本在养分推荐中往往被忽略。因此,我国急需发展能被小农户采用的区域氮肥管理技术,综合考虑作物产量、经济效益、生态保护和人类健康,以实现集约化农业可持续发展。

3.1.1 区域尺度养分推荐方法的建立

3.1.1.1 数据来源及方法原理

基于华北平原 156 个设置 5 个氮水平的小麦田间试验,首先运用生命周期评价(LCA)方法定量小麦生产过程中各个氮水平处理的经济效益及环境成本;然后结合区域推荐施氮方法,即 MRTN 方法,估算农学优化施氮(AOR,最小施氮量实现最大产量)、经济优化施氮量(POR,最小施氮量实现最大经济效益)、环境优化施氮量(EOR,最小施氮量实现最大生态效益)和社会优化施氮量(SOR,最小施氮量实现最大社会效益)。EOR 和 SOR 综合考虑了生态效益与社会效益来评估氮肥投入的效益。生态效益是指增产效益减去氮肥成本和环境成本，环境成本包括水体富营养化、土壤酸化和温室气体排放成本；社会效益是指在生态效益的基础上减去人类健康成本（Van Grinsven et al.，2013）。最后评估了 EOR 和 SOR 在小麦生产中的实现潜力。

1. 田间试验设计及管理

田间试验在我国小麦主产区华北平原进行。该地区属于温暖、湿润大陆性季风气候地带，冬天较冷、夏天较热。年平均降水量为 500～700mm，其中大约 30% 的降水发生在小麦生育期。

2007～2008 年，156 个点的田间试验在华北平原河南省 17 个市（县）进行。所有试验点都包括 5 个施肥处理：不施氮处理（N0）、当地推荐施氮量（RNR）、50% 当地推荐施氮量（50%RNR）、150% 当地推荐施氮量（150%RNR）和 200% 当地推荐施氮量（200%RNR）。

小区试验面积根据具体情况有所差异，但是都保持在 40m² 左右。通过土壤养分测定，过磷酸钙和氯化钾在播前一次性施用，分别为 60～150kg P₂O₅/hm² 和 60～120kg K₂O/hm²。所有试验点都没有施用有机肥，除了施肥和收获，其他各种田间管理都根据农户自己的习惯进行。多个当地普遍推广的小麦品种在不同试验点被采用。小麦生育期，杂草和病虫害都得到很好的控制，也没有出现缺水胁迫等问题。

小麦收获时，至少保证小区中间有 8m²（4m×2m）的收获测产区。秸秆全部还田。植物样品放入 70℃ 烘箱恒温烘干称重，取部分样品粉碎，采用凯氏定氮法测定植株含氮量。

2. 农学优化、经济优化、环境优化及社会优化施氮量估算方法

（1）氮肥投入成本估算

氮肥投入成本类型有氮肥成本、环境成本及社会成本。氮肥成本等于氮肥用量乘以氮肥价格 ［式（3-1）］。环境成本除氮肥成本外，还包括 N_2O 排放导致的大气污染代价，NH_3 挥发和 NO_3^--N 淋洗导致的水体富营养化代价，NH_3 挥发导致的土壤酸化代价 ［式（3-2）］。社会成本除上述两个成本外，还包括二次污染物导致的人类健康损害代价 ［式（3-3）］。

$$N_{cost}=N \times N_{price} \qquad (3\text{-}1)$$

$$E_{cost}=N_{cost}+C_{gw}+C_{eu}+C_{acid}=N_{cost}+(11.2 \times N_2O\text{-}N+0.20 \times N)$$
$$+(1.12 \times NO_3^-\text{-}N+0.24 \times NH_3\text{-}N+0.0018 \times N)+(1.87 \times NH_3\text{-}N+0.021 \times N) \qquad (3\text{-}2)$$

$$S_{cost}=N_{cost}+E_{cost}+0.30 \times N_2O\text{-}N+0.20 \times NO_3^-\text{-}N+3.30 \times NH_3\text{-}N \qquad (3\text{-}3)$$

式中，N_{cost} 是氮肥成本（\$/hm²）；N 是施氮量（kg N/hm²）；N_{price} 是氮肥价格（\$/kg）；E_{cost} 是环境成本（\$/hm²）；C_{gw} 是 N_2O 排放导致的大气污染代价（\$/hm²）；C_{eu} 是 NO_3^--N 淋洗、NH_3-N 挥发损失导致的水体富营养化代价（\$/hm²）；C_{acid} 是 NH_3-N 损失导致的土壤酸化代价（\$/hm²）；S_{cost} 是社会成本；11.2 指每千克 N_2O-N 排放导致的大气污染代价（\$/kg）；N_2O-N 表示 N_2O-N 排放损失氮量（kg N/hm²）；1.12、0.24 分别指每千克 NO_3^--N 淋洗、NH_3-N 挥发导致的水体富营养化代价（\$/kg）；NO_3^--N 表示 NO_3^--N 淋洗损失氮量（kg N/hm²）；NH_3-N 表示 NH_3-N 挥发损失氮量（kg N/hm²）；1.87 指每千克 NH_3-N 挥发造成的土壤酸化代价（\$/kg）；0.20、0.0018、0.021 分别指每生产 1kg 氮肥造成的大气污染、水体富营养化、土壤酸化代价（\$/kg）（Xia and Yan，2011；Yue et al.，2012）；0.30、0.20、3.30 分别指每千克 N_2O-N 排放、NO_3^--N 淋洗、NH_3-N 挥发造成的人体健康成本（\$/kg）。不同氮素损失造成的环境价值参数如表 3-1 所示（Schiermeier，2009；Struijs et al.，2010；Brink et al.，2011；Xia and Yan，2011；Gu et al.，2019）。

在本研究中，小麦生产中的 N_2O-N 排放量、NO_3^--N 淋洗量、NH_3-N 挥发量根据经验模

型估算 [式 (3-4) ～式 (3-6)] (Chen et al., 2014)。

$$N_2O\text{-}N = 0.54 \times e^{(0.0063 \times S)} \tag{3-4}$$

$$NO_3^-\text{-}N = 13.59 \times e^{(0.0090 \times S)} \tag{3-5}$$

$$NH_3\text{-}N = 0.17 \times N_{rate} - 4.95 \tag{3-6}$$

$$S = N_{rate} - N_{uptake} \tag{3-7}$$

式中，S 表示氮素盈余量（kg N/hm²），定义为氮素投入量（N_{rate}, kg N/hm²）减去作物地上部吸收量（N_{uptake}, kg N/hm²）。作物地上部吸收量根据氮素吸收量与产量之间的关系估算 [式 (3-8)] (Yue et al., 2012)。

$$N_{uptake} = -14 + 41 \times Y^{0.77} \tag{3-8}$$

式中，Y 表示作物产量（t/hm²）。

表 3-1　不同活性氮损失的环境及人类健康成本　　　　　（单位：$/kg）

指标	健康	富营养化	酸化	温室气体	总和
NO₃-N	0.20[c]	1.12[a]			1.32
NH₃-N	3.30[d]	0.24[a]	1.87[a]		5.41
N₂O-N	0.30[d]			11.2[b]	11.5

注：a. 来源于 Xiang 等 (2006)；b. 来源于 Schiermeier (2009)；c. 来源于 Xia 等 (2016)；d. 来源于 Gu 等 (2019)

（2）氮肥投入效益估算

氮肥投入效益包括增产效益、经济效益、环境效益及社会效益。增产效益为施氮肥产量减去不施氮肥产量 [式 (3-9)] 乘以作物价格 [式 (3-10)]；经济效益为增产效益减去氮肥成本 [式 (3-11)]；环境效益为增产效益减去氮肥成本和环境成本 [式 (3-12)]；社会效益为增产效益减去氮肥成本、环境成本、社会成本 [式 (3-13)]。

$$Y_N = Y - Y_0 \tag{3-9}$$

$$B_Y = Y_N \times C_{price} \tag{3-10}$$

$$B_P = B_Y - N_{cost} \tag{3-11}$$

$$B_E = B_Y - E_{cost} \tag{3-12}$$

$$B_S = B_Y - S_{cost} \tag{3-13}$$

式中，Y_N 是增产量（t/hm²）；Y 是施氮肥产量（t/hm²）；Y_0 是不施氮肥产量（t/hm²）；C_{price} 是作物价格（$/t）。$B_Y$、$B_P$、$B_E$、$B_S$ 分别是增产效益（$/hm²）、经济效益（$/hm²）、环境效益（$/hm²）、社会效益（$/hm²）。

定量优化施肥量是基于 MRTN 方法，通过二次方程拟合上述每一组 B_Y、B_P、B_E、B_S 和施氮量的关系，当效益等于成本时，对应的施氮量为相应的优化施氮量 [式 (3-14) ～式 (3-17)]。

$$B_Y = Y_N \times C_{price} = AN + BN^2 \qquad AOR = -B/2A \tag{3-14}$$

$$B_P = B_Y - N_{cost} = CN + DN^2 \qquad POR = -D/2C \tag{3-15}$$

$$B_E = B_Y - E_{cost} = EN + FN^2 \qquad EOR = -F/2E \tag{3-16}$$

$$B_S = B_Y - S_{cost} = GN + HN^2 \qquad SOR = -H/2G \tag{3-17}$$

式中，A、B、C、D、E、F、G、H 是各个效益与施氮量曲线关系公式中的参数；N 代表施氮量；

AOR、POR、EOR、SOR 分别为农学、经济、环境、社会优化施氮量（kg N/hm²），计算得到这些施肥量，再代入上述公式计算相应的效益。

3.1.1.2　区域尺度农学、经济、环境及社会优化施氮量

氮肥投入的环境、社会成本随着氮肥投入的增加均呈现显著指数增长（图 3-1，$P < 0.001$）。氮肥投入的社会成本高于环境成本，尤其是在氮肥用量较高的条件下。RNR 处理的氮肥、环境、社会成本平均分别为 149$/hm²、290$/hm²、396$/hm²（图 3-1）。相应的，RNR 处理氮肥投入的经济、环境、社会效益分别为 552$/hm²、411$/hm²、305$/hm²。氮肥投入的农学效益、经济效益、环境效益及社会效益与施氮量均呈现较好的二次函数相关（图 3-1）。农学、经济、环境及社会优化施氮量分别指用最小的氮肥用量实现最大农学、经济、环境和社会效益，平均分别为 279kg/hm²、230kg/hm²、175kg/hm² 和 148kg/hm²（表 3-2）。

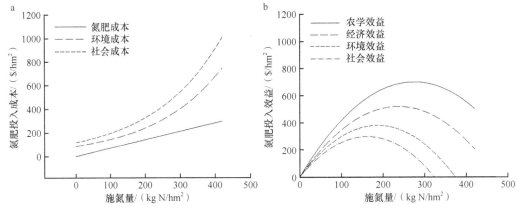

图 3-1　2007～2008 年河南省 17 个市（县）的 156 个试验点氮肥成本、环境成本、社会成本（a）和农学效益、经济效益、环境效益、社会效益（b）与施氮量的关系

氮肥成本、环境成本、社会成本与施氮量的关系分别为 $Y=0.71x$、$Y=86.0e^{0.0052x}$（$R^2=0.96^{***}$）、$Y=118e^{0.0051x}$（$R^2=0.98^{***}$）；农学效益、经济效益、环境效益、社会效益与施氮量的关系分别为 $Y=-0.0093x^2+5.11x$（$R^2=0.47^{***}$）、$Y=-0.0093x^2+4.40x$（$R^2=0.34^{***}$）、$Y=-0.0109x^2+4.08x$（$R^2=0.38^{***}$）、$Y=-0.0114x^2+3.69x$（$R^2=0.48^{***}$）；*** 表示 $P < 0.001$

表 3-2　156 个试验点的农学优化施氮量（AOR）、经济优化施氮量（POR）、环境优化施氮量（EOR）及社会优化施氮量（SOR）及相应的作物产量、氮肥生产力、活性氮损失、经济效益、环境效益、社会效益

优化处理	施氮量/ (kg N/hm²)	作物产量/ (t/hm²)	氮肥生产力/ (kg/kg)	活性氮损失/(kg/hm²)				经济效益/ ($/hm²)	环境效益/ ($/hm²)	社会效益/ ($/hm²)
				N₂O 排放	NO₃-N 淋洗	NH₃ 挥发	总和			
AOR	279a	7.08a	26.1c	1.14a	41.3a	42.5a	84.9a	524a	315b	166c
POR	230b	7.04a	31.4c	0.82b	25.2b	34.1b	60.1b	542a	383a	265b
EOR	175c	6.86ab	44.1b	0.59c	15.9c	24.8c	41.3c	519a	403a	319ab
SOR	148d	6.73b	51.1a	0.51d	12.9c	20.2d	33.6d	490a	395a	333a

相比于传统 AOR，POR 和 EOR 可显著降低氮肥用量 18%～37%，但产量、经济效益没有显著降低；同时 EOR 的活性氮损失降低了 31%～51%，氮肥生产力增加了 40%～69%（表 3-2，$P < 0.05$）；而 SOR 的氮肥用量可进一步降低 36%～47%，活性氮损失大幅度降低 44%～51%，同时氮肥生产力增加 63%～96%，但产量略微降低了 4.4%～4.9%。AOR、POR、EOR 和 SOR 的社会效益分别为 166$/hm²、265$/hm²、319$/hm² 和 333$/hm²。可以发现，在

环境效益最高点附近，氮肥投入的效益并不会随氮肥用量的变化大幅降低，而氮肥投入成本则随着氮肥用量的增加而大幅增加。

通过 2938 个农户的调研数据发现，小麦产量平均为 6.1t/hm²，变异范围为 3.4～8.3t/hm²。施氮量平均为 284kg/hm²，变异范围为 102～573kg/hm²。估算的活性氮损失为 89.6kg/hm²，占氮肥用量的 31.5%（图 3-2）。

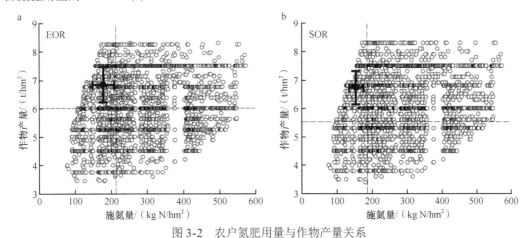

图 3-2　农户氮肥用量与作物产量关系

黑色实心圆分别代表 EOR 与 SOR 的均值；虚线分别表示可以实现 EOR、SOR 水平的最低氮肥用量及产量；

空心圆表示 2938 个农户的施氮量及产量

假设所有农户实现 EOR，相比于农户传统施氮量，作物产量可以增加 12%，氮肥用量降低 38%，氮肥偏生产力增加 105%，同时活性氮损失量及损失强度分别降低 54% 和 61%。在 2938 个农户实际生产中，1585 个农户（54%）实现了 EOR 水平的产量（6.86t/hm²），1103 个农户（38%）实现了 EOR 水平的氮肥用量（175kg/hm²），474 个农户（16%）同时实现了 EOR 水平的产量与氮肥用量（图 3-2a）。

此外，假设所有农户实现 SOR，相比于农户传统施氮量，作物产量可以增加 10%，氮肥用量降低 49%，氮肥偏生产力增加 138%，同时活性氮损失及损失强度分别降低 63% 和 66%。在 2938 个农户实际生产中，1826 个农户（62%）实现了 SOR 水平的产量（6.73t/hm²），591 个农户（20%）实现了 SOR 水平的氮肥用量，仅有 139 个农户（4.7%）同时实现了 SOR 水平的产量与氮肥用量（图 3-2b）。

3.1.2　三大粮食作物区域尺度氮肥优化推荐

上述基于华北平原 156 个试验点研究了区域 SOR，但在全国范围内（从温带到亚热带、从干旱到半干旱再到潮湿的各种气候条件），在农学及经济可行性方面缺乏系统、全面的评估。为填补这一空白，本研究搜集整理了 27 476 组氮肥肥效反应试验数据。这些肥效试验由农业部组织实施，试验时间为 2005～2014 年。此外，基于已发表论文的有关中国粮食作物生产活性氮损失数据（648 个观察结果），分析了氮素损失对氮肥施用的响应。

3.1.2.1　数据来源及方法原理

共搜集整理了 2005～2014 年的 27 476 个试验站点的数据，其中玉米为 9362 个、水稻为 10 310 个、小麦为 7804 个，试验点遍布 28 个省（自治区、直辖市）的 1136 个县（玉米）、24 个省（自治区、直辖市）的 963 个县（水稻）、22 个省（自治区、直辖市）的 894 个县（小麦）的农业主产区，包括从温带到亚热带、从干旱到半干旱再到湿润地区的各种气候条件和种植制度（如作物类型、轮作、雨养或灌溉条件）。

1. 试验设计、作物管理和样品处理

所有的试验包含 4 个处理和 3 次重复。4 个处理包括空白对照、优化水平（100% 优化氮肥用量，MN）、低于优化水平（50% 优化氮肥用量，50%MN）和高于优化水平（150% 优化氮肥用量，150%MN）。优化氮肥用量由当地农学家根据目标产量和土壤测试确定。

对于玉米和小麦，40% 的氮肥（尿素）用作基肥，其余 60% 在玉米 6 叶期和小麦拔节期作追肥施入。对于水稻，50% 的氮肥（尿素）作基肥施入，20% 作为分蘖肥，30% 作为穗肥。所有试验的磷钾肥用量均为基于目标产量、土壤测试得到的优化施肥量，玉米、水稻、小麦的平均磷肥用量为 97kg P_2O_5/hm^2、73kg P_2O_5/hm^2 和 110kg P_2O_5/hm^2，平均钾肥用量为 95kg K_2O/hm^2、103kg K_2O/hm^2、94kg K_2O/hm^2，全部作基肥一次性施入。所有试验均未施用有机肥。

小区的面积为 40m^2。所有的试验均在农户的田块中进行，由农户进行统一管理（包括品种、密度、种植、收获、除草剂和杀虫剂的使用）。种植和收获的时间由农户决定。在玉米、水稻、小麦的生长季，未发现明显的积水、杂草、病害和害虫。

2. 运用 Meta 分析定量区域尺度氮素损失

本节采用 Meta 分析方法，通过中国知网和 Web of Science 等中英文数据库，对前人于 2000 年 1 月至 2018 年 8 月发表的有关中国玉米、水稻、小麦农田活性氮损失（N_2O 排放、NO_3^--N 淋洗和 N 径流、NH_3 挥发）方面的文献进行搜集整理。搜索关键字包括不同的组合："氧化亚氮（N_2O）"或"硝态氮（NO_3^--N）淋洗"或"氨（NH_3）挥发"和"玉米（maize）"或"小麦（wheat）"或"水稻（rice）"与"中国（China）"。为了最大程度地保证数据的代表性，本节对所有文献数据进行了筛选，选择标准如下：①各途径活性氮损失必须是田间实测数据，且包含玉米、水稻或小麦的整个生育期；②试验以尿素、硝态氮或铵态氮为主要氮素来源，不包含有机氮肥、包膜肥、缓效肥等新型肥料的试验结果。

最终共筛选出已发表文献 268 篇，样本量 2242 个，其中玉米 802 个、水稻 815 个、小麦 625 个。根据气候条件、地理位置和种植体系（如作物类型、轮作、雨养或灌溉条件），我们将每个作物分成 3 个生态区：玉米和小麦分为北方、中部和南方；水稻分为北方、长江流域和南方。在各个区域中，N_2O 排放、NO_3^--N 淋洗和 N 径流（仅水稻）量在经过背景值矫正后均随着氮肥施用量的增加呈指数增加，而 NH_3 挥发量随氮肥施用量增加呈线性增加。

3.1.2.2　三大粮食作物的农学、经济、环境及社会优化氮肥量

1. 三大粮食作物区域氮素损失定量评估

通过文献检索共筛选出有关三大粮食作物氮素损失的文献 268 篇，共 2242 个样本。有关 N_2O 排放的样本 931 个：①玉米样本量为 297 个，平均施氮量为 192kg N/hm^2，相应的 N_2O 排放量平均为 1.54kg N/hm^2，由此得到平均排放因子为 0.82%；区域间的差异较大，其中北方玉米平均为 0.6%，中部玉米平均为 1.0%，南方玉米平均为 0.55%。②水稻样本量为 338 个，平均施氮量为 185kg N/hm^2，平均 N_2O 排放量为 0.7kg N/hm^2，平均排放因子为 0.38%，其中北方水稻平均为 0.18%，长江流域水稻 0.49%，南方水稻 0.17%。③小麦样本量为 296 个，平均施氮量为 195kg N/hm^2，平均 N_2O 排放量为 0.94kg N/hm^2，平均排放因子为 0.48%；区域间同样表现出较大的差异，北方小麦的平均 N_2O 排放因子为 0.78%，中部小麦平均为 0.31%，

南方小麦平均为 0.82%。三种作物的 N_2O 损失均与施氮量呈指数相关（图 3-3）。

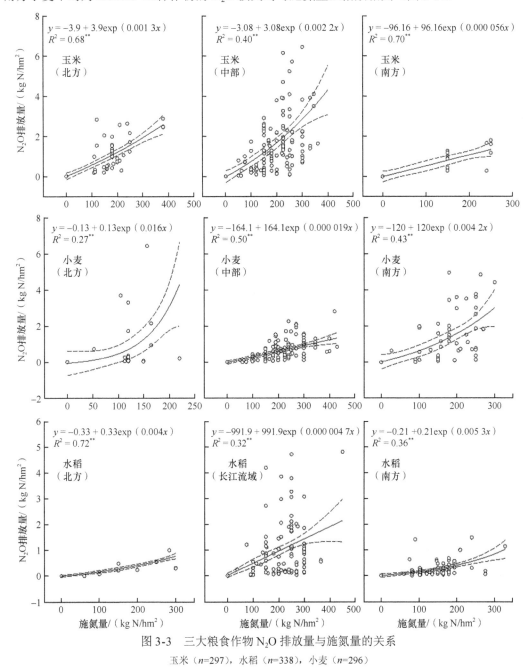

图 3-3　三大粮食作物 N_2O 排放量与施氮量的关系

玉米（n=297），水稻（n=338），小麦（n=296）

有关 NO_3^--N 淋洗的样本 554 个：①玉米样本量为 205 个，平均施氮量为 235kg N/hm^2，相应的 NO_3^--N 淋洗量平均为 29.8kg N/hm^2，由此得到平均淋洗因子为 12.7%，其中北方玉米的淋洗因子较小，平均为 2.7%，中部玉米最高，平均为 22.3%，南方玉米居中，平均为 12%。②水稻样本量为 195 个（102 个 NO_3^--N 淋洗、93 个 N 径流），平均施氮量为 207kg N/hm^2，平均 NO_3^--N 淋洗量和 N 径流量为 6.19kg N/hm^2，平均淋洗因子为 3.06%，其中北方水稻为 1.97%、长江流域水稻为 3.91%、南方水稻为 4.1%（图 3-4 和图 3-5）。③小麦样本量为 154 个，平均施氮量为 193kg N/hm^2，平均 NO_3^--N 淋洗量为 17.3kg N/hm^2，平均淋洗因子为 9.0%，区域间差异表现为中部最大，为 20.8%，北方次之，为 5.25%，南方最低，为 2.68%（图 3-4）。

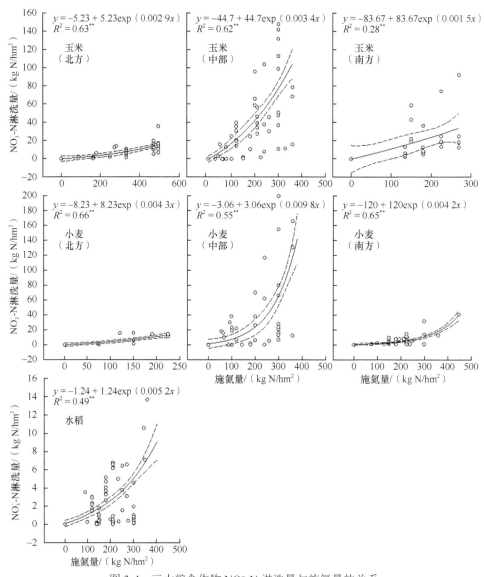

图 3-4　三大粮食作物 NO_3^--N 淋洗量与施氮量的关系

玉米（n=205），水稻（n=102），小麦（n=154）

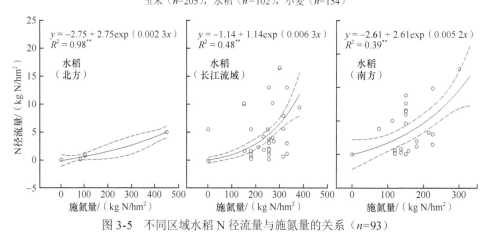

图 3-5　不同区域水稻 N 径流量与施氮量的关系（n=93）

　　有关 NH$_3$ 挥发的样本 757 个：①玉米样本量为 300 个，平均施氮量为 205kg N/hm^2，相应的 NH$_3$ 挥发量平均为 21.2kg N/hm^2，由此得到平均挥发因子为 10.5%，其中北方玉米的挥发因子较小，平均为 5.26%，中部玉米最高，平均为 14.3%，南方玉米平均为 6.6%。②水稻样本量为 282 个，平均施氮量为 211kg N/hm^2，平均 NH$_3$ 挥发量为 35.4kg N/hm^2，平均挥发因子为 16.8%，其中北方水稻为 11.1%、长江流域水稻 16.9%、南方水稻 16.7%。③小麦样本量为 175 个，平均施氮量为 175kg N/hm^2，平均 NH$_3$ 挥发量为 15.9kg N/hm^2，平均挥发因子为 6.8%，区域间差异表现为中部最小，为 4.7%，北方小麦和南方小麦较高，分别为 9.5% 和 9.9%（图 3-6）。

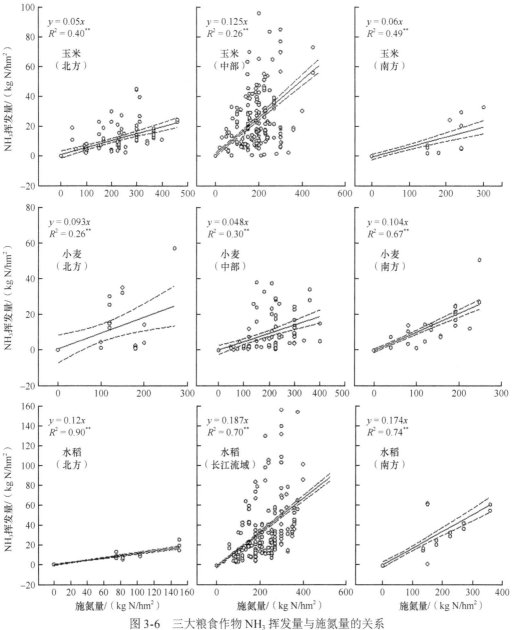

图 3-6　三大粮食作物 NH$_3$ 挥发量与施氮量的关系

玉米（$n=300$），水稻（$n=282$），小麦（$n=175$）

2. 氮肥相关效益及成本分析

在 27 476 个试验点中，MN 处理玉米、水稻、小麦的增产量分别为 2.48t/hm²、2.30t/hm²、2.19t/hm²，对应的经济效益分别为 622$/hm²、837$/hm²、629$/hm²；与 50%MN 处理相比，增产 10.5%～13.8%、增加经济效益 25.1%～49.8%；与 150%MN 处理相比，增产 6.1%～7.4%、增加经济效益 47.6%～63.3%（表 3-3）。

表 3-3　我国玉米、水稻、小麦施氮量、产量、增产量、总收益、经济收益、氮肥成本、社会成本及净收益

作物	施氮量/ (kg N/hm²)	产量/ (t/hm²)	增产量/ (t/hm²)	总收益/ ($/hm²)	经济收益/ ($/hm²)	氮肥成本/ ($/hm²)	社会成本/ ($/hm²)	净收益/ ($/hm²)
玉米 (*n*=9 362)	0	6.60c		2047b	0	0	0	0
	102	8.22b	1.62b	2551a	431b	72	82c	277
	204	9.08a	2.48a	2814a	622a	145	170b	307
	306	8.53b	1.93b	2645a	381c	218	265a	−102
水稻 (*n*=10 310)	0	5.80c		2439b	0	0	0	0
	87	7.26b	1.46b	3047a	669b	61	108c	500
	173	8.10a	2.30a	3400a	837a	123	218b	496
	260	7.59b	1.79b	3191a	567c	184	252a	131
小麦 (*n*=7 804)	0	4.31c		1510b	0	0	0	0
	96	5.71b	1.40b	1998a	420b	68	66c	286
	192	6.50a	2.19a	2276a	629a	136	142b	351
	288	6.05b	1.74b	2118a	403b	204	247a	−48

不同作物、不同区域在不同施氮量下的活性氮损失使用经验模型进行估算。SCN 随着施氮量的增加呈显著增加的趋势，且在不同区域、不同作物上差异较大（图 3-7）。在 MN 处

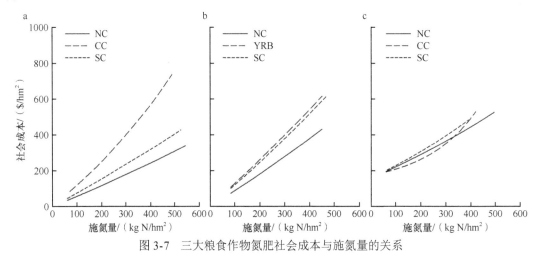

图 3-7　三大粮食作物氮肥社会成本与施氮量的关系

NC、CC、YRB 和 SC 分别代表北方、中部、长江流域和南方的生产区；玉米（a）：SCN(NC)=−1444.5+1444.5exp(0.0003N)，SCN(CC)=−828.7+828.7exp(0.0013N)，SCN(SC)=−2238.5+2238.5exp(0.0023N)；水稻（b）：SCN(NC)=−2174.6+2174.6exp(0.0004N)，SCN(YRB)=−3523.9+3523.9exp(0.0004N)，SCN(SC)=−2313.7+2313.7exp(0.0005N)；小麦（c）：SCN(NC)=−1016.4+1016.4exp(0.0007N)，SCN(CC)=−66.3+66.3exp(0.0047N)，SCN(SC)=−694.0+694.0exp(0.0011N)；其中 N 代表施氮量

理下，玉米、水稻、小麦的 SCN 分别为 170\$/hm² （范围 79～259\$/hm²）、218\$/hm² （范围 106～320\$/hm²）、142\$/hm² （范围 70～190\$/hm²）。总的成本包括氮肥成本和社会成本（包括气体污染成本、水体富营养化成本、土壤酸化成本及人体健康成本）。玉米、水稻、小麦的净效益（经济效益—总代价）分别为 307\$/hm²、496\$/hm²、351\$/hm²。

3. 定量社会优化施氮量

社会效益与氮肥用量呈显著的二次曲线关系（$P < 0.01$，$R^2 = 0.70 \sim 0.99$）。获得最大社会效益所对应的施氮量即社会优化施氮量（SOR）。全国玉米、水稻、小麦的 SOR 平均分别为 157kg N/hm²、149kg N/hm²、160kg N/hm²。采用二次曲线模型定量经济最佳施氮量，在实现最大经济回报率的情况下，玉米、小麦、水稻的氮肥用量（EOR）分别为 194kg N/hm²、176kg N/hm²、187kg N/hm²。相比于 EOR，SOR 分别降低氮肥用量 19.1%、15.3%、14.4%，产量没有显著降低。SOR 的平均氮盈余量接近零，明显低于 EOR 的 29～36kg/hm²（表 3-4）。

表 3-4　我国玉米、水稻、小麦的 EOR、SOR 与对应的产量、氮盈余量、总氮损失、社会成本、总成本、净收益

作物	项目	施氮量/ （kg N/hm²）	产量/ （t/hm²）	氮盈余 量/（kg N/hm²）	总氮损失/ （kg N/hm²）	社会成 本/(\$/hm²)	总成本/ (\$/hm²)	净收益/ (\$/hm²)
玉米 （n=9 362）	经济优化施 氮量（EOR）	194a （104～297）	9.06a （5.86～13.12）	36 （3～69）	36.0a （8.1～93.0）	161a （63～321）	299a （137～532）	461a （−16～1262）
	社会优化施 氮量（SOR）	157b （75～249）	8.91a （5.64～13.01）	3 （−15～14）	25.9b （6.9.5～62.6）	123b （53～227）	234a （106～304）	482a （31～1271）
水稻 （n=10 310）	经济优化施 氮量（EOR）	176a （103～287）	8.06a （5.94～10.35）	29 （−6～97）	37.6a （22.6～70.3）	221a （114～377）	346a （187～581）	610a （72～1361）
	社会优化施 氮量（SOR）	149b （82～240）	7.95a （5.83～10.25）	4 （−18～33）	31.9b （17.5～52.9）	186b （127～395）	292a （185～565）	618a （93～1363）
小麦 （n=7 804）	经济优化施 氮量（EOR）	187a （88～278）	6.45a （3.72～8.65）	31 （−2～68）	28.5a （11.0～54.2）	127a （44～220）	260a （106～417）	488a （56～1144）
	社会优化施 氮量（SOR）	160b （73～240）	6.37a （3.63～8.58）	5 （−15～27）	22.1b （9.1～39.2）	116b （54～193）	230a （106～363）	489a （63～1145）

SOR 相较于 EOR，玉米总氮损失减少 28.7%，其中 NO_3^--N 淋洗量降低 6.6kg N/hm²，NH_3 挥发量降低 3.5kg N/hm²，N_2O 排放量降低 0.3kg N/hm²（表 3-5）；水稻总氮损失减少 15.2%，其中 NO_3^--N 淋洗量降低 0.9kg N/hm²，NH_3 挥发量降低 4.8kg N/hm²，N_2O 排放量降低 0.2kg N/hm²；小麦总氮损失减少 22.5%，其中 NO_3^--N 淋洗量降低 4.4kg N/hm²，NH_3 挥发量降低 1.8kg N/hm²，N_2O 排放量降低 0.2kg N/hm²；社会成本（SCN）降低了 11～38\$/hm²，净收益增加了 1～21\$/hm²。

表 3-5　我国玉米、水稻、小麦的 EOR、SOR 对应的活性氮损失　　　（单位：kg N/hm²）

作物	施氮量	氮损失			
		N_2O 排放	NO_3^--N 淋洗	NH_3 挥发	总氮损失
玉米 （n=9 362）	EOR	1.3a（0.6～2.3）	20.2a（2.0～58.9）	14.8a（5.5～32.0）	36.3a（8.1～93.0）
	SOR	1.0b（0.5～1.7）	13.6b（1.7～37.9）	11.3b（4.6～23.3）	25.9b（6.9～62.6）

作物	施氮量	氮损失			
		N₂O 排放	NO₃-N 淋洗	NH₃ 挥发	总氮损失
水稻 (n=10 310)	EOR	0.7a (0.3~1.5)	6.2a (2.2~12.1)	30.7a (15.2~51.4)	37.6a (22.6~70.3)
	SOR	0.5b (0.3~1.2)	5.3b (2.8~9.4)	25.9b (13.5~42.3)	31.9b (17.5~52.9)
小麦 (n=7 804)	EOR	0.7a (0.1~1.9)	14.8a (1.8~39.3)	13.0a (6.2~24.8)	28.5a (11.0~54.2)
	SOR	0.5b (0.1~1.6)	10.4b (1.4~26.3)	11.2b (5.4~21.9)	22.1b (9.1~39.2)

3.2 "自上而下"基于环境安全的县域氮肥限量标准

农业可持续发展面临着巨大挑战,一方面需要增加产量以保障粮食安全,另一方面需要降低环境损失以保障环境安全。如上所述,众多学者在农业生产中运用"自下而上"的方法进行区域养分推荐,并取得了增产显著、环境损失降低的效果。然而,尽管已经对作物生产进行了优化管理,作物的增产能否满足未来人口增长、膳食结构改变对口粮的需求,环境排放降低量是否低于环境污染阈值,以及不损害人类经济及健康仍尚未可知。因此,基于社会发展、需求,气候变化及环境承载能力,运用"自上而下"(top down)的方法研究氮肥投入限量标准,准确判断环境排放是否处于生态系统可承载范围之内显得尤为重要。

学术界为此展开了不懈探索,相继提出了增长极限(limits to growth)(Meadows et al.,1972)、最低安全标准(safe minimum standard)(Bishop,1978)、承载力(carrying capacity)(Daily and Ehrlich,1992)、可承受窗口(tolerable window)(Bruckner et al.,2003)、临界载荷(critical load)(Linder et al.,2013)等相关概念。近些年,"行星边界"(planetary boundaries)概念(Steffen et al.,2015)被广泛提及,其框架被认为是近些年国际资源环境承载力量化领域的标志性成果。行星边界框架从全球视角出发,对地球关键生物物理过程的安全边界进行了设置,为人类活动的安全操作、社会的发展和繁荣定义了安全空间(safe operating space)。

行星边界框架具有广阔的应用前景,已被应用于资源环境领域等多个领域。例如,Fanning 和 Oneill(2016)用行星氮边界和区域磷边界分别乘以区域耕地面积的全球占比,得到加拿大和西班牙区域尺度的氮边界与磷边界。Cole 等(2017)根据南非政策目标及历史消费情况,自上而下来确定各省臭氧边界。由于政策行动和投资行为普遍发生在区域大尺度上,行星边界框架的应用需要考虑特定的国家或地区目标,以及当地的实际情况。在氮肥施用过量、肥料利用率低的热点地区(如中国),这样的做法和应用更为重要。然而,行星边界框架在中国运用相对较少,且重点关注环境安全及相关阈值,往往忽略了粮食安全。为增强限量标准对全国和区域政策目标制定的科学指导价值,应通过完善概念框架、提升分析技术等途径结合"自上而下"与"自下而上"的方法,综合考虑作物产量、经济效益、生态保护和人类健康多个方面,同时这对集约化农业实现可持续管理至关重要。

3.2.1 基于机器学习多因子模型的县域硝态氮淋洗及氨挥发预测

3.2.1.1 数据来源及方法原理

1. 主要作物农田氮素损失数据库建立

通过对中国知网、Web of Science 等中英文数据库进行检索,收集 1990 年 1 月至 2020 年

1月发表的有关中国粮食作物（玉米、小麦、水稻）、果树和蔬菜、其他作物的农田硝态氮（NO_3^--N）淋洗、氨（NH_3）挥发的文献。搜索关键词包括多个组合："硝态氮（NO_3^--N）淋洗"或"氨（NH_3）挥发"和"玉米"（maize）或"小麦"（wheat）或"水稻"（rice）或"蔬菜"（vegetable）或"果园"（fruit）与"中国"（China）。为了确保数据质量，筛选标准如下：①所有结果均为田间实测数据，且包含作物整个生长期，室内试验数据不包括在内；② NO_3^--N淋洗测定方法包括直接测定法（Lysimeter法、陶土头法、渗漏池法）、氮平衡法；③ NH_3挥发测定方法包括通气法、风洞法及微气象法。同时，数据库包含每个研究的关键特征：文献基础信息（包括文献名称、作者信息、发表时间、试验时间），试验点基本信息（包括试验地点、经纬度、年均温度、降水量、土壤理化性质、作物种类及作物品种），试验处理信息（包括养分投入——氮肥、磷肥、钾肥、有机肥用量及其形态，且统一转化为N、P_2O_5、K_2O，单位为kg/hm²；主要的农田管理措施，如灌溉、耕作等；测定次数及试验重复数等）。

经过筛选，作物硝态氮淋洗共收集了102篇文献、356个观测值，其中玉米硝态氮淋洗共41篇文献、198个观测值。作物氨挥发共收集了165篇文献、759个观测值。为了减少其他因素的影响，我们进一步筛选出氮肥来源仅以尿素、铵态氮及硝态氮为主的普通肥料，剔除了处理中包含有机肥和缓（控）释肥等新型肥料、秸秆还田、生物炭、硝化抑制剂、脲酶抑制剂等的数据。淋洗因子、挥发因子分别指施肥处理NO_3^--N淋洗量、NH_3挥发量与氮肥用量的比值。

2. 运用随机森林模型定量县域尺度氮素损失

农田生态系统氮素循环具有开放性及复杂性，氮素循环过程损失的氮素（如NH_3挥发、NO_3^--N淋洗等）受到气候因素、土壤特性及管理措施等诸多因素的影响。在建模和预测农田氮素损失时，综合考虑环境因子可提高预测精度。随机森林（RF）模型是基于机器学习方法的一种模型，具有可提高预测精度、减少过拟合、对缺失数据和多元共线性不敏感，以及可简单处理大量定量和定性数据的优点。

本研究使用R语言中Random Forest软件包进行建模，建立数据集中响应变量（NO_3^--N淋洗因子、NH_3挥发因子）与控制变量［包括气候（生育期降水量、蒸散量和平均温度）、土壤（土壤质地、pH、全氮、有机质）和氮平衡］之间的关系。通过十倍交叉验证对通过RF模型预测的NO_3^--N淋洗因子、NH_3挥发因子进行了评估。数据集被分为10个大小相等的子集，其中7/10的数据用于构建RF模型，剩余3/10数据用于验证，预测NO_3^--N淋洗因子、NH_3挥发因子。另外，通过标准均方根误差（nRMSE）、相关系数（R^2）评估模型的准确性。根据回归树的均方误差增加百分比（% Inc MSE）对控制变量影响大小进行排序。

（1）农户调研数据库

2006～2015年，由农业部组织，各个地方农业技术推广部门开展了全国范围农户调研，以更好地了解中国的粮食作物生产力及养分资源管理措施。调研问卷比较全面，包含粮食作物生产各种参数，包括编号、作物名称、作物品种、实收产量、实际氮肥（N）用量、实际磷肥（P_2O_5）用量、实际钾肥（K_2O）用量、实际有机肥名称、实际有机肥用量、省（自治区、直辖市）名称、市（区）名称、县（旗）名称、农户名称及年份（下同）。共调研2023个县，每个县选择3～10个村庄，每个村庄随机选取30～120名农户作为调查对象。接受调查的农户总数为1100万人。该调查是由当地（县和/或乡镇）农业技术推广人员通过面对面访谈进行的。本研究提取其中的作物氮肥用量及产量，用于计算氮素平衡，进而预测县域尺度农田硝态氮淋洗、氨挥发。

（2）气象数据

气象数据主要来自中国气象局（http://www.cma.gov.cn/）2005～2014 年的 756 个气象站，包括温度、降水量、日照时数等。生育期作物县域的平均气象数据处理过程如下：①计算出 756 个气象站 10 年的日平均温度、平均降水量和平均日照时数；②利用 Arcgis 软件，将以上数据点叠放在地图上，并利用克里金法绘制出每日的空间变异图；③以县为基本单位，提取出每个县每日的日平均温度、降水量、日照时数；④根据每个县内数据点的播种日期和收获日期计算出县平均播种日期和收获日期；⑤利用每个县的平均播种日期和收获日期截取每个县的生育期日平均温度、降水量和日照时数，求和得到生育期总降水量、总温度、总日照时数。

（3）土壤数据

土壤质地数据来源于整合的世界土壤数据库（harmonized world soil database，Version1.2；http://www.fao.org/soils-portal/soil-survey/soil-maps-and-databases/harmonized-world-soil-database-v12/en/），土壤类型数据来源于资源环境科学与数据中心（http://www.resdc.cn/Datalist1.aspx?FieldTyepID=116），以县域为基本单位提取出每个县的土壤质地和类型。

3.2.1.2 基于机器学习多因子模型预测县域尺度硝态氮淋洗及氨挥发

1. 玉米县域硝态氮淋洗

基于 198 个观测值，玉米平均 NO_3^--N 淋洗量为 28.9kg N/hm^2（5th～95th 为 0.83～100kg N/hm^2）。玉米平均 NO_3^--N 淋洗因子为 13.7%（5th～95th 为 0.38%～44%），即 13.7% 的氮肥用量通过淋洗损失。我们运用 RF 模型建模，将 NO_3^--N 淋洗因子与气候、土壤及管理参数建立联系（图 3-8a）。RF 模型的性能通过 R^2、nRMSE 进行评估。结果表明，实测与预测的淋洗因子相关系数（R^2）为 0.83，其训练集和测试集的相关系数分别为 0.86 和 0.72，处于较高的水平；其标准均方根误差（nRMSE）为 28%（图 3-8b）。结果表明，RF 模型预测精度较高，在大尺度区域上可较好地预测 NO_3^--N 淋洗量和淋洗因子。

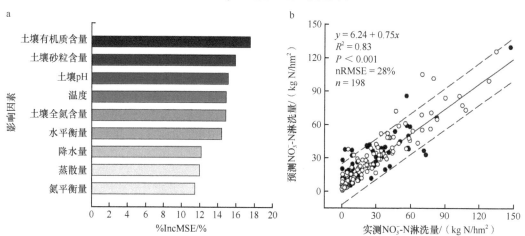

图 3-8　基于 RF 模型的均方误差增加百分比排序（a），NO_3^--N 淋洗量实测值与 RF 模型预测值之间的关系（b）

b 图中白点表示训练集（$n=138$）；黑点表示测试集（$n=60$）

基于县域尺度农户调研数据，提取作物产量和氮肥用量，估算地上部分氮素吸收量及氮素平衡量（氮肥用量减去地上部分氮素吸收量）。以上述影响因素作为输入变量建立 RF 模型，预测全国县域尺度玉米 NO_3^--N 淋洗量。当前，中国玉米县域面积加权平均氮肥用量为 208kg N/hm^2（5th～95th 为 114～323kg N/hm^2），面积加权平均 NO_3^--N 淋洗量为 27.6kg N/hm^2（5th～95th 为 14.9～52.3kg N/hm^2），其中 13.6% 的氮肥用量通过淋洗损失（5th～95th 为 10.6%～18.2%）。预测的县域尺度 NO_3^--N 淋洗量及淋洗因子与上述 Meta 分析结果相似。此外，预测的 NO_3^--N 淋洗量和淋洗因子均随着氮肥用量的增加而增加。

2. 基于机器学习多因子模型预测县域氨挥发

基于有关中国作物氨挥发的 165 篇文献、320 个年点和 759 个观测值，预测中国农田 NH$_3$ 挥发量平均为 29.9kg N/hm^2，挥发因子为 11.2%。在不同作物体系中，NH$_3$ 挥发量与挥发因子差异较大。水稻的 NH$_3$ 挥发量与挥发因子最高（$P < 0.05$），挥发量为 49.3kg N/hm^2，挥发因子为 20.7%；其次为旱地作物（玉米、小麦），挥发量为 14.0kg N/hm^2，挥发因子为 8.0%；蔬菜和果树的挥发量与挥发因子较低，分别为 24.7kg N/hm^2 和 4.7%。

结合县域尺度气候因素（生育期降水量、平均温度、蒸散量）、土壤因素（土壤 pH、有机质和砂粒含量）及氮素平衡参数，运用 RF 模型建立了上述影响因素与氨挥发之间的关系。结果表明，水稻、旱地作物、蔬菜和果树的氨挥发因子的实测值与预测值相关系数（R^2）分别为 85%、81%、93%，处于较高的水平；标准均方根误差（nRMSE）分别为 19%、27%、20%。因此，RF 模型在大尺度区域上亦可较好地预测 NH$_3$ 挥发量和挥发因子（图 3-9）。

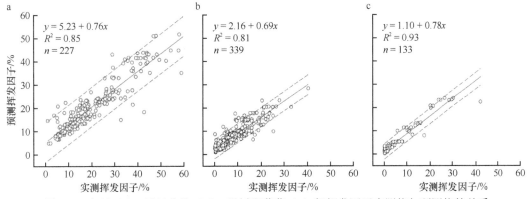

图 3-9　水稻（a）、旱地作物（b）、果树和蔬菜（c）氨挥发因子实测值与预测值的关系

水稻，n=227；旱地作物，n=339；果树和蔬菜，n=133

基于县域尺度农户调研数据、气象和土壤数据，运用 RF 模型，预测全国县域尺度主要作物的单位面积氨挥发量和挥发总量（图 3-10）。全国水田作物、旱地作物、蔬菜和果树平均单位面积氨挥发量分别为 30.7kg N/hm^2、13.7kg N/hm^2、14.3kg N/hm^2，挥发总量分别为 91 万 t、134 万 t、33 万 t。相比于旱地作物、蔬菜和果树，水田作物单位面积氨挥发量明显偏高，主要是由于在淹水环境下，土壤和田面水中有效氮形态以铵态氮为主，从而加剧了氨挥发的风险。相比于中温带地区（平均单位面积氨挥发量为 9.4kg N/hm^2），暖温带、亚热带地区单位面积氨挥发量较高，分别为 17.4kg N/hm^2、21.3kg N/hm^2，主要是由于气温的升高促进了氨挥发。

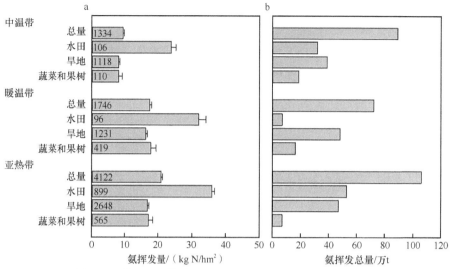

图 3-10　基于 RF 模型预测的氨挥发量在各个气候区的分布

柱状图底部的数字表示样本量

3.2.2　基于粮食安全及环境阈值定量氮肥投入

3.2.2.1　数据来源及方法原理

1. 基于地下水安全的 NO_3^--N 淋洗安全阈值

首先，运用水分平衡方法定量渗漏水量（图 3-11）。

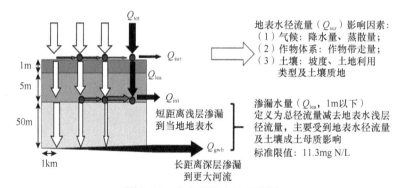

图 3-11　水分平衡方法示意图

Q_{tot} 为水的输入量；Q_{sur} 为地表水径流量；Q_{lea} 为渗漏水量，包括浅层渗漏水量（Q_{int}）和深层渗漏水量（Q_{gwb}）

$$Q_{lea}=Pre+Irr-ET-Q_{sur} \tag{3-18}$$

式中，Q_{lea} 为浅层和深层渗漏水量（mm）；Pre 为生育期降水量（mm）；Irr 为灌溉水量（mm）；ET 为生育期耗水量（mm）；Q_{sur} 为地表水径流量（mm）。Q_{sur} 计算如下：

$$Q_{sur}=f_{Q_{sro(slope)}} \times f_{Q_{sro(soiltex)}} \times (Pre+Irr-ET) \tag{3-19}$$

式中，$f_{Q_{sro(soiltex)}}$ 为基于土壤质地的地表水径流系数；$f_{Q_{sro(slope)}}$ 为非沉积物的坡度径流系数，计算如下：

$$f_{Q_{sro(slope)}}=1-e^{-6.17S} \tag{3-20}$$

式中，S 为坡度（m/m）。

其次，将地下水安全的临界 NO_3^- 浓度乘以 Q_{lea}，计算出单位面积（hm^2）的 NO_3^--N 淋洗安全阈值：

$$NO_{3\ (cri)}^- = Q_{lea} \times 11.3/100 \tag{3-21}$$

式中，$NO_{3\ (cri)}^-$ 为 NO_3^--N 淋洗安全阈值（kg N/hm^2）；11.3 为保障人体健康的地下水安全临界 NO_3^--N 浓度（mg N/L）（WHO，2011）。

2. 优化氮肥管理实现粮食安全与地下水安全

优化氮肥管理分为 4 个步骤，首先，提取每个县高产农户（产量前 5% 的农户，Top5%）的产量，并估算其地上部氮素吸收量。

其次，估算高产农户基于地下水安全的临界氮肥用量（N_{cri}）：

$$N_{cri} = NO_{3\ (cri)}^- / LF \tag{3-22}$$

式中，LF 为每个县的排放因子（%）；$NO_{3\ (cri)}^-$ 为 NO_3^--N 淋洗安全阈值（kg N/hm^2）。

再次，根据 Top5% 产量确定优化氮肥用量（N_{opt}），估算如下：

$$N_{opt} = 作物\ N\ 吸收 / 0.8 \tag{3-23}$$

式中，N_{opt} 为优化氮肥用量（kg N/hm^2）；0.8 为在优化氮素管理下作物地上部氮素吸收量与氮肥用量的比值（由 6089 个田间不同的试验点和不同年份试验获得）（Cui et al.，2018）。

最后，判断每个县临界氮肥用量是否超过优化氮肥用量。

1）当 $N_{cri} \geqslant N_{opt}$，施氮量为优化施氮量，产量为 Top5% 产量。

2）当 $N_{opt\text{-}EEF} < N_{cri} < N_{opt}$，施用增效氮肥部分或全量替代尿素，氮肥用量为

$$N_{opt\text{-}EEF} = 作物\ N\ 吸收 / 0.9 \tag{3-24}$$

式中，0.9 为施用增效氮肥时作物地上部氮素吸收量与氮肥用量的比值，施用增效氮肥可降低氮素损失。

尿素和增效氮肥的用量计算如下：

$$X_{urea} \times LF_{urea} + X_{EEF} \times LF_{EEF} = NO_{3\ (cri)}^- \tag{3-25}$$

$$X_{urea} \times 0.8 + X_{EEF} \times 0.9 = 作物\ N\ 吸收 \tag{3-26}$$

式中，X_{urea} 和 X_{EEF} 分别为尿素和增效氮肥的用量（kg N/hm^2）；LF_{urea} 为每个县施用尿素的排放因子（%）；LF_{EEF} 为施用增效氮肥的排放因子（%）；0.8、0.9 分别为作物地上部氮素吸收量与尿素、增效氮肥用量的比值。

3）当 $N_{cri} \leqslant N_{opt\text{-}EEF}$，增效氮肥全量替代，增效氮肥用量为临界的氮肥用量，由于氮肥用量不能满足作物吸收，玉米产量会相应降低。玉米产量计算如下：

$$Y = N_{cri} / N_{opt\text{-}EEF} \times Y_{top} \tag{3-27}$$

式中，Y 和 Y_{top} 分别为产量和 Top5% 产量（t/hm^2）。

3. 增效氮肥降低 NO_3^--N 淋洗潜力分析

通过 Meta 分析方法，定量增效氮肥降低玉米 NO_3^--N 淋洗的潜力。

首先，计算效应值（response ratio，lnRR）（Chen et al.，2013）：

$$lnRR = ln\ (X_t / X_c) \tag{3-28}$$

式中，X_t、X_c 分别表示施用增效氮肥、尿素处理的农田 NO_3^--N 淋洗量。

然后，计算平均效应值：

$$RR=\exp\left[\sum \ln RR(i)\times W(i)/\sum W(i)\right] \tag{3-29}$$

式中，$W(i)$ 为第 i 项研究的权重。

最终，增效氮肥对 NO_3^--N 淋洗的影响以相较于尿素处理的百分比形式表示，计算公式为 $(RR-1)\times100\%$。95% 置信区间（CI）与 0 没有重叠表明具有显著性差异。正百分比值和负百分比值分别表示增效氮肥响应变量的增加和减少。

3.2.2.2　基于环境阈值的氮肥限量

1. 基于地下水安全的 NO_3^--N 淋洗安全阈值估算

定量 NO_3^--N 淋洗安全阈值是保障粮食安全和水体安全的前提。根据 2005～2014 年县域尺度气象数据，我们计算了县域尺度玉米生育期降水量，面积加权为 470mm（5th～95th 为 86～730mm）。同时，结合玉米灌溉量及作物生育期耗水量，运用地下水模型估算水分平衡量、地表水径流量及地下水渗漏量，用于估算玉米 1406 个县的 NO_3^--N 淋洗安全阈值。估算的 NO_3^--N 淋洗安全阈值的面积加权平均值为 18.8kg N/hm²（5th～95th 为 5.4～44.9kg N/hm²），其空间分布特征与生育期降水量及水分平衡量相似，呈现为西南区域较高、西北区域较低。

相比于当前全国县域平均 NO_3^--N 淋洗量（27.6kg N/hm²），基于地下水安全的 NO_3^--N 淋洗安全阈值的县域平均值低了 32%。县域尺度的 NO_3^--N 淋洗量及安全阈值的空间分布表现出较大差异。相比较而言，在生产玉米的 1406 个县中，56% 的县（788 个县）NO_3^--N 淋洗量超过安全阈值。在 788 个县中，临界氮肥用量为 111kg N/hm²（5th～95th 为 27.4～197.0kg N/hm²），远低于这些县当前的氮肥用量（224kg N/hm²）。根据当前农户的生产水平，全国 1406 个县临界氮肥用量为 142kg N/hm²（5th～95th 为 39～262kg N/hm²），比当前的氮肥用量低了 32%，相应的产量为 5.5t/hm²（表 3-6）。

表 3-6　当前农户生产、临界氮肥用量、高产农户及优化情景下玉米产量、氮肥用量、NO_3^--N 淋洗量

情景	玉米产量/(t/hm²)	氮肥用量/(kg N/hm²)	NO_3^--N 淋洗量/(kg N/hm²)
当前农户生产	7.2（4.8～10.4）	208（114～323）	27.6（14.9～52.3）
临界氮肥用量	5.5（1.3～9.4）	142（39～262）	18.8（5.4～44.9）
高产农户	9.8（6.1～13.6）	218（104～366）	30.5（14.1～60.9）
优化情景	7.6（3.2～13.6）	154（58～310）	12.9（2.8～23.5）

注：括号内数据为 5th～95th

2. 玉米生产优化管理设计

可通过优化管理（见数据来源及方法原理）来实现 2030 年的粮食安全和地下水安全。在玉米生产中，多种方法可在增产的同时降低 NO_3^--N 淋洗。考虑到当前的管理水平以及在区域实施各种技术的难度，我们将各个县高产农户（产量前 5%）的产量作为我们的目标产量，即代表当地优化的管理水平。基于全国玉米农户调研数据，玉米地上部氮素吸收量/氮肥用量均值为 0.64。6089 个田间试验表明，运用土壤–作物综合管理（ISSM）系统可将该比值提高至 0.84。土壤–作物综合管理系统在 2005～2015 年被广泛推广使用，累计面积达到 3770 万 hm²。

为保障地下水安全，当优化氮肥用量超过临界氮肥用量时，建议施用新型肥料（EEF）进行部分或全量替代。我们的 Meta 分析结果与前人研究结果均表明，应用新型肥料可以显著降低农田 NO_3^--N 淋洗（图 3-12），主要归因于应用新型肥料可提高肥料利用率，即控制氮素

释放速率以与作物需求同步，从而减少环境污染，同时维持作物产量（Azeem et al.，2014）。此外，新型肥料的减损潜力在北方（NC）区域较低，且低于中部（CC）和南方（SC）区域（图3-12）。

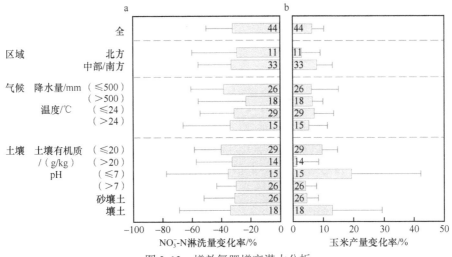

图 3-12　增效氮肥增产潜力分析

柱状图底部的数字表示样本量

3. 基于粮食安全及地下水安全的氮肥限量

玉米优化管理推广应用可行，且价格相对便宜，尽管不同县的管理措施有所不同（表3-6）。在高产农户中，面积加权平均产量和氮肥用量分别为9.8t/hm^2（5th~95th 为6.1~13.6t/hm^2）和218kg N/hm^2（5th~95th 为104~366kg N/hm^2），相应的 NO$_3^-$-N 淋洗量平均为30.5kg N/hm^2（5th~95th 为14.1~60.9kg N/hm^2）。通过优化施肥管理，1406 个县的高产农户平均优化氮肥用量为154kg N/hm^2（5th~95th 为58~310kg N/hm^2），比当前农户的氮肥用量低了26%，新型肥料替代比例为48%。优化管理条件下的 NO$_3^-$-N 淋洗量为12.9kg N/hm^2，比 NO$_3^-$-N 淋洗安全阈值低了31%。在优化氮肥管理下，玉米平均产量为7.6t/hm^2（5th~95th 为3.2~13.6t/hm^2）。假设玉米播种面积不变，如果所有县均使用优化管理，玉米产量将为340Mt。该产量水平可以满足中国人口直接消费及动物饲料需求（2030 年预计为315Mt）。优化管理的氮肥用量为6.90Mt，其中包括 3.40Mt 新型肥料。NO$_3^-$-N 淋洗量为0.49Mt，比 NO$_3^-$-N 淋洗安全阈值低了 31%，比当前 NO$_3^-$-N 淋洗量低了53%。

第4章 有机肥料替代化学养分机制

4.1 我国有机肥资源状况和利用潜力

4.1.1 我国有机肥资源状况

以中国主要畜禽种类役用牛、肉牛、奶牛、羊（山羊和绵羊）、马、驴、骡、猪（育肥猪和母猪）、兔和家禽为研究对象，通过查阅中国统计数据和公开发表的文献资料对 2015 年中国畜禽粪尿资源量及其养分资源量进行估算。

中国畜禽粪尿总量 31.6 亿 t，氮（N）、磷（P_2O_5）、钾（K_2O）养分资源总量分别达到 1478.0 万 t、901.0 万 t 和 1453.9 万 t（表 4-1）。其中，粪尿量以猪最大，其次为肉牛和奶牛，分别占总量的 36.8%、24.8% 和 9.9%；粪尿养分总资源量以猪最大，其次为肉牛和羊，分别占总量的 28.2%、22.8% 和 15.0%。

表 4-1 2015 年我国畜禽粪尿量、所含养分资源量及其占比

| 畜禽 | 粪尿量 | | 粪尿养分资源量 | | | | | | | |
| | | | N | | P_2O_5 | | K_2O | | 总计 | |
	亿 t	%	万 t	%	万 t	%	万 t	%	万 t	%
猪	11.615	36.8	413.3	28.0	354.1	39.3	314.0	21.6	1081.3	28.2
役用牛	2.892	9.2	122.7	8.3	44.9	5.0	161.9	11.1	329.5	8.6
肉牛	7.830	24.8	329.1	22.3	126.1	14.0	417.6	28.7	872.9	22.8
奶牛	3.116	9.9	128.0	8.7	54.7	6.1	145.6	10.0	328.3	8.6
马	0.346	1.1	16.2	1.1	9.9	1.1	17.3	1.2	43.4	1.1
驴	0.291	0.9	12.5	0.8	10.3	1.1	16.7	1.1	39.4	1.0
骡	0.113	0.4	3.2	0.2	3.3	0.4	3.3	0.2	9.8	0.3
羊	2.910	9.2	264.2	17.9	111.2	12.3	200.3	13.8	575.7	15.0
兔	0.076	0.2	6.6	0.4	5.2	0.6	6.0	0.4	17.8	0.5
家禽	2.395	7.6	182.3	12.3	181.3	20.1	171.2	11.8	534.8	14.0
总计	31.584	100	1477.9	100	901.0	100	1453.9	100	3832.9	100

粪尿量和养分资源量以西南与华北地区较多，分别占全国总量的 22.3% 和 21.5%，养分资源量分别占全国总量的 21.3% 和 21.9%，以四川、河南和山东最多（表 4-2）。

表 4-2 2015 年我国不同地区畜禽粪尿资源量和养分资源量

| 区域 | 省份 | 粪尿量 | | 粪尿养分资源量/万 t | | | 养分总资源量/万 t | 排名 |
		亿 t	%	N	P_2O_5	K_2O		
华北	北京	0.099	0.3	4.6	3.2	4.2	12.0	30
	天津	0.129	0.4	5.7	4.1	5.4	15.2	29
	河北	1.522	4.8	70.8	44.2	68.1	183.0	7

续表

区域	省份	粪尿量		粪尿养分资源量/万 t			养分总资源量/万 t	排名
		亿 t	%	N	P$_2$O$_5$	K$_2$O		
华北	河南	2.588	8.2	117.2	72.0	116.3	305.5	2
	山东	2.056	6.5	103.8	71.2	97.1	272.1	3
	山西	0.403	1.3	21.2	11.8	19.5	52.5	25
	小计	6.796	21.5	323.3	206.4	310.6	840.3	I
东北	辽宁	1.213	3.8	58.1	39.3	57.0	154.3	10
	吉林	0.933	3.0	42.2	25.1	44.2	111.5	17
	黑龙江	1.192	3.8	53.3	28.8	54.8	136.8	12
	小计	3.338	10.6	153.5	93.2	156.0	402.6	V
长江中下游	上海	0.052	0.2	2.2	1.6	1.9	5.8	31
	江苏	0.716	2.3	34.3	28.4	29.0	91.6	20
	浙江	0.269	0.9	11.6	9.4	9.6	30.6	26
	安徽	0.874	2.8	42.0	31.3	38.0	111.3	18
	湖北	1.287	4.1	55.3	37.9	53.1	146.2	11
	湖南	1.697	5.4	70.3	47.8	66.7	184.8	6
	江西	0.973	3.1	41.2	28.9	40.4	110.5	19
	小计	5.867	18.6	256.8	185.3	238.7	680.8	IV
东南	福建	0.488	1.5	23.1	18.6	20.9	62.6	23
	广东	1.101	3.5	49.3	37.9	47.0	134.3	13
	广西	1.404	4.4	62.0	40.9	64.1	167.1	9
	海南	0.238	0.8	10.7	7.1	10.8	28.6	28
	小计	3.231	10.2	145.0	104.5	142.8	392.5	VI
西南	重庆	0.603	1.9	26.1	18.4	24.5	69.0	22
	四川	2.813	8.9	125.0	76.0	125.7	326.6	1
	贵州	1.052	3.3	44.8	23.6	49.4	117.8	14
	云南	1.662	5.3	72.0	41.1	74.6	187.8	5
	西藏	0.908	2.9	45.0	18.1	50.2	113.4	16
	小计	7.037	22.3	312.9	177.3	324.4	814.6	II
西北	内蒙古	1.785	5.7	100.7	46.6	96.4	243.8	4
	陕西	0.484	1.5	22.6	13.0	21.2	56.8	24
	宁夏	0.226	0.7	12.1	5.4	12.1	29.5	27
	甘肃	0.908	2.9	46.2	22.4	47.4	116.0	15
	青海	0.685	2.2	35.2	14.7	37.6	87.5	21
	新疆	1.226	3.9	69.7	32.2	66.7	168.6	8
	小计	5.315	16.8	286.4	134.3	281.4	702.1	III
总计		31.584	100.0	1477.9	901.0	1453.9	3832.9	

从 2002 年开始，我国制定了有机肥行业标准 NY 525—2002，商品有机肥正式进入肥料市场，并且随着国家支持畜禽粪污治理政策的力度不断加大，商品有机肥市场逐步进入正轨且呈快速发展趋势（图 4-1）。全国有机肥调查结果显示（图 4-2），我国现有机肥企业 2283 家，精制有机肥企业 986 家，占有机肥生产企业总数的 43%；生物有机肥企业 296 家，占 13%；有机无机复混肥企业 809 家，占 35%。从产能来看，企业设计生产能力 3482 万 t，实际生产能力 1630 万 t，产能发挥率仅为 47%。商品有机肥产量 957 万 t，其中精制有机肥产量 318 万 t，有机无机复混肥产量 422 万 t，生物有机肥产量 151 万 t。

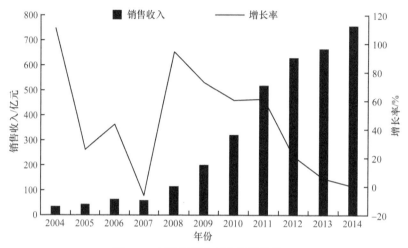

图 4-1　有机肥行业销售额增长情况

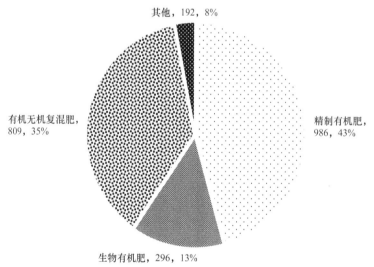

图 4-2　有机肥企业生产规模分类

按生产规模分为：普及型（< 0.5 万 t/年）占 36%，小型（0.5 万～2 万 t/年）占 40%，中型（2 万～10 万 t/年）占 21%，大型（> 10 万 t/年）占 3%（图 4-3）。

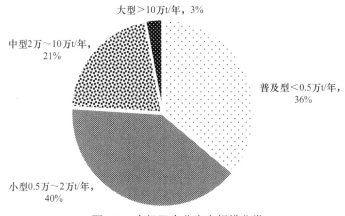

图 4-3　有机肥企业生产规模分类

4.1.2　有机肥资源利用潜力

　　畜禽粪尿含有的氮磷钾养分资源，如果能够合理返还农田，将大量减少化肥施用。年均可还田的养分资源量分别为 811.9 万 t（N）、856.5 万 t（P_2O_5）和 849.5 万 t（K_2O）。从畜禽粪尿养分替代化肥养分的潜力看，磷肥最大可替代比例最高，占当年种植业磷肥用量的 106.8%，其次是氮肥和钾肥，其替代比例分别可达 45.3% 和 76.5%（表 4-3）。

表 4-3　不同还田比例下畜禽粪尿的养分量及其可替代化肥养分的百分比

区域	还田 50%						还田 75%						还田 100%					
	N		P_2O_5		K_2O		N		P_2O_5		K_2O		N		P_2O_5		K_2O	
	万 t	%	万 t	%	万 t	%	万 t	%	万 t	%	万 t	%	万 t	%	万 t	%	万 t	%
华北	109.4	19.4	98.6	37.5	96.6	32.6	164.0	29.2	147.8	56.3	145.0	48.9	218.7	38.9	197.1	75.1	193.3	65.2
东北	50.5	14.7	44.4	29.5	45.5	21.4	75.8	22.0	66.7	44.3	68.2	32.1	101.1	29.3	88.9	59.0	91.0	42.8
长江中下游	87.0	15.4	88.0	40.7	76.0	19.7	130.5	23.2	132.0	61.0	114.1	29.6	174.1	30.9	176.0	81.3	152.1	39.5
东南	48.8	45.5	49.9	110.1	44.4	47.3	73.2	68.2	74.8	165.1	66.6	71.0	97.6	91.1	99.7	220.2	88.8	94.7
西南	84.1	33.3	83.4	66.7	83.2	50.6	126.2	49.9	125.1	100.0	124.8	75.9	168.3	66.5	166.8	133.3	166.4	101.3
西北	26.1	7.6	64.0	36.0	79.0	57.8	39.1	11.4	96.0	54.0	118.4	86.7	52.1	15.2	128.0	72.0	157.9	115.6
总计	405.9		428.3		424.7		608.8		642.4		637.1		811.9		856.5		849.5	
平均		22.7		53.4		38.3		34.0		80.1		57.4		45.3		106.8		76.5

4.2　有机肥替代化肥养分的生物学机制及替代率

4.2.1　有机肥降解的微生物作用机制

　　于云南省昆明市、江苏省海安市、吉林省吉林市采用埋袋法分别进行了有机肥原位矿化试验，用于研究有机肥在不同土壤中的矿化和降解量，并通过高通量测序技术分析不同土壤有机肥矿化过程中微生物种群的演替特征及优势种群。试验处理包括灭菌与不灭菌的猪粪有机肥。比较分析 3 种不同土壤中有机肥的降解量，并通过高通量测序技术分析不同土壤有机肥矿化过程中土壤微生物种群的演替特征及优势种群。

4.2.1.1 有机肥在不同土壤中降解的动态变化

研究表明，随着时间的延长，有机肥的降解率逐渐上升。有机肥在云南土壤中降解率最高，江苏次之，吉林较低。同时灭菌有机肥的养分释放率呈相同趋势，与不同地区的温度、降水量、土壤微生物种群及其活性不同有关。另外，未灭菌猪粪有机肥的降解率高于灭菌有机肥，表明有机肥中原有的微生物种群对有机肥降解起到一定的作用（图4-4和图4-5）。

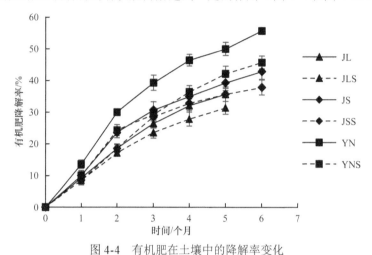

图4-4 有机肥在土壤中的降解率变化

JL、JLS分别表示埋入吉林土壤的未灭菌猪粪有机肥、灭菌猪粪有机肥，JS、JSS分别表示埋入江苏土壤的猪粪未灭菌有机肥、灭菌猪粪有机肥，YN、YNS分别表示埋入云南土壤的未灭菌猪粪有机肥及灭菌猪粪有机肥。下同

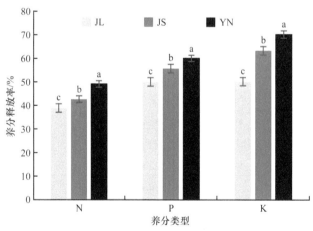

图4-5 灭菌有机肥矿化过程中的养分释放率

不同小写字母表示不同处理间在0.05水平差异显著

4.2.1.2 影响有机肥降解的因素分析

温度是影响有机肥矿化的最主要因素，其次是降水量。在土壤微生物中，影响有机肥矿化的最重要因素是真菌的丰富度，其次为真菌的多样性和群落结构，而细菌的丰富度、多样性及群落结构对有机肥矿化的影响较小（图4-6）。

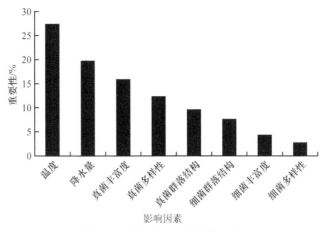

图 4-6　影响有机肥降解的因素

4.2.1.3　灭菌有机肥降解过程中微生物种群的演替特征及优势种群

灭菌有机肥中细菌种群的 α 多样性分析结果表明，灭菌有机肥在吉林、江苏和云南土壤矿化过程中的细菌及真菌种群丰富度与多样性都随时间逐渐增加（图 4-7）。

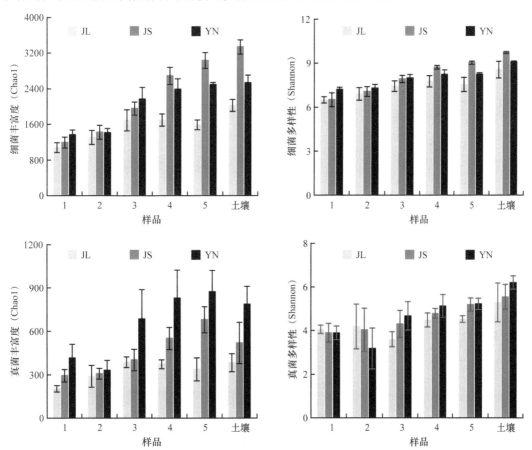

图 4-7　不同地区土壤中有机肥降解过程中细菌和真菌种群的 α 多样性指数变化

1、2、3、4、5 分别代表灭菌有机肥埋入土壤后的取样时间，即第 1 个月、第 2 个月、第 3 个月、第 4 个月、第 5 个月。下同微生物群落结构的主坐标分析（PCoA）结果（图 4-8）表明，PCoA1 和 PCoA2 作为影响样品微生物群落结构的两个主要成分，共解释细菌群落和真菌群落结构变化的比例分别为 35.12% 和 30.20%。有机肥矿化过程中真菌群落结构的差异大于细菌群落结构。同时，有机肥中的微生物群落结构差异小于土壤中的微生物群落结构差异，表明有机肥对微生物种群具有一定的选择性。

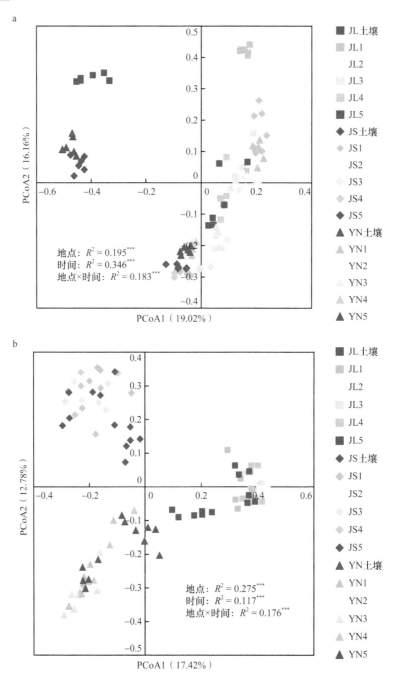

图 4-8　不同土壤中灭菌有机肥在矿化过程中的细菌（a）和真菌（b）群落结构变化

在门水平，变形菌门（Proteobacteria）、拟杆菌门（Bacteroidetes）和放线菌门（Actinobacteria）是灭菌有机肥矿化过程中的主要细菌门；子囊菌门（Ascomycota）是吉林和江苏样品中绝对优势真菌，而云南样品中除了子囊菌门（Ascomycota）和担子菌门（Basidiomycota），未知真菌（Fungi_unidentified）也是主要的优势真菌（图4-9）。

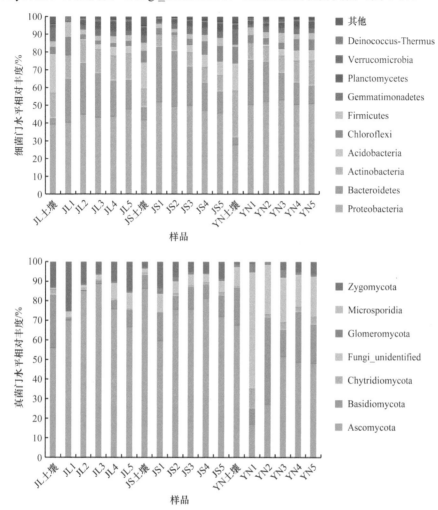

图4-9　不同地区灭菌有机肥降解过程中细菌和真菌门水平的变化

在属水平，有机肥矿化过程中的优势细菌及真菌是随着时间而变化的，但是3个地区有机肥矿化过程中的微生物群落具有较多相同的优势细菌及真菌（表4-4和表4-5），说明参与有机肥矿化的微生物在属水平上具有特定性，与土壤类型无关。优势真菌属中，丰度排在前三的真菌多为未知种群，并不属于土壤中常见的青霉、曲霉、毛霉等属。

表 4-4　不同地区灭菌有机肥矿化过程中丰度前三的优势细菌属

时间	吉林	江苏	云南
	Ornatilinea	*Pseudomonas*	*Ohtaekwangia*
第1个月	*Pseudomonas*	*Arenibacter*	*Luteimonas*
	Pedobacter	*Parapedobacter*	*Pseudomonas*

续表

时间	吉林	江苏	云南
第2个月	*Luteibacter*	*Ohtaekwangia*	*Ohtaekwangia*
	Desulfitispora	*Pseudomonas*	*Luteimonas*
	Sabulilitoribacter	*Arenibacter*	*Lysobacter*
第3个月	*Ohtaekwangia*	*Ohtaekwangia*	*Ohtaekwangia*
	Cryobacterium	*Gemmatimonas*	*Minicystis*
	Rhodanobacter	*Minicystis*	*Luteimonas*
第4个月	*Ohtaekwangia*	*Ohtaekwangia*	*Minicystis*
	Cryobacterium	Gp6	*Ohtaekwangia*
	Gemmatimonas	*Gemmatimonas*	Gp6
第5个月	*Ohtaekwangia*	*Chryseolinea*	*Minicystis*
	Cryobacterium	*Ornatilinea*	*Ohtaekwangia*
	Enhygromyxa	Gp6	Gp6

表 4-5 不同地区灭菌有机肥矿化过程中丰度前三的优势真菌属

时间	吉林	江苏	云南
第1个月	*Humicola*	*Mortierella*	Fungi_unidentified_1_1
	Mortierella	Ascomycota_unidentified_1_1	*Synchytrium*
	Ascomycota_unidentified_1_1	Tremellales_unidentified_1	*Podospora*
第2个月	*Retroconis*	Ascomycota_unidentified_1_1	*Scleroderma*
	Humicola	Sordariomycetes_unidentified_1	Fungi_unidentified_1_1
	Mortierella	Pyronemataceae_unidentified	*Podospora*
第3个月	*Retroconis*	Ascomycota_unidentified_1_1	*Fungi*_unidentified_1_1
	Ascomycota_unidentified_1_1	*Podospora*	*Podospora*
	Humicola	Sordariomycetes_unidentified_1	Lasiosphaeriaceae_unidentified
第4个月	*Retroconis*	Ascomycota_unidentified_1_1	Fungi_unidentified_1_1
	Humicola	*Podospora*	Sordariomycetes_unidentified_1
	Ascomycota_unidentified_1_1	Sordariomycetes_unidentified_1	Lasiosphaeriaceae_unidentified
第5个月	*Mortierella*	Ascomycota_unidentified_1_1	Fungi_unidentified_1_1
	Humicola	*Podospora*	Lasiosphaeriaceae_unidentified
	Ascomycota_unidentified_1_1	Sordariomycetes_unidentified_1	*Scleroderma*

土壤中的细菌丰富度、多样性及真菌丰富度决定着有机肥中细菌丰富度、多样性及真菌丰富度。相关性分析结果（图 4-10）表明，土壤和有机肥中的细菌丰富度指数 Chao1、细菌多样性指数 Shannon、真菌丰富度指数 Chao1 之间存在显著的正相关关系。但土壤的真菌多样性和有机肥中的真菌多样性之间没有显著相关性，表明土壤真菌种群进入有机肥后有一个被选择的过程，只有那些能降解有机肥中复杂有机质的真菌种群才能生存下来。

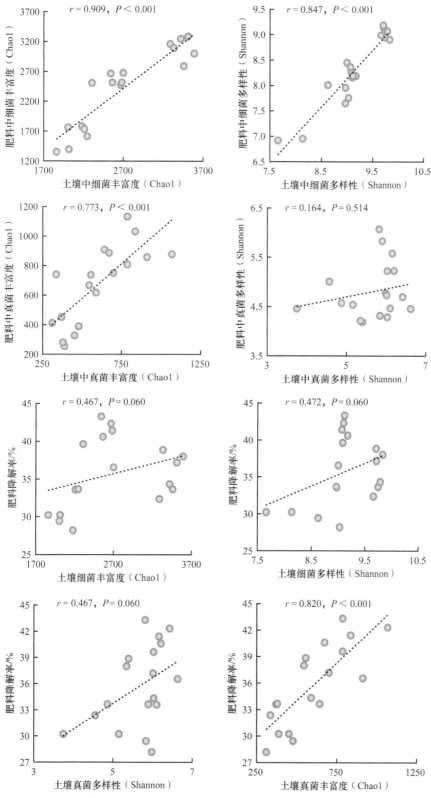

图 4-10 土壤微生物种群与有机肥微生物种群及有机肥降解率之间的相关性

相关性分析和相对重要性分析都表明，土壤真菌的丰富度是影响有机肥降解率的最显著因素（图4-10和表4-6）。真菌中参与了有机肥矿化的优势功能种群包括丛枝菌根真菌（1.2%）、外生菌根真菌（14.1%）、附生真菌（0.3%）、地衣型真菌（0.3%）和其他未定义功能菌群（38.1%）（图4-11）。

表 4-6　微生物多样性指标与有机肥料的降解及模型中每个预测变量的相对重要性

指标	df	F 值	P 值	相对重要性
细菌丰富度	1	5.95	0.03	5.28%
细菌多样性	1	1.98	0.19	9.31%
细菌群落结构	1	12.66	0.00	8.79%
真菌丰富度	1	17.65	0.00	54.22%
真菌多样性	1	4.09	0.07	11.29%
真菌群落结构	1	0.59	0.46	11.11%
残差	11			

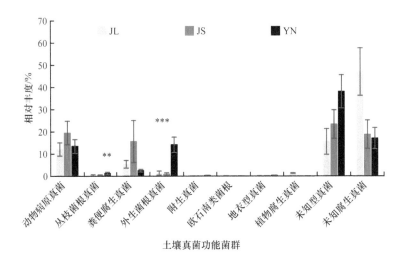

图 4-11　不同土壤中有机肥矿化过程中真菌功能菌群的相对丰度

4.2.1.4　未灭菌有机肥降解过程中微生物种群的演替特征及优势种群

未灭菌有机肥中细菌种群的 α 多样性分析结果表明，未灭菌有机肥在不同土壤矿化过程中的细菌和真菌种群丰富度（Chao1）与多样性（Shannon）呈相对一致的变化趋势，都随时间而逐渐增加，到第 4 或 5 个月达到峰值（图 4-12）。

微生物群落结构的主坐标分析（PCoA）结果（图 4-13）表明，未灭菌有机肥的细菌及真菌群落结构差异明显小于灭菌有机肥。PCoA1 和 PCoA2 作为影响样品微生物群落结构的两个主要成分，共解释细菌群落和真菌群落结构变化的比例分别为 57.59% 和 63.05%。

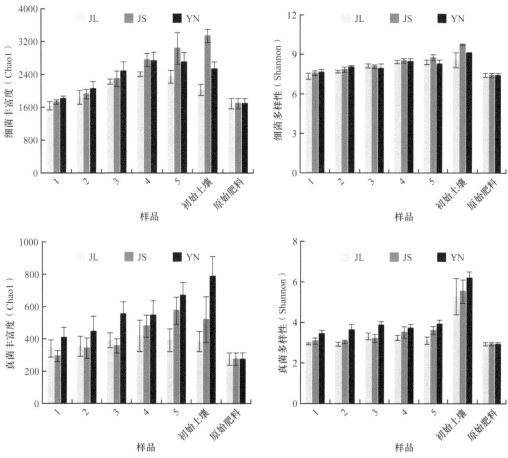

图 4-12　不同土壤中未灭菌有机肥降解过程中细菌和真菌种群的 α 多样性指数变化

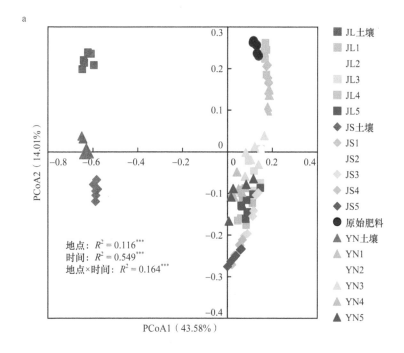

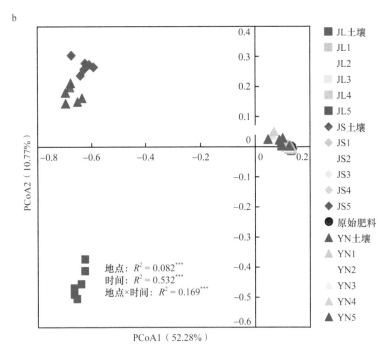

图 4-13　不同土壤中未灭菌有机肥矿化过程中细菌（a）和真菌（b）群落结构变化

在门水平，3 个地区土壤中变形菌门（Proteobacteria）均是相对丰度最高的细菌门，有机肥矿化过程中拟杆菌门（Bacteroidetes）的相对丰度最高；3 个地区土壤和有机肥中，子囊菌门（Ascomycota）是相对丰度最高的真菌门（图 4-14）。云南有机肥中担子菌门（Basidiomycota）的相对丰度随矿化时间的延长逐渐增加，且始终高于吉林和江苏，高丰度的担子菌门可能与云南土壤中有机肥降解率高密切相关。

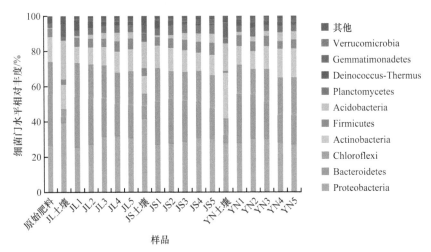

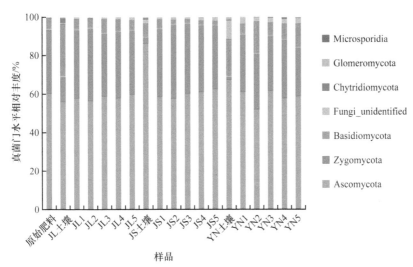

图 4-14　不同地区未灭菌有机肥降解过程中细菌和真菌门水平的变化

　　在属水平，未灭菌有机肥矿化过程中的优势细菌和真菌相对稳定，优势细菌属主要是 *Azomonas*、*Actinomadura*、*Aquihabitans*；优势真菌属主要是 Ascomycota_unidentified_1_1、Fungi_unidentified_1_1、Helotiales_unidentified_1 等（表 4-7 和表 4-8）。这可能是由未灭菌有机肥原有细菌及真菌相同导致的，虽然不同土壤中微生物群落结构差异显著，但其优势属相同，说明参与有机肥矿化的微生物在属水平上具有特定性。

表 4-7　不同地区未灭菌有机肥矿化过程中丰度前三的优势细菌属

时间	吉林	江苏	云南
第 1 个月	*Azomonas*	*Azomonas*	*Azomonas*
	Actinomadura	*Actinomadura*	*Actinomadura*
	Aquihabitans	*Aquihabitans*	*Aquihabitans*
第 2 个月	*Azomonas*	*Azomonas*	*Azomonas*
	Actinomadura	*Actinomadura*	*Blastopirellula*
	Aquihabitans	*Aquihabitans*	*Actinomadura*
第 3 个月	*Azomonas*	*Aquihabitans*	*Azomonas*
	Aquihabitans	*Actinomadura*	*Actinomadura*
	Actinomadura	*Azomonas*	*Aquihabitans*
第 4 个月	*Azomonas*	*Aquihabitans*	*Azomonas*
	Aquihabitans	*Actinomadura*	*Aquihabitans*
	Actinomadura	*Azomonas*	*Actinomadura*
第 5 个月	*Azomonas*	*Aquihabitans*	*Azomonas*
	Aquihabitans	*Azomonas*	*Aquihabitans*
	Actinomadura	*Actinomadura*	*Actinomadura*

表 4-8 不同地区未灭菌有机肥矿化过程中丰度前三的优势真菌属

时间	吉林	江苏	云南
第 1 个月	Ascomycota_unidentified_1_1 Fungi_unidentified_1_1 Helotiales_unidentified_1	Ascomycota_unidentified_1_1 Fungi_unidentified_1_1 Helotiales_unidentified_1	Ascomycota_unidentified_1_1 Fungi_unidentified_1_1 *Corollospora*
第 2 个月	Ascomycota_unidentified_1_1 Fungi_unidentified_1_1 *Fimetariella*	Ascomycota_unidentified_1_1 Fungi_unidentified_1_1 Helotiales_unidentified_1	Ascomycota_unidentified_1_1 Fungi_unidentified_1_1 Helotiales_unidentified_1
第 3 个月	Ascomycota_unidentified_1_1 *Corollospora* Fungi_unidentified_1_1	Ascomycota_unidentified_1_1 Fungi_unidentified_1_1 Helotiales_unidentified_1	Ascomycota_unidentified_1_1 Fungi_unidentified_1_1 Helotiales_unidentified_1
第 4 个月	Ascomycota_unidentified_1_1 Fungi_unidentified_1_1 *Corollospora*	Ascomycota_unidentified_1_1 Fungi_unidentified_1_1 Helotiales_unidentified_1	Ascomycota_unidentified_1_1 Fungi_unidentified_1_1 Helotiales_unidentified_1
第 5 个月	Ascomycota_unidentified_1_1 Fungi_unidentified_1_1 Helotiales_unidentified_1	Ascomycota_unidentified_1_1 Fungi_unidentified_1_1 Helotiales_unidentified_1	Ascomycota_unidentified_1_1 Fungi_unidentified_1_1 *Eurotium*

4.2.2 有机肥替代化肥养分的微生物学作用

在江西双季稻连作体系进行氮素有机替代长期定位试验（1984 年至今），共设置 5 个处理：CK，不施肥；NPK，矿质氮磷钾肥配施；NPKM1，30% 有机 N+70% 矿质 N+PK；NPKM2，50% 有机 N+50% 矿质 N+PK；NPKM3，70% 有机 N+30% 矿质 N+PK。采用荧光微孔板酶检测技术、磷脂脂肪酸分析技术、^{15}N 同位素示踪技术、定量 PCR、高通量测序技术和共现网络分析等方法，研究等氮磷钾养分投入量下，长期氮素有机替代对土壤胞外酶活性、磷脂脂肪酸组成、氨氧化微生物及固氮微生物群落结构的影响，阐明长期氮素有机替代对稻田氮素微生物转化的作用。

关于土壤胞外酶活性，与化肥 NPK 配施相比，早稻季 30%～70% 有机氮替代化肥氮，提高 β-纤维二糖苷酶活性 39.4%～251.0%、β-木糖苷酶活性 25.2%～48.8%、β-葡萄糖苷酶活性 55.1%～83.1%、α-葡萄糖苷酶活性 44.5%～111.7%、乙酰氨基葡萄糖苷酶活性 109.6%～175.1%、亮氨酸氨基肽酶活性 58.4%～139.9% 和脲酶活性 17.6%～56.4%；相应的，晚稻季 30%～70% 有机氮替代化肥氮，提高 β-纤维二糖苷酶活性 137.9%～723.1%、β-木糖苷酶活性 56.9%～140.1%、β-葡萄糖苷酶活性 82.7%～155.5%、α-葡萄糖苷酶活性 1.51%～32.4%、乙酰氨基葡萄糖苷酶活性 54.4%～75.7%、亮氨酸氨基肽酶活性 49.0%～178.5% 和脲酶活性 19.6%～47.3%。另外，土壤胞外酶活性随有机氮替代比例的提高而增加（图 4-15）。冗余分析发现（图 4-16），早稻季，全碳和铵态氮是显著影响胞外酶活性的主要因子；而晚稻季则为铵态氮、硝态氮、有效磷和 pH。

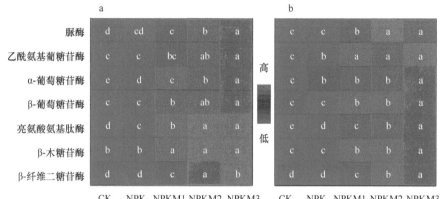

图 4-15　早稻季（a）和晚稻季（b）不同施肥处理下土壤胞外酶活性变化

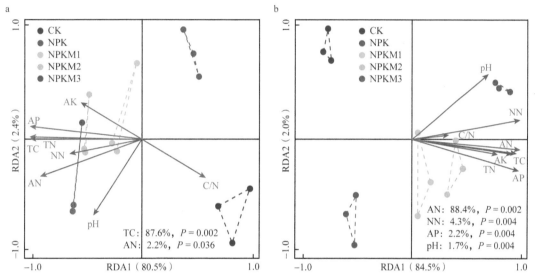

图 4-16　早稻季（a）和晚稻季（b）土壤理化性质与胞外酶活性的冗余分析

TC：全碳；TN：全氮；AP：有效磷；AK：速效钾；AN：铵态氮；NN：硝态氮

　　关于土壤微生物量和群落结构，早稻季 30%～70% 有机氮替代化肥氮，微生物生物量碳是化肥 NPK 配施处理的 1.53～1.79 倍，微生物生物量氮是 1.21～2.45 倍；相应的，晚稻季微生物生物量碳是化肥 NPK 配施处理的 1.38～1.96 倍，微生物生物量氮是 1.19～1.48 倍（表 4-9）。与化肥 NPK 配施相比，早稻季 30%～70% 有机氮替代化肥氮，提高磷脂脂肪酸（PLFA）总量 59.0%～83.4%，相应的晚稻季为 70.1%～88.5%；但降低了真菌丰度、G$^+$/G$^-$ 丰度值和真菌/细菌丰度值。另外，施肥处理显著降低了放线菌丰度，而细菌丰度在各施肥处理间无显著差异（图 4-17）。冗余分析发现，早稻季有效磷和 pH 是显著影响微生物群落结构的主要因子，而晚稻季则为铵态氮、pH 和总氮（图 4-18）。早、晚稻季，有机替代处理下，16:1ω5c（甲烷氧化菌）、16:1ω7c（氨氧化细菌）和 18:1ω7c（假单胞菌）3 种生物标记丰度显著高于化肥 NPK 配施处理（图 4-19），说明上述 3 种生物标记在氮素有机替代施肥制度中发挥着重要作用。

表 4-9 不同施肥处理下早、晚稻季土壤微生物生物量碳、氮指标的变化

处理		微生物生物量碳/(mg/kg)	微生物生物量氮/(mg/kg)	微生物生物量碳氮比
早稻季	CK	650.7±102.6c	153.2±30.2c	4.29±0.5c
	NPK	743.8±29.0c	130.6±13.3c	5.73±0.4b
	NPKM1	1138.9±1.8c	157.6±21.4c	7.32±1.0a
	NPKM2	1164.0±92.8b	237.6±14.4b	4.91±0.5bc
	NPKM3	1332.6±51.0a	320.6±38.5a	4.18±0.4c
晚稻季	CK	427.0±153.2d	109.1±49.7b	4.02±0.7a
	NPK	567.2±57.1cd	169.2±65.4ab	3.67±1.3a
	NPKM1	971.8±30.3bc	251.0±7.1a	3.87±0.0a
	NPKM2	781.3±92.6ab	200.8±6.4a	3.88±0.3a
	NPKM3	1112.2±259.6a	238.2±65.3a	4.71±0.3a

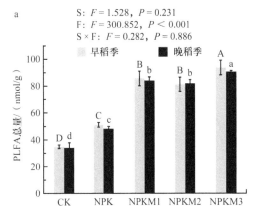

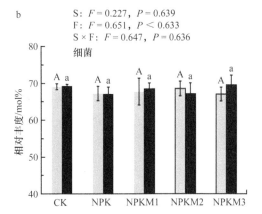

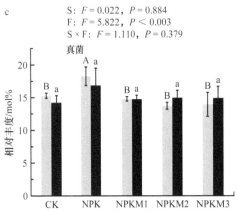

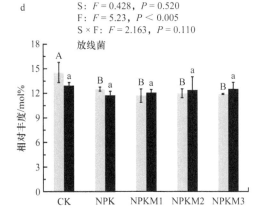

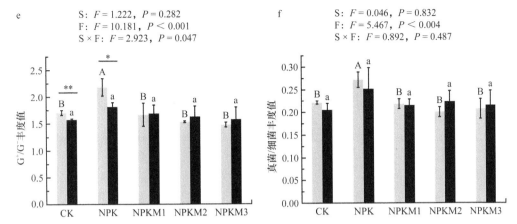

图 4-17　配对 t 检验和双因素方差分析施肥与季节效应对磷脂脂肪酸组成的影响

不同大写字母表示早稻季处理间差异显著（$P < 0.05$），不同小写字母表示晚稻季处理间差异显著（$P < 0.05$）；
S 代表不同季节，F 代表施肥处理。下同

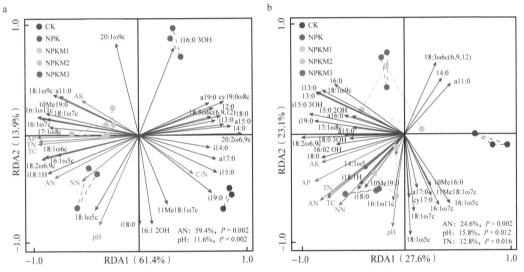

图 4-18　早稻季（a）和晚稻季（b）土壤理化性质与 PLFA 的冗余分析

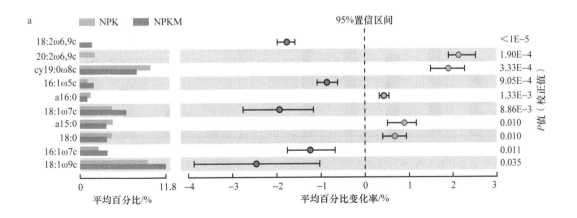

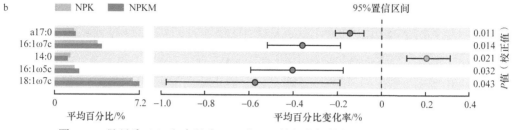

图 4-19 早稻季（a）和晚稻季（b）化肥配施与有机替代处理间 PLFA 差异分析

关于土壤氨氧化微生物，晚稻季氨氧化古菌丰度高于早稻季，而氨氧化细菌则相反，土壤硝化潜势、氨氧化古菌和细菌丰度随有机氮替代比例的提高而增加（图 4-20 和图 4-21），

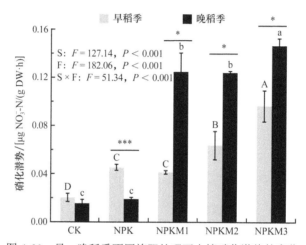

图 4-20　早、晚稻季不同施肥处理下土壤硝化潜势的变化

* 表示同一处理下早稻季与晚稻季的硝化潜势在 0.05 水平差异显著；

*** 表示同一处理下早稻季与晚稻季的硝化潜势在 0.001 水平差异显著

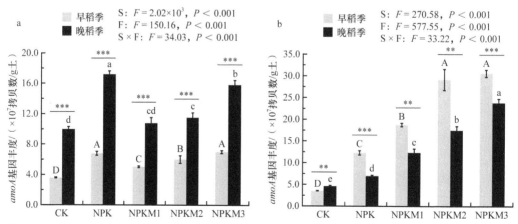

图 4-21　早稻季和晚稻季不同施肥处理下氨氧化古菌（a）与氨氧化细菌（b）amoA 基因丰度的变化

** 表示同一处理下早稻季和晚稻季的 amoA 基因丰度在 0.01 水平差异显著；

*** 表示同一处理下早稻季和晚稻季的 amoA 基因丰度在 0.001 水平差异显著

但氨氧化古菌和细菌比值呈下降趋势（图 4-22）。氨氧化细菌丰度与土壤硝化潜势显著（$P \leqslant 0.01$）正相关，且其对土壤硝化潜势的影响要高于氨氧化古菌（图 4-23），说明长期氮素有机替代下，氨氧化细菌主导着稻田氨氧化过程。高通量测序结果显示，*Nitrososphaera* 和 *Nitrosotalea* 是稻田氨氧化古菌的优势类群；而亚硝化螺菌属（*Nitrosospira*）和亚硝化单胞菌属（*Nitrosomonas*）是稻田氨氧化细菌的优势属（图 4-24）。

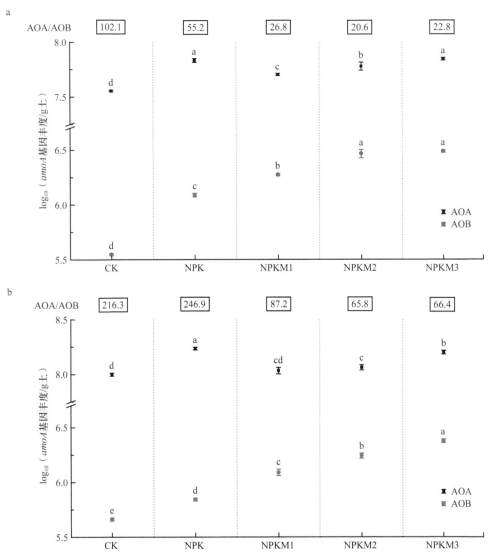

图 4-22　早稻季（a）和晚稻季（b）不同施肥处理下氨氧化古菌（AOA）与氨氧化细菌（AOB）

amoA 基因丰度的变化

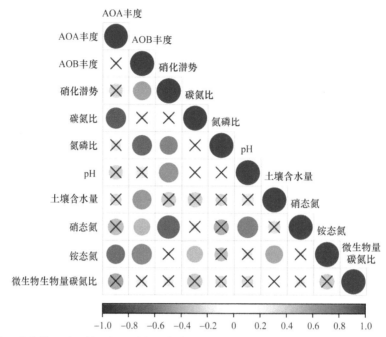

图 4-23　土壤理化参数、酶活性几何平均值、氨氧化古菌和细菌丰度、土壤硝化潜势间的相关性示意图

圆大小表示相关性大小；又表示相关性不显著

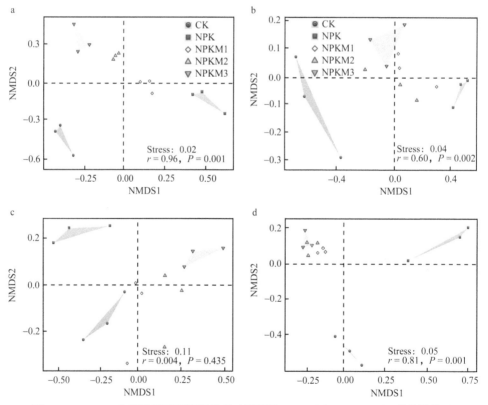

图 4-24　NMDS 分析长期不同施肥处理对早稻季 AOA（a）、AOB（b）群落结构及

晚稻季 AOA（c）、AOB（d）群落结构的影响

图中样品位置的不同表示群落结构不同

关于土壤非共生固氮微生物，随氮素有机替代比例的提高，固氮微生物丰度显著下降，但对固氮潜势没有显著影响（图 4-25 和图 4-26）。早稻季 pH 和 Fe^{2+}/Mo 是影响固氮微生物群落结构的主要因子；而晚稻季则为铵态氮和 TN/AP。高通量测序及共现网络分析显示，慢生根瘤菌属（*Bradyrhizobium*）和地杆菌属（*Geobacter*）是稻田中的优势属，且主导着非共生固氮微生物间的相互作用关系（图 4-27）。另外，非共生固氮微生物间的"合作"关系大于"竞争"关系。相比于共现网络模式或核心物种模式，土壤 C/N 和 Fe^{2+}/Mo 模型能够更好地预测固氮潜势。

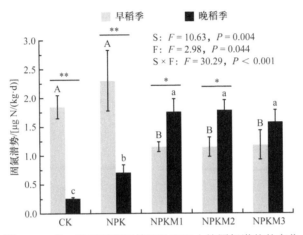

图 4-25　早、晚稻季不同施肥处理下土壤固氮潜势的变化

* 表示同一处理下早稻季与晚稻季的固氮潜势在 0.05 水平差异显著；

** 表示同一处理下早稻季与晚稻季的固氮潜势在 0.01 水平差异显著

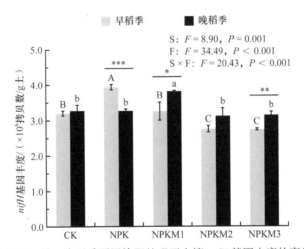

图 4-26　早、晚稻季不同施肥处理下土壤 *nifH* 基因丰度的变化

* 表示同一处理下早稻季与晚稻季的 *nifH* 基因丰度在 0.05 水平差异显著；

** 表示同一处理下早稻季与晚稻季的 *nifH* 基因丰度在 0.01 水平差异显著；

*** 表示同一处理下早稻季与晚稻季的 *nifH* 基因丰度在 0.001 水平差异显著

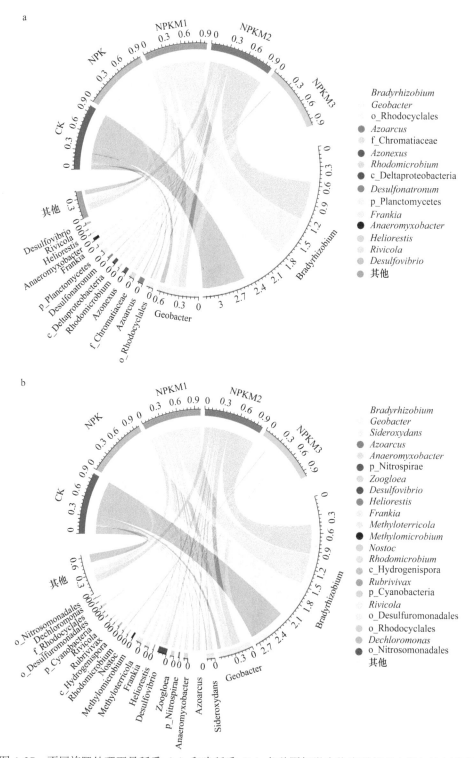

图 4-27 不同施肥处理下早稻季（a）和晚稻季（b）各种固氮微生物类群相对丰度与比例变化

4.2.3 有机肥对化肥养分的替代效应及替代率

分别在华北小麦–玉米轮作区的小麦和玉米、长江中下游水稻–小麦轮作区的小麦和水稻、长江中下游地区双季稻区的早稻和晚稻、东北单作区的玉米等主要粮食作物，华北地区的棉花、长江中下游地区的油菜等经济作物，长江中下游地区的白菜、辣椒等蔬菜，以及华北地区的梨和南方的柑橘等果树上实施有机肥替代化肥试验。设置 8 个处理：不施肥（CK）、推荐施肥（RF）、10% 有机肥替代（RFM10）、20% 有机肥替代（RFM20）、30% 有机肥替代（RFM30）、40% 有机肥替代（RFM40）、50% 有机肥替代（RFM50）、100% 有机肥替代（M100）。除氮肥外，磷、钾肥均作基肥一次性施入，不同作物化肥施用量见表 4-10。

表 4-10　各地区不同作物化肥施用量

| 地点 | 作物 | 推荐施肥/(kg/hm^2) | | | 氮肥基追比 | |
		N	P$_2$O$_5$	K$_2$O	时期	比例
河南	小麦	240	120	90	基：返青	6：4
	玉米	240	75	60	基：大喇叭口	6：4
	棉花	270	90	90	基：抽雄	6：4
	梨	420	120	180	一次性施肥	
湖北	小麦	150	67.5	90	基：苗：拔	5：2：3
	水稻	165	60	90	基：蘗：穗	4：3：3
	白菜	210	54	90	基：结球	6：4
	辣椒	240	97.5	90	基：结荚	6：4
江西	早稻	135	90	150	基：蘗：穗	4：3：3
	晚稻	165	90	150	基：蘗：穗	4：3：3
	油菜	165	75	165	一次性施肥	
	柑橘	390	210	390	一次性施肥	
黑龙江	玉米	165	60	75	基：大喇叭口：穗	1：1：1

4.2.3.1　粮食作物有机替代

与全量化肥处理比较，以有机肥氮素替代化肥氮素的作物产量不显著下降时的替代率为最适宜替代率，得出短期水稻有机肥氮素的适宜替代率为 20%，短期小麦、玉米有机肥氮素的适宜替代率为 30%，且小麦、玉米的氮肥回收率分别提高了 11 个百分点、16 个百分点（图 4-28）。

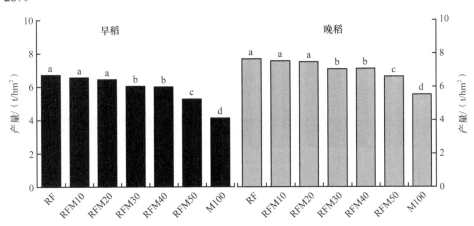

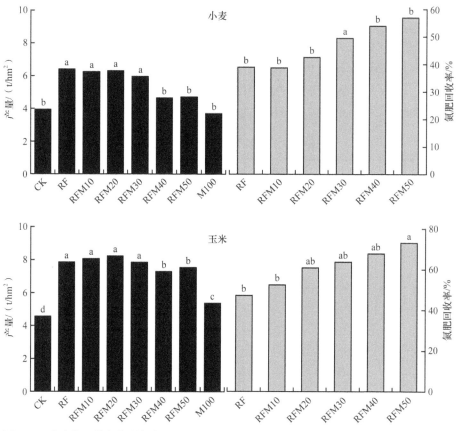

图 4-28　畜禽粪肥替代化学氮素对水稻（江西）产量及玉米（河南）、小麦（河南）产量和
氮肥回收率的影响

4.2.3.2　经济作物有机替代

与全量化肥处理比较，同样以有机肥氮素替代化肥氮素的作物产量下降不显著时的替代率为最适宜替代率，得出短期油菜和棉花有机肥氮素的适宜替代率为 20%，其中油菜的氮肥回收率提高了 11.6 个百分点，棉花的氮肥农学效率提高了 0.1kg/kg（图 4-29）。

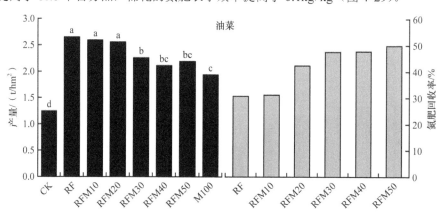

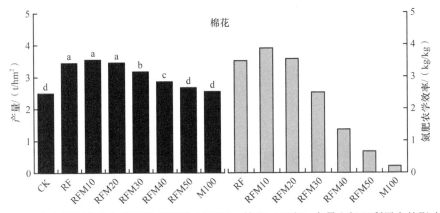

图 4-29　畜禽粪肥替代化学氮素对油菜（江西）、棉花（河南）产量和氮肥利用率的影响

4.2.3.3　蔬菜有机替代

与全量化肥处理比较，同样以有机肥氮素替代化肥氮素的作物产量下降不显著时的替代率为最适宜替代率，得出短期辣椒和白菜有机肥氮素的适宜替代率为 30%，辣椒、白菜的氮肥回收率分别提高了 12.3 个百分点、10.0 个百分点（图 4-30）。

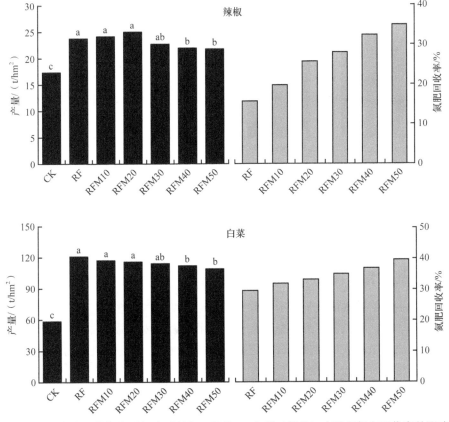

图 4-30　畜禽粪肥替代化学氮素对辣椒（湖北）、白菜（湖北）产量和氮肥回收率的影响

4.2.3.4　果树有机替代

与全量化肥处理比较，同样以有机肥氮素替代化肥氮素的作物产量下降不显著时的替代率为最适宜替代率，得出短期梨和柑橘有机肥氮素的适宜替代率为20%，柑橘氮肥农学效率提高了8.0kg/kg（图4-31）。

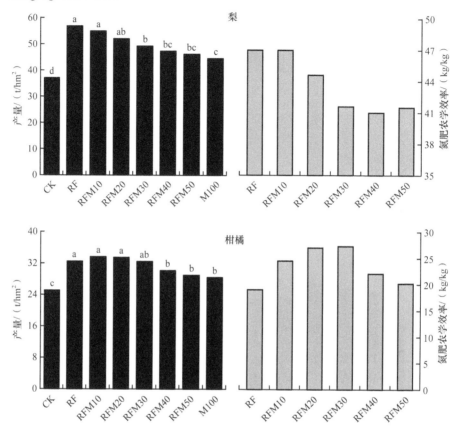

图4-31　畜禽粪肥替代化学氮素对梨（河南）、柑橘（江西）产量和氮肥农学效率的影响

4.3　有机肥安全施用的环境容量

4.3.1　有机肥中重金属及抗生素的含量特征

饲料添加剂和抗生素的大量使用导致有机肥存在重金属与抗生素残留普遍等特点，随着有机肥施用到农田，有机肥中的重金属会在土壤中积累和被作物吸收，容易造成农产品重金属含量超标，进而危害人体健康。有机肥中重金属和抗生素问题已经成为影响我国商品有机肥农田安全施用最为突出的问题之一。

通过对全国多个省份不同来源有机肥中重金属和抗生素的含量特征（表4-11和表4-12）分析表明，全国各地有机肥产品质量良莠不齐，不同原材料来源的有机肥中重金属和抗生素含量差异显著。有机肥存在不同程度的重金属超标问题，特别是Zn、Cu、As和Cd等超标问题比较突出。不同来源有机肥有其特征的重金属，以猪粪为原料的有机肥，Zn、Cu和As等含量相对较高；以鸡粪为原料的有机肥，Cd、Zn和As等含量相对较高；以羊粪为原料的有机肥，Zn、Cd 等含量相对较高；以牛粪为原料的有机肥，仅 Cd 略微偏高，其他重金属含量较低。同时，所检测的有机肥都检出不同程度的抗生素，特别是四环素类、喹诺酮类和磺胺类等检出频率较高，但总体上抗生素含量比较低且各地差异较大。有机肥中重金属及抗生素的含量特征及差异显著给有机肥替代化肥的安全利用带来了巨大的挑战。

表 4-11　不同来源有机肥中重金属的含量特征

样品来源地	有机肥源	As/(mg/kg)	Cd/(mg/kg)	Cr/(mg/kg)	Cu/(mg/kg)	Ni/(mg/kg)	Pb/(mg/kg)	Zn/(mg/kg)
河北石家庄	鸡粪	24.49	1.88	41.55	42.66	29.47	19.55	467.60
上海	鸡粪，酒糟，豆粕	4.59	0.95	45.16	44.94	23.91	28.48	258.39
山东枣庄	羊粪	12.16	1.34	45.62	46.06	26.81	26.38	344.27
山东枣庄	鸡粪	7.65	1.54	75.70	81.62	30.52	69.90	487.44
广东茂名	鸡粪	5.99	1.27	60.44	62.83	27.65	48.92	371.68
江苏徐州	鸡粪，有机米糠，豆粕	9.46	1.82	91.96	99.52	33.44	91.33	602.78
江苏太仓	牛粪	11.30	1.07	15.98	47.10	12.67	13.34	287.08
浙江宁波	猪粪	70.84	1.01	71.45	1936.57	40.51	77.17	5022.42

表 4-12　不同来源有机肥中抗生素的含量特征

样品来源地	有机肥源	金霉素 CTC/(μg/kg)	土霉素 OTC/(μg/kg)	四环素 TC/(μg/kg)
河北石家庄	鸡粪	1.121	15.747	0.481
		0.388	12.340	0.495
		0.334	13.180	0.479
上海	鸡粪，酒糟，豆粕	0.238	0.143	ND
		0.236	0.092	ND
		0.216	0.089	ND
山东枣庄	羊粪	0.162	0.040	ND
		0.165	0.049	ND
		0.164	0.164	ND
山东枣庄	鸡粪	0.157	0.034	ND
		0.156	0.057	ND
		0.159	0.067	ND
广东茂名	鸡粪	0.203	0.031	ND
		0.253	0.025	ND
		0.203	0.016	ND
江苏徐州	羊粪，有机米糠，豆粕	0.158	0.030	ND
		0.171	0.047	ND
		0.164	0.030	ND
江苏徐州	鸡粪，有机米糠，豆粕	0.162	0.050	ND
		0.169	0.103	ND
		0.162	0.053	ND

续表

样品来源地	有机肥源	金霉素 CTC/(μg/kg)	土霉素 OTC/(μg/kg)	四环素 TC/(μg/kg)
		0.159	0.031	ND
山东临沂	有机树皮，草木杂质	0.169	0.068	ND
		0.157	0.030	ND

注："ND"表示未检出

4.3.2 有机肥施用的重金属环境容量及阈值

于浙江大学紫金港校区温室对 6 种土壤和 2 种生菜品种开展盆栽试验。共设 6 个处理：CK（不施肥，对照组）、F（纯化肥组，折合 180kg N/hm²）、M1（化肥纯氮减量 10%，用折合等量纯氮的有机肥替代，折合 180kg N/hm²）、M2（化肥纯氮减量 20%，用折合等量纯氮的有机肥替代）、M3（化肥纯氮减量 30%，用折合等量纯氮的有机肥替代）、M4（化肥纯氮减量 40%，用折合等量纯氮的有机肥替代），各处理设置 3 次重复。土壤及有机肥基本理化性状见表 4-13。

表 4-13　土壤及有机肥的基本理化性状

生菜品种	供试土壤和肥料	pH	TN/(g/kg)	有机质/%	Cd/(mg/kg)	Cr/(mg/kg)	As/(mg/kg)	Pb/(mg/kg)	Cu/(mg/kg)	Zn/(mg/kg)
正源 463	黄斑田	7.20	0.64	1.39	0.069	89.092	11.823	25.550	22.357	67.240
	小粉土	7.69	0.49	0.94	0.103	48.008	6.184	20.805	12.981	68.389
	培泥砂土	8.65	0.12	0.24	0.123	51.507	15.204	12.528	8.986	39.201
高华	黄泥砂田	5.88	1.00	0.74	0.375	44.587	12.474	28.336	19.454	73.178
	淡涂黏田	8.16	1.23	2.14	0.206	85.063	8.706	35.009	24.095	98.497
	青紫泥田	6.94	2.43	1.87	0.290	73.766	8.660	47.429	27.586	102.226
正源 463 和高华	猪粪有机肥	8.32	1.21	46.2	0.543	26.984	2.871	31.577	61.052	240.196

4.3.2.1 有机肥施用对土壤重金属含量的影响

黄斑田中有机替代导致 Cd、Cr、Cu 和 Zn 含量显著增加，并且重金属含量随有机氮替代比例升高而升高（图 4-32～图 4-37）。而 As 和 Pb 含量在有机氮替代比例小于 30% 时随有机氮替代比例升高而显著增加，但含量在替代比例 40% 时较 30% 略有降低（图 4-34 和图 4-35）。各有机氮替代比例处理的重金属含量均未超过《土壤环境质量 农用地土壤污染风险管控标准（试行）》（GB 15618—2018）中的污染风险筛选值。

小粉土中在低有机氮替代比例时 Cd 含量随替代比例升高而升高，但替代比例为 40% 时，Cd 含量反而显著下降（图 4-32），Cr、As 含量也呈现出相同趋势（图 4-33 和图 4-34）。而 Pb 含量在替代比例超过 30% 即开始降低（图 4-35）。Cu 和 Zn 含量随有机氮替代比例提高而增加（图 4-36 和图 4-37）。

培泥砂土中 As 本底值相对较高（15.2mg/kg），施肥处理使其 As 含量升高，且有机氮替代比例高于 10% 时，As 含量高于农用地土壤砷污染风险筛选值（20mg/kg），存在土壤 As 污染风险（图 4-34）。

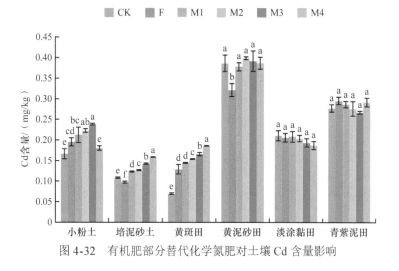

图 4-32 有机肥部分替代化学氮肥对土壤 Cd 含量影响

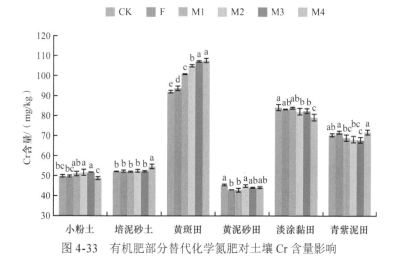

图 4-33 有机肥部分替代化学氮肥对土壤 Cr 含量影响

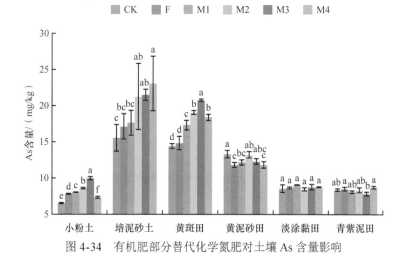

图 4-34 有机肥部分替代化学氮肥对土壤 As 含量影响

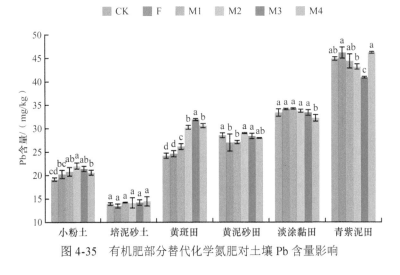

图 4-35　有机肥部分替代化学氮肥对土壤 Pb 含量影响

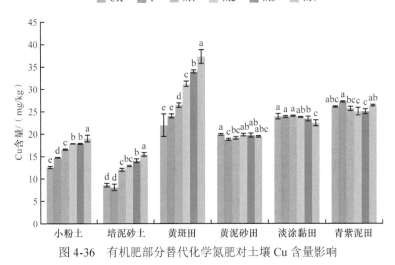

图 4-36　有机肥部分替代化学氮肥对土壤 Cu 含量影响

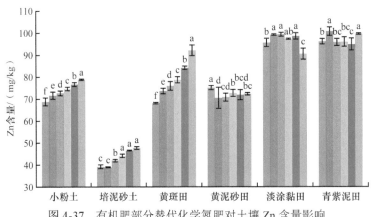

图 4-37　有机肥部分替代化学氮肥对土壤 Zn 含量影响

　　黄泥砂田施肥处理后 Cr、As、Pb、Cu 和 Zn 含量均未超过污染风险筛选值。但 Cd 本底值较高（0.375mg/kg），所有施肥处理下土壤 Cd 含量均超过农用地土壤 Cd 污染风险筛选值（图 4-32）。

　　淡涂黏田和青紫泥田经不同处理后 As、Cd、Cu、Zn、Pb 与 Cr 含量均未超过污染风险筛选值。淡涂黏田 Cd、Cr 和 Cu 含量随着有机氮替代比例增加呈现降低趋势，但未达到显著水平。

4.3.2.2　有机肥施用对生菜地上部重金属含量的影响

　　黄斑田、培泥砂土和小粉土生菜地上部有机氮替代处理的 Cd 含量与《食品安全国家标准　食品中污染物限量》（GB 2762—2017）中的标准限定值（0.2mg/kg）十分接近，存在超标风险（图 4-38）；黄泥砂田 Cd 本底值较高（0.375mg/kg），所有处理生菜地上部 Cd 含量均超过标准限定值；而淡涂黏田和青紫泥田生菜地上部各处理下 Cd 含量均未超过标准限定值。黄泥砂田所有处理下生菜地上部 Cr 含量均高于标准限定值（0.5mg/kg）（图 4-39）；随着有机氮替代比例提高，小粉土生菜地上部 Cd 和 Cr 含量呈现先上升后下降趋势，是由于有机肥对土壤重金属产生的钝化作用使土壤有效态 Cd 含量下降，从而减少了向生菜地上部的转移；淡涂黏田在有机肥施用下，Cd 含量较对照显著上升，Cr 含量随有机氮替代比例提高而降低，10% 替代比例下 Cr 含量超过标准限定值。

　　有机肥施用后，黄斑田和培泥砂土生菜地上部 Pb 含量较对照均显著提高，且当替代比例为 40% 时，生菜地上部 Pb 含量超过标准限定值（0.3mg/kg）（图 4-40），但小粉土 40% 有机氮替代处理生菜地上部 Pb 含量相较其他替代处理显著降低。有机肥施用后，黄泥砂田和青紫泥田生菜地上部 Pb 含量较对照均有所上升，且青紫泥田生菜地上部 Pb 含量随有机氮替代比例升高而上升。

　　由于《食品安全国家标准　食品中污染物限量》未对 Cu 和 Zn 含量作出限定，因此生菜地上部 Cu 和 Zn 超标情况暂未可知。淡涂黏田和青紫泥田在 20% 有机氮替代处理时，生菜地上部 Cu 和 Zn 含量比纯化肥处理显著降低（图 4-41 和图 4-42）。黄泥砂田生菜地上部 Zn 含量 40% 有机氮替代处理比纯化肥处理显著降低（图 4-42）。

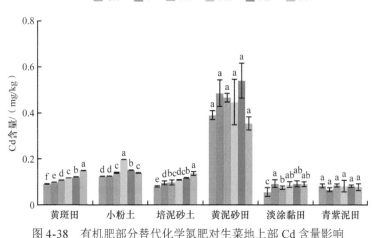

图 4-38　有机肥部分替代化学氮肥对生菜地上部 Cd 含量影响

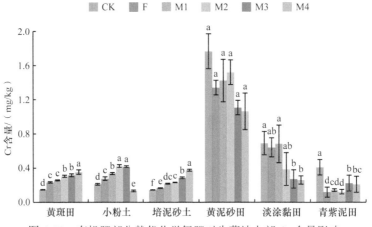

图 4-39 有机肥部分替代化学氮肥对生菜地上部 Cr 含量影响

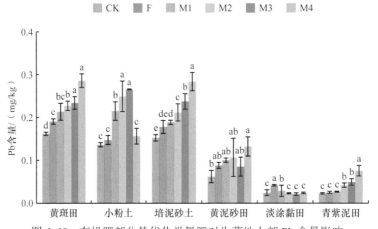

图 4-40 有机肥部分替代化学氮肥对生菜地上部 Pb 含量影响

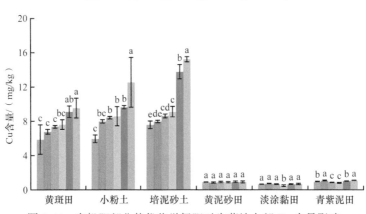

图 4-41 有机肥部分替代化学氮肥对生菜地上部 Cu 含量影响

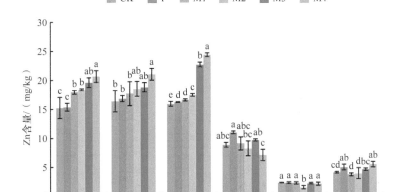

图 4-42　有机肥部分替代化学氮肥对生菜地上部 Zn 含量影响

综上所述，为满足有机肥安全施用要求，避免土壤重金属超标，保障生菜安全生产，并最大限度发挥有机肥增产效果，确定黄斑田、小粉土、培泥砂土有机肥替代化学氮肥施用的最佳比例分别为 30%、30%、20%，淡涂黏田和青紫泥田有机肥替代化学氮肥施用的最佳比例分别为 40% 和 20%。

4.3.3　土壤重金属阈值及有机肥安全施用的环境容量

通过逐步回归方法建立生菜地上部 Cd、Cr、As、Pb、Cu、Zn 含量与对应土壤重金属含量、pH、电导率（EC）、总氮含量、有机质含量之间的多元线性回归方程。若土壤重金属含量对生菜地上部分该重金属含量影响显著，则土壤重金属含量可作为变量进入回归方程，将《食品安全国家标准　食品中污染物限量》（GB 2762—2017）中规定的新鲜蔬菜重金属标准限定值及试验中最佳替代比例条件下的土壤理化性状取值代入方程，反推出土壤重金属阈值；若影响不显著，则土壤重金属含量不作为变量而被排除在回归方程外，而将《土壤环境质量　农用地土壤污染风险管控标准（试行）》（GB 15618—2018）中的农用地土壤重金属污染风险筛选值作为阈值。

土壤重金属环境容量依据静态环境容量模型［式（4-1）］计算。模型涉及的参数包括土壤中污染物的环境背景值、临界值、控制年限。土壤污染物的环境背景值指土壤中已容纳的该污染物含量；污染物的临界值指土壤所能容纳该污染物的最大负荷量，本研究中为土壤重金属阈值。

$$W = 10^{-6} M(C_{ic} - C_{ip})/n \qquad (4\text{-}1)$$

式中，W 为土壤中重金属元素 i 的静态环境容量［kg/(hm²·a)］；10^{-6} 为量纲转换系数；C_{ic} 为土壤重金属元素 i 含量的允许限值，即土壤重金属阈值（mg/kg）；C_{ip} 为土壤中元素 i 的现状值（mg/kg）；M 为每公顷 0～20cm 的表层土重，本研究取值 2.25×10^6 kg/hm²；n 为控制年限，本研究中设置 10 年、20 年、50 年和 100 年。

将土壤重金属静态环境容量和有机肥重金属含量代入式（4-2），进一步计算有机肥安全施用的土壤环境容量。

$$W_m = 10^3 \, W/C_m \qquad (4\text{-}2)$$

式中，W_m 为有机肥安全施用的土壤环境容量［t/(hm²·a)］；10^3 为量纲转换系数；C_m 为有机肥重金属含量（mg/kg）。

研究表明，黄斑田 Cd、Cr、As、Pb、Cu、Zn 阈值分别为 0.333mg/kg、126.500mg/kg、33.747mg/kg、36.300mg/kg、39.118mg/kg、108.786mg/kg；小粉土 Cd、Cr、Pb、Cu、Zn 阈值分别为 0.306mg/kg、54.421mg/kg、24.125mg/kg、17.960mg/kg、120.662mg/kg；培泥砂土 Cd、Cr、Zn 阈值分别为 0.242mg/kg、63.519mg/kg、0.333mg/kg（表 4-14）。

表 4-14　生菜盆栽试验土壤重金属阈值

土壤类型	元素	土壤重金属阈值/(mg/kg)	风险筛选值
黄斑田	Cd	0.333	0.4
	Cr	126.500	300
	As	33.747	25
	Pb	36.300	140
	Cu	39.118	200
	Zn	108.786	250
小粉土	Cd	0.306	0.8
	Cr	54.421	350
	As	—	20
	Pb	24.125	240
	Cu	17.960	200
	Zn	120.662	300
培泥砂土	Cd	0.242	0.8
	Cr	63.519	350
	As	—	20
	Pb	—	240
	Cu	—	200
	Zn	0.333	300

注："—"表示无法用回归方程计算土壤重金属阈值

黄斑田、小粉土和培泥砂土 Cd、Cr、As、Pb、Cu 和 Zn 的静态环境容量见表 4-15。随着控制年限增长，土壤重金属静态环境容量均呈现一致的下降趋势，说明随着控制年限增长，土壤的年承载力逐渐下降。

表 4-15　盆栽试验土壤重金属静态环境容量　　　　　　［单位：kg/(hm²·a)］

土壤类型	元素	10 年	20 年	50 年	100 年
黄斑田	Cd	0.059	0.030	0.012	0.006
	Cr	8.417	4.208	1.683	0.842
	As	2.965	1.482	0.593	0.296
	Pb	2.419	1.209	0.484	0.242
	Cu	3.771	1.886	0.754	0.377
	Zn	9.322	4.661	1.864	0.932

土壤类型	元素	10 年	20 年	50 年	100 年
小粉土	Cd	0.046	0.023	0.009	0.005
	Cr	1.443	0.721	0.289	0.144
	As	3.109	1.554	0.622	0.311
	Pb	0.747	0.374	0.149	0.075
	Cu	1.120	0.560	0.224	0.112
	Zn	11.761	5.881	2.352	1.176
培泥砂土	Cd	0.027	0.013	0.005	0.003
	Cr	2.703	1.351	0.541	0.270
	As	1.079	0.540	0.216	0.108
	Pb	51.181	25.591	10.236	5.118
	Cu	42.978	21.489	8.596	4.298
	Zn	58.680	29.340	11.736	5.868

在已知土壤重金属静态环境容量及有机肥重金属含量的条件下，进一步计算了不同施用年限下 3 种土壤有机肥安全施用的土壤环境容量（表 4-16）。按 100 年施用年限，黄斑田 Zn、小粉土 Cu、培泥砂土 Cd 的环境容量分别是 3.88t/(hm²·a)、1.83t/(hm²·a)、4.93t/(hm²·a)。

表 4-16　盆栽试验有机肥安全施用的环境容量　　　　　[单位: kg/(hm²·a)]

土壤类型	元素	有机肥安全施用的土壤环境容量			
		10 年	20 年	50 年	100 年
黄斑田	Cd	109.39	54.70	21.88	10.94
	Cr	311.92	155.96	62.38	31.19
	As	1032.68	516.34	206.54	103.27
	Pb	76.60	38.30	15.32	7.66
	Cu	61.77	30.89	12.35	6.18
	Zn	38.81	19.40	7.76	3.88
小粉土	Cd	84.12	42.06	16.82	8.41
	Cr	53.47	26.74	10.69	5.35
	As	1082.76	541.38	216.55	108.28
	Pb	23.66	11.83	4.73	2.37
	Cu	18.35	9.17	3.67	1.83
	Zn	48.97	24.48	9.79	4.90
培泥砂土	Cd	49.31	24.65	9.86	4.93
	Cr	100.16	50.08	20.03	10.02
	As	375.86	187.93	75.17	37.59
	Pb	1620.84	810.42	324.17	162.08
	Cu	703.96	351.98	140.79	70.40
	Zn	244.30	122.15	48.86	24.43

第5章 秸秆还田养分高效利用机制

5.1 我国秸秆资源状况和利用潜力

5.1.1 我国秸秆资源状况

本研究以我国主要农作物水稻、小麦、玉米、大豆、马铃薯、花生和油菜为研究对象，通过查阅中国统计数据和公开发表的文献资料对 2015 年我国主要农作物秸秆资源量及其养分资源量进行了估算。

我国主要农作物秸秆资源量为 7.2 亿 t，所含的氮（N）、磷（P_2O_5）、钾（K_2O）养分资源总量分别达到 625.7 万 t、197.9 万 t、1159.4 万 t（表 5-1）。秸秆养分资源量以水稻、小麦、玉米三大粮食作物较多，分别占养分资源总量的 28.9%、19.9%、37.5%；其他作物以油菜秸秆养分资源量最高，占 6.2%。对于单质养分，玉米氮、磷养分资源量最高，分别占氮、磷养分资源总量的 37.4%、41.5%；钾养分资源量以水稻最高，占 36.9%。

表 5-1 2015 年中国不同作物秸秆资源量及其养分资源量

秸秆种类	秸秆资源量		养分资源量					
			N		P_2O_5		K_2O	
	亿 t	%	万 t	%	万 t	%	万 t	%
水稻	2.082	28.9	172.0	27.5	56.8	28.7	428.3	36.9
小麦	1.432	19.9	88.4	14.1	23.3	11.8	175.4	15.1
玉米	2.696	37.5	234.2	37.4	82.2	41.5	361.2	31.2
大豆	0.189	2.6	30.8	4.9	7.4	3.7	24.0	2.1
马铃薯	0.095	1.3	22.8	3.6	5.4	2.7	40.9	3.5
花生	0.247	3.4	40.9	6.5	8.4	4.2	29.4	2.5
油菜	0.448	6.2	36.6	5.8	14.4	7.3	100.2	8.6
总计	7.189	100.0	625.7	100.0	197.9	100.0	1159.4	100.0

秸秆资源量以华北、长江中下游地区较多，分别占全国总量的 26.4%、26.2%。秸秆养分资源量最高的为黑龙江，其次为河南、山东，分别占全国秸秆养分资源总量的 10.3%、9.4%、6.8%（表 5-2）。

表 5-2 2015 年中国不同地区秸秆养分资源分布

区域	省/市	秸秆资源量		养分资源量/万 t			养分总量/万 t	排名
		亿 t	%	N	P_2O_5	K_2O		
华北	北京	0.007	0.1	0.6	0.2	1.0	1.8	30
	天津	0.021	0.3	1.7	0.5	2.8	5.0	28
	河北	0.390	5.4	32.1	9.8	51.5	93.5	10
	河南	0.771	10.7	63.9	18.4	105.1	187.3	2

续表

区域	省/市	秸秆资源量		养分资源量/万 t			养分总量/万 t	排名
		亿 t	%	N	P$_2$O$_5$	K$_2$O		
华北	山东	0.568	7.9	47.0	13.8	73.1	134.0	3
	山西	0.139	1.9	11.8	3.9	18.7	34.3	22
	小计	1.896	26.4	157.1	46.6	252.2	455.9	II
东北	辽宁	0.228	3.2	20.7	6.9	34.3	61.8	13
	吉林	0.416	5.8	37.3	12.6	60.9	110.8	7
	黑龙江	0.722	10.0	67.8	22.0	113.5	203.3	1
	小计	1.366	19.0	125.8	41.5	208.7	375.9	III
长江中下游	上海	0.011	0.2	0.9	0.3	2.1	3.3	29
	江苏	0.400	5.6	31.5	9.9	68.8	110.1	8
	浙江	0.079	1.1	7.0	2.2	15.7	24.9	23
	安徽	0.433	6.0	35.6	10.8	69.8	116.2	5
	湖北	0.359	5.0	30.3	10.0	67.9	108.1	9
	湖南	0.360	5.0	30.6	10.3	73.2	114.1	6
	江西	0.238	3.3	20.6	6.7	48.4	75.7	12
	小计	1.881	26.2	156.4	50.2	345.9	552.4	I
东南	福建	0.061	0.8	5.9	1.8	12.1	19.7	24
	广东	0.139	1.9	13.3	4.0	26.3	44.0	16
	广西	0.160	2.2	14.3	4.6	29.5	48.3	15
	海南	0.017	0.2	1.6	0.5	3.4	5.4	27
	小计	0.376	5.2	35.0	10.8	71.3	117.4	VI
西南	重庆	0.110	1.5	10.6	3.4	21.4	35.4	21
	四川	0.400	5.6	36.3	11.6	74.9	122.9	4
	贵州	0.130	1.8	12.9	4.1	26.2	43.1	17
	云南	0.197	2.7	18.3	6.0	35.0	59.3	14
	西藏	0.005	0.1	0.3	0.1	0.8	1.2	31
	小计	0.841	11.7	78.4	25.2	158.3	261.9	IV
西北	内蒙古	0.328	4.6	30.2	10.1	47.3	87.5	11
	陕西	0.145	2.0	12.0	3.8	21.7	37.6	19
	宁夏	0.040	0.6	3.6	1.2	6.3	11.1	25
	甘肃	0.125	1.7	11.9	3.7	20.6	36.3	20
	青海	0.017	0.2	1.6	0.5	3.5	5.6	26
	新疆	0.175	2.5	13.6	4.3	23.6	41.4	18
	小计	0.829	11.6	73.0	23.6	123.0	219.5	V
总计		7.189	100.0	625.7	197.9	1159.4	1983.0	

5.1.2　不同种植制度下秸秆养分资源量及利用潜力

不同种植制度下，同一作物秸秆养分资源量差异较大（表 5-3），水稻秸秆氮和钾均以长江中下游地区水稻–小麦轮作制度下最高；小麦秸秆氮和钾均以华北地区小麦–玉米轮作制度下最高；玉米秸秆氮和钾均以东北地区水稻和玉米单作制度下最高。

表 5-3　不同种植制度下秸秆养分资源量

种植制度	区域	秸秆养分量/(kg/hm²)			秸秆养分量/(kg/hm²)		
		N	P_2O_5	K_2O	N	P_2O_5	K_2O
双季稻		早稻			晚稻		
	长江中下游	48.4	16.0	120.6	51.3	16.9	127.7
	东南	48.6	16.1	120.9	45.1	14.9	112.3
	平均	48.5	16.0	120.8	48.2	15.9	120.0
小麦–玉米轮作		小麦			玉米		
	华北	38.2	10.1	75.8	58.7	20.6	90.5
	西北	25.6	6.8	50.8	65.8	23.1	101.5
	平均	31.9	8.4	63.3	62.3	21.9	96.0
水稻、玉米单作		水稻			玉米		
	东北	65.6	21.7	163.5	67.0	23.5	103.3
	西南	56.2	18.6	140.0	52.5	18.4	81.0
	平均	60.9	20.1	151.7	59.8	21.0	92.2
水稻–小麦轮作	长江中下游	水稻			小麦		
		69.1	22.8	172.0	32.8	8.7	65.2

如果秸秆全量还田，不同作物带入农田的平均养分量可高达 54.4kg N/hm²、15.5kg P_2O_5/hm²、88.1kg K_2O/hm²，相当于推荐化肥用量的 38.4%、18.9%、85.5%（表 5-4）。

表 5-4　秸秆不同还田比例下作物化肥施用量百分比　　　　　　（单位：%）

种植制度	区域	1/3 秸秆部分还田						2/3 秸秆部分还田						秸秆全量还田					
		N	P_2O_5	K_2O	N	P_2O_5	K_2O	N	P_2O_5	K_2O	N	P_2O_5	K_2O	N	P_2O_5	K_2O	N	P_2O_5	K_2O
双季稻		早稻			晚稻			早稻			晚稻			早稻			晚稻		
	长江中下游	8.7	9.4	25.2	10.2	9.8	39.2	17.5	18.8	50.4	20.4	19.7	78.3	26.2	28.2	75.6	30.7	29.5	117.5
	东南	11.1	9.1	32.0	11.6	8.3	29.3	22.2	18.3	63.9	23.3	16.5	58.6	33.4	27.4	95.9	34.9	24.8	87.8
	平均	9.9	9.3	28.6	10.9	9.0	34.2	19.9	18.6	57.2	21.9	18.1	68.4	29.8	27.8	85.8	32.8	27.1	102.7
小麦–玉米轮作		小麦			玉米			小麦			玉米			小麦			玉米		
	华北	6.6	5.3	24.6	11.1	7.5	37.2	13.2	10.5	49.2	22.2	15.1	74.5	19.8	15.8	73.8	33.3	22.6	111.7
	西北	3.2	2.6	24.9	12.6	7.7	81.5	6.5	5.2	49.7	25.2	15.4	163.0	9.7	7.8	74.6	37.8	23.1	244.5
	平均	4.9	3.9	24.7	11.9	7.6	59.4	9.8	7.9	49.5	23.7	15.2	118.8	14.8	11.8	74.2	35.6	22.8	178.1

续表

种植制度	区域	1/3 秸秆部分还田						2/3 秸秆部分还田						秸秆全量还田					
		N	P_2O_5	K_2O	N	P_2O_5	K_2O	N	P_2O_5	K_2O	N	P_2O_5	K_2O	N	P_2O_5	K_2O	N	P_2O_5	K_2O
		水稻			玉米			水稻			玉米			水稻			玉米		
水稻、玉米单作	东北	12.5	13.8	66.3	12.7	10.3	39.6	25.1	27.6	132.6	25.5	20.6	79.3	37.6	41.5	198.9	38.2	30.9	118.9
	西南	12.9	8.8	49.8	8.2	7.2	35.1	25.7	17.6	99.5	16.4	14.4	70.2	38.6	26.4	149.3	24.6	21.6	105.2
	平均	12.7	11.3	58.0	10.5	8.7	37.4	25.4	22.6	116.1	20.9	17.5	74.7	38.1	33.9	174.1	31.4	26.2	112.1
水稻–小麦轮作	长江中下游	水稻			小麦			水稻			小麦			水稻			小麦		
		11.3	11.6	65.6	6.6	4.0	18.1	22.7	23.2	131.1	13.2	8.0	36.2	34.0	34.7	196.7	19.7	12.0	54.2

5.2　秸秆还田养分循环特征和机制

5.2.1　旱地秸秆还田养分循环特征与机制

5.2.1.1　秸秆质量和碳损失动态变化

基于埋袋分解试验，比较小麦和玉米秸秆在砂质、砂壤质、粉黏质潮土中的分解动态发现，秸秆质量和碳损失不受潮土质地的影响，但受秸秆类型的显著影响，其中玉米秸秆的质量和碳损失率均高于小麦秸秆。小麦和玉米秸秆在 3 种质地潮土中分解，其质量和碳损失率有着相似的模式：前 10 个月显著增长，10～20 个月基本稳定，仅砂壤质潮土中的小麦秸秆在 20 个月的碳损失率显著大于 10 个月（图 5-1）。

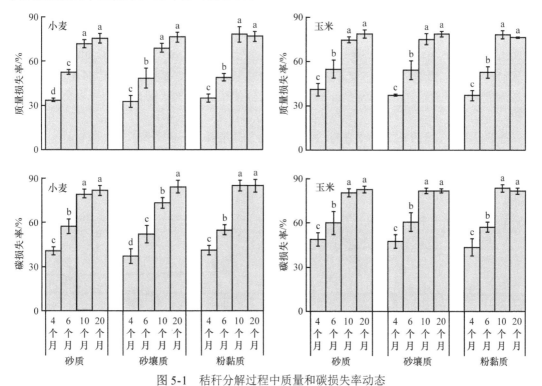

图 5-1　秸秆分解过程中质量和碳损失率动态

砂质、砂壤质、粉黏质潮土中小麦秸秆质量和碳损失率的平均值，在分解 4 个月、6 个月、10 个月、20 个月时，分别为 34% 和 40%、50% 和 55%、73% 和 79%、76% 和 83%；玉米秸秆质量和碳损失率平均值分别为 38% 和 47%、54% 和 59%、76% 和 82%、78% 和 82%。整体而言，秸秆质量和碳损失率呈现先大幅增长后趋于平稳的趋势，且碳损失率显著大于质量损失率。

5.2.1.2 秸秆碳结构动态变化

秸秆分解过程中 3 个碳结构（烷基碳 alkyl C、芳香碳 aryl C 和氧烷基碳 O-alkyl C）受到土壤质地的显著影响，4 个碳结构（alkyl C、甲氧基/含氮烷基碳 N-alkyl/methoxyl C、aryl C 和羧基碳 carboxyl/amide C）受到秸秆类型的显著影响。综合秸秆类型和分解时间进行分析，与砂土相比，alkyl C 含量在砂壤土、黏壤土中分别平均增加 2.8%、9.2%；O-aryl、aryl C 含量在砂壤土中分别降低 2.6%、5.7%，在黏壤土中分别降低 9.5%、10.3%。综合土壤质地和分解时间进行分析，玉米秸秆相比小麦秸秆有较低的 alkyl C（14.8% vs. 16.6%）含量，较高的 aryl C（10.1% vs. 9.3%）、N-alkyl/methoxyl（9.4% vs. 9.0%）和 carboxyl/amide C（6.0% vs. 5.6%）含量。

官能团在分解过程中的动态变化显示，0~4 个月，异头碳（di-O-alkyl C）（小麦：14.5% vs. 12.3%；玉米：12.6% vs. 11.8%）和 O-alkyl C（小麦：62.0% vs. 53.3%；玉米：57.2% vs. 51.9%）丰度显著降低（$P < 0.05$），而 alkyl C（小麦：6.5% vs. 12.9%；玉米：9.6% vs. 12.3%）和 N-alkyl/methoxyl C（小麦：5.4% vs. 7.5%；玉米：6.5% vs. 7.9%）显著增加（$P < 0.05$）；4~6 个月，所有含碳官能团均没有发生显著的变化（$P > 0.05$）；6~10 个月，di-O-alkyl C（小麦：11.9% vs. 9.2%；玉米：11.9% vs. 9.5%）和 O-alkyl C（小麦：51.7% vs. 37.7%；玉米：51.6% vs. 38.0%）丰度显著降低（$P < 0.05$），alkyl C（小麦：14.4% vs. 19.8%；玉米：12.6% vs. 16.8%）、aryl C（小麦：7.2% vs. 10.9%；玉米：8.0% vs. 11.8%）和 carboxyl/amide C（小麦：3.7% vs. 6.1%；玉米：3.7% vs. 6.6%）含量显著增加（$P < 0.05$）；10~20 个月，秸秆碳结构的变化主要是 di-O-alkyl C（小麦：9.2% vs. 7.7%；玉米：9.5% vs. 7.9%）和 O-alkyl C（小麦：37.7% vs. 32.5%；玉米：38.0% vs. 32.9%）含量持续显著降低，O-aryl C（小麦：4.6% vs. 6.3%；玉米：4.8% vs. 6.5%）和 carboxyl/amide C（小麦：6.1% vs. 9.4%；玉米：6.6% vs. 9.5%）不断累积。

基于碳结构丰度的 PCA 结果表明，PC1 和 PC2 轴均解释了小麦（图 5-2a）与玉米（图 5-2b）

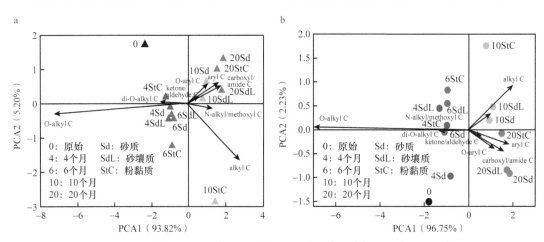

图 5-2　小麦（a）和玉米（b）秸秆分解过程中的官能团丰度 PCA 图

碳结构组成超过 98% 的变异，其中 PC1 轴在两种秸秆中解释了超过 93% 的变异。两种秸秆在 3 种质地土壤的分解过程表现出相似的动态变化趋势。另外，PERMANOVA 结果表明，秸秆碳结构组成在 4 个月和 6 个月没有差异，而 0 个月、4～6 个月、10 个月和 20 个月之间差异显著。

5.2.1.3　秸秆微生物群落组成演替

PC1 和 PC2 轴共解释了小麦微生物群落组成 65.78% 的变异，玉米微生物群落组成 59.81% 的变异（图 5-3）。两种秸秆在 3 种质地土壤的分解过程中微生物群落变化有相似的模式。其中，两种秸秆在 4 个月和 6 个月有着相似的群落组成，10 个月和 20 个月的也有着相似的群落组成，并与原始秸秆（0 个月）的群落组成显著不同。

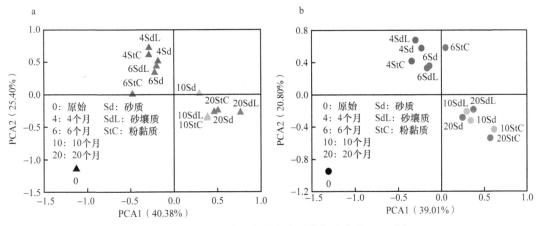

图 5-3　秸秆分解过程中微生物群落组成变化 PCA 图

对比分析 0 个月和 4～6 个月，小麦秸秆中脂肪酸含量显著变化（＞ 3%）的微生物主要表现：PLFA 生物标记为 18:1ω9c 的真菌，以及标记为 18:1ω7c 和 16:1ω7c 的革兰氏阴性菌（G^-）均增加（0 vs. 13.0%；0 vs. 10.9%；2.7% vs. 8.0%），标记为 16:0 的细菌则降低（61.5% vs. 24.0%）（图 5-4a）。玉米秸秆表现：标记为 18:1ω7c 和 16:1ω7c 的 G^-，以及标记为 a15:0

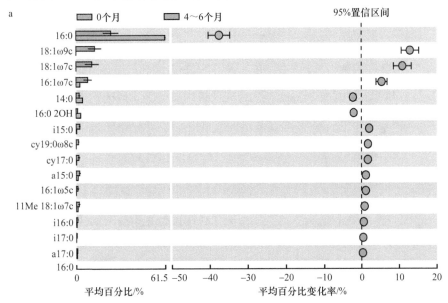

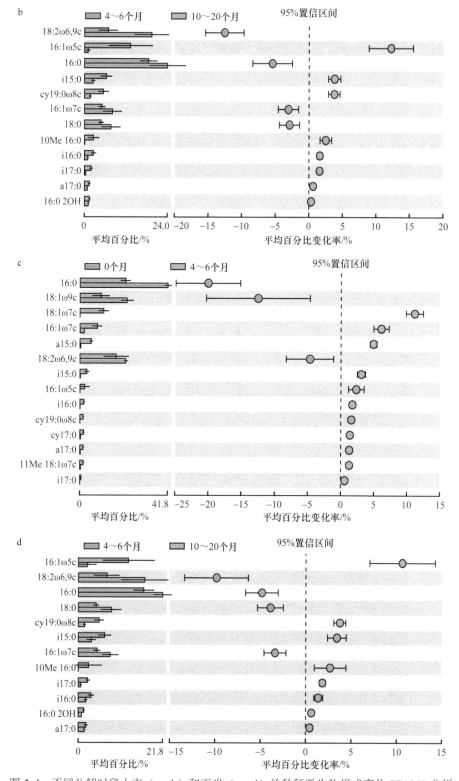

图 5-4　不同分解时段小麦（a，b）和玉米（c，d）的秸秆微生物组成变化 STAMP 分析

和 i15:0 的革兰氏阳性菌（G$^+$）均增加（0 vs. 11.2%；2.1% vs. 8.2%；0.43% vs. 5.4%；0.25% vs. 3.4%），标记为 18:1ω9c 和 18:2ω6,9c 的真菌，以及标记为 16:0 的细菌则降低（22.4% vs. 10.0%；21.8% vs. 17.2%；41.8% vs. 21.8%）（图 5-4c）。值得注意的是，小麦和玉米秸秆分解过程中，真菌（18:1ω9c）的丰度变化呈相反趋势。

对比分析 4~6 个月与 10~20 个月，小麦和玉米秸秆中 PLFA 生物标记为 16:1ω5c 的丛枝真菌 AMF（小麦：1.1% vs. 13.3%；玉米：2.3% vs. 13.0%），标记为 i15:0 的 G$^+$（小麦：2.3% vs. 6.3%；玉米：3.4% vs. 6.8%），以及标记为 cy19:0ω8c 的 G$^-$（小麦：1.7% vs. 5.5%；玉米：1.6% vs. 5.3%）均显著增加，标记为 18:2ω6,9c 的真菌（小麦：19.4% vs. 6.9%；玉米：17.2% vs. 7.3%），标记为 16:1ω7c 的 G$^-$（小麦：8.0% vs. 5.0%；玉米：8.2% vs. 4.8%），以及标记为 16:0 和 18:0 的细菌（小麦：24.0% vs. 18.6%；玉米：21.8% vs. 16.9%。小麦：7.6% vs. 4.8%；玉米：8.5% vs. 4.6%）显著降低（图 5-4b 和 d）。

在原始秸秆中，玉米秸秆 PLFA 总量、真菌/细菌值显著大于小麦秸秆。在前 4 个月分解过程中，小麦秸秆的 G$^+$/G$^-$值降低，而真菌/细菌值增加；玉米秸秆的 G$^+$/G$^-$值增加，而真菌/细菌值降低。

5.2.1.4　秸秆碳结构变化和微生物群落演替之间的关系

利用 MRT 分析探索 20 个月分解过程中秸秆碳结构和微生物群落组成之间的关系（图 5-5）。小麦整体 MRT 结果解释了 59.5% 的微生物群落结构变异，其中第一个分支解释了 42.8% 的变异（图 5-5a）。第一分支将样品分成了两个主要的组：第一组包含 0 个月、4 个月、6 个月的秸秆样品，第二组包含 10 个月和 20 个月的秸秆样品。其中，10 个月和 20 个月秸秆微生物群落组成与较高的 alkyl C 含量有关（≥17.0%）。丛枝真菌 AMF（16:1ω5c）、G$^+$（i15:0）、G$^-$（cy19:0ω8c）和真菌（18:2ω6,9c）含量的变化解释了第一分支 86.4% 的微生物群落结构差异，其中，AMF 解释了 51.6% 的差异。第二组根据 N-alkyl/methoxyl C 含量区分了 0 个月与 4 个月和 6 个月的秸秆样品，其中，4 个月和 6 个月的秸秆微生物群落结构与较高的 N-alkyl/methoxyl C 含量有关（≥6.66%）。真菌（18:1ω9c 和 18:2ω6,9c）、G$^-$（18:1ω7c 和

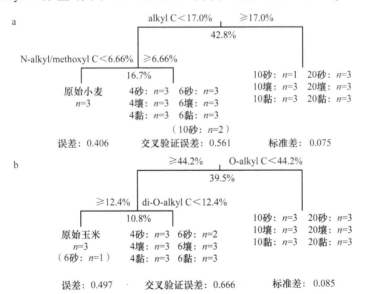

图 5-5　小麦（a）和玉米（b）秸秆碳结构与微生物群落组成之间关系的 MRT 分析

16:1ω7c）和细菌（16:0）含量的变化解释了第二分支 93.9% 的微生物群落结构变异（图 5-5a）。

　　玉米整体 MRT 结果解释了 50.3% 的微生物群落结构变异，其中第一个分支解释了 39.5% 的变异（图 5-5b）。第一分支将样品分成了两个主要的组：第一组包含 0 个月、4 个月、6 个月的秸秆样品，第二组包含 10 个月和 20 个月的秸秆样品。其中，10 个月和 20 个月秸秆微生物群落组成与较低的 O-alkylC 含量有关（< 44.2%）。丛枝真菌（16:1ω5c）、G⁺（i15:0）、G⁻（cy19:0ω8c）和真菌（18:2ω6,9c）含量的变化解释了第一分支 83.5% 的微生物群落结构差异，其中 AMF 解释了 47.7% 的差异。第二组根据 di-O-alkylC 含量区分了 0 个月与 4 个月和 6 个月的秸秆样品，其中，4 个月和 6 个月的秸秆微生物群落结构与较低的 di-O-alkylC 含量有关（< 12.4%）。真菌（18:1ω9c 和 18:2ω6,9c）、G⁻（18:1ω7c 和 16:1ω7c）、G⁺（a15:0）和细菌（16:0）含量的变化解释了第二分支 90.0% 的微生物群落结构变异（图 5-5b）。

　　根据图 5-4，选择了分解期间有显著变化的碳结构组分，解释微生物群落结构差异最多和在分解期间有显著变化的 PLFA 生物标记，进行了 Pearson 相关性分析，结果表明，碳结构和微生物组成的关系在 0～4 个月与 6～10 个月之间显著不同（表 5-5）。

表 5-5　丰度显著变化的官能团和微生物之间相关性分析

分解时间	秸秆类型	磷脂脂肪酸	alkyl C	N-alkyl/methoxyl C	O-alkyl C	di-O-alkyl C	aryl C	carboxyl/amide C
0～4 个月	小麦	18:1ω9c	0.827**	0.728**	−0.814**	−0.863**	na	na
		18:1ω7c	0.672*	0.693*	−0.749**	−0.780**	na	na
		16:1ω7c	0.814**	0.756**	−0.835**	−0.877**	na	na
		16:00	0.579*	ns	ns	ns	na	na
	玉米	18:1ω9c	−0.702*	−0.732**	0.883**	0.795**	na	na
		18:1ω7c	0.813**	0.867**	−0.822**	−0.857**	na	na
		16:1ω7c	0.778**	0.837**	−0.827**	−0.797**	na	na
		16:00	ns	ns	ns	ns	na	na
		18:2ω6,9c	ns	0.606*	ns	ns	na	na
		a15:0	0.643*	0.712**	−0.854**	−0.776**	na	na
6～10 个月	小麦	16:1ω5c	0.656*	na	−0.765**	−0.771**	0.609**	0.678**
		i15:0	ns	na	−0.491*	ns	0.473*	ns
		cy19:0ω8c	0.599**	na	−0.772**	−0.731**	0665**	0.626**
		18:2ω6,9c	−0.648*	na	0.481*	0.595**	ns	ns
	玉米	16:1ω5c	0.568*	na	−0.608**	−0.625**	0.547*	0.621*
		i15:0	0.541*	na	ns	−0.495*	ns	ns
		cy19:0ω8c	0.772**	na	−0.763**	−0.773**	0.684**	0.715**
		18:2ω6,9c	−0.453	na	0.469*	0.437	ns	ns

注：** 和 * 分别表示在 $P < 0.01$ 和 $P < 0.05$ 水平相关性显著，ns 表示无相关性，na 表示未测得相关数据

　　相关性结果显示，在 0～4 个月分解中，小麦秸秆的真菌（18:1ω9c）和 G⁻（18:1ω7c 和 16:1ω7c）丰度与 alkyl C、N-alkyl/methoxyl C 含量显著或极显著正相关，与 di-O-alkyl C 和 O-alkyl C 含量极显著负相关（表 5-5）。玉米秸秆的 alkyl C 和 N-alkyl/methoxyl C 含量与

G$^+$（a15:0）、G$^-$（18:1ω7c 和 16:1ω7c）丰度极显著正相关，与真菌（18:1ω9c）丰度显著或极显著负相关，di-O-alkyl C 和 O-alkyl C 含量与 G$^+$（a15:0）、G$^-$（18:1ω7c 和 16:1ω7c）丰度极显著负相关，与真菌（18:1ω9c）丰度极显著正相关。在 6～10 个月分解中，小麦和玉米秸秆的 AMF（16:1ω5c）、G$^-$（cy19:0ω8c）丰度均与 di-O-alkyl C、O-alkyl C 含量极显著负相关，但与 alkyl C、aryl C 和 carboxyl/amide C 含量显著或极显著正相关，且真菌（18:2ω6,9c）丰度与 di-O-alkyl C 和 O-alkyl C 含量显著或极显著正相关，但与 alkyl C 含量显著负相关。

5.2.2　水田秸秆还田养分循环特征与机制

采用田间试验和培养试验，结合磷脂脂肪酸分析、DNA 稳定同位素探针、高通量测序等技术，研究同一还田量不同施氮量（0kg/hm^2，N0；90kg/hm^2，N90；180kg/hm^2，N180；270kg/hm^2，N270）下及同一施氮量不同秸秆还田量（0kg/hm^2，S0；3000kg/hm^2，S3000；6000kg/hm^2，S6000；9000kg/hm^2，S9000）下水稻秸秆养分释放规律及微生物群落组成和功能多样性，阐明稻田秸秆分解的碳氮互作机制。

5.2.2.1　同一还田量不同施氮量条件下稻秸腐解特征

在同一水稻秸秆还田量不同施氮量条件下，秸秆腐解率随施氮量增加而增加，施氮 180kg/hm^2 下秸秆腐解率最大；当施氮量增至 270kg/hm^2 时，秸秆腐解率不再增加（表 5-6）。

表 5-6　不同氮肥施用量条件下秸秆腐解率和养分释放率的变化

处理	腐解率/[g/(g·a)]		氮释放率/%		磷释放率/%		钾释放率/%	
	早稻季	晚稻季	早稻季	晚稻季	早稻季	晚稻季	早稻季	晚稻季
N0	2.68c	2.76b	63.83b	72.72b	78.98b	78.32b	98.24a	97.22a
N90	2.86b	2.85b	67.34b	73.59b	80.12ab	78.25b	98.34a	97.50a
N180	3.34a	3.07a	75.63a	78.40a	87.12a	81.76a	98.65a	98.12a
N270	3.20a	3.03ab	72.34a	77.56ab	85.76a	82.24a	98.59a	97.47a

易分解碳水化合物和氨基酸在腐解前期优先被微生物利用，同时乙酰氨基葡萄糖苷酶和亮氨酸氨基肽酶活性较高，施氮量 180kg/hm^2 和 270kg/hm^2 处理均可提高两者活性（图 5-6）。

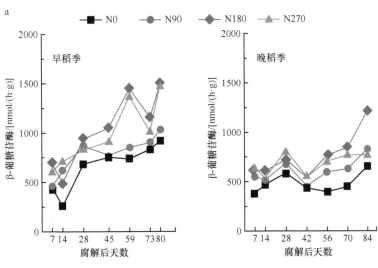

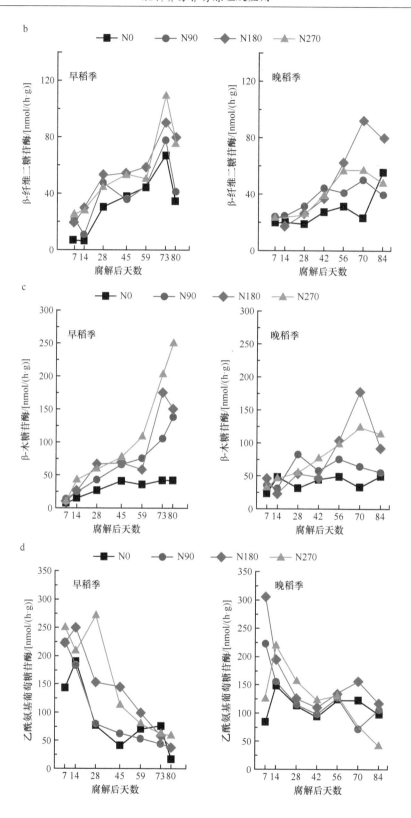

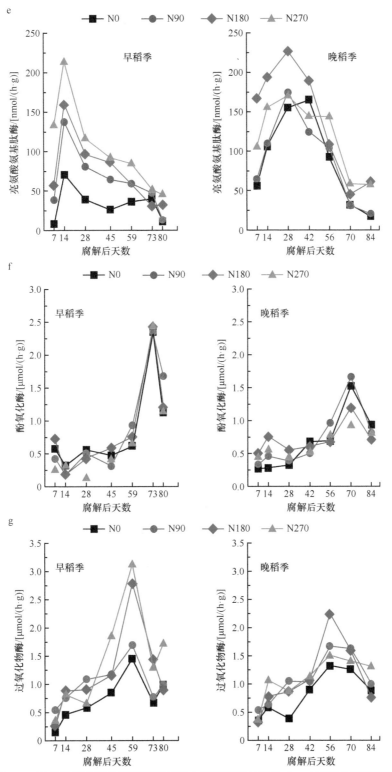

图 5-6 早稻季和晚稻季秸秆腐解过程中不同施肥处理的 C、N 循环相关酶活性

虽然细菌在数量上占优势（图 5-7 和图 5-8），但从氧化还原酶活性（图 5-6）来看，真菌、放线菌主导了后期对秸秆难分解物质的利用过程。

真菌糖苷水解酶 *cbhI* 和细菌糖苷水解酶 *GH48* 基因丰度在秸秆腐解中期较多，同时 β-葡萄糖苷酶、β-纤维二糖苷酶和 β-木糖苷酶表现出较高的活性。施氮量小于 180kg/hm² 时，*cbhI* 和 *GH48* 基因丰度随施氮量增加而增加（图 5-9 和图 5-10）。

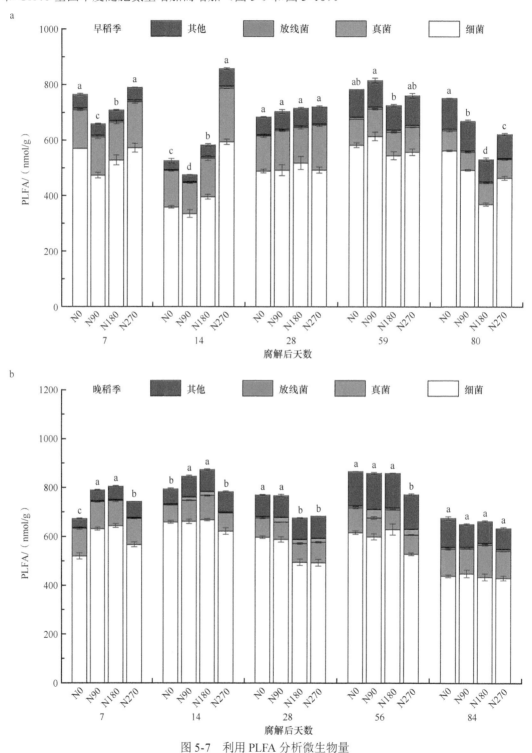

图 5-7　利用 PLFA 分析微生物量

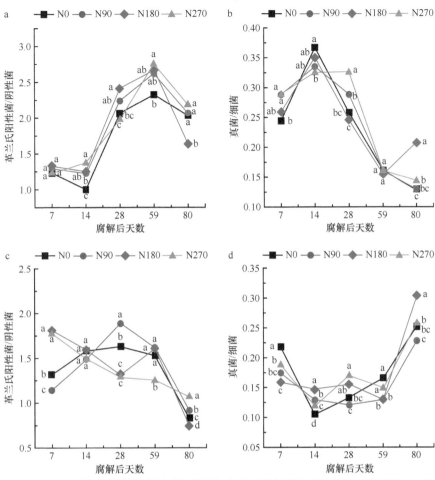

图 5-8　不同施氮量下秸秆腐解相关革兰氏阳性菌与革兰氏阴性菌丰度的比值（早稻季-a，晚稻季-c）、
真菌与细菌丰度的比值（早稻季-b，晚稻季-d）变化

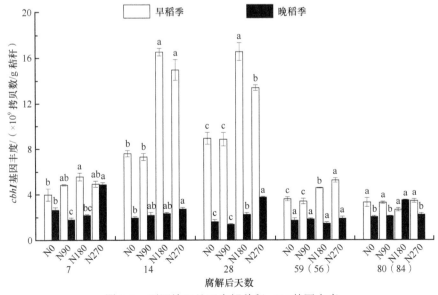

图 5-9　不同施肥处理腐解秸秆 *cbhI* 基因丰度

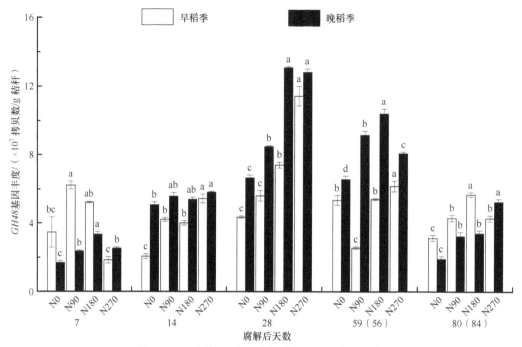

图 5-10　不同施肥处理腐解秸秆 *GH48* 基因丰度

5.2.2.2　同一施氮量不同还田量下稻秸腐解特征

秸秆腐解率随还田量增加呈先增加后降低趋势，还田量 6000kg/hm² 下秸秆腐解率最大，当还田量增至 9000kg/hm² 时，水稻秸秆腐解率显著下降（表 5-7）。

表 5-7　不同秸秆还田量条件下秸秆腐解率和养分释放率的变化

处理	腐解率/[g/(g·a)]		氮释放率/%		磷释放率/%		钾释放率/%	
	早稻季	晚稻季	早稻季	晚稻季	早稻季	晚稻季	早稻季	晚稻季
S3000	3.31ab	3.02a	68.00b	72.67b	83.19ab	84.13a	98.30a	97.45a
S6000	3.34a	3.07a	75.63a	78.40a	87.12a	81.76a	98.65a	98.12a
S9000	2.93b	2.79b	67.80b	73.40b	81.00b	81.21a	98.22a	97.74a

较秸秆还田量 3000kg/hm² 处理，秸秆还田量 6000kg/hm² 和 9000kg/hm² 处理提高了微生物群落丰度、纤维素分解真菌和细菌丰度、碳氮转化相关酶活性（图 5-11 和图 5-12）。

腐解第 0～14 天，碳水化合物和有机胺类是微生物的主要优先碳源（图 5-13）；腐解中期，以还田量 6000kg/hm² 处理下 *cbhI* 与 *GH48* 基因丰度、β-葡萄糖苷酶和 β-纤维素二糖苷酶活性较高（图 5-14）；收获期，真菌和放线菌在秸秆腐解过程中发挥关键作用，酚类物质为其主要利用碳源。

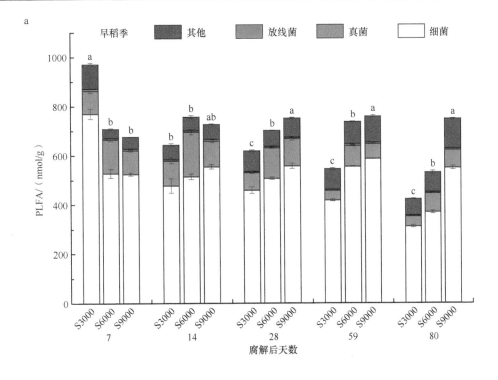

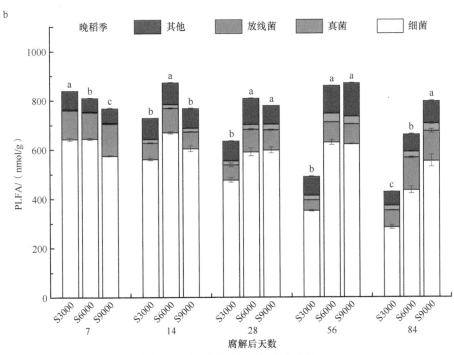

图 5-11 利用 PLFA 分析微生物量

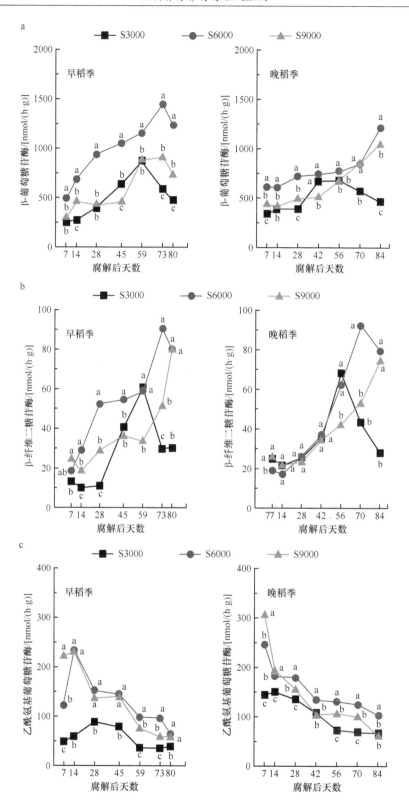

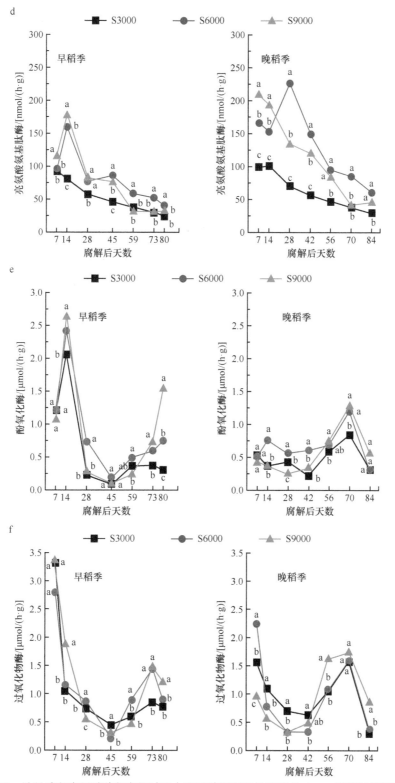

图 5-12 早稻季和晚稻季秸秆腐解过程中不同秸秆还田量处理的 C、N 循环相关酶活性

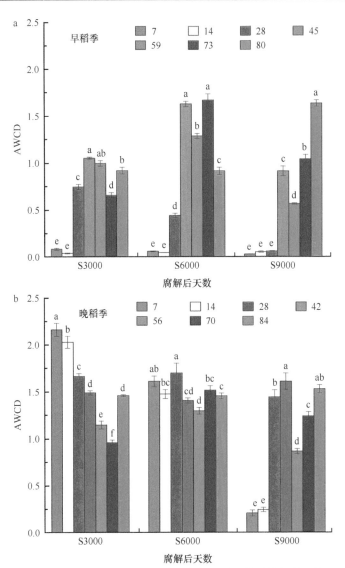

图 5-13　Biolog Eco 板分析秸秆腐解相关细菌群落代谢活性

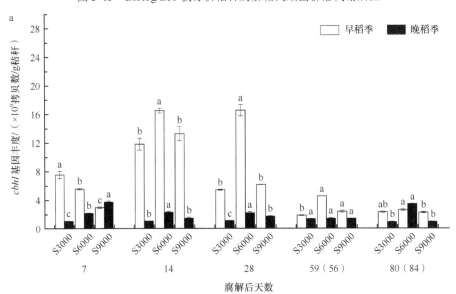

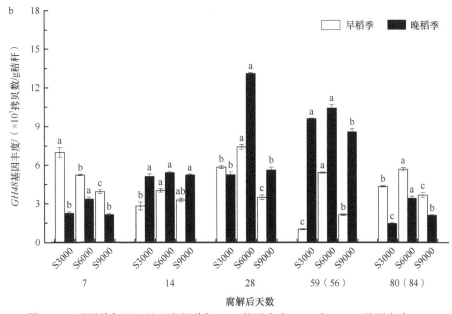

图 5-14　不同秸秆还田处理腐解秸秆 *cbhI* 基因丰度（a）和 *GH48* 基因丰度（b）

5.2.2.3　同化利用秸秆碳源的微生物多样性

稻秸在前两周快速腐解，对土壤固有碳产生强烈的激发效应，放线菌门链霉菌目（Streptomycetales）、链胞菌目（Caternulisporales）和棒状杆菌目（Corynebacteriales）为利用秸秆碳源的优势菌群，同时，主导类群呈链霉菌目到北里胞菌目（Kitasatospora）到细链胞菌目（Catenulispora）的变化规律。腐解第 56～90 天，同化利用稻秸碳的主要微生物为微球菌目（Micrococcales）、鞘脂杆菌目（Sphingobacteriales）；真菌，尤其是散囊菌目（Onygenales）、煤炱目（Capnodiales）、粪壳菌目（Sordariales）和格孢腔菌目（Pleosporales）在腐解后期秸秆碳源利用中发挥重要作用（图 5-15）。

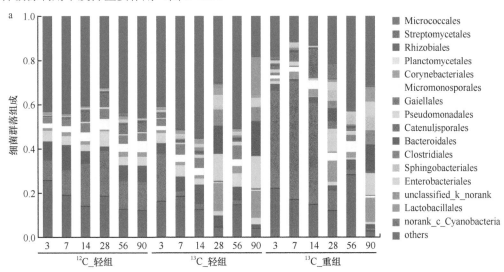

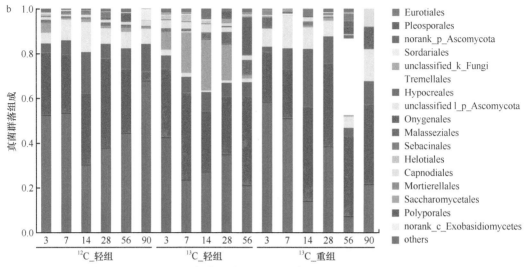

图 5-15　不同处理下细菌目水平（a）和真菌目水平（b）的群落组成

5.3　秸秆激发分解效应和机制

5.3.1　促腐菌剂作用

采用秸秆包网袋填埋法于江西上高双季稻种植区进行水稻秸秆添加促腐菌剂还田试验，分别设置假单胞菌处理、芽孢杆菌处理、青霉处理、商品菌剂处理、不施菌剂处理，分别于填埋后 7d、14d、28d、56d、84d 取秸秆样品，测定秸秆腐解率、养分含量及胞外酶活性。

秸秆还田下添加不同促腐菌剂对秸秆腐解和养分释放均有显著影响，秸秆的腐解率呈现出先快后慢的趋势，并且处理间腐解率在腐解前期（0～7d）差异显著。与不施菌剂相比，添加菌剂秸秆腐解率分别平均提高 24.8%（7d）、10.6%（14d）、8.1%（28d）、4.8%（56d）、3.7%（84d）（表 5-8），碳、氮、磷和钾养分释放率分别平均提高 5.3%～23.0%（7d）、2.7%～25.6%（14d）、0.4%～15.0%（28d）和 0.3%～11.4%（56d）、0.2%～7.3%（84d）（图 5-16）。不同菌剂促进秸秆腐解和养分释放的效果为假单胞菌＞青霉＞芽孢杆菌/商品菌剂。

表 5-8　稻秆腐解率随腐解时间的变化

处理	秸秆腐解率/%				
	7d	14d	28d	56d	84d
假单胞菌	29.5±0.9a	44.2±0.9a	49.5±2.3a	59.9±0.5a	64.4±2.2a
芽孢杆菌	20.1±3.1c	38.4±1.0bc	45.7±1.7bc	55.7±0.4b	62.3±1.3ab
青霉	25.6±0.6b	37.3±2.7bc	48.3±2.1ab	60.9±1.9a	64.2±0.5a
商品菌剂	22.2±1.7bc	39.4±0.8b	44.0±1.1c	56.1±1.0b	61.8±0.8ab
不施菌剂	19.5±2.2c	36.0±0.8c	43.4±0.9c	55.5±0.5b	61.0±1.5b

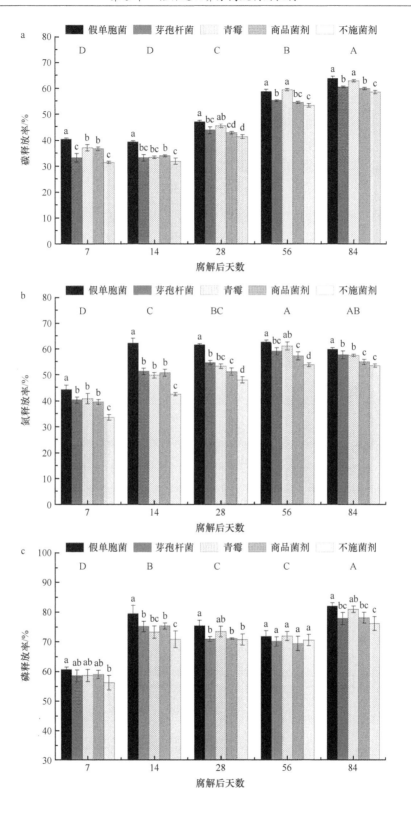

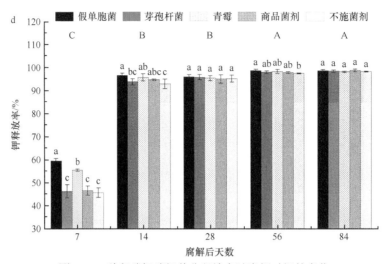

图 5-16 秸秆碳氮磷钾养分释放率随腐解时间的变化

柱上方不同大写字母表示同一处理不同时间之间差异显著，不同小写字母表示同一时间不同处理之间差异显著

乙酰氨基葡萄糖苷酶和 β-葡萄糖苷酶活性是影响秸秆腐解与养分释放的重要变量，其次是 β-纤维二糖苷酶和磷酸酶（图 5-17 和图 5-18），添加促腐菌剂提高了秸秆腐解相关胞外酶活性（图 5-19），是添加促腐菌剂能够有效地促进秸秆腐解和养分释放的原因。

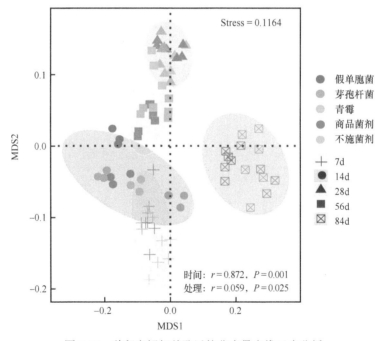

图 5-17 秸秆腐解相关酶活的非度量多维尺度分析

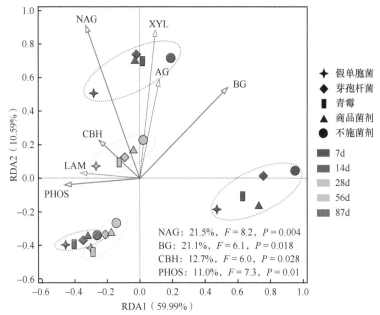

图 5-18　秸秆养分释放率与秸秆腐解相关酶活的冗余分析

AG：α-葡萄糖苷酶；BG：β-葡萄糖苷酶；CBH：β-纤维二糖苷酶；XYL：β-木糖苷酶；
LAM：亮氨酸氨基肽酶；NAG：乙酰氨基葡萄糖苷酶；PHOS：磷酸酶。下同

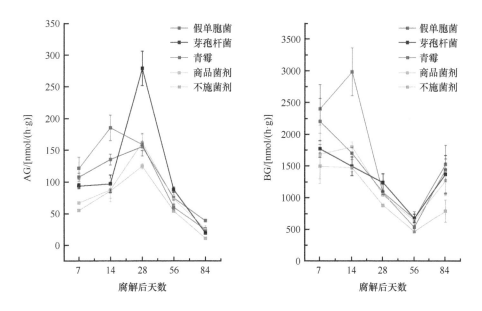

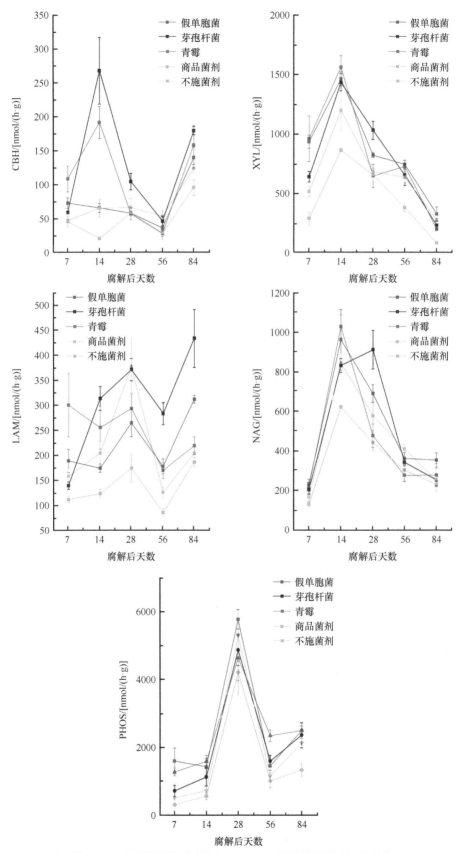

图 5-19　晚稻秸秆腐解过程中 C、N、P 循环相关酶活性的变化

5.3.2　硅藻土作用

硅藻土主要矿物成分是 SiO_2，其余有机物含量从微量到 30% 不等，呈微弱酸性；质地细腻、松散，吸水和渗透性强，比表面积大，具有多孔结构。同时，硅藻土含有众多活性基团，使其具有吸附能力强的特性。因此，硅藻土施入土壤后具有保水、保肥作用，能够稳定土壤结构与水肥供应。因结构及储量丰富的特性，选用其作为激发调节剂，将其以不同浓度混入土壤中，以期达到快速降解秸秆、促使养分高效利用的目的。

研究表明，硅藻土促进秸秆降解的效果前期不明显，后期逐渐展现出优势，尤其是添加土重 1% 浓度的硅藻土处理（表 5-9）。硅藻土进入土壤后，作用于秸秆，由于硅藻土具有颗粒细小、多孔结构、比表面积大的特性，加之其稳定性良好及表面和孔间同时存在大量自由羟基与缔合羟基、氢键等，其成为一种良好的天然吸附剂和催化剂载体，因此前期秸秆产生掘氮作用，造成氮素富集于表面，用于自身降解。

表 5-9　硅藻土对秸秆降解及氮释放的影响

处理	秸秆降解率/%			秸秆 N 释放率/%		
	拔节期	开花期	成熟期	拔节期	开花期	成熟期
S	56.8 ± 1.9	59.2 ± 2.2	64.6 ± 0.9	-12.9 ± 0.7	7.1 ± 1.9	24.9 ± 1.0
0.5%	55.6 ± 3.2	58.5 ± 3.1	66.9 ± 1.4	4.9 ± 3.3	11.6 ± 6.7	19.4 ± 1.9
1%	53.4 ± 2.8	59.2 ± 1.7	70.4 ± 2.7	-22.3 ± 0.9	13.7 ± 0.8	36.2 ± 2.6
2%	47.4 ± 3.4	60.1 ± 1.1	66.6 ± 1.3	11.3 ± 1.6	18.0 ± 1.7	34.0 ± 2.7

S：秸秆+氮肥；0.5%：秸秆+氮肥+0.5%硅藻土；1%：秸秆+氮肥+1%硅藻土；2%：秸秆+氮肥+2%硅藻土

5.3.3　Mn^{2+}作用

Mn^{2+}激发秸秆分解作用的研究表明：0.25mg/g Mn^{2+}（Mn-0.25）处理的小麦秸秆残留质量低于其他处理，除 7d 和 180d 外，1.0mg/g Mn^{2+}（Mn-1.0）和 2.0mg/g Mn^{2+}（Mn-2.0）处理的残留质量与 CK 间没有显著差异（图 5-20）。秸秆残留质量与腐解时间关系的非线性方程拟合结果（表 5-10）表明，CK 和 Mn-0.25 处理的秸秆腐解 50% 时所需时间分别是 64.3d 和 49.8d，表明初始添加 0.25mg/g Mn^{2+}可提高小麦秸秆的腐解率。

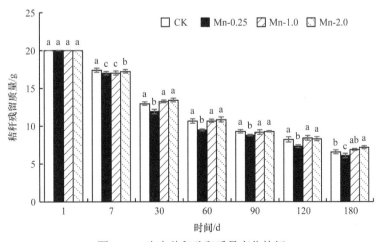

图 5-20　小麦秸秆残留质量变化特征

表 5-10 小麦秸秆残留质量与腐解时间关系的拟合

处理	$y=y_0+a\times e^{-kt}$			
	y_0	a	k	R^2
CK	6.99	12.63	0.022	0.983
Mn-0.25	6.65	13.20	0.027	0.979
Mn-1.0	7.16	12.39	0.022	0.983
Mn-2.0	7.28	12.35	0.022	0.989

注: y_0、a 和 k 是常数, y_0 表示当 t 无穷大时秸秆残留质量接近的极限值, a 表示当 t 无穷大时秸秆腐解量的极限值, k 表示腐解率常数, 其数值大小代表秸秆腐解快慢; R^2 为决定系数; y 表示秸秆残留质量

相应地, Mn-0.25 处理的碳累积释放量高于其他处理, 尤其是显著提高了腐解前期的碳累积释放量, 但在腐解后期促进碳释放的效果不显著 (图 5-21)。而 Mn-0.25 处理在秸秆腐解后期的氮累积释放量缓慢增加, 且显著高于 Mn-1.0 和 Mn-2.0 处理 (图 5-22)。

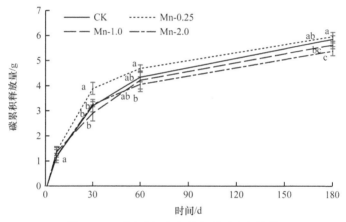

图 5-21 不同时间小麦秸秆碳累积释放量

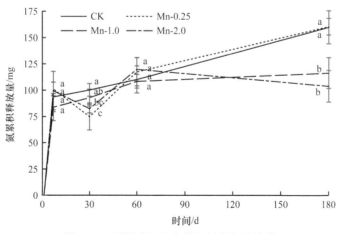

图 5-22 不同时间小麦秸秆氮累积释放量

通径分析结果 (表 5-11) 表明, 在添加 Mn^{2+} 条件下, 锰过氧化物酶能直接影响小麦秸秆降解, 而木质素过氧化物酶则主要起间接作用。

表 5-11　秸秆降解酶活性与秸秆腐解特征指标的通径分析

因变量	自变量	相关系数	直接效应	间接效应								决策系数
				$X1 \to Y$	$X2 \to Y$	$X3 \to Y$	$X4 \to Y$	$X5 \to Y$	$X6 \to Y$	总计	
腐解率	$X1$	−0.279	−0.133		−0.028	0.085	−0.191	−0.098	0.087	−0.146	0.057
	$X2$	−0.272	−0.074	−0.051		0.120	−0.117	0.042	−0.192	−0.198	0.035
	$X3$	−0.311*	0.174	−0.065	−0.051		−0.297	−0.168	0.096	−0.486	−0.139
	$X4$	0.673**	0.582	0.044	0.015	−0.089		0.359	−0.237	0.092	0.445
	$X5$	0.558**	0.445	0.029	−0.007	−0.066	0.469		−0.312	0.113	0.299
	$X6$	0.081	0.549	−0.021	0.026	0.030	−0.251	−0.253		−0.469	−0.212
碳累积释放量	$X1$	−0.264	−0.132		−0.027	0.082	−0.193	−0.089	0.095	−0.132	0.052
	$X2$	−0.296	−0.070	−0.051		0.116	−0.118	0.038	−0.211	−0.227	0.037
	$X3$	−0.292	0.168	−0.065	−0.048		−0.300	−0.153	0.105	−0.460	−0.126
	$X4$	0.625**	0.588	0.043	0.014	−0.086		0.326	−0.260	0.037	0.389
	$X5$	0.493**	0.404	0.029	−0.007	−0.064	0.474		−0.344	0.089	0.235
	$X6$	0.154	0.604	−0.021	0.025	0.029	−0.253	−0.230		−0.450	−0.179
氮累积释放量	$X1$	−0.120	−0.179		0.176	0.103	−0.329	0.050	0.060	0.060	0.011
	$X2$	0.179	0.458	−0.069		0.145	−0.201	−0.021	−0.134	−0.279	−0.046
	$X3$	0.081	0.211	−0.088	0.316		−0.510	0.085	0.066	−0.130	−0.010
	$X4$	0.513**	1.000	0.059	−0.092	−0.108		−0.181	−0.165	−0.487	0.026
	$X5$	0.367*	−0.225	0.039	0.043	−0.080	0.806		−0.217	0.591	−0.216
	$X6$	−0.073	0.382	−0.028	−0.160	0.037	−0.431	0.128		−0.455	−0.202

$X1$：羧甲基纤维素酶；$X2$：β-葡萄糖苷酶；$X3$：中性木聚糖酶；$X4$：锰过氧化物酶；$X5$：木质素过氧化物酶；$X6$：漆酶。
* 表示自变量与因变量在 0.05 水平显著相关；** 表示自变量与因变量在 0.01 水平显著相关

5.4　秸秆还田养分高效利用技术

　　分别在华北小麦–玉米轮作区的小麦和玉米、长江中下游水稻–小麦轮作区的小麦和水稻、长江中下游双季稻及东北单作区的玉米等主要粮食作物上开展田间试验。设置 6 个处理：①秸秆还田不施 N；②秸秆还田推荐施 N；③秸秆还田减 N 10%；④秸秆还田减 N 20%；⑤秸秆还田减 N 30%；⑥秸秆还田减 N 40%。除氮肥外，磷、钾肥均作基肥一次性施入，不同作物秸秆还田量和化肥施用量见表 5-12。

表 5-12　各地区不同作物化肥施用量

地点	作物	秸秆还田量/ (kg/hm^2)	推荐施肥/ (kg/hm^2)			氮肥基追比	
			N	P_2O_5	K_2O	时期	比例
江西	早稻	6000	135	90	150	基：蘖：穗	4：3：3
	晚稻	6000	165	90	150	基：蘖：穗	4：3：3

地点	作物	秸秆还田量/ (kg/hm²)	推荐施肥/(kg/hm²)			氮肥基追比	
			N	P₂O₅	K₂O	时期	比例
河南	小麦	6000	240	120	90	基:返青	6:4
	玉米	13500	240	75	60	基:大喇叭口	6:4
湖北	小麦	6000	150	67.5	90	基:苗:拔	5:2:3
	水稻	6000	180	60	90	基:蘖:穗	4:3:3
黑龙江	玉米	13500	165	60	75	基:大喇叭口:穗	1:1:1

与秸秆还田推荐施 N 处理比较,秸秆还田减 N 10% 下水稻产量下降不显著(图 5-23),得出秸秆还田可减施氮肥 10%。

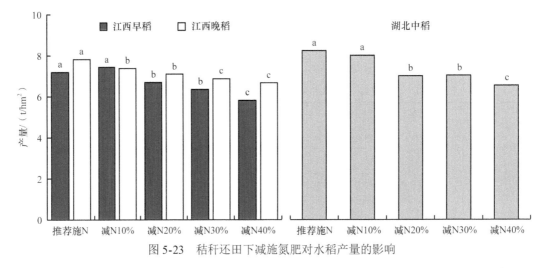

图 5-23　秸秆还田下减施氮肥对水稻产量的影响

与秸秆还田推荐施 N 处理比较,秸秆还田减 N 10% 下小麦产量下降不显著(图 5-24),得出秸秆还田可减施氮肥 10%。

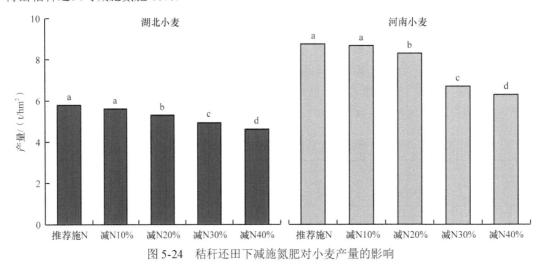

图 5-24　秸秆还田下减施氮肥对小麦产量的影响

　　与秸秆还田推荐施 N 处理比较，秸秆还田减 N 10% 下玉米产量下降不显著（图 5-25），得出秸秆还田可减施氮肥 10%。

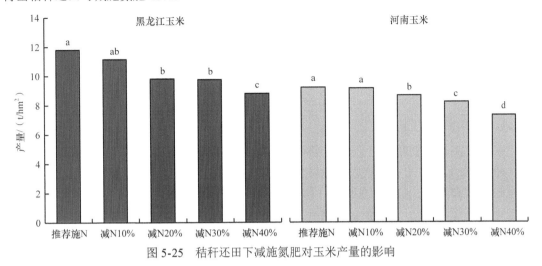

图 5-25　秸秆还田下减施氮肥对玉米产量的影响

第6章 养分互作促进氮磷利用的机制

6.1 钾氮互作

6.1.1 钾氮互作效应

6.1.1.1 水稻

研究表明，氮肥和钾肥合理配施可显著提高水稻产量（表 6-1）。不施钾（K0）和低钾（K60）处理条件下，氮肥施用效果受到抑制，与 N_0 处理相比，其增产幅度较小；适宜钾（K120）和高钾（K180）条件下，水稻产量在一定范围内随施氮量的增加呈显著升高的趋势，且显著高于 K0 和 K60 处理条件下施氮处理的最高产量。同样，不施氮（N0）和低氮（N90）处理条件下，钾肥施用效果受到抑制，与 K0 处理相比，其增产幅度较小；适宜氮（N180）和高氮（N270）条件下，水稻产量在一定范围内随施钾量的增加呈显著升高的趋势，且显著高于 N0 和 N90 处理条件下施钾处理的最高产量。表明钾氮肥配合施用存在明显交互作用。氮肥的施用可显著增加水稻穗数、每穗粒数，但结实率和千粒重则有降低趋势；而施用钾肥后的穗数、每穗粒数、结实率和千粒重均有升高趋势（表 6-1）。氮钾肥配合施用对每穗粒数和千粒重存在显著的交互作用，但对穗数和结实率的交互作用不明显。试验条件下，2013 年、2014 年、2016 年水稻最适宜的钾肥和氮肥配合用量分别为 N180K120、N180K120、N270K120。

氮钾肥合理配施可以有效地提高水稻地上部吸氮量和吸钾量、氮肥与钾肥回收率（表 6-2）。钾肥的施用显著提高了水稻地上部吸氮量：与 K0 处理相比，2013 年、2014 年、2016 年施钾处理水稻地上部吸氮量分别显著增加 6.8%～9.8%、7.4%～16.2%、9.5%～23.7%，并且吸氮量均随施钾量的增加呈逐渐升高的趋势。同时，氮肥回收率随施钾量增加而显著提高，而钾肥回收率也随施氮量的增加呈逐渐升高的趋势。试验条件下，2013 年、2014 年和 2016 年 N180K120、N90K180 和 N90K180 处理的氮肥回收率分别最高，说明施用钾肥可明显提高氮肥回收率；N270K120、N270K120 和 N180K60 处理的钾肥回收率分别最高，说明施用氮肥可明显提高钾肥回收率。

建立水稻产量（Y）与氮钾肥配合施用量关系曲线（图 6-1）。2013 年效应方程为 $Y=-0.021X_N^2+9.728X_N-0.035X_K^2+7.994X_K+0.021X_{NK}+4885$，$R^2=0.972$；2014 年效应方程为 $Y=-0.039X_N^2+17.240X_N-0.032X_K^2+8.641X_K+0.026X_{NK}+5109$，$R^2=0.987$；2016 年效应方程为 $Y=-0.015X_N^2+8.092X_N-0.026X_K^2+8.386X_K+0.005X_{NK}+4902$，$R^2=0.957$。氮钾肥协同增产的最佳氮肥用量为 156～190kg N/hm²，平均为 175kg N/hm²；最佳钾肥用量为 94～136kg K₂O/hm²，平均为 120kg K₂O/hm²。

表 6-1　钾氮肥配合施用对水稻产量和产量构成因子的影响

处理		2013 年					2014 年					2016 年				
		产量/(kg/hm²)	穗数/(万穗/hm²)	每穗粒数/个	结实率/%	千粒重/g	产量/(kg/hm²)	穗数/(万穗/hm²)	每穗粒数/个	结实率/%	千粒重/g	产量/(kg/hm²)	穗数/(万穗/hm²)	每穗粒数/个	结实率/%	千粒重/g
N/(kg/hm²)	0	5196c	134d	164d	90.2a	27.7a	5492c	129d	186d	92.0a	28.7a	5334c	186c	147c	89.7a	27.0a
	90	5940b	150c	183c	86.2b	27.6b	6921b	144c	200c	89.0b	28.0ab	5963bc	218b	157bc	87.3b	27.0a
	180	6687a	175b	208b	80.6c	26.7c	7753a	152b	219b	84.3c	27.3bc	6406ab	254a	162ab	84.6c	26.4b
	270	6754a	187a	217a	75.5d	25.8d	7915a	161a	227a	82.7d	27.0c	6552a	265a	170a	81.7d	26.0c
K/(kg/hm²)	0	5606c	149c	184c	80.8c	26.1c	6357c	138c	197b	84.7c	27.0c	5564c	215c	147c	84.0b	26.0c
	60	6134b	160b	191b	82.4bc	26.8b	6853b	146b	209a	87.0b	28.0b	5969b	226bc	157b	85.0b	26.7b
	120	6408a	167a	197a	84.4ab	27.3a	7415a	150a	212a	88.0ab	28.0b	6377a	235ab	164a	86.6a	27.0a
	180	6430a	169a	200a	84.8a	27.6a	7407a	151a	214a	88.9a	28.1a	6344a	246a	168a	88.0a	27.0a
N×K/(kg/hm²)	0×0	4989g	128e	157h	89.2ab	27.1de	5120f	119h	181f	90.8b	28.4ab	4946i	177g	131f	88.8abc	27.0bcd
	0×60	5255f	130e	163gh	89.8ab	27.5bc	5569ef	129g	187f	92.2ab	28.5ab	5395h	183g	146e	89.0abc	27.0bcd
	0×120	5258f	137e	165gh	90.5ab	28.1a	5627e	133g	188f	92.5ab	28.7ab	5524fgh	186g	155cde	90.4a	27.3ab
	0×180	5283ef	139e	171g	91.3a	28.2a	5653e	134g	189f	93.5a	28.8a	5472gh	198fg	159bcd	90.7a	27.7a
	90×0	5516e	134e	173fg	83.6de	27.0ef	6350d	135g	189f	86.0e	27.2f	5576fgh	195fg	144ef	84.9ef	26.5efg
	90×60	6037cd	154d	183ef	85.2cd	27.4cd	6903c	144f	200e	88.5cd	27.8cde	5748efg	213ef	154cde	86.6de	26.8de
	90×120	6115c	156d	188de	87.9bc	27.9ab	7229bc	145f	205e	90.5bc	27.9cd	6183d	222de	162bcd	88.5de	26.9cde
	90×180	6093c	157d	189de	87.9bc	28.0a	7203bc	150def	208de	91.3b	28.3bc	6346cd	240cd	166abc	90.1ab	27.3abc
	180×0	5834d	162cd	195cd	77.4fg	25.8h	6921c	145f	201e	81.3hi	26.6g	5828ef	228de	152de	81.7hi	26.1ghi
	180×60	6663b	174bc	201bc	79.3f	26.6fg	7340bc	148ef	224bc	83.1gh	27.6def	6181d	243bcd	161bcd	83.9fg	26.5efgh
	180×120	7095a	180b	216a	82.4e	26.8efg	8341a	157bcd	225bc	85.7ef	27.8cde	6707ab	267a	166abc	84.9ef	26.6ef
	180×180	7155a	182b	218a	83.2de	27.5cd	8411a	160abc	227ab	86.8de	27.9cd	6908ab	278a	171ab	88.0cd	26.6de
	270×0	6086c	173bc	212ab	73.0h	24.5i	7036c	154cde	216cd	80.7i	26.3g	6028de	260abc	163bcd	80.8i	25.8i

续表

处理		2013年					2014年					2016年				
		产量/(kg/hm²)	穗数/(万穗/hm²)	每穗粒数/个	结实率/%	千粒重/g	产量/(kg/hm²)	穗数/(万穗/hm²)	每穗粒数/个	结实率/%	千粒重/g	产量/(kg/hm²)	穗数/(万穗/hm²)	每穗粒数/个	结实率/%	千粒重/g
N×K/(kg/hm²)	270×60	6581b	180b	216a	75.2gh	25.6h	7600b	162ab	225bc	82.6ghi	27.4ef	6558bc	264ab	168ab	81.3hi	26.1ghi
	270×120	7162a	196a	219a	76.9fg	26.5g	8464a	164a	230ab	83.4gh	27.5def	6913a	267a	171ab	82.5ghi	26.1hi
	270×180	7188a	198a	220a	77.0fg	26.8efg	8560a	164a	235a	83.9g	27.5def	6709ab	270a	176a	82.9gh	26.3gh
方差分析	N	0.000**	0.000**	0.000**	0.000**	0.000**	0.000**	0.000**	0.000**	0.000**	0.000**	0.000**	0.000**	0.000**	0.000**	0.000**
	K	0.000**	0.000**	0.000**	0.000**	0.000**	0.000**	0.000**	0.000**	0.000**	0.000**	0.000**	0.003**	0.000**	0.000**	0.000**
	N×K	0.000**	0.072ns	0.019*	0.088ns	0.017*	0.036*	0.020*	0.207ns	0.097ns	0.050*	0.032*	0.033*	0.035*	0.040*	0.004**

注：* 和 ** 分别表示在 5% 和 1% 水平差异显著，ns 表示差异不显著。下同

表 6-2 钾氮肥配合施用对水稻吸氮量、氮肥回收率及吸钾量、钾肥回收率的影响

处理		2013年				2014年				2016年			
		吸氮量/(kg/hm²)	氮肥回收率/%	吸钾量/(kg/hm²)	钾肥回收率/%	吸氮量/(kg/hm²)	氮肥回收率/%	吸钾量/(kg/hm²)	钾肥回收率/%	吸氮量/(kg/hm²)	氮肥回收率/%	吸钾量/(kg/hm²)	钾肥回收率/%
N/(kg/hm²)	0	92.9d		104.6c	31.5b	79.4d		108.2c	50.7c	58.1d		121.8b	54.2b
	90	132.7c	44.3b	118.9b	36.1b	126.4c	52.0a	131.1b	60.9bc	88.9c	35.3a	153.0a	57.7ab
	180	181.8b	49.7a	120.5ab	52.5a	157.0b	43.0b	139.3ab	68.2ab	114.5b	31.4ab	157.5a	61.7ab
	270	195.5a	38.0c	130.4a	59.3a	187.6a	40.0c	142.4a	72.6a	144.3a	31.0b	162.6a	62.5a
K/(kg/hm²)	0	142.2c	38.0b	85.5d		125.2c	37.0c	61.5d		89.9c	28.7c	98.6d	
	60	151.8b	44.3a	111.3c	47.6a	134.5b	43.0b	117.5c	65.5a	98.4b	31.2bc	123.8c	57.0a
	120	152.7ab	47.3a	132.0b	46.7a	145.2a	50.0a	161.3b	64.1a	106.4a	34.1ab	175.4b	59.7a
	180	156.1a	45.3a	145.7a	40.3b	145.5a	50.3a	181.4a	59.6b	111.2a	37.0a	197.1a	55.0b

续表

处理	2013年				2014年				2016年			
	吸氮量/(kg/hm²)	氮肥回收率/%	吸钾量/(kg/hm²)	钾肥回收率/%	吸氮量/(kg/hm²)	氮肥回收率/%	吸钾量/(kg/hm²)	钾肥回收率/%	吸氮量/(kg/hm²)	氮肥回收率/%	吸钾量/(kg/hm²)	钾肥回收率/%
N×K/(kg/hm²)												
0×0	92.8g		82.3hi		78.0h		76.5		52.0i		83.5j	
0×60	93.3g		99.8fg	35.2de	80.0h		105.4g	58.1cd	58.3hi		109.6ghi	58.9abc
0×120	93.3g		115.1de	32.9de	80.0h		127.9e	51.6de	59.3hi		138.4ef	55.2bcd
0×180	92.2g		121.4cd	26.2e	79.6h		139.9d	42.4e	62.6h		155.8de	48.4d
90×0	129.9f	41.3de	92.3gh		118g	44.4de	87.3h		75.4g	29.1d	100.0ij	
90×60	134.1f	45.2cd	110.1def	35.7d	126.6fg	51.8ab	117.9f	61.5bcd	82.6g	31.3cd	127.0fgh	60.9abc
90×120	134.1f	45.3cd	132.7bc	40.6cd	130.6ef	56.2a	147.6d	60.5bcd	93.4f	37.9ab	174.6cd	58.3abcd
90×180	132.9f	45.2cd	140.3b	32.1de	130.2f	56.3a	177.9b	60.7bcd	104.2e	42.9a	210.4ab	53.9cd
180×0	165.5e	40.4de	90.9gh		139.9e	34.4g	92.0h		103.6ef	28.7d	103.2ij	
180×60	181.3d	48.9bc	129.4bc	60.2a	153.0d	40.5ef	127.0ef	70.1abc	110.4de	28.9d	131.0fg	66.0a
180×120	193.6bc	55.7a	142.8b	52.1ab	165.1c	47.2bcd	160.7c	68.9abc	119.3cd	33.3bcd	193.6bc	60.9abc
180×180	186.5cd	52.4ab	158.5a	45.3bc	170.2bc	50.3bc	190.0a	65.6abc	124.8c	34.5bc	222.7a	58.4abcd
270×0	108.7d	32.6f	76.4i		165.0c	32.2g	90.4h		128.7c	28.4d	107.6hi	
270×60	198.4ab	38.9e	105.9ef	59.3a	178.4b	36.4fg	126.4ef	72.4ab	142.0b	31.0cd	127.7fgh	63.7abc
270×120	203.5a	40.8de	132.7bc	61.1a	206.2a	46.7bcd	165.6c	75.5a	153.5a	31.2cd	195.1bc	64.4ab
270×180	199.3ab	39.7e	162.4a	57.6a	200.9a	44.9cde	194.6a	69.8abc	153.0a	33.5bcd	199.5b	59.3abc
方差分析												
N	0.000**	0.000**	0.000**	0.000**	0.000**	0.000**	0.000**	0.000**	0.000**	0.002**	0.000**	0.001**
K	0.000**	0.000**	0.000**	0.007**	0.000**	0.000**	0.000**	0.000**	0.000**	0.000**	0.000**	0.001**
N×K	0.002**	0.127ns	0.001**	0.367ns	0.000**	0.097ns	0.000**		0.120ns	0.091ns	0.027*	0.110ns

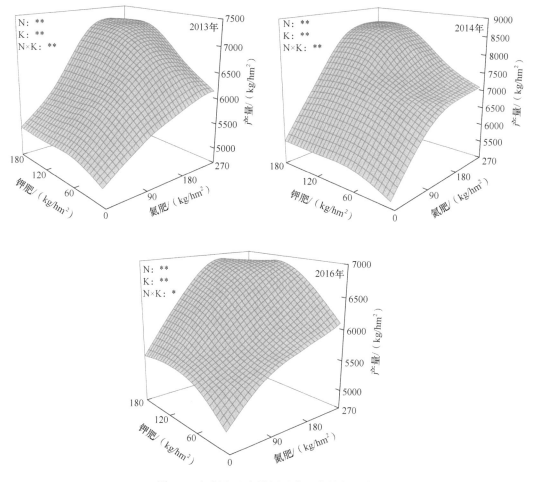

图 6-1　钾氮肥配合施用对水稻产量的影响

6.1.1.2　棉花

籽棉产量、单铃数和铃重随氮肥或钾肥用量的增加而增加，并且钾氮肥配合施用对其存在极显著的交互作用（表 6-3）。在适宜钾（K90）和高钾（K240）条件下，氮肥施用效果在高氮（N450）情况下受到抑制，适宜氮（N300）处理下的增产幅度最高。随氮肥用量的增加，钾肥增产效果呈降低趋势。试验条件下，2017 年和 2018 年棉花产量最高的施肥处理分别为N140K220 和 N300K240。在低氮（N150）和适宜氮（N300）下，钾肥处理的单铃数显著高于无钾处理，在高氮（N450）下，施钾与不施钾间均无显著差异。

表 6-3　钾氮配合施用对棉花产量和产量构成因子的影响

		2017 年				2018 年		
处理		单铃数/ （万个/hm²）	铃重/ （g/个）	籽棉产量/ （kg/hm²）	处理	单铃数/ （万个/hm²）	铃重/ （g/个）	籽棉产量/ （kg/hm²）
N/ （kg/hm²）	0	42b	4.55b	2575b	0	68.35c	4.83b	2867c
	140	39b	5.71a	3515a	150	93.45b	5.47a	4333b
	280	47a	5.57a	3600a	300	94.55b	5.87a	4775a
					450	101.85a	5.60a	4927a

续表

处理		2017 年			处理		2018 年		
		单铃数/（万个/hm²）	铃重/（g/个）	籽棉产量/（kg/hm²）			单铃数/（万个/hm²）	铃重/（g/个）	籽棉产量/（kg/hm²）
K/（kg/hm²）	0	43ab	5.02b	2860b		0	81.6b	4.99b	3715c
	120	39b	5.08b	3270a		90	91.7a	5.58a	4374b
	220	45a	5.73a	3560a		240	95.3a	5.76a	4586a
N×K/（kg/hm²）	0×0	46a	4.11f	2070e		0×0	56d	4.53f	2028f
	0×120	38ab	4.39f	2790d		0×90	70c	5.01ef	3062e
	0×220	42a	5.15e	2865d		0×240	80b	4.94ef	3511d
	140×0	44a	5.55c	3015d		150×0	80b	4.90ef	3693d
	140×120	32b	5.67c	3465c		150×90	100a	5.63bcd	4592b
	140×220	40ab	5.9b	4065a		150×240	101a	5.87b	4712b
	280×0	40a	5.4d	3495c		300×0	88b	5.25de	4171c
	280×120	48a	5.17e	3555bc		300×90	97a	5.88b	4995ab
	280×220	52a	6.13b	3750ab		300×240	99a	6.49a	5159a
						450×0	103a	5.27cde	4970ab
						450×90	101a	5.78b	4847ab
						450×240	102a	5.75bc	4963ab
方差分析	N	**	**	**		N	**	**	**
	K	**	**	**		K	**	**	**
	N×K	**	ns	**		N×K	**	ns	**

棉花地上部吸氮量和氮肥回收率随施氮量增加呈先升高后降低的趋势。钾肥的施用可显著提高棉花地上部吸氮量和氮肥回收率。与不施钾（K0）处理相比，2017 年、2018 年施钾处理棉花地上部吸氮量分别显著增加 25.8%～29.5%、16.7%～53.3%，氮肥回收率分别增加 1.47～1.85 倍、20.8～70.8 倍（表 6-4）。氮钾肥配合施用对棉花地上部氮吸收、钾吸收存在极显著的交互作用。合理施用氮肥可显著提高棉花对钾的吸收，同样，施用适量的钾肥可明显提高棉花对氮的吸收，进而促进氮肥和钾肥回收率的提高。与不施钾（K0）处理相比，2018 年高钾（K240）处理棉花吸氮量在低氮（N150）、高氮（N450）下分别提高 1.6%、40.1%，吸钾量分别提高 58.8%、32.8%，显著低于在适宜氮（N300）处理下提高的 91.1%、65.3%，说明钾肥在高氮、低氮下提高棉花吸氮量和吸钾量的作用均受到抑制。试验条件下，2017 年和 2018 年的 N140K120、N140K220、N300K240 处理的氮肥回收率最高，说明施用钾肥可明显提高氮肥回收率。

棉花产量（Y）与氮钾肥配合施用量的关系如图 6-2 所示。氮钾肥协同增产的最佳氮肥用量为 190～375kg/hm²，平均 283kg/hm²；最佳钾肥用量为 56.5～185kg/hm²，平均 120kg/hm²。

表 6-4 钾氮配合施用对棉花吸氮量、氮肥回收率及吸钾量、钾肥回收率的影响

处理		2017 年				处理		2018 年			
		吸氮量/(kg/hm²)	氮肥回收率/%	吸钾量/(kg/hm²)	钾肥回收率/%			吸氮量/(kg/hm²)	氮肥回收率/%	吸钾量/(kg/hm²)	钾肥回收率/%
N/(kg/hm²)	0	161.3b		183.8a	46.7b		0	78.6d		82.6c	7.5c
	140	204.8a	44.4a	195.3a	53.9a		150	112.0c	34.7b	112.5a	47.1a
	280	202.3a	21.3b	203.0a	55.6a		300	208.0a	49.3a	113.3a	41.1a
							450	147.1b	19.4c	108.9b	34.5b
K/(kg/hm²)	0	160.0b	15.6c	143.5c			0	110.6c	26.4c	81.0c	
	120	201.3a	38.5b	206.6b	62.4a		90	129.1b	31.9b	111.2b	44.6a
	220	207.2a	44.5a	231.9a	41.7b		240	169.6a	45.1a	120.8a	20.5b
N×K/(kg/hm²)	0×0	142.6d		131.8f			0×0	60.0g		71.5f	
	0×120	177.9c		200.1d	56.9b		0×90	62.2g		73.2ef	1.9g
	0×220	163.4cd		219.4bc	36.5d		0×240	113.4ef		103.1c	13.2f
	140×0	177.9c	25.2c	142.9ef			150×0	115.9e	37.3c	77.5ef	
	140×120	217.8b	53.7a	210.9cd	65.9a		150×90	102.4f	28.3d	136.9a	72.6a
	140×220	218.7b	54.4a	232.2ab	41.8c		150×240	117.8e	38.5c	123.1b	21.5e
	280×0	159.4d	6.0d	155.9e			300×0	144.3d	28.1d	82.5de	
	280×120	208.0b	23.4c	209cd	64.3a		300×90	204.0b	48.0b	121.2b	55.2b
	280×220	239.5a	34.6b	244.2a	46.8c		300×240	275.7a	71.9a	136.4a	27.0d
							450×0	122.3e	13.8g	90.8d	
							450×90	147.6d	19.5f	115.3b	48.6c
							450×240	171.4c	24.8e	120.6b	20.5e
方差分析	N	**	**	**	**		N	**	**	**	**
	K	**	**	**	**		K	**	**	**	**
	N×K	**	**	ns	**		N×K	**	ns	**	**

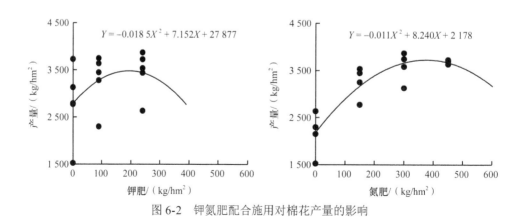

图 6-2 钾氮肥配合施用对棉花产量的影响

6.1.2 钾氮互作机制

6.1.2.1 水稻

1. 钾氮配合施用对水稻净光合速率的影响

随着氮钾肥用量的增加，叶片净光合速率（P_n）显著提高，且氮钾互作对净光合速率产生了显著的正交互作用（$P < 0.05$）。与N0处理、K0处理相比，施用氮肥和钾肥处理的净光合速率分别平均提高了17.3%、12.1%（图6-3）。

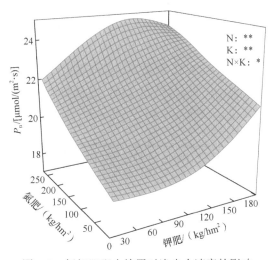

图 6-3 氮钾肥配合施用对净光合速率的影响

2. 钾氮配合施用对气体交换参数的影响

叶片氮钾比与净光合速率、气孔导度（G_s）、叶肉导度（G_m）、最大羧化速率（V_{cmax}）之间存在显著相关性（图6-4）。通过一元二次方程拟合可以看出在一定的氮钾比条件下，叶片的净光合速率、气孔导度、叶肉导度、最大羧化速率可达到最大值。通过方程求得最大净光合速率、最大气孔导度、最大叶肉导度、最大羧化速率所对应的水稻叶片氮钾比分别为1.45、1.50、1.45、1.42，可以作为氮钾配施比例的参考。

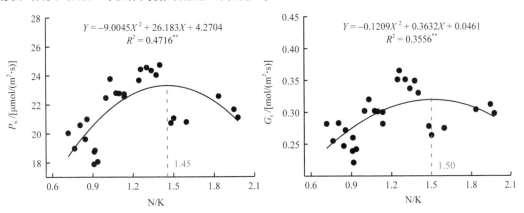

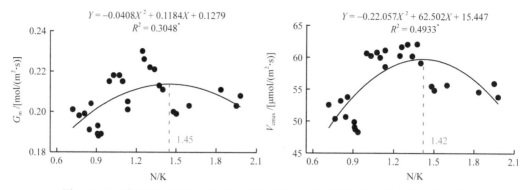

图 6-4　叶片氮钾比与净光合速率、气孔导度、叶肉导度、最大羧化速率的关系

3. 钾氮配合施用对叶绿体 CO_2 浓度及 Rubisco 酶活性的影响

与 N0 处理相比，氮肥的施用显著降低了实测叶绿体内的 CO_2 浓度，平均下降了 13.4%，而理论 CO_2 浓度却平均提高了 41.6%。与 K0 处理相比，钾肥施用后叶片实测 CO_2 浓度平均提高了 8.1%，而理论 CO_2 浓度却平均提高了 26.5%，其比值平均下降了 17.6%。与 N0 处理相比，施用氮肥后 Rubisco 酶的活性平均提高了 44.1%；与 K0 处理相比，施用钾肥后 Rubisco 酶的活性平均提高了 29.0%（表 6-5）。

表 6-5　氮钾肥配合施用对水稻叶片叶绿体 CO_2 浓度及 Rubisco 酶活性的影响

	处理	CO_2 浓度/（μmol/L）	理论 CO_2 浓度/（μmol/L）	CO_2 浓度/理论 CO_2 浓度	Rubisco 酶活性/[nmol/(min·g)]	CO_2 浓度/Rubisco 酶活性
	N0	142a	172c	0.83a	145c	0.98a
	N180	126b	225b	0.56b	196b	0.64b
	N270	120b	262a	0.46c	222a	0.54b
	K0	123b	187b	0.66a	157b	0.78a
	K120	127b	229a	0.55b	193a	0.66b
	K180	139a	244a	0.57b	212a	0.66b
	K0	131cd	131f	1.00a	110f	1.19a
N0	K120	142ab	170e	0.84b	142e	1.00b
	K180	153a	217d	0.71c	183d	0.84c
	K0	124cde	190e	0.65cd	161e	0.77c
N180	K120	122de	246bc	0.50ef	208bc	0.59d
	K180	134bc	238cd	0.56de	218abc	0.61d
	K0	115e	238cd	0.48ef	201cd	0.57d
N270	K120	117e	271ab	0.43f	229ab	0.51d
	K180	129cd	278a	0.46ef	235a	0.55d
	N	**	**	**	**	**
方差分析	K	**	**	**	**	**
	N×K	ns	*	**	*	**

4. 钾氮配合施用对光合限制因子的影响

CO_2 在传导利用的过程中,受到气孔、叶肉和叶绿体生化反应的限制,即气孔限制(L_S)、叶肉限制(L_M)和生化限制(L_B)。由图 6-5 可以看出,氮钾肥配合施用既能显著降低叶片总光合限制值,又能调节 3 个光合限制因子间的比例。与 N0K120 处理相比,当氮肥用量增加到 180kg N/hm^2、270kg N/hm^2,叶片光合总限制值由原来的 20.98 分别下降到 6.20、4.02,降幅分别达到 70.5%、80.8%,L_B 所占比例也由原来的 66.73% 分别下降到 31.94%、40.03%。与 N0K180 处理相比,当氮肥用量增加到 180kg N/hm^2,叶片光合总限制值由原来的 14.07 下降到 4.19,降幅达到 70.2%,L_B 所占比例也由原来的 64.46% 下降到 21.24%。与 N180K0 处理相比,当钾肥用量增加到 120kg K$_2$O/hm^2、180kg K$_2$O/hm^2,叶片光合总限制值由原来的 14.87 分别下降到 6.20、4.19,降幅为 58.3%、71.8%,L_B 所占比例也由原来的 57.83% 分别下

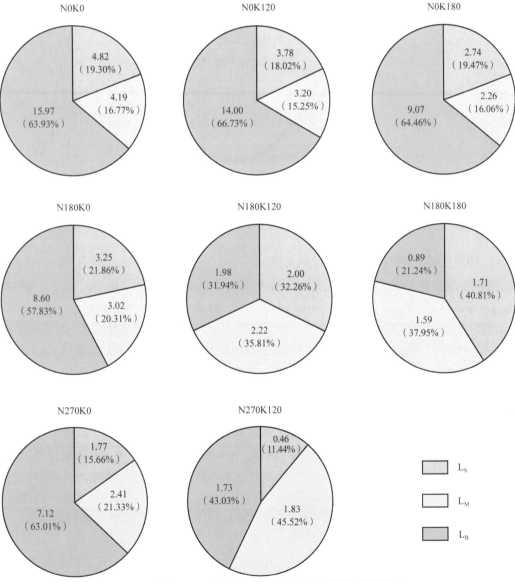

图 6-5　氮钾肥配合施用对水稻叶片光合限制因子的影响

括号外的数值为绝对限制值,括号内的数值为相对限制值

降到 31.94%、21.24%。与 N270K0 处理相比，当钾肥用量增加到 120kg K_2O/hm^2，叶片光合总限制值由原来的 11.30 下降到 4.02，降幅为 64.4%，L_B 所占比例也由原来的 63.01% 下降到 43.03%。通过比较计算得出，氮钾肥配合施用后，叶片的气孔限制、叶肉限制、生化限制分别可以实现降幅 26.6%～79.9%、24.4%～54.1%、44.1%～75.2%。

　　氮钾肥配合施用降低叶片光合限制因子的原因是改变了水稻叶片中的氮钾含量。叶片氮钾含量显著影响气孔限制、叶肉限制和生化限制，在本研究条件下生化限制为最主要的光合限制因子。图 6-6 建立了叶片氮钾比与净光合速率、气孔导度、叶肉导度、最大羧化速率间的拟合方程，通过模型拟合求得的最小气孔限制、叶肉限制、生化限制、总限制对应的叶片氮钾比分别为 1.51、1.45、1.42、1.43。

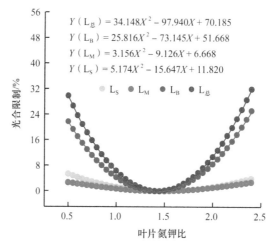

图 6-6　叶片氮钾含量对水稻叶片光合限制因子的影响

5. 钾氮配施对叶片功能氮分配的影响

　　氮钾肥配合施用除影响叶片全氮含量外，对叶片中结构氮（N_{str}）、光合氮（N_{psn}）、呼吸氮（N_{resp}）和储存氮（N_{store}）的分配比例也产生了影响。叶片中的氮以 N_{psn} 和 N_{store} 为主，分别占全氮的 51.7%～67.5% 和 27.8%～43.1%。不同氮肥用量下配合施用钾肥均显著提高了叶片 N_{psn} 绝对含量和相对含量，而降低了 N_{store} 绝对含量和相对含量。分别比较钾肥用量 0kg K_2O/hm^2、120kg K_2O/hm^2、180kg K_2O/hm^2 条件下施氮对叶片 N_{psn} 和 N_{store} 的影响可以看出，与不施氮肥处理相比，施用氮肥后叶片 N_{store} 的绝对含量分别平均提高了 32.7%、64.9%、72.7%，相对含量分别平均提高了 8.7%、24.8%、33.8%；而叶片 N_{psn} 的绝对含量分别平均提高了 15.1%、15.5%、10.5%，相对含量分别平均降低了 5.6%、12.1%、14.5%（图 6-7）。

　　其中，光合氮（N_{psn}）[即羧化系统氮（N_{cb}）、捕光系统氮（N_{lc}）、电子传递系统氮（N_{et}）]和非光合氮（Non-N_{psn}）的分配比例也受到氮钾肥施用的影响。氮和钾在对叶片光合氮分配的影响上存在明显差异。氮肥的施用显著提高了叶片 N_{cb}、N_{lc} 和 N_{et} 的绝对含量，但降低了其相对含量，更多的氮素分配到了 Non-N_{psn}（图 6-8）；与不施钾相比，施钾后叶片 N_{cb} 和 N_{et} 的绝对含量与相对含量均得到了提高，而 N_{cb} 和 N_{et} 含量与净光合速率（P_n）呈显著线性正相关关系（图 6-9），说明施钾促进净光合速率提高是由于其促进了更多氮分配到了 N_{cb} 和 N_{et}。

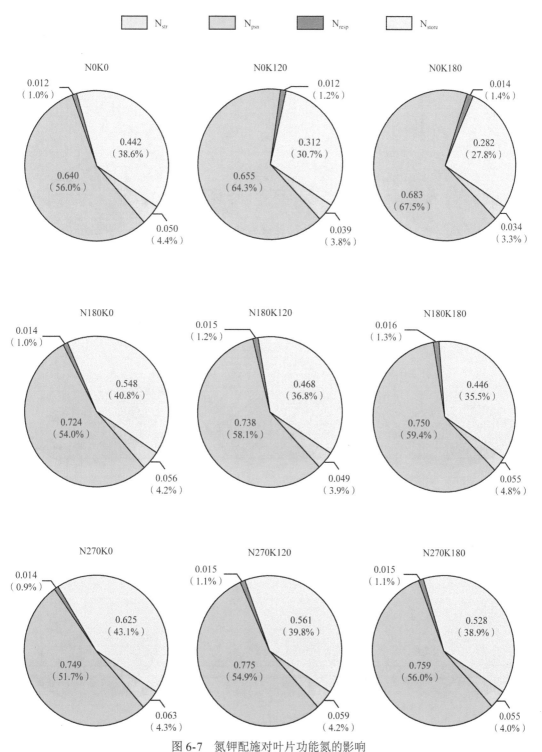

图 6-7　氮钾配施对叶片功能氮的影响

括号外的数值为不同功能氮的绝对含量（g/m²），括号内的数值为相对含量

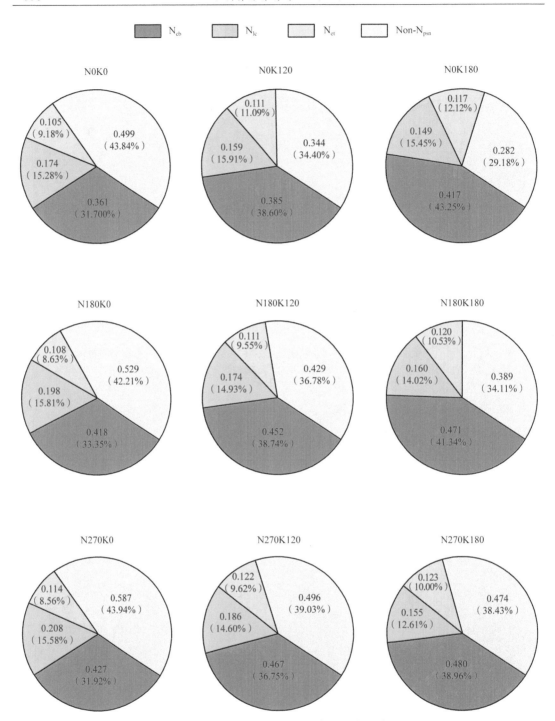

图 6-8　氮钾配施对叶片光合氮分配的影响

括号外的数值为不同光合氮的绝对含量（g/m²），括号内的数值为相对含量

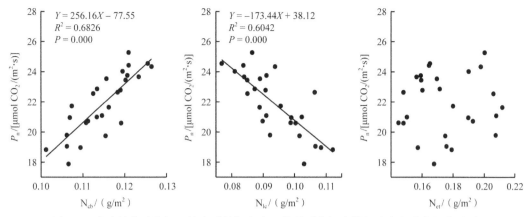

图 6-9 叶片羧化系统氮、捕光系统氮和电子传递系统氮含量与净光合速率间的关系

6. 钾氮配合施用对叶片光合氮素利用率的影响

叶片光合氮素利用率（PNUE）随着氮肥用量的增加而降低，而随着钾肥用量的增加而增加（图 6-10）。钾肥的施用有效缓解了施用氮肥导致的 PNUE 下降：N180K0 和 N270K0 两处理的叶片 PNUE 比 N0K0 处理平均降低了 16.2%，N180K120 和 N270K120 两处理的叶片 PNUE 比 N0K120 处理平均降低了 8.9%，N180K180 和 N270K180 两处理的叶片 PNUE 比 N0K180 处理平均降低了 10.0%，表明在适宜钾肥用量（120kg K_2O/hm²）下，可实现 PNUE 的最大化。

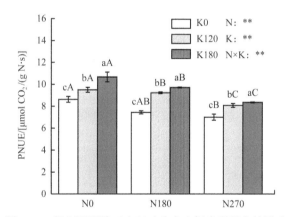

图 6-10 氮钾肥配施对水稻叶片光合氮素利用率的影响

不同小写字母表示同一氮肥水平下不同钾肥水平处理间差异达 5% 显著水平，

不同大写字母表示同一钾肥水平下不同氮肥水平处理间差异达 5% 显著水平；** 表示差异显著达到 1% 水平

6.1.2.2 棉花

1. 钾氮配合施用对土壤矿质氮含量的影响

氮、钾水平及钾水平和氮形态之间的交互作用极显著影响土壤铵态氮含量（图 6-11a）。与不施氮肥处理比较，低氮处理 LN（150kg N/hm²）和高氮处理 HN（300kg N/hm²）极显著增加土壤铵态氮含量（$P < 0.01$），且其含量随施氮量的增加而增加。施钾显著增加土壤铵态氮含量，低钾处理土壤铵态氮含量的增加幅度大于高钾处理。施钾水平对不同氮源下土壤铵态氮含量的影响趋势有所不同，低钾处理 LK（120kg K_2O/hm²）下，硝态氮源土壤铵态氮含

量高于铵态氮源，但在高钾处理 HK（240kg K_2O/hm^2）下，其含量变化趋势相反。

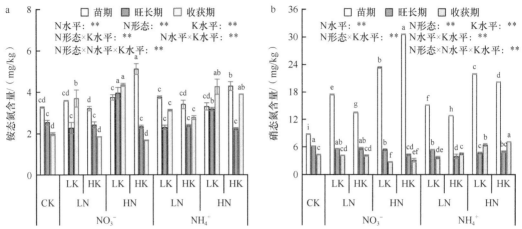

图 6-11　不同氮肥、钾肥施用量对棉花不同生育期土壤铵态氮（a）、硝态氮（b）含量的影响

CK 代表不施肥，LK、HK 分别代表施钾肥 120kg K_2O/hm^2、240kg K_2O/hm^2，

LN、HN 分别代表施氮肥 150kg N/hm^2、300kg N/hm^2

氮水平、氮形态以及氮水平与钾水平之间、氮形态与钾水平之间、氮钾水平与氮形态的交互作用对土壤硝态氮含量的影响均存在极显著差异（图 6-11b）。与不施氮肥处理比较，施氮处理（LN 和 HN）极显著增加土壤硝态氮含量。钾水平在不同氮水平和不同氮源下对土壤硝态氮含量的影响有所差异，在硝态氮源下，低氮下的土壤硝态氮含量随施钾量的增加而降低，而在高氮下施钾在苗期增加了土壤硝态氮含量；在铵态氮源下，施钾降低了低氮水平下的土壤硝态氮含量，而对高氮水平下的土壤硝酸盐含量影响不显著。

2. 钾氮配合施用对土壤微生物多样性的影响

研究表明，氮肥（300kg N/hm^2）和钾肥（240kg K_2O/hm^2）对细菌、真核生物、古菌群落组成有显著影响（图 6-12）。氮肥和钾肥均显著增大细菌所占比例，但氮钾肥的配合施用相

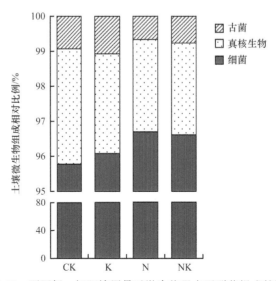

图 6-12　不同氮、钾肥施用量对微生物界水平群落组成的影响

CK 代表不施肥，K 代表施钾肥 240kg K_2O/hm^2，N 代表施氮肥 300kg N/hm^2，

NK 代表施氮肥 300kg N/hm^2、配施钾肥 240kg K_2O/hm^2。下同

比单施氮肥显著降低细菌的比例。钾肥对古菌比例有显著的提高作用，而氮肥对古菌比例有降低作用。在所有处理中，单施钾肥处理的古菌占比最大，氮钾配施可以降低氮肥对古菌比例的降低作用。氮肥和钾肥均显著抑制了真核生物的活性，氮肥与钾肥配施处理的真核生物比例最低，说明氮肥和钾肥对真核生物有显著的正交互作用。

进一步分析氮肥和钾肥对参与土壤氮素硝化作用与反硝化作用属水平微生物组成的影响（图 6-13 和图 6-14）。氮肥和钾肥处理显著影响属水平硝化微生物群落的相对丰度：与不施肥处理比，钾肥处理显著增加了亚硝化球菌属、弧菌属、硝酸球菌属、*Candidatus* Scalindua、*Candidatus* Jettenia 的相对丰度，显著降低了硝酸细菌属、*Nitrococcus*、*Nitrospina*、*Nitrolancea* 和 *Candidatus* Kuenenia 的相对丰度；氮肥处理显著增加了硝酸球菌属、*Candidatus* Scalindua 和 *Candidatus* Jettenia 的相对丰度，降低了 *Nitrososphaera*、亚硝化侏儒菌属、亚硝化单胞菌属、亚硝化螺菌属、*Nitrospina*、*Candidatus* Brocadia 的相对丰度。与单施氮肥相比，钾肥与氮肥配施显著提高了 *Nitrososphaera*、亚硝化球菌属、硝酸刺菌属、*Candidatus* Brocadia 和 *Candidatus* Kuenenia 的相对丰度，显著降低了 *Candidatus* Scalindua 和 *Candidatus* Jettenia 的相对丰度（图 6-13）。参与土壤反硝化作用的微生物属有 60 余个，图 6-14 为排名前 20 的反硝化微生物群落的属水平相对丰度。与不施肥处理比，单施钾肥处理显著降低链霉菌属、生丝微菌属、红球菌属、梭菌属、克雷伯氏菌属、不动杆菌属的相对丰度，但显著提高了假单胞菌属、伯克氏菌属、土杆菌属、红长命菌属、卤单胞菌属、无色杆菌属、丛毛单胞菌属、*Azohydromonas* 的相对丰度。与不施肥处理比，单施氮肥处理显著增加了链霉菌属、假单胞菌属、红球菌属、土杆菌属、红长命菌属、丛毛单胞菌属和 *Azohydromonas* 的相对丰度，显著降低了芽孢杆菌属、黄杆菌属、克雷伯氏菌属和索氏菌属的相对丰度。与单施氮肥相比，氮

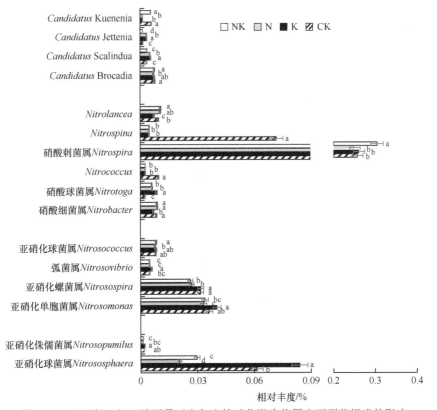

图 6-13　不同氮、钾肥施用量对参与土壤硝化微生物属水平群落组成的影响

肥和钾肥配施显著提高了黄杆菌属和克雷伯氏菌属的相对丰度，显著降低了假单胞菌属、红长命菌属和副球菌属的相对丰度，对其他 14 个反硝化微生物菌属均没有显著影响。

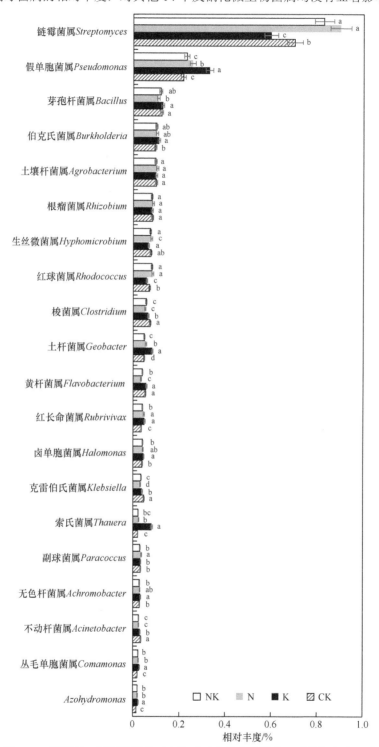

图 6-14　不同氮、钾肥施用量对土壤反硝化微生物属水平群落组成的影响

对氮素代谢通路图中基因和酶的对应关系分析可知，与硝化作用有关的酶有甲烷/氨单

加氧酶（EC1.14.99.39）、羟胺脱氢酶（EC1.7.2.6）和硝酸还原酶（EC1.7.99.4）。研究表明，氮、钾肥对甲烷/氨单加氧酶和羟胺脱氢酶的基因表达影响不显著，但对硝酸还原酶的基因表达有显著的调控作用（图 6-15），说明氮、钾肥主要通过影响硝酸还原酶的活性来调控土壤硝化作用。与单施氮肥处理比，氮钾配施处理显著降低硝酸还原酶表达丰度 68%，说明钾肥与氮肥配施时，可以抑制土壤硝化作用。但与不施肥相比，单施钾肥可增大硝酸还原酶的活性，表明钾肥可以通过增加硝酸还原酶活性来促进土壤的硝化作用。参与反硝化作用的酶主要包含周质型硝酸还原酶（EC1.7.99.4）、铁氧还蛋白硝酸还原酶（EC1.7.7.2）、亚硝酸还原酶（EC1.7.7.1、EC1.7.2.1、EC1.7.1.15）、羟胺还原酶（EC1.7.99.1）、一氧化氮还原酶（EC1.7.2.5）和一氧化二氮还原酶（EC1.7.2.4）（图 6-16）。与单施氮肥比较，氮钾肥配施显著降低硝酸还原酶、亚硝酸还原酶和一氧化二氮还原酶的基因表达水平，说明氮钾肥配施可以抑制土壤的反硝化作用，有利于提高土壤氮素的有效性。

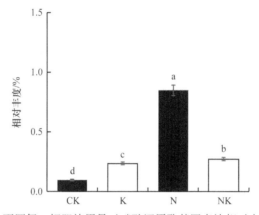

图 6-15 不同氮、钾肥施用量对硝酸还原酶基因表达相对丰度的影响

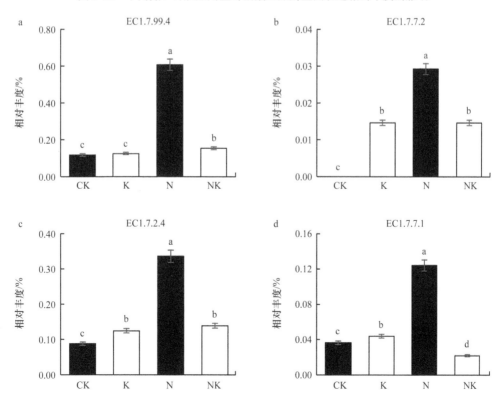

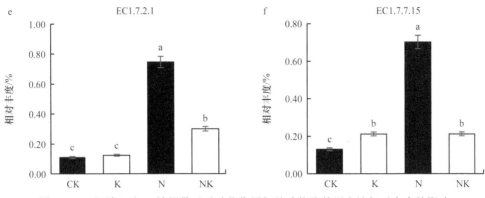

图 6-16　不同氮、钾肥施用量对反硝化作用相关功能酶基因表达相对丰度的影响

3. 钾氮配合施用对棉花生长及氮吸收、转运和分配的影响

氮、钾肥的施用显著促进棉花生长，并且氮钾肥配施对棉花生长具有显著的交互作用（图 6-17）。随氮肥施用量的增加，钾肥对棉花根系生长的促进效果逐渐降低，而对地上部的促进效果先增加后降低。随钾肥施用量的增加，中氮处理（N300）下钾肥对棉花根系和地上部生长的促进效果最大，高氮处理（N450）抑制钾肥促进地上部和根系生物量增加的效果。在所有氮、钾肥处理中，高氮中钾处理（N450K90）地上部和根系生物量最高，比适宜钾处理（K90）、高钾处理（K240）分别增加 124%、184%。

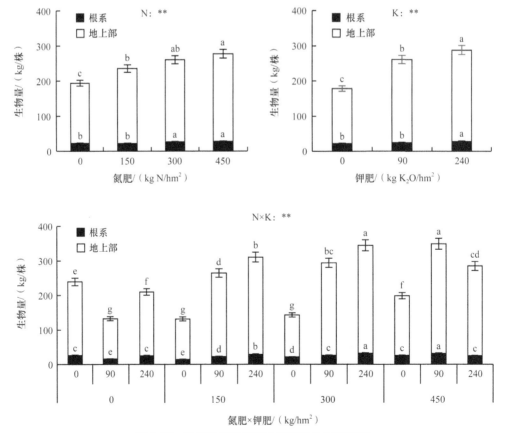

图 6-17　氮钾互作对棉花收获期生物量的影响

叶片和棉壳氮含量随施氮量的增加而逐渐增加，根、茎、棉籽和棉壳的氮含量随施氮肥的增加呈先增加后降低的变化趋势，在中氮处理（N300）达到最高值（图 6-18）。同样，增施钾肥显著增加了棉花除根系外其他各器官的氮含量，其他器官氮含量均随施钾量的增加而增加。氮钾肥配施对棉花各器官氮含量有显著交互作用。在低氮水平下，增施钾肥降低根系和茎的氮含量，增加叶片、棉壳和棉籽的氮含量；而在高氮水平下，增施钾肥显著增加棉花茎、叶片和棉壳的氮含量，但对根系氮含量影响不显著。

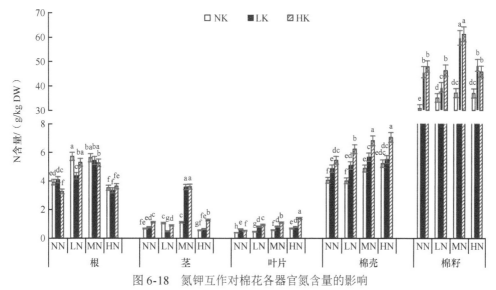

图 6-18　氮钾互作对棉花各器官氮含量的影响

NN、LN、MN、HN 分别代表施氮肥 0kg N/hm²、150kg N/hm²、300kg N/hm²、450kg N/hm²，
NK、LK、HK 分别代表施钾肥 0kg K₂O/hm²、90kg K₂O/hm²、240kg K₂O/hm²。下同

与不施钾处理（NK）相比，增施钾肥处理平均分别增加叶片、茎、棉壳、棉籽和衣分氮累积量 231%、123%、179%、51% 和 42%（图 6-19）。氮钾肥配施对棉花各器官氮累积量有极显著交互作用。同一氮水平下，钾肥显著增加各器官氮累积量，其中，同一钾肥用量下，低中氮处理的钾肥对叶片、茎、棉壳、棉籽和衣分氮累积量的提升效果高于高氮处理。

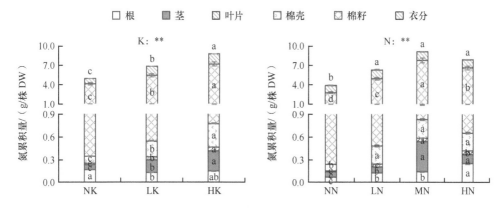

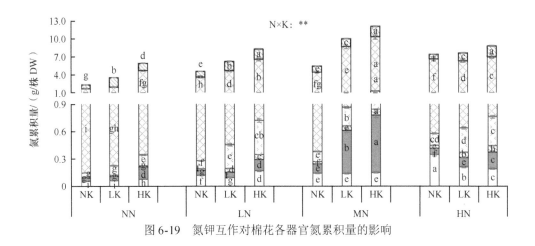

图 6-19　氮钾互作对棉花各器官氮累积量的影响

4. 钾氮配合施用对棉花光合作用和水分利用率的影响

棉花叶片的净光合速率（P_n）随着氮肥和钾肥用量的增加而增加（图 6-20）。与不施氮肥处理相比，施用氮肥后 P_n 增加 10.5%~92.5%。与不施钾（CK）处理相比，施用钾肥后 P_n 提高了 38.2%~75.1%。在所有氮、钾处理中，净光合速率最高的处理为高氮中钾处理。

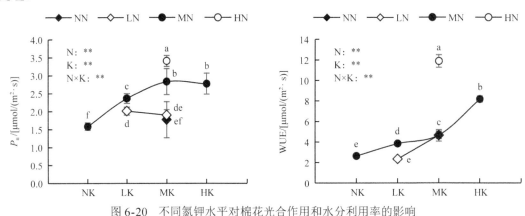

图 6-20　不同氮钾水平对棉花光合作用和水分利用率的影响

NN、LN、MN、HN 分别代表施氮量 0mmol N/L、1mmol N/L、5mmol N/L、25mmol N/L；

NK、LK、MK、HK 分别代表施钾量 0mmol K/L、1mmol K/L、5mmol K/L、15mmol K/L

棉花叶片的水分利用率（WUE）随着氮肥和钾肥用量的增加而增加（图 6-20）。与氮肥相比，钾肥对叶片水分利用率的影响较为明显。在所有氮、钾处理中，WUE 最高的处理为高氮中钾处理。

5. 钾氮配合施用对氮钾吸收转运相关基因表达的影响

在同一氮水平下，低钾提高棉花氮吸收转运基因 *NRT* 的表达水平，但高钾降低基因 *NRT* 的表达（图 6-21）。同样，在同一钾水平下，低氮提高棉花氮吸收转运基因 *NRT* 的表达水平，高氮处理抑制了基因 *NRT* 的表达。在所有氮钾处理中，中氮低钾处理（N2K2）的 *NRT* 基因表达水平最高。氮、钾肥显著影响棉花钾吸收转运基因 *HAK5* 的表达，且具有显著的交互作用。在同一氮水平下，钾肥诱导棉花钾吸收转运基因 *HAK5* 表达，但高钾处理降低基因 *HAK5* 的表达水平。在同一钾水平下，棉花钾吸收转运基因 *HAK5* 的表达随氮肥的增加而下调，但高氮处理会抑制基因 *HAK5* 的表达。总的来说，适量的氮、钾肥用量促进棉花氮、钾吸收转运基因 *NRT* 和 *HAK5* 的表达，有利于维持棉花体内氮钾含量的稳态和正常生长。

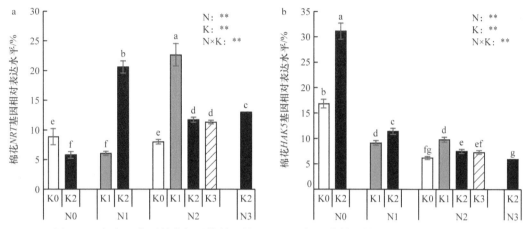

图 6-21　氮钾互作对棉花氮吸收转运基因 *NRT* 和钾吸收转运基因 *HAK5* 表达的影响

N0、N1、N2、N3 分别代表施氮量 0mmol N/L、1mmol N/L、5mmol N/L、25mmol N/L；
K0、K1、K2、K3 分别代表施钾量 0mmol K/L、1mmol K/L、5mmol K/L、15mmol K/L

综上所述，氮钾缺乏或氮钾过量均会导致棉花产量下降，氮钾肥间对棉花产量的形成有显著的交互作用。在正常供氮条件下，增施钾肥可以通过调控土壤参与硝化和反硝化作用的相关酶活性与数量来抑制土壤氮素反硝化作用，增大土壤硝态氮和铵态氮含量，提高土壤氮素有效性；并且可以提升地上部叶片的光合作用和水分利用率，诱导地上部氮吸收转运基因 *NRT* 表达，促进植物对氮的吸收利用及提高衣分氮的分配比例，增大棉花的皮棉产量和改善其品质。湖北地区棉花钾与氮肥协同的适宜施肥量：氮肥施用量 190～375kg N/hm²，平均 280kg N/hm²，钾肥施用量 90～135kg K₂O/hm²，平均 120kg K₂O/hm²。

6.2　硼氮互作

6.2.1　硼氮互作效应

两年的田间试验结果（图 6-22）表明，氮、硼肥施用显著提高了油菜籽粒产量，且表现出品种间存在差异。随着氮肥施用量的增加，3 个油菜品种 'HG'、'ZS11' 和 'W10' 籽粒产量呈显著增加的趋势，且品种间差异显著，主要表现为 'HG' ＞ 'ZS11' ＞ 'W10'。硼肥的施用显著提高了硼低效品种 'W10' 的产量，在施硼量为 4.5kg 硼砂/hm² 时，产量显著增加，继续增施硼肥，增产效果不明显；硼高效品种 'ZS11' 随着硼施用量的增加产量有增加趋势，但过量施用硼肥（18kg 硼砂/hm²）对其产量有负面效应；'HG' 对硼肥不敏感，不同硼肥处理对其产量无影响。

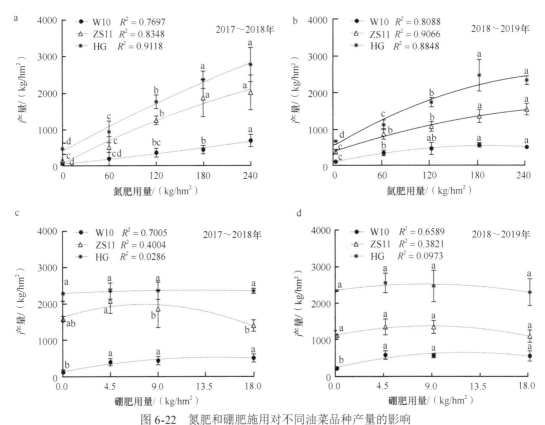

图 6-22　氮肥和硼肥施用对不同油菜品种产量的影响

a 和 b 为正常硼（9kg 硼砂/hm²）条件下不同油菜品种对氮肥施用水平的产量响应；
c 和 d 为正常氮（180kg N/hm²）条件下不同油菜品种对硼肥施用水平的产量响应

硼氮交互作用显著（图 6-23）：在低氮（N60）条件下，不同的施硼量对硼敏感品种'W10'产量无显著影响；中氮（N180）条件下，随着施硼量的增加，产量显著增加；高氮（N240）条件下，随着施硼量的增加，产量呈下降趋势。低氮条件下，对于硼不敏感品种'ZS11'和'HG'，硼肥施用效果无显著差异；在中氮条件下，'ZS11'随着施硼量的增加，产量呈先增加后降低的趋势，过少或过多施用硼肥会影响产量，'HG'产量无显著差异；在高氮条件下，过量硼肥施用对'ZS11'和'HG'的产量有负面影响。多因素统计分析表明，氮肥施用效果显著，硼肥施用效果仅在'W10'和'ZS11'上有显著差异，只有'W10'具有显著的硼氮交互作用。

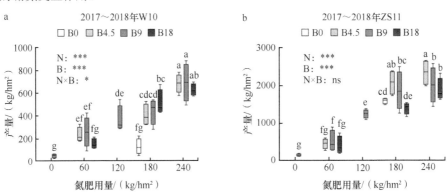

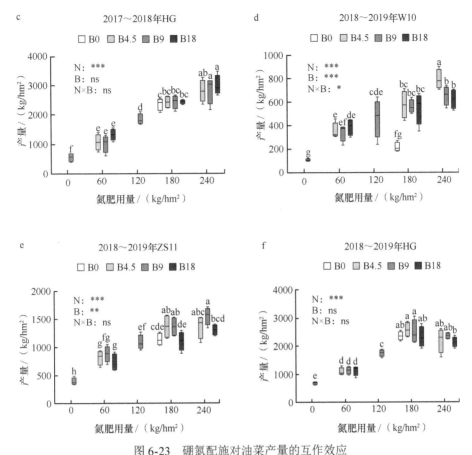

图 6-23　硼氮配施对油菜产量的互作效应

B0、B4.5、B9、B18 分别代表硼肥施用量 0kg 硼砂/hm²、4.5kg 硼砂/hm²、9kg 硼砂/hm²、18kg 硼砂/hm²

氮肥施用量与油菜产量和产量构成因子的相关性结果（图 6-24）表明，产量与氮的相关性显著高于硼，影响产量的关键因素是氮肥施用量，硼肥对产量的影响与品种对硼肥的敏感度有关。氮肥施用量与产量构成因子——单株角果数（PN）、有效分枝数（PB）和株高（PH）的相关性较高，与其他产量构成因子相关性较低，氮肥主要通过改变油菜单株角果数、分枝数和株高来影响成熟期的产量。

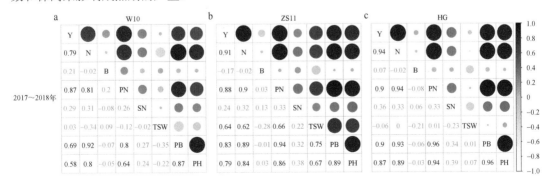

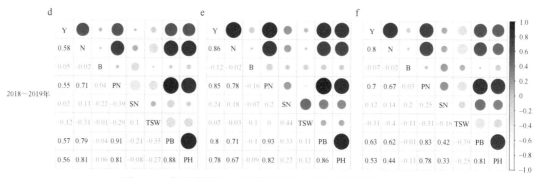

图 6-24　氮肥施用量与油菜产量和产量构成因子的相关性

Y：籽粒产量；N：氮肥施用量；B：硼肥施用量；PN：单株角果数；SN：每角果粒数；TSW：千粒重；PB：有效分枝数；PH：株高。实心圆的大小、颜色深浅表示相关性程度，实心圆越大、颜色越深表示相关性越强；数字为相关系数，0 表示两个变量不相关

　　不同基因型间氮素收获指数差异显著，表现为'HG'>'ZS11'>'W10'（图 6-25）。硼缺乏和过量会影响硼低效品种'W10'成熟期的氮素收获指数，而硼高效品种'ZS11'和'HG'响应不显著。氮素生理利用率结果显示，'W10'的氮素生理利用率低于其他两个品种。严重缺硼会降低氮素生理利用率，但不同氮水平条件下，硼肥施用量对氮素生理利用率的影响差异不显著（图 6-26）。

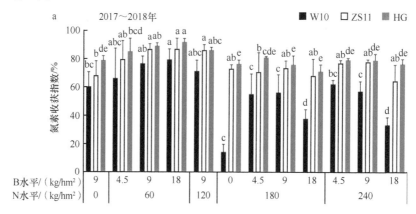

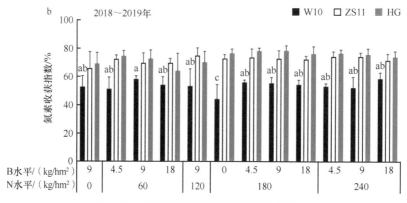

图 6-25　硼氮配施对氮素收获指数的影响

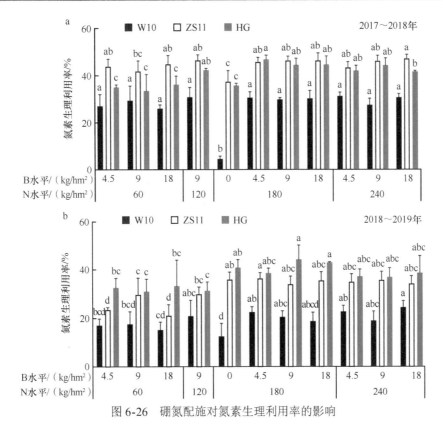

图 6-26　硼氮配施对氮素生理利用率的影响

　　分析施肥处理、品种（基因型）和环境（年份）对油菜产量的影响发现，硼氮互作、品种和环境对产量均有显著的效应（图 6-27）。综上所述，对油菜而言，硼氮存在显著的交互作用，但其效应与基因型对硼的敏感程度有关。氮肥施用可显著提高油菜籽粒产量，并且在不同的氮肥施用水平下，硼肥的施用会进一步影响油菜籽粒产量。与单一施用氮肥或硼肥相比较，硼氮配施会显著提高油菜籽粒产量。硼对氮素的一些生理过程有影响，缺硼会降低氮素

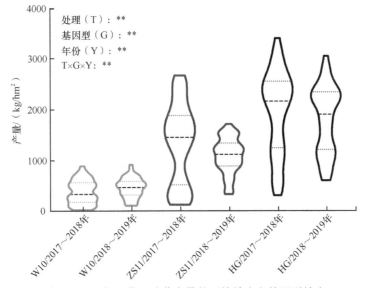

图 6-27　硼氮互作下油菜产量的环境效应和基因型效应

累积量、生理利用率及收获指数，硼低效品种这一过程会加剧。在缺硼土壤上，适宜的氮肥施用量为 180～210kg N/hm²，适宜的硼肥施用量为 4.5～9kg 硼砂/hm²。

6.2.2 · 硼氮互作机制

从苗期和抽薹期氮素的累积量（图 6-28）可以看出，3 个品种在不同生长时期地上部氮素累积量均随着施氮水平的增加而显著提高，而不同施硼水平对氮素累积量的影响与氮素水平有关，硼氮之间存在着显著的交互作用。低氮（N60）条件下，这两个时期不同施硼水平下 3 个品种的氮素累积量无显著差异；在中氮（N180）条件下，'W10'品种在两个时期均表现出随着施硼水平的增加，氮素累积量呈现先增加后下降的趋势，在施硼量为 9kg 硼砂/hm²

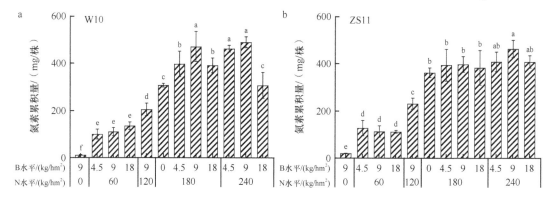

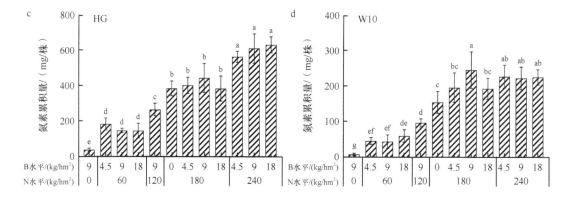

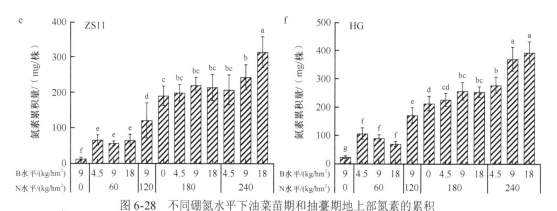

图 6-28　不同硼氮水平下油菜苗期和抽薹期地上部氮素的累积

a～c 为苗期不同处理氮素累积量；d～f 为抽薹期不同处理氮素累积量

时达到最高（图 6-28a 和 d），硼肥施用量对'ZS11'品种氮素的累积影响较小（图 6-28b和 e），'HG'品种只有在抽薹期氮素累积量随着施硼水平的增加而增加（图 6-28c 和 f）。在高氮（N240）条件下，'W10'品种在苗期随着施硼量的增加氮素累积量呈显著的下降趋势，'ZS11'和'HG'品种在抽薹期，增施硼肥有利于地上部氮素的累积。

从成熟期氮素的累积量（图 6-29）可以看出，不同氮水平下，油菜的氮素累积量均受到施硼水平的影响，硼氮交互作用显著。在低氮（N60）条件下，不同硼肥处理'W10'地上部氮素累积量无显著差异；在中氮（N180）条件下，硼肥的施用提高了地上部氮素累积量，而当硼肥施用量增加至 18kg/hm² 时，地上部氮素累积受到抑制；在高氮（N240）条件下，地上部氮素累积量随着硼肥施用量的增加而下降（图 6-29a 和 d）。'ZS11'和'HG'品种在中氮水平下随着硼肥施用量的增加氮素累积量呈先上升后下降的趋势；在低氮和高氮条件下，除

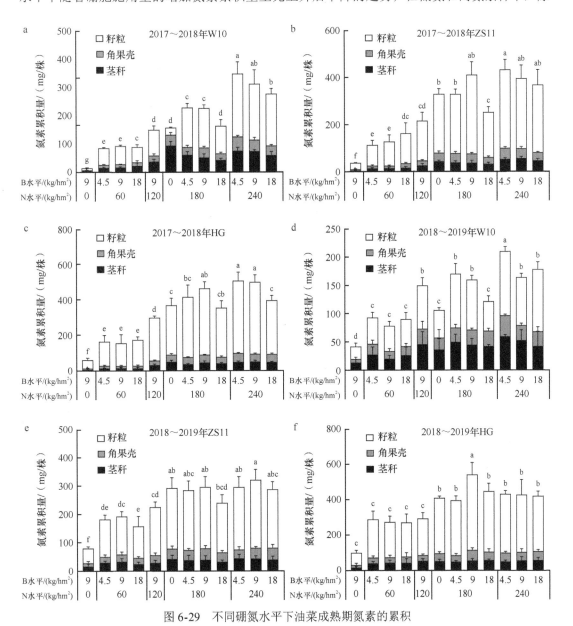

图 6-29　不同硼氮水平下油菜成熟期氮素的累积

2017～2018 年'HG'品种氮素累积受到过量硼肥施用影响外,其他硼肥施用量对这两个品种氮素累积的影响差异不显著(图 6-29b,c,e,f)。

　　不同的硼氮处理对氮素在不同部位的分配影响显著(图 6-30)。油菜品种'W10'在低氮(N60)条件下,随着施硼水平的增加,2017～2018 年茎秆中的氮素分配比例显著下降,而籽粒和角果壳中的氮素分配比例随之增加,表明增施硼肥有利于油菜茎秆中的氮素向籽粒和角果壳转运,使籽粒中氮素含量增加,进而提高油菜籽粒产量;在中氮(N180)条件下,不施用硼肥(B0),氮素主要分配到茎秆和角果壳中,籽粒中氮素分配比例远低于其他部位,表明不施用硼肥,氮素从茎秆到籽粒的转运受到了严重的抑制作用(图 6-30a 和 d)。对于'ZS11'(图 6-30b 和 e)和'HG'(图 6-30c 和 f),硼氮处理对氮素在不同部位的分配影响较小,表明硼肥主要影响油菜氮素吸收过程而非再分配过程。总之,硼肥对氮素的分配存在显著的交互作用,硼肥施用效果受土壤氮素水平和基因型的影响。

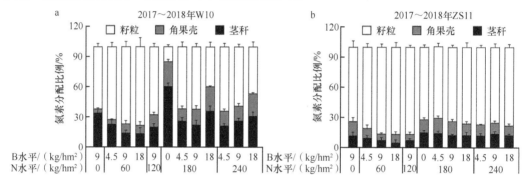

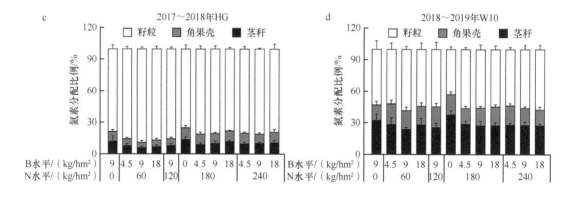

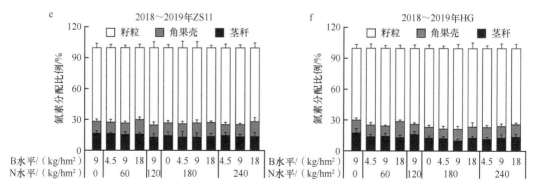

图 6-30　不同硼氮处理对油菜氮素分配比例的影响

6.3　硼 磷 互 作

6.3.1　硼磷互作效应

施磷提高了油菜籽粒产量，但不同油菜品种的产量对磷肥和硼肥用量的反应存在显著差异（图6-31）。在相同磷肥用量条件下，不同油菜品种的产量存在明显的差异，表现为‘BH01’＞‘BH11’＞‘W10’。同一硼肥用量下，油菜产量‘BH01’＞‘BH11’＞‘W10’，‘W10’对缺硼最敏感，在B0水平下产量接近0。

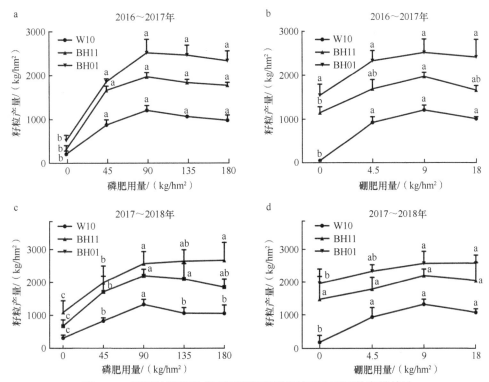

图 6-31　不同油菜品种在不同硼肥和磷肥施用水平下的产量差异

a 和 c 正常硼（9kg 硼砂/hm²）条件下不同油菜品种对磷肥施用水平的产量响应；
b 和 d 正常磷（90kg P₂O₅/hm²）条件下不同油菜品种对硼肥施用水平的产量响应

分析不同甘蓝型油菜品种对硼磷互作的产量效应（表6-6）：在低磷（P45）条件下，3个品种‘W10’‘BH11’‘BH01’均在低硼（B4.5）水平达到最高产量；在中磷（P90）条件下，3个品种均在中硼（B9）水平达最高产量；在高磷（P180）水平下，‘W10’在中硼（B9）水平达最高产量，‘BH11’在高硼（B18）水平达最高产量，而‘BH01’在中高硼肥下产量高于低硼，有更大的增产潜力。这表明，高磷配高硼和低磷配低硼处理的产量均高于对应的高磷配低硼与低磷配高硼处理，配施适宜的硼磷是油菜高产的一个关键措施。

不同硼磷配施处理下，油菜品种磷肥偏生产力存在显著的差异（表6-7）。在 P45 条件下，3个品种均为低硼水平磷肥偏生产力最高；在 P90 条件下，3个品种均为中硼水平磷肥偏生产力最高；在 P135 水平下，3个品种中硼水平的磷肥偏生产力低于低磷水平；在 P180 水平下，‘W10’‘BH11’分别为中硼水平、高硼水平磷肥偏生产力最高，而‘BH01’在中高硼肥下差异不大，但高于低硼水平。

表 6-6　硼磷互作对油菜籽粒产量的影响

处理 （P：kg P₂O₅/hm² B：kg 硼砂/hm²）		产量/（kg/hm²）					
		2016～2017 年			2017～2018 年		
		W10	BH11	BH01	W10	BH11	BH01
P0	B9	211c	316d	525c	315e	678c	1096c
P45	B4.5	1008ab	1835ab	1970ab	999bc	1955ab	2106b
	B9	879ab	1666abc	1860ab	830cd	1710ab	1992b
	B18	815b	1272bc	1761ab	660d	1722ab	2012b
P90	B0	53c	1150c	1544b	183e	1486b	1964b
	B4.5	927ab	1691abc	2334ab	944bc	1796ab	2336ab
	B9	1209a	1973a	2522a	1332a	2203a	2570a
	B18	1008ab	1660abc	2413ab	1085b	2056ab	2581a
P135	B9	1068ab	1842ab	2468ab	1064bc	2104ab	2646a
P180	B4.5	865ab	1696abc	2121ab	917bc	1788ab	2433ab
	B9	980ab	1777ab	2340ab	1054bc	1851ab	2668a
	B18	893ab	1987a	2488ab	964bc	2192a	2803a

表 6-7　硼磷互作对油菜磷肥偏生产力的影响

年份	处理 （P：kg P₂O₅/hm² B：kg 硼砂/hm²）		磷肥偏生产力/（kg/kg）		
			W10	BH11	BH01
2016～2017	P0	B9			
	P45	B4.5	22.4a	40.8a	43.8a
		B9	19.5a	37.0ab	41.3a
		B18	18.1ab	28.3bc	39.1a
	P90	B0	0.6e	12.8de	17.2bc
		B4.5	10.3cd	18.8de	25.9b
		B9	13.4bc	21.9cd	28.0b
		B18	11.2c	18.4de	26.8b
	P135	B9	7.9cd	13.6de	18.3bc
	P180	B4.5	4.8de	9.4e	11.8c
		B9	5.4de	9.9e	13.0c
		B18	5.0de	11.0e	13.8c
2017～2018	P0	B9			
	P45	B4.5	22.2a	43.4a	46.8a
		B9	18.4b	38.0a	44.3a
		B18	14.7c	38.3a	44.7a

年份	处理 （P：kg P₂O₅/hm² B：kg 硼砂/hm²）		磷肥偏生产力/(kg/kg)		
			W10	BH11	BH01
2017~2018	P90	B0	2.0g	16.5bcd	21.8bcd
		B4.5	10.5de	20.0bc	26.0bc
		B9	14.8c	24.5b	28.6b
		B18	12.1cd	22.8b	28.7b
	P135	B9	7.9ef	15.6bcd	19.6cde
	P180	B4.5	5.1f	9.9d	13.5e
		B9	5.9f	10.3d	14.8de
		B18	5.4f	12.2cd	15.6de

综上所述，硼磷互作对油菜产量有显著影响，且表现出显著的基因型差异。在低磷条件下，供试品种均在低硼水平达到最高产量，在中高磷条件下，硼低效品种在中硼水平达到最高产量，硼高效品种在中高硼水平达最高产量。肥料利用率和产量表现出相似的趋势。由此可知，基于硼磷互作下不同品种的产量效应，在土壤缺硼条件下基施硼肥 4.5~9kg 硼砂/hm²、基施磷肥 75~90kg P₂O₅/hm² 为适宜硼肥、磷肥用量。

6.3.2　硼磷互作机制

6.3.2.1　硼磷互作对土壤有效硼磷含量的影响

在相同的施磷（P6：90kg P₂O₅/hm²）水平下，随着硼肥用量的增加，土壤中有效磷的含量存在显著差异，呈现先增加后降低的趋势（图 6-32）。P6B0.6（B0.6：9kg 硼砂/hm²）处理的土壤有效磷含量达到最高，当施硼量达到 18kg 硼砂/hm² 时，土壤有效磷含量最低。在相同硼肥用量下，土壤有效硼含量随磷肥用量的升高呈现先下降后升高的趋势，P6B0.6 处理土壤有效硼含量最低（图 6-33）。

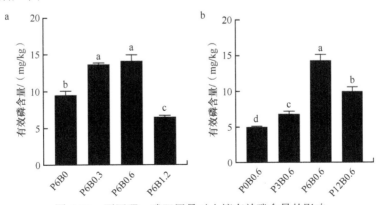

图 6-32　不同硼、磷肥用量对土壤有效磷含量的影响

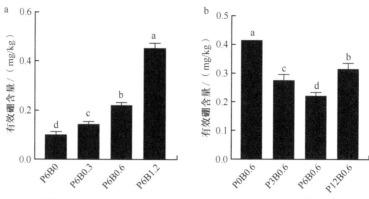

图 6-33　不同硼、磷肥施用量对土壤有效硼含量的影响

硼肥的施用对土壤有效磷含量有极显著影响，而磷肥的施用对土壤有效硼含量有显著影响；硼磷互作对土壤有效磷的含量有显著影响，但对土壤有效硼的含量无显著影响（表 6-8）。

表 6-8　硼磷互作对有效硼磷含量的影响

处理		有效磷/(mg/kg)	有效硼/(mg/kg)
P3B0.3		9.57b	0.24b
P3B0.6		6.81bc	0.15c
P6B0.3		13.83a	0.28a
P6B0.6		14.31a	0.23b
方差分析	B	783.9***	142.2**
	P	9.2	25*
	B×P	138.9**	2.5

注：* 表示 $P < 0.05$，** 表示 $P < 0.01$，*** 表示 $P < 0.001$；下同

6.3.2.2　硼磷互作对土壤微生物多样性的影响

相比不施磷（P1），不同施磷水平下共有的微生物优势菌门主要有变形菌门（Proteobacteria）、绿弯菌门（Chloroflexi）、放线菌门（Actinobacteria）、酸杆菌门（Acidobacteria）、硝化螺旋菌门（Nitrospirae）、厚壁菌门（Firmicutes）、浮霉菌门（Planctomycetes）等（图 6-34）。其中，变形菌门在高磷（P4：180kg P_2O_5/hm^2）水平下相对丰度最高，约为 46.9%。正常磷（P3：90kg P_2O_5/hm^2）水平下变形菌门的相对丰度与低磷（P2：45kg P_2O_5/hm^2）水平相比减少了 3.8%。变形菌门包括多种可固氮的细菌，因此推测施入磷肥后很可能一定程度上降低了土壤的固氮能力。绿弯菌门的相对丰度在 P3 时最高，约为 18.2%，而在 P4 水平下为 9.3%，相对丰度最低。绿弯菌门的相对丰度在不同的硼水平下存在显著差异。绿弯菌门是一类通过光合作用产生能量的细菌，是陆地热环境中光养微生物垫群的主要成员，可能是正常磷条件下植物生长最佳的原因之一。酸杆菌门的相对丰度在 P4 水平下较低，为 9.3%，在其他 3 个处理中差异不大。酸杆菌门是一类嗜酸菌，具有降解植物残体的多聚物，参与铁循环、光合作用和单碳化合物代谢的多种生态功能。浮霉菌门含有能够在缺氧环境下通过利用亚硝酸盐氧化铵离子生成氮气来获得能量的厌氧氨氧化菌，对全球氮循环具有重要意义。在低磷（P2）的情况下，浮霉菌门的相对丰度相比 P1 减小 1.0%，随着施磷量的增加，正常施磷（P3）处理

相对丰度与缺磷（P1）处理接近，说明适当的施磷可以提高土壤中浮霉菌门的相对丰度，有利于土壤的氮磷循环。

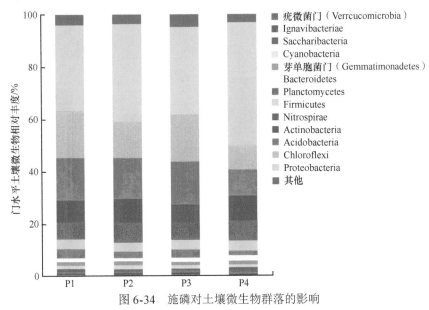

图 6-34　施磷对土壤微生物群落的影响

不同施硼水平下共有的优势菌门主要有变形菌门（Proteobacteria）、酸杆菌门（Acidobacteria）、绿弯菌门（Chloroflexi）、放线菌门（Actinobacteria）、硝化螺旋菌门（Nitrospirae）、厚壁菌门（Firmicutes）、浮霉菌门（Planctomycetes）、拟杆菌门（Bacteroidetes）、蓝藻菌门（Cyanobacteria）、螺旋体菌门（Saccharibacteria）等（图 6-35）。变形菌门的相对丰度在不施硼（B0）时最低，约为 33.2%。绿弯菌门的相对丰度在正常硼（B2：4.5kg 硼砂/hm²）时最高，约为 18.2%。不施硼（B0）水平下硝化螺旋菌门的相对丰度最低，约为 4.5%。硝化螺旋菌门是一类硝化细菌，缺少硝化细菌，氨氮/硝酸盐/亚硝酸盐循环体系则会中断。施入硼肥之后硝化细菌含量增多，有利于土壤内的氮循环。综上所述，增施硼磷肥可以优化土壤微生物的菌群结构，促进土壤氮磷等养分循环利用、相关优势微生物数量增加。

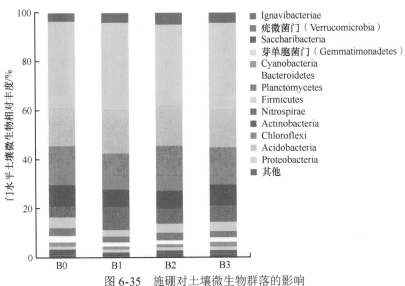

图 6-35　施硼对土壤微生物群落的影响

与不施磷肥相比，施用磷肥后土壤中酸性磷酸酶含量上升，并且随着磷肥施用量的增加呈增加趋势，说明施用磷肥对酸性磷酸酶含量有提高作用（图 6-36）。与不施硼相比，施硼处理显著增加酸性磷酸酶含量。可见，增施硼磷肥可以提高土壤酸性磷酸酶的含量，进而促进土壤有机磷的释放。

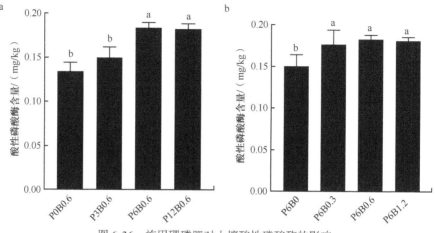

图 6-36　施用硼磷肥对土壤酸性磷酸酶的影响

在相同的施硼水平下，施入磷肥后土壤蔗糖酶的含量显著增加，呈现先上升后下降的趋势，P6B0.6（P6：90kg P_2O_5/hm²，B0.6：9kg 硼砂/hm²）处理土壤蔗糖酶含量达到最高（图 6-37）。在相同的施磷水平下，增施硼肥后 P6B0.6 处理土壤蔗糖酶含量显著高于 P6B0、P6B0.3（B0.3：4.5kg 硼砂/hm²）处理，P6B1.2（B1.2：18kg 硼砂/hm²）处理土壤蔗糖酶含量下降。说明合理的磷硼肥用量可以提高土壤蔗糖酶的含量，过量则会产生抑制作用。

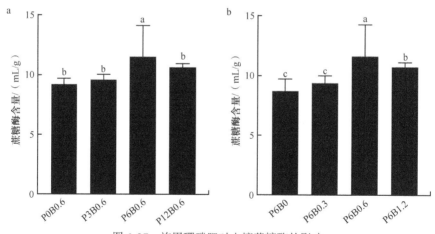

图 6-37　施用硼磷肥对土壤蔗糖酶的影响

6.3.2.3　硼磷互作对油菜生长和硼磷累积分配的影响

硼磷互作对油菜苗期生物量有显著影响，但生物量对不同硼磷配比的反应存在显著的基因型差异（图 6-38）。无论在低硼（LB）还是高硼（HB）条件下，低磷（LP）均显著抑制油菜品种'W10'和'ZS11'地上部的生长，而高磷（HP）对'W10'品种地上部生长的抑制作用高于'ZS11'。不同硼磷处理对'ZS11'品种根干重无明显影响，而'W10'在正常硼配施中磷（MP）条件下根干重最高，而在低硼条件下，随磷水平的升高，根干重显著下降，表明硼磷互作对硼低效品种'W10'根系和地上部生长的抑制作用大于高效品种'ZS11'。

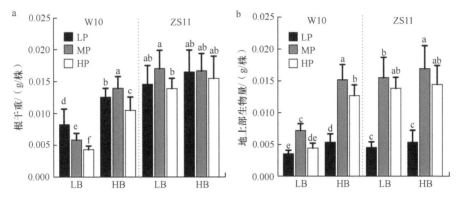

图 6-38　硼磷互作对油菜苗期生物量的影响

LB 代表 0.25μmol B/L，HB 代表 25μmol B/L；LP 代表 5μmol P/L，MP 代表 100μmol P/L，HP 代表 1000μmol P/L

油菜不同部位的磷含量与土壤供磷水平密切相关（图 6-39）。随供磷水平升高，品种'W10'和'ZS11'种子磷含量显著上升。硼肥对油菜各部位磷含量有一定的影响，低磷条件下增加硼肥用量，两品种油菜各部位磷含量呈升高趋势，而在高磷条件下，趋势相反。在低磷条件下增施硼肥，两品种吸收能力明显下降，而在正常磷条件下增施硼肥，'W10'总磷含量升高，'ZS11'差异不显著（图 6-40a）。同时，硼磷水平的变化对油菜各部位磷素分配有较大影响（图 6-40b）。在正常硼（HB）条件下，随供磷水平的升高，两品种种子中磷素分配比例增加，其中'ZS11'变化稍大于'W10'。在低磷条件下增施硼肥，两品种种子中磷素分配比例降低，而在正常磷条件下增施硼肥，'W10'中磷素在种子中分配比例显著升高，'ZS11'有相似的趋势。

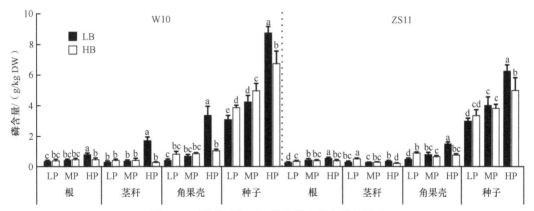

图 6-39　硼磷互作对油菜各器官磷含量的影响

LP: 5mg P$_2$O$_5$/kg 土壤，MP: 75mg P$_2$O$_5$/kg 土壤，HP: 150mg P$_2$O$_5$/kg 土壤；

LB: 0.25mg B/kg 土壤，HB: 1mg B/kg 土壤。下同

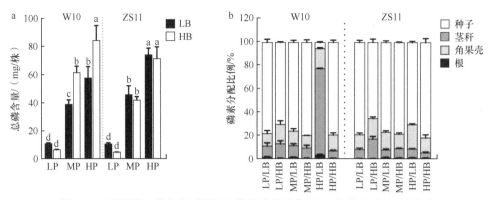

图 6-40　不同硼、磷水平对不同油菜品种磷吸收（a）和分配（b）的影响

6.3.2.4　硼磷互作对油菜光合作用的影响

图 6-41 表明，硼磷互作显著影响了油菜的净光合速率，在高硼条件下，中高磷处理 'W10' 和 'ZS11' 品种的净光合速率显著高于低磷处理。低磷配施低硼的处理，两品种净光合速率显著高于低磷配施高硼的处理；在中磷条件下增施硼肥，'W10' 品种净光合速率显著升高，而 'ZS11' 变化不大；在高磷条件下，低硼和高硼处理净光合速率无显著差异。

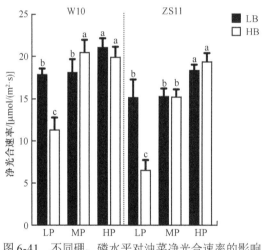

图 6-41　不同硼、磷水平对油菜净光合速率的影响

6.3.2.5　硼磷互作对磷吸收转运相关基因表达的影响

低磷条件下，缺磷特异诱导表达基因 *BnaC3.SPX3* 及磷吸收转运基因 *BnaPT10*、*BnaPT11*、*BnaPT35*、*BnaPT37* 的表达在油菜根、老叶、幼叶、花蕾和角果一个或多个部位中于缺硼与高硼条件下有差异（图 6-42），说明硼肥影响低磷条件下磷的内稳态，从而影响磷相关基因的表达。总之，合适的硼磷配比有利于油菜体内硼磷内稳态的维持和正常生长。

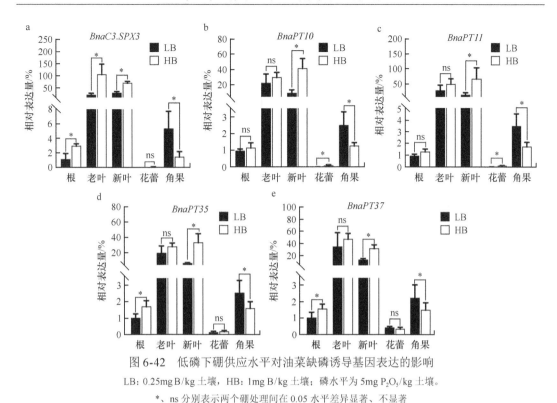

图 6-42　低磷下硼供应水平对油菜缺磷诱导基因表达的影响

LB: 0.25mg B/kg 土壤，HB: 1mg B/kg 土壤；磷水平为 5mg P_2O_5/kg 土壤。

*、ns 分别表示两个硼处理间在 0.05 水平差异显著、不显著

　　综上所述，硼磷缺乏使油菜产量显著降低。在低磷条件下增施硼肥，两品种油菜净光合速率明显降低，是产量下降的重要原因；在低硼条件下，随磷肥用量增加，缺硼症状加重，在正常磷条件下增施硼肥表现为产量大幅度升高。硼磷互作对硼低效品种 'W10' 和硼高效品种 'ZS11' 磷素吸收、分配均有一定的影响。在低磷条件下增施硼肥，植物体内的养分平衡被打破，不利于植物生长，表现为植物磷素吸收显著下降，而且磷素在籽粒中分配比例降低；正常磷条件下增施硼肥，促进了 'W10' 品种磷素的吸收和向籽粒中的分配，而对 'ZS11' 磷素吸收的影响不大。

6.4　钼氮互作

6.4.1　钼氮互作效应

　　施用钼肥可加快小麦生长速度，增加有效分蘖，使生育期提前，提早成熟，并表现出显著的增产效果，但小麦施钼效果与施氮水平密切相关。2 个小麦品种的钼氮互作试验结果表明，不同品种对钼氮配施的响应存在明显差异，在正常钼（0.75kg/hm²，以钼酸铵计）水平下，钼高效品种 '97003' 的产量高于钼低效品种 '97014'，随着氮水平的提高，两品种产量均呈先增加后下降趋势，钼高效品种 '97003' 获得最高产量的氮水平为 300kg N/hm²，而钼低效品种 '97014' 为 200kg N/hm²。正常氮水平下，施钼后 2 个小麦品种产量均有大幅提高，但产量随着钼肥用量的增加波动幅度不大，说明钼酸铵用量 0.75～1.50kg/hm² 即为小麦适宜施钼水平，继续增加钼肥施用量的增产作用不大（图 6-43）。

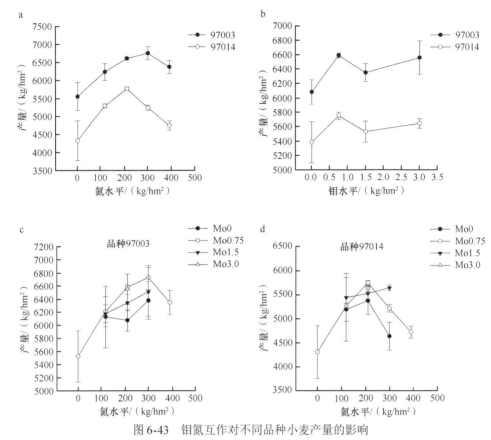

图 6-43　钼氮互作对不同品种小麦产量的影响

a. 正常钼（0.75kg 钼酸铵/hm²）水平下 2 个小麦品种在不同氮肥水平下产量差异；b. 正常氮（195kg N/hm²）水平下 2 个小麦品种在不同钼水平下产量差异；c. 钼氮互作对钼高效品种'97003'产量的影响；d. 钼氮互作对钼低效品种'97014'产量的影响

从产量构成因子看，钼氮配施显著增加小麦品种'97003'的穗数（表 6-9），在 210kg/hm² 施氮水平下，穗数随着施钼量的增加先增加后减少；在 300kg/hm² 施氮条件下，施钼增加了小麦品种'97003'的穗数。另外，施钼极显著影响了小麦品种'97014'的千粒重，相对于不施钼，其千粒重呈现出随施钼量增加而增加的趋势。

表 6-9　钼氮配施对小麦产量构成因子的影响（2016～2017 年）

品种	处理	穗数/（万穗/hm²）	每穗粒数/粒	千粒重/g
	Mo0N120	516.67±26.67ab[a]	37.13±0.5a[a]	42.55±1.57a[a]
	Mo0.75N120	453.33±46.04b[b]	36.42±1.7a[a]	44.26±0.84a[a]
	Mo1.5N120	606.67±42.06a[a]	34.20±2.99a[a]	44.80±0.18a[a]
	Mo0N210	461.67±22.42b[a]	38.22±1.51a[a]	45.35±1.09a[a]
97003	Mo0.75N210	610.00±18.93a[a]	39.62±2.01a[a]	43.75±1.48a[a]
	Mo1.5N210	510.00±5.00b[a]	41.07±2.61a[a]	46.89±4.25a[a]
	Mo0N300	488.33±8.82a[a]	37.18±0.73a[a]	45.40±6.21a[a]
	Mo0.75N300	563.33±24.02a[ab]	39.71±1.99a[a]	46.68±1.67a[a]
	Mo1.5N300	566.67±46.93a[a]	37.51±2.60a[a]	44.29±1.43a[a]

品种	处理	穗数/（万穗/hm²）	每穗粒数/粒	千粒重/g
	N	0.19	2.59	0.31
方差分析	Mo	4.54*	0.26	0.08
	N×Mo	5.08*	0.64	0.31
	Mo0N120	466.67±42.58a^{ab}	34.38±2.79a^a	41.02±1.37a^a
	Mo0.75N120	526.67±14.81a^a	32.81±1.53a^a	44.74±0.98a^a
	Mo1.5N120	468.33±54.87a^a	33.58±2.10a^a	43.53±1.43a^a
	Mo0N210	480.00±18.93a^a	37.91±0.28a^a	38.19±1.07b^a
97014	Mo0.75N210	466.67±42.85a^a	37.22±1.68a^a	42.83±0.96a^a
	Mo1.5N210	476.67±28.92a^a	30.00±2.53a^a	46.32±1.05a^a
	Mo0N300	366.67±19.22a^b	39.91±2.70a^a	34.29±2.91b^a
	Mo0.75N300	486.67±53.72a^a	34.67±3.15a^a	42.22±0.45a^a
	Mo1.5N300	485.00±8.66a^a	34.82±0.31a^a	43.07±0.42a^a
	N	1.05	1.36	4.68*
方差分析	Mo	1.92	3.47	19.30**
	N×Mo	1.38	1.40	1.98

注：数据后小写字母表示相同氮水平下不同钼水平处理差异显著（$P < 0.05$），上标小写字母表示相同钼水平下不同氮水平处理差异显著（$P < 0.05$）；*、** 表示氮、钼及钼氮互作对结果分别有显著影响、极显著影响。下同

相同氮水平下，施钼提高了氮肥偏生产力，虽然提高的幅度不大，但可说明施钼可促进氮肥作用的发挥。相同钼氮水平下，钼高效品种 '97003' 的氮肥偏生产力均高于钼低效品种 '97014'（表 6-10），说明钼高效品种在氮肥利用率上高于钼低效品种。从钼肥的偏生产力看，钼肥施用量为 0.75kg/hm² 时小麦产量最高，说明适宜的钼肥施用量有助于产量的提高（表 6-10）。另外，不同钼水平下，钼高效品种 '97003' 的钼肥偏生产力均高于钼低效品种 '97014'，说明高效品种产量对钼肥的响应更为敏感。在适宜的钼水平（0.75kg/hm²）下，随着氮肥施用量的增加，氮肥农学效率呈明显的下降趋势。在较低氮水平下（N120 和 N210），钼低效品种 '97014' 的氮肥农学效率高于 '97003'，而在高氮水平下（N300 和 N390），钼高效品种 '97003' 的氮肥农学效率高于钼低效品种 '97014'（表 6-11）。

表 6-10　不同钼氮水平下小麦氮肥偏生产力和钼肥偏生产力

施氮水平	施钼水平	氮肥偏生产力/（kg/kg）		钼肥偏生产力/（kg/kg）	
		97003	97014	97003	97014
	Mo0	51.06	43.28		
N120	Mo0.75	51.75	43.89	8281	7022
	Mo1.5	51.49	45.35	4119	3628
	Mo0	28.94	25.60		
N210	Mo0.75	31.42	27.35	8778	7657
	Mo1.5	30.21	26.30	4229	3683
	Mo3.0	31.20	26.85	2184	1879

续表

施氮水平	施钼水平	氮肥偏生产力/（kg/kg）		钼肥偏生产力/（kg/kg）	
		97003	97014	97003	97014
N300	Mo0	21.26	15.44		
	Mo0.75	22.43	17.38	8506	6952
	Mo1.5	21.71	18.80	4486	3761

表 6-11　适宜钼水平下两个小麦品种氮肥农学效率

施氮水平	氮肥农学效率/（kg/kg）	
	97003	97014
N120	5.72	8.18
N210	5.04	6.94
N300	4.02	3.10
N390	2.11	1.11

6.4.2　钼氮互作机制

6.4.2.1　钼对土壤氮形态转化的影响及其微生物学机制

根箱试验结果表明，小麦根际土壤（RG）pH 随施钼水平增加而升高，根际土壤 NO_3^--N含量在 0.15mg/kg 和 0.3mg/kg 施钼水平相比不施钼增加，在施钼水平达到 1.0mg/kg 时降低；*narG* 和 *nosZ* 基因拷贝数均增加（图 6-44 和图 6-45）；在钼肥施用量为 0.3～1.0mg/kg 时，随

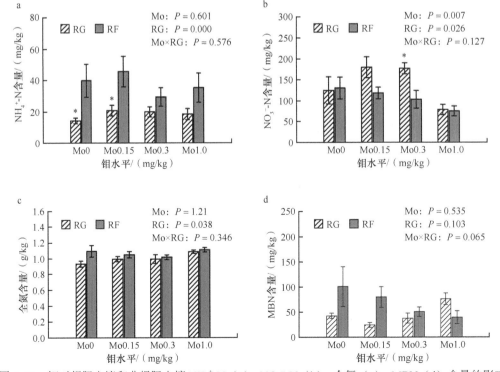

图 6-44　钼对根际土壤和非根际土壤 NH_4^+-N（a）、NO_3^--N（b）、全氮（c）、MBN（d）含量的影响

施钼水平的增加，小麦非根际土壤（RF）NO$_3^-$-N 含量降低，*narG* 基因拷贝数增加。根际土壤的 pH、NO$_3^-$-N 含量、过氧化氢酶活性、表观硝化速率（ANR）、*nosZ* 基因拷贝数均高于非根际土壤，而非根际土壤的 NH$_4^+$-N 含量、全氮含量、微生物生物量氮（MBN）含量及 *AOA*、*AOB*、*nirK*、*nirS* 基因拷贝数高于根际土壤。这些结果说明钼对根际土壤和非根际土壤氮转化的影响明显不同，钼对根际土壤氮的转化影响更大，钼对根际土壤氮转化过程的调控会削弱根际土壤的反硝化作用，增加作物对氮素的吸收及其生物量。

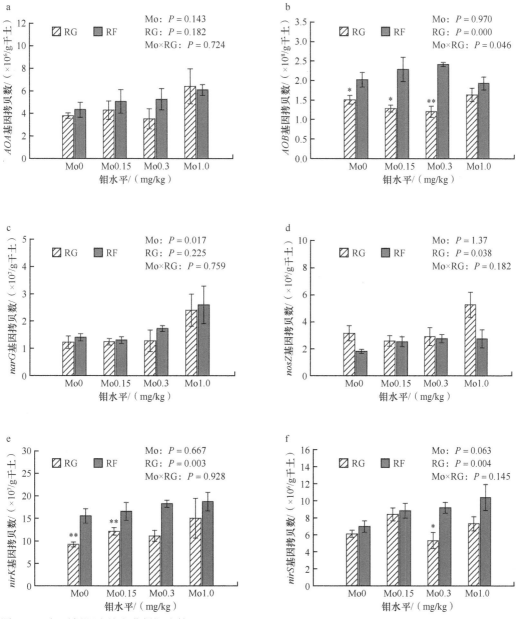

图 6-45　钼对根际土壤和非根际土壤 *AOA*（a）、*AOB*（b）、*narG*（c）、*nosZ*（d）、*nirK*（e）、*nirS*（f）基因拷贝数的影响

6.4.2.2　不同氮形态下钼促进小麦氮吸收及代谢的生理机制

不同氮源下钼对作物氮吸收及利用的影响存在差异，利用营养液培养试验研究了铵态氮、硝态氮、硝态氮与铵态氮等比（硝铵等比）营养下钼对小麦氮吸收及利用的影响，结果表明，在纯硝态氮营养或硝铵等比营养下施钼均显著增加了硝酸还原酶（NR）与亚硝酸还原酶（NiR）的活性，而在纯铵态氮营养下施钼对硝酸还原酶和亚硝酸还原酶活性的影响不显著；3种氮源下施钼均增加了小麦叶片中谷氨酰胺合成酶（GS）活性及亚硝态氮、铵态氮、氨基酸、可溶性蛋白质含量，增加幅度大小顺序为 NH_4NO_3-N > NO_3^--N > NH_4^+-N，说明硝铵等比营养下施钼对小麦氮吸收和利用的促进作用更大。

不同氮形态下钼对小麦光合作用的影响也存在差异，3种氮源（铵态氮、硝态氮、硝铵等比）下施钼均显著提高了小麦净光合速率（P_n），上升幅度大小顺序为 NH_4NO_3-N > NO_3^--N > NH_4^+-N；与缺钼处理相比，纯硝态氮和硝铵等比营养下施钼显著增加了小麦叶片蒸腾速率（T_r）与气孔导度（G_s），而纯铵态氮营养下施钼降低了 T_r 和 G_s；不同氮源下施钼显著提高了叶绿素 a 和叶绿素 b 的含量，缺钼条件下小麦叶绿体结构受损，由椭圆形变成不规则状，纯铵态氮营养下受损更为严重（Imran et al.，2019b）。

6.5　钼磷互作

6.5.1　钼磷互作效应

钼磷配施具有协同效应：小麦产量随着磷肥施用量的增加而增加，但当磷肥水平高于150kg P_2O_5/hm² 时，产量有下降趋势；低磷水平下（< 60kg P_2O_5/hm²），钼对小麦产量影响不显著，在较高磷水平（150kg P_2O_5/hm²）下，施用钼肥显著增加了小麦产量，但其产量不会随着钼肥用量的增加而持续增加。不同品种对钼磷配施的响应也存在明显差异，在钼酸铵施用量为 0.75kg/hm² 时，2个小麦品种的产量均随着磷肥施用量的增加呈先增加后下降趋势，但当磷水平大于 90kg P_2O_5/hm² 时，'生选 6 号'的产量明显高于'郑麦 9023'。根据 2 年的试验结果，初步确定在缺钼土壤上，钼酸铵施用量 0.75～1.50kg/hm²，P_2O_5 施用量 90～150kg/hm² 是小麦获得高产的适宜钼、磷施用量（图 6-46）。

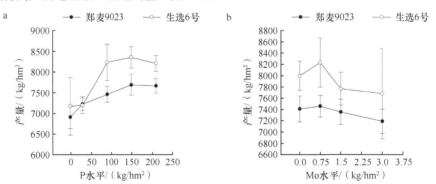

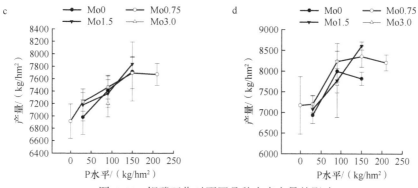

图 6-46 钼磷互作对不同品种小麦产量的影响

a. 正常钼水平下（0.75kg 钼酸铵/hm²）2 个小麦品种在不同磷肥水平下产量差异；b. 正常磷水平下（90kg P₂O₅/hm²）下 2 个
小麦品种在不同钼水平下产量差异；c. 钼磷互作对'郑麦 9023'产量的影响；d. 钼磷互作对'生选 6 号'产量的影响

从产量构成因子看，磷对 2 个小麦品种有效穗数有显著影响（$P < 0.05$），钼磷互作对'生选 6 号'每穗粒数有显著影响（$P < 0.05$），钼对'郑麦 9023'千粒重有显著影响（$P < 0.05$）（表 6-12）。不施钼处理，'生选 6 号'每穗粒数随着施钼水平升高而下降，而施钼条件下，'生选 6 号'每穗粒数随着磷肥施用量增加而升高。

表 6-12 钼磷互作对小麦产量及产量构成因子的影响

品种	处理	有效穗数/（×10³ 穗/hm²）	每穗粒数/粒	千粒重/g
	Mo0P30	523.33b	38.51ab	47.24a
	Mo0P90	615.00ab	33.11bc	46.93a
	Mo0P150	660.00a	32.16c	47.05a
	Mo0.75P30	561.67ab	36.47abc	47.55a
生选 6 号	Mo0.75P90	608.33ab	36.02abc	48.15a
	Mo0.75P150	588.33ab	39.78a	46.02a
	Mo1.5P30	578.33ab	33.45bc	46.63a
	Mo1.5P90	618.33ab	35.60abc	47.46a
	Mo1.5P150	633.33a	36.64abc	46.20a
	Mo0P30	561.67b	35.62a	47.16abc
	Mo0P90	640.00ab	36.67a	45.56bc
	Mo0P150	665.00ab	34.58a	44.15c
	Mo0.75P30	571.67b	39.69a	46.58abc
郑麦 9023	Mo0.75P90	740.00a	38.93a	45.05bc
	Mo0.75P150	653.33ab	36.18a	44.97bc
	Mo1.5P30	561.67b	39.78a	49.71a
	Mo1.5P90	633.33ab	36.75a	47.45abc
	Mo1.5P150	678.33ab	34.73a	48.35ab

相同磷水平下，随着钼肥施用量的增加，磷肥偏生产力变化不大（表6-13）；相同钼水平下，随着磷水平的提高，钼肥偏生产力呈上升趋势。从磷肥农学效率来看（表6-14），在适宜钼水平下，'生选6号'小麦在90kg/hm² 磷水平下磷肥农学效率最高，在30kg/hm² 磷水平下最低；而'郑麦9023'在30kg/hm² 磷水平下最高，随着磷水平的增加逐渐降低。在磷肥施用量为90～210kg/hm² 时，小麦品种'生选6号'磷肥农学效率均高于'郑麦9023'，说明在此范围内，'生选6号'施用磷肥的增产效果更好。

表6-13　不同磷钼水平下磷肥偏生产力和钼肥偏生产力

处理	施钼水平	磷肥偏生产力/（kg/kg）		钼肥偏生产力/（kg/kg）	
		生选6号	郑麦9023	生选6号	郑麦9023
P0	Mo0.75			9 214	9 563
P30	Mo0	232.52	231.10		
	Mo0.75	240.75	239.95	9 630	9 598
	Mo1.5	239.12	235.87	5 057	4 717
P90	Mo0	82.33	88.87		
	Mo0.75	82.89	91.49	9 947	10 979
	Mo1.5	81.75	86.35	5 205	5 181
	Mo3.0	79.92	85.37	2 398	2 561
P150	Mo0	32.64	52.14		
	Mo0.75	51.27	55.71	10 255	11 141
	Mo1.5	52.23	57.42	5 265	5 742
P210	Mo0.75	36.51	39.08	10 223	10 943

表6-14　适宜钼水平下小麦磷肥农学效率（钼酸铵施用量：0.75kg/hm²）

施磷水平	磷肥农学效率/（kg/kg）	
	生选6号	郑麦9023
P30	0.87	10.41
P90	11.80	6.11
P150	7.89	5.20
P210	4.93	3.60

6.5.2　钼磷互作机制

6.5.2.1　钼对土壤磷形态转化的影响及其微生物学机制

长期定位试验结果显示，施钼显著降低了土壤碱可提取态有机磷（NaOH-OP）的含量，且在禾本科作物根际土壤中的降幅高于豆科作物；长期施钼促进了豆科作物根际土壤中NaOH-OP向可还原态磷（BD-P）的转化，整体上有增加土壤活性磷库的趋势（图6-47）。

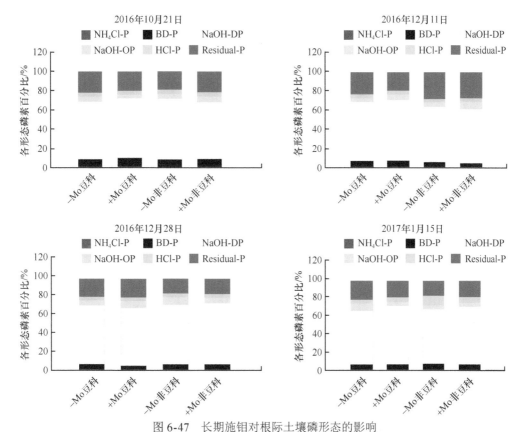

图 6-47　长期施钼对根际土壤磷形态的影响

NH$_4$Cl-P、BD-P、NaOH-DP、NaOH-OP、HCl-P、Residual-P 分别表示弱吸附态磷、可还原态磷、
铝结合态磷、碱可提取态有机磷、钙结合态磷、残渣态磷

6.5.2.2　钼磷配施对作物磷吸收及积累的影响及机制

大多研究指出，钼磷营养在吸收累积方面存在着协同效应，即施钼能够促进植株对 P 的
吸收，施磷也能促进植株对 Mo 的吸收和积累（Mandal et al.，1998）。单施钼或磷都能够增加
水稻地上部 Mo 和 P 的含量，钼磷配施导致水稻地上部 Mo 含量增加，Mo 的吸收增强。缺磷
土壤在大豆花期叶面喷施适量钼肥，能有效增加鼓粒期大豆种子全 P 含量（吴明才和肖昌珍，
1994）。施钼增加油菜苗期地上部磷含量和磷累积量，促进磷从地下部向地上部的运输，适宜
的钼浓度均能够降低油菜根系的米氏常数（K_m）和最小浓度（C_{min}），优化根系磷的吸收动力
学参数，增强根系与磷酸根离子的亲和力，同时能通过增强 *Pht1;1* 的表达来提高油菜根系对
磷的吸收能力（刘红恩，2009；Liu et al.，2010）。也有部分研究指出，施钼可抑制植物对磷的
吸收。放射性 ^{99}Mo 同位素试验表明，对水培番茄停止磷的供应，植物对 ^{99}Mo 的吸收显著增加，
而恢复磷的供应，^{99}Mo 的吸收又开始显著下降。

钼磷互作效应与植物体内的生理代谢过程密切相关。钼磷配施能够促进大豆根系生长，
提高根瘤质量，使植株矮化，增加有效分枝数，提高籽粒饱满度，增加产量，改善品质（刘
鹏和杨玉爱，2003）。施钼和施磷均增加油菜地上部干物质重、叶绿素含量、光合速率和可溶
性总糖含量，但钼肥和磷肥提高油菜光合速率的机制有所不同，施钼主要通过提高油菜叶肉
细胞的光合活性来增强光合作用，而磷肥则通过增加油菜叶片气孔导度来增强光合作用（Liu
et al.，2010）。钼磷配施可提高冬小麦叶片可溶性糖、可溶性蛋白质、氨基酸及抗坏血酸含量
（Nie et al.，2015）。

6.6　锌氮互作

6.6.1　锌氮互作效应

6.6.1.1　小麦

2018 年小麦生长季研究发现，相比不施锌，配施锌肥处理下，不施氮（N0）、减 N 处理小麦拔节期地上部生物量分别增加 20.6%、67.0%，而 N 常规处理下地上部生物量增加趋势放缓（图 6-48a）；配施锌肥后，不施氮处理小麦成熟期地上部生物量增加 8.5%，N 常规处理无显著差异（图 6-48c），N 常规处理较 N0 处理小麦产量增加 5.3%；相比不施锌，配施锌肥后各水平氮处理间小麦产量无明显差异（图 6-48d）。

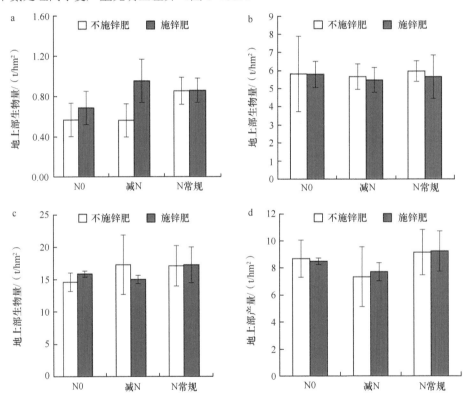

图 6-48　氮锌配施处理下小麦拔节期（a）、开花期（b）、成熟期（c）地上部生物量和产量（d）

N0 处理为不施氮肥，减 N 处理为基施 180kg N/hm²，N 常规处理为基施 240kg N/hm²，施锌肥处理为基施硫酸锌 30kg/hm²

根据 2017 年和 2018 年连续 2 年的田间试验结果可知，不施锌肥情况下，与不施氮相比，减氮、氮常规处理小麦籽粒 N 含量显著增加，分别增加 12.6%、13.2%；配施锌肥后，不施氮处理小麦籽粒 N 含量增加 11.7%，减氮和氮常规处理则无显著变化。不同水平氮肥处理下，减氮、氮常规处理小麦籽粒 Zn 含量较不施氮分别增加 11.9%、10.8%；配施锌肥后，与不施锌相比，不施氮处理籽粒 Zn 含量显著增加 9.1%，减氮、氮常规处理分别略有降低、增加。

2017 年生长季，与不施锌相比，配施锌肥后，减氮和氮常规处理下小麦收获期地上部氮累积量有增加趋势，减氮处理下钾和锌累积量显著增加。与不施锌相比，配施锌肥后，减氮处理下氮肥利用率有所增加（表 6-15）。2018 年生长季，与不施锌相比，配施锌肥后，减氮和氮常规处理下小麦收获期地上部氮累积量有所增加。无论施锌与否，与不施氮相比，减氮和氮常规处理下磷、钾、锌累积量均无显著变化。与不施锌相比，配施锌肥后，减氮和氮常规处理下氮肥利用率均无显著变化（表 6-15）。

表 6-15　小麦氮锌肥配施效果

处理	收获期养分累积量/(kg/hm²)				养分收获指数			偏生产力/(kg/kg)			氮肥农学效率/(kg/kg)	氮肥回收率/%
	氮	磷	钾	锌	氮	磷	钾	氮	磷	钾		
2017 年												
N0	126.8a	23.2a	163.3a	0.33a	0.85b	0.88b	0.20c		59.2a	118.3a		
N180	176.5b	26.2ab	201.0ab	0.40ab	0.79ab	0.83ab	0.11ab	42.6b	63.9ab	127.8ab	6.8a	27.6a
N240	204.9b	27.5ab	232.4b	0.47b	0.74a	0.82ab	0.10a	32.9a	65.8ab	131.7ab	6.0a	32.5b
N0+Zn	184.3b	28.3ab	212.7ab	0.43ab	0.79ab	0.84ab	0.14b		64.8ab	129.7ab		
N180+Zn	205.6b	27.9ab	233.6b	0.47b	0.76ab	0.80b	0.10a	45.1b	67.6ab	135.3ab	9.3a	43.8c
N240+Zn	180.3b	29.9ab	210.3ab	0.42ab	0.77ab	0.86ab	0.13ab	36.0a	71.9b	143.9b	9.1a	22.3a
2018 年												
N0	137.3a	21.4a	156.7a	0.14a	0.81b	0.85a	0.12a		49.6a	99.2a		
N180	188.6ab	22.0a	190.9a	0.20a	0.74ab	0.86a	0.14a	37.6b	56.5abc	112.9abc	10.1a	28.5a
N240	203.9ab	25.0a	186.6a	0.17a	0.72a	0.87a	0.13a	31.3a	62.6c	125.3c	10.6a	27.7a
N0+Zn	154.3ab	18.6a	206.1a	0.18a	0.71a	0.86a	0.13a		51.7ab	103.5ab		
N180+Zn	241.3b	19.7a	191.0a	0.17a	0.77ab	0.87a	0.11a	39.2b	58.8bc	117.6bc	11.6a	21.0a
N240+Zn	242.4b	22.1a	232.7a	0.17a	0.76ab	0.81a	0.14a	31.9a	63.8c	127.6c	11.2a	43.8a

6.6.1.2　夏玉米

与不施锌相比，配施锌肥后喇叭口期玉米不施氮、减氮处理下地上部生物量分别增加 10.5%、13.6%；开花期玉米不施氮、减氮处理下地上部生物量分别增加 6.3%、11.6%；成熟期减氮处理下地上部生物量增加 11.5%，氮常规处理则无显著变化。同时，与不施氮相比，配施锌肥使减氮处理下玉米产量显著增加 11.7%，而氮常规处理则无显著差异（图 6-49）。

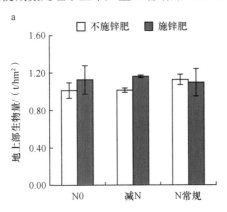
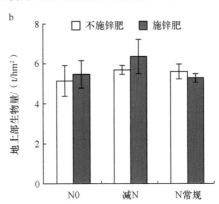

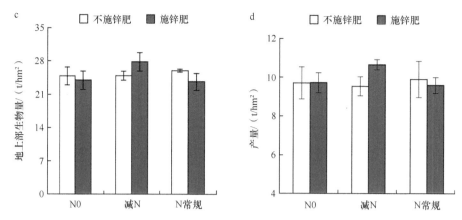

图 6-49　氮锌配施处理下夏玉米喇叭口期（a）、开花期（b）、成熟期（c）地上部生物量和产量（d）

N0 处理为不施氮肥，减 N 处理为基施 120kg N/hm²，N 常规处理为基施 160kg N/hm²，施锌肥处理为基施硫酸锌 30kg/hm²

2017 年生长季，与不施锌相比，配施锌肥后，减氮处理夏玉米收获期地上部氮累积量增加，但差异不显著；减氮处理氮肥农学效率和回收率显著增加（表 6-16）。2018 年生长季，与不施锌相比，配施锌肥后，减氮处理夏玉米收获期地上部氮累积量无明显变化，氮肥农学效率显著增加（表 6-16）。

表 6-16　夏玉米氮锌肥配施效果

处理		收获期养分累积量/（kg/hm²）				养分收获指数			偏生产力/（kg/kg）			氮肥农学效率/（kg/kg）	氮肥回收率/%
		氮	磷	钾	锌	氮	磷	钾	氮	磷	钾		
2017 年	N0	213.5b	44.4b	145.1a	0.36a	0.61a	0.74a	0.32b		129.5a	107.9a		
	N120	232.1b	33.7ab	137.0a	0.27a	0.59a	0.73a	0.25a	79.5b	127.2a	106.0a	6.5a	15.6b
	N160	236.0b	41.5ab	147.9a	0.32a	0.62a	0.70a	0.26ab	61.9a	132.1a	110.1a	7.2a	14.1b
	N0+Zn	191.6a	33.1ab	140.0a	0.33a	0.68b	0.72a	0.33b		129.7a	108.1a		
	N120+Zn	239.4b	35.0ab	142.2a	0.40a	0.62a	0.72a	0.27ab	88.8c	142.1a	118.4a	15.8b	21.7c
	N160+Zn	228.4b	30.7a	141.6a	0.34a	0.61a	0.74a	0.27ab	60.0a	128.0a	106.7a	5.2a	9.4a
2018 年	N0	227.6a	29.1a	158.0a	0.33ab	0.61a	0.69a	0.24a	60.5ab		107.5ab		
	N120	228.4a	33.0a	129.3a	0.27a	0.62a	0.68a	0.29b	55.6a	158.2b	98.9a	1.0a	5.2a
	N160	236.0a	41.5bc	147.9a	0.41b	0.62a	0.70a	0.26ab	61.9ab	132.1a	110.1ab	9.4ab	16.5b
	N0+Zn	255.3a	30.4ab	161.3a	0.35ab	0.61a	0.70a	0.23a	64.5b		114.6b		
	N120+Zn	228.9a	42.8c	155.2a	0.40b	0.62a	0.79b	0.30b	63.1b	179.6c	112.2b	5.9b	18.3b
	N160+Zn	228.4a	32.5abc	133.9a	0.34ab	0.61a	0.74ab	0.27ab	60.0ab	128.0a	106.7ab	4.2ab	4.5a

6.6.1.3　春玉米

与不施锌相比，不施氮和减氮处理配施锌肥后东北春玉米苗期、花期、收获期地上部生物量均增加。与不施氮相比，施氮处理收获期地上部生物量明显增加，施氮 150kg/hm² 和 210kg/hm² 条件下配施锌肥均增加玉米地上部生物量，表明氮锌互作增加玉米地上部生物量（图 6-50）。

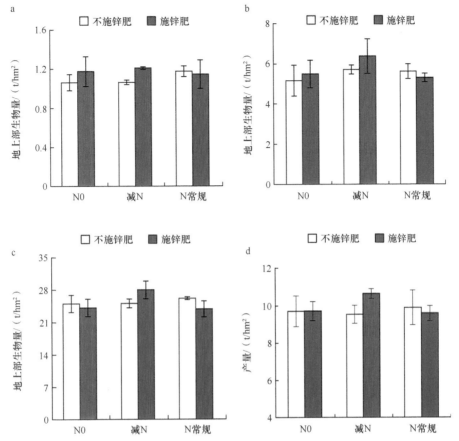

图 6-50　氮锌配施处理下春玉米苗期（a）、花期（b）、收获期（c）地上部生物量和产量（d）

氮肥与锌肥配施处理玉米籽粒产量均显著高于单施氮肥和单施锌肥处理。哈尔滨 2017 年试验结果表明，单施氮肥 150kg/hm²、210kg/hm² 能够使玉米分别增产 147.47%、155.81%，而配施锌肥分别使玉米籽粒增产 175.25%、189.14%；吉林 2018 年试验结果显示，单施氮肥 150kg/hm²、210kg/hm² 分别增产 15.31%、12.23%，而配施锌肥分别使玉米籽粒增产 19.48%、13.92%。上述结果表明氮锌互作能够提高玉米籽粒产量（表 6-17）。

表 6-17　氮肥配施锌肥处理下东北春玉米产量

处理	哈尔滨（2017 年）		吉林（2018 年）		哈尔滨（2019 年）	
	产量/(t/hm²)	增产率/%	产量/(t/hm²)	增产率/%	产量/(t/hm²)	增产率/%
N0	3.96±0.39d		10.06±0.39d		9.54±0.94d	
N150	9.80±0.18c	147.47	11.6±0.58ab	15.30	11.43±0.34ab	19.81
N210	10.13±0.87bc	155.81	11.29±0.37bc	12.23	11.58±0.19a	21.38
N0+Zn	4.79±1.14d	20.96	10.86±0.34c	7.95	9.75±1.68cd	2.20
N150+Zn	10.90±0.69ab	175.25	12.02±0.38a	19.48	10.77±0.33c	12.89
N210+Zn	11.45±0.38a	189.14	11.46±0.59abc	13.92	11.62±0.41a	21.80

与不施锌相比，氮常规和减氮条件下配施锌肥均促进植株氮累积，同时增加玉米植株锌的累积量。减氮条件下的氮肥回收率显著高于氮常规处理，且与不施锌相比，减氮配施锌肥明显提高氮肥回收率及氮肥农学效率（表 6-18）。氮锌配施对东北地区春玉米植株养分吸收具有正交互作用。与不施锌相比，减施氮/磷肥配施锌肥较氮磷常规配施锌肥处理玉米产量高，且氮肥回收率明显提高。

表 6-18　春玉米氮锌肥配施效果

处理		收获期养分累积量/(kg/hm²)				养分收获指数			偏生产力/(kg/kg)			氮肥农学效率/(kg/kg)	氮肥回收率/%
		氮	磷	钾	锌	氮	磷	钾	氮	磷	钾		
2017年哈尔滨	N0	81.3d	14.6d	52.3e	0.16c	0.39c	0.73a	0.28a		52.8d	44.0d		
	N150	170.4c	34.8bc	150.6c	0.21bc	0.63a	0.80a	0.23ab	65.4b	63.8d	53.2d	39.0a	59.4a
	N210	178.2bc	31.9c	181.0bc	0.21bc	0.55b	0.77a	0.19ab	48.2d	130.7c	108.9c	29.4b	46.1b
	N0+Zn	90.0d	15.2d	100.6d	0.17c	0.40c	0.72a	0.17b		135.0bc	112.6bc		
	N150+Zn	185.4ab	41.7a	198.5ab	0.26ab	0.56b	0.78a	0.23ab	72.7a	145.3ab	121.1ab	40.8a	63.6a
	N210+Zn	191.1a	37.2ab	234.8a	0.27a	0.59ab	0.70a	0.18ab	54.6c	152.7a	127.3a	31.8b	48.1b
2018年吉林	N0	178.2a	33.1a	238.2ab	0.29a	0.64b	0.82ab	0.18b		134.2a	167.7a		
	N150	220.8b	33.5a	256.8b	0.32a	0.61ab	0.80a	0.13a	76.5b	153.0bc	191.3bc	9.4b	28.4a
	N210	223.5b	33.1a	244.8ab	0.31a	0.59a	0.77a	0.14a	53.8a	150.5b	188.2b	5.8ab	30.2a
	N0+Zn	187.5a	33.5a	219.2ab	0.33ab	0.61ab	0.83b	0.18b		144.9b	181.1b		
	N150+Zn	221.5b	34.2a	207.0a	0.41b	0.61ab	0.81ab	0.18b	80.2b	160.3c	200.4c	7.8b	22.7a
	N210+Zn	231.5b	36.5a	230.1ab	0.36ab	0.62ab	0.80ab	0.17b	54.6a	152.9bc	191.1bc	2.9a	20.9a

6.6.1.4　水稻

在不施锌肥条件下，随着氮肥施用量的增加，水稻品种‘日本晴’和‘广两优35’的单株产量与理论产量均先增加后减少，施用 240kg/hm² 氮肥的产量相比 160kg/hm² 下降；然而，在施用锌肥条件下，随着氮肥施用量的增加，‘日本晴’和‘广两优35’的产量保持增加趋势，施用 240kg/hm² 氮肥的产量相比 160kg/hm² 仍然明显升高。这表明，施用锌肥能够提高水稻产量形成的潜力（表 6-19 和表 6-20）。

表 6-19　氮锌互作下‘日本晴’产量及其构成因子

氮水平/(kg/hm²)	锌水平/(kg/hm²)	穗数/(万穗/hm²)	每穗粒数/粒	千粒重/g	结实率/%	单株产量/(g/株)	理论产量/(kg/hm²)
0	0	250±29.99a	91±11.28a	20.35±1.28a	72±4a	23.32±6.32b	3358.32±909.87b
	15	307±8.32a	75±30.02a	22.55±2.47a	66±5a	23.36±8.67b	3363.92±1247.86b
	30	322±8.32a	104±9.64a	20.91±0.44a	76±5a	36.79±3.59a	5297.76±516.74a
80	0	274±14.41c	105±20.85a	21.75±0.78a	66±7a	28.26±3.51b	4069.12±505.47b
	15	327±8.32b	117±10.38a	21.08±0.76a	67±2a	37.41±1.09a	5386.96±157.43a
	30	360±14.41a	107±17.52a	22.31±2.20a	68±1a	40.09±1.71a	5773.52±246.89a

氮水平/ (kg/hm²)	锌水平/ (kg/hm²)	穗数/ (万穗/hm²)	每穗粒 数/粒	千粒重/g	结实率/%	单株产量/ (g/株)	理论产量/ (kg/hm²)
	0	370±8.32a	108±5.04b	21.54±1.14a	64±9a	38.33±7.82a	5519.44±1126.56a
160	15	394±8.32a	98±9.40b	22.50±3.29a	65±3a	39.07±3.96a	5626.40±570.93a
	30	375±14.41a	125±4.81a	21.05±0.53a	59±5a	40.40±2.78a	5818.08±399.92a
	0	307±16.64b	134±18.06a	20.67±0.65a	64±3a	37.82±2.75a	5445.76±396.27a
240	15	437±58.23a	122±14.96a	19.95±1.25a	54±2a	40.40±9.94a	5817.84±1431.22a
	30	451±8.32a	120±6.29a	20.72±0.24a	63±10a	48.61±5.09a	6999.44±732.42a
方差分析	氮水平	<0.001	<0.001	0.286	0.002	<0.001	<0.001
	锌水平	<0.001	0.208	0.778	0.270	0.001	0.001
	氮锌互作	<0.001	0.184	0.489	0.163	0.326	0.326

表 6-20 氮锌互作下'广两优 35'产量及其构成因子

氮水平/ (kg/hm²)	锌水平/ (kg/hm²)	穗数/ (万穗/hm²)	每穗粒 数/粒	千粒重/g	结实率/%	单株产量/ (g/株)	理论产量/ (kg/hm²)
	0	154±8.32a	154±44.09a	24.91±2.37a	77±1b	32.60±13.37a	4 693.84±1 925.94a
0	15	173±28.81a	155±8.49a	24.43±1.70a	81±7ab	36.44±4.62a	5 607.12±235.92a
	30	154±8.32a	162±22.00a	25.51±0.97a	90±7a	37.92±7.58a	6 028.44±473.88a
	0	173±38.12a	206±33.92a	23.80±1.16a	82±8a	38.95±3.07a	5 609.16±312.36a
80	15	168±8.32a	176±35.81a	24.09±1.45a	90±5a	44.59±9.85a	6 420.32±1 418.73a
	30	197±29.99a	138±29.96a	25.51±1.38a	86±4a	46.55±13.78a	6 703.56±1 402.68a
	0	221±22.01b	195±18.38a	24.93±2.93a	90±1a	59.85±3.04a	8 618.16±309.36a
160	15	226±16.64b	194±21.82a	24.99±0.99a	82±7a	63.02±14.57a	9 074.96±2 097.66a
	30	259±14.41a	163±9.51a	27.38±4.74a	78±6a	63.71±18.72a	9 173.92±2 695.29a
	0	178±8.32c	152±31.03a	26.15±3.33a	87±5a	42.49±7.57b	6 118.00±1 089.58b
240	15	259±14.41b	186±12.58a	23.76±0.75a	88±2a	70.82±10.76ab	10 881.48±997.32a
	30	293±16.64a	183±26.54a	24.51±0.78a	87±3a	79.44±12.74a	11 438.72±1 834.34a
方差分析	氮水平	<0.001	0.219	0.648	0.226	<0.001	<0.001
	锌水平	<0.001	0.263	0.315	0.706	0.004	0.004
	氮锌互作	0.001	0.085	0.786	0.013	0.089	0.089

由图 6-51 可知，氮锌互作对不同水稻品种地上部和根干重的影响具有一定差异。加锌对'广两优 35'根和地上部干重的增加均有一定的促进作用，但不显著。除了低氮条件下'日本晴'和'Jarjan'的地上部干重以及正常氮条件下'Taichung 65'和'Anjana Dhan'的根干重在缺锌与加锌处理间没有显著差异以外，加锌显著增加了粳型常规稻'日本晴'和'Taichung 65'、籼型常规稻'Jarjan'和'Anjana Dhan'的地上部与根干重。另外，在低氮条件下，锌对水稻根干重影响更加显著；而在正常氮条件下，锌对水稻地上部干重影响更加显著。

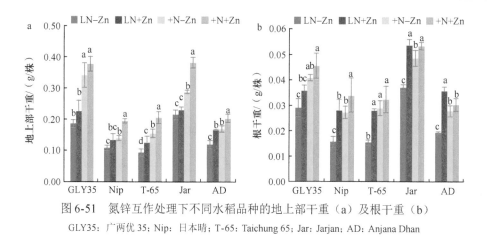

图 6-51　氮锌互作处理下不同水稻品种的地上部干重（a）及根干重（b）

GLY35：广两优 35；Nip：日本晴；T-65：Taichung 65；Jar：Jarjan；AD：Anjana Dhan

6.6.2　锌氮互作机制

6.6.2.1　锌氮互作对氮吸收和分配的影响

与不施氮肥相比，减氮或氮常规施肥下拔节期小麦地上部 P、Zn、Cu 等元素，开花期 N、P、K、Zn 等元素均不同程度增加；氮常规配施锌肥下，显著增加了植株拔节期 P、K 及 Zn、Fe 等微量元素和开花期 P、Cu 元素含量。与不施氮肥相比，无论施锌与否，成熟期各处理小麦籽粒 Fe 元素含量降低，其他元素含量略有起伏，但无明显差异（图 6-52）。

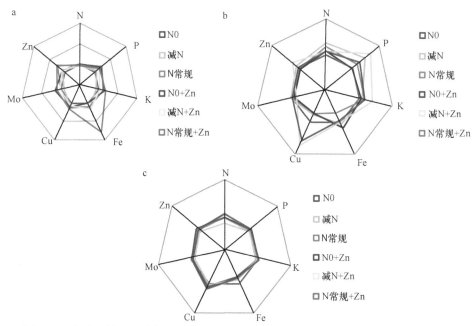

图 6-52　氮锌配施下小麦拔节期（a）、花期（b）和成熟期（c）籽粒元素含量雷达图

对不同区域不同处理供试长期定位施肥小麦籽粒样品 N 与 Zn 含量进行相关性分析发现，小麦不同生育期 N 含量与 Zn 含量存在正相关关系（图 6-53），表明了氮锌肥配施的必要性。

不同氮水平、不同锌水平、不同氮锌配比处理对'日本晴'和'广两优 35'两个品种水稻不同部位的氮累积量均具有极显著影响，氮与锌之间存在显著的交互作用（图 6-54）。在缺

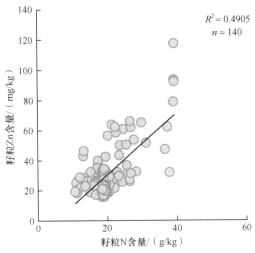

图 6-53　4 地长期定位试验籽粒氮与锌含量相关性分析

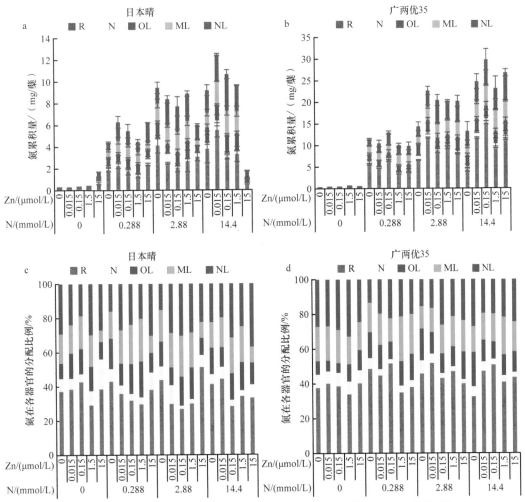

图 6-54　氮锌互作下'日本晴'和'广两优 35'各部位氮的累积量（a，b）与分配比例（c，d）

R：根；N：基部节点；OL：老叶；ML：中部叶；NL：新叶

氮条件下，加锌处理对氮在水稻新叶中累积的促进效应并不明显。在低氮（0.288mmol/L）和正常氮（2.88mmol/L）条件下，与缺锌处理相比，0.015μmol/L的锌处理使'日本晴'根中氮的分配比例分别降低了7%和14%，而氮在新叶中的分配比例分别提高了11%和14%。对于'广两优35'，在低氮和正常氮条件下，与缺锌处理相比，0.15μmol/L的锌处理使氮在新叶中的分配比例分别提高了9%和11%。可见，适宜的氮锌配比降低了氮在两水稻品种根中的分配比例，提高了氮在新叶中的分配比例，说明加锌处理促进了氮从水稻根向地上部，尤其是生长中心（新叶）的运输。

同时，不同氮水平、不同锌水平、氮锌互作处理对'日本晴'和'广两优35'各部位的锌累积量均具有极显著影响（图6-55）。另外，无论在何种锌条件下，与缺氮处理相比，加氮处理均显著降低了'日本晴'和'广两优35'各部位的锌含量。其可能原因：缺氮处理下，两水稻品种生长受到抑制，生物量小，供氮后，促进了两水稻品种的生长发育，植株生物量大大增加而产生"养分稀释效应"。随着氮水平的提高，锌在水稻根和基部节点的分配比例逐渐降低，而锌在叶片特别是新叶中的分配比例逐渐升高，表明氮能够促进锌从水稻根和基部节点中向叶片中运输，特别是向生长中心运输。当供锌水平为0.15μmol/L时，氮促进锌从根和基部节点向叶片运输的效果最好。

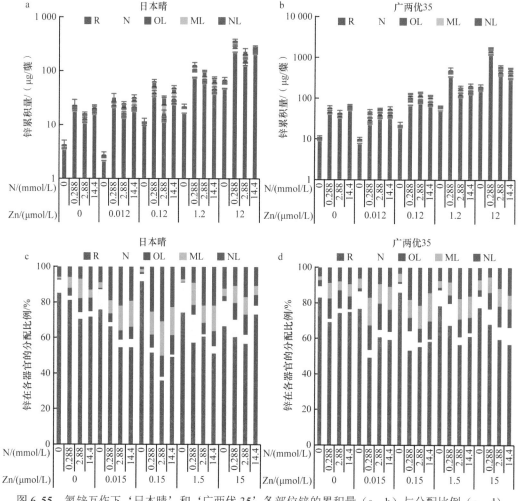

图6-55　氮锌互作下'日本晴'和'广两优35'各部位锌的累积量（a，b）与分配比例（c，d）

6.6.2.2　锌氮协同增效的分子机制

研究发现，缺锌胁迫下玉米叶片中涉及铵态氮转运的蛋白如质膜 ATP 酶、水通道蛋白 PIP2-2 等上调表达，涉及铵态氮同化的蛋白如谷氨酰胺合成酶同工酶 3、谷氨酸合酶、谷氨酸脱氢酶、天冬氨酸转氨酶、天冬酰胺合成酶 3 等上调表达；同时，硝态氮同化相关蛋白如硝酸还原酶、亚硫酸盐氧化酶 1 及铁氧还蛋白-亚硝酸盐还原酶等下调表达（图 6-56）。

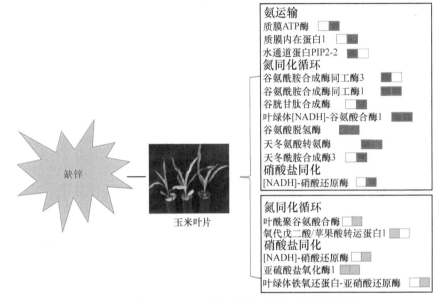

图 6-56　缺锌胁迫下玉米叶片氮代谢相关差异表达蛋白

蛋白名称右侧紧密排列两方框代表缺锌处理下蛋白表达情况，其中左侧代表缺锌处理 10d，右侧代表缺锌处理 15d；红色代表上调表达，绿色代表下调表达，白色代表表达无差异。下同

缺锌胁迫下玉米根系中涉及铵态氮转运的蛋白如水通道蛋白 TIP2-1 上调表达，涉及铵态氮同化的蛋白如谷氨酸合酶上调表达；同时，硝态氮转运相关蛋白如硝酸盐转运子 2、氯离子通道蛋白 CLC-c 及高亲和力硝酸盐转运蛋白等均在缺锌 10d 时下调表达（图 6-57）。

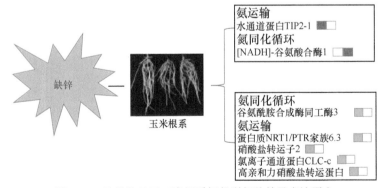

图 6-57　缺锌胁迫下玉米根系氮代谢相关差异表达蛋白

蛋白质组学试验表明，缺锌胁迫下玉米根系铵态氮转运和同化相关蛋白上调表达，硝态氮转运相关蛋白下调表达；叶片铵态氮转运和同化相关蛋白上调表达，硝态氮转运和同化相关蛋白下调表达，表明锌可能通过调控玉米根系及地上部氮代谢相关蛋白差异表达来使玉米植株对不同形态氮的转运与同化发生改变，进而影响氮的吸收积累。

　　对于水稻,在正常氮培养条件下设置缺锌和加锌两个水平的处理,培养 2 周左右后,分析根和地上部氮转运同化相关基因的表达水平。在根中,加锌处理提高了水稻硝酸根转运基因 *OsNRT1.1A*、*OsNRT1.1B*、*OsNRT2.2*、*OsNAR2.1* 和铵根转运基因 *OsAMT1;3* 的表达水平,但是降低了亚硝酸还原酶基因 *OsNiR2*、谷氨酰胺合成酶基因 *OsGS1;2* 和谷氨酸合成酶基因 *OsFd-GOGAT* 的表达水平(图 6-58)。在地上部,加锌处理提高了水稻亚硝酸还原酶基因 *OsNiR2*、谷氨酰胺合成酶基因 *OsGS1;1* 和 *OsGS2* 的表达量(图 6-59)。上述结果表明,加锌处理后,根中氮含量的降低抑制了地上部氮还原和同化相关基因的表达,但是反馈上调了氮吸收相关基因的表达;更多的氮向地上部转运和分配后,进一步促进了氮在地上部的还原与同化。

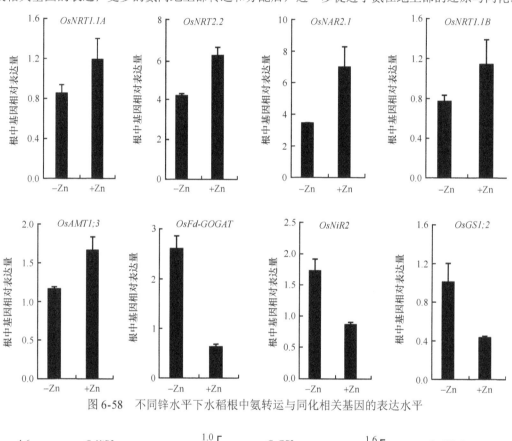

图 6-58　不同锌水平下水稻根中氮转运与同化相关基因的表达水平

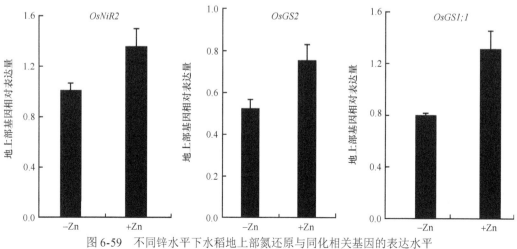

图 6-59　不同锌水平下水稻地上部氮还原与同化相关基因的表达水平

6.7　锌 磷 互 作

6.7.1　锌磷互作效应

6.7.1.1　小麦

不同水平磷肥的施用对小麦各时期地上部生物量的影响较小，但配施锌肥后，不施磷（P0）和减 P 处理地上部生物量显著增加，而 P 常规处理无显著差异（图 6-60）。不同磷肥处理下，小麦籽粒 N 含量无显著差异，而 P 常规处理配施锌肥后小麦籽粒 N 含量增加 17.4%。

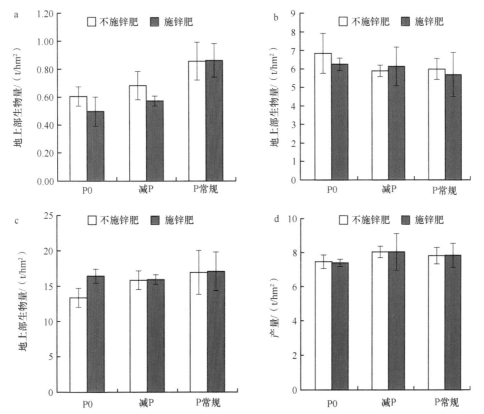

图 6-60　磷锌配施处理下小麦拔节期（a）、开花期（b）、成熟期（c）地上部生物量和产量（d）

P0 处理为不施磷肥，减 P 处理为基施 75kg P_2O_5/hm²，P 常规处理为基施 120kg P_2O_5/hm²，施加锌肥处理为基施硫酸锌 30kg/hm²

与不施磷相比，减磷和磷常规处理小麦收获期地上部磷累积量均呈增加趋势；与不施锌相比，配施锌肥后，磷常规处理小麦收获期地上部磷累积量有所增加。2017 年生长季，与磷常规处理相比，减磷处理显著增加磷肥回收率；配施锌肥后，减磷处理较磷常规处理显著增加磷肥回收率（表 6-21）。

表 6-21　小麦磷锌肥配施效果

处理		收获期养分累积量/(kg/hm²)				养分收获指数			偏生产力/(kg/kg)			磷肥农学效率/(kg/kg)	磷肥回收率/%
		氮	磷	钾	锌	氮	磷	钾	氮	磷	钾		
2017 年	P0	195.2ab	16.0a	213.4ab	0.39a	0.83b	0.88b	0.13a	31.5a		125.8a		
	P75	211.9b	27.4a	239.2b	0.42a	0.75ab	0.82a	0.11a	31.3a	100.0b	125.0a	7.6a	15.2b

处理		收获期养分累积量/(kg/hm²)				养分收获指数			偏生产力/(kg/kg)			磷肥农学效率/(kg/kg)	磷肥回收率/%
		氮	磷	钾	锌	氮	磷	钾	氮	磷	钾		
2017年	P120	204.9b	27.5ab	232.4b	0.47b	0.74a	0.82a	0.10a	32.9a	65.8a	131.7a	3.5a	9.6a
	P0+Zn	163.6a	24.9a	188.5a	0.38a	0.77ab	0.83ab	0.13a	31.2a		124.7a		
	P75+Zn	189.4ab	26.4a	215.8ab	0.43a	0.81ab	0.85ab	0.13a	33.8a	108.2b	135.3a	8.0a	13.9b
	P120+Zn	180.4ab	29.9b	210.3ab	0.42a	0.77ab	0.86ab	0.13a	36.0a	71.9a	143.9a	9.0a	11.6a
2018年	P0	179.2ab	17.3a	155.8a	0.16a	0.78bc	0.81a	0.14a	33.8c		135.2c		
	P75	172.1ab	23.4b	186.4ab	0.16a	0.80bc	0.86a	0.16a	29.7abc	95.1b	118.9abc	9.9b	8.3a
	P120	203.9b	25.0b	186.6ab	0.17a	0.72a	0.87a	0.13a	31.3c	62.6a	125.3bc	9.4ab	6.5a
	P0+Zn	190.5b	23.2b	172.9ab	0.21a	0.78abc	0.86a	0.16a	27.4ab		109.5ab		
	P75+Zn	151.6a	21.0ab	146.8a	0.18a	0.83c	0.84a	0.16a	26.0a	83.3b	104.1a	2.5a	5.1a
	P120+Zn	242.4c	22.2ab	232.8b	0.17a	0.76ab	0.81a	0.14a	31.9c	63.8a	127.6c	10.6b	5.9a

6.7.1.2 夏玉米

与不施锌相比，配施锌肥后，喇叭口期不施磷肥处理玉米地上部生物量增加 10.1%，而减磷和磷常规处理无差异（图 6-61a）；开花期不施磷和减磷处理玉米地上部生物量分别增加

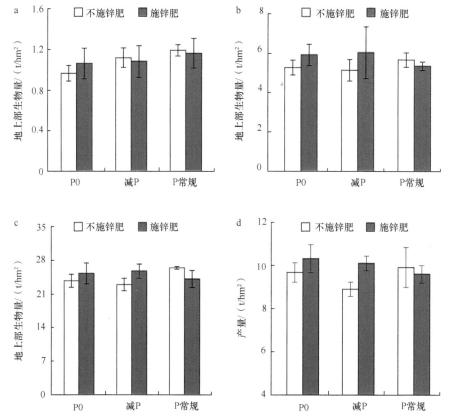

图 6-61　磷锌配施处理下夏玉米喇叭口期（a）、开花期（b）、成熟期（c）地上部生物量和产量（d）

P0 处理为不施磷肥，减 P 处理为基施 56.25kg P₂O₅/hm²，P 常规处理为基施 75kg P₂O₅/hm²，施加锌肥处理为基施硫酸锌 30kg/hm²

12.5% 和 17.5%（图 6-61b）；成熟期不施磷和减磷玉米地上部生物量分别增加 6.5% 和 12.3%，磷常规处理地上部生物量下降 8.9%（图 6-61c）。配施锌肥后，不施磷和减磷处理玉米产量平均显著增加 11.0%（图 6-61d）。

2017 年生长季，与不施锌相比，配施锌肥后，减磷处理磷肥回收率显著增加；磷常规处理磷累积量和磷肥农学效率无显著变化，磷肥回收率显著降低（表 6-22）。2018 年生长季，与不施锌相比，配施锌肥后，减磷处理磷积累量增加，但差异不显著；减磷处理磷肥回收率显著增加，磷常规处理磷肥回收率无显著变化（表 6-22）。

表 6-22　夏玉米磷锌配施效果

处理		收获期养分积累量/(kg/hm²)				养分收获指数			偏生产力/(kg/kg)			磷肥农学效率/(kg/kg)	磷肥回收率/%
		氮	磷	钾	锌	氮	磷	钾	氮	磷	钾		
2017 年	P0	227.6a	29.1a	158.0a	0.33ab	0.61a	0.69a	0.24a	60.5ab		107.5ab		
	P56.25	228.4a	33.0a	129.3a	0.27a	0.62a	0.68a	0.29b	55.6a	158.2b	98.9a	1.0a	5.2a
	P75	236.0a	41.5bc	147.9a	0.41b	0.62a	0.70a	0.26ab	61.9b	132.1a	110.1ab	9.4ab	16.5b
	P0+Zn	255.3a	30.4ab	161.3a	0.35ab	0.61a	0.70a	0.23a	64.5b		114.6b		
	P56.25+Zn	228.9a	42.8c	155.2a	0.40b	0.62a	0.79a	0.30b	63.1b	179.6c	112.2b	5.9b	18.3b
	P75+Zn	228.4a	32.5abc	133.9a	0.34ab	0.61a	0.74ab	0.27ab	60.0ab	128.0a	106.7ab	4.2ab	4.5a
2018 年	P0	245.9a	34.6a	136.6ab	0.25a	0.54a	0.82a	0.52ab	64.0bc		113.7bc		
	P56.25	256.9a	49.0ab	169.8b	0.23a	0.57a	0.81a	0.54ab	66.5bcd	189.2b	118.2bcd	10.6a	25.6a
	P75	255.1a	63.5b	173.5b	0.22a	0.55a	0.80a	0.46a	55.4a	118.3a	98.6a	5.2a	38.5b
	P0+Zn	261.3a	49.7ab	138.9ab	0.34a	0.49a	0.81a	0.44a	71.3d		126.7d		
	P56.25+Zn	270.3a	63.8b	170.8b	0.28a	0.54a	0.82a	0.59b	68.5cd	194.7b	121.7cd	16.1a	51.9c
	P75+Zn	274.2a	59.4b	129.7a	0.30a	0.50a	0.82a	0.50ab	61.9b	132.0a	110.0b	3.1a	33.0ab

6.7.1.3　春玉米

在哈尔滨 2017 生长季试验中，减磷或不施磷肥条件下施用锌肥，具有增加玉米产量的趋势，与不施磷处理相比，减磷条件下施用锌肥玉米增产 10.00%，磷常规条件下施用锌肥能够显著提高玉米籽粒产量，增产 15.77%，吉林 2018 年试验也表现出相似的变化趋势，施加磷肥玉米产量增加，配施锌肥显著增加产量，减磷条件下配施锌肥，玉米增产 8.61%；哈尔滨 2019 年生长季试验中，施加磷肥玉米产量有增加趋势，其中，减磷条件下配施锌肥玉米显著增产 3.47%（表 6-23）。以上研究表明，减磷条件下施用锌肥具有增产效果。

表 6-23　磷肥配施锌肥处理下东北春玉米产量

处理	哈尔滨（2017 年）		吉林（2018 年）		哈尔滨（2019 年）	
	产量/(t/hm²)	增产率/%	产量/(t/hm²)	增产率/%	产量/(t/hm²)	增产率/%
P0	9.89±0.84b		10.57±0.45b		11.25±0.31b	
P60	10.15±0.95b	2.63	11.08±0.45ab	4.82	11.54±0.71ab	2.58
P75	10.13±0.87b	2.43	11.29±0.36a	6.81	11.58±0.19ab	2.93

处理	哈尔滨（2017 年）		吉林（2018 年）		哈尔滨（2019 年）	
	产量/(t/hm²)	增产率/%	产量/(t/hm²)	增产率/%	产量/(t/hm²)	增产率/%
P0+Zn	10.46±0.94ab	5.76	11.31±0.32a	7.00	11.49±0.79ab	2.13
P60+Zn	10.88±0.60ab	10.00	11.48±0.15a	8.61	11.64±0.64a	3.47
P75+Zn	11.45±0.38a	15.77	11.47±0.59a	8.51	11.62±0.41ab	3.29

2017 年生长季，与不施锌相比，配施锌肥后，减磷和磷常规处理下施用锌肥春玉米锌、磷累积量均显著增加，磷肥农学效率显著提高。2018 年生长季，与不施锌相比，减磷配施锌肥地上部锌累积量有所增加；减磷较常规磷处理磷肥回收率高（表 6-24）。

表 6-24　东北春玉米磷锌肥配施效果

处理		收获期养分累积量/(kg/hm²)				养分收获指数			偏生产力/(kg/kg)			磷肥农学效率/(kg/kg)	磷肥回收率/%
		氮	磷	钾	锌	氮	磷	钾	氮	磷	钾		
2017 年哈尔滨	P0	180.7c	26.5c	92.0c	0.18c	0.56a	0.78a	0.36a	47.1b		109.9b		
	P60	183.4c	31.2abc	150.1b	0.20c	0.61a	0.77a	0.34ab	48.3ab	169.1b	112.8ab	4.3b	18.0a
	P75	193.2bc	31.9ab	181.0ab	0.21bc	0.55a	0.77a	0.19c	48.2ab	135.1c	112.5ab	3.2b	16.3a
	P0+Zn	205.3ab	29.4bc	199.7ab	0.19c	0.53a	0.67a	0.15c	49.8ab		116.2ab		
	P60+Zn	217.1a	35.1a	207.6a	0.24b	0.59a	0.74a	0.22bc	53.0a	185.5a	123.6a	20.6a	21.9a
	P75+Zn	217.2a	36.4a	234.8a	0.27a	0.56a	0.70a	0.18c	53.4a	149.4c	124.5a	17.5a	21.5a
2018 年吉林	P0	207.3ab	34.7ab	229.4a	0.36a	0.59a	0.80a	0.18b	50.4a		176.2a		
	P60	218.6ab	39.7b	218.7a	0.42ab	0.60a	0.81a	0.17ab	52.8ab	184.6b	184.6ab	11.9a	11.6b
	P75	223.5ab	33.1a	244.8a	0.31a	0.59a	0.77a	0.14ab	53.8ab	150.5a	188.2ab	9.6a	0.5a
	P0+Zn	199.6a	30.8a	248.0a	0.40ab	0.60a	0.81a	0.17ab	55.7b		194.8b		
	P60+Zn	222.4ab	37.0ab	230.0a	0.52b	0.59a	0.79a	0.20b	54.7b	191.3b	191.3b	3.5a	10.3ab
	P75+Zn	231.5b	36.5ab	230.1a	0.36a	0.62a	0.80a	0.17ab	54.6b	152.9a	191.1b	7.7a	7.6ab

6.7.1.4　水稻

2017 年的磷锌互作田间试验结果（表 6-25 和表 6-26）表明，随着施磷量的提高，两个水稻品种的穗数逐渐增加，但每穗粒数的变化并不显著。在不施磷肥和低磷（40kg P_2O_5/hm²）条件下，施用锌肥提高了'广两优 35'的单株产量和理论产量，施用 15kg/hm² 锌肥比施用 30kg/hm² 的增产效果更加明显，与不施锌相比，由于千粒重和结实率的增加，产量分别增加了 38.4% 和 6.8%。在高磷（120kg P_2O_5/hm²）、中磷（80kg P_2O_5/hm²）条件下，施用 30kg/hm² 锌肥，'广两优 35'的穗数和每穗粒数明显增加，单株产量、理论产量均显著增加，分别增加了 24.9%、43.9%。在不施磷条件下，施锌肥 15kg/hm² 使'日本晴'的理论产量增加了 24.4%；在高磷、中磷和低磷条件下，施用 15kg/hm² 锌肥反而会降低千粒重和结实率从而使单株产量和理论产量降低；但在高磷条件下，施用 30kg/hm² 锌肥使结实率增加而提高单株产量和理论产量。总之，适宜的磷肥与锌肥配合施用对水稻产量增加具有一定的促进作用；在中磷、低磷条件下，施用锌肥 15kg/hm² 即可提高水稻产量。

表 6-25　磷锌配施处理下 '广两优 35' 产量及其构成因子

磷水平/ （kg P$_2$O$_5$/hm^2）	锌水平/ （kg/hm^2）	穗数/ （万穗/hm^2）	每穗粒 数/粒	千粒重/g	结实 率/%	单株产量/ （g/株）	理论产量/ （kg/hm^2）
0	0	149±8e	218±12bcd	23.36±0.30abcd	80±5c	44.12±4.47c	6 353.86±643.22c
	15	182±8cde	208±6bcd	27.25±1.93ab	85±3a	61.08±1.07b	8 795.52±154.10b
	30	173±24de	233±15abc	26.29±0.09abcd	80±2ab	58.94±11.31b	8 487.75±1 629.23b
40	0	192±16bcd	219±15bcd	23.93±0.33abcd	79±4c	55.57±8.17bc	8 001.41±1 176.70bc
	15	187±24bcd	190±27d	27.45±1.04a	87±0a	59.36±14.45b	8 547.32±2 081.10b
	30	182±8cde	228±26abc	24.72±0.18d	74±2bc	55.87±4.96bc	8 044.85±714.14bc
80	0	202±14bcd	210±24bcd	27.21±1.77abc	82±1a	65.51±7.02b	9 434.00±1 010.91b
	15	197±22bcd	196±20cd	25.67±0.58bcd	79±6ab	62.18±2.50b	8 953.88±359.79b
	30	221±8ab	243±6ab	26.42±0.64abc	83±9ab	81.88±12.12a	11 790.40±1 745.90a
120	0	211±33bc	226±23abcd	26.63±1.06cd	76±a	60.10±2.09b	8 654.48±301.36b
	15	187±25bcd	262±22a	27.55±1.00ab	84±4a	68.29±5.58b	9 834.05±803.52b
	30	250±8a	237±26ab	26.17±0.58ab	86±1ab	86.48±1.28a	12 452.98±183.60a

表 6-26　磷锌配施处理下 '日本晴' 产量及其构成因子

磷水平/ （kg P$_2$O$_5$/hm^2）	锌水平/ （kg/hm^2）	穗数/ （万穗/hm^2）	每穗粒 数/粒	千粒重/g	结实率/%	单株产量/ （g/株）	理论产量/ （kg/hm^2）
0	0	250±8c	96±5c	20.55±0.84c	75±10a	27.69±1.12cd	3987.84±161.41cd
	15	293±22bc	99±2c	21.45±0.85bc	71±6ab	34.45±0.82ab	4960.80±118.08ab
	30	283±8bc	101±4c	22.05±0.68abc	69±3ab	31.71±0.75ab	4566.24±108.00abc
40	0	317±14ab	105±9bc	21.17±0.85bc	71±6ab	32.73±0.53ab	4713.12±76.32ab
	15	269±30bc	116±3ab	20.75±0.83c	58±11bc	31.83±2.02abc	4584.00±290.16abc
	30	312±30ab	94±8c	21.56±0.34bc	59±6bc	25.47±0.86d	3667.68±123.84d
80	0	317±38ab	106±7abc	22.33±0.57ab	69±9ab	36.01±1.96a	5185.92±281.52a
	15	322±36ab	117±7a	20.64±1.01c	71±5ab	31.17±4.83bc	4488.00±695.83bc
	30	317±14ab	115±3ab	23.12±0.21a	65±2abc	34.19±3.17ab	4922.88±456.42ab
120	0	355±33a	105±11abc	21.30±1.59bc	62±7abc	32.23±1.10ab	4640.64±157.68ab
	15	278±8bc	105±2abc	20.67±0.38c	53±13c	26.31±1.78d	3788.16±256.77d
	30	350±46a	94±6c	21.81±0.56abc	68±10abc	35.00±3.93ab	5040.48±565.20ab

以籼型杂交稻推广品种 '广两优 35'、粳型常规稻 '日本晴' 和 'Taichung 65'、籼型常规稻 'Jarjan' 和 'Anjana Dhan' 共 5 个不同基因型水稻品种为研究材料，设置 2 个磷水平（低磷、高磷）和 2 个锌水平（缺锌和加锌）的交互处理，培养 2 周左右后，分析水稻株高、

　　根长、根和地上部干重,并测定水稻各部位的磷含量,计算磷向地上部的转运系数。如图6-62所示,结果表明:高磷条件下,加锌处理可提高'广两优35''日本晴''Jarjan'的株高,却降低'广两优35''Taichung 65''Anjana Dhan'的根长,降低'广两优35''Taichung 65''Jarjan'的地上部干重,降低'日本晴''Taichung 65''Jarjan''Anjana Dhan'的根干重。而在低磷条件下,加锌处理对各水稻品种的株高没有显著影响,而能显著提高'日本晴''Taichung 65''Jarjan'的根长,却显著降低'Taichung 65'的地上部和根干重,可见,低磷加锌促进了水稻根的伸长。

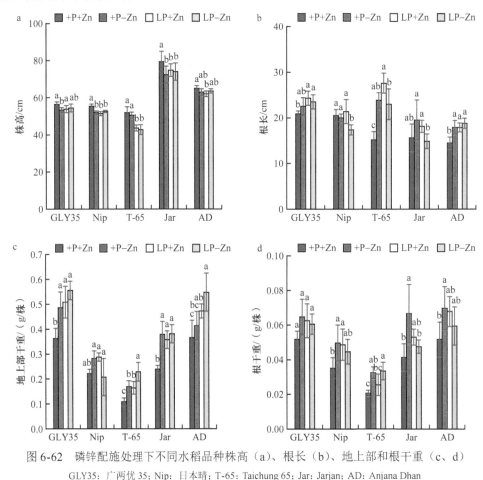

图6-62　磷锌配施处理下不同水稻品种株高(a)、根长(b)、地上部和根干重(c、d)

GLY35:广两优35;Nip:日本晴;T-65:Taichung 65;Jar:Jarjan;AD:Anjana Dhan

6.7.2　锌磷互作机制

6.7.2.1　锌磷互作对磷吸收和分配的影响

　　与不施磷相比,减磷或磷常规施肥下拔节期小麦地上部P元素含量均不同程度增加,但在配施Zn肥后并无显著变化;与不施磷相比,减磷或磷常规施肥下开花期小麦地上部N、P、K、Zn等元素含量均不同程度增加,配施锌肥后增加了N、Cu、Mo等元素含量(图6-63)。长期定位施肥小麦籽粒样品磷与锌含量相关性分析(图6-64)发现,二者呈正相关关系,这表明了磷、锌肥配合施用的必要性。

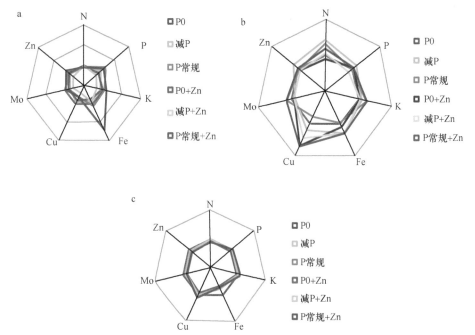

图 6-63　磷锌配施下小麦拔节期地上部（a）、花期地上部（b）和成熟期籽粒（c）元素含量雷达图

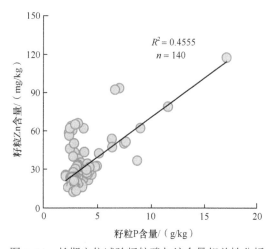

图 6-64　长期定位试验籽粒磷与锌含量相关性分析

对于水稻品种'广两优 35'和'日本晴'，在缺磷（0mmol/L）条件下，供锌对水稻各部位的磷含量没有显著影响；而在高、中、低磷条件下，中锌（0.12μmol/L）、高锌（1.2μmol/L 和 12μmol/L）处理均会使'广两优 35'和'日本晴'根与基部节点的磷含量达到较高值；但是叶片中的磷含量则随着外界供锌水平的提高显著下降。这表明，外界较高的锌水平会抑制根和茎中的磷向叶片中运输（图 6-65）。在磷锌配施处理下，'广两优 35'和'日本晴'中磷在各部位的分配比例表现出明显的差异。'广两优 35'在中、低磷条件下，随着外界供锌水平的升高，磷在根中的分配比例显著增加，而在地上部的分配比例显著降低，说明较高的锌水平会抑制磷从根向地上部运输；但是在高磷（1.615mmol/L）条件下，这种抑制作用又会消失，外界的供锌水平对磷在各部位的分配比例没有显著影响，较高的供锌水

平仅降低了新叶中磷的分配比例。磷锌配施处理对'日本晴'各部位中磷的分配比例的影响并没有对'广两优35'那么明显，仅在低磷（0.0323mmol/L）、中磷（0.323mmol/L）条件下，随着供锌水平的升高，磷在新叶中的分配比例逐渐降低，较高的锌水平也会抑制'日本晴'中磷向新叶运输。

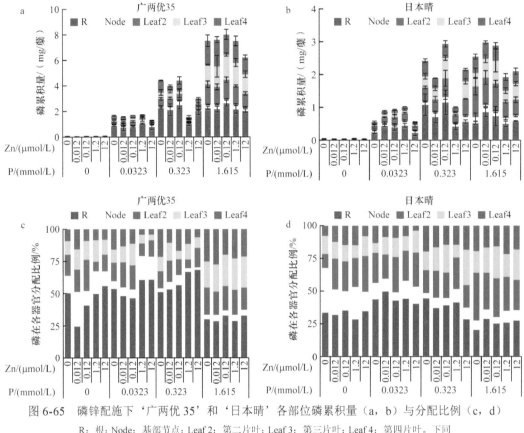

图6-65 磷锌配施下'广两优35'和'日本晴'各部位磷累积量（a，b）与分配比例（c，d）

R：根；Node：基部节点；Leaf 2：第二片叶；Leaf 3：第三片叶；Leaf 4：第四片叶。下同

同时，磷的供应水平会显著影响锌在水稻各部位的分配比例，并且在两个水稻品种中存在明显差异（图6-66）。在同一锌处理条件下，'广两优35'各部位的锌含量均随着磷水平的升高而降低，表现为明显的磷锌拮抗效应。低磷条件下，'日本晴'各部位的锌含量较缺磷条件下显著降低，表现出磷锌之间的拮抗效应；但是，随着供磷水平的提高，'日本晴'各部位的锌含量逐渐升高。其可能原因：'日本晴'在营养生长时期需磷较少，在较高的供磷水平下植株生长受到抑制，生物量较小，由于"浓缩效应"，植株中锌的含量增加。在缺锌和低、中锌（0.012μmol/L、0.12μmol/L）条件下，外界磷供应水平的增加对两个水稻品种主分蘖锌的总累积量影响并不大；而在高锌（1.2μmol/L、12μmol/L）条件下，随着磷供应水平的提高，两个水稻品种主分蘖的锌总累积量逐渐增加。在'广两优35'中，无论是在低锌还是较高的锌水平处理下，与缺磷相比，不同程度的供磷均会提高锌在新叶（Leaf 4）中的分配比例；但是过高的锌水平（12μmol/L）条件下，供磷反而会降低锌在新叶中的分配比例。在缺锌和高锌（12μmol/L）条件下，外界供磷对锌在'日本晴'新叶中分配比例的影响与'广两优35'

相似，与缺磷相比，不同程度的供磷会提高锌在新叶中的分配比例；但是，在其余锌水平（0.012～1.2μmol/L）处理下，供磷反而会降低锌在新叶中的分配比例，抑制锌从根或老叶中转移至新叶来保障水稻新生组织的生长发育。

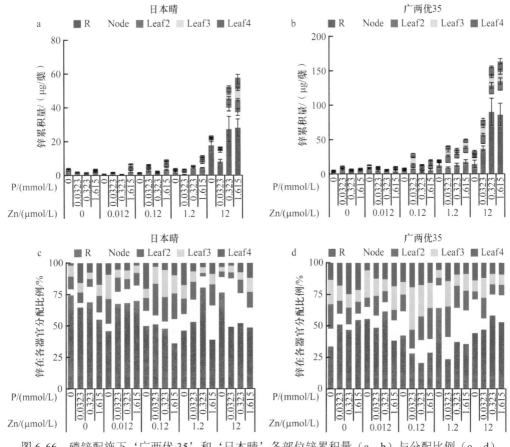

图 6-66　磷锌配施下'广两优 35'和'日本晴'各部位锌累积量（a，b）与分配比例（c，d）

6.7.2.2　锌磷协同增效的分子机制

以'日本晴'为研究材料，分别在缺磷和加磷培养条件下设置缺锌与加锌的处理，培养 2 周左右后，分析根和地上部磷相关基因的表达水平。由图 6-67 和图 6-68 可以看出，无论是在水稻根还是地上部，磷相关基因均在缺磷条件下表达量较高。在缺磷条件下，加锌处理提高了水稻根中磷转运基因 *OsPT2* 和 *OsPT8* 的表达量，表明加锌处理后，水稻通过提高根中磷转运基因的表达量来提高根中的磷含量；但是加锌处理降低了水稻地上部磷转运基因 *OsPT2* 和 *OsPT8* 的表达量，表明加锌处理后，水稻通过降低地上部磷转运相关基因的表达量来抑制磷从根向地上部的转运。此外，在缺磷条件下，加锌处理降低了水稻地上部磷信号转导相关基因 *OsSPX1*、*OsmiR399d* 和 *OsmiR399f* 的表达量，但是提高了 *OsPHO2* 基因的表达量。可见，在缺磷条件下，加锌处理后水稻地上部磷转运基因 *OsPT2* 和 *OsPT8* 表达量的变化受到 *OsSPX1*、*OsmiR399* 和 *OsPHO2* 的调控。

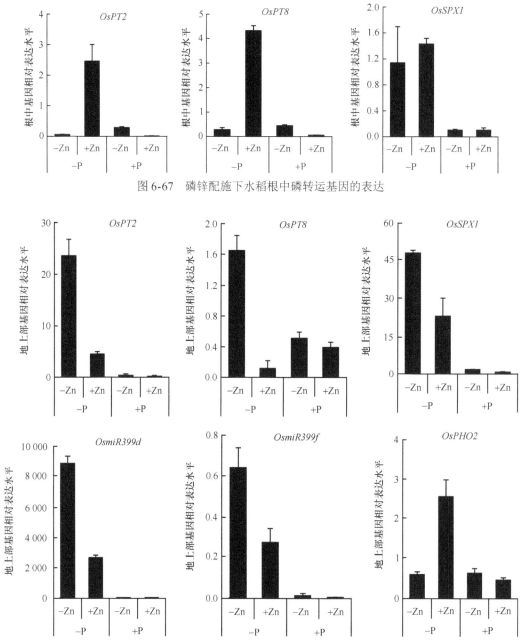

图 6-67　磷锌配施下水稻根中磷转运基因的表达

图 6-68　磷锌配施下水稻地上部磷转运基因和磷信号转导相关基因的表达

第7章 主要作物化肥减施增效技术评价及模式

7.1 化肥减施增效技术评价——以水稻为例

本研究以我国不同区域不同种植季节类型水稻（一季稻、中稻、早稻和晚稻）为例，通过分析缓控释氮肥、有机肥替代部分氮肥（有机替代）、秸秆还田三种化肥减施增效技术对水稻产量、氮肥利用率、氮素损失率和温室气体排放量的影响，提出三种技术的农学和环境效应综合评价模式，并结合基于氮素损失率的水稻氮肥用量推荐方法，探讨不同减施增效技术下氮肥的减施潜力。

7.1.1 农学效应

以公开发表的文献和未发表的田间试验为基础，建立了全国尺度的水稻氮素管理效应综合数据库（1998~2018年）。根据种植季节、轮作体系和种植区域的差异，将水稻划分为5种类型，分别为一季稻、中稻–长江中下游稻区（MLYR）、中稻–西南稻区（SW）、早稻和晚稻。采用 Meta 分析方法，分别对比了不同化肥减施增效技术——缓控释氮肥、有机替代、秸秆还田与常规施肥技术在水稻产量和氮肥利用率方面的差异。缓控释氮肥处理包括常规施肥等氮量下全部施用缓控释肥、常规施肥等氮量下缓控释肥与一定比例传统氮肥配施、缓控释肥减施一定比例氮素。有机替代处理包括等氮量下有机肥全部或部分替代氮肥。秸秆还田处理包括等氮量下秸秆还田与不还田处理的对比，以及秸秆不还田下氮肥全量施用与秸秆还田下氮肥减施的对比。

在常规施肥技术下，如表 7-1 所示，不同区域稻田的氮肥平均用量范围是 166~257kg N/hm²，相应的，产量达到了 6.8~8.6t/hm²，表明不同水稻类型的氮肥用量和产量水平存在较大差异。即使同一水稻类型，不同农户间氮肥用量的变异也很大，其标准偏差（SD）达到 49~70kg N/hm²，但同一水稻类型的产量变异并不是很大，仅有 1.1~1.5t/hm²，说明农户对氮肥的施用仍存在一定的盲目性，进一步优化氮素管理措施十分必要。常规施肥技术的氮肥回收率（REN）、氮肥农学效率（AEN）分别为 27.6%~31.2%、8.9~16.6kg/kg。这些氮肥利用率指标普遍偏低，更与国际高效氮素管理水平存在较大差距，表明其仍存在很大的提升空间。

表 7-1　常规施肥技术下的产量和氮肥利用率

水稻类型	氮肥用量/(kg N/hm²)	产量/(t/hm²)	氮肥回收率/%	氮肥农学效率/(kg/kg)
一季稻	181 ± 50（468）	8.6 ± 1.3	30.4 ± 17.7（142）	16.6 ± 9.1（186）
中稻–长江中下游稻区	257 ± 70（993）	8.4 ± 1.1	31.2 ± 12.9（388）	8.9 ± 5.0（579）
中稻–西南稻区	189 ± 49（225）	8.3 ± 1.5	28.6 ± 9.5（80）	9.3 ± 5.6（135）
早稻	166 ± 52（375）	6.8 ± 1.4	27.6 ± 18.4（145）	11.6 ± 8.7（184）
晚稻	184 ± 53（437）	7.3 ± 1.5	31.2 ± 14.1（151）	10.6 ± 7.0（217）
平均	214 ± 72（2498）	8.5 ± 1.4	30.3 ± 14.7（906）	10.7 ± 7.2（1301）

注："±"前后分别为平均值和 SD 值，括号内为样本量，产量的样本量同氮肥用量。下同

相比于常规施肥技术，施用等氮量的缓控释肥显著增加了水稻的产量和氮肥利用率（图 7-1）。全部水稻类型的平均增产率为 6.4%，REN 平均增加 34.1%，AEN 平均增加 29.4%。缓控释肥的施用效果在不同类型水稻上略有差异，增产效果在一季稻和早稻上最好。在缓控释氮肥与传统氮肥配施的情况下，缓控释肥比例的变化对水稻产量的影响很大。如图 7-2 拟合的缓控释氮肥比例与增产率的关系所示，它们之间呈显著的二次曲线关系。根据此关系可以计算得出，理论上 68% 缓控释氮肥与 32% 传统氮肥配施能够达到最高的增产率。由此证明，单施缓控释氮肥的效果并不是最好，反而与一定比例的传统氮肥配施不仅能够弥补作物生产前期氮素供应的不足，而且降低了肥料成本，是实现高产高效的有效措施。进一步探究了缓控释氮肥减量施用对产量的影响，从图 7-3 可以看出，与全量施用传统氮肥相比，随着缓控释氮肥减施比例的不断提高，增产率不断下降，二者呈现显著的负相关。缓控释氮肥减量施用少于 20% 仍可显著提高水稻产量，而且如拟合的减施比例与增产率的线性关系所示，施用缓控释氮肥时氮素投入量可减少 26% 而不影响产量，但超过这一比例就存在减产的风险。

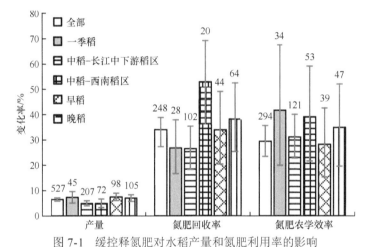

图 7-1　缓控释氮肥对水稻产量和氮肥利用率的影响

误差线为 95% 置信区间，置信区间不与 0 交叉代表结果显著；其上数字为样本量。下同

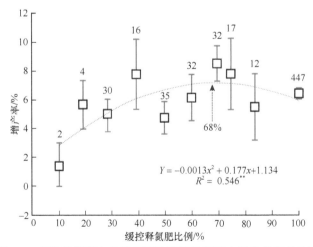

$$Y = -0.0013x^2 + 0.177x + 1.134$$
$$R^2 = 0.546^{**}$$

图 7-2　缓控释氮肥与传统氮肥的配施比例和水稻增产率的关系

** 表示在 0.01 水平相关性显著，下同

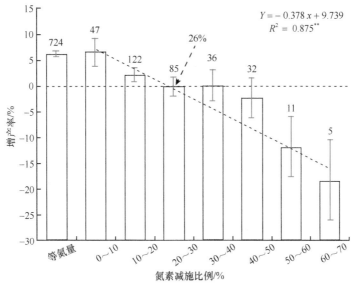

图 7-3　缓控释氮肥减施比例与水稻增产率的关系

　　有机粪肥替代氮肥的效果主要与有机替代比例有关。当有机替代比例小于 20% 时，能显著提高水稻产量，平均增产率为 4.2%。随着有机替代比例提高，水稻逐渐从不显著增产发展到显著减产（图 7-4）。根据拟合的有机替代比例与增产率的负线性相关关系计算，理论上有机肥可以最高替代 46% 的氮肥而不造成显著减产。REN 和 AEN 对有机替代比例变化的反应基本与产量相同，随着有机替代比例的提高而逐渐降低（表 7-2），表明有机氮的作物有效性明显低于矿质氮。综上所述，尽管提高有机替代比例可以大幅度减少化肥投入，但本研究提出的 46% 是有机替代比例的上限，而从增产的角度来看，有机替代比例最好在 20% 左右。生产中应按照实际情况调整并确定最佳的有机无机配施比例，不可盲目扩大，以免造成产量的损失。

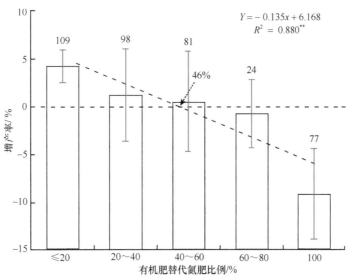

图 7-4　有机替代比例与水稻增产率的关系

表 7-2 有机替代比例与氮肥利用率的关系

有机替代比例/%	氮肥回收率			氮肥农学效率		
	变化率/%	95% 置信区间	样本量	变化率/%	95% 置信区间	样本量
≤ 20	8.9	1.5～16.9	26	11.2	2.1～21.2	46
20～40	2.8	−10.2～17.6	15	5.0	−6.0～17.4	45
40～60	−3.2	−14.3～9.5	11	−0.4	−10.2～10.5	40
60～80	−4.5	−23.7～19.4	3	−5.5	−35.2～37.9	13
100	−44.4	−69.9～2.5	7	−21.4	−41.2～5.1	27

在全部水稻类型上，秸秆还田的增产效果显著，平均增产率为 4.9%，REN 显著增加了 9.8%，而 AEN 则没有显著增加（图 7-5）。秸秆还田在不同水稻类型上的增产效果差异显著，尤其是在一季稻上增产效果不显著，这是由于一季稻种植区气温低，阻碍了还田秸秆的快速分解。秸秆还田能否替代部分氮肥一直是研究热点，因此对比了秸秆不还田下氮肥全量施用和秸秆还田下氮肥减施一定比例两种情况下的水稻产量（图 7-6）。随着秸秆还田下氮肥减施的比例不断提高，水稻产量不断下降，减施比例超过 20%，即出现减产现象。利用线性方程拟合氮肥减施比例与增产率之间的关系发现，秸秆还田下氮肥最高可减施 18% 而不影响产量，说明实施秸秆还田可以适当减少氮肥的投入。

综上所述，合理运用缓控释氮肥、有机替代和秸秆还田技术是实现水稻增产、氮肥增效的有效措施。具体的增产效果取决于水稻类型和这三种化肥减施增效技术的实际应用方法，不适宜的应用方法甚至会造成减产。

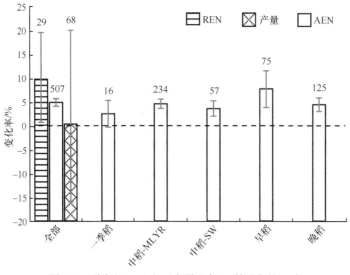

图 7-5 秸秆还田对水稻产量和氮肥利用率的影响

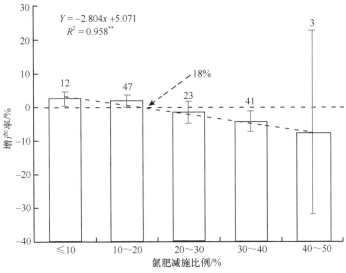

图 7-6　秸秆还田下氮肥减施比例与水稻增产率的关系

7.1.2　环境效应

基于水稻氮素管理效应综合数据库，研究了不同化肥减施增效技术——缓控释氮肥、有机替代、秸秆还田在减少氮素损失和降低温室气体排放方面的综合效果。

在常规施肥技术下，不同区域稻田通过 NH_3 挥发（37.7～57.9kg N/hm^2）、NO_3^--N 淋洗（9.8～40.2kg N/hm^2）、N 径流（8.5～14.2kg N/hm^2）和 N_2O 排放（0.6～1.1kg N/hm^2）4 种途径损失了 67～93kg N/hm^2，N_2O 和 CH_4 排放对全球增温潜势（GWP）的贡献为 3559～6445kg CO_2-eq/hm^2（表 7-3）。可以看出，仅通过这 5 种途径就已经从稻田生态系统中损失了大量的氮素，排放了大量的温室气体，不仅浪费资源，而且严重威胁了环境安全，因此必须优化氮素的投入和管理措施以最大限度地减少氮素损失。

表 7-3　常规施肥技术下的氮素损失和温室气体排放

水稻类型	NH_3 挥发/（kg N/hm^2）	NO_3^--N 淋洗/（kg N/hm^2）	N 径流/（kg N/hm^2）	N_2O 排放/（kg N/hm^2）	CH_4 排放/（kg C/hm^2）	氮素总损失/（kg N/hm^2）	全球增温潜势/（kg CO_2-eq/hm^2）
一季稻	37.7±28.9（6）	40.2±21.2（16）	14.2±9.8（6）	1.1±1.0（17）	169±148（10）	93	6445±5180（10）
中稻–长江中下游稻区	43.3±21.8（122）	9.8±7.0（54）	12.6±10.5（83）	1.1±1.0（136）	103±118（94）	67	4394±3989（102）
中稻–西南稻区	57.9±22.9（5）		8.5±2.4（2）	1.5±1.6（24）	175±111（20）	68	6415±3970（22）
早稻	43.5±26.2（17）	23.7±10.9（7）	12.5±6.2（13）	0.7±0.8（33）	86±61（30）	80	3559±2295（31）
晚稻	43.5±23.2（15）	23.2±6.5（2）	13.6±12.1（10）	0.6±0.6（45）	143±109（41）	81	5163±3712（42）
平均	43.6±22.6（165）	17.5±16.7（79）	12.7±10.0（114）	1.0±1.0（255）	119±113（218）	75	4739±3852（207）

研究表明，与常规施肥技术相比，减少 NH_3 挥发、NO_3^--N 淋洗、N 径流、N_2O 排放和 CH_4 排放最有效的措施分别为有机替代（−48.4%）、有机替代（−13.7%）、缓控释氮肥（−26.0%）、缓控释氮肥（−42.4%）和缓控释氮肥（−25.6%）（表 7-4）。由于不同措施对各种损失途径的影响存在正负相反的效应，不能判断其对氮素损失和温室气体排放的具体抑制或促进程度。因此，通过对各个损失途径加权平均，缓控释氮肥减少了 7.8 个百分点的氮素总损失率，降低了 28.8% 的 GWP；有机替代减少了 9.0 个百分点的氮素总损失率，但增加了56.9% 的 GWP；秸秆还田对氮素损失几乎没有影响，反而使 GWP 增加一倍（图 7-7）。

表 7-4　氮素优化管理措施对氮素损失和温室气体排放的影响

项目	缓控释氮肥		有机替代		秸秆还田	
	变化率/%	95% 置信区间	变化率/%	95% 置信区间	变化率/%	95% 置信区间
NH_3 挥发	−39.5 (87)	−40.9～−38.1	−48.4 (39)	−50.4～−46.3	7.4 (24)	−0.2～15.6
NO_3^--N 淋洗	−12.3 (17)	−19.9～−4.0	−13.7 (25)	−19.5～−7.4	−13.5 (12)	−29.1～5.6
N 径流	−26.0 (45)	−28.9～−22.9	−18.0 (37)	−22.0～−13.7	−9.0 (16)	−17.1～−0.1
N_2O 排放	−42.4 (98)	−43.6～−41.2	−11.5 (107)	−13.2～−9.7	−9.8 (177)	−10.8～−8.9
CH_4 排放	−25.6 (74)	−27.7～−23.4	60.1 (109)	57.1～63.2	110.4 (186)	108.3～112.6
GWP	−29.2 (70)	−31.2～−27.1	56.9 (92)	53.3～60.5	96.7 (166)	94.4～99.1

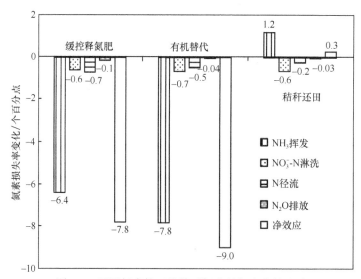

图 7-7　不同氮素管理措施对氮素总损失率的影响

综上所述，缓控释氮肥和有机替代能够显著减少稻田氮素损失，而只有缓控释氮肥是降低稻田温室气体排放的有效措施。

7.1.3　减施潜力

一方面，基于目标产量氮素吸收量、基础氮素供应量和氮素损失率，并根据氮素输入输出平衡，建立水稻区域尺度氮肥用量的计算方法，通过对比推荐量与习惯施氮量的差值推算氮肥的减施潜力；另一方面，根据缓控释氮肥和有机替代措施下氮素损失的减少量，估算这两种措施的氮肥减施潜力。

通过评估各稻区的目标产量氮素吸收量、基础氮素供应量和氮素损失率，在区域尺度针对一季稻、中稻–长江中下游稻区、中稻–西南稻区、早稻、晚稻进行了氮肥推荐；在秸秆还田的基础上，不同水稻类型的最佳氮肥推荐用量是 153～180kg N/hm² （表 7-5）。通过对产量、氮肥利用率、氮素损失率的估算，证明此氮肥推荐用量能够在维持高产和合理的氮肥利用率的同时，最大程度上减少氮素损失率。与习惯施氮量比较，不同水稻类型的氮肥减施潜力范围是 11～77kg N/hm²，一季稻、早稻和晚稻的氮肥减施潜力相对较低，而中稻则需要大幅度减少氮肥的投入。

表 7-5　不同稻区氮肥推荐用量和减施潜力

水稻类型	目标产量氮素吸收量/(kg N/hm²)	基础氮素供应量/(kg N/hm²)	氮素损失率/%	推荐用量/(kg N/hm²)	习惯用量/(kg N/hm²)	减施潜力/(kg N/hm²)
一季稻	143.4	72.1	56.9	165	181	16
中稻–长江中下游稻区	180.2	93.0	51.7	180	257	77
中稻–西南稻区	161.1	91.0	56.2	160	189	29
早稻	142.9	79.3	58.4	153	166	13
晚稻	153.7	82.2	58.7	173	184	11

由于缓控释氮肥和有机替代具有显著降低氮素损失的效果，因此可以将减少的氮素损失部分转化为相应的氮肥减施潜力。利用上述基于氮素损失的氮肥用量推荐方法，缓控释氮肥、有机替代技术的氮肥减施潜力分别为 23～34kg N/hm²、26～38kg N/hm² （表 7-6）。秸秆还田不能降低氮素损失，但可以补充稻季土壤氮库的消耗，能够间接促进氮肥的减施。

表 7-6　基于高效氮素管理措施的氮肥减施潜力评估

水稻类型	缓控释氮肥		有机替代	
	损失率变化/个百分点	减施潜力/(kg N/hm²)	损失率变化/个百分点	减施潜力/(kg N/hm²)
一季稻	7.2	23.8	8.1	26.1
中稻–长江中下游稻区	7.3	23.6	8.4	26.6
中稻–西南稻区	9.1	27.5	10.4	30.8
早稻	9.3	28.0	10.8	31.4
晚稻	9.8	33.3	11.3	37.3

稻田氮肥减施不可盲目，在优化氮肥用量的同时，必须结合高效的氮素管理措施，才能实现氮肥减施增效的可持续发展。施用缓控释氮肥、有机替代及秸秆还田是协调水稻高产、养分高效及环境保护的氮素高效管理措施，可以作为氮肥减施增效的关键技术。

7.2　粮食作物化肥减施增效模式

7.2.1　基于 NE+ 的水稻化肥减施增效技术模式

该技术模式内容包括：确定目标产量；确定土壤肥力水平；确定养分推荐量；确定养分有机替代比例；具体施肥方案。

（1）确定目标产量

目标产量=农户习惯施肥产量×1.1。

（2）确定土壤肥力水平

按附录 A 的原则确定土壤肥力水平。

（3）确定养分推荐量

采用基于产量反应和农学效率的养分推荐方法及 NE 系统，提出不同目标产量及土壤肥力水平下的养分推荐量，见表 7-7～表 7-10。

表 7-7　不同目标产量下一季稻养分推荐量（适于东北及西北）

目标产量/ （t/hm²）	土壤肥力水平	施氮量/ （kg N/hm²）	施磷量/ （kg P₂O₅/hm²）	秸秆还田下施钾量/ （kg K₂O/hm²）	秸秆不还田下施钾量/ （kg K₂O/hm²）
6.0	低	155	47	59	80
	中	144	40	50	70
	高	134	31	40	60
7.5	低	165	59	74	100
	中	151	50	62	88
	高	139	39	50	76
9.0	低	175	70	89	119
	中	157	60	74	105
	高	143	47	60	91
10.5	低	186	82	104	139
	中	164	70	87	123
	高	147	55	70	106
12.0	低	199	94	118	159
	中	170	80	99	140
	高	151	63	80	121

表 7-8　不同目标产量下中稻养分推荐量（适于长江中下游及南方）

目标产量/ （t/hm²）	土壤肥力水平	施氮量/ （kg N/hm²）	施磷量/ （kg P₂O₅/hm²）	秸秆还田下施钾量/ （kg K₂O/hm²）	秸秆不还田下施钾量/ （kg K₂O/hm²）
6.0	低	150	43	45	81
	中	144	36	34	70
	高	135	31	27	63
7.5	低	158	54	56	101
	中	151	45	43	87
	高	140	39	34	78
9.0	低	166	65	67	121
	中	157	54	51	105
	高	144	47	40	94

续表

目标产量/ （t/hm²）	土壤肥力水平	施氮量/ （kg N/hm²）	施磷量/ （kg P₂O₅/hm²）	秸秆还田下施钾量/ （kg K₂O/hm²）	秸秆不还田下施钾量/ （kg K₂O/hm²）
	低	175	75	79	141
10.5	中	164	63	60	122
	高	148	54	47	110
	低	185	86	90	161
12.0	中	170	72	68	140
	高	153	62	54	125

表 7-9　不同目标产量下早稻养分推荐量（适于长江中下游及南方）

目标产量/（t/hm²）	土壤肥力水平	施氮量/ （kg N/hm²）	施磷量/ （kg P₂O₅/hm²）	秸秆还田下施钾量/ （kg K₂O/hm²）	秸秆不还田下施钾量/ （kg K₂O/hm²）
	低	133	35	36	63
4.5	中	128	29	28	55
	高	121	23	22	48
	低	140	47	48	84
6.0	中	134	38	38	73
	高	126	31	29	64
	低	147	58	61	105
7.5	中	140	48	47	92
	高	130	39	36	81
	低	154	70	73	126
9.0	中	145	57	57	110
	高	134	47	43	97
	低	162	82	85	147
10.5	中	151	67	66	129
	高	138	54	50	113

表 7-10　不同目标产量下晚稻养分推荐量（适于长江中下游及南方）

目标产量/ （t/hm²）	土壤肥力水平	施氮量/ （kg N/hm²）	施磷量/ （kg P₂O₅/hm²）	秸秆还田下施钾量/ （kg K₂O/hm²）	秸秆不还田下施钾量/ （kg K₂O/hm²）
	低	129	30	32	59
4.5	中	125	25	26	52
	高	118	22	20	47
	低	136	39	43	79
6.0	中	130	33	34	70
	高	123	29	27	63
	低	141	49	54	99
7.5	中	135	42	43	87
	高	127	36	34	78

目标产量/ (t/hm²)	土壤肥力水平	施氮量/ (kg N/hm²)	施磷量/ (kg P₂O₅/hm²)	秸秆还田下施钾量/ (kg K₂O/hm²)	秸秆不还田下施钾量/ (kg K₂O/hm²)
	低	147	59	65	118
9.0	中	140	50	51	105
	高	131	43	40	94
	低	154	69	75	138
10.5	中	144	59	60	122
	高	134	50	47	110

（4）确定养分有机替代比例

由畜禽有机肥提供的氮素不超过施氮量的 20%。

（5）具体施肥方案

氮肥分 1～4 次施用。氮肥总量 ≥ 180kg N/hm²，分 4 次施用，分别在移栽期、分蘖期、幼穗分化期、抽穗开花期施用，比例为 30-30-20-20。氮肥总量 < 180kg N/hm²，分 3 次施用，常规稻分别在移栽期、分蘖期、幼穗分化期施用，杂交稻分别在移栽期、幼穗分化期、抽穗开花期施用，高、中、低肥力土壤氮肥施用比例分别为 35-35-30、40-35-25、50-30-20；如果施用缓控释肥，则一次性施用，缓控释肥与普通尿素比例为 40-60。磷肥全部作基肥一次性施用。钾肥总量 ≥ 60kg K₂O/hm²，分 2 次施用，分别在移栽期、幼穗分化期施用，比例为 60-40；钾肥总量 < 60kg K₂O/hm²，在移栽前一次性施用。中微量元素的推荐见表 7-11。基肥于插秧或播前撒施，然后与土混合，深施；追肥进行撒施灌水，以水调氮。

表 7-11　水稻中微量元素推荐施肥方法

缺乏元素	施用方法及施用量
硫	土壤有效硫含量为 16～30mg/kg 时，施硫 30～35kg S/hm²；土壤有效硫含量为 8～16mg/kg 时，施硫 35～40kg S/hm²；土壤有效硫含量 < 8mg/kg 时，施硫 40～45kg S/hm²。可用硫黄或石膏基施或插秧后 10～15d 撒施
镁	基施七水硫酸镁 80～120kg/hm²（8～12kg Mg/hm²）；或用 1%～2% 硫酸镁溶液叶面喷施，间隔 7～10d 喷施，连续喷施 2～3 次
硅	基施 60～90kg SiO₂/hm²，可用硅酸钙等，或 40～80kg/hm² 水溶性硅肥（以硅酸钠或硅酸钾为主要成分）
硼	基施硼砂 10～15kg/hm²（1.1～1.7kg B/hm²），或用 0.01%～0.05% 硼砂溶液浸种，或分别在苗期、分蘖期、孕穗期叶面喷施 0.1%～0.2% 硼砂溶液
铜	基施五水硫酸铜 7.5～15kg/hm²（2～4kg Cu/hm²），或用 0.02%～0.05% 硫酸铜溶液浸种，或分别在苗期、分蘖期、孕穗期叶面喷施 0.2%～0.4% 硫酸铜溶液
锌	基施七水硫酸锌 20～40kg/hm²（4.5～9.0kg Zn/hm²），或用 0.02%～0.05% 硫酸锌溶液浸种，或分别在苗期、分蘖期、孕穗期叶面喷施 0.2%～0.4% 硫酸锌溶液
钼	四水钼酸铵 0.75～1.50kg/hm² 与其他肥料混匀后基施（0.2～0.5kg Mo/hm²）；或在分蘖期、孕穗期喷施 0.05%～0.10% 钼酸铵溶液 1～2 次，每次间隔 7～10d
铁	基施七水硫酸亚铁 50～130kg/hm²（10.5～25.5kg Fe/hm²），或用 0.2% 硫酸亚铁溶液在孕穗期到灌浆期喷施 2～3 次，每次间隔 7～10d
锰	基施一氧化锰 30～60kg/hm² 或一水硫酸锰 70～140kg/hm²（23～46kg Mn/hm²），间隔 2～3 年基施一次；或用 0.1%～0.2% 硫酸锰溶液浸种 48h，种子与溶液比例为 1:1

7.2.2　基于 NE+ 的小麦化肥减施增效技术模式

该技术模式包括：确定目标产量；确定土壤肥力水平；确定养分推荐量；确定养分有机替代比例；具体施肥方案。

（1）确定目标产量

目标产量=农户习惯施肥产量×1.05。

（2）确定土壤肥力水平

按附录 A 的原则确定土壤肥力水平。

（3）确定养分推荐量

采用基于产量反应和农学效率的养分推荐方法及 NE 系统，提出不同目标产量及土壤肥力水平下的养分推荐量，见表 7-12。

表 7-12　不同目标产量下小麦养分推荐量

目标产量/(t/hm²)	土壤肥力水平	施氮量/(kg N/hm²)	施磷量/(kg P₂O₅/hm²)	秸秆还田下施钾量/(kg K₂O/hm²)	秸秆不还田下施钾量/(kg K₂O/hm²)
4.5	低	162	58	45	63
	中	127	51	35	53
	高	89	44	28	46
6.0	低	187	78	60	83
	中	149	68	47	70
	高	108	59	38	61
7.5	低	208	97	75	104
	中	167	85	59	88
	高	123	74	47	76
9.0	低	228	117	90	125
	中	182	102	71	105
	高	136	89	57	92
10.5	低	247	136	105	146
	中	196	119	82	123
	高	148	104	66	107

（4）确定养分有机替代比例

由畜禽有机肥提供的氮素不超过施氮量的 30%。

（5）具体施肥方案

氮肥分 2～3 次施用。氮肥总量 ≥ 180kg N/hm²，分 3 次施用，分别在播种期、返青期、孕穗期施用，高、中、低肥力土壤氮肥施用比例分别为 25-50-25、各 1/3、50-30-20。氮肥总量在 140～180kg N/hm²，在砂质土壤分 3 次施用，施用时期和比例同上；在壤质和黏质土壤分 2 次施用，分别在播种期、返青期施用，高、中、低肥力土壤氮肥施用比例分别为 30-70、

50-50、60-40。氮肥总量＜140kg N/hm²，分2次施用，施用时期和比例同上；如果施用缓控释肥，则一次性施用，缓控释肥与普通尿素比例为40-60。磷肥全部作基肥一次性施用。钾肥总量≥60kg K₂O/hm²，分2次施用，分别在播种期、返青期施用，比例为60-40；钾肥总量＜60kg K₂O/hm²，在播种期一次性施用。中微量元素的推荐见表7-13。对于撒施，种肥或基肥于播前撒施于土表，通过耕翻与土混匀；第2次或第3次追肥，撒施后立即浇水，以水调氮。对于种肥同播，种肥或基肥于播种时通过机械施入种子侧下方或正下方3～5cm；第2次或第3次追肥，在小麦行间条施，深度为5～8cm，施后浇水。

表 7-13　小麦中微量元素推荐施肥方法

缺乏元素	施用方法及施用量
硫	土壤有效硫含量为16～30mg/kg时，施硫30～50kg S/hm²；土壤有效硫含量为8～16mg/kg时，施硫50～70kg S/hm²；土壤有效硫含量＜8mg/kg时，施硫70～90kg S/hm²。可用硫黄或石膏基施
镁	基施8～12kg Mg/hm²，可选用碳酸镁或硫酸镁；或喷施1%左右的硫酸镁溶液
硅	硅肥用量20～40kg SiO₂/hm²，可用硅酸钙（SiO₂含量＞20%）基施或于拔节期施用，或40～80kg/hm²水溶性硅肥（以硅酸钠或硅酸钾为主要成分，SiO₂含量＞50%）
硼	基施硼砂5～8kg/hm²（0.6～0.9kg B/hm²），或采用硼砂10g溶于5L水中拌麦种50kg，或在小麦苗期、拔节期、孕穗期叶面喷施0.1%～0.3%硼砂溶液
铜	基施五水硫酸铜20～30kg/hm²（5～8kg Cu/hm²），或在拔节期前后喷施0.05%～0.10%硫酸铜溶液1～2次（拔节期1次，或拔节期、分蘖期各1次）
锌	基施七水硫酸锌15～45kg/hm²（3～10kg Zn/hm²），或分别在拔节期、孕穗期叶面喷施0.4%～0.5%硫酸锌溶液，或每千克麦种拌4g七水硫酸锌
钼	每千克麦种用2～3g四水钼酸铵拌种，或四水钼酸铵0.75～1.50kg/hm²（0.2～0.5kg Mo/hm²）与其他肥料混匀后基施；或在苗期、孕穗期喷施0.05%～0.10%钼酸铵溶液1～2次，每次间隔7～10d
铁	基施七水硫酸亚铁10.5～70.5kg/hm²（2～14kg Fe/hm²）；或用0.3%硫酸亚铁溶液在拔节期到抽穗期喷施2次，每次间隔7～10d
锰	基施一水硫酸锰20～40kg/hm²（6～13kg Mn/hm²），可隔年施一次；或在分蘖期、孕穗期喷施0.1%～0.2%硫酸锰溶液2～3次，每次间隔7～10d；或每千克麦种用一水硫酸锰4～8g拌种

7.2.3　基于NE+的玉米化肥减施增效技术模式

该技术模式包括：确定目标产量；确定土壤肥力水平；确定养分推荐量；确定养分有机替代比例；具体施肥方案。

（1）确定目标产量

目标产量=农户习惯施肥产量×1.1。

（2）确定土壤肥力水平

按附录A的原则确定土壤肥力水平。

（3）确定养分推荐量

采用基于产量反应和农学效率的养分推荐方法及NE系统，提出不同目标产量及土壤肥力水平下的养分推荐量，见表7-14和表7-15。

表 7-14　不同目标产量下春玉米养分推荐量（适于东北及西北）

目标产量/(t/hm²)	土壤肥力水平	施氮量/(kg N/hm²)	施磷量/(kg P₂O₅/hm²)	秸秆还田下施钾量/(kg K₂O/hm²)	秸秆不还田下施钾量/(kg K₂O/hm²)
7.5	低	177	76	73	83
	中	146	67	60	70
	高	109	58	48	59
9.0	低	194	92	88	100
	中	162	80	72	84
	高	123	69	58	70
10.5	低	207	107	103	117
	中	176	93	84	98
	高	136	81	68	82
12.0	低	219	122	117	133
	中	189	107	96	112
	高	148	92	78	94
13.5	低	230	138	132	150
	中	199	120	108	126
	高	158	104	87	105

注：东北地区包括黑龙江、吉林和辽宁；西北地区包括内蒙古、陕西、青海、甘肃、宁夏和新疆。下同

表 7-15　不同目标产量下夏玉米养分推荐量（适于南方及华北）

目标产量/(t/hm²)	土壤肥力水平	施氮量/(kg N/hm²)	施磷量/(kg P₂O₅/hm²)	秸秆还田下施钾量/(kg K₂O/hm²)
6.0	低	169	50	55
	中	131	42	46
	高	94	37	38
7.5	低	192	63	69
	中	152	53	57
	高	111	46	48
9.0	低	212	76	82
	中	171	63	69
	高	127	55	57
10.5	低	229	88	96
	中	187	74	80
	高	141	64	67
12.0	低	243	101	110
	中	202	84	92
	高	154	74	76

注：华北地区包括河北、河南、山东、山西、北京和天津；南方地区包括安徽、江苏、湖北、四川、重庆、贵州、云南、西藏。下同

（4）确定养分有机替代比例

由畜禽有机肥提供的氮素不超过施氮量的 30%。

（5）具体施肥方案

氮肥分 2～3 次施用。氮肥总量 ≥ 180kg N/hm²，分 3 次施用，分别在播种期、拔节期、抽雄期施用，高、中、低肥力土壤氮肥施用比例分别为 25-50-25、40-35-25、50-30-20。氮肥总量在 140～180kg N/hm²，在砂质土壤分 3 次施用，施用时期和比例同上；在壤质和黏质土壤分 2 次施用，分别在播种期、拔节期施用，高、中、低肥力土壤氮肥施用比例分别为 25-75、40-60、60-40。氮肥总量 < 140kg N/hm²，分 2 次施用，施用时期和比例同上；如果施用缓控释肥，则一次性施用，缓控释肥与普通尿素比例为 40-60。磷肥全部作基肥一次性施用。钾肥总量 ≥ 60kg K₂O/hm²，分 2 次施用，分别在播种期、拔节期施用，比例为 60-40；钾肥总量 < 60kg K₂O/hm²，在播种期一次性施用。中微量元素的推荐见表 7-16。种肥或基肥：施入种子侧下方 10～20cm。追肥：追肥深度 10～20cm，追肥部位在植株行侧 10～20cm。

表 7-16　玉米中微量元素推荐施肥方法

缺乏元素	施用方法及施用量
硫	土壤有效硫含量为 16～30mg/kg 时，施硫 40～60kg S/hm²；土壤有效硫含量为 8～16mg/kg 时，施硫 60～80kg S/hm²；土壤有效硫含量 < 8mg/kg 时，施硫 80～100kg S/hm²。可用硫黄或石膏基施
镁	基施七水硫酸镁 150～200kg/hm²（15～20kg Mg/hm²），也可选择喷施 1%～2% 硫酸镁溶液
硅	基施 90～150kg SiO₂/hm²，可用硅钙镁肥、硅酸钙等，或 45～75kg/hm² 水溶性硅肥（以硅酸钠或硅酸钾为主要成分，SiO₂ 含量 > 50%）
硼	基施硼砂 6.5kg/hm² 左右（0.7kg B/hm²），或用 0.01%～0.05% 硼砂溶液浸种，或分别在大喇叭口期、抽雄期叶面喷施 0.1%～0.2% 硼砂溶液
铜	基施五水硫酸铜 15～25kg/hm²（4～6kg Cu/hm²），或用 0.5～1.0mg/L 硫酸铜溶液浸种，或分别在苗期、拔节期、孕穗期叶面喷施 0.1%～0.2% 硫酸铜溶液
锌	基施七水硫酸锌 25～45kg/hm²（6～10kg Zn/hm²），或用 0.02%～0.05% 硫酸锌溶液浸种，或在苗期叶面喷施 0.1%～0.3% 硫酸锌溶液
钼	每千克种子用 2～4g 四水钼酸铵拌种，或四水钼酸铵或钼酸钠 0.75～1.50kg/hm²（0.2～0.5kg Mo/hm²）与其他肥料混匀后基施，或在苗期、喇叭口期叶面喷施 0.05%～0.10% 钼酸铵溶液
铁	基施七水硫酸亚铁 15～30kg/hm²（3～6kg Fe/hm²）；或在苗期叶面喷施 0.2%～0.3% 硫酸亚铁溶液 3 次，每次间隔 5～7d
锰	基施一水硫酸锰 25～50kg/hm²（8～16kg Mn/hm²）；或在苗期至大喇叭口期喷施 0.1%～0.2% 硫酸锰溶液 2 次，每次间隔 7～10d

7.2.4　基于 NE+ 的马铃薯化肥减施增效技术模式

该技术模式包括：确定目标产量；确定土壤肥力水平；确定养分推荐量；确定养分有机替代比例；具体施肥方案。

（1）确定目标产量

目标产量=农户习惯施肥产量×1.1。

（2）确定土壤肥力水平

按附录 A 的原则确定土壤肥力水平。

（3）确定养分推荐量

采用基于产量反应和农学效率的养分推荐方法及 NE 系统，提出不同目标产量及土壤肥力水平下的养分推荐量，见表 7-17～表 7-21。

表 7-17　不同目标产量下马铃薯养分推荐量（适于东北地区）

目标产量/(t/hm²)	土壤肥力水平	施氮量/(kg N/hm²)	施磷量/(kg P₂O₅/hm²)	施钾量/(kg K₂O/hm²)
	低	163	40	76
15.0	中	150	32	66
	高	142	26	62
	低	183	61	113
22.5	中	168	48	99
	高	159	39	93
	低	200	81	151
30.0	中	182	64	132
	高	172	52	124
	低	218	101	189
37.5	中	196	80	165
	高	183	64	155
	低	238	121	227
45.0	中	209	96	198
	高	194	77	186

表 7-18　不同目标产量下马铃薯养分推荐量（适于西北地区）

目标产量/(t/hm²)	土壤肥力水平	施氮量/(kg N/hm²)	施磷量/(kg P₂O₅/hm²)	施钾量/(kg K₂O/hm²)
	低	149	43	73
15.0	中	133	31	58
	高	116	23	48
	低	167	65	109
22.5	中	150	47	87
	高	134	35	72
	低	181	87	145
30.0	中	162	62	116
	高	146	47	96
	低	194	109	182
37.5	中	173	78	145
	高	155	58	120
	低	207	130	218
45.0	中	182	93	174
	高	163	70	144

表 7-19 不同目标产量下马铃薯养分推荐量（适于华北地区）

目标产量/(t/hm²)	土壤肥力水平	施氮量/(kg N/hm²)	施磷量/(kg P₂O₅/hm²)	施钾量/(kg K₂O/hm²)
15.0	低	139	41	87
	中	126	34	75
	高	117	30	61
22.5	低	156	62	131
	中	143	51	112
	高	134	45	91
30.0	低	169	83	175
	中	155	67	149
	高	147	60	122
37.5	低	180	103	218
	中	165	84	187
	高	156	74	152
45.0	低	190	124	262
	中	173	101	224
	高	164	89	183

表 7-20 不同目标产量下马铃薯养分推荐量（适于东南地区）

目标产量/(t/hm²)	土壤肥力水平	施氮量/(kg N/hm²)	施磷量/(kg P₂O₅/hm²)	施钾量/(kg K₂O/hm²)
15.0	低	158	43	80
	中	148	29	68
	高	129	22	53
22.5	低	177	64	120
	中	165	43	101
	高	146	33	80
30.0	低	193	86	160
	中	179	57	135
	高	158	44	107
37.5	低	208	107	200
	中	191	71	169
	高	168	54	134
45.0	低	225	129	239
	中	204	86	203
	高	177	65	160

表 7-21　不同目标产量下马铃薯养分推荐量（适于西南地区）

目标产量/(t/hm²)	土壤肥力水平	施氮量/(kg N/hm²)	施磷量/(kg P₂O₅/hm²)	施钾量/(kg K₂O/hm²)
	低	163	60	90
15.0	中	148	41	68
	高	133	31	54
	低	183	90	136
22.5	中	166	61	102
	高	150	47	81
	低	201	120	181
30.0	中	180	81	136
	高	162	62	108
	低	219	150	226
37.5	中	192	101	170
	高	172	78	136
	低	239	180	271
45.0	中	205	122	204
	高	182	93	163

（4）确定养分有机替代比例

由畜禽有机肥提供的氮素不超过施氮量的 30%。

（5）具体施肥方案

氮肥总量 $\geqslant 160$ kg N/hm²，在滴灌或喷灌条件下，氮肥分 5～8 次施用，在高、中肥力土壤上分 5 次施用，分别在播种期、现蕾期、初花期、盛花期、灌浆期施用，比例分别为 30-30-20-10-10、30-20-20-20-10；在低肥力土壤上分 8 次施用，分别在播种期、出苗期、现蕾期、初花期、盛花前期、盛花中期、灌浆前期、灌浆中期施用，比例为 20-20-10-10-10-10-10-10；在雨养条件下，分 3 次施用，分别在播种期、出苗期、盛花期施用，高、中、低肥力土壤氮肥施用比例分别为 40-35-25、50-30-20、60-20-20。氮肥总量 < 160 kg N/hm²，在滴灌或喷灌条件下，高、中肥力土壤氮肥施用比例分别为 30-30-20-10-10、30-20-20-20-10，低肥力土壤比例为 30-10-5-10-10-10-15-10；在雨养条件下，分 2 次施用，分别在播种期、块茎萌发期施用，高、中、低肥力土壤氮肥施用比例分别为 50-50、60-40、70-30；如果施用缓控释肥，则一次性施用，缓控释肥与普通尿素比例为 40-60。磷肥全部作基肥一次性施用。钾肥总量 $\geqslant 60$ kg K₂O/hm²，分 2 次施用，比例为 50-50，分别在播种期、现蕾期施用；否则一次性施用。中微量元素的推荐见表 7-22。种肥或基肥：播种前条深施，施入种子侧或正下方 5～7cm。追肥：雨养田块采用机械条施于苗侧，然后培土覆盖。滴灌采用水肥一体化随水施肥。

表 7-22　马铃薯中微量元素推荐施肥方法

缺乏元素	施用方法及施用量
硫	土壤有效硫含量为 16～30mg/kg 时，施硫 20～30kg S/hm²；土壤有效硫含量为 8～16mg/kg 时，施硫 30～50kg S/hm²；土壤有效硫含量 < 8mg/kg 时，施硫 50～60kg S/hm²。可用硫黄或石膏基施或插秧后 10～15d 撒施

缺乏元素	施用方法及施用量
镁	基施七水硫酸镁 75~150kg/hm²（7.5~15kg Mg/hm²）
硅	基施 450~750kg/hm² 缓效硅肥（以硅酸钙为主要成分，SiO₂ 含量 > 20%），或 22.5~45.0kg/hm² 水溶性硅肥（以硅酸钠或硅酸钾为主要成分），随灌水施入
硼	基施硼砂 7.5~15.0kg/hm²（0.08~0.17kg B/hm²）；或在生育期用硼砂 3.75~11.25kg/hm² 兑水穴施；或在现蕾-开花期叶面喷施 0.1% 硼砂溶液 750~900L/hm²，每隔 7~10d 喷施 1 次，连续喷施 2~3 次
铜	基施五水硫酸铜 10~15kg/hm²（1.5~6.0kg Cu/hm²），或用 0.05% 硫酸铜溶液浸种 3h，或在现蕾期到开花期叶面喷施 0.05%~0.20% 硫酸铜溶液 1~2 次
锌	基施七水硫酸锌 7.5~30.0kg/hm²（1.5~7.5kg Zn/hm²），或出苗后 30d、60d、90d 叶面喷施 0.1% 硫酸锌溶液
钼	基施四水钼酸铵或钼酸钠 0.75~1.50kg/hm²（0.2~0.5kg Mo/hm²）；或用 0.03%~0.05% 钼酸铵溶液浸种；或在苗期、现蕾期、开花期喷施 0.05%~0.10% 钼酸铵 1~2 次，每次间隔 7~10d
铁	基施七水硫酸亚铁 75~150kg/hm²（15~30kg Fe/hm²），或在开花期叶面喷施 0.05% 硫酸亚铁溶液 1~2 次
锰	基施一水硫酸锰 60~120kg/hm²（15~30kg Mn/hm²），或用 0.01%~0.15% 硫酸锰溶液浸种，或在现蕾期到开花期叶面喷施 0.05%~0.50% 硫酸锰溶液 1~2 次

7.3 经济作物化肥减施增效模式

7.3.1 基于 NE+ 的茶叶化肥减施增效技术模式

该技术模式包括：确定目标产量；确定土壤肥力水平；确定养分推荐量；确定养分有机替代比例；具体施肥方案。

（1）确定目标产量

目标产量=农户习惯施肥产量×1.2。

（2）确定土壤肥力水平

按附录 A 的原则确定土壤肥力水平。

（3）确定养分推荐量

采用基于产量反应和农学效率的养分推荐方法及 NE 系统，提出不同目标产量及土壤肥力水平下的养分推荐量，见表 7-23。

表 7-23 不同目标产量下茶叶养分推荐量

目标产量/(t/hm²)	土壤肥力水平	施氮量/(kg N/hm²)	施磷量/(kg P₂O₅/hm²)	施钾量/(kg K₂O/hm²)
	低	332	81	65
2.25	中	319	57	47
	高	288	20	18
	低	343	108	86
3.00	中	329	76	63
	高	298	26	25
	低	354	135	108
3.75	中	337	95	79
	高	306	33	31

续表

目标产量/(t/hm²)	土壤肥力水平	施氮量/(kg N/hm²)	施磷量/(kg P₂O₅/hm²)	施钾量/(kg K₂O/hm²)
	低	365	162	129
4.50	中	345	114	95
	高	311	39	37
	低	376	190	151
5.25	中	352	134	110
	高	316	46	43

（4）确定养分有机替代比例

由畜禽有机肥提供的氮素不超过施氮量的 30%。

（5）具体施肥方案

对于只采春茶，氮磷钾肥和有机肥于 9 月中旬到 10 月底一次性施用。对于全年采茶，氮肥分 3 次施用，基肥于 9 月中旬至 10 月底施用，追肥分别在春茶采摘前一个月、春茶采摘结束后施用，施用比例为 30-40-30，磷肥和钾肥作基肥一次性施用。如采用叶面肥，在采茶前一个月开始喷施叶面肥，每隔一周左右喷一次。中微量元素的推荐见表 7-24。基肥：肥料要适当深施，在茶蓬滴水线开沟条施，施肥深度在 20cm 左右，施肥后及时覆土。追肥：在茶蓬滴水线开沟条施，施肥深度 10cm。

表 7-24　茶叶中微量元素推荐施肥方法

缺乏元素	施用方法及施用量
硫	基施单质硫 20～60kg S/hm² 或石膏 150～375kg/hm²。如有土壤测试，土壤有效硫含量为 16～30mg/kg 时，基施硫 20～30kg S/hm²；土壤有效硫含量为 8～16mg/kg 时，基施硫 30～50kg S/hm²；土壤有效硫含量 < 8mg/kg 时，基施硫 50～60kg S/hm²
镁	基施氧化镁 30～45kg/hm²（18～27kg Mg/hm²）；或叶面喷施 0.5% 硫酸镁溶液，连续喷施 2～3 次，每次间隔 7～10d
硅	基施 120～200kg/hm² 缓效硅肥（以硅酸钙为主要成分，SiO₂ 含量 > 20%），或 40～60kg/hm² 水溶性硅肥（以硅酸钠或硅酸钾为主要成分，SiO₂ 含量 > 50%）；或叶面喷施 0.15% 液体硅肥（硅含量 ≥ 100g/L）
硼	硼砂 2.5～15.0kg/hm²（0.3～1.8kg B/hm²）与其他肥料混匀后一起基施，可间隔 2～3 年基施一次；或喷施 0.1%～0.4% 硼砂或硼酸溶液 750～1500L/hm²，在生长季节喷施 2～3 次，每次间隔 7～10d
铜	基施五水硫酸铜 15～20kg/hm²（3.8～5.1kg Cu/hm²），或叶面喷施 0.02%～0.05% 硫酸铜溶液
锌	春夏季叶面喷施 0.1%～0.5% 硫酸锌溶液，每月喷施一次，连续喷施 5 次；或夏季阴天、傍晚喷施 0.1%～0.2% 硫酸锌溶液
钼	基施四水钼酸铵 0.75～3.0kg/hm²（0.4～1.6kg Mo/hm²）；或在茶芽萌发期喷施 0.05%～0.10% 钼酸铵溶液 1～2 次，每次间隔 7～10d
铁	将硫酸亚铁与饼肥（豆饼、花生饼、棉籽饼）和硫酸铵按质量比 1∶4∶1 混合集中施于茶叶毛细根较多的土层，以春季发芽前施入效果较好；也可在茶叶的生长过程中喷施 0.5% 硫酸亚铁溶液与 0.5% 尿素溶液，连续喷施 2～3 次，每次间隔 1～2 周
锰	基施一氧化锰 37.5～45.0kg/hm²（29.0～34.9kg Mn/hm²），或喷施 1.0%～2.0% 硫酸锰溶液 750～1500L/hm²

7.3.2　基于 NE+ 的油菜化肥减施增效技术模式

该技术模式包括：确定目标产量；确定土壤肥力水平；确定养分推荐量；确定养分有机

替代比例；具体施肥方案。

（1）确定目标产量

目标产量=农户习惯施肥产量×1.15。

（2）确定土壤肥力水平

按附录 A 的原则确定土壤肥力水平。

（3）确定养分推荐量

采用基于产量反应和农学效率的养分推荐方法及 NE 系统，提出不同目标产量及土壤肥力水平下的养分推荐量，见表 7-25。

表 7-25　不同目标产量下油菜养分推荐量

目标产量/(t/hm²)	土壤肥力水平	施氮量/(kg N/hm²)	施磷量/(kg P₂O₅/hm²)	施钾量/(kg K₂O/hm²)
1.5	低	163	52	43
	中	160	35	34
	高	159	24	19
2.25	低	171	78	65
	中	165	53	50
	高	161	37	28
3.0	低	180	104	87
	中	171	71	67
	高	164	49	37
3.75	低	191	107	120
	中	178	74	88
	高	168	52	51
4.5	低	204	110	144
	中	186	77	106
	高	173	55	61

（4）确定养分有机替代比例

由畜禽有机肥提供的氮素不超过施氮量的 30%。

（5）具体施肥方案

冬油菜氮肥分 3 次施用，分别在播种期、苗期、抽薹期施用，比例为 60-20-20；磷肥作基肥一次性施用；钾肥分 2 次施用，分别在播种期、抽薹期施用，比例为 60-40。春油菜氮肥分 2 次施用，分别在播种期、抽薹期施用，比例为 80-20；磷钾肥一次性施用。若采用缓控释肥或油菜专用肥，则一次性基施，缓控释肥与普通尿素比例为 40-60。中微量元素的推荐见表 7-26。基肥进行播前撒施，然后与土混合，深度 8～10cm；追肥进行撒施灌水，以水调氮。

表 7-26　油菜中微量元素推荐施肥方法

缺乏元素	施用方法及施用量
硫	土壤有效硫含量为 16～30mg/kg 时，施硫 20～30kg S/hm²；土壤有效硫含量为 8～16mg/kg 时，施硫 30～40kg S/hm²；土壤有效硫含量 < 8mg/kg 时，施硫 40～50kg S/hm²。可选用硫黄或石膏基施

缺乏元素	施用方法及施用量
镁	基施 9～27kg Mg/hm²，可选用硫酸镁或碳酸镁；或叶面喷施 1%～2% 硫酸镁溶液或 1% 硝酸镁溶液，连续喷施 3～4 次，每次间隔 7～10d
硅	基施 120～240kg/hm² 缓效硅肥（以硅酸钙为主要成分，SiO₂ 含量为 20%～30%），或 50～80kg/hm² 水溶性硅肥（以硅酸钠或硅酸钾为主要成分，SiO₂ 含量 > 50%）
硼	土壤有效硼含量 0.58mg/kg 为油菜施硼的临界值，基施硼砂 9～15kg/hm²（1.0～1.7kg B/hm²）；或基施硼砂 7.5kg/hm² 后将 1.5kg/hm² 硼砂配制成 0.1%～0.2% 硼砂溶液于抽薹期喷施，连续喷施 2～3 次，每次间隔 7～10d
铜	基施五水硫酸铜 15～30kg/hm²（4～8kg Cu/hm²），或每千克种子用 0.3～0.6kg 硫酸铜拌种，或用 0.01%～0.05% 硫酸铜溶液浸种
锌	基施七水硫酸锌 30～60kg/hm²（6.3～12.6kg Zn/hm²），在石灰性土壤上可采用叶面喷施的方式；或在苗期和抽薹期喷施 0.1%～0.3% 硫酸锌溶液，喷施 1～3 次
钼	基施四水钼酸铵或钼酸钠 0.75～1.50kg/hm²（0.2～0.5kg Mo/hm²）；或每千克种子用 2～4g 四水钼酸铵拌种；或在幼苗期、抽薹期喷施 0.05%～0.10% 钼酸铵溶液 1～2 次，每次间隔 7～10d
铁	基施 27～34kg Fe/hm²，可用硫酸亚铁或柠檬酸铁；或在苗期或花期叶面喷施 0.5%～2% 硫酸亚铁溶液，喷施 2～3 次，每次间隔 10～15d
锰	基施一水硫酸锰 15～45kg/hm²（5～15kg Mn/hm²），或在苗期至盛花期喷施 0.1%～0.3% 硫酸锰溶液 1～3 次

7.3.3　基于 NE+的棉花化肥减施增效技术模式

该技术模式包括：确定目标产量；确定土壤肥力水平；确定养分推荐量；确定养分有机替代比例；具体施肥方案。

（1）确定目标产量

北方地区和新疆地区：目标产量=农户习惯施肥产量×1.1；南方地区：目标产量=农户习惯施肥产量×1.2。

（2）确定土壤肥力水平

按附录 A 的原则确定土壤肥力水平。

（3）确定养分推荐量

采用基于产量反应和农学效率的养分推荐方法及 NE 系统，提出不同目标产量及土壤肥力水平下的养分推荐量，见表 7-27～表 7-30。

表 7-27　不同目标产量下棉花养分推荐量（适于新疆的南疆地区）

目标产量/(t/hm²)	土壤肥力水平	施氮量/(kg N/hm²)	施磷量/(kg P₂O₅/hm²)	施钾量/(kg K₂O/hm²)
	低	238	122	111
5.25	中	233	91	80
	高	227	68	68
	低	243	140	127
6.00	中	237	104	91
	高	230	77	78
	低	248	157	143
6.75	中	241	117	103
	高	233	87	87

目标产量/(t/hm²)	土壤肥力水平	施氮量/(kg N/hm²)	施磷量/(kg P₂O₅/hm²)	施钾量/(kg K₂O/hm²)
7.50	低	253	175	159
	中	245	130	114
	高	236	97	97
8.25	低	258	192	175
	中	249	143	126
	高	240	107	107

表 7-28　不同目标产量下棉花养分推荐量（适于新疆的北疆和东疆地区）

目标产量/(t/hm²)	土壤肥力水平	施氮量/(kg N/hm²)	施磷量/(kg P₂O₅/hm²)	施钾量/(kg K₂O/hm²)
5.25	低	226	113	130
	中	214	77	90
	高	202	55	69
6.00	低	234	129	148
	中	221	88	103
	高	207	63	79
6.75	低	243	145	167
	中	227	99	116
	高	212	71	89
7.50	低	252	161	185
	中	234	110	128
	高	217	79	99
8.25	低	262	177	204
	中	241	121	141
	高	222	87	108

表 7-29　不同目标产量下棉花养分推荐量（适于除新疆外的北方地区）

目标产量/(t/hm²)	土壤肥力水平	施氮量/(kg N/hm²)	施磷量/(kg P₂O₅/hm²)	施钾量/(kg K₂O/hm²)
2.25	低	160	50	55
	中	140	41	39
	高	103	28	26
3.00	低	177	67	74
	中	157	54	52
	高	119	38	34
3.75	低	190	84	92
	中	170	68	65
	高	132	47	43

目标产量/(t/hm²)	土壤肥力水平	施氮量/(kg N/hm²)	施磷量/(kg P₂O₅/hm²)	施钾量/(kg K₂O/hm²)
	低	202	101	111
4.50	中	181	81	78
	高	143	57	52
	低	212	117	129
5.25	中	190	95	91
	高	152	66	60

注：除新疆外的北方地区包括内蒙古、甘肃、宁夏、青海、陕西、河北、河南、山东、山西、北京、天津、黑龙江、吉林和辽宁，下同

表 7-30　不同目标产量下棉花养分推荐量（适于除新疆外的南方地区）

目标产量/(t/hm²)	土壤肥力水平	施氮量/(kg N/hm²)	施磷量/(kg P₂O₅/hm²)	施钾量/(kg K₂O/hm²)
	低	264	44	61
2.25	中	241	36	43
	高	221	24	26
	低	278	58	81
3.00	中	255	47	58
	高	237	32	35
	低	290	73	101
3.75	中	265	59	72
	高	248	40	44
	低	300	87	121
4.50	中	274	71	87
	高	257	48	53
	低	310	102	141
5.25	中	282	83	101
	高	264	56	62

注：除新疆外的南方地区包括安徽、江苏、湖北、湖南、浙江、上海、江西、四川、重庆、贵州、云南和西藏，下同

（4）确定养分有机替代比例

由畜禽有机肥提供的氮素不超过施氮量的 30%。

（5）具体施肥方案

新疆地区氮肥分 4～6 次随水追施，在滴灌条件下，氮肥总量≤ 180kg N/hm²，分 4 次施用，分别在蕾期、初花期、花铃期、铃期施用，高、中、低肥力土壤氮肥施用比例分别为 20-25-35-20、25-25-35-15、25-25-30-20；氮肥总量在 180～300kg N/hm²，分 5 次施用，分别在蕾期、初花期、花铃前期、花铃中期、铃期施用，比例为 10-20-30-20-20；氮肥总量≥ 300kg N/hm²，分 6 次施用，分别在蕾期、初花期、花铃前期、花铃中期、花铃后期、铃期施用，比例为 10-20-25-25-10-10。在漫灌条件下，30% 氮肥作基肥施用，70% 氮肥分 3 次分别

在蕾期、花铃期、铃期于浇水前施用，比例为 25-30-15。如果采用缓控释肥，则需要与普通尿素配施，70% 控释尿素、30% 普通尿素混配，一次性基施；或者控释尿素比例不低于 70%，一次性基施，30% 普通尿素作追肥，分别在花期、花铃期施用，比例为 10-20。磷肥分 2 次施用，分别在播种前期基施、苗期滴施，施用比例为 70-30。钾肥总量 ≥ 60kg K_2O/hm^2，随水分 2 次施用，分别在蕾期、铃期施用，比例为 50-50；钾肥总量 < 60kg K_2O/hm^2，花铃期随水施肥。除新疆外其他地区，氮肥总量 < 240kg N/hm^2，分 2 次施用，分别在播种期、花期施用，高、中、低肥力土壤氮肥施用比例分别为 30-70、30-70、40-60；氮肥总量 ≥ 240kg N/hm^2，分 3 次施用，分别在播种期、花期、铃期施用，高、中、低肥力土壤氮肥施用比例分别为 30-40-30、40-40-20、30-35-35。磷肥播种时一次性基施。钾肥总量 ≥ 100kg K_2O/hm^2，或土壤质地为砂质土，分 2 次施用，分别基施、在花期施用，比例为 60-40；钾肥总量 < 100kg K_2O/hm^2，播种时一次性基施。如果使用缓控释肥，则钾肥作基肥一次性施用。中微量元素的推荐见表 7-31。基肥：建议播前撒施，然后深翻与土混合，深施。追肥：在滴灌条件下，随水滴施，以水调肥；漫灌条件下，浇水前在裸地行开沟施肥，沟深 5～10cm，然后尽快灌水。

表 7-31　棉花中微量元素推荐施肥方法

缺乏元素	施用方法及施用量
硫	土壤有效硫含量为 16～30mg/kg 时，施硫 10～20kg S/hm^2；土壤有效硫含量为 8～16mg/kg 时，施硫 20～30kg S/hm^2；土壤有效硫含量 < 8mg/kg，施硫 30～40kg S/hm^2。可用硫黄或石膏基施
镁	镁肥用量为 15～25kg Mg/hm^2，可用硫酸镁基施
硅	基施 300～450kg/hm^2 缓效硅肥（以硅酸钙为主要成分，SiO_2 含量 > 20%），或 60～90kg/hm^2 水溶性硅肥（以硅酸钠或硅酸钾为主要成分，SiO_2 含量 > 50%）
硼	基施硼砂 7.5～15kg/hm^2（0.8～1.7kg B/hm^2），播种时条施于种子一侧，然后盖土；或分别在蕾期、初花期、花铃期用 0.2% 硼砂溶液 750L/hm^2 各喷施一次
铜	基施五水硫酸铜 5～15kg/hm^2（1～4kg Cu/hm^2）；或用 0.01%～0.05% 硫酸铜溶液浸种 12～24h；或在苗期或开花期叶面喷施 0.01%～0.02% 硫酸铜溶液 2～3 次，每次间隔 7～10d
锌	基施七水硫酸锌 15～30kg/hm^2（3～7kg Zn/hm^2），或在初花期、花铃期叶面喷施 0.1%～0.3% 硫酸锌溶液，或用 0.02%～0.05% 硫酸锌溶液浸种 6～8h，或每千克种子用硫酸锌 3～4g 拌种
钼	四水钼酸铵 0.75～1.50kg/hm^2（0.2～0.5kg Mo/hm^2）与其他肥料混匀后基施，或用 0.1%～0.2% 钼酸铵溶液在棉花苗期、蕾期、初花期、盛花期 4 个时期喷施，或用 0.05%～0.10% 钼酸铵溶液浸种 12h，或每千克种子用四水钼酸铵 2g 拌种
铁	基施七水硫酸亚铁 15～75kg/hm^2（3～15kg Fe/hm^2）；或在苗期或花期叶面喷施 0.2%～0.3% 硫酸亚铁溶液 2～3 次，每次间隔 10～15d
锰	基施一水硫酸锰 15～30kg/hm^2（5～10kg Mn/hm^2）；或在盛蕾期、结铃初期喷施 0.1% 硫酸锰溶液 2～3 次，每次间隔 7～10d；或用 0.1% 硫酸锰溶液浸种 12h；或每千克种子用一水硫酸锰 4～6g 拌种

7.3.4　基于 NE+ 的大豆化肥减施增效技术模式

该技术模式包括：确定目标产量；确定土壤肥力水平；确定养分推荐量；确定养分有机替代比例；具体施肥方案。

（1）确定目标产量

目标产量=农户习惯施肥产量×1.1。

（2）确定土壤肥力水平

按附录 A 的原则确定土壤肥力水平。

（3）确定养分推荐量

采用基于产量反应和农学效率的养分推荐方法及 NE 系统，提出不同目标产量及土壤肥力水平下的养分推荐量，见表 7-32 和表 7-33。

表 7-32　不同目标产量下大豆养分推荐量（适于东北和西北地区春大豆）

目标产量/(t/hm²)	土壤肥力水平	施氮量/(kg N/hm²)	施磷量/(kg P₂O₅/hm²)	施钾量/(kg K₂O/hm²)
2.25	低	54	46	55
	中	44	40	49
	高	31	35	43
3.00	低	61	61	73
	中	51	54	65
	高	38	47	58
3.75	低	66	76	92
	中	57	67	81
	高	43	59	72
4.50	低	70	91	110
	中	61	80	97
	高	47	71	87
5.25	低	73	107	128
	中	65	94	114
	高	51	83	101

表 7-33　不同目标产量下大豆养分推荐量（适于华北和南方地区夏大豆）

目标产量/(t/hm²)	土壤肥力水平	施氮量/(kg N/hm²)	施磷量/(kg P₂O₅/hm²)	施钾量/(kg K₂O/hm²)
2.25	低	44	40	53
	中	36	36	47
	高	23	31	43
3.00	低	49	53	71
	中	41	48	63
	高	28	42	58
3.75	低	53	66	89
	中	46	60	78
	高	32	52	72
4.50	低	56	80	106
	中	49	72	94
	高	36	62	87
5.25	低	58	93	124
	中	52	84	109
	高	39	73	101

（4）确定养分有机替代比例

由畜禽有机肥提供的氮素不超过施氮量的 30%。

（5）具体施肥方案

氮磷钾肥于播种期一次性施用，如施用根瘤菌，氮肥用量减少 20kg N/hm²。中微量元素的推荐见表 7-34。采用种肥同播，施入种子侧下方 10～20cm。

表 7-34　大豆中微量元素推荐施肥方法

缺乏元素	施用方法及施用量
硫	基施单质硫 20～50kg/hm²。如有土壤测试，土壤有效硫含量＜7mg/kg 时，施硫 50kg S/hm²；土壤有效硫含量为 7～25mg/kg 时，施硫 37～50kg S/hm²；土壤有效硫含量为 25～60mg/kg 时，施硫 22～37kg S/hm²。可选用硫黄或石膏基施
镁	基施氧化镁 7.5～40kg/hm²（4.5～24kg Mg/hm²），或在苗期、初花期叶面喷施 0.3%～0.8% 硫酸镁溶液 100L/hm²
硅	基施硅肥 100～200kg/hm²（以硅酸钙为主要成分，SiO₂ 含量＞20%），或 40～60kg/hm² 水溶性硅肥（以硅酸钠或硅酸钾为主要成分，SiO₂ 含量＞50%）
硼	硼砂 7.5～15kg/hm²（0.2～0.4kg B/hm²）与其他肥料混匀后基施，或每千克种子用 0.4g 硼砂拌种，或在苗期、花荚期喷施 1.0%～1.5% 硼酸或硼砂溶液 300L/hm²。如有土壤测试，土壤有效硼含量为 0.2～0.6mg/kg 时，施硼砂 7～10kg/hm²；土壤有效硼含量＜0.2mg/kg 时，施硼砂 10～15kg/hm²
铜	基施五水硫酸铜 5～30kg/hm²（1.3～7.8kg Cu/hm²），或每千克种子用 12g 五水硫酸铜拌种。如有土壤测试，土壤有效铜含量＜1mg/kg 时，施五水硫酸铜 30kg/hm²；土壤有效铜含量为 1～3mg/kg 时，施五水硫酸铜 21～30kg/hm²；土壤有效铜含量为 3～5mg/kg 时，施五水硫酸铜 6～21kg/hm²
锌	基施七水硫酸锌 7～45kg/hm²（1.6～10kg Zn/hm²）；或在初花期喷施 0.2%～0.3% 硫酸锌溶液 2～3 次，每次 750L/hm²。如有土壤测试，土壤锌含量＜1.0mg/kg 时，施七水硫酸锌 45kg/hm²；土壤锌含量为 1.0～2.0mg/kg 时，施七水硫酸锌 33～45kg/hm²；土壤锌含量为 2.0～3.0mg/kg 时，施七水硫酸锌 25～33kg/hm²；土壤锌含量为 3.0～4.0mg/kg 时，施七水硫酸锌 7～25kg/hm²
钼	四水钼酸铵或钼酸钠 1.20～1.80kg/hm²（0.4～0.6kg Mo/hm²）与其他肥料混匀后基施；或在分枝期、开花期喷施 0.05%～0.10% 钼酸铵溶液 2～3 次，每次 750L/hm²，每次间隔 7～10d；或用 0.2% 钼酸铵溶液拌种
铁	基施七水硫酸亚铁 30～45kg/hm²（6～9kg Fe/hm²），或用 0.1% 硫酸亚铁溶液浸种 12h。铁肥在土壤中易被氧化为高价铁，最适方式为喷施，在出现新叶发黄时喷施 0.2% 硫酸亚铁溶液，喷施 2～3 次
锰	基施一水硫酸锰 20～45kg/hm²（6.5～15kg Mn/hm²），或用 0.04%～0.10% 硫酸锰溶液拌种，或在苗期至初花期喷施 0.1%～0.2% 硫酸锰溶液 1～2 次

7.3.5　基于 NE+的花生化肥减施增效技术模式

该技术模式包括：确定目标产量；确定土壤肥力水平；确定养分推荐量；确定养分有机替代比例；具体施肥方案。

（1）确定目标产量

目标产量=农户习惯施肥产量×1.13。

（2）确定土壤肥力水平

按附录 A 的原则确定土壤肥力水平。

（3）确定养分推荐量

采用基于产量反应和农学效率的养分推荐方法及 NE 系统，提出不同目标产量及土壤肥力水平下的养分推荐量，见表 7-35。

（4）确定养分有机替代比例

由畜禽有机肥提供的氮素不超过施氮量的 30%。

表 7-35　不同目标产量下花生养分推荐量

目标产量/(t/hm²)	土壤肥力水平	施氮量/(kg N/hm²)	施磷量/(kg P₂O₅/hm²)	施钾量/(kg K₂O/hm²)
	低	96	54	68
3.00	中	91	35	55
	高	86	25	43
	低	98	67	84
3.75	中	93	44	68
	高	88	32	54
	低	101	81	101
4.50	中	95	53	82
	高	90	38	65
	低	103	94	118
5.25	中	96	62	96
	高	91	44	76
	低	106	108	135
6.00	中	98	70	110
	高	93	51	86

（5）具体施肥方案

氮肥分 1～2 次施用，分别于播种期、下针期施用，高、中、低肥力土壤氮肥施用比例分别为 100-0、80-20、70-30。磷钾肥于播种期一次性施用。中微量元素的推荐见表 7-36。基肥采用分散施用与集中施用相结合，2/3 的用量结合播前整地作基肥撒施后旋耕起垄，1/3 的用量结合播种集中沟施或穴施，施于垄台中间种子正下方，施肥深度 10～15cm。若采用机械化种肥同播，肥料施于垄台中间种子侧下方，施肥深度 10～15cm，以防烧种。追肥采用垄旁开沟条施，开沟位置在垄沟中间，深度 3～5cm。

表 7-36　花生中微量元素推荐施肥方法

缺乏元素	施用方法及施用量
硫	基施 10～50kg/hm² 单质硫。如有土壤测试，土壤有效硫含量 < 7mg/kg 时，施硫 50kg S/hm²；土壤有效硫含量为 7～25mg/kg 时，施硫 35～50kg S/hm²；土壤有效硫含量为 25～60mg/kg 时，施硫 20～35kg S/hm²
硅	基施 120～200kg/hm² 缓效硅肥（以硅酸钙为主要成分，SiO₂ 含量 > 20%），或 50～80kg/hm² 水溶性硅肥（以硅酸钠或硅酸钾为主要成分，SiO₂ 含量 > 50%）
钙	酸性土壤，基施石灰 750kg/hm²；中性或碱性土壤，基施石膏 75～170kg/hm²。或在初花期叶面喷施 0.5% 硝酸钙溶液
硼	硼砂 5～25kg/hm²（0.15～0.7kg B/hm²）与其他肥料混匀后基施；或在苗期、初花期、荚果期，按每亩（1 亩 ≈ 666.7m²，后同）120g 硼砂兑水 50kg，分别喷施 1 次。如有土壤测试，土壤有效硼含量为 0.15～0.42mg/kg 时，施硼砂 5～14kg/hm²；土壤有效硼含量 < 0.15mg/kg 时，施硼砂 14～25kg/hm²
铜	基施五水硫酸铜 6～30kg/hm²（1.6～7.8kg Cu/hm²），或用 0.1% 硫酸铜溶液浸种，或在苗期至初花期叶面喷施 0.1%～0.2% 硫酸铜溶液。如有土壤测试，土壤有效铜含量 < 1mg/kg 时，施五水硫酸铜 30kg/hm²；土壤有效铜含量为 1～3mg/kg 时，施五水硫酸铜 21～30kg/hm²；土壤有效铜含量为 3～5mg/kg 时，施五水硫酸铜 3～21kg/hm²
锌	基施七水硫酸锌 6～40kg/hm²（1.5～9.0kg Zn/hm²），或用 0.03%～0.05% 硫酸锌溶液浸种 12h，或 1%～2% 硫酸锌溶液叶面喷施。如有土壤测试，土壤锌含量 < 1.0mg/kg 时，施七水硫酸锌 35～40kg/hm²；土壤锌含量 1.0～2.0mg/kg，施七水硫酸锌 26～35kg/hm²；土壤锌含量 2.0～3.0mg/kg，施七水硫酸锌 19～26kg/hm²；土壤锌含量 3.0～4.0mg/kg，施七水硫酸锌 6～19kg/hm²

缺乏元素	施用方法及施用量
钼	四水钼酸铵或钼酸钠 0.75～1.80kg/hm² （0.2～0.5kg Mo/hm²）与其他肥料混匀后基施；或每千克种子用 2～4g 钼酸铵拌种；或用 0.15% 钼酸铵溶液浸种；或在开花期至下针期用 0.10%～0.20% 钼酸铵溶液各喷施 1 次，用量 750L/hm²，每次间隔 7～10d
铁	基施七水硫酸亚铁 15～20kg/hm² （3～4kg Fe/hm²）；或用 0.1% 硫酸亚铁浸种 12h；或叶面喷施 0.2% 硫酸亚铁溶液，喷施 2～3 次
锰	基施一水硫酸锰 20～45kg/hm² （6.5～15kg Mn/hm²），或用 0.05%～0.10% 硫酸锰溶液浸种 12h，或在苗期至初花期喷施 0.1%～0.2% 硫酸锰溶液 1～2 次

7.3.6　基于 NE+的甘蔗化肥减施增效技术模式

该技术模式包括：确定目标产量；确定土壤肥力水平；确定养分推荐量；确定养分有机替代比例；具体施肥方案。

（1）确定目标产量

目标产量=农户习惯施肥产量×1.09。

（2）确定土壤肥力水平

按附录 A 的原则确定土壤肥力水平。

（3）确定养分推荐量

采用基于产量反应和农学效率的养分推荐方法及 NE 系统，提出不同目标产量及土壤肥力水平下的养分推荐量，见表 7-37。

表 7-37　不同目标产量下甘蔗养分推荐量

目标产量/(t/hm²)	土壤肥力水平	施氮量/(kg N/hm²)	施磷量/(kg P₂O₅/hm²)	施钾量/(kg K₂O/hm²)
	低	365	72	177
60	中	351	56	156
	高	333	43	135
	低	376	90	222
75	中	360	70	196
	高	342	54	169
	低	387	108	266
90	中	368	84	235
	高	349	65	203
	低	397	126	310
105	中	376	97	274
	高	356	75	237
	低	408	144	355
120	中	384	111	313
	高	362	86	271

（4）确定养分有机替代比例

由畜禽有机肥提供的氮素不超过施氮量的 30%。

（5）具体施肥方案

氮肥分 2～4 次施用。氮肥总量≥360kg N/hm²，分 4 次施用，分别在苗期、分蘖期、伸长期、成熟期施用，高、中、低肥力土壤氮肥施用比例分别为 10-20-45-25、15-25-40-20、15-30-40-15；氮肥总量＜360kg N/hm²，分 3 次施肥，分别在苗期、分蘖期、伸长期施用，高、中、低肥力土壤氮肥施用比例分别为 10-30-60、15-30-55、20-35-45。磷肥在苗期、分蘖期、伸长期分 3 次施用，各 1/3。钾肥总量≥360kg K₂O/hm²，分 4 次施用，分别在苗期、分蘖期、伸长期、成熟期按照 10-20-40-30 比例施用，否则分 3 次施用，分别在苗期、分蘖期、伸长期按照 20-30-50 比例施用。中微量元素的推荐见表 7-38。基肥在甘蔗下种栽培时施用，土壤湿润时在畦上开沟 20～30cm 深施，先施肥，再在沟上方下种覆土。追肥在雨后或者土壤湿润的时候进行为宜，先除去杂草，后将混合均匀的肥料条施或者点施在蔗蔸行侧距根系 10～20cm 处，结合大培土进行覆土，覆土厚度为蔗根部 20～30cm，施肥后若不下雨则应及时浇水促进吸收。

表 7-38　甘蔗中微量元素推荐施肥方法

缺乏元素	施用方法及施用量
硫	土壤有效硫含量为 16～30mg/kg 时，施硫 15～20kg S/hm²；土壤有效硫含量为 8～16mg/kg 时，施硫 20～30kg S/hm²；土壤有效硫含量＜8mg/kg 时，施硫 30～40kg S/hm²。可用硫黄或石膏基施
镁	基施氧化镁 30～60kg/hm²（18～36kg Mg/hm²）；或用 1%～2% 硫酸镁溶液叶面喷施，每隔 7～10d 喷施 1 次，喷施 3～4 次
硅	基施 160～240kg SiO₂/hm²，可用硅酸钙，或作为基肥和追肥分开施用
硼	基施硼砂 15～22.5kg/hm²（1.8～2.7kg B/hm²）；或在苗期、分蘖期叶面喷施 2～3 次 0.05%～0.10% 硼砂溶液，每隔 7～10d 喷施 1 次
铜	基施五水硫酸铜 5～8kg/hm²（1.3～2.0kg Cu/hm²）
锌	基施七水硫酸锌 37.5～45kg/hm²（8.5～10.2kg Zn/hm²）；或用 0.2%～0.3% 硫酸锌溶液在苗期和分蘖期各喷施 2 次；对于已出现缺锌症状的甘蔗，应立即用 0.2%～0.3% 硫酸锌溶液喷施，一般喷施 2～3 次，每次间隔 1～2 周
钼	基施四水钼酸铵 0.60～0.75kg/hm²（0.3～0.4kg Mo/hm²）；或在苗期、分蘖期、拔节期用 0.05%～0.10% 钼酸铵溶液喷施 1～2 次，每次间隔 7～10d
铁	基施七水硫酸亚铁 22.5～45kg/hm²（4.5～9.1kg Fe/hm²）；或喷施 0.1%～0.5% 硫酸亚铁溶液与 0.5% 尿素溶液，但有效期较短，需要 1～2 周喷施 1 次，喷施 2～3 次
锰	基施一水硫酸锰 15～30kg/hm²（4.9～9.8kg Mn/hm²）；或叶面喷施 0.2%～0.3% 硫酸锰溶液，每隔 7～10d 喷施 1 次，喷施 3～4 次

7.4　蔬菜化肥减施增效模式

7.4.1　基于 NE+ 的设施番茄化肥减施增效技术模式

该技术模式包括：确定目标产量；确定土壤肥力水平；确定养分推荐量；确定养分有机替代比例；具体施肥方案。

（1）确定目标产量

目标产量＝农户习惯施肥产量×1.1。

（2）确定土壤肥力水平

按附录 A 的原则确定土壤肥力水平。

（3）确定养分推荐量

采用基于产量反应和农学效率的养分推荐方法及 NE 系统，提出不同目标产量及土壤肥力水平下的养分推荐量，见表 7-39。

表 7-39　不同目标产量下设施番茄养分推荐量

目标产量/(t/hm²)	土壤肥力水平	施氮量/(kg N/hm²)	施磷量/(kg P₂O₅/hm²)	施钾量/(kg K₂O/hm²)
	低	309	103	361
60	中	277	86	265
	高	265	55	225
	低	324	129	451
75	中	286	107	331
	高	273	68	281
	低	339	154	542
90	中	293	129	398
	高	279	82	337
	低	355	180	632
105	中	300	150	464
	高	285	96	393
	低	372	206	722
120	中	307	172	530
	高	290	109	449

（4）确定养分有机替代比例

由畜禽有机肥提供的氮素不超过施氮量的 30%。

（5）具体施肥方案

氮肥分 4～5 次施用。氮肥总量 ≥ 240kg N/hm²，分 5 次施用，分别在移栽期以及第一、第二、第三、第四穗果膨大期施用，高、中、低肥力土壤氮肥施用比例分别为 15-30-30-15-10、20-25-30-15-10、25-25-20-15-15；氮肥总量 < 240kg N/hm²，分 4 次施用，分别在移栽期及第一、第二、第三穗果膨大期施用，高、中、低肥力土壤氮肥施用比例分别为 15-30-30-25、20-30-30-20、30-25-25-20。磷肥在移栽期及第一、第二穗果膨大期施用，比例为 70-15-15。钾肥分 5 次施用，分别在移栽期及第一、第二、第三、第四穗果膨大期施用，比例为 20-15-30-25-10。中微量元素的推荐见表 7-40。基肥：以集中沟施为主，施入定植沟中，深度 6～8cm。追肥：分 3 种方式，穴施，在距植株根部 10cm 处穴施，深度 8～10cm；沟施，在定植沟中集中沟施，深度 8～10cm；滴灌，在具备水肥一体化的条件下，采用滴灌追肥。

表 7-40　设施番茄中微量元素推荐施肥方法

缺乏元素	施用方法及施用量
硫	土壤有效硫含量为 16～30mg/kg 时，施硫 30～40kg S/hm²；土壤有效硫含量为 8～16mg/kg 时，施硫 40～50kg S/hm²；土壤有效硫含量 < 8mg/kg 时，施硫 50～60kg S/hm²。可用硫黄或石膏基施
镁	基施七水硫酸镁 330～500kg/hm²（33～50kg Mg/hm²）；缺镁症状多发生于第一穗果膨大期，及时叶面喷施 1%～2% 硫酸镁溶液，每周 3～5 次
钙	基施过磷酸钙或钙镁磷肥，用量 600～750kg/hm²；或在果实膨大期叶面喷施 0.3%～0.5% 硝酸钙溶液或 0.1%～0.2% 氯化钙溶液，连续喷施 3～4 次，每次间隔 7～10d

缺乏元素	施用方法及施用量
硅	基施 250～350kg/hm² 缓效硅肥（以硅酸钙为主要成分，SiO_2 含量 > 20%），或 80～120kg/hm² 水溶性硅肥（以硅酸钠或硅酸钾为主要成分，SiO_2 含量 > 50%）
硼	基施硼砂 15～25kg/hm²（1.7～2.8kg B/hm²）；或在花前至坐果初期用 0.1%～0.3% 硼砂溶液进行叶面喷施，连续喷施 2～3 次，每次间隔 7～10d
锌	基施七水硫酸锌 20～30kg/hm²（4.5～7.0kg Zn/hm²）；或在初花期、挂果期分别喷施 6kg/hm² 硫酸锌溶液（Zn ≥ 45%）；或在生长前期叶面喷施 0.05%～0.10% 硫酸锌溶液，连续喷施 2～3 次，每次间隔 7～10d
钼	四水钼酸铵或钼酸钠 1.2～1.8kg/hm²（0.3～0.5kg Mo/hm²）与其他肥料混匀后基施；或在苗期、开花现果期喷施 0.05%～0.10% 钼酸铵溶液 3～4 次，每次间隔 7～10d
铁	基施七水硫酸亚铁 150～245kg/hm²（30～50kg Fe/hm²），或叶面喷施 0.5%～1.0% 硫酸亚铁溶液或 0.02%～0.05% 螯合铁溶液 1～2 次
锰	基施一水硫酸锰 35～70kg/hm²（11～22kg Mn/hm²）；或在苗期至生长盛期叶面喷施 0.1%～0.2% 硫酸锰溶液 2～3 次，每次间隔 7～10d
铜	基施五水硫酸铜 15～30kg/hm²（4.5～6.0kg Cu/hm²）；或叶面喷施 0.01%～0.02% 硫酸铜溶液，连续喷施 2～3 次，每次间隔 7～10d

7.4.2 基于 NE+的露地白菜化肥减施增效技术模式

该技术模式包括：确定目标产量；确定土壤肥力水平；确定养分推荐量；确定养分有机替代比例；具体施肥方案。

（1）确定目标产量

目标产量=农户习惯施肥产量×1.15。

（2）确定土壤肥力水平

按附录 A 的原则确定土壤肥力水平。

（3）确定养分推荐量

采用基于产量反应和农学效率的养分推荐方法及 NE 系统，提出不同目标产量及土壤肥力水平下的养分推荐量，见表 7-41。

表 7-41 不同目标产量下露地白菜养分推荐量

目标产量/(t/hm²)	土壤肥力水平	施氮量/(kg N/hm²)	施磷量/(kg P₂O₅/hm²)	施钾量/(kg K₂O/hm²)
	低	237	123	156
60	中	231	80	130
	高	225	58	116
	低	244	153	195
75	中	235	100	163
	高	226	72	145
	低	252	184	234
90	中	240	120	196
	高	228	87	174
	低	260	215	273
105	中	245	140	228
	高	230	101	203

续表

目标产量/(t/hm²)	土壤肥力水平	施氮量/(kg N/hm²)	施磷量/(kg P₂O₅/hm²)	施钾量/(kg K₂O/hm²)
	低	269	246	311
120	中	250	160	261
	高	232	116	232

（4）确定养分有机替代比例

由畜禽有机肥提供的氮素不超过施氮量的 30%。

（5）具体施肥方案

氮肥分 2～3 次施用，2 次施用时，分别在播种期、包心期施用，高、中、低肥力土壤分别按照 30-70、50-50、60-40 比例施用氮肥；分 3 次施用时，分别在播种期、莲座期、包心期施用，高、中、低肥力土壤分别按照 30-30-40、40-30-30、50-30-20 比例施用氮肥。如果选用缓控释肥，缓控释肥与普通尿素按 50-50 比例施用氮素用量，全部氮肥一次性基施。磷肥在播种期一次性施用。钾肥施肥次数与氮肥保持一致。钾肥分 2 次施用时，分别在播种期、包心期施用，高、中、低肥力土壤钾肥施用比例分别为 40-60、50-50、60-40；钾肥分 3 次施用时，分别在播种期、莲座期、包心期施用，高、中、低肥力土壤钾肥施用比例分别为 20-20-60、30-30-40、40-30-30。中微量元素的推荐见表 7-42。基肥：播前撒施，然后翻耕与土混合均匀。追肥：于白菜根外侧 15～20cm 处表施、穴施，或垄间开沟施用覆土后及时灌溉，或将肥料水溶后浇灌。

表 7-42　露地白菜中微量元素推荐施肥方法

缺乏元素	施用方法及施用量
硫	土壤有效硫含量为 16～30mg/kg 时，施硫 20～25kg S/hm²；土壤有效硫含量为 8～16mg/kg 时，施硫 25～30kg S/hm²；土壤有效硫含量 < 8mg/kg 时，施硫 30～35kg S/hm²。可用硫黄或石膏基施
镁	基施七水硫酸镁 330～500kg/hm²（33～50kg Mg/hm²）
钙	基施过磷酸钙或钙镁磷肥；或叶面喷施 0.3%～0.5% 硝酸钙溶液或 0.1%～0.2% 氯化钙溶液，连续喷施 2～3 次，每次间隔 7～10d；南方菜地 pH < 5 时，建议施用生石灰 1500～2250kg/hm²
硅	基施 200～300kg/hm² 缓效硅肥（以硅酸钙为主要成分，SiO₂ 含量 > 20%），或 80～100kg/hm² 水溶性硅肥（以硅酸钠或硅酸钾为主要成分，SiO₂ 含量 > 50%）
硼	基施硼砂 15～25kg/hm²（1.7～2.8kg B/hm²）；或在苗期至莲座期叶面喷施 0.2% 硼砂或硼酸溶液，连续喷施 2～3 次，每次间隔 5～6d，可与杀菌剂、杀虫剂混施
锌	基施七水硫酸锌 20.0～30.0kg/hm²（4.5～6.8kg Zn/hm²）；或用 0.02%～0.05% 硫酸锌溶液浸种；或在生长前期叶面喷施 0.05%～0.10% 硫酸锌溶液，连续喷施 2～3 次，每次间隔 7d
钼	四水钼酸铵或钼酸钠 0.75～1.50kg/hm²（0.2～0.5kg Mo/hm²）与其他肥料混匀后基施；或在幼苗期、莲座期喷施 0.05%～0.10% 钼酸铵溶液 1～2 次，每次间隔 7～10d
铁	基施七水硫酸亚铁 50～150kg/hm²（10～30kg Fe/hm²）
锰	基施一水硫酸锰 35～70kg/hm²（11～22kg Mn/hm²）；或在苗期至生长盛期叶面喷施 0.1%～0.2% 硫酸锰溶液 2～3 次，每次间隔 7～10d
铜	基施五水硫酸铜 15～30kg/hm²（4.5～6.0kg Cu/hm²）；或叶面喷施 0.01%～0.02% 硫酸铜溶液 2～3 次，每次间隔 7～10d

7.4.3 基于 NE+的露地萝卜化肥减施增效技术模式

该技术模式包括：确定目标产量；确定土壤肥力水平；确定养分推荐量；确定养分有机替代比例；具体施肥方案。

（1）确定目标产量

目标产量=农户习惯施肥产量×1.07。

（2）确定土壤肥力水平

按附录 A 的原则确定土壤肥力水平。

（3）确定养分推荐量

采用基于产量反应和农学效率的养分推荐方法及 NE 系统，提出不同目标产量及土壤肥力水平下的养分推荐量，见表 7-43。

表 7-43 不同目标产量下露地萝卜养分推荐量

目标产量/(t/hm²)	土壤肥力水平	施氮量/(kg N/hm²)	施磷量/(kg P₂O₅/hm²)	施钾量/(kg K₂O/hm²)
	低	161	62	139
45	中	144	53	111
	高	124	41	85
	低	170	82	185
60	中	153	70	148
	高	134	54	114
	低	178	103	232
75	中	159	88	185
	高	141	68	142
	低	186	124	278
90	中	165	105	222
	高	146	82	171
	低	193	144	324
105	中	170	123	259
	高	151	95	199

（4）确定养分有机替代比例

由畜禽有机肥提供的氮素不超过施氮量的 30%。

（5）具体施肥方案

氮肥分 2～3 次施用。氮肥总量 ≥ 180kg N/hm²，分 3 次施用，分别在播种期、肉质根膨大前期、肉质根生长盛期施用，高、中、低肥力土壤氮肥施用比例分别为 30-30-40、40-30-30、50-30-20；氮肥总量＜180kg N/hm²，分 2 次施用，分别在播种期、肉质根生长盛期施用，高、中、低肥力土壤氮肥施用比例分别为 30-70、50-50、60-40。磷肥播种期一次性施用。钾肥的施用次数依据氮肥的施用次数而定，其中钾肥分 3 次施用时，分别在播种期、肉质根膨大前期、肉质根生长盛期施用，高、中、低肥力土壤钾肥施用比例分别为 20-20-60、30-30-40、40-30-30；钾肥分 2 次施用时，分别在播种期、肉质根生长盛期施用，高、中、低肥力土壤钾肥施用比例分别为 40-60、50-50、60-40。中微量元素的推荐见表 7-44。基肥：播前撒施，然后深耕与土混合。追肥：穴施灌水或肥料溶在水中灌施，穴施于萝卜根茎 5～10cm 处，穴施深度 10～15cm。

表 7-44　露地萝卜中微量元素推荐施肥方法

缺乏元素	施用方法及施用量
硫	土壤有效硫含量为 16～30mg/kg 时，施硫 40～50kg S/hm²；土壤有效硫含量为 8～16mg/kg 时，施硫 50～60kg S/hm²；土壤有效硫含量＜ 8mg/kg 时，施硫 60～70kg/hm²。可用硫黄或石膏基施
镁	基施 15～30kg Mg/hm²，可用硫酸镁或碳酸镁；或用 0.1%～0.2% 硫酸镁溶液在莲座期、肉质根膨大期喷施 2～3 次
钙	基施石灰 225kg/hm²，采用条施或穴施；或用 0.3%～0.5% 氯化钙溶液在莲座期、肉质根膨大期喷施 2～3 次
硅	硅肥用量 20～40kg SiO₂/hm²，可用硅酸钙（SiO₂ 含量＞ 20%）基施，或 40～80kg/hm² 水溶性硅肥（以硅酸钠或硅酸钾为主要成分，SiO₂ 含量＞ 50%）；或叶面喷施 1.5～2.0g/L 硅酸钠溶液
硼	硼肥用量 0.6～0.9kg B/hm²，可用硼砂或硼酸与其他肥料混匀后基施；或用 0.1%～0.2% 硼砂溶液在 2～3 片真叶至收获前 15d 每隔 15～20d 喷施 1 次
铜	基施五水硫酸铜 10～20kg/hm²（2.5～5.0kg Cu/hm²），或在幼苗期、莲座期叶面喷施 0.05%～0.10% 硫酸铜溶液
锌	基施七水硫酸锌 15～30kg/hm²（3～6kg Zn/hm²），或用 0.02%～0.05% 硫酸锌溶液浸种，或在莲座期、肉质根膨大期喷施 0.05%～0.10% 硫酸锌溶液 2～3 次
钼	四水钼酸铵 0.75～1.50kg/hm²（0.2～0.5kg Mo/hm²）与其他肥料混匀后基施；或在幼苗期、莲座期、肉质根膨大期用 0.05%～0.10% 钼酸铵溶液喷施 3～4 次，每次间隔 7～10d
铁	基施七水硫酸亚铁 20～30kg/hm²（4～6kg Fe/hm²）；或在莲座期、肉质根膨大期喷施 0.2%～1.0% 硫酸亚铁溶液 2～3 次，每次间隔 7～10d
锰	基施一水硫酸锰 30～60kg/hm²（9.5～19.0kg Mn/hm²）；或在苗期至莲座期（即叶片生长盛期）喷施 0.05%～0.15% 硫酸锰溶液 2～3 次，每次间隔 7～10d

7.4.4　基于 NE+ 的大葱化肥减施增效技术模式

该技术模式包括：确定目标产量；确定土壤肥力水平；确定养分推荐量；确定养分有机替代比例；具体施肥方案。

（1）确定目标产量

目标产量=农户习惯施肥产量×1.05。

（2）确定土壤肥力水平

按附录 A 的原则确定土壤肥力水平。

（3）确定养分推荐量

采用基于产量反应和农学效率的养分推荐方法及 NE 系统，提出不同目标产量及土壤肥力水平下的养分推荐量，见表 7-45。

表 7-45　不同目标产量下大葱养分推荐量

目标产量/(t/hm²)	土壤肥力水平	施氮量/(kg N/hm²)	施磷量/(kg P₂O₅/hm²)	施钾量/(kg K₂O/hm²)
	低	243	45	108
45	中	226	29	95
	高	208	22	80
	低	264	61	148
60	中	243	41	131
	高	223	30	111
	低	285	77	188
75	中	258	52	167
	高	235	39	142
	低	307	94	228
90	中	274	63	203
	高	247	47	172
	低	332	110	267
105	中	290	74	239
	高	257	56	203

（4）确定养分有机替代比例

由畜禽有机肥提供的氮素不超过施氮量的 30%。

（5）具体施肥方案

氮、磷、钾肥分 3～5 次施用。氮肥总量≥270kg N/hm²、磷肥总量≥180kg P₂O₅/hm²、钾肥总量≥270kg K₂O/hm² 时，分 5 次施用，分别在定植期、葱白生长初期、葱白生长盛期前段、葱白生长盛期后段、葱白充实期施用，高、中、低肥力土壤氮肥施用比例分别为 10-20-20-20-30、15-20-20-20-25、20-20-20-20-20，磷肥施用比例分别为 50-20-10-10-10、60-20-10-5-5、80-5-5-5-5，钾肥施用比例分别为 10-20-20-20-30、15-20-20-20-25、20-20-20-20-20；氮肥总量在 210～270kg N/hm²、磷肥总量在 120～180kg P₂O₅/hm²、钾肥总量在 210～270kg K₂O/hm² 时，分 4 次施用，分别在定植期、葱白生长初期、葱白生长盛期、葱白充实期施用，高、中、低肥力土壤氮肥施用比例分别为 10-30-30-30、20-25-25-30、25-25-25-25，磷肥施用比例分别为 50-20-15-15、60-20-10-10、80-10-5-5，钾肥施用比例分别为 10-30-30-30、20-25-25-30、25-25-25-25；氮肥总量<210kg N/hm²、磷肥总量<120kg P₂O₅/hm²、钾肥总量<210kg K₂O/hm² 时，分 3 次施用，分别在定植期、葱白生长初期、葱白生长盛期施用，高、中、低肥力土壤氮肥施用比例分别为 20-30-50、30-20-50、30-30-40，磷肥施用比例分别为 50-25-25、60-20-20、80-10-10，钾肥施用比例分别为 20-30-50、30-20-50、30-30-40。中微量元素的推荐见表 7-46。在移栽定植前开沟时，将基肥施入沟底，刨翻沟底，使肥料与土壤充分混合。追肥结合培土进行，肥料撒施于大葱种植行间，与土充分混合，培土时从行中间取土，取土宽度不要超过行距的 1/3，也不要过深，避免伤葱根，培土到大葱种植行两侧并拍实，防止雨冲或浇水塌落。培土厚度 3～4cm，将土培到叶鞘和叶身的分界处，前期要低培，后期要高培，避免埋上葱心叶，尽量少伤根叶，培土作业宜选择晴天进行。

表 7-46　大葱中微量元素推荐施肥方法

缺乏元素	施用方法及施用量
硫	基施含硫肥料（如硫酸钾或硫黄等），折合施用 45～60kg S/hm²
镁	基施七水硫酸镁 60～90kg/hm²（6～9kg Mg/hm²），或叶面喷施 0.1% 氯化镁溶液
硼	硼砂 7.5～15kg/hm²（0.8～1.7kg B/hm²）与其他肥料混匀后基施，每两年施用一次；或叶面喷施 0.5% 硼砂溶液，每隔 10d 左右喷施 1 次，连续喷施 2～3 次
铜	基施五水硫酸铜 7.5～15kg/hm²（2～4kg Cu/hm²）
锌	基施七水硫酸锌 7.5～15kg/hm²（1.6～3.2kg Zn/hm²）
钼	四水钼酸铵或钼酸钠 0.75～1.50kg/hm²（0.2～0.5kg Mo/hm²）与其他肥料混匀后基施；或在幼苗期、葱白形成期用 0.05%～0.10% 钼酸铵溶液喷施 3～4 次，每次间隔 7～10d
铁	基施七水硫酸亚铁 20～30kg/hm²（4～6kg Fe/hm²）
锰	基施一水硫酸锰 30～60kg/hm²（10～20kg Mn/hm²）；或在苗期至生长盛期喷施 0.1%～0.2% 硫酸锰溶液 2～3 次，每次间隔 7～10d

7.5　果树化肥减施增效模式

7.5.1　基于 NE+的苹果化肥减施增效技术模式

该技术模式包括：确定目标产量；确定土壤肥力水平；确定养分推荐量；确定养分有机替代比例；具体施肥方案。

（1）确定目标产量

目标产量=农户习惯施肥产量×1.25。

（2）确定土壤肥力水平

按附录 A 的原则确定土壤肥力水平。

（3）确定养分推荐量

采用基于产量反应和农学效率的养分推荐方法及 NE 系统，提出不同目标产量及土壤肥力水平下的养分推荐量，见表 7-47。

表 7-47　不同目标产量下苹果养分推荐量

目标产量/(t/hm²)	土壤肥力水平	施氮量/(kg N/hm²)	施磷量/(kg P₂O₅/hm²)	施钾量/(kg K₂O/hm²)
22.5	低	508	147	200
	中	457	100	132
	高	342	18	46
30.0	低	539	196	267
	中	489	133	176
	高	382	23	62
37.5	低	564	245	333
	中	514	166	220
	高	412	29	77

目标产量/(t/hm²)	土壤肥力水平	施氮量/(kg N/hm²)	施磷量/(kg P₂O₅/hm²)	施钾量/(kg K₂O/hm²)
	低	586	293	400
45.0	中	533	199	264
	高	435	35	93
	低.	606	342	467
52.5	中	550	232	307
	高	453	41	108

（4）确定养分有机替代比例

由畜禽有机肥提供的氮素不超过施氮量的 30%。

（5）具体施肥方案

氮肥分 2～4 次施用。氮肥总量≥450kg N/hm²，分 4 次施用，分别在上年收获后（基肥）、萌芽期、幼果期、果实膨大期施用，高、中、低肥力土壤氮肥施用比例分别为 30-20-20-30、40-20-20-20。氮肥总量在 300～450kg N/hm²，在砂壤土上分 4 次施用，比例同上；在壤土或黏壤土上分 3 次施用，分别在上年收获后、萌芽期、果实膨大期施用，高、中、低肥力土壤氮肥施用比例分别为 50-20-30、40-30-30、30-40-30。氮肥总量＜300kg N/hm²，分 2 次施用，分别在上年收获后（基肥）、果实膨大期施用，高、中、低肥力土壤氮肥施用比例分别为 50-50、60-40、70-30。磷肥总量≥180kg P₂O₅/hm²，分 3 次施用，分别在上年收获后（基肥）、萌芽期、果实膨大期按 60-20-20 比例施用；磷肥总量＜180kg P₂O₅/hm²，全部作为基肥一次性施用。钾肥总量≥150kg K₂O/hm²，分 3 次施用，分别在上年收获后（基肥）、萌芽期、果实膨大期施用，比例为 30-30-40；钾肥总量＜150kg K₂O/hm²，分 2 次施用，分别在上年收获后、果实膨大期施用，比例为 50-50。中微量元素的推荐见表 7-48。基肥：在苹果园行间距树干 80～100cm 处开沟施入，沟宽 20～30cm，沟深 30～40cm，隔年交替开沟施入。追肥：在果树行间距树干 80～100cm 处穴施或条施，深度 20～30cm。

表 7-48　苹果中微量元素推荐施肥方法

缺乏元素	施用方法及施用量
硫	基施硫酸铵 150～300kg/hm²（36.3～72.6kg S/hm²），忌与碱性肥料混合施用；或基施石膏粉 90～135kg/hm²（15.6～23.4kg S/hm²），或基施硫黄粉 15～30kg/hm²，或基施硫酸钾 450kg/hm²（82.7kg S/hm²），或基施过磷酸钙 135～225kg/hm²（12.5～20.3kg S/hm²）；或叶面喷施 2%～3% 硫酸钾溶液
镁	基施钙镁磷肥 600～1200kg/hm²（72～144kg Mg/hm²），或基施硫酸镁 15.0～22.5kg/hm²；作追肥施用时，每株穴施硫酸镁 0.25kg；或叶面喷施 1%～2% 硫酸镁溶液，喷施 2～4 次
钙	基施碳酸钙 900～1050kg/hm²（360～420kg Ca/hm²）；幼果期株施 2kg 硫酸钙，果实膨大期株施 1.5kg 硫酸钙；或花后 2 周内叶面喷施 0.5% 硝酸钙或硝酸钙溶液，套袋前喷施 3～4 次，套袋后喷施 1～2 次
硅	基施 0.2～1.8kg SiO₂/株硅肥；或在 5 月中旬、6 月中旬、7 月中旬、8 月中旬和 9 月中旬叶面喷施 0.5% 硅酸钾溶液各 1 次
硼	前一年秋季或当年春季穴施硼砂 7.5～15kg/hm²（0.9～1.8kg B/hm²），与细土或有机肥等混匀施用；或每株基施硼砂 50～80g 或硼酸 20～40g，施硼后立即灌水；或叶面喷施 0.06%～0.12% 速乐硼或 0.3% 硼砂或 0.2% 硼酸溶液，花前、花期、落花后各喷施 1 次
铜	秋季基施五水硫酸铜 15～30kg/hm²（3.75～7.5kg Cu/hm²）；或叶面喷施：萌芽前喷施 0.05% 硫酸铜溶液，或生长季喷施 0.01% 硫酸铜溶液，喷施时保证溶液 pH 大于 7

缺乏元素	施用方法及施用量
锌	秋季每株成龄树基施 0.5～1.0kg 硫酸锌；或叶面喷施：发芽前喷施 3%～5% 硫酸锌溶液，或发芽初期喷施 0.1% 硫酸锌溶液，或花后 21d 喷施 0.2% 硫酸锌加 0.3% 尿素溶液
钼	四水钼酸铵或钼酸钠 0.75～2.25kg/hm²（0.3～1.2kg Mo/hm²）与有机肥、氮磷钾复合肥混匀基施；或叶面喷施：花蕾期喷施 0.1%～0.2% 钼酸铵溶液，盛花期喷施 0.1%～0.3% 钼酸铵溶液
铁	土施：在春季或秋季，每株盛果期果树基施七水硫酸亚铁 0.5～1.0kg（0.18～0.36kg Fe/株），与有机肥混匀施用，施后及时浇水；或基施七水硫酸亚铁 22.5～45kg/hm²（4.5～9.0kg Fe/hm²）。或叶面喷施：发芽前喷施 0.3%～0.5% 硫酸亚铁溶液，5 月中旬至 6 月中旬喷施 0.3% 硫酸亚铁加 0.5% 尿素溶液，连续喷施 3 次
锰	花前和花后叶面喷施 0.05%～0.20% 硫酸锰溶液，每次 60～80g/hm²，共喷施 2～3 次

7.5.2　基于 NE+ 的柑橘化肥减施增效技术模式

该技术模式包括：确定目标产量；确定土壤肥力水平；确定养分推荐量；确定养分有机替代比例；具体施肥方案。

（1）确定目标产量

目标产量=农户习惯施肥产量×1.05。

（2）确定土壤肥力水平

按附录 A 的原则确定土壤肥力水平。

（3）确定养分推荐量

采用基于产量反应和农学效率的养分推荐方法及 NE 系统，提出不同目标产量及土壤肥力水平下的养分推荐量，见表 7-49。

表 7-49　不同目标产量下柑橘养分推荐量

目标产量/(t/hm²)	土壤肥力水平	施氮量/(kg N/hm²)	施磷量/(kg P₂O₅/hm²)	施钾量/(kg K₂O/hm²)
	低	300	124	123
15.0	中	281	75	100
	高	260	53	71
	低	349	186	184
22.5	中	318	113	150
	高	289	80	107
	低	410	249	245
30.0	中	359	150	199
	高	316	107	142
	低	492	311	307
37.5	中	409	188	249
	高	346	134	178
	低	610	373	368
45.0	中	471	225	299
	高	379	160	213

（4）确定养分有机替代比例

由畜禽有机肥提供的氮素不超过施氮量的 30%。

（5）具体施肥方案

所有肥料分 2～4 次施用。分 4 次施用时，分别在上年收获后、萌芽期、幼果期、果实膨大期施用，高、中、低肥力土壤氮肥施用比例分别为 30-35-15-20、20-40-10-30、10-40-15-35，磷肥施用比例分别为 60-20-10-10、50-30-10-10、40-40-10-10，钾肥施用比例分别为 30-20-10-40、20-25-15-40、15-20-15-50；分 3 次施用时，分别在上年收获后、萌芽期、果实膨大期施用，高、中、低肥力土壤氮肥施用比例分别为 30-45-25、20-50-30、10-55-35，磷肥施用比例分别为 70-20-10、60-30-10、50-40-10，钾肥施用比例分别为 30-30-40、20-30-50、15-35-50；分 2 次施用时，分别在萌芽期、果实膨大期施用，高、中、低肥力土壤氮肥施用比例分别为 50-50、60-40、70-30，磷肥施用比例分别为 60-40、70-30、80-20，钾肥施用比例分别为 30-70、40-60、50-50。中微量元素的推荐见表 7-50。基肥：秋冬季施肥时（晚熟柑橘可推迟至来年 2～3 月），沿柑橘树冠滴水线对称开挖两条深 20～40cm、宽 20～30cm、长 1.0～1.5m 的条（半环）形沟，然后将挖出土壤的一半左右与有机肥、氮磷钾肥、土壤改良剂和中微量元素肥等混匀，回填入沟，剩余一半土壤待追肥使用。追肥：萌芽肥（春梢萌芽期，晚熟柑橘可按基肥操作）、稳果肥（幼果期）和壮果肥（膨大期）也分次施入浅的施肥沟中并适量覆土，直至将所剩土壤全部回填，下一年轮换施肥位置并稍向外扩展。追施水溶性好的肥料（如壮果肥）时，可根据天气情况（如小雨前或雨后）将 50% 的肥料撒施于树冠滴水线内，50% 的肥料撒入施肥沟内。水肥一体化条件下，秋冬季沿滴灌管布设方向在滴灌管下方或外侧 20cm 开挖深 20～40cm、宽 20～30cm 的条形沟，所挖出的土壤与有机肥、氮磷钾肥、土壤改良剂和中微量元素肥等混匀，回填，使条形沟外侧稍高（减少滴灌时的损失），并将滴灌管移回条沟内。该操作每 2～3 年重复一次，并稍向外扩展。

表 7-50　柑橘中微量元素推荐施肥方法

缺乏元素	施用方法及施用量
硫	叶面喷施 0.3% 硫酸锌、硫酸锰或硫酸铜溶液等。重视有机肥的施用，有机质缺乏的酸性红壤柑橘园，施用石膏或石硫合剂残渣等，施用石膏 900kg/hm²（156kg S/hm²）；石灰性或碱性盐渍土，施用硫黄粉 225～300kg/hm²
镁	在幼果期至果实膨大期叶面喷施 0.5%～1.0% 硫酸镁溶液或 0.2%～1.0% 硝酸镁溶液，每隔 10d 喷施 1 次，连续喷施 2 次；酸性土基施含镁石灰 750～900kg/hm²（60～72kg Mg/hm²）或施钙镁磷肥 750～900kg/hm²（90～108kg Mg/hm²），碱性土壤基施硫酸镁 450～750kg/hm²（45～75kg Mg/hm²）
钙	在花期叶面喷施 1%～2% 过磷酸钙溶液或 0.3%～0.8% 硝酸钙溶液；基施石灰 1500～3000kg/hm²（600～1200kg Ca/hm²），调节土壤 pH 至 5.5～6.5 为宜
硅	沟施 1～5kg/株的缓效硅肥（以硅酸钙为主要成分，SiO_2 含量 > 20%），且花期追施 0.5～2kg/株
硼	在初花期叶面喷施 0.1%～0.2% 硼酸或硼砂溶液；土壤施硼，轻度缺乏的土壤施硼砂 5～10kg/hm²（0.5～1.0kg B/hm²），严重缺乏的土壤施硼砂 20kg/hm²（2.1kg B/hm²）；或在每株树冠垂直投影内开挖环状沟施五水硼酸钠 15～20g
铜	用 0.2%～0.4% 硫酸铜溶液或结合防治病害喷施波尔多液；当土壤代换性铜含量低于 0.5mg/kg 时，土壤浇施硫酸铜溶液 37.5L/hm²（15kg Cu/hm²）
锌	在春梢叶片展开初期叶面喷施 0.1%～0.2% 硫酸锌、硫化锌或氧化锌溶液
钼	叶面喷施 0.05%～0.10% 钼酸铵；土壤施四水钼酸铵 0.3～0.5kg/hm²（0.16～0.28kg Mo/hm²）或 4g/株（2g Mo/株），最好与过磷酸钙混合施用，或溶解于水中灌施于根部

缺乏元素	施用方法及施用量
铁	将柠檬酸铁和硫酸亚铁溶液或 0.36% EDTA 螯合铁溶液 500mL 注入主干；施用 15～20g/株的铁螯合物（酸性土壤用 Fe-EDTA，钙质土用 Fe-EDDHA）或在根际层土壤中施用腐殖酸一类的土壤改良剂 375～525kg/hm²、硫酸亚铁或柠檬酸铁 52.5～60kg/hm²（10.5～12.0kg Fe/hm²）；根部埋瓶，将细根折断后，浸入盛有 4% 柠檬酸和 6% 硫酸亚铁的混合液
锰	酸性土壤用一水硫酸锰 50～60kg/hm²（16～20kg Mn/hm²）与有机肥一起基施；石灰性土壤缺锰，可增施有机肥，同时掺施硫黄粉 75～100kg/hm²，以降低土壤 pH；在生长旺盛季节（5～6 月），每隔 7～10d 叶面喷施 0.05%～0.10% 硫酸锰溶液，连续喷施 2～3 次

7.5.3　基于 NE+的梨化肥减施增效技术模式

该技术模式包括：确定目标产量；确定土壤肥力水平；确定养分推荐量；确定养分有机替代比例；具体施肥方案。

（1）确定目标产量

目标产量=农户习惯施肥产量×1.09。

（2）确定土壤肥力水平

按附录 A 的原则确定土壤肥力水平。

（3）确定养分推荐量

采用基于产量反应和农学效率的养分推荐方法及 NE 系统，提出不同目标产量及土壤肥力水平下的养分推荐量，见表 7-51。

表 7-51　不同目标产量下梨养分推荐量

目标产量/(t/hm²)	土壤肥力水平	施氮量/(kg N/hm²)	施磷量/(kg P₂O₅/hm²)	施钾量/(kg K₂O/hm²)
	低	359	218	171
22.5	中	327	143	126
	高	305	99	98
	低	417	290	228
30.0	中	369	191	167
	高	339	132	131
	低	487	363	285
37.5	中	416	239	209
	高	375	165	164
	低	580	435	342
45.0	中	470	287	251
	高	413	198	196
	低	712	508	399
52.5	中	538	335	293
	高	457	231	229

（4）确定养分有机替代比例

由畜禽有机肥提供的氮素不超过施氮量的 30%。

（5）具体施肥方案

所有肥料分 2～3 次施用。氮肥总量≥360kg N/hm²、磷肥总量≥180kg P₂O₅/hm²、钾肥总量≥360kg K₂O/hm² 时，分 3 次施用，分别在上年收获后（基肥）、萌芽期、果实膨大期施用，高、中、低肥力土壤氮肥施用比例分别为 60-25-15、50-30-20、40-35-25，磷肥施用比例分别为 70-20-10、60-30-10、50-40-10，钾肥施用比例分别为 30-30-40、20-30-50、15-35-50；氮肥总量在 270～360kg N/hm²、磷肥总量在 120～180kg P₂O₅/hm²、钾肥总量＜360kg K₂O/hm² 时，在砂质土壤，分 3 次施肥，施肥时期和比例同上，否则分 2 次施用，分别在上年收获后（基肥）、果实膨大期施用，高、中、低肥力土壤氮肥施用比例分别为 55-45、50-50、45-55，磷肥施用比例分别为 65-35、60-40、55-45，钾肥施用比例分别为 40-60、35-65、30-70；氮肥总量＜270kg N/hm²、磷肥总量＜120kg P₂O₅/hm² 时，分 2 次施用，施用时期和比例同上。中微量元素的推荐见表 7-52。基肥：在果实采收前后（9～10 月）施用，采用轮状施肥，以树冠的外围 0.5～2.5m 为宜，开宽 20～40cm、深 20～30cm 的沟，将肥料与土壤适度混合后施入沟内，将沟填平，有机肥和磷、钾肥施入 20～40cm 深的土层。追肥：按树冠覆盖面大小来确定，不要过于集中，以免在干旱缺水的情况下造成肥害烧根，要多开沟，沟深 15cm 即可，并且施均拌匀，使肥料与更多的根群接触以便于吸收。有条件的地方随水灌施最好。

表 7-52　梨中微量元素推荐施肥方法

缺乏元素	施用方法及施用量
硫	基施 10～15kg S/hm²。如有土壤测试，土壤有效硫含量为 16～30mg/kg 时，施硫 15～20kg S/hm²；土壤有效硫含量为 8～16mg/kg 时，施硫 20～25kg S/hm²；土壤有效硫含量＜8mg/kg 时，施硫 25～30kg S/hm²。可用硫黄或石膏基施，或喷施 0.1%～0.2% 硫溶液
镁	基施七水硫酸镁 0.2～0.3kg/株（0.02～0.03kg Mg/株）；或在花后至采收前（5 月后）喷施 0.1%～0.2% 硫酸镁溶液或 0.05%～0.10% 硝酸镁溶液，喷施 3～4 次
硅	基施硅肥 0.7～1.05kg SiO₂/株，结合追施效果更好，后期叶面喷施 SiO₂ 浓度为 0.16% 的水溶性硅肥
硼	硼砂 0.10～1.12kg/株（0.01～0.13kg B/株）与其他肥料混合均匀后基施，并立即浇水；或用 0.1%～0.5% 硼砂或硼酸溶液在开花前、花期、落花后各喷施 1 次
铜	基施五水硫酸铜 3～15kg/hm²（0.76～3.81kg Cu/hm²）；或在早春喷施 0.02%～0.05% 硫酸铜溶液，需结合 0.15%～0.25% 熟石灰溶液以避免肥害
锌	基施七水硫酸锌 30～45kg/hm²（6.8～10.2kg Zn/hm²）或 0.2～0.3kg/株（0.05～0.07kg Zn/株）；或在发芽前、花期分别喷施 0.2%～0.6% 硫酸锌溶液，与 0.3%～0.5% 尿素溶液混喷效果更好；缺锌严重时于萌芽前喷施 4%～5% 硫酸锌溶液
钼	基施四水钼酸铵或钼酸钠 0.75～1.50kg/hm²（0.23～0.47kg Mo/hm²）或 0.05～0.10kg/株（0.02～0.03kg Mo/株）；或在果树春梢抽发前后喷施 0.02%～0.20% 钼酸铵溶液 2～3 次，每次间隔 7～10d
铁	基施七水硫酸亚铁 0.5～2.0kg/株（0.1～0.4kg Fe/株），或在萌芽期或新梢旺长期叶面或枝干喷施 0.2%～0.8% 硫酸亚铁溶液或 0.1%～0.2% 柠檬酸铁溶液，或每株树干注射 0.3%～0.8% 硫酸亚铁溶液
锰	在始花期喷施 0.2%～0.3% 硫酸锰溶液 1 次，或每株树干注射 1.8% 硫酸锰溶液

7.5.4　基于 NE+ 的桃化肥减施增效技术模式

该技术模式包括：确定目标产量；确定土壤肥力水平；确定养分推荐量；确定养分有机替代比例；具体施肥方案。

（1）确定目标产量

目标产量=农户习惯施肥产量×1.05。

（2）确定土壤肥力水平

按附录 A 的原则确定土壤肥力水平。

（3）确定养分推荐量

采用基于产量反应和农学效率的养分推荐方法及 NE 系统，提出不同目标产量及土壤肥力水平下的养分推荐量，见表 7-53。

表 7-53　不同目标产量下桃养分推荐量

目标产量/(t/hm²)	土壤肥力水平	施氮量/(kg N/hm²)	施磷量/(kg P₂O₅/hm²)	施钾量/(kg K₂O/hm²)
	低	344	54	193
22.5	中	314	35	151
	高	263	13	84
	低	372	71	258
30.0	中	330	46	202
	高	275	18	112
	低	402	89	322
37.5	中	346	58	252
	高	284	22	140
	低	438	107	387
45.0	中	363	69	303
	高	291	26	168
	低	480	125	451
52.5	中	381	81	353
	高	297	31	196

（4）确定养分有机替代比例

由畜禽有机肥提供的氮素不超过施氮量的 30%。

（5）具体施肥方案

所有肥料分 2～4 次施用。分 4 次施用时，分别在上年落叶前 1 个月（基肥）、花芽萌芽期、硬核期、果实膨大期施用，高、中、低肥力土壤氮肥施用比例分别为 40-10-30-20、30-20-30-20、20-30-30-20，磷肥施用比例分别为 60-20-10-10、50-30-10-10、40-40-10-10，钾肥施用比例分别为 40-10-10-40、30-10-20-40、20-10-20-50；分 3 次施用时，分别在上年落叶前 1 个月、花芽萌芽期、果实膨大期施用，高、中、低肥力土壤氮肥施用比例分别为 60-15-25、50-20-30、40-25-35，磷肥施用比例分别为 70-20-10、60-30-10、50-40-10，钾肥施用比例分别为 50-10-40、40-15-45、30-20-50；分 2 次施用时，分别在上年落叶前 1 个月（基肥）、果实膨大期施用，高、中、低肥力土壤氮肥施用比例分别为 70-30、60-40、50-50，磷肥施用比例分别为 80-20、70-30、60-40，钾肥施用比例分别为 50-50、40-60、30-70。中微量元素的推荐见表 7-54。基肥：秋季施肥时间为养分回流期，约落叶前 1 个月，可与深翻扩穴相结合，也可单独施用。施肥方法主要有辐射沟法、环状沟法、多点穴施。辐射沟法是在距树干 50cm 处向外开挖，辐射沟要里窄外宽、里浅外深，靠近树干一端的宽度及深度为

20～30cm，远离树干一端为 30～50cm，开沟至树冠投影外约 20cm 处，沟的数量为 4～6 条。环状沟法是在树冠的投影处开挖长约 50cm、深 30～50cm 的环沟。具备农业机械的果园可在树冠投影处环形开条沟施肥。施肥时将有机肥、化肥、中微肥、土壤改良剂等与土壤混匀后回填，施肥沟每年轮换位置交替进行。基肥：建议每年施用。追肥：春季萌芽肥、硬核期稳果肥和壮果肥（果实膨大期）以土壤追肥为主。土壤追肥可结合农业机械进行条沟施肥，或人工多点穴施，施肥深度以 10～15cm 为宜，施肥后随浇透水。具备水肥一体化条件的果园，采用水溶肥+滴灌设备进行追肥。

表 7-54　桃中微量元素推荐施肥方法

缺乏元素	施用方法及施用量
硫	基施 30～60kg S/hm² 或 6g S/株。土壤有效硫含量为 16～30mg/kg 时，施硫 30～40kg S/hm²；土壤有效硫含量为 8～16mg/kg 时，施硫 40～50kg S/hm²；土壤有效硫含量＜ 8 mg/kg 时，施硫 50～60kg S/hm²。可用硫黄或石膏基施
镁	基施镁肥 13～60kg/hm²（2.1～9.6kg Mg/hm²）；或 6～7 月喷施 0.2%～0.3% 硫酸镁溶液，与 0.3% 尿素溶液配施效果更好，喷施 2～3 次
硅	基施硅肥 20～80kg SiO₂/hm² 或 1～5kg SiO₂/株，花期追施 0.5～1.0kg SiO₂/株更佳
硼	基施硼砂 7.5kg/hm²（0.85kg B/hm²）或 0.10～0.35kg/株（0.01～0.04kg B/株）；或在发芽前枝干喷施 1%～2% 硼砂溶液，或在花前、花期、花后喷施 0.2%～0.3% 硼砂溶液
铜	基施五水硫酸铜 0.3～2.0kg/株（0.08～0.51kg Cu/株）；或萌芽前喷施 0.1%～0.5% 硫酸铜溶液
锌	在秋季或初春基施硫酸锌 0.1～1.5kg/株（0.02～0.34kg Zn/株）；或在发芽前全树喷施 3%～5% 硫酸锌溶液，或在花后叶面喷施 0.2%～0.5% 硫酸锌溶液，结合 0.3% 尿素溶液效果更佳
钼	基施四水钼酸铵或钼酸钠 1～3kg/hm²（0.3～1.0kg Mo/hm²）；或在开花期、果实膨大期喷施 0.02%～0.05% 钼酸铵溶液 2～3 次，每次间隔 10～15d
铁	酸性土壤：基施黄腐酸二胺铁或 FCU 复合铁 0.10～0.15kg/株；或 5～6 月叶面喷施 0.2%～0.3% 硫酸亚铁溶液两次，间隔 10～15d。石灰性及中性土壤：桃树对缺铁敏感土壤，基施硫酸亚铁溶液 60kg/hm²（12kg Fe/hm²），或用 0.1kg/株硫酸亚铁溶液灌根，或在发芽前喷施 0.3%～0.5% 硫酸亚铁或柠檬酸铁溶液，或在生长期喷施 0.1%～0.3% 硫酸亚铁或柠檬酸铁溶液，配合 0.3% 尿素溶液喷施效果更好，或将 600mL 1.0% 硫酸亚铁或柠檬酸铁溶液注射入树干
锰	基施一水硫酸锰 15～60kg/hm²（4.9～19.5kg Mn/hm²）；或在始花期喷施 0.2%～0.3% 硫酸锰溶液 2～3 次，每次间隔 7～10d

7.5.5　基于 NE+的葡萄化肥减施增效技术模式

该技术模式包括：确定目标产量；确定土壤肥力水平；确定养分推荐量；确定养分有机替代比例；具体施肥方案。

（1）确定目标产量

目标产量=农户习惯施肥产量×1.05。

（2）确定土壤肥力水平

按附录 A 的原则确定土壤肥力水平。

（3）确定养分推荐量

采用基于产量反应和农学效率的养分推荐方法及 NE 系统，提出不同目标产量及土壤肥力水平下的养分推荐量，见表 7-55。

表 7-55　不同目标产量下葡萄养分推荐量

目标产量/(t/hm²)	土壤肥力水平	施氮量/(kg N/hm²)	施磷量/(kg P₂O₅/hm²)	施钾量/(kg K₂O/hm²)
	低	267	66	147
15.0	中	255	44	101
	高	241	15	67
	低	280	99	220
22.5	中	265	66	151
	高	250	23	100
	低	293	132	294
30.0	中	273	88	201
	高	256	31	133
	低	307	165	367
37.5	中	281	110	252
	高	261	38	167
	低	322	198	440
45.0	中	289	132	302
	高	266	46	200

（4）确定养分有机替代比例

由畜禽有机肥提供的氮素不超过施氮量的 30%。

（5）具体施肥方案

氮肥分 2～4 次施用。氮肥总量 ≥ 250kg N/hm²，分 4 次施用，分别在采果后（基肥）、萌芽期、花期、果实膨大期施用，高、中、低肥力土壤氮肥施用比例分别为 25-15-20-40、30-15-15-40、30-20-20-30。氮肥总量在 150～250kg N/hm²，在砂质土壤上分 4 次施肥，施用时期和比例同上；在壤土或黏壤土上分 3 次施用，分别在采果后（基肥）、萌芽期、果实膨大期施用，高、中、低肥力土壤氮肥施用比例分别为 30-40-30、30-30-40、40-30-30。氮肥总量 < 150kg N/hm²，分 2 次施用，分别在采果后（基肥）、果实膨大期施用。磷肥分 3 次施用，分别在采果后（基肥）、萌芽期、果实膨大期施用，施用比例为 20-30-50。钾肥总量 ≥ 150kg K₂O/hm²，在砂质土壤上分 4 次施用，分别在采果后（基肥）、萌芽期、果实膨大期、着色期施用，施用比例为 20-30-40-10；在其他类型土壤上分 3 次施用，分别在采果后（基肥）、萌芽期、果实膨大期施用，施用比例为 25-30-45。钾肥总量 < 150kg K₂O/hm²，分 3 次施用，施用时期和比例同上。中微量元素的推荐见表 7-56。基肥：在植株行侧距根系 50cm 左右开沟施入，沟宽 30～40cm、深 20～40cm，隔年交替挖沟。追肥：在植株行侧距根系 20～40cm 处穴施或条施，深 10～20cm。

表 7-56　葡萄中微量元素推荐施肥方法

缺乏元素	施用方法及施用量
硫	基施 30～60kg/hm² 单质硫。如有土壤测试，土壤有效硫含量为 16～30mg/kg 时，施硫 30～40kg S/hm²；土壤有效硫含量为 8～16mg/kg 时，施硫 40～50kg S/hm²；土壤有效硫含量 < 8mg/kg 时，施硫 50～60kg S/hm²。可用硫黄或石膏基施

续表

缺乏元素	施用方法及施用量
镁	基施氧化镁 22.5～37.5kg/hm² 或七水硫酸镁 15～30kg/hm²；或叶面喷施 1%～2% 硫酸镁溶液，每隔 7～10d 喷施 1 次，连续喷施 3～4 次。土壤有效镁含量≤ 36mg/kg 时，缺镁叶片全镁含量≤ 0.055%，植株表现严重缺镁症情况下喷施 4%～5% 硫酸镁溶液 2～3 次
硅	硅肥用量 60～100kg SiO₂/hm²，可用硅酸钙、钢渣硅肥或水淬渣硅肥等作基肥或基肥与追肥结合，或用水溶性硅肥（以硅酸钠或硅酸钾为主要成分，SiO₂ 含量＞ 50%）
硼	基施硼砂 12～18kg/hm²（1～2kg B/hm²）；或在果实膨大期、转色期以灌根方式施硼酸 2.5kg/hm²；或在始花期前后用 0.1%～0.3% 硼砂溶液进行叶面喷施，连续喷施 2～4 次，每次间隔 7～10d
锌	用 10% 硫酸锌溶液在冬剪后随即涂抹剪口；或在果实膨大期或转色期灌施或滴灌 EDTA-Zn 45～60kg/hm²；或用 0.2%～0.3% 硫酸锌溶液在开花前 2～3 周、开花后 3～5 周各喷施 1 次；对于已出现缺锌症状的葡萄，应立即喷施 0.2%～0.3% 硫酸锌溶液，一般喷施 2～3 次，每次间隔 1～2 周
钼	四水钼酸铵或钼酸钠 1.5～2.5kg/hm² 与其他肥料混匀后基施；或在果实膨大期灌根施；或在开花期、浆果生长期用 0.05%～0.10% 钼酸铵溶液喷施 2～3 次，每次间隔 7～10d
铁	在发芽前基施七水硫酸亚铁 20～30kg/hm²（4～6kg Fe/hm²）；或果实膨大期灌根施 EDTA-Fe 60kg/hm²；或叶面喷施 0.2% 硫酸亚铁+0.15% 柠檬酸溶液 2～3 次，1～2 周喷施 1 次
锰	基施一水硫酸锰 15～30kg/hm²（5～10kg Mn/hm²）；或在果实膨大期或转色期灌施 EDTA-Mn 60kg/hm²；或喷施 0.2%～0.3% 硫酸锰溶液 2～3 次，每次间隔 7～10d
铜	基施五水硫酸铜 6～24kg/hm²（1.5～6.0kg Cu/hm²），或在果实膨大期或转色期灌施 EDTA-Cu 48kg/hm²，或在现蕾期到开花期叶面喷施 0.05%～0.20% 硫酸铜溶液 1～2 次
钙	在新生叶生长期叶面喷施 0.3%～0.5% 硝酸钙或 0.3% 磷酸二氢钙溶液，每隔 5～7d 喷施 1 次，连续喷施 2～3 次

7.5.6 基于 NE+的香蕉化肥减施增效技术模式

该技术模式包括：确定目标产量；确定土壤肥力水平；确定养分推荐量；确定养分有机替代比例；具体施肥方案。

（1）确定目标产量

目标产量=农户习惯施肥产量×1.08。

（2）确定土壤肥力水平

按附录 A 的原则确定土壤肥力水平。

（3）确定养分推荐量

采用基于产量反应和农学效率的养分推荐方法及 NE 系统，提出不同目标产量及土壤肥力水平下的养分推荐量，见表 7-57。

表 7-57 不同目标产量下香蕉养分推荐量

目标产量/(t/hm²)	土壤肥力水平	施氮量/(kg N/hm²)	施磷量/(kg P₂O₅/hm²)	施钾量/(kg K₂O/hm²)
	低	833	75	842
30.0	中	637	54	605
	高	524	34	356
	低	887	94	1052
37.5	中	685	67	757
	高	575	43	444
	低	937	113	1262
45.0	中	723	81	908
	高	615	52	533

续表

目标产量/(t/hm²)	土壤肥力水平	施氮量/(kg N/hm²)	施磷量/(kg P₂O₅/hm²)	施钾量/(kg K₂O/hm²)
	低	985	132	1473
52.5	中	756	94	1059
	高	649	60	622
	低	1034	151	1683
60.0	中	785	108	1211
	高	678	69	711

（4）确定养分有机替代比例

由畜禽有机肥提供的氮素不超过施氮量的 30%。

（5）具体施肥方案

氮肥分 5 个时期共施用 15 次，分别为苗期 4 次、旺盛生长期 4 次、孕蕾期 3 次、抽蕾期 2 次、抽蕾后 2 次，施用比例为 15-25-40-10-10。磷肥在定植前与有机肥一次性施用。钾肥分 5 次施用，分别在苗期、旺盛生长期、孕蕾期、抽蕾期、抽蕾后施用，施用比例为 10-15-50-15-10。中微量元素的推荐见表 7-58。基肥：离蕉株 50cm 处开 20～30cm 深的沟或穴，沟施或穴施。追肥：以水带喷射于以蕉株为中心的半径为 50cm 的区域的土层表面，或在叶片滴水线处开挖深 10～20cm 的沟穴，沟施或穴施。

表 7-58 香蕉中微量元素推荐施肥方法

缺乏元素	施用方法及施用量
硫	基施 40kg S/hm² 单质硫，可用硫酸钾、硫黄等
钙	叶面喷施含有 MgO+CaO+TE 的高钙镁肥或 EDTA-Ca 钙肥，酸性土壤调 pH 为 6.5
镁	基施碳酸镁、七水硫酸镁或氧化镁（20～30kg Mg/hm²）或单株施 50～105g Mg，或喷施 1%～2% 硫酸镁溶液
硅	基施 250～450kg/hm² 缓效硅肥（以硅酸钙为主要成分，SiO₂ 含量＞20%），或 80～150kg/hm² 水溶性硅肥（以硅酸钠或硅酸钾为主要成分，SiO₂ 含量＞50%）
硼	硼砂 12～18kg/hm²（1～2kg B/hm²）与有机肥、氮磷钾复合肥等充分混合均匀后基施，2～3 年使用一次；或蕉苗喷施 1.2kg B/hm²，定植 3 个月后叶面喷施 0.1%～0.2% 硼砂溶液 1～3 次，每隔 3～5 个月喷施一次
铜	基施 0.50～1kg Cu/hm²，可用五水硫酸铜；或叶面喷施 0.01%～0.02% 硫酸铜溶液
锌	基施七水硫酸锌 100kg/hm²（23kg Zn/hm²），或根外喷施 0.5% 硫酸锌（3.5～7.0kg Zn/hm²）溶液
钼	四水钼酸铵或钼酸钠（0.5～0.7kg Mo/hm²）与其他肥料混匀后基施
铁	叶面喷施 0.2%～0.5% 硫酸亚铁溶液，喷施 3～4 次，每次间隔 10～15d
锰	根施或叶面喷施 0.2% 硫酸锰溶液

7.5.7 基于 NE+的荔枝化肥减施增效技术模式

该技术模式包括：确定目标产量；确定土壤肥力水平；确定养分推荐量；确定养分有机替代比例；具体施肥方案。

（1）确定目标产量

目标产量=农户习惯施肥产量×1.30。

（2）确定土壤肥力水平

按附录 A 的原则确定土壤肥力水平。

（3）确定养分推荐量

采用基于产量反应和农学效率的养分推荐方法及 NE 系统，提出不同目标产量及土壤肥力水平下的养分推荐量，见表 7-59。

表 7-59　不同目标产量下荔枝养分推荐量

目标产量/(t/hm²)	土壤肥力水平	施氮量/(kg N/hm²)	施磷量/(kg P₂O₅/hm²)	施钾量/(kg K₂O/hm²)
	低	297	65	205
9	中	282	44	131
	高	253	25	96
	低	309	87	273
12	中	293	59	174
	高	265	33	128
	低	320	108	341
15	中	301	74	218
	高	273	42	160
	低	331	130	410
18	中	309	89	262
	高	280	50	192
	低	342	152	478
21	中	317	103	305
	高	286	58	224

（4）确定养分有机替代比例

由畜禽有机肥提供的氮素不超过施氮量的 30%。

（5）具体施肥方案

氮肥分 3～4 次施用。氮肥总量≥360kg N/hm²，分 4 次施用，分别在上年采果后（基肥）、开花前、谢花期、果实膨大期施用，高、中、低肥力土壤氮肥施用比例分别为 35-10-20-35、40-10-20-30、45-10-20-25。氮肥总量在 270～360kg N/hm²，在砂壤土上分 4 次施用，施用时期和比例同上；在壤土或黏壤土上分 3 次施用，分别在上年采果后（基肥）、开花前、谢花期施用，高、中、低肥力土壤氮肥施用比例分别为 40-20-40、50-15-35、60-10-30。氮肥总量＜270kg N/hm²，分 2 次施用，分别在上年采果后（基肥）、谢花期施用，高、中、低肥力土壤氮肥施用比例分别为 50-50、55-45、60-40。磷肥在上年采果后一次性施用。钾肥总量≥300kg K₂O/hm²，分 4 次施用，分别在上年采果后（基肥）、开花前、谢花期、果实膨大期施用，施用比例为 30-10-35-25；钾肥总量＜300kg K₂O/hm²，分 3 次施用，分别在上年采果后（基肥）、开花前、谢花期施用，施用比例为 40-10-20。中微量元素的推荐见表 7-60。采后肥：在滴水线处呈对角线开环状沟或放射沟，沟宽 25～35cm、深 10cm，施后覆土，如干旱时间较长，可适当淋水。花前肥：施肥方法同采后肥，或雨后除草后撒施肥料。谢花壮果肥和壮果肥：施肥方法同采后肥，与采后肥轮换开沟位置，沟宽 25～35cm、深 10cm。

表 7-60　荔枝中微量元素推荐施肥方法

缺乏元素	施用方法及施用量
硫	基施 30～60kg/hm² 单质硫。如有土壤测试，土壤有效硫含量为 16～30mg/kg 时，施硫 30～40kg S/hm²，土壤有效硫含量为 8～16mg/kg 时，施硫 40～50kg S/hm²；土壤有效硫含量 < 8mg/kg 时，施硫 50～60kg/hm²。可用硫黄或石膏基施
镁	基施七水硫酸镁 0.7～0.9kg/株（0.07～0.09kg Mg/株）；或在新梢抽发前和叶片转绿前分别喷施 0.5% 硫酸镁或硝酸镁溶液 1 次；可在果实采摘前 18d 叶面喷施 0.3% MgCl₂ 溶液，喷施 2 次，可防裂、增色
硅	基施硅钙肥 900～1200kg/hm²（150～200kg SiO₂/hm²），或在花前和谢花后喷施 500～2000mg/kg 硅酸钠溶液；或在果实成熟期的 30～50d 叶面喷施 500～2000mg/L 硅酸钠溶液 1 次，可防裂
硼	硼砂 0.01～0.05kg/株（0.001～0.005kg B/株），与有机肥、氮磷钾复合肥等充分混合均匀后基施；或在花前、谢花后、果实膨大期用 0.05%～0.10% 硼砂或硼酸溶液喷施；或在开花前、开花后、果实膨大期叶面喷施 0.05%～0.10% 硼砂溶液，可防裂、增色
锌	在花前、谢花后、果实膨大期叶面喷施 0.05%～0.10% 硫酸铜溶液，或结合病虫害防治喷施波尔多液等制剂
钼	在花前、谢花后、果实膨大期叶面喷施 0.1%～0.2% 硫酸锌溶液
铁	在花前、谢花后、果实膨大期喷施 0.02% 钼酸铵溶液
锰	喷施 0.1%～0.2% 螯合铁、柠檬酸铁或硫酸亚铁溶液，喷施 2～3 次，每次间隔 10～15d

7.5.8　基于 NE+ 的露地西瓜化肥减施增效技术模式

该技术模式包括：确定目标产量；确定土壤肥力水平；确定养分推荐量；确定养分有机替代比例；具体施肥方案。

（1）确定目标产量

目标产量＝农户习惯施肥产量×1.05。

（2）确定土壤肥力水平

按附录 A 的原则确定土壤肥力水平。

（3）确定养分推荐量

采用基于产量反应和农学效率的养分推荐方法及 NE 系统，提出不同目标产量及土壤肥力水平下的养分推荐量，见表 7-61。

表 7-61　不同目标产量下露地西瓜养分推荐量

目标产量/(t/hm²)	土壤肥力水平	施氮量/(kg N/hm²)	施磷量/(kg P₂O₅/hm²)	施钾量/(kg K₂O/hm²)
	低	205	67	197
30	中	189	52	159
	高	176	42	127
	低	229	100	295
45	中	202	78	239
	高	184	63	191
	低	258	133	394
60	中	216	104	319
	高	190	84	254
	低	295	166	492
75	中	231	130	398
	高	197	105	318

续表

目标产量/(t/hm²)	土壤肥力水平	施氮量/(kg N/hm²)	施磷量/(kg P₂O₅/hm²)	施钾量/(kg K₂O/hm²)
	低	345	200	591
90	中	249	156	478
	高	204	125	382

（4）确定养分有机替代比例

由畜禽有机肥提供的氮素不超过施氮量的 30%。

（5）具体施肥方案

氮肥分 2～4 次施用。氮肥总量 ≥ 200kg N/hm²，分 4 次施用，分别在播种期、苗期、结瓜期、果实膨大期施用，高、中、低肥力土壤氮肥施用比例分别为 30-20-20-30、40-20-20-20、50-20-15-15。氮肥总量在 150～200kg N/hm²，在砂壤土上分 4 次施用，施用时期和比例同上；在壤土或者黏壤土上分 3 次施用，分别在播种期、结瓜期、果实膨大期施用，高、中、低肥力土壤氮肥施用比例分别为 30-30-40、40-30-30、50-20-30。氮肥总量 < 160kg N/hm²，分 2 次施用，分别在播种期、结瓜期施用，高、中、低肥力土壤氮肥施用比例分别为 30-70、40-60、50-50。磷肥在播种期一次性施用。钾肥总量 ≥ 225kg K₂O/hm²，分 3 次施用，分别在播种期、结瓜期、果实膨大期施用，施用比例为 30-30-40；钾肥总量在 150～225kg K₂O/hm²，分 2 次施用，分别在播种期、果实膨大期施用，施用比例为 40-60；钾肥总量 < 150kg K₂O/hm²，在播种期一次性施用。中微量元素的推荐见表 7-62。基肥：在播种或移栽前一周撒施，用旋耕机与 0～20cm 土层混合。追肥：穴施，距离瓜秧根部 10cm 左右，深 5～10cm，结合灌溉进行；撒施，撒施后灌溉或冲施，以水调氮钾。

表 7-62 露地西瓜中微量元素推荐施肥方法

缺乏元素	施用方法及施用量
硫	土壤有效硫含量为 16～30mg/kg 时，施硫 30～40kg S/hm²；土壤有效硫含量为 8～16mg/kg 时，施硫 40～50kg S/hm²；土壤有效硫含量 < 8mg/kg 时，施硫 50～60kg S/hm²。或出现缺素症状时，可用 0.5%～2.0% 硫酸盐溶液进行叶面喷施
镁	基施七水硫酸镁 100～200kg/hm²（10～20kg Mg/hm²）；或在花期每隔 7d 左右叶面喷施 1% 硫酸镁或硝酸镁溶液 1 次，持续 3 周
硅	基施 100～200kg/hm² 缓效硅肥（以硅酸钙为主要成分，SiO₂ 含量 > 20%），或 40～60kg/hm² 水溶性硅肥（以硅酸钠或硅酸钾为主要成分，SiO₂ 含量 > 50%）
硼	硼砂 7.5～15kg/hm²（0.8～1.7kg B/hm²）与有机肥、微生物菌肥、氮磷钾复合肥等充分混合均匀后基施；或在出现缺硼症状时，及时采用 0.1%～0.2% 硼砂溶液叶面喷施，每隔 5～7d 施 1 次，连续喷施 2～4 次
铜	基施五水硫酸铜 2.4～7.0kg/hm²（0.6～3.0kg Cu/hm²），或用 0.1% 硫酸铜溶液浸种，或叶面喷施 0.02%～0.05% 硫酸铜溶液
锌	基施七水硫酸锌 15～30kg/hm²（3.15～6.3kg Zn/hm²），不与磷肥混合施用；或用 0.5% 硫酸锌溶液浸种或拌种；或用 0.1%～0.3% 硫酸锌溶液叶面喷施
钼	四水钼酸铵或钼酸钠 1.5～3.0kg/hm²（0.5～1.1kg Mo/hm²）与其他肥料混匀后基施；或在开花期、果实膨大期喷施 0.05%～0.10% 钼酸铵溶液 2～3 次，每次间隔 7～10d
铁	基施七水硫酸亚铁 20～30kg/hm²（4～6kg Fe/hm²）或螯合态铁肥 5～10kg/hm²。如有土壤测试，土壤有效铁含量 < 7mg/L 时，基施七水硫酸亚铁 40.5kg/hm²（8.1kg Fe/hm²）；土壤有效铁含量为 7～13mg/L 时，基施七水硫酸亚铁 30kg/hm²（6kg Fe/hm²）；土壤有效铁含量为 13～20mg/L 时，基施七水硫酸亚铁 19.5kg/hm²（3.9kg Fe/hm²）；土壤有效铁含量为 20～30mg/L 时，基施七水硫酸亚铁 10.5kg/hm²（2.1kg Fe/hm²）。或出现缺铁症状时，叶面喷施 0.2% 硫酸亚铁溶液 1～2 次，每次喷施 375～450kg/hm²，每次间隔 7～10d

缺乏元素	施用方法及施用量
锰	基施一水硫酸锰 15～60kg/hm² （5～20kg Mn/hm²）；或用 0.05%～0.10% 硫酸锰溶液浸种 12h；或每千克瓜种拌一水硫酸锰 4～8g（1.3～2.6g Mn/kg 瓜种）；或叶面喷施 0.05%～0.10% 硫酸锰溶液 2～3 次，每次间隔 7～10d

7.5.9　基于 NE+的露地甜瓜化肥减施增效技术模式

该技术模式包括：确定目标产量；确定土壤肥力水平；确定养分推荐量；确定养分有机替代比例；具体施肥方案。

（1）确定目标产量

目标产量=农户习惯施肥产量×1.05。

（2）确定土壤肥力水平

按附录 A 的原则确定土壤肥力水平。

（3）确定养分推荐量

采用基于产量反应和农学效率的养分推荐方法及 NE 系统，提出不同目标产量及土壤肥力水平下的养分推荐量，见表 7-63。

表 7-63　不同目标产量下露地甜瓜养分推荐量

目标产量/(t/hm²)	土壤肥力水平	施氮量/(kg N/hm²)	施磷量/(kg P₂O₅/hm²)	施钾量/(kg K₂O/hm²)
	低	229	55	88
22.5	中	215	42	72
	高	199	30	66
	低	254	74	118
30.0	中	240	55	96
	高	224	40	88
	低	275	92	147
37.5	中	260	69	121
	高	244	50	110
	低	293	110	177
45.0	中	277	83	145
	高	260	59	132
	低	309	129	206
52.5	中	292	97	169
	高	274	69	154

（4）确定养分有机替代比例

由畜禽有机肥提供的氮素不超过施氮量的 30%。

（5）具体施肥方案

氮肥分 3～4 次施用。氮肥总量≥200kg N/hm²，分 4 次施用，分别在播种期、五叶期、坐瓜期、果实膨大期施用，高、中、低肥力土壤氮肥施用比例分别为 30-20-30-20、40-20-20-20、50-20-15-15。氮肥总量在 160～200kg N/hm²，在砂壤土上分 4 次施用，施用时期、比例同上；在壤土或黏土上分 3 次施用，分别在播种期、坐瓜期、果实膨大期施用，高、中、低肥力土壤氮肥施用比例分别为 30-40-30、40-30-30、50-20-30。氮肥总量 < 160kg N/hm²，分 2 次施用，分别在播种期、坐瓜期施用，高、中、低肥力土壤氮肥施用比例分别为 25-75、40-60、60-40。磷肥在播种期一次性施用。钾肥总量 ≥ 75kg K₂O/hm²，分 2 次施用，分别在播种期、果实膨大期施用，施用比例为 40-60；钾肥总量 < 75kg K₂O/hm²，在播种期一次性施用。中微量元素的推荐见表 7-64。设施甜瓜采用水肥一体化技术，施肥部位在膜下植株周围 10cm 左右。露地甜瓜采用垄作栽培，基肥：起垄前将化肥撒在地表，起垄时将化肥埋在垄底，距垄面约 20cm；追肥：采用追肥枪或专用施肥机械追施，追肥深度 10～20cm，追肥部位在植株行侧 10～15cm。

表 7-64　露地甜瓜中微量元素推荐施肥方法

缺乏元素	施用方法及施用量
硫	土壤有效硫含量为 16～30mg/kg 时，施硫 30～40kg S/hm²；土壤有效硫含量为 8～16mg/kg 时，施硫 40～50kg S/hm²；土壤有效硫含量 < 8mg/kg 时，施硫 50～60kg S/hm²。可用硫黄或石膏基施
镁	土壤交换性镁含量 < 300mg/kg 时，基施硫酸镁 30～60kg/hm²（6～12kg Mg/hm²）；或叶面喷施 0.5%～1.0% 硫酸镁溶液，每隔 5～7d 喷施 1 次，连续喷施 3～4 次
钙	在果实膨大期追施硝酸钙 100～200kg/hm²（24.4～48.8kg Ca/hm²），或叶面喷施 0.1%～0.3% 氯化钙溶液
硅	北方石灰性土壤，一般不需要施用硅肥；中性或南方酸性土壤，一般基施 200～400kg/hm² 缓效硅肥（以硅酸钙为主要成分，SiO₂ 含量 > 20%），或 60～100kg/hm² 水溶性硅肥（以硅酸钠或硅酸钾为主要成分，SiO₂ 含量 > 50%）
硼	基施硼砂或硼酸 13～30kg/hm²（1.5～3.5kg B/hm²），2～3 年施用 1 次；或每千克瓜种用 0.3～0.6g 硼酸或硼砂拌种；或用 0.01%～0.05% 硼酸或硼砂溶液浸种 6～8h；或分别在五叶期、坐瓜期、果实膨大期叶面喷施 0.03%～0.10% 硼酸溶液或 0.05%～0.20% 硼砂溶液，喷施 2～3 次，每次间隔 7～10d
铜	基施五水硫酸铜 2.4～7.0kg/hm²（0.6～1.8kg Cu/hm²），或用 0.1% 硫酸铜溶液浸种，或叶面喷施 0.02%～0.05% 硫酸铜溶液。如有土壤测试，土壤有效铜含量 > 1.0mg/kg 时，基施五水硫酸铜 1.5kg/hm²；土壤有效铜含量为 0.5～1.0mg/kg 时，基施五水硫酸铜 3.0kg/hm²；土壤有效铜含量 < 0.5mg/kg 时，基施五水硫酸铜 4.5kg/hm²
锌	基施七水硫酸锌 15～30kg/hm²（3.2～6.4kg Zn/hm²）。如有土壤测试，土壤有效锌含量 > 1.0mg/kg 时，基施七水硫酸锌 15kg/hm²；土壤有效锌含量为 0.5～1.0mg/kg 时，基施硫酸锌 22.5kg/hm²；土壤有效锌含量 < 0.5mg/kg 时，基施硫酸锌 30kg/hm²。或用 0.02%～0.05% 硫酸锌溶液浸种；或分别在五叶期、坐瓜期、果实膨大期叶面喷施 0.1%～0.2% 硫酸锌溶液
钼	四水钼酸铵或钼酸钠 1.3～2.6kg/hm²（0.41～0.81kg Mo/hm²）与其他肥料混匀后基施；或在五叶期、坐瓜期、果实膨大期喷施 0.05%～0.10% 钼酸铵溶液 3～4 次，每次间隔 7～10d
铁	基施七水硫酸亚铁 10～50kg/hm²（2～10kg Fe/hm²）。如有土壤测试，土壤有效铁含量 < 2.5mg/kg 时，基施七水硫酸亚铁 50kg/hm²；土壤有效铁含量为 2.5～4.5mg/kg 时，基施七水硫酸亚铁 40kg/hm²；土壤有效铁含量为 4.5～7.5mg/kg 时，基施七水硫酸亚铁 30kg/hm²；土壤有效铁含量为 7.5～10mg/kg 时，基施七水硫酸亚铁 20kg/hm²；土壤有效铁含量为 10～12.5mg/kg 时，基施七水硫酸亚铁 10kg/hm²
锰	基施一水硫酸锰 10～30kg/hm²（3.3～10kg Mn/hm²），或用 0.1% 硫酸锰溶液浸种 24h。如有土壤测试，土壤有效锰含量 < 2.0mg/kg 时，基施一水硫酸锰 30kg/hm²；土壤有效锰含量为 2.0～6.0mg/kg 时，基施一水硫酸锰 20kg/hm²；土壤有效锰含量为 6.0～9.0mg/kg 时，基施一水硫酸锰 15kg/hm²；土壤有效锰含量为 9.0～12.0mg/kg 时，基施一水硫酸锰 10kg/hm²

7.6　主要作物化肥减施增效技术效果

集成 NE 系统养分推荐、有机肥资源利用、秸秆高效还田、化肥机械深施等技术，综合应用作物专用肥、精制有机肥和微生物肥料等产品，建立了 NE+有机替代、NE+秸秆还田和 NE+养分增效技术模式，并规模化应用，具体如下。

（1）建立了基于 NE 系统的主要粮食作物有机替代技术模式

集成 NE 系统养分推荐、畜禽有机肥替代化肥技术，综合应用精制有机肥、酒糟、沼渣沼液等有机肥资源，形成水稻、小麦、玉米基于 NE 系统的有机替代技术模式，包括东北水稻、玉米，华北小麦、玉米，长江中下游早稻、中稻、晚稻和小麦共 8 套技术模式。该模式在江西、湖南、湖北、河南、山东、河北、黑龙江 7 省（下同）大面积应用，共示范推广 1830 万亩，与习惯施肥比较，实现了大面积平均增产 5.6%，减氮 30.0%，氮肥回收率提高 15.0 个百分点，减磷 20.0%，磷肥回收率提高 9.6 个百分点。

（2）建立了基于 NE 系统的主要粮食作物秸秆还田技术模式

集成 NE 系统养分推荐、稻田秸秆粉碎翻埋还田、旱地秸秆灭茬还田结合氮肥前移技术，综合应用含高效固氮解磷功能菌的微生物肥料等产品，形成水稻、小麦和玉米基于 NE 系统的秸秆还田技术模式，包括东北水稻、玉米，华北小麦、玉米，长江中下游早稻、中稻、晚稻和小麦共 8 套技术模式。该模式在 7 省大面积应用，共示范推广 2800 万亩，与习惯施肥比较，实现了大面积平均增产 10.0%，减氮 10.0%，氮肥回收率提高 10.0 个百分点，减磷 10.0%，磷肥回收率提高 7.0 个百分点。秸秆还田主要通过增产和提高土壤肥力实现肥料回收率的提升。

（3）建立了基于 NE 系统的主要粮食作物养分增效技术模式

集成 NE 系统养分推荐、侧条施肥、种肥同播（化肥深施）技术，综合应用作物专用肥、缓控释肥等产品，形成水稻、小麦和玉米基于 NE 系统的养分增效技术模式，包括东北水稻、玉米，华北小麦、玉米，长江中下游早稻、中稻、晚稻和小麦共 8 套技术模式。该模式在 7 省大面积应用，共示范推广 3360 万亩，与习惯施肥比较，实现了大面积平均增产 5.0%，减氮 20.0%，氮肥回收率提高 12.5 个百分点，减磷 15.0%，磷肥回收率提高 8.4 个百分点。

（4）建立了基于 NE 系统的重要经济作物有机替代技术模式

集成 NE 系统养分推荐、畜禽有机肥替代化肥技术，综合应用精制有机肥、生物有机肥等有机肥资源，形成油菜、梨、柑橘、辣椒、白菜等基于 NE 系统的有机替代技术模式。其中，油菜、梨、柑橘有机肥氮素适宜替代率为 20%，油菜氮肥回收率提高 11.6 个百分点，柑橘氮肥农学效率提高 8.0kg/kg；辣椒、白菜有机肥氮素适宜替代率均为 30%，氮肥回收率分别提高 12.3 个百分点、10.0 个百分点。

第8章 肥料养分限量标准草案

8.1 粮食作物养分限量标准草案

8.1.1 水稻

采用基于产量反应和农学效率的养分推荐方法及NE系统，提出了不同目标产量下一季稻、中稻、早稻和晚稻施肥的养分限量，分别列于表8-1～表8-4。其中，在NE系统的养分推荐中，目标产量=农户习惯施肥产量×1.1，低土壤肥力水平对应养分施用的最高限量，高土壤肥力水平对应养分施用的最低限量，中土壤肥力水平对应养分推荐的指导用量。

表 8-1　不同目标产量下一季稻养分限量（适于东北及西北）

目标产量/ （t/hm²）	土壤肥力水平	限量类别	氮限量/ （kg N/hm²）	磷限量/ （kg P₂O₅/hm²）	秸秆还田下钾限量/ （kg K₂O/hm²）	秸秆不还田下钾限量/ （kg K₂O/hm²）
6.0	低	最高限量	155	47	59	80
	中	指导用量	144	40	50	70
	高	最低限量	134	31	40	60
7.5	低	最高限量	165	59	74	100
	中	指导用量	151	50	62	88
	高	最低限量	139	39	50	76
9.0	低	最高限量	175	70	89	119
	中	指导用量	157	60	74	105
	高	最低限量	143	47	60	91
10.5	低	最高限量	186	82	104	139
	中	指导用量	164	70	87	123
	高	最低限量	147	55	70	106
12.0	低	最高限量	199	94	118	159
	中	指导用量	170	80	99	140
	高	最低限量	151	63	80	121

表 8-2　不同目标产量下中稻养分限量（适于长江中下游及南方）

目标产量/ （t/hm²）	土壤肥力水平	限量类别	氮限量/ （kg N/hm²）	磷限量/ （kg P₂O₅/hm²）	秸秆还田下钾限量/ （kg K₂O/hm²）	秸秆不还田下钾限量/ （kg K₂O/hm²）
6.0	低	最高限量	150	43	45	81
	中	指导用量	144	36	34	70
	高	最低限量	135	31	27	63
7.5	低	最高限量	158	54	56	101
	中	指导用量	151	45	43	87
	高	最低限量	140	39	34	78

续表

目标产量/ （t/hm²）	土壤肥力水平	限量类别	氮限量/ （kg N/hm²）	磷限量/ （kg P₂O₅/hm²）	秸秆还田下钾限量/ （kg K₂O/hm²）	秸秆不还田下钾限量/ （kg K₂O/hm²）
9.0	低	最高限量	166	65	67	121
	中	指导用量	157	54	51	105
	高	最低限量	144	47	40	94
10.5	低	最高限量	175	75	79	141
	中	指导用量	164	63	60	122
	高	最低限量	148	54	47	110
12.0	低	最高限量	185	86	90	161
	中	指导用量	170	72	68	140
	高	最低限量	153	62	54	125

表 8-3　不同目标产量下早稻养分限量（适于长江中下游及南方）

目标产量/ （t/hm²）	土壤肥力水平	限量类别	氮限量/ （kg N/hm²）	磷限量/ （kg P₂O₅/hm²）	秸秆还田下钾限量/ （kg K₂O/hm²）	秸秆不还田下钾限量/ （kg K₂O/hm²）
4.5	低	最高限量	133	35	36	63
	中	指导用量	128	29	28	55
	高	最低限量	121	23	22	48
6.0	低	最高限量	140	47	48	84
	中	指导用量	134	38	38	73
	高	最低限量	126	31	29	64
7.5	低	最高限量	147	58	61	105
	中	指导用量	140	48	47	92
	高	最低限量	130	39	36	81
9.0	低	最高限量	154	70	73	126
	中	指导用量	145	57	57	110
	高	最低限量	134	47	43	97
10.5	低	最高限量	162	82	85	147
	中	指导用量	151	67	66	129
	高	最低限量	138	54	50	113

表 8-4　不同目标产量下晚稻养分限量（适于长江中下游及南方）

目标产量/ （t/hm²）	土壤肥力水平	限量类别	氮限量/ （kg N/hm²）	磷限量/ （kg P₂O₅/hm²）	秸秆还田下钾限量/ （kg K₂O/hm²）	秸秆不还田下钾限量/ （kg K₂O/hm²）
4.5	低	最高限量	129	30	32	59
	中	指导用量	125	25	26	52
	高	最低限量	118	22	20	47
6.0	低	最高限量	136	39	43	79
	中	指导用量	130	33	34	70
	高	最低限量	123	29	27	63

续表

目标产量/ （t/hm²）	土壤肥力水平	限量类别	氮限量/ （kg N/hm²）	磷限量/ （kg P₂O₅/hm²）	秸秆还田下钾限量/ （kg K₂O/hm²）	秸秆不还田下钾限量/ （kg K₂O/hm²）
	低	最高限量	141	49	54	99
7.5	中	指导用量	135	42	43	87
	高	最低限量	127	36	34	78
	低	最高限量	147	59	65	118
9.0	中	指导用量	140	50	51	105
	高	最低限量	131	43	40	94
	低	最高限量	154	69	75	138
10.5	中	指导用量	144	59	60	122
	高	最低限量	134	50	47	110

8.1.2　小麦

采用基于产量反应和农学效率的养分推荐方法及 NE 系统，提出了不同目标产量下小麦施肥的养分限量，列于表 8-5。其中，在 NE 系统的养分推荐中，目标产量=农户习惯施肥产量×1.05，低土壤肥力水平对应养分施用的最高限量，高土壤肥力水平对应养分施用的最低限量，中土壤肥力水平对应养分推荐的指导用量。

表 8-5　不同目标产量下小麦养分限量

目标产量/ （t/hm²）	土壤肥力水平	限量类别	氮限量/ （kg N/hm²）	磷限量/ （kg P₂O₅/hm²）	秸秆还田下钾限量/ （kg K₂O/hm²）	秸秆不还田下钾限量/ （kg K₂O/hm²）
	低	最高限量	162	58	45	63
4.5	中	指导用量	127	51	35	53
	高	最低限量	89	44	28	46
	低	最高限量	187	78	60	83
6.0	中	指导用量	149	68	47	70
	高	最低限量	108	59	38	61
	低	最高限量	208	97	75	104
7.5	中	指导用量	167	85	59	88
	高	最低限量	123	74	47	76
	低	最高限量	228	117	90	125
9.0	中	指导用量	182	102	71	105
	高	最低限量	136	89	57	92
	低	最高限量	247	136	105	146
10.5	中	指导用量	196	119	82	123
	高	最低限量	148	104	66	107

8.1.3　玉米

采用基于产量反应和农学效率的养分推荐方法及 NE 系统，提出了不同目标产量下春玉米和夏玉米施肥的养分限量，分别列于表 8-6 和表 8-7。其中，在 NE 系统的养分推荐中，目标产量=农户习惯施肥产量×1.1，低土壤肥力水平对应养分施用的最高限量，高土壤肥力水平对应养分施用的最低限量，中土壤肥力水平对应养分推荐的指导用量。

表 8-6　不同目标产量下春玉米养分限量（适于东北及西北）

目标产量/ (t/hm²)	土壤肥力水平	限量类别	氮限量/ (kg N/hm²)	磷限量/ (kg P₂O₅/hm²)	秸秆还田下钾限量/ (kg K₂O/hm²)	秸秆不还田下钾限量/ (kg K₂O/hm²)
	低	最高限量	177	76	73	83
7.5	中	指导用量	146	67	60	70
	高	最低限量	109	58	48	59
	低	最高限量	194	92	88	100
9.0	中	指导用量	162	80	72	84
	高	最低限量	123	69	58	70
	低	最高限量	207	107	103	117
10.5	中	指导用量	176	93	84	98
	高	最低限量	136	81	68	82
	低	最高限量	219	122	117	133
12.0	中	指导用量	189	107	96	112
	高	最低限量	148	92	78	94
	低	最高限量	230	138	132	150
13.5	中	指导用量	199	120	108	126
	高	最低限量	158	104	87	105

表 8-7　不同目标产量下夏玉米养分限量（适于南方及华北）

目标产量/(t/hm²)	土壤肥力水平	限量类别	氮限量/(kg N/hm²)	磷限量/(kg P₂O₅/hm²)	钾限量/(kg K₂O/hm²)
	低	最高限量	169	50	55
6.0	中	指导用量	131	42	46
	高	最低限量	94	37	38
	低	最高限量	192	63	69
7.5	中	指导用量	152	53	57
	高	最低限量	111	46	48
	低	最高限量	212	76	82
9.0	中	指导用量	171	63	69
	高	最低限量	127	55	57
	低	最高限量	229	88	96
10.5	中	指导用量	187	74	80
	高	最低限量	141	64	67

续表

目标产量/(t/hm²)	土壤肥力水平	限量类别	氮限量/(kg N/hm²)	磷限量/(kg P₂O₅/hm²)	钾限量/(kg K₂O/hm²)
	低	最高限量	243	101	110
12.0	中	指导用量	202	84	92
	高	最低限量	154	74	76

8.1.4　马铃薯

采用基于产量反应和农学效率的养分推荐方法及 NE 系统，提出了不同目标产量下不同地区马铃薯施肥的养分限量，分别列于表 8-8～表 8-12。其中，在 NE 系统的养分推荐中，目标产量=农户习惯施肥产量×1.1，低土壤肥力水平对应养分施用的最高限量，高土壤肥力水平对应养分施用的最低限量，中土壤肥力水平对应养分推荐的指导用量。

表 8-8　不同目标产量下马铃薯养分限量（适于东北地区）

目标产量/(t/hm²)	土壤肥力水平	限量类别	氮限量/(kg N/hm²)	磷限量/(kg P₂O₅/hm²)	钾限量/(kg K₂O/hm²)
	低	最高限量	163	40	76
15.0	中	指导用量	150	32	66
	高	最低限量	142	26	62
	低	最高限量	183	61	113
22.5	中	指导用量	168	48	99
	高	最低限量	159	39	93
	低	最高限量	200	81	151
30.0	中	指导用量	182	64	132
	高	最低限量	172	52	124
	低	最高限量	218	101	189
37.5	中	指导用量	196	80	165
	高	最低限量	183	64	155
	低	最高限量	238	121	227
45.0	中	指导用量	209	96	198
	高	最低限量	194	77	186

表 8-9　不同目标产量下马铃薯养分限量（适于西北地区）

目标产量/(t/hm²)	土壤肥力水平	限量类别	氮限量/(kg N/hm²)	磷限量/(kg P₂O₅/hm²)	钾限量/(kg K₂O/hm²)
	低	最高限量	149	43	73
15.0	中	指导用量	133	31	58
	高	最低限量	116	23	48
	低	最高限量	167	65	109
22.5	中	指导用量	150	47	87
	高	最低限量	134	35	72

目标产量/(t/hm²)	土壤肥力水平	限量类别	氮限量/(kg N/hm²)	磷限量/(kg P₂O₅/hm²)	钾限量/(kg K₂O/hm²)
	低	最高限量	181	87	145
30.0	中	指导用量	162	62	116
	高	最低限量	146	47	96
	低	最高限量	194	109	182
37.5	中	指导用量	173	78	145
	高	最低限量	155	58	120
	低	最高限量	207	130	218
45.0	中	指导用量	182	93	174
	高	最低限量	163	70	144

表 8-10　不同目标产量下马铃薯养分限量（适于华北地区）

目标产量/(t/hm²)	土壤肥力水平	限量类别	氮限量/(kg N/hm²)	磷限量/(kg P₂O₅/hm²)	钾限量/(kg K₂O/hm²)
	低	最高限量	139	41	87
15.0	中	指导用量	126	34	75
	高	最低限量	117	30	61
	低	最高限量	156	62	131
22.5	中	指导用量	143	51	112
	高	最低限量	134	45	91
	低	最高限量	169	83	175
30.0	中	指导用量	155	67	149
	高	最低限量	147	60	122
	低	最高限量	180	103	218
37.5	中	指导用量	165	84	187
	高	最低限量	156	74	152
	低	最高限量	190	124	262
45.0	中	指导用量	173	101	224
	高	最低限量	164	89	183

表 8-11　不同目标产量下马铃薯养分限量（适于东南地区）

目标产量/(t/hm²)	土壤肥力水平	限量类别	氮限量/(kg N/hm²)	磷限量/(kg P₂O₅/hm²)	钾限量/(kg K₂O/hm²)
	低	最高限量	158	43	80
15.0	中	指导用量	148	29	68
	高	最低限量	129	22	53
	低	最高限量	177	64	120
22.5	中	指导用量	165	43	101
	高	最低限量	146	33	80

目标产量/(t/hm²)	土壤肥力水平	限量类别	氮限量/(kg N/hm²)	磷限量/(kg P₂O₅/hm²)	钾限量/(kg K₂O/hm²)
30.0	低	最高限量	193	86	160
	中	指导用量	179	57	135
	高	最低限量	158	44	107
37.5	低	最高限量	208	107	200
	中	指导用量	191	71	169
	高	最低限量	168	54	134
45.0	低	最高限量	225	129	239
	中	指导用量	204	86	203
	高	最低限量	177	65	160

表 8-12　不同目标产量下马铃薯养分限量（适于西南地区）

目标产量/(t/hm²)	土壤肥力水平	限量类别	氮限量/(kg N/hm²)	磷限量/(kg P₂O₅/hm²)	钾限量/(kg K₂O/hm²)
15.0	低	最高限量	163	60	90
	中	指导用量	148	41	68
	高	最低限量	133	31	54
22.5	低	最高限量	183	90	136
	中	指导用量	166	61	102
	高	最低限量	150	47	81
30.0	低	最高限量	201	120	181
	中	指导用量	180	81	136
	高	最低限量	162	62	108
37.5	低	最高限量	219	150	226
	中	指导用量	192	101	170
	高	最低限量	172	78	136
45.0	低	最高限量	239	180	271
	中	指导用量	205	122	204
	高	最低限量	182	93	163

8.2　经济作物养分限量标准草案

8.2.1　茶叶

采用基于产量反应和农学效率的养分推荐方法及 NE 系统，提出了不同目标产量下茶叶施肥的养分限量，列于表 8-13。其中，在 NE 系统的养分推荐中，目标产量=农户习惯施肥产量×1.2，低土壤肥力水平对应养分施用的最高限量，高土壤肥力水平对应养分施用的最低限量，中土壤肥力水平对应养分推荐的指导用量。

表 8-13　不同目标产量下茶叶养分限量

目标产量/(t/hm²)	土壤肥力水平	限量类别	氮限量/(kg N/hm²)	磷限量/(kg P₂O₅/hm²)	钾限量/(kg K₂O/hm²)
2.25	低	最高限量	332	81	65
	中	指导用量	319	57	47
	高	最低限量	288	20	18
3.00	低	最高限量	343	108	86
	中	指导用量	329	76	63
	高	最低限量	298	26	25
3.75	低	最高限量	354	135	108
	中	指导用量	337	95	79
	高	最低限量	306	33	31
4.50	低	最高限量	365	162	129
	中	指导用量	345	114	95
	高	最低限量	311	39	37
5.25	低	最高限量	376	190	151
	中	指导用量	352	134	110
	高	最低限量	316	46	43

8.2.2　油菜

采用基于产量反应和农学效率的养分推荐方法及 NE 系统,提出了不同目标产量下油菜施肥的养分限量,列于表 8-14。其中,在 NE 系统的养分推荐中,目标产量=农户习惯施肥产量×1.15,低土壤肥力水平对应养分施用的最高限量,高土壤肥力水平对应养分施用的最低限量,中土壤肥力水平对应养分推荐的指导用量。

表 8-14　不同目标产量下油菜养分限量

目标产量/(t/hm²)	土壤肥力水平	限量类别	氮限量/(kg N/hm²)	磷限量/(kg P₂O₅/hm²)	钾限量/(kg K₂O/hm²)
1.50	低	最高限量	163	52	43
	中	指导用量	160	35	34
	高	最低限量	159	24	19
2.25	低	最高限量	171	78	60
	中	指导用量	165	53	50
	高	最低限量	161	37	28
3.00	低	最高限量	180	104	87
	中	指导用量	171	71	67
	高	最低限量	164	49	37
3.75	低	最高限量	191	107	120
	中	指导用量	178	74	88
	高	最低限量	168	52	51

续表

目标产量/(t/hm²)	土壤肥力水平	限量类别	氮限量/(kg N/hm²)	磷限量/(kg P₂O₅/hm²)	钾限量/(kg K₂O/hm²)
	低	最高限量	204	110	144
4.50	中	指导用量	186	77	106
	高	最低限量	173	55	61

8.2.3　棉花

采用基于产量反应和农学效率的养分推荐方法及 NE 系统，提出了不同目标产量下不同种植区域棉花施肥的养分限量，分别列于表 8-15～表 8-18。其中，在 NE 系统的养分推荐中，新疆和除新疆外北方地区棉花目标产量=农户习惯施肥产量×1.1，除新疆外南方地区棉花目标产量=农户习惯施肥产量×1.2，低土壤肥力水平对应养分施用的最高限量，高土壤肥力水平对应养分施用的最低限量，中土壤肥力水平对应养分推荐的指导用量。

表 8-15　不同目标产量下棉花养分限量（适于新疆的南疆地区）

目标产量/(t/hm²)	土壤肥力水平	限量类别	氮限量/(kg N/hm²)	磷限量/(kg P₂O₅/hm²)	钾限量/(kg K₂O/hm²)
	低	最高限量	238	122	111
5.25	中	指导用量	233	91	80
	高	最低限量	227	68	68
	低	最高限量	243	140	127
6.00	中	指导用量	237	104	91
	高	最低限量	230	77	78
	低	最高限量	248	157	143
6.75	中	指导用量	241	117	103
	高	最低限量	233	87	87
	低	最高限量	253	175	159
7.50	中	指导用量	245	130	114
	高	最低限量	236	97	97
	低	最高限量	258	192	175
8.25	中	指导用量	249	143	126
	高	最低限量	240	107	107

表 8-16　不同目标产量下棉花养分限量（适于新疆的北疆和东疆地区）

目标产量/(t/hm²)	土壤肥力水平	限量类别	氮限量/(kg N/hm²)	磷限量/(kg P₂O₅/hm²)	钾限量/(kg K₂O/hm²)
	低	最高限量	226	113	130
5.25	中	指导用量	214	77	90
	高	最低限量	202	55	69
	低	最高限量	234	129	148
6.00	中	指导用量	221	88	103
	高	最低限量	207	63	79

目标产量/(t/hm²)	土壤肥力水平	限量类别	氮限量/(kg N/hm²)	磷限量/(kg P₂O₅/hm²)	钾限量/(kg K₂O/hm²)
	低	最高限量	243	145	167
6.75	中	指导用量	227	99	116
	高	最低限量	212	71	89
	低	最高限量	252	161	185
7.50	中	指导用量	234	110	128
	高	最低限量	217	79	99
	低	最高限量	262	177	204
8.25	中	指导用量	241	121	141
	高	最低限量	222	87	108

表 8-17 不同目标产量下棉花养分限量（适于除新疆外的北方地区）

目标产量/(t/hm²)	土壤肥力水平	限量类别	氮限量/(kg N/hm²)	磷限量/(kg P₂O₅/hm²)	钾限量/(kg K₂O/hm²)
	低	最高限量	160	50	55
2.25	中	指导用量	140	41	39
	高	最低限量	103	28	26
	低	最高限量	177	67	74
3.00	中	指导用量	157	54	52
	高	最低限量	119	38	34
	低	最高限量	190	84	92
3.75	中	指导用量	170	68	65
	高	最低限量	132	47	43
	低	最高限量	202	101	111
4.50	中	指导用量	181	81	78
	高	最低限量	143	57	52
	低	最高限量	212	117	129
5.25	中	指导用量	190	95	91
	高	最低限量	152	66	60

表 8-18 不同目标产量下棉花养分限量（适于除新疆外的南方地区）

目标产量/(t/hm²)	土壤肥力水平	限量类别	氮限量/(kg N/hm²)	磷限量/(kg P₂O₅/hm²)	钾限量/(kg K₂O/hm²)
	低	最高限量	264	44	61
2.25	中	指导用量	241	36	43
	高	最低限量	221	24	26
	低	最高限量	278	58	81
3.00	中	指导用量	255	47	58
	高	最低限量	237	32	35

目标产量/(t/hm²)	土壤肥力水平	限量类别	氮限量/(kg N/hm²)	磷限量/(kg P₂O₅/hm²)	钾限量/(kg K₂O/hm²)
	低	最高限量	290	73	101
3.75	中	指导用量	265	59	72
	高	最低限量	248	40	44
	低	最高限量	300	87	121
4.50	中	指导用量	274	71	87
	高	最低限量	257	48	53
	低	最高限量	310	102	141
5.25	中	指导用量	282	83	101
	高	最低限量	264	56	62

8.2.4　大豆

采用基于产量反应和农学效率的养分推荐方法及 NE 系统，提出了不同目标产量下春大豆和夏大豆施肥的养分限量，分别列于表 8-19 和表 8-20。其中，在 NE 系统的养分推荐中，大豆的目标产量=农户习惯施肥产量×1.1，低土壤肥力水平对应养分施用的最高限量，高土壤肥力水平对应养分施用的最低限量，中土壤肥力水平对应养分推荐的指导用量。

表 8-19　不同目标产量下春大豆养分限量（适于东北和西北地区）

目标产量/(t/hm²)	土壤肥力水平	限量类别	氮限量/(kg N/hm²)	磷限量/(kg P₂O₅/hm²)	钾限量/(kg K₂O/hm²)
	低	最高限量	54	46	55
2.25	中	指导用量	44	40	49
	高	最低限量	31	35	43
	低	最高限量	61	61	73
3.00	中	指导用量	51	54	65
	高	最低限量	38	47	58
	低	最高限量	66	76	92
3.75	中	指导用量	57	67	81
	高	最低限量	43	59	72
	低	最高限量	70	91	110
4.50	中	指导用量	61	80	97
	高	最低限量	47	71	87
	低	最高限量	73	107	128
5.25	中	指导用量	65	94	114
	高	最低限量	51	83	101

表 8-20　不同目标产量下夏大豆养分限量（适于华北和南方地区）

目标产量/(t/hm²)	土壤肥力水平	限量类别	氮限量/(kg N/hm²)	磷限量/(kg P₂O₅/hm²)	钾限量/(kg K₂O/hm²)
	低	最高限量	44	40	53
2.25	中	指导用量	36	36	47
	高	最低限量	23	31	43
	低	最高限量	49	53	71
3.00	中	指导用量	41	48	63
	高	最低限量	28	42	58
	低	最高限量	53	66	89
3.75	中	指导用量	46	60	78
	高	最低限量	32	52	72
	低	最高限量	56	80	106
4.50	中	指导用量	49	72	94
	高	最低限量	36	62	87
	低	最高限量	58	93	124
5.25	中	指导用量	52	84	109
	高	最低限量	39	73	101

8.2.5　花生

采用基于产量反应和农学效率的养分推荐方法及 NE 系统，提出了不同目标产量下花生施肥的养分限量，列于表 8-21。其中，在 NE 系统的养分推荐中，目标产量=农户习惯施肥产量×1.13，低土壤肥力水平对应养分施用的最高限量，高土壤肥力水平对应养分施用的最低限量，中土壤肥力水平对应养分推荐的指导用量。

表 8-21　不同目标产量下花生养分限量

目标产量/(t/hm²)	土壤肥力水平	限量类别	氮限量/(kg N/hm²)	磷限量/(kg P₂O₅/hm²)	钾限量/(kg K₂O/hm²)
	低	最高限量	96	54	68
3.00	中	指导用量	91	35	55
	高	最低限量	86	25	43
	低	最高限量	98	67	84
3.75	中	指导用量	93	44	68
	高	最低限量	88	32	54
	低	最高限量	101	81	101
4.50	中	指导用量	95	53	82
	高	最低限量	90	38	65
	低	最高限量	103	94	118
5.25	中	指导用量	96	62	96
	高	最低限量	91	44	76

目标产量/(t/hm²)	土壤肥力水平	限量类别	氮限量/(kg N/hm²)	磷限量/(kg P₂O₅/hm²)	钾限量/(kg K₂O/hm²)
	低	最高限量	106	108	135
6.0	中	指导用量	98	70	110
	高	最低限量	93	51	86

8.2.6　甘蔗

采用基于产量反应和农学效率的养分推荐方法及 NE 系统,提出了不同目标产量下甘蔗施肥的养分限量,列于表 8-22。其中,在 NE 系统的养分推荐中,目标产量=农户习惯施肥产量×1.09,低土壤肥力水平对应养分施用的最高限量,高土壤肥力水平对应养分施用的最低限量,中土壤肥力水平对应养分推荐的指导用量。

表 8-22　不同目标产量下甘蔗养分限量

目标产量/(t/hm²)	土壤肥力水平	限量类别	氮限量/(kg N/hm²)	磷限量/(kg P₂O₅/hm²)	钾限量/(kg K₂O/hm²)
	低	最高限量	365	72	177
60	中	指导用量	351	56	156
	高	最低限量	333	43	135
	低	最高限量	376	90	222
75	中	指导用量	360	70	196
	高	最低限量	342	54	169
	低	最高限量	387	108	266
90	中	指导用量	368	84	235
	高	最低限量	349	65	203
	低	最高限量	397	126	310
105	中	指导用量	376	97	274
	高	最低限量	356	75	237
	低	最高限量	408	144	355
120	中	指导用量	384	111	313
	高	最低限量	362	86	271

8.3　蔬菜养分限量标准草案

8.3.1　果菜类

采用基于产量反应和农学效率的养分推荐方法及 NE 系统,提出了不同目标产量下设施番茄施肥的养分限量,列于表 8-23。其中,在 NE 系统的养分推荐中,目标产量=农户习惯施肥产量×1.1,低土壤肥力水平对应养分施用的最高限量,高土壤肥力水平对应养分施用的最低限量,中土壤肥力水平对应养分推荐的指导用量。

表 8-23 不同目标产量下设施番茄养分限量

目标产量/(t/hm²)	土壤肥力水平	限量类别	氮限量/(kg N/hm²)	磷限量/(kg P₂O₅/hm²)	钾限量/(kg K₂O/hm²)
	低	最高限量	309	103	361
60	中	指导用量	277	86	265
	高	最低限量	265	55	225
	低	最高限量	324	129	451
75	中	指导用量	286	107	331
	高	最低限量	273	68	281
	低	最高限量	339	154	542
90	中	指导用量	293	129	398
	高	最低限量	279	82	337
	低	最高限量	355	180	632
105	中	指导用量	300	150	464
	高	最低限量	285	96	393
	低	最高限量	372	206	722
120	中	指导用量	307	172	530
	高	最低限量	290	109	449

8.3.2 叶菜类

采用基于产量反应和农学效率的养分推荐方法及 NE 系统，提出了不同目标产量下露地白菜施肥的养分限量，列于表 8-24。其中，在 NE 系统的养分推荐中，目标产量=农户习惯施肥产量×1.15，低土壤肥力水平对应养分施用的最高限量，高土壤肥力水平对应养分施用的最低限量，中土壤肥力水平对应养分推荐的指导用量。

表 8-24 不同目标产量下露地白菜养分限量

目标产量/(t/hm²)	土壤肥力水平	限量类别	氮限量/(kg N/hm²)	磷限量/(kg P₂O₅/hm²)	钾限量/(kg K₂O/hm²)
	低	最高限量	237	123	156
60	中	指导用量	231	80	130
	高	最低限量	225	58	116
	低	最高限量	244	153	195
75	中	指导用量	235	100	163
	高	最低限量	226	72	145
	低	最高限量	252	184	234
90	中	指导用量	240	120	196
	高	最低限量	228	87	174
	低	最高限量	260	215	273
105	中	指导用量	245	140	228
	高	最低限量	230	101	203

续表

目标产量/(t/hm²)	土壤肥力水平	限量类别	氮限量/(kg N/hm²)	磷限量/(kg P₂O₅/hm²)	钾限量/(kg K₂O/hm²)
	低	最高限量	269	246	311
120	中	指导用量	250	160	261
	高	最低限量	232	116	232

8.3.3　根茎类

采用基于产量反应和农学效率的养分推荐方法及 NE 系统，提出了不同目标产量下露地萝卜施肥的养分限量，列于表 8-25。其中，在 NE 系统的养分推荐中，目标产量=农户习惯施肥产量×1.07，低土壤肥力水平对应养分施用的最高限量，高土壤肥力水平对应养分施用的最低限量，中土壤肥力水平对应养分推荐的指导用量。

表 8-25　不同目标产量下露地萝卜养分限量

目标产量/(t/hm²)	土壤肥力水平	限量类别	氮限量/(kg N/hm²)	磷限量/(kg P₂O₅/hm²)	钾限量/(kg K₂O/hm²)
	低	最高限量	161	62	139
45	中	指导用量	144	53	111
	高	最低限量	124	41	85
	低	最高限量	170	82	185
60	中	指导用量	153	70	148
	高	最低限量	134	54	114
	低	最高限量	178	103	232
75	中	指导用量	159	88	185
	高	最低限量	141	68	142
	低	最高限量	186	124	278
90	中	指导用量	165	105	222
	高	最低限量	146	82	171
	低	最高限量	193	144	324
105	中	指导用量	170	123	259
	高	最低限量	151	95	199

8.3.4　葱蒜类

采用基于产量反应和农学效率的养分推荐方法及 NE 系统，提出了不同目标产量下大葱施肥的养分限量，列于表 8-26。其中，在 NE 系统的养分推荐中，目标产量=农户习惯施肥产量×1.05，低土壤肥力水平对应养分施用的最高限量，高土壤肥力水平对应养分施用的最低限量，中土壤肥力水平对应养分推荐的指导用量。

表 8-26　不同目标产量下大葱养分限量

目标产量/(t/hm²)	土壤肥力水平	限量类别	氮限量/(kg N/hm²)	磷限量/(kg P₂O₅/hm²)	钾限量/(kg K₂O/hm²)
	低	最高限量	243	45	108
45	中	指导用量	226	29	95
	高	最低限量	208	22	80
	低	最高限量	264	61	148
60	中	指导用量	243	41	131
	高	最低限量	223	30	111
	低	最高限量	285	77	188
75	中	指导用量	258	52	167
	高	最低限量	235	39	142
	低	最高限量	307	94	228
90	中	指导用量	274	63	203
	高	最低限量	247	47	172
	低	最高限量	332	110	267
105	中	指导用量	290	74	239
	高	最低限量	257	56	203

8.4　果树养分限量标准草案

8.4.1　苹果

采用基于产量反应和农学效率的养分推荐方法及 NE 系统，提出了不同目标产量下苹果施肥的养分限量，列于表 8-27。其中，在 NE 系统的养分推荐中，目标产量=农户习惯施肥产量×1.25，低土壤肥力水平对应养分施用的最高限量，高土壤肥力水平对应养分施用的最低限量，中土壤肥力水平对应养分推荐的指导用量。

表 8-27　不同目标产量下苹果养分限量

目标产量/(t/hm²)	土壤肥力水平	限量类别	氮限量/(kg N/hm²)	磷限量/(kg P₂O₅/hm²)	钾限量/(kg K₂O/hm²)
	低	最高限量	508	147	200
22.5	中	指导用量	457	100	132
	高	最低限量	342	18	46
	低	最高限量	539	196	267
30.0	中	指导用量	489	133	176
	高	最低限量	382	23	62
	低	最高限量	564	245	333
37.5	中	指导用量	514	166	220
	高	最低限量	412	29	77

目标产量/(t/hm²)	土壤肥力水平	限量类别	氮限量/(kg N/hm²)	磷限量/(kg P₂O₅/hm²)	钾限量/(kg K₂O/hm²)
	低	最高限量	586	293	400
45.0	中	指导用量	533	199	264
	高	最低限量	435	35	93
	低	最高限量	606	342	467
52.5	中	指导用量	550	232	307
	高	最低限量	453	41	108

8.4.2 柑橘

采用基于产量反应和农学效率的养分推荐方法及 NE 系统，提出了不同目标产量下柑橘施肥的养分限量，列于表 8-28。其中，在 NE 系统的养分推荐中，目标产量=农户习惯施肥产量×1.05，低土壤肥力水平对应养分施用的最高限量，高土壤肥力水平对应养分施用的最低限量，中土壤肥力水平对应养分推荐的指导用量。

表 8-28 不同目标产量下柑橘养分限量

目标产量/(t/hm²)	土壤肥力水平	限量类别	氮限量/(kg N/hm²)	磷限量/(kg P₂O₅/hm²)	钾限量/(kg K₂O/hm²)
	低	最高限量	300	124	123
15.0	中	指导用量	281	75	100
	高	最低限量	260	53	71
	低	最高限量	349	186	184
22.5	中	指导用量	318	113	150
	高	最低限量	289	80	107
	低	最高限量	410	249	245
30.0	中	指导用量	359	150	199
	高	最低限量	316	107	142
	低	最高限量	492	311	307
37.5	中	指导用量	409	188	249
	高	最低限量	346	134	178
	低	最高限量	610	373	368
45.0	中	指导用量	471	225	299
	高	最低限量	379	160	213

8.4.3 梨

采用基于产量反应和农学效率的养分推荐方法及 NE 系统，提出了不同目标产量下梨施肥的养分限量，列于表 8-29。其中，在 NE 系统的养分推荐中，目标产量=农户习惯施肥产量×1.09，低土壤肥力水平对应养分施用的最高限量，高土壤肥力水平对应养分施用的最低限量，中土壤肥力水平对应养分推荐的指导用量。

表 8-29　不同目标产量下梨养分限量

目标产量/(t/hm²)	土壤肥力水平	限量类别	氮限量/(kg N/hm²)	磷限量/(kg P₂O₅/hm²)	钾限量/(kg K₂O/hm²)
22.5	低	最高限量	359	218	171
	中	指导用量	327	143	126
	高	最低限量	305	99	98
30.0	低	最高限量	417	290	228
	中	指导用量	369	191	167
	高	最低限量	339	132	131
37.5	低	最高限量	487	363	285
	中	指导用量	416	239	209
	高	最低限量	375	165	164
45.0	低	最高限量	580	435	342
	中	指导用量	470	287	251
	高	最低限量	413	198	196
52.5	低	最高限量	712	508	399
	中	指导用量	538	335	293
	高	最低限量	457	231	229

8.4.4　桃

采用基于产量反应和农学效率的养分推荐方法及 NE 系统，提出了不同目标产量下桃施肥的养分限量，列于表 8-30。其中，在 NE 系统的养分推荐中，目标产量=农户习惯施肥产量×1.05，低土壤肥力水平对应养分施用的最高限量，高土壤肥力水平对应养分施用的最低限量，中土壤肥力水平对应养分推荐的指导用量。

表 8-30　不同目标产量下桃养分限量

目标产量/(t/hm²)	土壤肥力水平	限量类别	氮限量/(kg N/hm²)	磷限量/(kg P₂O₅/hm²)	钾限量/(kg K₂O/hm²)
22.5	低	最高限量	344	54	193
	中	指导用量	314	35	151
	高	最低限量	263	13	84
30.0	低	最高限量	372	71	258
	中	指导用量	330	46	202
	高	最低限量	275	18	112
37.5	低	最高限量	402	89	322
	中	指导用量	346	58	252
	高	最低限量	284	22	140
45.0	低	最高限量	438	107	387
	中	指导用量	363	69	303
	高	最低限量	291	26	168

续表

目标产量/(t/hm²)	土壤肥力水平	限量类别	氮限量/(kg N/hm²)	磷限量/(kg P₂O₅/hm²)	钾限量/(kg K₂O/hm²)
	低	最高限量	480	125	451
52.5	中	指导用量	381	81	353
	高	最低限量	297	31	196

8.4.5 葡萄

采用基于产量反应和农学效率的养分推荐方法及 NE 系统，提出了不同目标产量下葡萄施肥的养分限量，列于表 8-31。其中，在 NE 系统的养分推荐中，目标产量=农户习惯施肥产量×1.05，低土壤肥力水平对应养分施用的最高限量，高土壤肥力水平对应养分施用的最低限量，中土壤肥力水平对应养分推荐的指导用量。

表 8-31 不同目标产量下葡萄养分限量

目标产量/(t/hm²)	土壤肥力水平	限量类别	氮限量/(kg N/hm²)	磷限量/(kg P₂O₅/hm²)	钾限量/(kg K₂O/hm²)
	低	最高限量	267	66	147
15.0	中	指导用量	255	44	101
	高	最低限量	241	15	67
	低	最高限量	280	99	220
22.5	中	指导用量	265	66	151
	高	最低限量	250	23	100
	低	最高限量	293	132	294
30.0	中	指导用量	273	88	201
	高	最低限量	256	31	133
	低	最高限量	307	165	367
37.5	中	指导用量	281	110	252
	高	最低限量	261	38	167
	低	最高限量	322	198	440
45.0	中	指导用量	289	132	302
	高	最低限量	266	46	200

8.4.6 香蕉

采用基于产量反应和农学效率的养分推荐方法及 NE 系统，提出了不同目标产量下香蕉施肥的养分限量，列于表 8-32。其中，在 NE 系统的养分推荐中，目标产量=农户习惯施肥产量×1.08，低土壤肥力水平对应养分施用的最高限量，高土壤肥力水平对应养分施用的最低限量，中土壤肥力水平对应养分推荐的指导用量。

表 8-32　不同目标产量下香蕉养分限量

目标产量/(t/hm²)	土壤肥力水平	限量类别	氮限量/(kg N/hm²)	磷限量/(kg P₂O₅/hm²)	钾限量/(kg K₂O/hm²)
30.0	低	最高限量	833	75	842
	中	指导用量	637	54	605
	高	最低限量	524	34	356
37.5	低	最高限量	887	94	1052
	中	指导用量	685	67	757
	高	最低限量	575	43	444
45.0	低	最高限量	937	113	1262
	中	指导用量	723	81	908
	高	最低限量	615	52	533
52.5	低	最高限量	985	132	1473
	中	指导用量	756	94	1059
	高	最低限量	649	60	622
60.0	低	最高限量	1034	151	1683
	中	指导用量	785	108	1211
	高	最低限量	678	69	711

8.4.7　荔枝

　　采用基于产量反应和农学效率的养分推荐方法及 NE 系统,提出了不同目标产量下荔枝施肥的养分限量,列于表 8-33。其中,在 NE 系统的养分推荐中,目标产量=农户习惯施肥产量×1.30,低土壤肥力水平对应养分施用的最高限量,高土壤肥力水平对应养分施用的最低限量,中土壤肥力水平对应养分推荐的指导用量。

表 8-33　不同目标产量下荔枝养分限量

目标产量/(t/hm²)	土壤肥力水平	限量类别	氮限量/(kg N/hm²)	磷限量/(kg P₂O₅/hm²)	钾限量/(kg K₂O/hm²)
9	低	最高限量	297	65	205
	中	指导用量	282	44	131
	高	最低限量	253	25	96
12	低	最高限量	309	87	273
	中	指导用量	293	59	174
	高	最低限量	265	33	128
15	低	最高限量	320	108	341
	中	指导用量	301	74	218
	高	最低限量	273	42	160
18	低	最高限量	331	130	410
	中	指导用量	309	89	262
	高	最低限量	280	50	192

目标产量/(t/hm²)	土壤肥力水平	限量类别	氮限量/(kg N/hm²)	磷限量/(kg P₂O₅/hm²)	钾限量/(kg K₂O/hm²)
	低	最高限量	342	152	478
21	中	指导用量	317	103	305
	高	最低限量	286	58	224

8.4.8 西瓜

采用基于产量反应和农学效率的养分推荐方法及 NE 系统，提出了不同目标产量下露地西瓜施肥的养分限量，列于表 8-34。其中，在 NE 系统的养分推荐中，目标产量=农户习惯施肥产量×1.05，低土壤肥力水平对应养分施用的最高限量，高土壤肥力水平对应养分施用的最低限量，中土壤肥力水平对应养分推荐的指导用量。

表 8-34 不同目标产量下露地西瓜养分限量

目标产量/(t/hm²)	土壤肥力水平	限量类别	氮限量/(kg N/hm²)	磷限量/(kg P₂O₅/hm²)	钾限量/(kg K₂O/hm²)
	低	最高限量	205	67	197
30	中	指导用量	189	52	159
	高	最低限量	176	42	127
	低	最高限量	229	100	295
45	中	指导用量	202	78	239
	高	最低限量	184	63	191
	低	最高限量	258	133	394
60	中	指导用量	216	104	319
	高	最低限量	190	84	254
	低	最高限量	295	166	492
75	中	指导用量	231	130	398
	高	最低限量	197	105	318
	低	最高限量	345	200	591
90	中	指导用量	249	156	478
	高	最低限量	204	125	382

8.4.9 甜瓜

采用基于产量反应和农学效率的养分推荐方法及 NE 系统，提出了不同目标产量下露地甜瓜施肥的养分限量，列于表 8-35。其中，在 NE 系统的养分推荐中，目标产量=农户习惯施肥产量×1.05，低土壤肥力水平对应养分施用的最高限量，高土壤肥力水平对应养分施用的最低限量，中土壤肥力水平对应养分推荐的指导用量。

表 8-35　不同目标产量下露地甜瓜养分限量

目标产量/(t/hm²)	土壤肥力水平	限量类别	氮限量/(kg N/hm²)	磷限量/(kg P₂O₅/hm²)	钾限量/(kg K₂O/hm²)
	低	最高限量	229	55	88
22.5	中	指导用量	215	42	72
	高	最低限量	199	30	66
	低	最高限量	254	74	118
30.0	中	指导用量	240	55	96
	高	最低限量	224	40	88
	低	最高限量	275	92	147
37.5	中	指导用量	260	69	121
	高	最低限量	244	50	110
	低	最高限量	293	110	177
45.0	中	指导用量	277	83	145
	高	最低限量	260	59	132
	低	最高限量	309	129	206
52.5	中	指导用量	292	97	169
	高	最低限量	274	69	154

8.5　区域尺度养分限量标准草案

8.5.1　水稻

　　根据主要作物区划,参考《小麦、玉米、水稻三大粮食作物区域大配方与施肥建议(2013)》,将水稻主产区划分为 5 个大区 9 个亚区。区域氮肥限量运用氮肥总量控制与分期调控方法确定。对所有试验点不同施肥量下的净收益进行平均并建立区域施肥量与净收益之间的函数关系,以最大净收益下的氮肥用量为氮肥推荐用量,而推荐用量下的产量为作物目标产量;区域磷、钾限量运用恒量监控法确定(表 8-36)。

表 8-36　区域尺度水稻养分限量标准

大区	区域	作物体系	目标产量/(t/hm²)	氮限量/(kg N/hm²)	磷限量/(kg P₂O₅/hm²)	秸秆还田下钾限量/(kg K₂O/hm²)
东北单季稻区	东北寒地单季稻区	单季稻	8.2	192 (153～220)	106 (96～119)	28 (15～38)
	东北吉辽蒙单季稻区	单季稻	8.5	197 (153～231)	118 (100～135)	56 (38～68)
长江流域单双季稻区	长江上游单季稻区	单季稻	8.3	134 (105～161)	90 (73～107)	104 (83～117)
	长江中游单双季稻区	单季稻	8.0	249 (189～277)	91 (79～106)	67 (60～75)
		早稻	6.8	163 (121～190)	78 (67～91)	50 (38～53)
		晚稻	7.1	167 (126～188)	81 (70～94)	53 (38～60)

续表

大区	区域	作物体系	目标产量/ (t/hm²)	氮限量/ (kg N/hm²)	磷限量/ (kg P₂O₅/hm²)	秸秆还田下钾限 量/(kg K₂O/hm²)
长江流域单双 季稻区	长江下游单季稻区	单季稻	8.6	161 (130~187)	80 (61~92)	106 (98~118)
江南华南单双 季稻区	江南丘陵山地单双季稻区	单季稻	7.9	191 (159~222)	61 (54~62)	113 (105~117)
		早稻	6.7	159 (123~181)	52 (36~53)	84 (60~90)
		晚稻	6.9	168 (127~192)	66 (49~58)	93 (83~96)
	华南平原丘陵双季稻区	早稻	7.0	162 (125~189)	55 (39~60)	89 (60~105)
		晚稻	7.0	177 (131~191)	68 (50~79)	95 (60~112)
西南高原山地 单季稻区		单季稻	8.3	145 (118~168)	74 (65~85)	79 (47~105)
其他稻区		单季稻	8.8	198 (155~235)	103 (72~128)	61 (53~68)

注：根据区域和生产布局将我国水稻主产区分为 5 个大区，即东北单季稻区、长江流域单双季稻区、江南华南单双季稻区、西南高原山地单季稻区和其他稻区。其他稻区主要包括新疆有灌溉条件的冲积平原和河谷平原、宁夏引黄灌区和渤海湾沿岸；根据大区内的气候、栽培和土壤条件进一步细分为 9 个亚区，这 9 个亚区覆盖了全国水稻总面积的 98% 以上；括号内数据表示县域尺度变异。下同

8.5.2　小麦

根据主要作物区划，参考《小麦、玉米、水稻三大粮食作物区域大配方与施肥建议（2013）》，将小麦主产区划分为 5 个大区 7 个亚区。区域氮肥限量运用氮肥总量控制与分期调控方法确定。对所有试验点不同施肥量下的净收益进行平均并建立区域施肥量与净收益之间的函数关系，则最大净收益下的氮肥用量为氮肥推荐用量，而推荐用量下的产量为作物目标产量；区域磷、钾限量运用恒量监控法确定（表 8-37）。

表 8-37　区域尺度小麦养分限量标准

大区	区域	目标产量/ (t/hm²)	氮限量/ (kg N/hm²)	磷限量/ (kg P₂O₅/hm²)	秸秆还田下钾限量/ (kg K₂O/hm²)
东北春麦区		4.7	89(81~96)	52(38~69)	38(15~51)
西北麦区	西北雨养旱作麦区	5.8	154(113~186)	68(57~80)	45(23~66)
	西北灌溉麦区	6.7	199(145~231)	75(63~84)	40(25~61)
华北冬麦区	华北灌溉冬麦区	6.8	192(162~223)	65(57~72)	38(23~58)
	华北雨养冬麦区	7.1	221(184~255)	72(67~78)	37(18~52)
长江中下游 冬麦区		5.5	212(182~241)	51(41~62)	71.5(52~90)
西南麦区		4.7	141(114~160)	42(32~50)	57(30~69)

注：根据区域和生产布局将我国小麦主产区分为 4 个大区，即东北春麦区、西北麦区、华北冬麦区、长江中下游冬麦区和西南麦区；根据大区内的气候、栽培和土壤条件进行亚区的划分，亚区的划分保持了县界的完整性，总共分为 7 个亚区，这 7 个亚区覆盖了全国小麦总面积的 99% 以上

8.5.3 玉米

根据主要作物区划，参考《小麦、玉米、水稻三大粮食作物区域大配方与施肥建议（2013）》，将玉米主产区划分为 4 个大区 12 个亚区。区域氮肥限量运用氮肥总量控制与分期调控方法确定。对每一个肥效试验，运用二次曲线对不同施肥处理下的产量和肥料施用量进行拟合，选择出典型方程；应用每一个肥效试验拟合所得的最优方程来计算不同施肥量下（以 1kg/hm² 为增量，变幅为 0～300kg/hm²）的增产量（施肥下产量－不施肥产量）、毛收入（增产量×玉米籽粒单价）、肥料成本（施肥量×肥料单价）和净收益（毛收入－肥料成本）。对所有试验点不同施肥量下的净收益进行平均并建立区域施肥量与净收益之间的函数关系，则最大净收益下的氮肥用量为氮肥推荐用量，而推荐用量下的产量为作物目标产量；区域磷、钾限量运用恒量监控法确定（表 8-38）。

表 8-38 区域尺度玉米养分限量标准

大区	区域	目标产量/ （t/hm²）	氮限量/ （kg N/hm²）	磷限量/ （kg P₂O₅/hm²）	秸秆还田下钾限量/ （kg K₂O/hm²）
东北春玉米区	东北冷凉春玉米区	9.4	134（105～161）	53（47～62）	34（29～48）
	东北半湿润春玉米区	9.9	161（130～187）	60（52～69）	44（31～63）
	东北半干旱春玉米区	8.9	145（118～168）	63（58～68）	25（21～42）
	东北温暖湿润春玉米区	9.4	198（155～235）	58（46～70）	50（33～63）
华北夏玉米区	华北中北部夏玉米区	8.2	191（159～222）	59（55～65）	49（29～61）
	华北南部夏玉米区	7.6	223（190～256）	60（55～66）	52（28～63）
西北春玉米区	西北雨养旱作春玉米区	8.8	197（153～231）	77（66～88）	45（21～63）
	北部灌溉春玉米区	10.3	192（153～220）	86（69～103）	43（20～61）
	西北绿洲灌溉春玉米区	10.3	249（189～277）	85（65～104）	37（15～33）
西南玉米区	四川盆地玉米区	7.1	215（171～249）	58（50～66）	76（45～90）
	西南山地丘陵玉米区	8.1	206（170～235）	59（51～66）	52（22～62）
	西南高原玉米区	7.9	198（168～224）	60（52～65）	63（30～90）

注：根据区域和生产布局将我国玉米主产区分为 4 个大区，即东北春玉米区、华北夏玉米区、西北春玉米区和西南玉米区；根据大区内的气候、栽培、地形和土壤条件进一步细分为 12 个亚区，这 12 个亚区覆盖了全国玉米总种植面积的 96% 以上；东北冷凉春玉米区：黑龙江的大部和吉林东部；东北半湿润春玉米区：黑龙江西南部、吉林中部和辽宁北部；东北半干旱春玉米区：吉林西部、内蒙古东北部、黑龙江西南部；东北温暖湿润春玉米区：辽宁大部和河北东北部；华北中北部夏玉米区：山东和天津全部、河北中南部、北京中南部、河南中北部、陕西关中平原、山西南部；华北南部夏玉米区：江苏及安徽两省的淮河以北地区、河南南部；西北雨养旱作春玉米区：河北北部、北京北部、内蒙古南部、山西大部、陕西北部、宁夏北部、甘肃东部；北部灌溉春玉米区：内蒙古东部和中部、陕西北部、宁夏北部、甘肃东部；西北绿洲灌溉春玉米区：甘肃中西部、新疆全部；四川盆地玉米区：四川东部、重庆西部；西南山地丘陵玉米区：陕西南部、四川北部、河南西南部、重庆东部、湖北西部、湖南西部、贵州中东部、广西西部；西南高原玉米区：贵州西部、四川西南部和云南全部

适宜的根层土壤养分供应是协调作物高产与环境保护的核心，确定根层土壤有效磷和速效钾含量的合理范围，可保障作物持续稳定高产又不造成环境风险或资源浪费。长期定位试验表明，土壤有效磷和速效钾的变化主要是由土壤-作物系统磷钾的收支平衡决定的。为了将根层磷钾长期维持在一个适宜水平和发挥作物本身利用磷钾养分的生物学潜力，根据根层养分监测结果，结合养分收支平衡，提出了"提高"、"维持"或"控制"的管理策略及对应的

养分推荐，构建了磷钾恒量监控的简化管理技术。通过肥料长期定位试验，找出能将土壤有效磷和速效钾含量持续控制在适宜范围内的施磷和钾量，以此作为施肥建议并在一定的时空范围内保持用量的相对稳定。这里的适宜范围是指能获得持续高产的最低土壤有效磷和速效钾含量，与作物种类或种植制度有关。恒量是指对于给定的作物或种植制度，在一定的农业生态区域内的非逆境土壤上，以及在产量尚未得到显著提高的一个相当长的时期内，施肥量不因土壤肥力水平不同或年度、轮作周期差异而改变。监控是指施肥量不变是相对的，恒量的时空范围需由土壤测试进行监控。

基于养分平衡和土壤测试的磷钾恒量监控技术中，根层养分调控上限为环境风险线，而根层养分调控下限为作物持续稳定高产线。在土壤有效磷和速效钾养分处于极高或较高水平时，采取控制策略，不施磷、钾肥，或施肥量等于作物带走量的 50%～70%；在土壤有效磷和速效钾养分处于适宜水平时，采取维持策略，施肥量等于作物带走量；在土壤有效磷和速效钾养分处于较低或极低水平时，采取提高策略，施肥量等于作物带走量的 130%～170% 或 200%。以 3～5 年为一个周期，每个周期监测一次土壤肥力，以决定是否调整磷、钾肥的用量。

8.5.4　大豆

大豆生长区域划分为 6 个。区域氮肥推荐量基于预估的不同区域不同地力条件下的产量反应和已知农学效率间的关系确定。磷、钾肥用量依据产量反应和大豆收获养分移走量确定（表 8-39）。

表 8-39　区域尺度大豆养分限量标准

区域	目标产量/(t/hm²)	氮限量/(kg N/hm²)	磷限量/(kg P₂O₅/hm²)	钾限量/(kg K₂O/hm²)
	2.3	44（33～55）	41（37～47）	50（44～56）
东北地区	2.8	48（36～61）	50（44～57）	61（54～68）
	3.2	52（39～63）	57（50～65）	69（60～76）
	2.3	35（24～44）	36（32～41）	49（44～54）
华北地区	2.6	37（26～46）	41（36～46）	55（50～62）
	3.0	40（28～50）	48（42～54）	64（59～71）
	1.9	39（28～50）	34（30～39）	41（37～46）
西北地区	2.8	48（36～61）	50（44～57）	61（54～68）
	3.6	54（42～66）	65（57～74）	78（69～88）
	2.3	35（24～44）	37（32～41）	49（45～54）
长江中下游地区	2.5	36（25～46）	40（36～45）	53（48～59）
	2.7	38（27～47）	43（37～49）	57（52～64）
	1.6	28（18～37）	25（22～28）	34（32～39）
西南地区	1.8	30（20～40）	29（25～32）	38（36～44）
	2.2	34（24～44）	35（30～39）	47（42～52）
	1.6	28（18～37）	25（22～28）	34（32～39）
东南地区	1.8	30（20～40）	29（25～32）	38（36～44）
	2.0	32（23～41）	32（29～35）	42（38～47）

注：大豆种植区域广泛，没有特别分区，因此按照行政区域划分；依据某一区域现有大豆产量数据计算 25th、50th 和 75th 百分位数作为该区域内大豆的目标产量，然后根据不同地力条件下的产量反应系数计算产量反应，进而计算施肥量

8.5.5 棉花

棉花生长区域划分为5个。区域氮肥推荐量基于预估的不同区域不同地力条件下的产量反应和已知农学效率间的关系确定。磷、钾肥用量依据产量反应和棉花收获养分移走量确定（表8-40）。

表 8-40　区域尺度棉花养分限量标准

区域	目标产量/(t/hm²)	氮限量/(kg N/hm²)	磷限量/(kg P₂O₅/hm²)	钾限量/(kg K₂O/hm²)
新疆南疆棉区	3.65	224（220～228）	66（47～86）	60（48～78）
	4.49	229（224～233）	81（59～104）	73（58～94）
	5.05	232（226～237）	90（65～118）	84（66～108）
新疆北疆和东疆棉区	3.60	197（188～207）	56（38～78）	67（48～90）
	4.20	203（193～214）	65（44～91）	77（56～104）
	4.76	209（198～221）	73（49～102）	87（64～117）
华北地区	3.0	157（119～177）	54（38～67）	52（34～74）
	4.5	181（143～202）	81（57～101）	78（52～111）
	6.0	199（160～222）	108（75～134）	104（69～148）
西北地区（除新疆）	2.25	140（103～160）	41（28～50）	39（26～55）
	3.75	170（132～190）	68（47～84）	65（43～92）
	5.25	190（152～212）	95（66～117）	91（60～129）
长江中下游地区	2.25	241（221～264）	36（24～44）	43（26～61）
	3.75	265（248～290）	59（40～73）	72（44～101）
	5.25	282（264～310）	83（56～102）	101（62～141）

注：棉花种植区域广泛，没有特别分区，因此按照行政区域划分；依据某一区域现有棉花产量数据计算25th、50th和75th百分位数作为该区域内棉花的目标产量，然后根据不同地力条件下的产量反应系数计算产量反应，进而计算施肥量

8.5.6 白菜

白菜生长区域划分为6个。区域氮肥推荐量基于预估的不同区域不同地力条件下的产量反应和已知农学效率间的关系确定。磷、钾肥用量依据产量反应和白菜收获养分移走量确定（表8-41）。

表 8-41　区域尺度白菜养分限量标准

区域	目标产量/(t/hm²)	氮限量/(kg N/hm²)	磷限量/(kg P₂O₅/hm²)	钾限量/(kg K₂O/hm²)
东北地区	90.1	240（228～252）	120（87～184）	196（174～234）
	104.4	245（230～260）	139（101～214）	227（201～271）
	116.5	249（232～267）	156（112～238）	253（225～302）
华北地区	78.2	236（227～246）	104（75～160）	170（151～203）
	103.5	244（230～259）	138（100～212）	225（200～269）
	128.4	254（234～274）	172（124～263）	279（248～333）

续表

区域	目标产量/(t/hm²)	氮限量/(kg N/hm²)	磷限量/(kg P₂O₅/hm²)	钾限量/(kg K₂O/hm²)
西北地区	64.5	232（226～239）	86（62～132）	140（124～167）
	93.8	241（229～254）	125（91～192）	204（181～243）
	137.2	257（235～280）	183（132～281）	298（265～365）
长江中下游地区	41.0	226（225～230）	55（40～84）	89（79～106）
	58.1	230（225～237）	78（56～119）	126（112～151）
	95.1	242（229～254）	127（92～195）	207（184～247）
西南地区	36.8	226（226～228）	49（36～75）	80（71～96）
	50.8	229（225～234）	68（49～104）	110（98～132）
	68.2	233（226～241）	91（66～140）	148（132～177）
东南地区	30.3	226（225～227）	40（29～62）	66（58～79）
	48.5	228（225～233）	65（47～99）	105（94～126）
	75.1	235（226～244）	100（72～154）	163（145～195）

注：白菜种植区域广泛，没有特别分区，因此按照行政区域划分；依据某一区域现有白菜产量数据计算 25th、50th、75th 百分位数作为该区域内白菜的目标产量，然后根据不同地力条件下的产量反应系数计算产量反应，进而计算施肥量

8.5.7　萝卜

萝卜生长区域划分为 6 个。区域氮肥推荐量基于预估的不同区域不同地力条件下的产量反应和已知农学效率间的关系确定。磷、钾肥用量依据产量反应和萝卜收获养分移走量确定（表 8-42）。

表 8-42　区域尺度萝卜养分限量标准

区域	目标产量/(t/hm²)	氮限量/(kg N/hm²)	磷限量/(kg P₂O₅/hm²)	钾限量/(kg K₂O/hm²)
东北地区	53.2	149（130～166）	62（48～73）	131（101～164）
	73.8	159（141～178）	86（67～101）	182（140～228）
	96.0	167（148～189）	112（87～132）	237（182～296）
华北地区	46.3	145（125～162）	54（42～64）	114（88～143）
	61.5	154（138～171）	72（56～84）	152（117～190）
	83.5	163（144～183）	98（76～115）	206（159～258）
西北地区	54.8	150（131～167）	64（50～75）	135.4（104～169）
	70.4	157（139～176）	82（64～97）	174（134～217）
	81.2	162（143～182）	95（74～112）	201（154～251）
长江中下游地区	29.3	131（108～149）	34（27～40）	72（56～90）
	51.6	148（129～165）	60（47～71）	127（98～159）
	66.0	156（137～174）	77（60～91）	163（125～204）
西南地区	30.0	132（109～149）	35（27～41）	74（57～93）
	52.0	149（129～166）	61（47～71）	128（99～161）
	85.3	163（145～184）	100（77～117）	211（162～263）

续表

区域	目标产量/(t/hm²)	氮限量/(kg N/hm²)	磷限量/(kg P₂O₅/hm²)	钾限量/(kg K₂O/hm²)
	37.1	139（117~155）	43（34~51）	92（71~115）
东南地区	57.8	152（133~169）	68（52~79）	143（110~178）
	78.9	161（143~180）	92（72~108）	195（150~243）

注：萝卜种植区域广泛，没有特别分区，因此按照行政区域划分；依据某一区域现有萝卜产量数据计算 25th、50th 和 75th 百分位数作为该区域内萝卜的目标产量，然后根据不同地力条件下的产量反应系数计算产量反应，进而计算施肥量

8.5.8　柑橘

根据农业部发布的《中国柑橘优势区域布局规划（2008—2015）》，将柑橘主产区划分为 4 个柑橘带及一批特色柑橘生产基地。区域氮肥限量运用氮肥总量控制与分期调控方法确定。区域磷、钾限量运用测土监控法确定（表 8-43）。

表 8-43　区域尺度柑橘养分限量标准

区域	主要品种	目标产量/(t/hm²)	氮限量/(kg N/hm²)	磷限量/(kg P₂O₅/hm²)	钾限量/(kg K₂O/hm²)
长江上中游柑橘带	甜橙	37.5	313（266~360）	169（149~199）	376（322~429）
	杂柑	37.5	339（288~389）	169（149~199）	292（250~333）
赣南—湘南—桂北柑橘带	脐橙	37.5	377（321~434）	172（152~203）	348（298~397）
	砂糖橘	42.0	379（322~436）	189（167~223）	327（280~373）
浙—闽—粤柑橘带	温州蜜柑	42.0	470（400~541）	143（126~168）	269（231~308）
	柚类	45.0	406（345~467）	203（179~239）	350（300~400）
	杂柑	30.0	271（230~311）	135（119~159）	233（200~267）
鄂西—湘西柑橘带	温州蜜柑	37.5	420（357~483）	128（113~150）	240（206~275）
	椪柑	30.0	291（248~335）	128（113~150）	261（224~299）
5 个特色柑橘生产基地	特色品种	37.5	339（288~389）	169（149~199）	292（250~333）

注：根据区域和生产布局将我国柑橘主产区分为 4 个柑橘带及一批特色柑橘生产基地，即长江上中游柑橘带、赣南—湘南—桂北柑橘带、浙—闽—粤柑橘带、鄂西—湘西柑橘带和 5 个特色柑橘生产基地（南丰蜜橘基地、岭南晚熟宽皮橘基地、云南特早熟柑橘基地、丹江库区北缘柑橘基地和柠檬基地）；柑橘优势产区及特色生产基地的柑橘种植面积占全国柑橘种植面积的 80% 以上

8.5.9　苹果

根据国家现代苹果产业体系苹果区划方案，将苹果主产区划分为 4 个大区 15 个亚区。区域氮肥限量运用氮肥总量控制与分期调控方法确定。区域磷、钾限量运用测土监控法确定（表 8-44）。

表 8-44　区域尺度苹果养分限量标准

大区	区域	目标产量/(t/hm²)	氮限量/(kg N/hm²)	磷限量/(kg P₂O₅/hm²)	钾限量/(kg K₂O/hm²)
黄土高原产区	陕西渭北地区	26.6	295（236~354）	207（166~249）	200（160~240）
	山西晋南和晋中地区	41.1	454（363~545）	320（256~384）	300（240~420）

续表

大区	区域	目标产量/ (t/hm²)	氮限量/(kg N/hm²)	磷限量/ (kg P₂O₅/hm²)	钾限量/ (kg K₂O/hm²)
黄土高原产区	河南三门峡地区	45.5	503（403～604）	354（283～425）	320（256～384）
	甘肃的陇东地区	19.5	215（172～258）	152（121～182）	200（160～240）
黄河故道和秦岭北麓产区	豫东地区	42.0	465（370～560）	327（260～390）	320（256～384）
	鲁西南地区	45.0	500（400～600）	350（280～420）	300（240～420）
	苏北地区	24.2	268（214～322）	189（151～226）	300（240～420）
	皖北地区	43.4	480（384～576）	338（270～405）	400（320～480）
渤海湾	胶东半岛、山东地区	54.2	600（480～720）	422（338～507）	400（320～480）
	辽宁地区	25.9	286（229～343）	201（161～242）	300（240～420）
	河北地区	27.8	308（246～369）	217（173～260）	300（240～420）
	北京、天津地区	19.2	212（170～255）	150（120～179）	200（160～240）
西南冷凉高地	四川阿坝、甘孜两个藏族自治州的川西地区	25.8	286（228～343）	201（161～241）	427（341～512）
	云南东北部的昭通、宜威地区	13.8	153（122～183）	108（86～129）	228（183～274）
	贵州西北部的威宁、毕节地区以及西藏昌都以南和雅鲁藏布江中下游地带	10.0	110（89～129）	70（61～91）	125（129～193）

8.6　钾、锌、硼及钼肥高效施用标准草案

8.6.1　钾

根据土壤速效钾含量、作物需钾特点施用钾肥。土壤速效钾采用乙酸铵提取。土壤速效钾含量小于 50mg/kg 为严重缺钾，应施用钾肥；50～100mg/kg 为轻度缺钾，应适当施用钾肥；100～150mg/kg 为潜在性缺钾，大部分作物应补施钾肥；大于 150mg/kg 时，大部分作物在常规产量水平下可以不施钾肥。不同类型作物对钾敏感性不同，作物的土壤钾丰缺指标也有所不同，具体指标见表 8-45。对于需钾量特别大的作物，如香蕉等，需依据作物类型和土壤钾素丰缺状况酌情调整，合理施用钾肥。

表 8-45　不同类型作物的土壤钾素丰缺状况　　　　　　　（单位：mg/kg）

钾素丰缺状况	纤维类	禾谷类	油料类	果树	瓜类	根茎类	叶菜类
高	＞180	＞150	＞130	＞200	＞180	＞180	＞150
中	120～180	80～150	80～130	120～200	100～180	100～180	100～150
低	80～120	50～80	50～80	80～120	50～100	50～100	50～100
极低	＜80	＜50	＜50	＜80	＜50	＜50	＜50

钾肥施用量均以 K₂O 含量计算，对于增施有机肥和秸秆还田的地块，可以减少钾肥用量，施钾量应该在推荐量的基础上减去有机肥或秸秆带入的钾量；对于需钾量大的果树，需要根据环境条件在果树推荐量的基础上适当增加钾肥用量，幼龄和老龄果树均可以根据树势酌情

减少钾肥用量。主要农作物推荐施钾量见表 8-46，主要作物施肥时期和比例见表 8-47。

表 8-46　主要农作物推荐施钾量　　　　　　　（单位：kg K$_2$O/亩）

土壤速效钾/（mg K/kg）	禾谷类（水稻、小麦、玉米等）	油料类（油菜、花生、大豆等）	纤维类（棉花等）	果树（柑橘、梨、苹果、桃、葡萄、香蕉、荔枝等）	瓜类（西瓜、甜瓜等）	根茎类（马铃薯、大葱、蒜、萝卜、藕、芋头、山药、茎用芥菜等）	叶菜类（小白菜、生菜、叶用莴苣、菠菜等）
< 50	8～12	7～10	16～20	45～60	16～20	30～40	15～18
50～80	5～8	5～7	12～16	30～45	12～16	20～30	11～15
80～100	3～5	3～5	10～12	20～30	10～12	10～20	9～11
100～150	2～3	2～3	7～10	10～20	7～10	5～10	5～9
150～180			4～7	5～10	4～7	2～5	
> 180				3～5			

表 8-47　不同类作物施钾的时期和比例

时期	纤维类	禾谷类	油料类	果树	瓜类	根茎类	叶菜类
基肥	基肥 50%	基肥 100%	基肥 70%	采果前（后）肥 25%	基肥 60%	基肥 100%	基肥 100%
一次追肥	中后期或蕾期 50%		中后期或花期追肥一次 30%	萌芽肥 35%	结瓜期 40%	中后期喷施 0.2%～0.3% 磷酸二氢钾或 10% 草木浸出液	
二次追肥				壮果肥 40%	果实膨大期喷施 0.5% 磷酸二氢钾溶液		

水稻、小麦、玉米等主要还田作物秸秆含钾量一般为 1%～2%，作物可利用钾系数为 50%～90%，对作物钾肥的效果与化学钾肥基本一样。例如，棉花的秸秆投入量为 200kg/亩，秸秆含 K$_2$O 1.02%，棉花秸秆可利用钾系数为 70%，常规推荐棉花施钾量为 15kg K$_2$O/亩（南方），秸秆还田下棉花钾肥推荐量为 = 常规推荐量（15kg/亩）－秸秆投入量（200kg/亩）×1.02%×棉花秸秆当年可利用钾系数（80%）=13.4kg/亩。

施用钾肥的方法有以下几种：①撒施，在翻耕后、播种或移栽前，将钾肥及其他矿质肥料、有机肥等结合耙地作为基肥均匀撒在土壤表面，并与耕层土壤混匀，是目前大田最常用的钾肥施用方法；②条施，在种子或幼苗附近条状施肥；③穴施，又称点施，将肥料放置于种子或根系附近穴内的一种基施方法；④定点施，在穴施的基础上，于土下一定深度、偏根系一定距离或根系下方一定距离的位置，将肥料集中施用的一种方式，由于集中在根区范围内施用，也称为根区施肥；⑤叶面喷施，是在土壤条件不合适、根系活力较差的情况下，通过将肥料溶液直接施于叶面，使植株快速吸收养分的一种施肥方式。

撒播或窄行种植作物如水稻、小麦，可采用撒施基肥；水稻可在插秧前浅层耕作施入（这种肥也称耘面肥）。沟施和穴施适用于宽行作物的基肥或追肥，如玉米、棉花、烟草、西瓜等。在缺钾地区对作物喷施钾肥有明显的效果，喷施浓度为 0.5%～1.0%。瓜类、果树类作物在结果期和壮果期，多采用根外追肥和叶面喷施技术，一般喷施浓度为 0.5%～1.0% 的磷酸二氢钾溶液、1.0%～1.5% 的硫酸钾溶液或 3%～5% 的草木灰溶液。

8.6.2　锌

根据土壤有效锌含量、作物需锌特点施用锌肥。土壤有效锌采用二乙烯三胺五乙酸（DTPA）溶液浸提，按农业行业标准 NY/T 890—2004《土壤有效态锌、锰、铁、铜含量的测定　二乙三胺五乙酸（DTPA）浸提法》规定的方法测定。根据土壤有效锌的含量可将土壤供锌能力划分为极低（< 0.5mg/kg）、低（0.5~1.0mg/kg）、中等（1.1~2.0mg/kg）、高（> 2.0mg/kg）。

缺锌土壤，特别是下列易引发作物缺锌的土壤，包括 pH 为中性或者碱性的土壤（石灰性土壤），锌含量偏低的土壤（如有机质含量低的砂土），盐分含量过高的土壤（盐土），pH 低、高度风化的土壤（如热带土），泥炭和腐殖土（有机土壤），磷酸盐高的土壤，持续淹水或者积水的土壤（如水稻田）等，应重视施用锌肥。通常土壤有效锌含量小于 0.5mg/kg 时都归类为缺锌土壤，施用锌肥增产效果显著，一般每亩施七水硫酸锌 1~2kg。土壤有效锌含量在 0.5~1.0mg/kg 时为潜在性缺锌，易引发作物缺锌的土壤和高产田施用锌肥仍有增产效果，并能改善作物的品质，一般每亩施七水硫酸锌 0.5~1kg。土壤有效锌含量高于 1.0mg/kg 时，土壤不缺锌，一般不需要再施用锌肥。锌肥重点施用于对缺锌敏感和较敏感作物。对缺锌敏感的作物有玉米、水稻、高粱、大豆、蚕豆、棉花、荞麦、亚麻、番茄、烟叶、甘蓝、莴苣、芹菜、菠菜、桃、樱桃、苹果、梨、李、柑橘、葡萄、番石榴、番木瓜等；对缺锌较敏感的作物有马铃薯、洋葱、三叶草、紫花苜蓿、苏丹草等；对缺锌不敏感的作物有小麦、大麦、胡萝卜、豌豆、红花、禾本科牧草等。

根据锌肥来源和性质合理选择锌肥品种及相应施肥技术。锌肥一般包括无机化合物、螯合物和自然有机络合物。无机化合物包括硫酸锌、氧化锌、碳酸锌、硝酸锌和氯化锌。市场上常见的有七水硫酸锌、一水硫酸锌、氯化锌。七水硫酸锌含 Zn 量 ≥ 20.0%，易溶于水。一水硫酸锌含 Zn 量 ≥ 32.3%，溶于水。氯化锌含 Zn 量 ≥ 46.0%，易溶于水。锌螯合物是由螯合剂和锌离子生成的一类肥料，稳定性高，包括乙二胺四乙酸锌的钠盐（Na$_2$ZnEDTA，锌含量 8%~14%）、N-羟乙基乙二胺三乙酸锌（ZnHEDTA，锌含量 6%~10%）等，易溶于水。自然有机络合物包括无机锌盐和有机化合物，如由柠檬酸、氨基酸、葡萄糖酸、木质素磺酸盐、酚类和黄腐酸等生成的有机络合物等。

锌肥施用方法主要有土施和叶面喷施，其他施用方法包括灌溉施肥、拌种、浸种、移栽时沾秧苗根系（水稻移栽时沾秧苗根）。土施包括基施和追施。基施是在播种前或移栽前，将锌肥与有机肥、氮磷钾化肥或适量的细土充分混匀后作基肥穴施或条施，尽量避免与种子接触。追施是在作物苗期后，根据生长状况及时追肥。基施 1~2kg/亩七水硫酸锌是纠正作物缺锌的常见方法。叶面喷施：用 0.1%~0.5% 硫酸锌溶液或相应锌浓度的其他锌肥溶液喷施，次数应在 2 次以上，在晴天傍晚前喷施叶片，喷后如遇雨淋洗，应重喷。灌溉施肥：把锌肥溶解，加入灌溉水中施用。拌种：每千克种子用 2~6g 七水硫酸锌，加适量的水，将硫酸锌溶解，均匀喷于种子上，边喷边拌匀，种子晾干后即可播种。浸种：把锌肥配成稀溶液，硫酸锌溶液浓度为 0.02%~0.10%，浸没种子 8~12h，捞出晾干即可播种。沾秧苗根系：在水稻秧苗移栽时，将根部在 1% 的氧化锌悬浊液中浸蘸一下后栽植。

锌肥主要作基肥施用，若作物中后期缺锌，应及时追施或叶面喷施锌肥。为节省锌肥施用成本和避免土壤锌含量过高，可结合土壤和植株分析，确定土壤有效锌供应水平和作物锌营养需求。锌肥一般可隔年施用。对于严重缺锌的土壤，连续施用 3~5 年后，可改为隔年施用。

8.6.3　硼

　　根据土壤有效硼含量、作物需硼特点施用硼肥。土壤有效硼（热水溶性硼）含量低于 0.25mg/kg 时为严重缺硼，土壤有效硼含量在 0.25～0.5mg/kg 时为中轻度缺硼，土壤有效硼含量在 0.5～1.0mg/kg 时为潜在性缺硼或可能缺硼，土壤有效硼含量大于 1.0mg/kg 时为硼丰富。不同植物对硼的需求差异很大。禾本科植物需硼少，农业生产中很少施用硼肥，在缺硼地区根据作物长势确定是否施用硼肥及其施用量。双子叶植物，如油菜、棉花、甜菜、十字花科蔬菜、果树等需硼多，需要根据土壤有效硼丰缺状况，合理施用硼肥。主要农作物推荐施硼量见表 8-48。

表 8-48　主要农作物推荐施硼量　　　　　　　　（单位：kg 硼砂/亩）

土壤有效硼/（mg/kg）	油菜	棉花	甜菜	大豆、花生等豆科	柑橘、苹果等果树	瓜、果、茄、根、茎类蔬菜
＜0.25	0.5～0.75	0.75～1.0	1.0～1.5	0.25～0.5	0.5～1.5，或10～100g/株	0.5～1.0
0.25～0.50	0.5	0.5～0.75	0.5～1.0			
0.50～1.00	0.2，或抽薹期叶面喷施0.2%硼砂溶液80～100L 1 次	0.25，或现蕾期和花铃期叶面喷施 0.2% 硼砂溶液各 1 次	0.25～0.5	0.2～0.25，或花期叶面喷施0.2%硼砂溶液 1～2 次	初花期或挂果期叶面喷施0.2% 硼砂溶液 1～2 次	瓜、果、茄类蔬菜在初花期叶面喷施0.2%硼砂溶液 1～2 次
＞1.00	酌情叶面喷施	酌情叶面喷施	酌情叶面喷施	/	酌情叶面喷施	/

注："/"表示无须施用

　　硼砂成本低，是广泛施用的一种硼肥，可用作基肥、追肥和用于根外叶面喷施。硼酸也是常用的硼肥之一，施用方法与硼砂相同，但价格高于硼砂，一般只用于根外叶面喷施。速溶硼肥，含硼量高，水溶性好，但价格昂贵，一般只用于根外叶面喷施，或添加到水溶性肥料中同其他养分元素一同施用。

　　硼肥应施在根系能到达的位置，不应把硼肥施在没有根生长的干燥表土上。不应让硼肥直接与种子接触，或直接施在叶和根上，以免因浓度过高而产生硼毒害。

　　硼肥基施的方法适用于严重缺硼土壤和缺硼土壤、需硼多的作物，选用硼砂为肥源与细土或有机肥、化肥混合均匀开沟条施、穴施、撒施翻耕。即使是严重缺硼土壤，硼砂用量也不宜超过 1.0kg/亩，因为硼过量会导致硼中毒而影响作物生长。条施时在种子两侧或出苗后于作物侧面开沟，最好侧面条施于土表下面，使肥料既处于耕层而又不和种子直接接触。穴施适用于单株作物施肥，可将一小撮硼肥施在播种洞穴或沟中，并与种子靠近，然后覆土。撒施把硼肥均匀地撒在土壤表面，应在整地前或整地时撒施，使硼肥混入耕层中。移栽或穴播作物可采用条施和穴施，果树等多年生作物可采用开环沟施用，种子直播作物可采用撒施翻耕方法。

　　土壤潜在性缺硼，或根据作物生长情况需要补硼时，可采用叶面喷施硼肥。可将硼肥溶于水进行叶面喷施，浓度一般在 0.1%～0.2%。可喷施在叶片的正面和反面，但因气孔在叶片的反面，故反面喷施效果更好。喷施的时期宜早不宜迟，开花后喷施效果不显著，喷施次数以两次以上为好。叶面喷施效果与环境因子紧密相关，为保证喷施叶面的湿润时间，要避免强光照下高温蒸发、大风挥发和降雨淋洗等不利因子。

在灌溉种植体系，可将硼肥单独溶解于水中或与其他肥料混合配成水溶液一起施用。灌溉施肥可在播种时施入播种穴内作为基肥，也可在生长期间多次施到根部作为追肥，以满足作物需求。

8.6.4　钼

根据土壤有效钼含量、植物需钼特点施用钼肥。土壤有效钼含量低于 0.10mg/kg 时为严重缺钼，土壤有效钼含量在 0.10～0.20mg/kg 时为中轻度缺钼，土壤有效钼含量在 0.20～0.30mg/kg 时为潜在性缺钼或可能缺钼，土壤有效钼含量大于 0.30mg/kg 时为钼丰富。不同植物对钼的需求差异很大。一般豆科作物对缺钼敏感，如大豆、豌豆、花生等需钼较多，而禾本科作物如小麦在高氮条件下容易缺钼，因此需要根据土壤有效钼丰缺状况，合理施用钼肥。

主要农作物推荐施钼量见表 8-49。推荐施钼量均为基施时用量，以钼酸铵计算，如在生产实际中施用其他类型的钼肥，应根据其含钼量作相应的肥料用量调整；土壤有效钼＞0.30mg/kg 时，作物一般不会出现缺钼反应，施钼效果不明显，目标产量较高时可酌情喷施；果树种类繁多，应根据种类及株龄选择适宜的施用量和施用方法；对于大豆、花生、小麦等直播农作物，可选择播种前拌种的方法施用钼肥。

表 8-49　主要农作物推荐施钼量　　　　　（单位：kg 钼酸铵/亩）

土壤有效钼/（mg/kg）	大豆、花生等豆科作物	小麦	油菜	水稻	柑橘、苹果等果树	瓜、果、茄、根、茎类蔬菜
＜0.10	0.15～0.20	0.10～0.15	0.10～0.15	0.05～0.10	0.20～0.30	0.05～0.10
0.10～0.20	0.10～0.15	0.05～0.10	0.05～0.10			
0.20～0.30	0.05～0.10	0.02～0.05	0.02～0.05	0.02～0.05	0.10～0.20	叶面喷施
＞0.30	酌情叶面喷施	酌情叶面喷施	酌情叶面喷施	酌情叶面喷施	酌情叶面喷施	酌情叶面喷施

注：叶面喷施是指配制成 0.1%～0.2% 钼酸铵溶液，按照每亩 60～80L 的用量进行喷施

作物生育前期对缺钼敏感，因此钼肥施用以种肥、基肥和苗期喷施为主，时间节点上尽量控制在作物营养生长期、营养生长与生殖生长并进期。严重缺钼时，在基施钼肥的基础上，根据需要在作物营养临界期或最大效率期叶面喷施钼肥 1～2 次；土壤有效钼含量较高时，对于需钼较少的非豆科作物可在苗期或初花期叶面喷施 1～2 次；对于生长周期较长的果树等作物，除了喷施钼肥 2～3 次，严重缺钼时应在基肥中予以适当补充。

钼肥基施的方法适用于严重缺钼土壤，或需钼较多的作物。钼酸铵或钼酸钠作基肥时，与细土或有机肥、化肥混合拌均匀后撒施耕翻入土，或开沟条施或穴施，也可以与过磷酸钙混合施用增加肥效；含钼矿渣因价格低廉以前常用作基肥，但由于矿渣中含有重金属元素，因此现在不提倡施用；将钼肥按照一定的比例与氮磷钾肥配比，经特定工艺生产出含钼复合肥后作为基肥施用，是钼肥施用的新方式，不仅使钼肥与大量元素有机结合，还能减少钼肥单独施用增加的劳动力成本。土壤施用钼肥有一定后效，不必连年施用。

土壤潜在性缺钼，或根据作物生长情况需要补钼时，可采用叶面喷施钼肥。可将钼酸铵或钼酸钠溶于水进行叶面喷施，浓度一般在 0.05%～0.1%，用肥量为 225～450g/hm^2，喷施量

为 225～450L/hm²。由于钼在植株体内难以再利用，以苗期、初花期各喷施一次为好，还可在盛花期加喷一次。叶面喷施效果与环境因子紧密相关，为保证喷施叶面的湿润时间，要避免强光照下高温蒸发、大风挥发和降雨淋洗等不利因子。

拌种时每千克种子用钼酸铵 1.0～2.0g，先将钼酸铵在适量热水中溶解，再用冷水稀释，配成 2%～3% 的钼酸铵溶液，然后喷在种子上，溶液不宜过多，以免出现烂种，种子阴干后播种，若采用晒干会影响种子发芽。浸种时用 0.05%～0.1% 钼酸铵溶液浸泡 6～12h，然后晾干即可播种。

在灌溉种植体系，可将钼肥单独溶解于水中，或与大量元素混合配成水溶液一起施用。灌溉施肥可在播种时施入作为基肥，也可在生长期间多次施到根部作为追肥，以满足作物需求。

8.7　钾、锌、硼及钼肥与氮磷协同增效技术标准草案

8.7.1　钾

在根据土壤有效钾丰缺指标确定施钾量的基础上，需要依据目标产量调整钾肥施用量及其与氮磷肥的配比。以水稻为例，钾肥与氮磷肥协同增效技术施肥量如表 8-50 所示：氮肥分基肥 60%，分蘖肥 20%，穗肥 30%；磷肥全部基施；钾肥分基肥 70%，穗肥 30%。

表 8-50　水稻钾肥与氮磷肥协同增效技术的施肥量

土壤有效钾/(mg/kg)	籽粒产量/(kg/亩)	氮肥用量/(kg N/亩)	磷肥用量/(kg P$_2$O$_5$/亩)	钾肥用量/(kg K$_2$O/亩)
< 50	< 500	9～10	3～4	6～7
	500～700	10～12	4～6	7～9
	> 700	12～13	6～7	9～11
50～80	< 500	9～10	3～4	5～6
	500～700	10～12	4～6	6～8
	> 700	12～13	6～7	8～10
80～100	< 500	9～10	3～4	4～5
	500～700	10～12	4～6	5～7
	> 700	12～13	6～7	7～8
100～150	< 500	9～10	3～4	3～4
	500～700	10～12	4～6	4～5
	> 700	12～13	6～7	5～6

8.7.2　锌

根据土壤有效锌含量及其丰缺指标和作物目标产量与养分需求，确定氮磷钾锌肥施用量。表 8-51～表 8-53 列出了我国不同地区水稻、小麦和玉米氮磷钾肥与锌肥的协同施用量。

表 8-51 主要产区小麦锌肥与氮磷钾肥协同增效技术的施肥量

| 地区 | 籽粒目标产量/(kg/亩) | 基肥 | | | 追肥（氮肥）/(kg N/亩) | 锌肥施用 |
		氮肥/(kg N/亩)	磷肥/(kg P₂O₅/亩)	钾肥/(kg K₂O/亩)		
华北平原及关中平原灌溉冬小麦区	<400	2.25~3.0	3.0~4.0	1.5~2.0	4.6~5.5	缺锌地区可基施七水硫酸锌 1~2kg/亩，在小麦灌浆期可喷施
	400~500	3.0~3.75	4.0~5.0	2.0~2.5	5.5~6.9	
	500~600	4.5~5.25	5.0~7.0	2.5~3.5	6.9~8.3	
	>600	5.25~6.0	7.0~8.0	3.5~4.0	8.3~9.2	
华北雨养冬小麦区	<350	3.6~4.5	3.0~3.75	2.0~2.5	2.3~3.2	缺锌地区可基施七水硫酸锌 1~2kg/亩，在小麦灌浆期可喷施
	350~450	4.5~6.3	3.75~5.25	2.5~3.5	3.7~4.6	
	450~600	6.3~8.1	5.25~6.75	3.5~4.5	4.6~6.9	
	>600	8.1~9.9	6.75~8.25	4.5~5.5	6.9~8.3	
长江中下游冬小麦区	<300	2.5~4.25	2.25~3.45	1.8~2.75	2.75~4.15	缺锌地区可基施七水硫酸锌 1~2kg/亩，在小麦灌浆期可喷施
	300~400	4.25~5.5	3.45~4.5	2.75~3.6	4.15~5.55	
	400~550	5.5~7.55	4.5~6.25	3.6~5.0	5.5~7.8	
	>550	7.55~8.85	6.25~7.35	5.0~6.0	7.8~9.25	
西北雨养旱作冬小麦区	<250	2.7~4.1	2.25~3.45	1.8~2.8		缺锌地区可基施七水硫酸锌 1~2kg/亩，在小麦灌浆期可喷施
	250~350	4.1~5.4	3.45~4.5	2.8~3.6		
	350~500	5.4~7.6	4.5~6.3	3.6~5.0		
	>500	7.6~8.8	6.3~7.35	5.0~5.9		
西北灌溉春小麦区	<300	2.55~3.4	2.7~3.6	1.5~2.0	2.3~3.7	缺锌地区可基施七水硫酸锌 1~2kg/亩，可在小麦灌浆期喷施
	300~400	3.4~4.25	3.6~4.5	2.0~2.5	3.7~5.5	
	400~550	5.1~6.0	5.4~6.3	3.0~3.5	5.5~8.3	
	>550	6.0~6.8	6.3~7.2	3.5~4.0	6.9~9.2	
东北春小麦区	<250	1.1~1.7	1.8~2.8	1.2~1.8	1.8~3.2	缺锌地区可基施七水硫酸锌 1~2kg/亩，在小麦灌浆期可喷施
	250~350	1.7~2.4	2.8~4.0	1.8~2.6	3.2~4.6	
	350~450	2.4~3.1	4.0~5.2	2.6~3.4	4.6~6.0	
	>450	3.1~3.7	5.2~6.2	3.4~4.0	6.0~7.4	
西南冬小麦区	<250	1.9~3.2	1.5~2.55	1.1~1.9	1.8~2.8	产量水平 500kg/亩以上或缺锌地区，基施七水硫酸锌 2kg/亩，可在小麦灌浆期喷施
	250~350	3.2~4.6	2.55~3.6	1.9~2.6	2.8~4.1	
	350~500	4.6~6.5	3.6~5.1	2.6~3.7	4.1~6.0	
	>500	6.5~7.6	5.1~6.0	3.7~4.4	6.0~6.9	

表 8-52 不同产区水稻锌肥与氮磷钾肥协同增效技术的施肥量

| 地区 | 籽粒目标产量/(kg/亩) | 基肥 | | | 追肥（分蘖肥，氮肥）/(kg N/亩) | 追肥（穗粒肥） | | 锌肥施用 |
		氮肥/(kg N/亩)	磷肥/(kg P₂O₅/亩)	钾肥/(kg K₂O/亩)		氮肥/(kg N/亩)	钾肥/(kg K₂O/亩)	
东北寒地单季稻区	<450	2.0~2.5	2.2~2.9	2.1~2.7	1.8~2.3	1.0~1.4		基施七水硫酸锌 1~2kg/亩
	450~550	2.5~3.2	2.9~3.7	2.7~3.45	2.3~3.2	1.4		
	>550	3.2~4.1	3.7~4.6	3.45~4.35	3.2~3.7	1.4~1.8	0.6~1.8	

地区	籽粒目标产量/（kg/亩）	基肥			追肥（分蘖肥，氮肥）/（kg N/亩）	追肥（穗粒肥）		锌肥施用
		氮肥/（kg N/亩）	磷肥/（kg P₂O₅/亩）	钾肥/（kg K₂O/亩）		氮肥/（kg N/亩）	钾肥/（kg K₂O/亩）	

地区	籽粒目标产量/（kg/亩）	氮肥/（kg N/亩）	磷肥/（kg P₂O₅/亩）	钾肥/（kg K₂O/亩）	追肥（分蘖肥，氮肥）/（kg N/亩）	氮肥/（kg N/亩）	钾肥/（kg K₂O/亩）	锌肥施用
东北吉辽蒙单季稻区	< 500	2.85～3.6	3.0～3.8	2.7～3.4	2.8～3.7	1.4～1.8		基施七水硫酸锌1～2kg/亩
	500～600	3.6～4.2	3.8～4.5	3.4～3.9	3.7～4.1	1.8～2.3		
	> 600	4.2～5.0	4.5～5.3	3.9～4.6	4.1～5.1	2.3	0.6～1.8	
长江上游单季稻区	< 450	3.0～4.0	4.0～4.5	4.8～5.7	1.5～2.0	1.5～2.0		缺锌地区可基施七水硫酸锌1～2kg/亩
	450～550	4.0～5.0	4.5～5.0	5.7～6.5	2.0～2.5	2.0～2.5		
	550～650	5.0～6.0	5.0～5.5	6.5～7.3	2.5～3.0	2.5～3.0		
	> 650	6.0～7.0	5.5～6.0	7.3～8.0	2.5～3.0	2.5～3.0	0.5～1.3	
长江中游单双季稻区	< 350	3.3～3.85	4.0～4.75	4.8～5.7	1.35～1.6	1.35～1.6		缺锌地区可基施七水硫酸锌1kg/亩
	350～450	3.85～4.4	4.75～5.5	5.7～6.5	1.6～1.8	1.6～1.8		
	450～550	4.4～5.5	5.5～6.25	6.5～7.3	1.8～2.25	1.8～2.25		
	> 550	5.5～6.6	6.25～7.0	7.3～8.0	2.25～2.7	2.25～2.7	0.8～1.4	
长江中游双季晚稻区	< 350	4.0～5.3	2.7～3.6	2.7～3.6	1.8～2.3	1.4		缺锌地区可基施七水硫酸锌1kg/亩
	350～450	5.3～6.65	3.6～4.55	3.6～4.55	2.3～2.8	1.4～1.8		
	450～550	6.65～8.0	4.55～5.5	4.55～5.5	2.8～3.7	1.8～2.3		
	> 550	8.0～9.3	5.5～6.4	5.5～6.4	3.7～4.1	2.3～2.8	0.6～1.8	
长江下游单季稻区	< 500	4.0～5.0	2.0～3.0	1.65～2.2	2.0～2.5	2.0～2.5	1.35～1.8	缺锌地区可基施七水硫酸锌1～2kg/亩
	500～600	5.0～6.0	3.0～4.0	2.2～2.75	2.5～3.0	2.5～3.0	1.8～2.25	
	> 600	6.0～9.0	4.0～6.0	3.3～4.4	3.0～4.5	3.0～4.5	2.7～3.6	
江南丘陵山地单双季晚稻区	< 350	3.2～4.6	2.2～3.1	2.2～3.1	1.8～2.3	0.9～1.4		缺锌地区可基施七水硫酸锌1～2kg/亩
	350～450	4.6～5.9	3.1～4.0	3.1～4.0	2.3～3.2	1.4～1.8		
	450～550	5.9～7.2	4.0～4.9	4.0～4.9	3.2～3.7	1.8～2.3		
	> 550	7.2～8.4	4.9～5.7	4.9～5.7	3.7～4.6	2.3～2.8		
华南平原丘陵单双季早稻区	< 350	3.6～4.5	2.4～3.0	3.2～4.0	1.8～2.8	1.4～2.3		缺锌地区可基施七水硫酸锌1～2kg/亩
	350～450	4.5～5.4	3.0～3.6	4.0～4.8	2.3～3.2	1.4～2.3		
	450～550	5.4～6.3	3.6～4.2	4.8～5.6	3.2～4.6	1.8～3.2		
	> 550	6.3～7.2	4.2～4.8	5.6～6.4	3.7～5.1	2.3～3.7		
华南平原丘陵双季晚稻区	< 350	3.4～4.7	2.3～3.1	3.0～4.2	1.8～2.3	0.9～1.4		缺锌地区可基施七水硫酸锌1～2kg/亩
	350～450	4.7～5.9	3.1～4.0	4.2～5.3	2.3～3.2	1.4～1.8		
	450～550	5.9～7.4	4.0～4.9	5.3～6.6	3.2～3.7	1.8～2.3		
	> 550	7.4～8.6	4.9～5.8	6.6～7.7	3.7～4.1	2.3～2.8		
西南高原山地单季稻区	< 400	3.4～4.4	2.6～3.4	3.0～3.9	1.8～2.8	1.4～1.8		缺锌地区可基施七水硫酸锌1～2kg/亩
	400～500	4.4～5.6	3.4～4.3	3.9～4.95	2.8～3.2	1.8～2.3		
	500～600	5.6～6.6	4.3～5.1	4.95～5.85	3.2～3.7	2.3～2.8	0.6～1.2	
	> 600	6.6～7.8	5.1～6.0	5.85～6.9	3.7～4.6	2.8～3.2	1.2～2.4	

表 8-53　不同产区玉米锌肥与氮磷钾肥协同增效技术的施肥量

地区	籽粒目标产量/(kg/亩)	基肥			追肥（氮肥）/(kg N/亩)	锌肥施用
		氮肥/(kg N/亩)	磷肥/(kg P₂O₅/亩)	钾肥/(kg K₂O/亩)		
东北冷凉春玉米区	<500	2.5~3.2	3.2~4.1	2.3~3.0	4.1~5.1	缺锌地区可基施七水硫酸锌1~1.5kg/亩
	500~600	3.2~3.9	4.1~5.0	3.0~3.6	5.1~6.0	
	600~700	3.9~4.5	5.0~5.8	3.6~4.2	6.0~7.4	
	>700	4.5~5.2	5.8~6.7	4.2~4.8	7.4~8.3	
东北半湿润春玉米区	<550	3.0~3.6	3.6~4.3	2.4~2.9	4.6~6.0	缺锌地区可基施七水硫酸锌1~1.5kg/亩
	550~700	3.6~4.65	4.3~5.6	2.9~3.7	6.0~7.4	
	700~800	4.65~5.25	5.6~6.3	3.7~4.2	7.4~8.3	
	>800	5.25~6.0	6.3~7.2	4.2~4.8	8.3~9.7	
东北半干旱春玉米区	<450	2.5~3.25	3.8~5.0	2.3~3.0	3.7~4.6	
	450~600	3.25~4.3	5.0~6.6	3.0~4.0	4.6~6.4	
	>600	4.3~4.9	6.6~7.6	4.0~4.6	6.4~7.4	
东北温暖湿润春玉米区	<500	3.4~4.1	3.4~4.1	2.4~2.9	5.1~6.4	缺锌地区可基施七水硫酸锌1~1.5kg/亩
	500~600	4.1~4.9	4.1~4.9	2.9~3.5	6.4~7.4	
	600~700	4.9~5.8	4.9~5.8	3.5~4.1	7.4~8.7	
	>700	5.8~6.6	5.8~6.6	4.1~4.7	8.7~10.1	
华北中北部夏玉米区	<450	2.7~3.6	1.8~2.4	2.25~3.0	4.6~6.0	缺锌地区可基施七水硫酸锌1~1.5kg/亩
	450~550	3.6~4.5	2.4~3.0	3.0~3.75	6.0~7.4	
	550~650	4.5~5.4	3.0~3.6	3.75~4.5	7.4~8.7	
	>650	5.4~6.3	3.6~4.2	4.5~5.25	8.7~10.1	
华北南部夏玉米区	<400	3.6~4.9	3~4.05	2.4~3.2	4.1~5.1	缺锌地区可基施七水硫酸锌1~1.5kg/亩
	400~500	4.9~5.9	4.05~4.95	3.2~4.0	5.1~6.4	
	500~600	5.9~7.2	4.95~6.0	4.0~4.8	6.4~7.8	
	>600	7.2~8.5	6.0~7.05	4.8~5.6	7.8~9.2	
西北雨养旱作春玉米区	<450	2.7~3.45	3.6~4.6	1.8~2.3	4.6~5.5	
	450~600	3.45~4.5	4.6~6.0	2.3~3.0	5.5~7.4	
	600~700	4.5~5.25	6.0~7.0	3.0~3.5	7.4~8.7	
	>700	5.25~6.0	7.0~8.0	3.5~4.0	8.7~10.1	
北部灌溉春玉米区	<500	2.7~3.4	4.6~5.7	2.1~2.6	4.6~6.0	缺锌地区可基施七水硫酸锌1~1.5kg/亩
	500~650	3.4~4.4	5.7~7.5	2.6~3.4	6.0~7.4	
	650~800	4.4~5.5	7.5~9.2	3.4~4.2	7.4~9.2	
	>800	5.5~6.1	9.2~10.3	4.2~4.7	9.2~10.6	
西北绿洲灌溉春玉米区	<550	3.7~4.6	5.1~6.2	1.3~1.6	5.5~6.9	
	550~700	4.6~5.95	6.2~8.05	1.6~2.1	6.9~8.7	
	700~800	5.95~6.8	8.05~9.2	2.1~2.4	8.7~9.7	
	>800	6.8~7.6	9.2~10.35	2.4~2.7	9.7~11.0	

续表

| 地区 | 籽粒目标产量/(kg/亩) | 基肥 | | | 追肥（氮肥）/（kg N/亩） | 锌肥施用 |
		氮肥/（kg N/亩）	磷肥/（kg P$_2$O$_5$/亩）	钾肥/（kg K$_2$O/亩）		
四川盆地玉米区	＜400	3.6～4.8	3.4～4.5	2.5～3.4	3.7～5.1	缺锌地区可基施七水硫酸锌 1～1.5kg/亩
	400～500	4.8～5.95	4.5～5.6	3.4～4.2	5.1～6.0	
	500～600	5.95～7.1	5.6～6.7	4.2～5.0	6.0～7.4	
	＞600	7.1～8.2	6.7～7.7	5.0～5.8	7.4～8.7	
西南山地丘陵玉米区	＜400	3.6～4.8	2.7～3.6	1.8～2.4	3.7～4.6	缺锌地区可基施七水硫酸锌 1～1.5kg/亩
	400～500	4.8～6.0	3.6～4.5	2.4～3.0	4.6～6.0	
	500～600	6.0～7.2	4.5～5.4	3.0～3.6	6.0～7.4	
	＞600	7.2～8.4	5.4～6.3	3.6～4.2	7.4～8.3	
西南高原玉米区	＜400	3.4～4.6	2.7～3.6	2.0～2.6	3.2～4.6	缺锌地区可基施七水硫酸锌 1～1.5kg/亩
	400～550	4.6～6.3	3.6～4.95	2.6～3.6	4.6～6.0	
	550～700	6.3～8.0	4.95～6.3	3.6～4.6	6.0～7.8	
	＞700	8.0～9.1	6.3～7.2	4.6～5.3	7.8～9.2	

8.7.3 硼

在根据土壤有效硼丰缺指标确定施硼量的基础上，需要依据目标产量调整硼肥施用量及其与氮磷肥的配比。以冬油菜为例，硼肥与氮磷肥协同增效技术的施肥量如表 8-54 所示，氮肥分基肥 70%、抽薹期 30%，磷肥和硼肥全部基施，硼肥喷施以 0.2% 硼砂溶液 80～100L 为宜。

表 8-54　冬油菜硼肥与氮磷肥协同增效技术的施肥量

土壤有效硼/(mg/kg)	籽粒产量/(kg/亩)	氮肥用量/(kg N/亩)	磷肥用量/(kg P$_2$O$_5$/亩)	硼肥用量/(kg 硼砂/亩)
＜0.25	＜120	8～10	3～4	0.40
	120～200	10～14	4～6	0.60
	＞200	14～16	6～8	0.75
0.25～0.50	＜120	8～10	3～4	0.30
	120～200	10～14	4～6	0.50
	＞200	14～16	6～8	0.60
0.50～1.0	＜120	8～10	3～4	酌情喷施
	120～200	10～14	4～6	初花期喷施
	＞200	14～16	6～8	0.25
＞1.0	＜120	8～10	3～4	酌情喷施
	120～200	10～14	4～6	初花期喷施
	＞200	14～16	6～8	

8.7.4　钼

在根据土壤有效钼丰缺指标确定施钼量的基础上，需要依据目标产量调整钼肥施用量及其与氮磷肥的配比。以冬小麦为例，钼肥与氮磷肥协同增效技术的施用量如表 8-55 所示，氮肥基施 40%～60%，起身期至拔节期通过灌水施用氮肥 40%～60%，磷肥全部基施，钼肥与其他肥料如尿素混合后基施，或每千克种子用 1～2g 钼酸铵拌种。

表 8-55　冬小麦钼肥与氮磷肥协同增效技术的施用量

土壤有效钼/(mg/kg)	籽粒产量/(kg/亩)	氮肥用量/(kg N/亩)	磷肥用量/(kg P₂O₅/亩)	钼肥用量/(kg 钼酸铵/亩)
< 0.10	< 300	8～10	3～5	0.05
	300～500	10～14	6～8	0.08
	> 500	14～16	8～12	0.10
0.10～0.20	< 300	8～10	3～5	0.05
	300～500	10～14	6～8	0.08
	> 500	14～16	8～12	0.10
0.20～0.30	< 300	8～10	3～5	
	300～500	10～14	6～8	越冬期喷施
	> 500	14～16	8～12	越冬期及灌浆期喷施
> 0.30	< 300	8～10	3～5	
	300～500	10～14	6～8	越冬期喷施
	> 500	14～16	8～12	越冬期及灌浆期喷施

注：喷施是指配制成 0.1～0.2% 钼酸铵溶液，按照每亩 60～80L 的用量进行喷施

8.8　有机肥施用标准草案

8.8.1　粮食作物

有机肥施用技术包括有机肥准备、有机肥用量确定、施肥方法等。

1. 有机肥准备

有机肥包括畜禽粪便和商品有机肥等。畜禽粪便还田前应腐熟，杀灭病原菌、虫卵、杂草种子。制作的商品有机肥质量须符合附录 B 中表 B1 要求；畜禽粪便和商品有机肥的重金属限量及卫生学指标要符合附录 B 中表 B2 与 B3 规定。

2. 有机肥用量确定

以作物产量和推荐施氮量为基础，采用养分专家系统确定氮肥推荐量，根据有机肥含氮量和其对化肥氮的替代率计算有机肥用量。其中有机氮对化肥氮的适宜替代率水稻为 20%，小麦、玉米、马铃薯为 30%。因此，要特别关注有机肥的含氮量，按畜禽粪肥含 N 0.5%、商品有机肥含 N 2.0% 计算，主要粮食作物有机肥推荐量列于表 8-56。

表 8-56 主要粮食作物畜禽粪肥和商品有机肥的推荐量

作物	产量/(t/hm²)	推荐施氮量/(kg N/hm²)	化肥氮有机替代率/%	畜禽粪肥/(鲜重 t/hm²)	商品有机肥/(t/hm²)
水稻	8.2	150	20	6.0	1.5
小麦	7.5	180	30	10.8	2.7
玉米	10.5	195	30	11.7	2.9
马铃薯	30.0	195	30	11.7	2.9

3. 施肥方法

以基施为主,也可以追施。

(1)基肥

采用撒施、条施(沟施)、穴施等方式。撒施是指在耕地前将肥料均匀撒于地表,结合耕地把肥料翻入土中,使肥土相融,适于水稻、小麦、玉米、马铃薯;条施是指结合犁地开沟,将肥料集中施于作物播种行内;穴施是指在作物播种穴或种植穴内施肥。条施和穴施适于旱地作物。

(2)追肥

腐熟的沼渣、沼液和添加速效养分的有机复合肥可用作追肥。主要采用条施和穴施,也可以通过叶面喷施进行根外追肥。在饮用水源保护区不应施用畜禽粪肥;在农业区施用后 24h 内翻耕入土。

8.8.2 经济作物

有机肥施用技术包括有机肥准备、有机肥用量确定、施肥方法等。

1. 有机肥准备

有机肥包括畜禽粪便和商品有机肥等。畜禽粪便还田前应腐熟,杀灭病原菌、虫卵、杂草种子。制作的商品有机肥质量须符合附录 B 中表 B1 要求;畜禽粪便和商品有机肥的重金属限量及卫生学指标要符合附录 B 中表 B2 与 B3 规定。

2. 有机肥用量确定

以作物产量和推荐施氮量为基础,采用养分专家系统确定氮肥推荐量,根据有机肥含氮量和其对化肥氮的替代率计算有机肥用量。经济作物有机氮对化肥氮的适宜替代率为 20%。因此,要特别关注有机肥的含氮量,按畜禽粪肥含 N 0.5%、商品有机肥含 N 2.0% 计算,重要经济作物有机肥推荐量列于表 8-57。

表 8-57 重要经济作物畜禽粪肥和商品有机肥的推荐量

作物	产量/(t/hm²)	推荐施氮量/(kg N/hm²)	化肥氮有机替代率/%	畜禽粪肥/(鲜重 t/hm²)	商品有机肥/(t/hm²)
油菜	3.0	180	20	7.2	1.8
棉花	6.0	240	20	9.6	2.4
茶叶	3.0	300	20	12.0	3.0
甘蔗	90.0	360	20	14.4	3.6
大豆	4.5	60	20	2.4	0.6

3. 施肥方法

以基施为主，也可以追施。

（1）基肥

采用撒施、条施（沟施）、穴施等方式。撒施是指在耕地前将肥料均匀撒于地表，结合耕地把肥料翻入土中，使肥土相融；条施是指结合犁地开沟，将肥料集中施于作物播种行内；穴施是指在作物播种穴或种植穴内施肥。

（2）追肥

腐熟的沼渣、沼液和添加速效养分的有机复合肥可用作追肥。主要采用条施和穴施，也可以通过叶面喷施进行根外追肥。在饮用水源保护区不应施用畜禽粪肥；在农业区施用后 24h 内翻耕入土。

8.8.3　蔬菜

有机肥施用技术包括有机肥准备、有机肥用量确定、施肥方法等。

1. 有机肥准备

有机肥包括畜禽粪便和商品有机肥等。畜禽粪便还田前应腐熟，杀灭病原菌、虫卵、杂草种子。制作的商品有机肥质量须符合附录 B 中表 B1 要求；畜禽粪便和商品有机肥的重金属限量及卫生学指标要符合附录 B 中表 B2 与 B3 规定。

2. 有机肥用量确定

以作物产量和推荐施氮量为基础，采用养分专家系统确定氮肥推荐量，根据有机肥含氮量和其对化肥氮的替代率计算有机肥用量。蔬菜有机氮对化肥氮的适宜替代率为30%。因此，要特别关注有机肥的含氮量，按畜禽粪肥含 N 0.5%、商品有机肥含 N 2.0% 计算，典型蔬菜有机肥推荐量列于表 8-58。

表 8-58　典型蔬菜畜禽粪肥和商品有机肥的推荐量

作物	产量/(t/hm²)	推荐施氮量/(kg N/hm²)	化肥氮有机替代率/%	畜禽粪肥/(鲜重 t/hm²)	商品有机肥/(t/hm²)
番茄	90	300	30	18.0	4.5
白菜	90	240	30	14.4	3.6
萝卜	90	180	30	10.8	2.7
大葱	75	240	30	14.4	3.6

3. 施肥方法

以基施为主，也可以追施。

（1）基肥

采用撒施、条施（沟施）、穴施等方式。撒施是指在耕地前将肥料均匀撒于地表，结合耕地把肥料翻入土中，使肥土相融；条施是指结合犁地开沟，将肥料集中施于作物播种行内；穴施是指在作物播种穴或种植穴内施肥。

（2）追肥

腐熟的沼渣、沼液和添加速效养分的有机复合肥可用作追肥。主要采用条施和穴施，也可以通过叶面喷施进行根外追肥。在饮用水源保护区不应施用畜禽粪肥；在农业区施用后 24h 内翻耕入土。

8.8.4　果树

有机肥施用技术包括有机肥准备、有机肥用量确定、施肥方法等。

1. 有机肥准备

有机肥包括畜禽粪便和商品有机肥等。畜禽粪便还田前应腐熟，杀灭病原菌、虫卵、杂草种子。制作的商品有机肥质量须符合附录 B 中表 B1 要求；畜禽粪便和商品有机肥的重金属限量及卫生学指标要符合附录 B 中表 B2 与 B3 规定。

2. 有机肥用量确定

以作物产量和推荐施氮量为基础，采用养分专家系统确定氮肥推荐量，根据有机肥含氮量和其对化肥氮的替代率计算有机肥用量。果树有机氮对化肥氮的适宜替代率为20%。因此，要特别关注有机肥的含氮量，按畜禽粪肥含 N 0.5%、商品有机肥含 N 2.0% 计算，重要果树有机肥推荐用量列于表 8-59。

表 8-59　重要果树畜禽粪肥和商品有机肥的推荐用量

作物	产量/(t/hm²)	推荐施氮量/(kg N/hm²)	化肥氮有机替代率/%	畜禽粪肥/(鲜重 t/hm²)	商品有机肥/(t/hm²)
苹果	37.5	510	20	20.4	5.1
柑橘	30	360	20	14.4	3.6
梨	30	360	20	14.4	3.6
桃	30	330	20	13.2	3.3
葡萄	30	270	20	10.8	2.7
香蕉	45	720	20	28.8	7.2
西瓜	60	210	20	8.4	2.1
甜瓜	30	240	20	9.6	2.4

3. 施肥方法

以基施为主，也可以追施。

（1）基肥

采用环状施肥（轮状施肥）。在冬前或春季，以果树主茎为圆心，沿株冠垂直投影边缘外侧开沟，将肥料施入沟中并覆土。

（2）追肥

采用环状施肥（轮状施肥），同基肥施用。

8.9　秸秆还田标准草案

8.9.1　东北玉米单作体系

东北玉米单作秸秆还田技术包括前期准备、秸秆粉碎、整地技术、配套措施等。

1. 前期准备

采用联合收获粉碎一体机或采用人工摘穗。进行机械粉碎作业时，秸秆含水率应≥25%。若含水率≤20%，则需将干枯植株移出田外。进行人工摘穗时，秸秆含水率应≥30%，呈绿色，单独进行粉碎。秸秆粉碎还田机应与拖拉机或联合收获机动力配套。

2. 秸秆粉碎

采用具有秸秆粉碎装置的玉米联合收获机粉碎秸秆，可一次性完成收获和秸秆粉碎作业。机械收获后，留茬过高、秸秆粉碎达不到要求时，应采用秸秆粉碎还田机进行一次秸秆粉碎作业。秸秆粉碎还田作业时，要求土壤含水量≤25%，粉碎后的秸秆长度≤10cm，秸秆粉碎长度合格率≥85%，留茬高度≤10cm，粉碎后的秸秆应均匀抛撒覆盖地表。

3. 整地技术

整地技术包括 4 种模式。

1）深松灭茬覆盖模式。采用深松灭茬整地机沿上茬作物垄台进行深松、灭茬，一次完成作业，以秋季作业为宜，春季整地时应随整地播种。深松深度 30~35cm，灭茬宽度 30~35cm、深度 10~12cm，达到土壤细碎、疏松。

2）免耕覆盖播种模式。不进行整地。

3）深耕翻埋模式。4~5 年进行 1 次。耕深≥25cm，以打破犁底层为佳；开垄宽度≤35cm，垄高≤10cm，翻埋秸秆覆盖率≥85%。

4）旋耕翻埋模式。耕深 7~15cm，碎土率≥60%，灭茬作业耕深≥15cm。

4. 配套措施

1）深松灭茬覆盖模式的地块，采用播种机沿深松灭茬带精量播种，播后应采用双排"V"形镇压器及时镇压，使得种子和土壤紧密结合，压碎土块，镇压率应≥95%。

2）免耕覆盖播种模式的地块，选用通过性强的免耕播种机沿上茬原垄精量播种，播深一致，及时镇压。

3）深耕翻埋/旋耕翻埋模式的地块，采用机械播种后应及时镇压，适时浇水，加速土壤沉实和秸秆腐解。

4）粉碎还田作业后，在播种时适当加大基肥用量，每亩增施 2~3kg 氮素（N）；或将氮肥基追比调至 1∶1。

8.9.2 华北小麦-玉米轮作体系

华北小麦-玉米轮作秸秆还田技术包括前期准备、秸秆粉碎、整地技术、配套措施等。

1. 前期准备

采用联合收获粉碎一体机或采用人工收割。进行机械粉碎作业时，秸秆含水率应≥25%。若含水率≤20%，则需将干枯植株移出田外。进行人工玉米摘穗时，秸秆含水率应≥30%，呈绿色，单独进行粉碎；进行人工小麦割穗时，秸秆含水率应≤20%，呈枯黄色。秸秆粉碎还田机应与拖拉机或联合收获机动力配套。秸秆还田原则上执行田块全量还田，若秸秆生产量较低，可通过转移补充秸秆还田量至 500kg/亩。

2. 秸秆粉碎

采用具有秸秆粉碎装置的联合收获机粉碎秸秆，可一次性完成收获和秸秆粉碎作业。机械收获后，留茬过高、秸秆粉碎达不到要求时，应采用秸秆粉碎还田机进行一次秸秆粉碎作业。采用小麦联合收获机配置秸秆粉碎还田机，麦茬高度应 ≤ 25cm。秸秆粉碎还田作业时，要求土壤含水量 ≤ 25%，粉碎后的玉米秸秆长度在 3～5cm、小麦秸秆长度 ≤ 15cm，玉米秸秆粉碎长度合格率 ≥ 85%、小麦秸秆粉碎长度合格率 ≥ 95%，留茬高度 ≤ 10cm，粉碎后的秸秆应均匀抛撒覆盖地表。

3. 整地技术

整地技术包括 4 种模式。

1）深松灭茬覆盖模式。采用深松灭茬整地机沿上茬作物垄台进行深松、灭茬，一次完成作业，以秋季作业为宜，春季整地时应随整地播种。深松深度 30～35cm，灭茬宽度 30～35cm、深度 10～12cm，达到土壤细碎、疏松。

2）免耕覆盖播种模式。不进行整地，该模式适用于玉米播种前小麦秸秆表层免耕覆盖；玉米播种深度 2.5～4.5cm，种肥施于种粒一侧 3～5cm 处，深于种子 3～5cm，覆土镇实。种子破碎率 ≤ 0.5%，空穴率 < 0.5%，田间无漏播，地头无重播。

3）深耕翻埋模式。4～5 年进行 1 次。耕深 ≥ 25cm，可使用深翻犁（如螺旋式犁臂犁）将玉米秸秆深翻至土层 30cm 左右，以打破犁底层为佳；开垄宽度 ≤ 35cm，垄高 ≤ 10cm，翻埋秸秆覆盖率 ≥ 85%。

4）旋耕翻埋模式。耕深 7～15cm，碎土率 ≥ 60%，灭茬作业耕深 ≥ 15cm。

4. 配套措施

1）深松灭茬覆盖模式的地块，采用播种机沿深松灭茬带精量播种，播后应采用双排"V"形镇压器及时镇压，使得种子和土壤紧密结合，压碎土块，镇压率应 ≥ 95%。

2）免耕覆盖播种模式的地块，选用通过性强的免耕播种机沿上茬原垄精量播种，播深一致，及时镇压。

3）深耕翻埋/旋耕翻埋模式的地块，采用机械播种后应及时镇压，适时浇水，加速土壤沉实和秸秆腐解。

4）若当地温度较低，可采取秸秆腐熟还田、秸秆行间堆腐还田、激发式秸秆还田等还田方式，以促进秸秆养分释放并达到秸秆养分高效利用的目的。秸秆行间堆腐还田可采取如下方式：秸秆晾干、粉碎至 3～5cm，掩埋进田沟，施入有机肥，覆土镇压；秸秆行间掩埋时，田沟的行间距离为 60cm，深度为 30cm。

5）粉碎还田作业后，在播种时适当加大基肥用量，氮肥分基肥和追肥，每季施氮量控制在 11.84kg N/亩左右，建议分 2 次施用，玉米季分别在播种期基施 70%、大喇叭口期追施 30%，小麦季分别在播种期基施 70%、返青期追施 30%。如果采用缓控释肥，可与普通尿素混配，缓控释尿素比例一般不低于 30%，全部尿素一次性基施。磷钾肥每季一次性随氮肥基施，每季施磷 5.63kg P_2O_5/亩、施钾 6.25kg K_2O/亩。基肥均匀施入后将潮土土壤翻耕至 20cm，小麦季追肥后立即灌溉，玉米季追肥后如果无降水或降水量低于 20mm 立即灌溉。

6）化肥基施时，可施入种子侧下方 10～20cm 处，第 2 次追肥时，建议追肥深度为 10～20cm，追肥部位在植株行侧 10～20cm 处，建议播种密度：玉米 4300～5000 株/亩、小麦 13 万～15 万株/亩。

8.9.3 长江中下游小麦–水稻轮作体系

长江中下游小麦–水稻轮作秸秆还田技术包括前期准备、秸秆粉碎、整地技术、配套措施等。

1. 前期准备

采用联合收获粉碎一体机收割。进行机械粉碎作业时，秸秆含水率应为 20%～25%。秸秆粉碎还田机应与拖拉机或联合收获机动力配套。

2. 秸秆粉碎

采用具有秸秆粉碎装置的联合收获机粉碎秸秆，可一次性完成小麦、水稻籽粒收获及小麦、水稻秸秆粉碎作业。机械收获后，留茬过高、秸秆粉碎达不到要求时，应采用秸秆粉碎还田机再进行一次秸秆粉碎作业。秸秆粉碎还田作业时，要求土壤含水量 ≤ 25%，粉碎后的秸秆长度 ≤ 10cm，留茬高度 ≤ 10cm，漏切率 ≤ 20%，粉碎后的秸秆应均匀抛撒覆盖地表。

3. 整地技术

整地技术包括 2 种模式。

1）旋耕翻埋模式。耕深 10～15cm，碎土率 ≥ 60%，秸秆残茬翻埋深 10cm 左右；翻埋秸秆覆盖率 ≥ 85%。

2）深耕翻埋模式。耕深 20～25cm，碎土率 ≥ 60%，秸秆残茬翻埋深 15～20cm，翻埋秸秆覆盖率 ≥ 90%。

4. 配套措施

1）小麦秸秆还田地块，秸秆和腐熟剂一并旋耕或者翻耕翻埋后立即进行灌溉，使得田间土壤表面覆水 3～5cm，泡田 2～3d 后，施用氮肥 14～16kg/亩，磷肥（P_2O_5）4～6kg/亩，钾肥（K_2O）4～6kg/亩，机械化耙平耙匀后，进行水稻秧苗移栽。

2）水稻秸秆还田后，秸秆腐熟剂和氮肥（12～15kg/亩）、磷肥（P_2O_5，4～6kg/亩）、钾肥（K_2O，4～6kg/亩）一并旋耕或者翻耕翻埋后耙平耙匀，进行小麦播种。

8.9.4 长江中下游双季稻连作体系

长江中下游双季稻连作秸秆还田技术包括前期准备、秸秆粉碎、整地技术、配套措施等。

1. 前期准备

水稻收获宜用全喂入联合收获机或半喂入联合收获机，联合收获机应带秸秆粉碎装置，秸秆粉碎还田机应与拖拉机或联合收获机动力配套。

2. 秸秆粉碎

采用具有秸秆粉碎装置的联合收获机粉碎秸秆，可一次性完成收获和秸秆粉碎作业。应调整全喂入联合收获机粉碎装置导向片使秸秆抛撒尽量均匀，半喂入联合收获机宜安装秸秆扩散装置。机械收获后，留茬过高、秸秆粉碎达不到要求时，应采用秸秆粉碎还田机进行一次秸秆粉碎作业。秸秆粉碎还田作业时，粉碎后的秸秆长度 ≤ 10cm，秸秆粉碎长度合格率 ≥ 85%，留茬高度 ≤ 15cm，粉碎后的秸秆应均匀抛撒覆盖地表，可人工将堆集的秸秆均匀铺撒于田面。

3. 整地技术

水稻秸秆全量还田主要有旱耕还田和水耕还田两种方式。

1）旱耕还田作业方法。先由旋耕机或秸秆还田机全面旱耕一次，放水泡田后用秸秆还田机完成埋草和平整地作业。

2）水耕还田作业方法。放水泡田后水深以 1～2cm 为宜，用秸秆还田机作业两遍，第一遍为全面水耕作业，第二遍完成埋草和平整地作业。旋耕作业深度以 12～15cm 为宜，秸秆还田机作业深度以 10～12cm 为宜，第二次以平整地面为主的作业深度以 5～8cm 为宜。水稻秸秆还田后水田泥浆深度达到 5～8cm，耕深 8～12cm，耕作深度稳定，秸秆覆盖率＞85%，水整后大田地表应平整，田块高低差应小于 3cm。

4. 配套措施

1）肥料运筹：地力较差土壤，保持氮肥总用量与不还草稻田基本一致；地力较好土壤，氮肥总用量可比不还草稻田减少 10%，磷肥可减少 20%～30%，钾肥可减少 30%～50%。氮肥适度调高前期施肥比例，增加基蘖肥的用量，早稻基肥、蘖肥、穗肥比例以 5：2：3 或 5：3：2 为宜，晚稻基肥、蘖肥、穗肥比例以 5：2：3 为宜，磷肥可作基肥一次性施用，钾肥可分两次施用，基肥：穗肥以 5：5 或 6：4 为宜。

2）水浆管理：秸秆还田后的水稻田块，无论是早稻还是晚稻，均采用薄水移（抛）栽，秧苗活棵后及时脱水露田 2～3d，以后浅水灌溉，湿润分蘖，适时晒田，干湿灌浆，收割前 5～7d 断水。

参 考 文 献

刘红恩. 2009. 甘蓝型油菜钼磷营养互作效应及其机制研究. 武汉: 华中农业大学博士学位论文.

刘鹏, 杨玉爱. 2003. 氮、磷、钾配施及其与钼、硼配施对大豆产量的影响. 安徽农业大学学报, 30(2): 117-122.

吴明才, 肖昌珍. 1994. 大豆钼素研究. 大豆科学, 13: 245-251.

Ai C, Zhang ML, Sun YY, et al. 2020. Wheat rhizodeposition stimulates soil nitrous oxide emission and denitrifiers harboring the nosZ clade I gene. Soil Biology and Biochemistry, 143: 107738.

Ai C, Zhang SQ, Zhang X, et al. 2018. Distinct responses of soil bacterial and fungal communities to changes in fertilization regime and crop rotation. Geoderma, 319: 156-166.

Azeem B, KuShaari K, Man ZB, et al. 2014. Review on materials & methods to produce controlled release coated urea fertilizer. Journal of Controlled Release, 181: 11-21.

Bishop RC. 1978. Endangered species and uncertainty: the economics of a safe minimum standard. American Journal of Agricultural Economics, 60(1): 10-18.

Brink C, van Grinsven H, Jakobsen BH, et al. 2011. Costs and benefits of nitrogen in the environment//Sutton MA, Howard CM, Erisman JW, et al. The European Nitrogen Assessment: Sources, Effects and Policy Perspectives. Cambridge: Cambridge University Press: 513-540.

Bruckner T, Petschel-Held G, Leimbach M, et al. 2003. Methodological aspects of the tolerable windows approach. Climatic Change, 56: 73-89.

Chen HH, Li XC, Hu F. et al. 2013. Soil nitrous oxide emissions following crop residue addition: a meta-analysis. Global Change Biology, 19: 2956-2964.

Chen L, Redmile-Gordon M, Li JW, et al. 2019. Linking cropland ecosystem services to microbiome taxonomic composition and functional composition in a sandy loam soil with 28-year organic and inorganic fertilizer regimes. Applied Soil Ecology, 139: 1-9.

Chen X, Jin MC, Xu YJ, et al. 2019. Potential alterations in the chemical structure of soil organic matter components during sodium hydroxide extraction. Journal of Environmental Quality, 48: 1578-1586.

Chen X, Jin MC, Zhang YJ, et al. 2018. Nitrogen application increases abundance of recalcitrant compounds of soil organic matter: a 6-year case study. Soil Science, 183: 169-178.

Chen X, Xu YJ, Gao HJ, et al. 2018. Biochemical stabilization of soil organic matter in straw-amended, anaerobic and aerobic soils. Science of the Total Environment, 625: 1065-1073.

Chen X, Ye XX, Chu WY, et al. 2020. Formation of char-like, fused-ring aromatic structures from a nonpyrogenic pathway during decomposition of wheat straw. Journal of Agricultural and Food Chemistry, 68: 2607-2614.

Chen XB, Xia YH, Hu YJ, et al. 2018. Effect of nitrogen fertilization on the fate of rice residue-C in paddy soil depending on depth: ^{13}C amino sugar analysis. Biology and Fertility of Soils, 54: 523-531.

Chen XB, Xia YH, Rui YC, et al. 2020. Microbial carbon use efficiency, biomass turnover, and necromass accumulation in paddy soil depending on fertilization. Agriculture, Ecosystems and Environment, 292: 106816.

Chen XP, Cui ZL, Fan MS, et al. 2014. Producing more grain with lower environmental costs. Nature, 514: 486-489.

Chen XQ, Li T, Lu DJ, et al. 2020. Estimation of soil available potassium in Chinese agricultural fields using a modified sodium tetraphenyl boron method. Land Degradation & Development, 31: 1737-1748.

Cheng XJ, Strokal M, Kroeze C, et al. 2019. Seasonality in river export of nitrogen: a modeling approach for the Yangtze River. Science of the Total Environment, 671(25): 1282-1292.

Chuan LM, Zheng HG, Sun SF, et al. 2019. A sustainable way of fertilizer recommendation based on yield response and agronomic efficiency for Chinese Cabbage. Sustainability, 11: 4368.

Cole MJ, Bailey RM, New MG, et al. 2017. Spatial variability in sustainable development trajectories in South Africa: provincial level safe and just operating spaces. Sustainability Science, 12: 829-848.

Cui ZL, Chen XP, Miao YX, et al. 2008a. On-farm evaluation of winter wheat yield response to residual soil nitrate-N in North China Plain. Agronomy Journal, 100(6): 1527-1534.

Cui ZL, Chen XP, Miao YX, et al. 2008b. On-farm evaluation of the improved soil N-based nitrogen management for summer maize in North China Plain. Agronomy Journal, 100(3): 517-525.

Cui ZL, Zhang HY, Chen XP, et al. 2018. Pursuing sustainable productivity with millions of smallholder farmers. Nature, 555(7696): 363-366.

Dai XL, Song DL, Zhou W, et al. 2021. Partial substitution of chemical nitrogen with organic nitrogen improves rice yield, soil biochemical indictors and microbial composition in a double rice cropping system in South China. Soil and Tillage Research, 205: 104753.

Dai XL, Zhou W, Liu GR, et al. 2019. Soil C/N and pH together as a comprehensive indicator for evaluating the effects of organic substitution management in subtropical paddy fields after application of high-quality amendments. Geoderma, 337: 1126-1135.

Daily GC, Ehrlich PR. 1992. Population, sustainability, and earth's carrying capacity. Bioscience, 42(10): 761-771.

Ding WC, He P, Zhang JJ, et al. 2020. Optimizing rates and sources of nutrient input to mitigate nitrogen, phosphorus, and carbon losses from rice paddies. Journal of Cleaner Production, 256: 120603.

Ding WC, Xu XP, He P, et al. 2018. Improving yield and nitrogen use efficiency through alternative fertilization options for rice in China: a meta-analysis. Field Crops Research, 227: 11-18.

Ding WC, Xu XP, He P, et al. 2020. Estimating regional N application rates for rice in China based on target yield, indigenous N supply, and N loss. Environmental Pollution, 263: 114408.

Fan FL, Yu B, Wang B, et al. 2019. Microbial mechanisms of the contrast residue decomposition and priming effect in soils with different organic and chemical fertilization histories. Soil Biology and Biochemistry, 135: 213-221.

Fanning AL, Oneill DW. 2016. Tracking resource use relative to planetary boundaries in a steady-state framework: a case study of Canada and Spain. Ecological Indicators, 69: 836-849.

Gu BJ, Ge Y, Ren Y, et al. 2012. Atmospheric reactive nitrogen in China: sources, recent trends, and damage costs. Environmental Science & Technology, 46(17): 9420-9427.

Gu Y, Mi WH, Xie YN, et al. 2019. Nitrapyrin affects the abundance of ammonia oxidizers rather than community structure in a yellow clay paddy soil. Journal of Soils & Sediments, 19(2): 872-882.

Guo CY, Wang XZ, Li YJ, et al. 2018. Carbon footprint analyses and potential carbon emission reduction in China's major peach orchards. Sustainability, 10(8): 2908.

Guo TF, Zhang Q, Ai C, et al. 2018. Nitrogen enrichment regulates straw decomposition and its associated microbial community in a double-rice cropping system. Scientific Reports, 8: 1847.

Guo TF, Zhang Q, Ai C, et al. 2020. Analysis of microbial utilization of rice straw in paddy soil using a DNA-SIP approach. Soil Science Society of America Journal, 84: 99-114

Guo TF, Zhang Q, Ai C, et al. 2020. Microbial utilization of rice root residue-derived carbon explored by DNA stable-isotope probing. European Journal of Soil Science, 72: 460-473.

He WT, Jiang R, He P, et al. 2018. Estimating soil nitrogen balance at regional scale in China's croplands from 1984 to 2014. Agricultural Systems, 167: 125-135.

He WT, Yang JY, Zhou W, et al. 2016. Experimental validation of a new approach for rice fertilizer recommendations across smallholder farms in China. Nutrient Cycling in Agroecosystems, 106: 201-215.

Hou SP, Ai C, Zhou W, et al. 2018. Structure and assembly cues for rhizospheric *nirK*- and *nirS*-type denitrifier communities in long-term fertilized soils. Soil Biology and Biochemistry, 119: 32-40.

Hou WF, Tränkner M, Lu JW, et al. 2019. Interactive effects of nitrogen and potassium on photosynthesis and photosynthetic nitrogen allocation of rice leaves. BMC Plant Biology, 19: 302.

Hou WF, Tränkner M, Lu JW, et al. 2020. Diagnosis of nitrogen nutrition in rice leaves influenced by potassium levels. Frontiers in Plant Science, 11: 165.

Hou WF, Xue XX, Li XK, et al. 2019. Interactive effects of nitrogen and potassium on grain yield, nitrogen uptake and nitrogen use efficiency of rice in low potassium fertility soil in China. Field Crops Research, 236: 14-23.

Hou WF, Yan JY, Jákli B, et al. 2018. Synergistic effects of nitrogen and potassium on quantitative limitations to photosynthesis in rice (*Oryza sativa* L.). Journal of Agricultural and Food Chemistry, 66: 5125-5132.

Hu YJ, Xia YH, Sun Q, et al. 2018. Effects of long-term fertilization on phoD-harboring bacterial community in Karst soils. Science of the Total Environment, 628-629: 53-63.

Huang SH, Ding WC, Yang JF, et al. 2020. Estimation of nitrogen supply for winter wheat production through a long-term field trial in China. Journal of Environmental Management, 270: 110929.

Janssen BH, Guiking FCT, Van der Eijk D, et al. 1990. A system for quantitative evaluation of the fertility of tropical soils (QUEFTS). Geoderma, 46: 299-318.

Jiang R, He WT, Zhou W, et al. 2019. Exploring management strategies to improve maize yield and nitrogen use efficiency in Northeast China using the DNDC and DSSAT models. Computers and Electronics in Agriculture, 166: 104988.

Jiang WT, Liu XH, Wang Y, et al. 2018. Responses to potassium application and economic optimum K rate of maize under different soil indigenous K supply. Sustainability, 10: 2267.

Jiao JG, Shi K, Li P, et al. 2018. Assessing of an irrigation and fertilization practice for improving rice production in the Taihu Lake region (China). Agricultural Water Management, 201: 91-98.

Li CL, Wang Y, Li YX, et al. 2020. Mixture of controlled-release and normal urea to improve nitrogen management for maize across contrasting soil types. Agronomy Journal, 112: 3101-3113.

Li DD, Li ZQ, Zhao BZ, et al. 2020. Relationship between the chemical structure of straw and composition of main microbial groups during the decomposition of wheat and maize straws as affected by soil texture. Biology and Fertility of Soils, 56: 11-24.

Li F, Chen L, Redmile-Gordon M, et al. 2018. Mortierella elongata's roles in organic agriculture and crop growth promotion in a mineral soil. Land Degradation & Development, 29: 1642-1651.

Li FQ, Qiu PF, Shen B, et al. 2019. Soil aggregate size modifies the impacts of fertilization on microbial communities. Geoderma, 343: 205-214.

Li FQ, Qiu PF, Wu ZH, et al. 2018. Soil aggregate size mediates the responses of microbial communities to crop rotation. European Journal of Soil Biology, 88: 48-56.

Li H, Lu JW, Tao R, et al. 2017. Nutrient efficiency of winter oilseed rape in an intensive cropping system: a regional analysis. Pedosphere, 27(2): 364-370.

Li XP, Liu CL, Zhao H, et al. 2018. Similar positive effects of beneficial bacteria, nematodes and earthworms on soil quality and productivity. Applied Soil Ecology, 130: 202-208.

Li ZG, Xia SJ, Zhang RH, et al. 2020. N_2O emissions and product ratios of nitrification and denitrification are altered by K fertilizer in acidic agricultural soils. Environmental Pollution, 265: 115065.

Li ZG, Zhang RH, Liu C, et al. 2020. Phosphorus spatial distribution and pollution risk assessment in agricultural soil around the Danjiangkou Reservoir, China. Science of the Total Environment, 699: 134417.

Li ZQ, Li DD, Ma L, et al. 2019. Effects of straw management and nitrogen application rate on soil organic matter fractions and microbial properties in North China Plain. Journal of Soils and Sediments, 19: 618-628.

Li ZQ, Song M, Li DD, et al. 2020. Effect of long-term fertilization on decomposition of crop residues and their incorporation into microbial communities of 6-year stored soils. Biology and Fertility of Soils. 56: 25-37.

Li ZQ, Zhao BZ, Hao XY, et al. 2017. Effects of residue incorporation and plant growth on soil labile organic carbon and microbial function and community composition under two soil moisture levels. Environmental Science and Pollution Research, 24: 18849-18859.

Li ZQ, Zhao BZ, Olk DC, et al. 2018. Contributions of residue-C and-N to plant growth and soil organic matter pools under planted and unplanted conditions. Soil Biology and Biochemistry, 120: 91-104.

Linder RG, Brumbaugh W, Neitlich P, et al. 2013. Atmospheric deposition and critical loads for nitrogen and metals in arctic Alaska: review and current status. Open Journal of Air Pollution, 2: 76-99.

Liu C, Wang L, Kate LC, et al. 2020. Climate change and environmental impacts on and adaptation strategies for production in wheat-rice rotations in Southern China. Agricultural and Forest Meteorology, 292-293: 108136.

Liu H, Hu C, Sun X, et al. 2010. Interactive effects of molybdenum and phosphorus fertilizers on photosynthetic characteristics of seedlings and grain yield of *Brassica napus*. Plant and Soil, 326(1): 345-353.

Liu L, Guo YQ, Bai ZH, et al. 2019. Reducing phosphorus excretion and loss potential by using a soluble supplement source for swine and poultry. Journal of Cleaner Production, 237: 117654.

Liu L, Guo YQ, Tu Y, et al. 2020. A higher water-soluble phosphorus supplement in pig diet improves the whole system phosphorus use efficiency. Journal of Cleaner Production, 272: 122586.

Liu MQ, Yu ZR, Liu YH, et al. 2006. Fertilizer requirements for wheat and maize in China: the QUEFTS approach. Nutrient Cycling in Agroecosystems, 74: 245-258.

Liu YX, Heuvelink GBM, Bai ZG, et al. 2020. Space-time statistical analysis and modelling of nitrogen use efficiency indicators at provincial scale in China. European Journal of Agronomy, 115: 126032.

Liu YX, Yang JY, He WT, et al. 2017. Provincial potassium balance of farmland in China between 1980 and 2010. Nutrient Cycling in Agroecosystems, 107: 247-264.

Liu ZJ, Ma PY, Zhai BN, et al. 2019. Soil moisture decline and residual nitrate accumulation after converting cropland to apple orchard in a semiarid region: evidence from the Loess Plateau. Catena, 181: 104080.

Liu ZT, Yin YL, Pan JX, et al. 2019. Yield gap analysis of county level irrigated wheat in Hebei province, China. Agronomy Journal, 111(5): 2245-2254.

Lu DJ, Song H, Jiang ST, et al. 2019. Managing fertilizer placement locations and source types to improve rice yield and the use efficiency of nitrogen and phosphorus. Field Crops Research, 231: 10-17.

Ma JC, Liu YX, He WT, et al. 2018. The long-term soil phosphorus balance across Chinese arable land. Soil Use and Management, 34: 306-315.

Ma QX, Ma JZ, Wang J, et al. 2018. Glucose and sucrose supply regulates the uptake, transport, and metabolism of nitrate in Pak Choi. Agronomy Journal, 110: 535-544.

Mandal B, Pal S, Mandal LN. 1998. Effect of molybdenum, phosphorus, and lime application to acid soils on dry matter yield and molybdenum nutrition on lentil. Journal of Plant Nutrition, 21: 139-147.

Meadows DH, Meadows DL, Randers J, et al. 1972. The Limits to Growth: A Report for the Club of Rome's Project on the Predicament of Mankind. New York: Universe Books.

Meng L, Huang TH, Shi JC, et al. 2019. Decreasing cadmium uptake of rice (*Oryza sativa* L.) in the cadmium-contaminated paddy field through different cultivars coupling with appropriate soil amendments. Journal of Soils and Sediments, 19(4): 1788-1798.

Mi WH, Gao Q, Guo XG, et al. 2019. Evaluation of agronomic and economic performance of controlled and slow-release nitrogen fertilizers in two rice cropping systems. Agronomy Journal, 111: 210-216.

Mi WH, Gao Q, Xia SQ, et al. 2019. Medium-term effects of different types of N fertilizer on yield, apparent N recovery, and soil chemical properties of a double rice cropping system. Field Crops Research, 234: 87-94.

Mi WH, Sun Y, Xia S, et al. 2018. Effect of inorganic fertilizers with organic amendments on soil chemical properties and rice yield in a low-productivity paddy soil. Geoderma, 320: 23-29.

Mi WH, Sun Y, Zhao C, et al. 2019. Soil organic carbon and its labile fractions in paddy soil as influenced by water regimes and straw management. Agricultural Water Management, 224: 105752.

Mi WH, Wu YF, Zhao HT, et al. 2018. Effects of combined organic manure and mineral fertilization on soil aggregation and aggregate associated organic carbon in two agricultural soils. Journal of Plant Nutrition, 41: 2256-2265.

Mi WH, Zheng SY, Yang X, et al. 2017. Comparison of yield and nitrogen use efficiency of different types of nitrogen fertilizers for different rice cropping systems under subtropical monsoon climate in China. European Journal of Agronomy, 90: 78-86.

Nie Z, Li S, Hu C, et al. 2015. Effects of molybdenum and phosphorus fertilizers on cold resistance in winter wheat. Journal of Plant Nutrition, 38(5): 808-820.

Pan J, Shang Y, Zhang WJ, et al. 2020. Improving soil quality for higher grain yields in Chinese wheat and maize production. Land Degradation & Development, 31: 1125-1137.

Qin SY, Sun XC, Hu CX, et al. 2017. Effect of NO_3^-: NH_4^+ ratios on growth, root morphology and leaf metabolism of oilseed rape (*Brassica napus* L.) seedlings. Acta Physiologiae Plantarum, 39: 198.

Qin SY, Sun XC, Hu CX, et al. 2017. Effects of tungsten on uptake, transport and subcellular distribution of molybdenum in oilseed rape at two different molybdenum levels. Plant Science, 256: 87-93.

Qiu WH, Liu JS, Li BY, et al. 2020. N_2O and CO_2 emissions from a dryland wheat cropping system with long-term N fertilization and their relationships with soil C, N, and bacterial community. Environmental Science Pollution Research, 27(8): 8673-8683.

Sawyer J, Nafziger E, Randall G, et al. 2006. Concepts and Rationale for Regional Nitrogen Rate Guidelines for Corn. PM 2015. Ames: Iowa State University Extension.

Schiermeier Q. 2009. Prices plummet on carbon market. Nature, 457(7228): 365.

Smaling EMA, Janssen BH. 1993. Calibration of QUEFTS: a model predicting nutrient uptake and yields from chemical soil fertility indices. Geoderma, 59: 21-44.

Song AL, Liang YC, Fan FL, et al. 2018. Substrate-driven microbial response: a novel mechanism contributes significantly to temperature sensitivity of N_2O emissions in upland arable soil. Soil Biology and Biochemistry, 118: 18-26.

Song SH, Wen YJ, Zhang JY, et al. 2019. Rapid spectrophotometric measurement with a microplate reader for determining phosphorus in $NaHCO_3$ soil extracts. Microchemical Journal, 146: 210-213.

Steffen W, Richardson K, Rockstrm J, et al. 2015. Planetary boundaries: guiding human development on a changing planet. Science, 348(6223): 1259855.

Struijs J, Dijk AV, Slaper H, et al. 2010. Spatial-and time-explicit human damage modeling of ozone depleting substances in life cycle impact assessment. Environmental Science and Technology, 44(1): 204-209.

Tang S, Liu YL, Zheng N, et al. 2020. Temporal variation in nutrient requirements of tea (*Camellia sinensis*) in China based on QUEFTS analysis. Scientific Reports, 10: 1745.

Tilman D, Balzer C, Befort HBL. 2011. Global food demand and the sustainable intensification of agriculture. Proceedings of the National Academy of Sciences, 108(50): 20260-20264.

Ullah S, Ai C, Ding WC, et al. 2019. The response of soil fungal diversity and community composition to long-term fertilization. Applied Soil Ecology, 140: 35-41.

Ullah S, Ai C, Huang SH, et al. 2020. Substituting ecological intensification of agriculture for conventional agricultural practices increased yield and decreased nitrogen losses in North China. Applied Soil Ecology, 147: 1-10.

Ullah S, He P, Ai C. 2020. How do soil bacterial diversity and community composition respond under recommended and conventional N fertilization regimes. Microorganisms, 8: 1193.

Van Grinsven HJMV, Holland M, Jacobsen BH, et al. 2013. Costs and benefits of nitrogen for Europe and implications for mitigation. Environmental Science and Technology, 47(8): 3571-3579.

Wang J, Zhang L, He XH, et al. 2020. Environmental mitigation potential by improved nutrient managements in pear (*Pyrus pyrifolia* L.) orchards based on the life cycle assessment: a case study in North China Plain. Journal of Cleaner Production, 262: 121273.

Wang M, Wang LC, Cui ZL, et al. 2019. Optimizing management of mulched fertigation systems to improve maize production efficiency in Northeast China. Agronomy Journal, 111(6): 3140-3149.

Wang Y, Cao YQ, Feng GZ, et al. 2020. Integrated soil-crop system management with organic fertilizer achieves sustainable high maize yield and nitrogen use efficiency in Northeast China based on an 11-year field study. Agronomy, 10: 1078.

Wang Y, Li CL, Li YX, et al. 2020. Agronomic and environmental benefits of nutrient expert on maize and rice in Northeast China. Environmental Science and Pollution Research, 27: 28053-28065.

Wang Y, Zhang XY, Chen J, et al. 2019. Reducing basal nitrogen rate to improve maize seedling growth, water and nitrogen use efficiencies under drought stress by optimizing root morphology and distribution. Agricultural Water Management, 212: 328-337.

Wang YC, Ying H, Yin YL, et al. 2019. Estimating soil nitrate leaching of nitrogen fertilizer from global meta-analysis. Science of the Total Environment, 657: 96-102.

Wen X, Hu CX, Sun XC, et al. 2018. Characterization of vegetable nitrogen uptake and soil nitrogen transformation in response to continuous molybdenum application. Journal of Plant Nutrition and Soil Science, 181: 516-527.

Wen X, Hu CX, Sun XC, et al. 2019. Research on the nitrogen transformation in rhizosphere of winter wheat (*Triticum aestivum*) under molybdenum addition. Environmental Science and Pollution Research, 26(3): 2363-2374.

WHO. 2011. Global Health Observatory Map Gallery. World Health Organization. http://www.who.int.

Wu SW, Hu CX, Tan QL, et al. 2017. Nitric oxide mediates molybdenum-induced antioxidant defense in wheat under drought stress. Frontiers in Plant Science, 8: 1085.

Wu SW, Hu CX, Tan QL, et al. 2018. Nitric oxide acts downstream of abscisic acid in molybdenum-induced oxidative tolerance in wheat. Plant Cell Reports, 37: 599-610.

Wu SW, Wei SQ, Hu CX, et al. 2017. Molybdenum-induced alteration of fatty acids of thylakoid membranes contributed to low temperature tolerance in wheat. Acta Physiologiae Plantarum, 39: 237.

Xia LL, Ti CP, Li BL, et al. 2016. Greenhouse gas emissions and reactive nitrogen releases during the life-cycles of staple food production in China and their mitigation potential. Science of the Total Environment, 556: 116-125.

Xia Y, Yan X. 2011. Comparison of statistical models for predicting cost effective nitrogen rate at rice-wheat cropping systems. Soil Science and Plant Nutrition, 57(2): 320-330.

Xiang PA, Zhou Y, Jiang JA, et al. 2006. Studies on the external costs of and the optimum use of nitrogen fertilizer based on the balance of economic and ecological benefits in the paddy field system of the Dongting Lake area. Scientia Agricultura Sinica, 39: 2531-2537.

Xie MM, Wang ZQ, Huete A, et al. 2019. Estimating peanut leaf chlorophyll content with dorsiventral leaf adjusted indices: minimizing the impact of spectral differences between adaxial and abaxial leaf surfaces. Remote Sensing, 11(18): 2148.

Xu JS, Zhao BZ, Chu WY, et al. 2017. Altered humin compositions under organic and inorganic fertilization on an intensively cultivated sandy loam soil. Science of the Total Environment, 601-602: 356-364.

Xu JS, Zhao BZ, Chu WY, et al. 2017. Chemical nature of humic substances in two typical Chinese soils (upland vs paddy soil): a comparative advanced solid state NMR study. Science of the Total Environment, 576: 444-452.

Xu JS, Zhao BZ, Chu WY, et al. 2017. Evidence from nuclear magnetic resonance spectroscopy of the processes of soil organic carbon accumulation under long-term fertilizer management. European Journal of Soil Science, 68: 703-715.

Xu JS, Zhao BZ, Li ZQ, et al. 2019. Demonstration of chemical distinction among soil humic fractions using quantitative solid-state ^{13}C NMR. Journal of Agricultural and Food Chemistry, 67: 8107-8118.

Xu SJ, Hu CX, Tan QL, et al. 2018. Subcellular distribution of molybdenum, ultrastructural and antioxidative responses in soybean seedlings under excess molybdenum stress. Plant Physiology and Biochemistry, 123: 75-80.

Xu XP, He P, Pampolino MF, et al. 2013. Nutrient requirements for maize in China based on QUEFTS analysis. Field Crops Research, 150: 115-125.

Xu XP, He P, Yang FQ, et al. 2017. Methodology of fertilizer recommendation based on yield response and agronomic efficiency for rice in China. Field Crops Research, 206: 33-42.

Xu XP, He P, Zhang JJ, et al. 2017. Spatial variation of attainable yield and fertilizer requirements for maize at the regional scale in China. Field Crops Research, 203: 8-15.

Xu YX, He P, Xu XP, et al. 2019. Estimating nutrient uptake requirements for potatoes based on QUEFTS analysis in China. Agronomy Journal, 111: 2387.

Yang M, Long Q, Li WL, et al. 2020. Mapping the environmental cost of a typical citrus-producing county in China: hotspot and optimization. Sustainability, 12(5): 1827.

Yin YL, Ying H, Cui ZL. 2019. Socially optimizing N rate for sustainable N management in China. Science of the Total Environment, 688: 1162-1171.

Ying H, Xue YF, Yan K, et al. 2020. Safeguarding food supply and groundwater safety for maize production in China. Environmental Science & Technology, 54: 9939-9948.

Ying H, Ye YL, Cui ZL, et al. 2017. Managing nitrogen for sustainable wheat production. Journal of Cleaner Production, 162: 1308-1316.

Ying H, Yin YL, Zheng HF, et al. 2019. Newer and select maize, wheat, and rice varieties can help mitigate N footprint while producing more grain. Global Change Biology, 25: 4273-4281.

Yu HL, Ling N, Wang TT, et al. 2019. Responses of soil biological traits and bacterial communities to nitrogen fertilization mediate maize yields across three soil types. Soil & Tillage Research, 185: 61-69.

Yue S, Meng Q, Zhao R, et al. 2012. Change in nitrogen requirement with increasing grain yield for winter wheat. Agronomy Journal, 104(6): 1687-1693.

Zhang CZ, Li W, Zhao ZH, et al. 2018. Spatiotemporal variability and related factors of soil organic carbon in Henan Province. Vadose Zone Journal, 17: 180109.

Zhang JJ, He P, Ding WC, et al. 2019. Establishment and validation of nutrient expert system for radish fertilization management in China. Agronomy Journal, 111: 1-10.

Zhang JJ, He P, Ding WC, et al. 2019. Estimating nutrient uptake requirements for radish cultivated in China based on QUEFTS model. Scientific Reports, 9: 11663.

Zhang JJ, He P, Xu XP, et al. 2017. Nutrient expert improves nitrogen efficiency and environmental benefits for summer maize in China. Agronomy Journal, 109: 1082-1090.

Zhang JJ, He P, Xu XP, et al. 2018. Nutrient expert improves nitrogen efficiency and environmental benefits for winter wheat in China. Agronomy Journal, 110: 696-706.

Zhang JY, Wang SF, Song SH, et al. 2019. Transcriptomic and proteomic analyses reveal new insight into chlorophyll synthesis and chloroplast structure of maize leaves under zinc deficiency stress. Journal of Proteomics, 199: 123-134.

Zhang Q, Guo TF, Li H, et al. 2020. Identification of fungal populations assimilating rice root residue-derived carbon by DNA stable-isotope probing. Applied Soil Ecology, 147: 103374.

Zhang X, Davidson EA, Mauzerall DL, et al. 2015. Managing nitrogen for sustainable development. Nature, 528(7580): 51-59.

Zhang YH, Huang SM, Guo DD, et al. 2019. Phosphorus adsorption and desorption characteristics of different textural fluvo-aquic soils under long-term fertilization. Journal of Soils and Sediments, 19: 1306-1318.

Zhao XL, Gao SS, Lu DJ, et al. 2019. Can potassium silicate mineral products replace conventional potassium fertilizers in rice-wheat rotation? Agronomy Journal, 111: 1-9.

Zhao XL, Wang HY, Lu DJ, et al. 2019. The effects of straw return on potassium fertilization rate and time in the rice-wheat rotation. Soil Science and Plant Nutrition, 65(2): 176-182.

Zhao Z, Wang SL, Philip JW, et al. 2020. Boron and phosphorus act synergistically to modulate absorption and distribution of phosphorus and growth of *Brassica napus*. Journal of Agriculture and Food Chemistry, 68(30): 7830-7838.

Zhao Z, Wang YQ, Shi JQ, et al. 2021. Effect of balanced application of boron and phosphorus fertilizers on soil bacterial community, seed yield and phosphorus use efficiency of *Brassica napus*. Science of the Total Environment, 751: 141644.

Zhao ZH, Zhang CZ, Zhang JB, et al. 2019. Effects of substituting manure for fertilizer on aggregation and aggregate associated carbon and nitrogen in a Vertisol. Agronomy Journal, 111: 368-377.

Zhu DD, Lu JW, Cong RH, et al. 2019. Potassium management effects on quantity/intensity relationship of soil potassium under rice-oilseed rape rotation system. Archives of Agronomy and Soil Science, 66(9): 1274-1287.

Zhu DD, Zhang JL, Wang Z, et al. 2019. Soil available potassium affected by rice straw incorporation and potassium fertilization under a rice-oilseed rape rotation system. Soil Use and Management, 35: 503-510.

附录 A 土壤肥力水平确定原则

如果没有产量反应数值，则依据土壤测试值确定土壤肥力水平，进而确定产量反应。如果速效氮水平为"高"，则依据有机质测试值确定的"低""中"水平分别升级为"中""高"水平；如果速效氮水平为"低"，则依据有机质测试值确定的"高"水平降级为"中"水平。如果无土壤测试值，则根据土壤质地、颜色、有机质含量等确定土壤肥力水平，具体如下。

a. 低：砂土（低有机质含量），或土壤颜色红色或黄色。

b. 中：灰色/褐色（或有机质中等）的土壤。

c. 高：黑色/褐色，有机质含量较高的土壤。

根据土壤测试值确定土壤肥力水平的相关指标见表 A1～表 A20。

表 A1 水稻、小麦、玉米、马铃薯土壤肥力水平指标

土壤肥力水平	有机质/%	速效氮/(mg/kg)	有效磷/(mg/kg)	速效钾/(mg/kg)
低	≤1	≤100	≤10	≤80
中	1～3	100～180	10～25	80～150
高	≥3	≥180	≥25	≥150

表 A2 茶叶土壤肥力水平指标

土壤肥力水平	有机质/%	速效氮/(mg/kg)	有效磷/(mg/kg)	速效钾/(mg/kg)
低	≤1.0	≤60	≤5	≤80
中	1.0～1.5	60～80	5～10	80～120
高	≥1.5	≥80	≥10	>120

表 A3 油菜土壤肥力水平指标

土壤肥力水平	有机质/%	速效氮/(mg/kg)	有效磷/(mg/kg)	速效钾/(mg/kg)
低	≤1	≤100	≤12	≤60
中	1～3	100～150	12～25	60～135
高	≥3	≥150	≥25	≥135

表 A4 棉花土壤肥力水平指标

区域	土壤肥力水平	有机质/%	速效氮/(mg/kg)	有效磷/(mg/kg)	速效钾/(mg/kg)
新疆地区	低	≤1.5	≤60	≤10	≤140
	中	1.5～2.0	60～80	10～15	140～260
	高	≥2.0	≥80	≥15	≥260
除新疆外其他地区	低	≤1.0	≤60	≤15	≤70
	中	1.0～2.0	60～100	15～20	70～150
	高	≥2.0	≥100	≥20	≥150

表 A5　大豆土壤肥力水平指标

土壤肥力水平	有机质/%	速效氮/(mg/kg)	有效磷/(mg/kg)	速效钾/(mg/kg)
低	≤1	≤100	≤10	≤80
中	1~3	100~180	10~25	80~150
高	≥3	≥180	≥25	≥150

表 A6　花生土壤肥力水平指标

土壤肥力水平	有机质/%	速效氮/(mg/kg)	有效磷/(mg/kg)	速效钾/(mg/kg)
低	≤0.7	≤60	≤15	≤120
中	0.7~1.1	60~115	15~35	120~150
高	≥1.1	≥115	≥35	≥150

表 A7　甘蔗土壤肥力水平指标

土壤肥力水平	有机质/%	速效氮/(mg/kg)	有效磷/(mg/kg)	速效钾/(mg/kg)
低	≤1.2	≤80	≤10	≤80
中	1.2~2.5	80~120	10~25	80~150
高	≥2.5	≥120	≥25	≥150

表 A8　番茄土壤肥力水平指标

土壤肥力水平	有机质/%	速效氮/(mg/kg)	有效磷/(mg/kg)	速效钾/(mg/kg)
低	≤1.5	≤100	≤50	≤150
中	1.5~2.5	100~150	50~100	150~250
高	≥2.5	≥150	≥100	≥250

表 A9　白菜土壤肥力水平指标

土壤肥力水平	有机质/%	速效氮/(mg/kg)	有效磷/(mg/kg)	速效钾/(mg/kg)
低	≤2	≤100	≤20	≤120
中	2~3	100~135	20~55	120~150
高	≥3	≥135	≥55	≥150

表 A10　萝卜土壤肥力水平指标

土壤肥力水平	有机质/%	速效氮/(mg/kg)	有效磷/(mg/kg)	速效钾/(mg/kg)
低	≤2	≤50	≤15	≤120
中	2~3	50~100	15~30	120~180
高	≥3	≥100	≥30	≥180

表 A11　大葱土壤肥力水平指标

土壤肥力水平	有机质/%	速效氮/(mg/kg)	有效磷/(mg/kg)	速效钾/(mg/kg)
低	≤2	≤90	≤15	≤120
中	2~3	90~150	15~30	120~180
高	≥3	≥150	≥30	≥180

表 A12　苹果土壤肥力水平指标

土壤肥力水平	有机质/%	速效氮/(mg/kg)	有效磷/(mg/kg)	速效钾/(mg/kg)
低	≤ 1.0	≤ 50	≤ 15	≤ 100
中	1.0～1.5	50～70	15～30	100～200
高	≥ 1.5	≥ 70	≥ 30	≥ 200

表 A13　柑橘土壤肥力水平指标

土壤肥力水平	有机质/%	速效氮/(mg/kg)	有效磷/(mg/kg)	速效钾/(mg/kg)
低	≤ 1.5	≤ 100	≤ 15	≤ 100
中	1.5～3.0	100～200	15～40	100～200
高	≥ 3.0	≥ 200	≥ 40	≥ 200

表 A14　梨土壤肥力水平指标

土壤肥力水平	有机质/%	速效氮/(mg/kg)	有效磷/(mg/kg)	速效钾/(mg/kg)
低	≤ 1.5	≤ 95	≤ 40	≤ 100
中	1.5～2.0	95～110	40～50	100～150
高	≥ 2.0	≥ 110	≥ 50	≥ 150

表 A15　桃土壤肥力水平指标

土壤肥力水平	有机质/%	速效氮/(mg/kg)	有效磷/(mg/kg)	速效钾/(mg/kg)
低	≤ 1	≤ 100	≤ 20	≤ 100
中	1～2	100～200	20～40	100～200
高	≥ 2	≥ 200	≥ 40	≥ 200

表 A16　葡萄土壤肥力水平指标

土壤肥力水平	有机质/%	速效氮/(mg/kg)	有效磷/(mg/kg)	速效钾/(mg/kg)
低	≤ 2	≤ 90	≤ 10	≤ 100
中	2～3	90～150	10～20	100～150
高	≥ 3	≥ 150	≥ 20	≥ 150

表 A17　香蕉土壤肥力水平指标

土壤肥力水平	有机质/%	速效氮/(mg/kg)	有效磷/(mg/kg)	速效钾/(mg/kg)
低	≤ 1	≤ 100	≤ 15	≤ 120
中	1～3	100～180	15～35	120～200
高	≥ 3	≥ 180	≥ 35	≥ 200

表 A18　荔枝土壤肥力水平指标

土壤肥力水平	有机质/%	速效氮/(mg/kg)	有效磷/(mg/kg)	速效钾/(mg/kg)
低	≤ 1	≤ 60	≤ 10	≤ 50
中	1～2	60～90	10～20	50～100
高	≥ 2	≥ 90	≥ 20	≥ 100

表 A19   西瓜土壤肥力水平指标

土壤肥力水平	有机质/%	速效氮/(mg/kg)	有效磷/(mg/kg)	速效钾/(mg/kg)
低	≤1.0	≤60	≤15	≤125
中	1.0～1.5	60～100	15～30	125～200
高	≥1.5	≥100	≥30	≥200

表 A20   甜瓜土壤肥力水平指标

土壤肥力水平	有机质/%	速效氮/(mg/kg)	有效磷/(mg/kg)	速效钾/(mg/kg)
低	≤1.0	≤60	≤10	≤100
中	1.0～1.5	60～90	10～20	100～180
高	≥1.5	≥90	≥20	≥180

附录 B 有机肥质量与安全性的共性要求

根据 NY 525-2012，商品有机肥的养分含量须符合表 B1 的要求；畜禽粪便和商品有机肥的重金属限量须符合表 B2 的要求，蛔虫卵死亡率和大肠菌值须符合表 B3 的要求。

表 B1 商品有机肥的质量要求

项目	要求
有机质的质量分数	≥ 45%
养分（$N+P_2O_5+K_2O$）的质量分数	≥ 5.0%
水分的质量分数	≤ 30%
酸碱度	5.5～8.5

表 B2 有机肥的重金属限量

项目（烘干基）	要求/（mg/kg）
总砷（As）	≤ 15
总汞（Hg）	≤ 2
总铅（Pb）	≤ 50
总镉（Cd）	≤ 3
总铬（Cr）	≤ 150

表 B3 有机肥的卫生学要求

项目	要求
蛔虫卵死亡率	95%～100%
粪大肠菌值	10^{-2}～10^{-1}
苍蝇	堆肥中及堆肥周围没有活的蛆、蛹和新孵化的成蝇